Physical
Chemistry

"十二五"普通高等教育
本科国家级规划教材

物理化学

（第六版）下册

南京大学化学化工学院

傅献彩 侯文华 编

中国教育出版传媒集团

高等教育出版社·北京

内容提要

本书为"十二五"普通高等教育本科国家级规划教材。全书重点阐述了物理化学的基本概念和基本理论，同时考虑到不同读者的需求，适当介绍了一些与学科发展趋势有关的前沿内容。各章附有供扩展学习的资源和课外参考读物，拓宽了教材的深度和广度。为便于读者巩固所学知识，提高解题能力，同时也为了便于自学，书中编入了较多的例题，每章末分别有复习题和习题，供读者练习之用。

全书分上、下两册，共 14 章。上册内容包括：气体，热力学第一定律，热力学第二定律，多组分系统热力学及其在溶液中的应用，化学平衡，相平衡和统计热力学基础。下册内容包括：电解质溶液，可逆电池的电动势及其应用，电解与极化作用，化学动力学基础，表面物理化学，胶体分散系统和大分子溶液。

本书可作为高等学校化学化工类专业物理化学课程教材，也可供其他相关专业师生和科研人员参考使用。

第六版前言

岁月匆匆, 驹之过隙。本书第五版自 2005 年 7 月 (上册) 和 2006 年 1 月 (下册) 由高等教育出版社出版以来, 至今已有 16 年了。

斗转星移, 物是人非。本书第五版的两位重要编者傅献彩先生和姚天扬教授先后于 2013 年和 2014 年驾鹤西去, 他们分别是我的博士学位论文指导教师以及学习和从事物理化学教学的指导教师, 亦师亦友; 从学生到同事, 从学习、工作到生活, 几十年里, 我曾奢侈地享受了他们太多的关爱、培养、提携和帮助。因此, 在他们辞世后的相当一段时间内, 我一直沉浸在相对孤独封闭的世界里, 无力自拔, 仿佛天要塌下来一般。好在与他们长期相处的日子里, 我多少也熏染了一些他们乐观向上的优良品格, 助我走出了这段日子。

两位恩师生前曾多次在不同场合要求我尽快主持完成本书第五版的修改再版工作。傅先生的那句 "这本书以后就交给你了!" 至今犹在耳畔回响; 它承载了先生对我的浓情厚意、殷切期望和重重嘱托! 那时的我却并未深刻领会, 总是倍感自己资历、能力和精力有限, 难堪重任, 以至于顾虑重重, 找出各种理由委婉推托和拖延。

时间来到 2020 年春, 迎来了傅先生 100 周年诞辰。那时正值新冠疫情, 我宅在家里, 思考着应该做些什么。又想起两位恩师生前的嘱托, 霍然觉得是时候有个交代了, 于是下定决心要丢弃各种顾虑, 尽快完成教材的修订再版工作, 也算是对两位恩师的一种告慰和追思吧。

本次修订主要在以下方面做了更新和尝试: (1) 对 "化学平衡" 一章前半部分进行了全新编写, 强调了以化学势为主线, 藉此导出各类反应的化学等温式和平衡常数; 另外, 将这一章前移至第五章, 以便与第四章介绍的化学势更为紧密衔接。(2) 对原书中出现的一些错误 (包括文字叙述、图表和参考文献等) 进行了较全面的更正。(3) 对每章的习题进行了大幅度的更新。(4) 根据最新的权威手册和参考书, 对书中和附录中的表格数据进行了更新。(5) 为使读者能够获取更多优质学习资源, 各章后通过二维码给出相关数字化资源, 读者可扫码学习。

本书第五版的编者之一沈文霞教授虽然没有参加此次修订工作，但她一直非常关心本书的修订进展。她也是我的物理化学教学的指导教师，我曾经在她主讲的"物理化学"课程中担当助教多年，得到了她的悉心指导、关爱和帮助。在此向她表示衷心感谢！也祝愿她健康、快乐、长寿！

衷心感谢陈懿院士！他一直提倡高等学校要重视本科教学，曾是本书第一版和第二版的两位主编之一，对我的物理化学教学工作和本书的修订工作十分关心，经常给予指导。

南京大学物理化学教学团队的吴强、彭路明和郭琳三位老师帮助更新了书中部分章节的习题、表格和附录中的数据，并指出了书中存在的一些错误。南京大学王志林副校长及化学化工学院的诸多领导和同事给予了大力的支持和鼓励。在此一并表示感谢！

一本好的教材需要历史的积淀，也需要传承和创新，更离不开广大的读者！历年来，广大读者对本书给予了极大的支持和爱护，不少读者还对本书提出了许多建设性的意见，这也是本书第五版能获得首届全国教材建设奖全国优秀教材二等奖的主要原因。编者谨向所有读者表示衷心的感谢！

高等教育出版社的陈琪琳、鲍浩波、郭新华和李颖四位同志为本书的出版提供了大力帮助和支持，并给予了指导；特别是李颖编辑承担了大量具体而又烦琐的工作。编者谨向他们表示由衷的感谢！

由于本人水平有限，书中定有许多不足乃至错误之处，恳请读者批评指正，以期再版时本书得到进一步的改进和提升！

侯文华

2021 年 12 月

第五版前言

本书自 1961 年出版以来, 曾于 1965 年、1979 年和 1990 年分别修订了 3 次, 每次修订都是根据当时教学改革的形势和要求以及 "教育部高等学校理科化学编审委员会" 的有关文件和精神进行的。

20 世纪 80 年代, 教育部高教司在化学学科成立了 "高等学校化学教育研究中心", 规划并开展了一系列有关教学改革的研究课题, 取得了很多可喜的成果。20 世纪 90 年代, 教育部高教司又成立了 "化学学科教学指导委员会", 对化学教育的改革起到了巨大的推动作用。如制订了《化学类专业基本培养规划和教学基本要求》以及《化学类专业化学教学基本内容》等文件, 后者只确定在本科四年中化学教学的全部基本内容, 并不与课程设置直接挂钩。这一举措放开了教师的手脚, 大大推动了化学教学改革的进程。许多学校根据地区和学校的实际情况, 自行组织课程设置, 从而产生了许多不同的课程设置和实施模式, 取得了百花齐放的良好效果。

2004 年岁末, 化学与化工学科教学指导委员会进一步对 "化学教学基本内容" 作了修改, 所发文件中进一步明确并强调本科教学不仅是传授知识, 更重要的是传授获取知识的方法和思维、培养学生的创新意识和科学品德, 使学生具有潜在的发展能力 (即继续学习的能力、表达和应用知识的能力、发展和创造知识的能力)。文件中还指出: 必须重视基本知识和基本能力, 但其内涵也应随着学科的发展和社会的需要而有所变化; 课堂教学不是本科基础教学的唯一形式, 所列基本内容不等于课堂必讲的内容, 应提倡因材施教, 课前自学, 课堂内外相辅相成, 从而可适当减少课堂讲授而辅之以讨论或讲座等形式。

编者认为: 作为一本教材, 其作用只是提供一个能满足文件中 "基本要求" 的素材, 供教师授课时参考, 并使学生在课后有书可读。

此次修订中, 对全书的整体框架基本上没有做大的改动, 对各章的内容作了适当的调整、删节和补充。如个别章节增加了一些加 "*" 号的小节, 其内容对学生不作要求, 仅作为课外阅读的拓展材料。本书仍保留了便于自学的特点, 使学生养成课前自学的习惯, 提高自学能力。在学生自学的基础上, 教师在课堂上也可以集中精力讲授一些更重要的内容。

编者对本书的习题部分也作了一些增删, 并从 Noyes 和 Sherrill 的 Chemical Principles 一书上选编了少量的题目, 这本书多年前是美国 MIT 使用的教材, 我国老一代的许多物理化学家对该书的题目多有赞誉。

在修订本书时, 我们充分考虑上述文件 (或文章) 所指出的精神, 但限于编者的认知水平, 不妥或错误之处在所难免, 希望使用本书的读者不吝指正。

北京大学的韩德刚教授和高盘良教授对本书历年来的修订, 都曾提出不少宝贵意见; 陈懿教授曾参加本书的第一版和第二版的编写工作, 此后因另有重任, 没有直接参加后续的修订工作, 但他一直非常关心物理化学的教学工作, 并经常提出改进意见; 南京大学化学化工学院的王志林教授和董林教授在本书的修订中也给予了大力支持, 还有曾使用本书前几版的教师和读者们的支持, 编者在此一并表示衷心的感谢。

编　者
2004 年 12 月

第四版前言

本书自 1961 年初版以来，曾于 1965 年和 1979 年根据当时的教学大纲和具体情况分别修订过两次。本次修订是依据 1987 年理科化学编委会物理化学编审小组广州会议的精神进行的，当时曾明确指出在物质结构和物理化学仍分开单独开课的情况下，在整体结构和体例上不宜做大的变动。根据这一原则，本书仅在内容取舍上作相应的调整并适当地增加了一些必要的内容。

随着现代科学的不断发展，半个世纪以来，近代化学的发展有明显的趋势和特点，归纳起来有以下几点，即：从宏观到微观，从体相到表相，从静态到动态，从定性到定量，从纯学科到边缘学科。物理化学作为化学学科的一个重要分支，基本上由化学热力学、化学动力学和物质结构三个部分所组成，这些都是在长期的发展过程中所形成的，同时还在不断地发展着。当前化学热力学和统计热力学已扩展到非平衡态热力学和非平衡态统计力学；化学动力学已扩展到微观反应动力学和表面化学；物质结构已发展到结构化学、量子化学。因此，在经典的物理化学内容中逐步增添一部分现代物理化学的内容是非常必要的，如何适当反映非平衡态的内容，如何更好地使宏观与微观相结合，使理论与应用相结合，则将成为我们今后一段时间的努力方向。

本次修订仍分上、下两册。上册包括热力学第一、第二定律，统计热力学基础，溶液，相平衡和化学平衡诸章；下册包括电解质溶液，可逆电池电动势及其应用，电解与极化作用，化学动力学基础（Ⅰ）、（Ⅱ），界面现象，胶体与高分子诸章。在上册中删去了气体一章（按规定这部分内容已由普通物理课中讲授），为加强宏观与微观的联系，把统计热力学基础一章提前，紧接在热力学第二定律之后讲授，尽早介绍分子微观运动状态与宏观状态之间的联系，以期在以后的章节中得以应用并有助于对宏观规律的深刻理解。上册中还增加了不可逆过程热力学一节，介绍非平衡态方面的基础。在下册中删减了吸附作用与多相催化一章，部分内容放入化学动力学（Ⅱ）和界面现象中讲授，有些内容放到有关的专门化课中去讲授。在化学动力学中除了必要的基础知识外，适当增添了一些微观反应动力学方面的内容。根据当前我国大多数院校的实际设课情况, 本书中仍不包括物质结构。

在学习物理化学的过程中, 经验证明学生必须自己动手演算一定数量的习题, 这是十分必要的, 这非但能提高学生的独立思维能力, 同时也可以提高学生利用所学过的知识去解决实际问题的能力。在本次修订中, 精选更新了部分习题, 同时把题目分为两类: 复习题和习题, 前者供复习时参考, 以利于弄清概念, 后者则以解题为主。对处理过程较繁或有一定难度的题目, 以 "*" 号作记, 不作要求。

本书仍保留了便于学生自学的特点, 经验证明, 在学生课前自学的基础上提纲挈领重点讲授, 收效较好。编者认为, 凡学生能看懂的内容, 只需总结理顺, 分清主次, 明确其来龙去脉, 再辅之以习题和讨论予以巩固, 能收到很好的教学效果, 这有利于提高学生自学和独立思考的能力, 同时也可精简讲课学时, 减轻学生课内负担, 给学生更多的学习主动权。

在各章之后推荐了一些课外参考读物, 大部分取自易于获得的期刊或书籍供读者选读。如能组织学生开展一些小型的讨论会或读书报告会, 则既可提高学生的学习兴趣, 活跃学习气氛, 同时也可扩大学生的知识面并加深对教学内容的理解。

本书中所有物理量的符号和单位, 均来自国家标准局 $1986-05-19$ 发布的《中华人民共和国国家标准》(这个标准参照采用了国际单位制 (SI))。单位的换算是一项复杂艰巨的工作, 编者对许多符号也还不太习惯, 但国家公布的法定计量单位必须采用, 不容忽视。本书中编者虽作了很大的努力, 但仍不免有疏忽或错误之处, 希望读者随时指出, 以便重印时改正。

参加本书初稿审稿工作的有: 韩德刚教授 (北京大学), 赵善成教授 (南京师范大学), 印永嘉教授、奚正楷副教授 (山东大学), 邓景发教授 (复旦大学), 刘芸教授 (清华大学), 屈松生教授 (武汉大学), 苏文煅副教授 (厦门大学)、金世勋教授 (河北师范大学)、杨文治教授 (北京大学) 和李大珍副教授 (北京师范大学)。编者对他们所提出的宝贵意见表示衷心的感谢。

　　历年来, 不少教师和读者对本书也提出了不少建设性的意见, 对本书给予了极大的支持和爱护, 编者表示衷心的感谢。

　　本书第三版编者之一陈瑞华副教授因另有任务, 故未参加本版编写工作。

　　限于编者的水平, 书中取材不当、叙述不清甚至错误之处在所难免, 希望读者指正, 以便再版时得以更正。

编　者

1989 年 4 月

本书物理量及缩写符号说明

1. 物理量符号名称 (拉丁文)

A Helmholtz 自由能, 电子亲和势, 指前因子, 面积, 频率因子, 振幅, Hamaker 常数

a van der Waals 常数, 相对活度, 每个成膜分子的平均占有面积, 吸附作用平衡常数 (吸附系数), 表观 (相对) 吸附量

b van der Waals 常数, 碰撞参数

C 热容, 独立组分数, 分子浓度

c 物质的量浓度, 光速

D 介电常数, 解离能, 扩散系数, 速度梯度 (切速率)

D_e 势能曲线井深

d 直径

E 能量, 电势差, 电动势

E_a 活化能

E_b 能垒

E_0 零点能

e 基本电荷

F 法拉第常数, 力

f 自由度, 力, 逸度, 配分函数, 分布函数, 摩擦系数

G Gibbs 自由能, 电导

g 重力加速度, 简并度

H 焓, 信息熵

h 高度, Planck 常数

I 电流强度, 离子强度, 光强度, 转动惯量

J 转动量子数, 热力学流

j 电流密度

j_0 交换电流密度

K 平衡常数, 分配系数, 分凝系数

K_{ap} 活度积

K_{cell} 电导池常数

K_M 米氏常数

K_{sp} 溶度积

K_w 水的离子积常数

k 反应速率常数

k_B Boltzmann 常数

k_b 沸点升高常数

k_f 凝固点降低常数

$k_{c,B}$ Henry 定律常数 (溶质的浓度用物质的量浓度表示)

$k_{m,B}$ Henry 定律常数 (溶质的浓度用质量摩尔浓度表示)

$k_{x,B}$ Henry 定律常数 (溶质的浓度用摩尔分数表示)

L Avogadro 常数

L_{ij} 唯象系数

l 长度, 距离

M 摩尔质量, 动量, 多重性 (重度)

M_r 物质的相对分子质量

$\overline{M}_m$ 质均摩尔质量

$\overline{M}_n$ 数均摩尔质量

$\overline{M}_Z$	Z 均摩尔质量		w_B	物质 B 的质量分数
$\overline{M}_\eta$	黏均摩尔质量		X	热力学力
m	质量		x_B	物质 B 的摩尔分数
m_B	物质 B 的质量摩尔浓度		y_B	物质 B 在气相中的摩尔分数
N	系统中的分子数		Z	压缩因子, 配位数, 碰撞频率
n	物质的量, 反应级数, 单位体积内的分子数 (数密度), 分子中的原子数, 粒子数, 平动量子数, 折射率		Z_B	物质 B 的某种容量性质 Z 的偏摩尔量
			z	离子价数, 电荷数, 碰撞数, 电子的计量系数

2. 物理量符号名称 (希腊文)

P	概率, 概率因子		α	热膨胀系数, 转化率, 解离度
p	压力, 熵产生率		β	冷冻系数, 对比体积
Q	热量, 电荷量, 吸附热, 过饱和浓度, 商 (值)		Γ	表面过剩 (超量)
q	配分函数, 吸附量		γ	热容比, 逸度因子, 活度因子, 表面张力
R	摩尔气体常数, 电阻, 半径, 曲率半径		Δ	状态函数的变化量
r	速率, 距离, 半径, 摩尔比		δ	非状态函数的微小变化量, 距离, 厚度
S	熵, 物种数, 铺展系数		ε	能量, 介电常数, 键能
s	电子自旋量子数, 溶解度		ε_c	临界能, 阈能
T	热力学温度		ζ	电动电势
t	时间, 摄氏温度, 迁移数		η	热机效率, 超电势, 黏度
$t_{1/2}$	半衰期		η_r	相对黏度
U	热力学能, 电势差 (电压)		η_{sp}	增比黏度
u	离子电迁移率, 均方根速率		$[\eta]$	特性黏度
V	体积, 作用能		η_a	表观黏度
V_B	物质 B 的偏摩尔体积		η_{pl}	塑性黏度
$V_m(B)$	物质 B 的摩尔体积		Θ	特征温度
v	速度		θ	覆盖率, 角度, 特性温度, 接触角
W	功		κ	等温压缩系数, 电导率, 摩尔吸收系数

Λ_m	摩尔电导率		ω	角速度 (转速)

3. 缩写和上下标字符

λ	波长, 绝对活度		a	平均, 吸附, 活化, 黏湿, 吸引, 表观
μ	化学势, 折合质量		ap	活度积
$\overline{\mu}$	电化学势		aq	水溶液
μ_J	Joule 系数		B	任意物质, 溶质, Boyle (波义耳)
$\mu_{J\text{-}T}$	Joule-Thomson 系数		b	沸腾, 反
ν	频率, 单位体积中的粒子数		$C \neq B$	除 B 以外的其他组分
ν_B	物质 B 的计量系数		c	临界, 燃烧, 转变, 冷
ξ	反应进度		cell	电池
$\dot{\xi}$	化学反应的转化速率		D	Debye (德拜)
Π	渗透压		d	脱附
π	对比压力, 表面压		def	定义
ρ	密度, 质量浓度, 电阻率, 电荷密度		dil	稀释
σ	波数, 熵产生率, 反应截面		E	超额
τ	对比温度, 弛豫时间, 时间间隔, 浊度,		e	电子, 平衡, 外, 膨胀
	单位面积上的切力		f	生成, 凝固, 非膨胀
τ_y	塑变值 (开始流动时的临界切力)		fus	熔 (融) 化
υ	振动量子数		g	气态
Φ	相数		h	热
ϕ	量子产率		IR	不可逆
φ	渗透因子, 电势差, 电极电势		i	内, 浸湿
φ_0	表面电势 (即热力学电势)		id	理想
χ	加入 1 mol 溶质 B 引起的作用能变化,		iso	隔离 (孤立)
	表面电势		j	接界
ψ	电位, 外电位		l	液态
Ω	热力学概率			

续表

m	摩尔, 最概然, 单分子层, 最大	t	平动
mix	混合	trs	晶形转变
n	核	v	振动
Ox	氧化	vap	蒸发
p	势 (位) 能	w	水
R	可逆	+	正的
r	转动, 反应, 相对, 排斥	−	负的
re	实际	±	离子平均
Red	还原	0	基态, 表面, 零点
rms	均方根	⧧	活化络合物或过渡态
s	固态, 表面, 饱和	∞	无限稀释 (极限)
sat	饱和	⊖	标准态 (热力学)
sln	溶液	⊕	标准态 (生物化学)
sol	溶解	*	纯态, 参考态 $(x_B = 1)$
sp	溶度积	□	参考态 $(m_B = 1 \ \text{mol} \cdot \text{kg}^{-1})$
sub	升华	△	参考态 $(c_B = 1 \ \text{mol} \cdot \text{dm}^{-3})$
sur	环境	σ	表面相
sys	系统	$\overline{m}$	上划线表示平均值

目 录

第八章

电解质溶液

本章基本要求

(1) 掌握电化学的基本概念和 Faraday 电解定律，了解迁移数的意义及常用的测定迁移数的方法。

(2) 掌握电导率、摩尔电导率的意义及它们与溶液浓度的关系。

(3) 熟悉离子独立移动定律及电导测定的一些应用。

(4) 掌握迁移数与摩尔电导率、离子电迁移率之间的关系，能熟练地进行计算。

(5) 理解电解质的离子平均活度、平均活度因子的意义及其计算方法。

(6) 了解强电解质溶液理论的基本内容及适用范围，并会计算离子强度及使用 Debye-Hückel 极限公式。

电化学主要是研究电能和化学能之间的互相转化以及转化过程中相关规律的科学。能量的转化需要一定的条件 (即要提供一定的装置和介质)。例如, 化学能转化成电能必须通过原电池 (primary cell) 来完成, 电能转化成化学能则需要借助电解池 (electrolytic cell) 来完成。无论是原电池还是电解池, 都需要知道电极 (electrode) 和相应的电解质溶液 (electrolyte solution) 中所发生的变化及其机理。

电化学的发展历史可以追溯到人们对电的认识。早在 1600 年, Gilbert 观察到用毛皮擦过的琥珀具有吸引其他轻微物体的能力, 就用 "electricus" (拉丁语, 意即 "像琥珀一样的") 来描述这种行为。但直到 1799 年, 意大利物理学家 Volta 从银片、锌片交替的叠堆中成功地产生了可见火花, 才提供了用直流电源进行广泛研究的可能性。1807 年, 英国化学家 Davy 用电解成功地从钠、钾的氢氧化物中分离出金属钠和钾。1833 年, 英国物理学家和化学家 Faraday 根据多次实验结果归纳出了著名的 Faraday 电解定律, 为电化学的定量研究和以后的电解工业奠定了理论基础。但直到 1870 年, 人们发明了发电机, 电解才开始被广泛地应用于工业中。

1893 年, 德国物理学家和化学家 Nernst 根据热力学理论提出了可逆电池电动势的计算公式, 即 Nernst 方程, 表示电池的电动势与参与电池反应的各种物质的性质、浓度及外在条件 (温度、压力等) 的关系, 为电化学平衡理论的发展做出了突出贡献。

1923 年, Debye 与 Hückel 提出了强电解质溶液中的离子互吸理论, 推动了电化学理论的进一步发展。1905 年, Tafel 开始注意到电极反应的不可逆现象, 提出了半经验的 Tafel 公式, 用以描述电流密度和氢超电势之间的关系。20 世纪 40 年代, 苏联学者弗鲁姆金以电极反应速率及其影响因素为主要研究对象, 逐步形成了电极反应动力学。

在电极上发生氧化或还原反应时, 电子的跃迁距离小于 1 nm。显然, 利用固体物理学的理论和量子力学的方法研究电极和溶液界面上所进行反应的机理, 更能反映出问题的实质。这是研究在界面上进行的电化学反应的一个崭新的领域, 被称为量子电化学。

生产上的需要推动着电化学的发展, 电化学工业在今天已成为国民经济的重要组成部分。许多有色金属及稀有金属的冶炼和精炼都采用电解的方法。利用电解的方法可以制备许多基本的化工产品, 如氢氧化钠、氯气、氯酸钾、过氧化氢及一些有机化合物等, 在化工生产中也广泛采用电催化和电合成反应。材料科学在当今新技术开发中占有极其重要的位置, 用电化学方法可以生产各种金属复合结构材料或表层具有特殊功能的材料。

电镀工业与机械工业、电子工业和人们的日常生活都有密切的关系, 绝大部分机械的零部件、电子工业中的各种器件都要镀上很薄的金属镀层, 从而起到装饰、防腐、增强抗磨能力和便于焊接等作用。此外, 工业上发展很快的电解加工、电铸、电抛光、铝的氧化保护、电着色及电泳喷漆法等也都采用了电化学方法。

化学电源是电化学在工业上应用的一个重要方面, 锌锰干电池、铅酸蓄电池等以其稳定又便于移动等特点在日常生活和汽车工业等方面已起到了重要作用。随着尖端科技如火箭、宇宙飞船、半导体、集成电路、大规模集成电路、计算机和移动通信等技术的迅速发展, 对化学电源也提出了新的要求, 故而能连续工作的燃料电池, 各种体积小、质量轻, 既安全又便于存放的新型高能电池、微电池如锂离子电池, 不断地被研制、开发, 使得它们在照明、宇航、通信、生物学、医学等方面得到了越来越广泛的应用。

电化学与生物学和医学之间有密切的联系。生物体内的细胞膜便具有电化学电极的作用, 生物体内有双电层和电势差存在, 从而通过神经传递信息。心电图、脑电图等都与电化学有关。微电极作为电化学传感器在生物学研究及医学诊断中起着十分重要的作用。

电化学无论在理论上还是在实际应用上都有十分丰富的内涵, 在本书中仅对如下几个方向做简要的概述: (1) 电解质溶液理论 (如离子互吸、离子水合、离子缔合、电导理论、解离平衡等); (2) 电化学平衡 (如可逆电池、电极电势、电动势及可逆电池电动势与热力学函数之间的关系等); (3) 电极过程动力学 (如从动力学的角度阐明电极上所发生的反应); (4) 实用电化学等。电化学的内容相当广泛, 并已形成一门独立的科学, 在本书中将着重讨论电化学中的一些基本原理和共同规律。

8.1　电化学中的基本概念和电解定律

原电池和电解池

能导电的物质称为**导电体** (electrical conductor), 简称导体。导体大致上可分为两类, 第一类导体是电子导体, 例如金属、石墨及某些金属的化合物 (如 WC) 等, 依靠自由电子的定向运动而导电, 在导电过程中自身不发生化学变化。当温度升高时, 由于导电物质内部质点的热运动加剧, 阻碍自由电子的定向运动, 因而电阻增大, 导电能力降低。第二类导体是离子导体, 例如电解质溶液或熔融的电解质等, 依靠离子的定向运动 (即离子的定向迁移) 而导电。当温度升高时, 由于溶液的黏度降低, 在水溶液中离子水化作用减弱等原因, 离子运动速率加快, 导电能力增强。

今将一个外加电源的正、负极用导线分别与两个电极相连, 然后插入电解质溶液中, 就构成了电解池, 如图 8.1 所示。溶液中的正离子 (cation) 将向阴极 (cathode) 迁移, 在阴极上发生还原作用。而负离子 (anion) 将向阳极 (anode) 迁移, 并在阳极上发生氧化作用。

例如, 若电解质是 $CuCl_2$ 的浓溶液 (设电极是惰性金属, 本身不发生反应, 由于极化作用氧气不可能在阳极析出), 则电极反应为

阳极发生氧化作用 $\qquad 2Cl^-(aq) \longrightarrow Cl_2(g) + 2e^-$

阴极发生还原作用 $\qquad Cu^{2+}(aq) + 2e^- \longrightarrow Cu(s)$

图 8.2 所示的是 Daniell (丹聂尔) 电池, 是一种最简单的原电池。

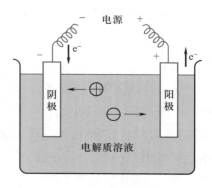

图 8.1 电解池示意图

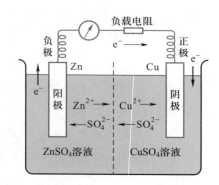

图 8.2 Daniell 电池示意图

Zn 电极上发生氧化反应, 故 Zn 电极是阳极。Cu 电极上自动发生还原反应, 故 Cu 电极是阴极, 其反应为

阳极发生氧化作用 $\qquad Zn(s) \longrightarrow Zn^{2+}(aq) + 2e^-$

阴极发生还原作用 $\qquad Cu^{2+}(aq) + 2e^- \longrightarrow Cu(s)$

总之, 无论是电解池还是原电池, 在讨论其中单个电极时, 发生氧化作用的电极均称为阳极, 发生还原作用的电极均称为阴极, 这是在电化学中公认的约定[①]。但是在电极上究竟发生什么反应, 这与电解质的种类、溶剂的性质、电极材料、

[①] 在物理学中认为, 电子在电场作用下发生定向移动而显示电流, 并规定: 以正电荷的运动方向为电流的方向, 且电流总是从电势高的正极流向电势低的负极, 这与电子的流向刚好相反。按照这一规定, 在 Daniell 电池中电子在外电路中是从 Zn 极流向 Cu 极, 而 "电流" 则是从 Cu 极流向 Zn 极, 即称 Cu 极是正极, 称 Zn 极是负极。这就是有人也常常用正、负极来表示原电池中两个电极的原因。本书采用电化学中公认的约定。

外加电源的电压、离子浓度及温度等有关。例如, 若用惰性电极电解 Na_2SO_4 溶液, 则

在阴极 (还原作用) $2H^+(aq) + 2e^- \longrightarrow H_2(g)$

在阳极 (氧化作用) $2OH^-(aq) \longrightarrow H_2O(l) + \dfrac{1}{2}O_2(g) + 2e^-$

因为溶液中正离子 H^+ 较 Na^+ 更易于在阴极放电, Na^+ 只是移向阴极但并不在阴极放电。同样, 在阳极上起作用的是水中的 OH^-, 而不是 SO_4^{2-}, 但 SO_4^{2-} 也移向阳极而参与导电。又如, 在用惰性电极电解 $FeCl_3$ 溶液时, 在阴极上 Fe^{3+} 也可以进行 $Fe^{3+} + e^- \longrightarrow Fe^{2+}$ 的还原反应。在电解 $CuCl_2$ 溶液时, 若溶液很稀, 阳极上可能发生 OH^- 的氧化而不是 Cl^- 的氧化; 若用 Cu 为电极, 则在阳极上可能发生下述反应:

$$Cu(电极材料) \longrightarrow Cu^{2+}(aq) + 2e^-$$

Faraday 电解定律

Faraday 归纳了多次实验的结果, 于 1833 年总结出一条基本定律, 称为 **Faraday 电解定律** (Faraday's law of electrolysis), 即通电于电解质溶液之后, (1) 在电极上 (即两相界面上) 物质发生化学变化的物质的量与通入的电荷量成正比; (2) 若将几个电解池串联, 通入一定的电荷量后, 在各个电解池的电极上发生化学变化的物质的量都相等。

人们把 1 mol 元电荷的电荷量称为 **Faraday 常数**, 用 F 表示。

$$F = Le$$
$$= 6.022 \times 10^{23}\ mol^{-1} \times 1.6022 \times 10^{-19}\ C$$
$$= 96484.5\ C \cdot mol^{-1} \approx 96500\ C \cdot mol^{-1}$$

式中 L 为 Avogadro 常数; e 是元电荷的电荷量。

如果在电解池中发生如下反应:

$$M^{z+} + z_+e^- \longrightarrow M(s)$$

式中 e^- 代表电子; z_+ 是电极反应中电子转移的计量系数。如欲从该溶液中沉积出 1 mol 金属 $M(s)$, 若反应进度为 1 mol, 需通入的电荷量为

$$Q_{(\xi=1)} = z_+eL = z_+F$$

若反应进度为 ξ, 需通入的电荷量为

$$Q_{(\xi)} = z_+F\xi$$

若通入任意电荷量 Q, 则沉积出金属 B 的物质的量 n_B 和质量 m_B 分别为

$$n_B = \frac{Q}{z_+ F} \tag{8.1a}$$

$$m_B = \frac{Q}{z_+ F} M_B \tag{8.1b}$$

式中 M_B 是金属 B 的摩尔质量。式 (8.1a) 和式 (8.1b) 就是 Faraday 电解定律的数学表达式。

根据电学上的有关计量关系, 电流强度 $I = \mathrm{d}Q/\mathrm{d}t$, 所以

$$Q = \int_0^t I \mathrm{d}t$$

若电流强度是稳定的, 则 $Q = It$。

根据 Faraday 电解定律, 通过分析电解过程中反应物 (或产物) 在电极上物质的量的变化, 就可求出通入电荷量的数值 [通常是在电路中串联一个电解池, 根据电解池中在阴极上析出金属的物质的量来计算通入的电荷量, 这种装置就称为电量计或库仑计 (coulometer)]。

例 8.1

用 0.025 A ($\mathrm{A = C \cdot s^{-1}}$) 的电流通过硝酸金 $[\mathrm{Au(NO_3)_3}]$ 溶液, 当阴极上有 1.20 g Au(s) 析出时, 试计算:

(1) 通过的电荷量。

(2) 需通电的时间。

(3) 阳极上放出氧气的质量。

已知 Au(s) 的摩尔质量 $M(\mathrm{Au})$ 为 $197.0\ \mathrm{g \cdot mol^{-1}}$, $\mathrm{O_2(g)}$ 的摩尔质量 $M(\mathrm{O_2})$ 为 $32.0\ \mathrm{g \cdot mol^{-1}}$。

解　方法 1

若电极反应表示为

阴极　$\frac{1}{3}\mathrm{Au^{3+}} + \mathrm{e^-} \longrightarrow \frac{1}{3}\mathrm{Au(s)}$

阳极　$\frac{1}{2}\mathrm{H_2O(l)} \longrightarrow \frac{1}{4}\mathrm{O_2(g)} + \mathrm{H^+} + \mathrm{e^-}$

当阴极上析出 1.20 g Au(s) 时, 反应进度为

$$\xi = \frac{1.20\ \mathrm{g}}{M\left(\frac{1}{3}\mathrm{Au}\right)} = \frac{1.20\ \mathrm{g}}{\frac{1}{3} \times 197.0\ \mathrm{g \cdot mol^{-1}}} = 0.0183\ \mathrm{mol}$$

(1) $Q = zF\xi = 1 \times 96500\ \mathrm{C \cdot mol^{-1}} \times 0.0183\ \mathrm{mol} = 1766\ \mathrm{C}$

(2) $t = \dfrac{Q}{I} = \dfrac{1766\ \mathrm{C}}{0.025\ \mathrm{C \cdot s^{-1}}} = 7.06 \times 10^4\ \mathrm{s}$

(3) 阳极上的反应进度也是 0.0183 mol, 析出氧气的质量为

$$m(O_2) = 0.0183 \text{ mol} \times \frac{1}{4} M(O_2)$$

$$= 0.0183 \text{ mol} \times \frac{1}{4} \times 32.0 \text{ g} \cdot \text{mol}^{-1}$$

$$= 0.146 \text{ g}$$

可见, 虽然两个电极反应进度相同, 电极反应中转移的电荷数也相同, 但 Au(s) 的摩尔质量远大于 $O_2(g)$ 的摩尔质量, 故析出 Au(s) 的质量也大得多。

方法 2

若电极反应表示为

阴极 $\qquad$ $Au^{3+}(aq) + 3e^- \longrightarrow Au(s)$

阳极 $\qquad$ $\frac{3}{2}H_2O(l) \longrightarrow \frac{3}{4}O_2(g) + 3H^+ + 3e^-$

当阴极上析出 1.20 g Au(s) 时, 反应进度为

$$\xi = \frac{1.20 \text{ g}}{197.0 \text{ g} \cdot \text{mol}^{-1}} = 6.09 \times 10^{-3} \text{ mol}$$

(1) $Q = zF\xi = 3 \times 96500 \text{ C} \cdot \text{mol}^{-1} \times 6.09 \times 10^{-3} \text{ mol} = 1766 \text{ C}$

(2) $t = \dfrac{Q}{I} = 7.06 \times 10^4 \text{ s}$

(3) $m(O_2) = 6.09 \times 10^{-3} \text{ mol} \times \dfrac{3}{4} \times 32.0 \text{ g} \cdot \text{mol}^{-1} = 0.146 \text{ g}$

可见, 电极反应写法不同, 析出相同质量 Au(s) 的反应进度不同, 而三个计算所得的结果是一样的。

　　Faraday 电解定律在任何温度和压力下均可适用, 没有使用的限制条件。而且实验越精确, 所得结果与 Faraday 电解定律吻合越好, 此类定律在科学上并不多见。

　　在实际电解时, 电极上常发生副反应或次级反应。例如, 镀锌时, 在阴极上除了进行锌离子的还原反应外, 同时还可能发生氢离子还原的副反应。又如, 电解食盐溶液时, 在阳极上所生成的氯气, 有一部分溶解在溶液中发生次级反应而生成次氯酸盐和氯酸盐。因此, 要析出一定数量的某一物质时, 实际上所消耗的电荷量要比按照 Faraday 电解定律计算所需的理论电荷量多一些。此两者之比称为**电流效率**, 通常用百分数来表示, 即当析出一定数量的某物质时:

$$\text{电流效率} = \frac{\text{按 Faraday 电解定律计算所需理论电荷量}}{\text{实际所消耗的电荷量}} \times 100\%$$

或者当通过一定电荷量后：

$$电流效率 = \frac{电极上产物的实际质量}{按 \text{ Faraday } 电解定律计算应获得产物的质量} \times 100\%$$

例 8.2

需在 $10 \text{ cm} \times 10 \text{ cm}$ 的薄铜片两面镀上厚度为 0.005 cm 的 Ni 层 [镀液用 $Ni(NO_3)_2$ 溶液], 假定镀层均匀分布, 用 2.0 A 的电流得到上述厚度的 Ni 层需通电多长时间? 设电流效率为 96.0%。已知金属镍的密度为 $8.90 \text{ g} \cdot \text{cm}^{-3}$, $Ni(s)$ 的摩尔质量为 $58.69 \text{ g} \cdot \text{mol}^{-1}$。

解　电极反应为

$$Ni^{2+}(aq) + 2e^- \longrightarrow Ni(s)$$

镀层中含 $Ni(s)$ 的质量为

$$10 \text{ cm} \times 10 \text{ cm} \times 2 \times 0.005 \text{ cm} \times 8.90 \text{ g} \cdot \text{cm}^{-3} = 8.90 \text{ g}$$

按所写电极反应, 析出 $8.90 \text{ g } Ni(s)$ 的反应进度为

$$\xi = \frac{8.90 \text{ g}}{58.69 \text{ g} \cdot \text{mol}^{-1}} = 0.152 \text{ mol}$$

理论所需电荷量为

$$Q(理论) = zF\xi = 2 \times 96500 \text{ C} \cdot \text{mol}^{-1} \times 0.152 \text{ mol} = 2.93 \times 10^4 \text{ C}$$

实际消耗电荷量为

$$Q(实际) = \frac{2.93 \times 10^4 \text{ C}}{0.960} = 3.05 \times 10^4 \text{ C}$$

通电时间为

$$t = \frac{Q(实际)}{I} = \frac{3.05 \times 10^4 \text{ C}}{2.0 \text{ C} \cdot \text{s}^{-1}} = 1.5 \times 10^4 \text{ s} \approx 4.2 \text{ h}$$

8.2　离子的电迁移率和迁移数

离子的电迁移现象

离子在外电场作用下发生的定向运动称为**离子的电迁移** (electromigration)。当通电于电解质溶液后, 溶液中承担导电任务的正、负离子分别向阴、阳两极移

动, 并在相应的两电极界面上发生氧化或还原作用, 从而两极旁溶液的浓度也发生变化。这个过程可用图 8.3 来示意说明。

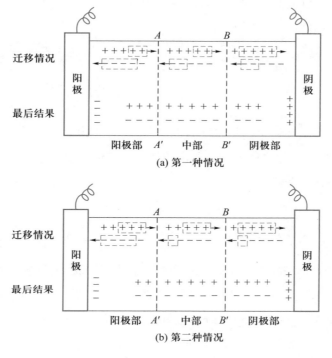

图 8.3 离子的电迁移现象

设想在两个惰性电极之间的溶液中, 有两个想象的平面 AA' 和 BB', 将溶液分为阳极部、中部及阴极部三个部分。假定在未通电前, 各部分均含有都为一价的正、负离子各 5 mol, 分别用 +、− 号的数量来表示正、负离子的物质的量。在 4 mol 电子的电荷量通过之后, 在阳极上有 4 mol 负离子发生氧化反应, 同时在阴极上有 4 mol 正离子发生还原反应, 在溶液中的离子也同时发生迁移。当溶液中通过 4 mol 电子的电荷量时, 整个导电任务是由正、负离子共同分担的, 每种离子所迁移的电荷量随着它们迁移速率的不同而不同 (因已设离子所带的电荷量相同), 现假设有以下两种情况:

第一种情况: 正、负离子的迁移速率相等, 则导电任务各分担一半。在 AA' 平面上, 各有 2 mol 正、负离子相互逆向通过, 在 BB' 平面上亦是如此 [见图 8.3(a)]。通电完毕后, 中部溶液的浓度没有变化, 而阴极部和阳极部溶液的浓度虽然相同, 但与原溶液相比, 正、负离子各少了 2 mol。

第二种情况: 正离子的迁移速率是负离子的三倍, 则在任一平面上有 3 mol 正离子及 1 mol 负离子相互逆向通过 [见图 8.3(b)]。通电完毕后, 中部溶液的浓度仍保持不变, 但阴极部和阳极部正、负离子的浓度互不相同, 且两极部溶液的浓度比原溶液都有所下降, 但降低的程度不同。

从上述两种假设可归纳出如下规律, 即

(1) 向阴、阳两极方向迁移的正、负离子所传导的电荷量的总和恰等于通入溶液的总的电荷量。

(2) $\dfrac{\text{阳极部物质的量的减少}}{\text{阴极部物质的量的减少}} = \dfrac{\text{正离子所传导的电荷量 } (Q_+)}{\text{负离子所传导的电荷量 } (Q_-)}$

$$= \dfrac{\text{正离子的迁移速率 } r_+}{\text{负离子的迁移速率 } r_-}$$

上述讨论的是惰性电极的情况。若电极本身也参加反应, 若正、负离子的电荷量不同, 则阴、阳两极溶液浓度变化情况要复杂一些。可根据电极上的具体反应进行分析。

离子的电迁移率和迁移数

离子在电场中运动的速率除了与离子的本性 (包括离子半径、离子水化程度、所带电荷等) 及溶剂的性质 (如黏度等) 有关以外, 还与电场的**电位梯度** (electric potential gradient) $\mathrm{d}E/\mathrm{d}l$ 有关。显然电位梯度越大, 离子运动的推动力也越大。因此, 离子的运动速率可以写为

$$r_+ = u_+ \frac{\mathrm{d}E}{\mathrm{d}l} \qquad r_- = u_- \frac{\mathrm{d}E}{\mathrm{d}l} \tag{8.2}$$

式中比例系数 u_+ 和 u_- 相当于单位电位梯度 ($1\ \mathrm{V} \cdot \mathrm{m}^{-1}$) 时离子的运动速率, 称为**离子电迁移率** (又称为**离子淌度**, ionic mobility), 单位为 $\mathrm{m}^2 \cdot \mathrm{s}^{-1} \cdot \mathrm{V}^{-1}$。离子电迁移率的大小与温度、浓度等因素有关, 它的数值可用界面移动实验来测定 (见下部分内容 "离子迁移数的测定")。表 8.1 列出了 298.15 K 时一些离子在无限稀释水溶液中的离子电迁移率。

表 8.1　298.15 K 时一些离子在无限稀释水溶液中的离子电迁移率

正离子	$\dfrac{u_+^\infty}{10^{-8}\ \mathrm{m}^2 \cdot \mathrm{s}^{-1} \cdot \mathrm{V}^{-1}}$	负离子	$\dfrac{u_-^\infty}{10^{-8}\ \mathrm{m}^2 \cdot \mathrm{s}^{-1} \cdot \mathrm{V}^{-1}}$
H^+	36.24	OH^-	20.52
K^+	7.62	SO_4^{2-}	8.29
Ba^{2+}	6.59	Cl^-	7.91
Na^+	5.19	NO_3^-	7.40
Li^+	4.01	HCO_3^-	4.61

注: 本表数据摘自 Haynes W M. CRC Handbook of Chemistry and Physics. 97th ed. Boca Raton: CRC Press Inc, 2016—2017: 5-75. 由查得的 λ^∞ 除以 F 得到。

由于正、负离子移动的速率不同, 所带电荷不等, 因此它们在迁移电荷量时所分担的份额也不同。把离子 B 所运载的电流与总电流之比称为离子 B 的**迁移数** (transference number), 用符号 t_B 表示, 其定义式为

$$t_B \xlongequal{\text{def}} \frac{I_B}{I} \tag{8.3}$$

t_B 是离子 B 迁移电荷量的分数, 其量纲为 1。

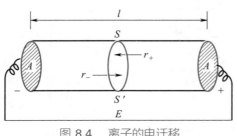

图 8.4　离子的电迁移

如图 8.4 所示, 设有距离为 l、面积为 A 的两个平行铂电极, 左侧为阴极, 右侧为阳极, 外加电压为 E, 在电极间充以电解质 $(M_{\nu_+}A_{\nu_-})$ 的溶液, 其浓度为 c (单位为 $\text{mol} \cdot \text{m}^{-3}$), 设它的解离度为 α, 则

$$M_{\nu_+}A_{\nu_-} \Longrightarrow \nu_+ M^{z+} + \nu_- A^{z-}$$
$$c(1-\alpha) \qquad c\nu_+\alpha \qquad c\nu_-\alpha$$

如果正离子的迁移速率为 r_+, 则单位时间内通过任意截面 SS' 向阴极移动的正离子所迁移的电荷量为

$$\frac{Q_+}{t} = I_+ = (c\nu_+\alpha z_+ A r_+)F \tag{8.4a}$$

同理, 负离子所迁移的电荷量为

$$\frac{Q_-}{t} = I_- = (c\nu_-\alpha z_- A r_-)F \tag{8.4b}$$

因为溶液总是电中性的, $\nu_+ z_+ = |\nu_- z_-|$, 所以在单位时间内通过任意截面的总电荷量为

$$\frac{Q}{t} = \frac{Q_+}{t} + \frac{Q_-}{t} = I_+ + I_- = I$$
$$I = (c\nu_+\alpha z_+ A r_+ + c\nu_-\alpha z_- A r_-)F$$
$$= c\nu_+\alpha z_+ A(r_+ + r_-)F$$
$$= c\nu_-\alpha z_- A(r_+ + r_-)F \tag{8.5}$$

根据迁移数的定义, 则正、负离子的迁移数分别为

$$t_+ = \frac{I_+}{I} = \frac{r_+}{r_+ + r_-} \qquad t_- = \frac{I_-}{I} = \frac{r_-}{r_+ + r_-} \tag{8.6}$$

由于正、负离子处于同一电位梯度中, 因此式 (8.6) 又可写为

$$t_+ = \frac{u_+}{u_+ + u_-} \qquad t_- = \frac{u_-}{u_+ + u_-} \tag{8.7}$$

从式 (8.6) 和式 (8.7) 可得

$$\frac{t_+}{t_-} = \frac{r_+}{r_-} = \frac{u_+}{u_-} \tag{8.8}$$

$$t_+ + t_- = 1 \tag{8.9}$$

若溶液中的正、负离子不止一种, 则任一离子 B 的迁移数为

$$t_B = \frac{Q_B}{Q} = \frac{I_B}{I} = \frac{n_B z_B r_B}{\sum\limits_B n_B z_B r_B}$$

$$\sum t_B = \sum t_+ + \sum t_- = 1$$

*离子迁移数的测定

离子迁移数的测定最常用的方法有 Hittorf (希托夫) 法、界面移动法和电动势法等 (电动势法将在第九章中讨论)。

1. Hittorf 法

图 8.5 所示为 Hittorf 法测定迁移数的实验装置示意图。在管内装有已知浓度的电解质溶液, 接通电源, 适当控制电压, 让很小的电流通过电解质溶液, 这时正、负离子分别向阴、阳两极迁移, 同时在电极上有反应发生, 致使电极附近的溶液浓度不断改变, 而中部溶液的浓度基本不变。通电一段时间后, 把阴极部 (或阳极部) 的溶液小心放出, 进行称量和分析, 从而根据阴极部 (或阳极部) 溶液中

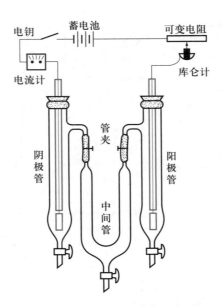

图 8.5　Hittorf 法测定迁移数的实验装置示意图

电解质含量的变化及串联在电路中的库仑计上测出的通过的总电荷量, 就可算出离子的迁移数。若有的离子只发生迁移而并不在电极界面上反应, 则其迁移数的计算就更为简单。通过下面的例题可以了解迁移数的计算方法。

例 8.3

设在 Hittorf 迁移管中用 Cu 电极来电解已知浓度的 $CuSO_4$ 溶液, 溶液中通以 20 mA 的直流电 2~3 h, 通电完毕后, 串联在电路中的银库仑计阴极上有 0.0405 g 银析出。阴极部溶液的质量为 36.434 g, 据分析知, 在通电前其中含 $CuSO_4$ 1.1276 g, 通电后含 $CuSO_4$ 1.1090 g。试求 Cu^{2+} 和 SO_4^{2-} 的离子迁移数。

解 分析阴极部的溶液浓度的变化, 首先计算 Cu^{2+} 的离子迁移数。阴极部 Cu^{2+} 浓度的改变是由两种原因引起的: (1) Cu^{2+} 的迁入; (2) Cu^{2+} 在阴极上发生还原反应。现在选取 $\frac{1}{2}Cu^{2+}$ 作为基本质点, $\frac{1}{2}Cu^{2+}$ 在阴极上发生还原反应的方程式为

$$\frac{1}{2}Cu^{2+} + e^- \longrightarrow \frac{1}{2}Cu(s)$$

$\frac{1}{2}Cu(s)$ 在阴极部的物质的量的变化为

$$n_{终了} = n_{起始} + n_{迁移} - n_{电解}$$

已知 $\frac{1}{2}CuSO_4$ 的摩尔质量 $M\left(\frac{1}{2}CuSO_4\right) = 79.75 \ g \cdot mol^{-1}$, 银的摩尔质量 $M(Ag) = 107.88 \ g \cdot mol^{-1}$, 则

$$n_{终了} = \frac{1.1090 \ g}{79.75 \ g \cdot mol^{-1}} = 1.3906 \times 10^{-2} \ mol$$

$$n_{起始} = \frac{1.1276 \ g}{79.75 \ g \cdot mol^{-1}} = 1.4139 \times 10^{-2} \ mol$$

$$n_{电解} = \frac{0.0405 \ g}{107.88 \ g \cdot mol^{-1}} = 3.754 \times 10^{-4} \ mol$$

$$n_{迁移} = n_{终了} - n_{起始} + n_{电解}$$

$$= [(1.3906 - 1.4139) \times 10^{-2} + 3.754 \times 10^{-4}] mol$$

$$= 1.424 \times 10^{-4} \ mol$$

$$t_+ = \frac{n_{迁移}}{n_{电解}} = \frac{1.424 \times 10^{-4} \ mol}{3.754 \times 10^{-4} \ mol} = 0.38$$

$$t_- = 1 - t_+ = 1 - 0.38 = 0.62$$

如果首先计算 SO_4^{2-} 的离子迁移数, 阴极部 SO_4^{2-} 浓度的改变只是由于 SO_4^{2-} 的迁出造成的, SO_4^{2-} 在阴极上不发生化学反应, 故 $\frac{1}{2}SO_4^{2-}$ 在阴极部物质的量的变化为

$$n_{\text{终了}} = n_{\text{起始}} - n_{\text{迁移}}$$

$$n_{\text{迁移}} = n_{\text{起始}} - n_{\text{终了}}$$

$$= [(1.4139 - 1.3906) \times 10^{-2}] \ \text{mol} = 2.33 \times 10^{-4} \ \text{mol}$$

$$t_- = \frac{n_{\text{迁移}}}{n_{\text{电解}}} = \frac{2.33 \times 10^{-4} \ \text{mol}}{3.754 \times 10^{-4} \ \text{mol}} = 0.62$$

$$t_+ = 1 - t_- = 0.38$$

如果选取 Cu^{2+} 作为基本质点, 其余的计算方法完全相同, 只是库仑计中对应的两个银的摩尔质量为 $M(2Ag) = 107.88 \ \text{g} \cdot \text{mol}^{-1} \times 2$, 这样计算得到的离子迁移数是一样的。

Hittorf 法的原理简单, 但在实验过程中很难避免由于对流、扩散、振动等引起的溶液相混, 所以不易获得准确结果。另外, 在计算时没有考虑水分子随离子的迁移, 这样得到的离子迁移数常称为**表观迁移数** (apparent transference number)或 **Hittorf 迁移数**。

2. 界面移动法

界面移动法 (moving boundary method) 简称界移法, 此法能获得较为精确的结果, 用以直接测定溶液中离子的移动速率 (或淌度)。这种方法所使用的两种电解质溶液含有一种共同的离子, 它们被小心地放在一个垂直的细管内, 利用溶液密度的不同, 使这两种溶液之间形成一个明显的界面 (通常可以借助于溶液的颜色或折射率的不同使界面清晰可见)。如图 8.6 所示, 在管中先放 $CdCl_2$ 溶液, 然后再小心放入 HCl 溶液, 形成 bb' 界面。在通电过程中, Cd 从阳极上溶解下来, $H_2(g)$ 从阴极上放出, 溶液中 H^+ 向上移动, bb' 界面也上移。由于 Cd^{2+} 的移动速率比 H^+ 的小, Cd^{2+} 跟在 H^+ 之后向上移动, 所以不会产生新的界面。根据管子的横截面积、在通电的时间内界面移动的距离及通过该电解池的电荷量就可计算出离子的迁移数。

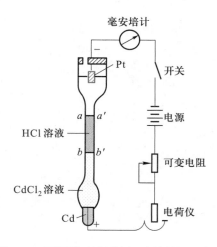

图 8.6　界面移动法测定迁移数装置示意图

例 8.4

参阅图 8.6, 设玻璃管的横截面积为 1.0×10^{-5} m^2, HCl 溶液的浓度为 10.0 $mol \cdot m^{-3}$, 当通以 0.01 A 的电流, 历时 200 s 后, 界面从 bb' 移到 aa', 移动了 0.17 m, 求 H^+ 的迁移数。

解 在 bb' 与 aa' 区间内的 H^+ 均通过 aa' 面向上移, 设这个区间的体积是 V, 通过 aa' 面的 H^+ 的个数为 cVL, 它所迁移的电荷量为

$$cVLz_+e = z_+cVF$$

经历时间 t 后通入的总电荷量为 It, 根据迁移数的定义有

$$
\begin{aligned}
t_{H^+} &= \frac{H^+ 所迁移的电荷量}{通过的总电荷量} = \frac{z_+cVF}{It} \\
&= \frac{1 \times 10.0 \ mol \cdot m^{-3} \times (0.17 \times 1.0 \times 10^{-5})m^3 \times 96500 \ C \cdot mol^{-1}}{0.01 \ C \cdot s^{-1} \times 200 \ s} \\
&= 0.82
\end{aligned}
$$

在图 8.6 中, $CdCl_2$ 溶液用作指示溶液, Cd^{2+} 的移动速率不能大于 H^+ 的移动速率, 否则会使界面模糊不清。要使界面清晰, 两种离子的移动速率应尽可能接近。

表 8.2 给出了 298.15 K 时用界移法测得的在不同浓度水溶液中一些正离子的迁移数。

从表 8.2 中可见, 浓度对离子的迁移数有影响, 在较浓的溶液中, 离子间相互引力较大, 正、负离子的移动速率均减慢, 若正、负离子的价数相同, 则所受影响

表 8.2   298.15 K 时用界移法测得的在不同浓度水溶液中一些正离子的迁移数

盐 类	溶液浓度 $c/(mol \cdot dm^{-3})$				
	0.01	0.05	0.10	0.50	1.00
HCl	0.8251	0.8292	0.8314	0.8376	0.8407
LiCl	0.3288	0.3211	0.3168	0.2992	0.2864
NaCl	0.3918	0.3878	0.3853	0.3753	0.3691
KCl	0.4902	0.4899	0.4897	0.4887	0.4880
$BaCl_2$	0.4381	0.4249	0.4162	0.3793	0.3527
$LaCl_3$	0.4541				
KNO_3	0.5084	0.5093	0.5103		
$AgNO_3$	0.4648	0.4664	0.4682		

注: 本表数据摘自 Miller D G. Application of Irreversible Thermodynamics to Electrolyte Solutions. I: Determination of Ionic Transport Coefficients for Isothermal Vector Transport Processes in Binary Electrolyte Systems [J]. Journal of Physical Chemistry, 1966, 70(8): 147-156. 其中 $AgNO_3$ 数据摘自 Shedlovsky, Theodore. An Equation for Transference Numbers [J]. Journal of Chemical Physics, 1938, 6(12): 845-846.

也大致相同, 迁移数的变化不大。若价数不同, 则价数大的离子的迁移数减小比较明显。

　　除了浓度之外, 温度对离子的迁移也有影响, 这主要是影响离子的水合程度。当温度升高时, 正、负离子的移动速率均加快, 两者的迁移数趋于相等。而外加电压的大小, 一般不影响迁移数, 因外加电压增加时, 正、负离子的移动速率成比例地增加, 而迁移数则基本不变。

8.3　电解质溶液的电导

电导、电导率、摩尔电导率

　　物体导电的能力通常用**电阻** (resistance, 单位为 Ω) R 来表示, 而对于电解质溶液, 其导电能力则用电阻的倒数即**电导** (electric conductance) G 来表示, $G = \dfrac{1}{R}$。电导的单位为 S (西门子) 或 Ω^{-1}。根据 Ohm (欧姆) 定律, 电压、电流和电阻三者之间的关系为

$$R = \frac{U}{I} \tag{8.10}$$

式中 U 为外加电压 (单位为 V); I 为电流强度 (单位为 A)。因 $G = R^{-1}$, 所以

$$G = R^{-1} = \frac{I}{U} \tag{8.11}$$

　　导体的电阻与其长度 l 成正比, 而与其截面积 A 成反比, 用公式表示为

$$R \propto \frac{l}{A} \quad 或 \quad R = \rho \frac{l}{A} \tag{8.12}$$

式中 ρ 是比例系数, 称为**电阻率** (resistivity), 单位是 $\Omega \cdot m$。**电导率** (electric conductivity) κ 是电阻率的倒数, 即

$$\kappa = \frac{1}{\rho}$$

则

$$G = \kappa \frac{A}{l} \tag{8.13}$$

κ 也是比例系数, 指单位长度 (1 m)、单位截面积 ($1\ \mathrm{m}^2$) 导体的电导, 其单位是 $\mathrm{S \cdot m^{-1}}$ 或 $\Omega^{-1} \cdot \mathrm{m}^{-1}$, 见图 8.7。

摩尔电导率 (molar conductivity) Λ_m 是指把含有 1 mol 电解质的溶液置于间距为单位距离的电导池的两个平行电极之间时所具有的电导, 见图 8.8。由于对不同的电解质均取 1 mol, 但所取溶液的体积 V_m 将随浓度而改变。设 c 是电解质溶液的浓度 (单位为 $\mathrm{mol \cdot m^{-3}}$), 则含 1 mol 电解质的溶液的体积 V_m 应等于 $\dfrac{1}{c}$, 根据电导率 κ 的定义, 摩尔电导率 Λ_m 与电导率 κ 之间的关系用公式表示为

$$\Lambda_\mathrm{m} \xlongequal{\text{def}} \kappa V_\mathrm{m} = \frac{\kappa}{c} \tag{8.14}$$

因为 κ 的单位为 $\mathrm{S \cdot m^{-1}}$, c 的单位为 $\mathrm{mol \cdot m^{-3}}$, 所以摩尔电导率 Λ_m 的单位为 $\mathrm{S \cdot m^2 \cdot mol^{-1}}$。

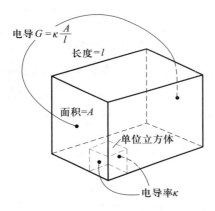

图 8.7　电导率定义示意图

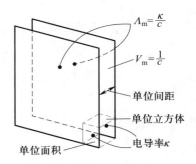

图 8.8　摩尔电导率定义示意图

例 8.5

在 291 K 时, 浓度为 $10\ \mathrm{mol \cdot m^{-3}}$ 的 $\mathrm{CuSO_4}$ 溶液的电导率为 $0.1434\ \mathrm{S \cdot m^{-1}}$, 试求 $\mathrm{CuSO_4}$ 的摩尔电导率 $\Lambda_\mathrm{m}(\mathrm{CuSO_4})$ 和 $\frac{1}{2}\mathrm{CuSO_4}$ 的摩尔电导率 $\Lambda_\mathrm{m}\left(\frac{1}{2}\mathrm{CuSO_4}\right)$。

解　$\begin{aligned}\Lambda_\mathrm{m}(\mathrm{CuSO_4}) &= \frac{\kappa}{c(\mathrm{CuSO_4})} \\ &= \frac{0.1434\ \mathrm{S \cdot m^{-1}}}{10\ \mathrm{mol \cdot m^{-3}}} \\ &= 1.434 \times 10^{-2}\ \mathrm{S \cdot m^2 \cdot mol^{-1}} \\ &= 14.34 \times 10^{-3}\ \mathrm{S \cdot m^2 \cdot mol^{-1}}\end{aligned}$

$$\Lambda_{\mathrm{m}}\left(\frac{1}{2}\mathrm{CuSO}_4\right) = \frac{\kappa}{c\left(\frac{1}{2}\mathrm{CuSO}_4\right)}$$

$$= \frac{0.1434\ \mathrm{S\cdot m^{-1}}}{2\times10\ \mathrm{mol\cdot m^{-3}}}$$

$$= 7.17\times10^{-3}\ \mathrm{S\cdot m^2\cdot mol^{-1}}$$

注意: (1) 当浓度 c 的单位以 $\mathrm{mol\cdot dm^{-3}}$ 表示时, 则要换算成以 $\mathrm{mol\cdot m^{-3}}$ 表示, 然后进行计算。即在数字运算的同时, 单位也进行运算, 才能获得正确的结果。

(2) 在使用摩尔电导率这个量时, 应将浓度为 c 的物质的基本单元置于 Λ_{m} 后的括号中, 以免出错。例如, $\Lambda_{\mathrm{m}}(\mathrm{CuSO}_4)$ 和 $\Lambda_{\mathrm{m}}\left(\frac{1}{2}\mathrm{CuSO}_4\right)$ 都可称为摩尔电导率, 只是所取的基本单元不同, 显然 $\Lambda_{\mathrm{m}}(\mathrm{CuSO}_4) = 2\Lambda_{\mathrm{m}}\left(\frac{1}{2}\mathrm{CuSO}_4\right)$。

引入摩尔电导率的概念是很有用的。因为一般电解质的电导率在溶液不太浓的情况下都随着浓度的增大而变大, 因为导电粒子数增加了。为了便于对不同类型的电解质进行导电能力的比较, 人们常选用摩尔电导率, 因为这时不但电解质有相同的物质的量 (都含有 1 mol 的电解质), 而且电极间距离也都是单位距离。当然, 在比较时所选取的电解质基本粒子的荷电荷量应相同。

*电导的测定

电导的测定在实验中实际上测定的是电阻。随着实验技术的不断发展, 目前已有不少测定电导、电导率的仪器, 并可把测出的电阻值换算成电导值在仪器上反映出来。其测量原理和物理学上测电阻用的 Wheatstone (惠斯通) 电桥类似。

图 8.9 所示为实验室中几种常用的电导池示意图, 内放电解质溶液, 电导池中的电极一般用铂片制成, 为了增加电极面积, 一般在铂片上镀上铂黑。

图 8.10 所示为用 Wheatstone 电桥测电导的装置示意图。图中 AB 为均匀的滑线电阻; R_1 为可变电阻; M 为放有待测溶液的电导池, 设其电阻为 R_x; I 是具有一定频率的交流电源, 通常取其频率为 1000 Hz, 在可变电阻 R_1 上并联了一个可变电容 F, 这是为使与电导池实现阻抗平衡; G 为耳机 (或阴极示波器)。接通电源后, 移动接触点 C, 直到耳机中声音最小 (或阴极示波器中无电流通过) 为止。这时 D,C 两点的电位降相等, DGC 线路中电流几乎为零, 这时电桥已达平衡, 并有如下的关系:

$$\frac{R_1}{R_x} = \frac{R_3}{R_4}$$

$$\frac{1}{R_x} = \frac{R_3}{R_1 R_4} = \frac{AC}{BC} \cdot \frac{1}{R_1}$$

式中 R_3, R_4 分别为 AC, BC 段的电阻, R_1 为可变电阻器的电阻, 均可从实验中测得, 从而可以求出电导池中溶液的电导 (即电阻 R_x 的倒数)。若知道电极间的距离和电极面积及溶液的浓度, 利用式 (8.12)、式 (8.13) 和式 (8.14), 原则上就可求得 $\kappa, \Lambda_\mathrm{m}$ 等物理量。

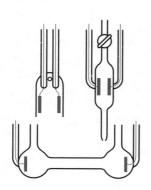
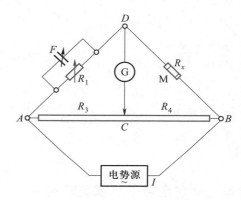

图 8.9　实验室中几种常用的电导池示意图　　　图 8.10　用 Wheatstone 电桥测电导的装置示意图

　　但是, 电导池中两极之间的距离 l 及涂有铂黑的电极面积 A 是很难测量的。通常是把已知电导率的溶液 (常用一定浓度的 KCl 溶液) 注入电导池, 就可确定 $\dfrac{l}{A}$ 值, 这个值称为**电导池常数** (constant of a conductivity cell), 用 K_cell 表示, 单位是 m^{-1}, 即

$$R = \rho \frac{l}{A} = \rho K_\mathrm{cell}$$

$$K_\mathrm{cell} = \frac{1}{\rho} R = \kappa R \tag{8.15}$$

KCl 溶液的电导率已被精确测出, 见表 8.3。

表 8.3　在 298 K 和 $p^{\ominus}$ 下不同浓度 KCl 溶液的 κ 和 Λ_m 值					
$\dfrac{c}{\mathrm{mol \cdot dm^{-3}}}$	0	0.001	0.01	0.1	1.0
$\dfrac{\Lambda_\mathrm{m}}{\mathrm{S \cdot m^2 \cdot mol^{-1}}}$	0.01450	0.0147	0.0141	0.0129	0.0112
$\dfrac{\kappa}{\mathrm{S \cdot m^{-1}}}$	0	0.0147	0.1411	1.29	11.2

注: 本表数据摘自 Haynes W M. CRC Handbook of Chemistry and Physics. 97th ed. Boca Raton: CRC Press Inc. 2016—2017: 5−72, 5−74。

例 8.6

298 K 时, 在一电导池中盛以 0.01 mol·dm^{-3} KCl 溶液, 测得电阻为 150.00 Ω; 盛以 0.01 mol·dm^{-3} HCl 溶液, 电阻为 51.40 Ω, 试求 HCl 溶液的电导率和摩尔电导率。

解　从表 8.3 查得, 298 K 时, 0.01 mol·dm^{-3} KCl 溶液的电导率为 0.1411 S·m^{-1}。

$$K_{cell} = \kappa R$$

$$= 0.1411 \text{ S·m}^{-1} \times 150.00 \text{ Ω} = 21.17 \text{ m}^{-1}$$

则 298 K 时 0.01 mol·dm^{-3} HCl 溶液的电导率和摩尔电导率分别为

$$\kappa = \frac{1}{R} K_{cell}$$

$$= \frac{1}{51.40 \text{ Ω}} \times 21.17 \text{ m}^{-1} = 0.4119 \text{ S·m}^{-1}$$

$$\Lambda_m = \frac{\kappa}{c}$$

$$= \frac{0.4119 \text{ S·m}^{-1}}{0.01 \times 10^3 \text{ mol·m}^{-3}} = 4.119 \times 10^{-2} \text{ S·m}^2·\text{mol}^{-1}$$

电导率、摩尔电导率与浓度的关系

强电解质溶液的电导率随浓度的增大 (即导电粒子数的增多) 而升高, 但当浓度增大到一定程度以后, 由于正、负离子之间的相互作用力增大, 因而使离子的运动速率降低, 电导率反而降低。所以, 在电导率与浓度的关系曲线上可能会出现最高点。弱电解质溶液的电导率随浓度的变化不显著, 因为浓度增加使其解离度减小, 所以溶液中离子数目变化不大, 见图 8.11。

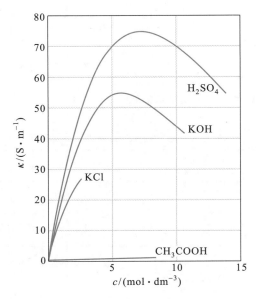

图 8.11　一些电解质的电导率随浓度的变化情况

　　摩尔电导率随浓度的变化与电导率随浓度的变化不同, 因溶液中能导电的物质的物质的量已经给定, 都为 1 mol, 当浓度降低时, 由于粒子之间的相互作用力减弱, 因而正、负离子的运动速率增大, 故摩尔电导率增大。当浓度降低到一定程度后, 强电解质的摩尔电导率值几乎保持不变, 见图 8.12。

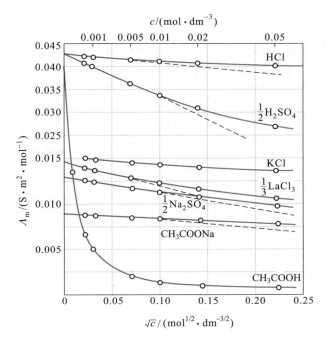

图 8.12　一些电解质在水溶液中的摩尔电导率随浓度的变化情况

　　表 8.4 列出了 298 K 时一些电解质在不同浓度时的摩尔电导率, 从表中可以看出: (1) 摩尔电导率随着浓度的降低而增大, 当浓度降低到一定程度以后, 强电解质的摩尔电导率值接近为一定值, 而弱电解质的摩尔电导率值仍在继续变化。(2) 若在同一浓度区间内比较各种电解质 Λ_m 值的变化, 例如就 NaCl, H_2SO_4, $CuSO_4$ 互相比较, 就会发现, 当浓度降低时, 各个 Λ_m 值的变化程度不同。$CuSO_4$ 的 Λ_m 值变化最大, H_2SO_4 的 Λ_m 值变化次之, 而 NaCl 的 Λ_m 值变化最小。这是因为 2-2 价型盐类离子之间的吸引力较大, 当浓度改变时, 对静电引力的影响较大, 所以 Λ_m 值的变化也较大。

　　德国化学家、物理学家 Kohlrausch 根据实验结果发现, 如以 $\sqrt{c}$ 为横坐标, 以 Λ_m 为纵坐标作图, 则在浓度极稀时, 强电解质的 Λ_m 与 $\sqrt{c}$ 几乎成线性关系, 见图 8.12。

　　通常当浓度在 0.001 mol·dm^{-3} 以下时, Λ_m 与 c 之间有如下关系:

$$\Lambda_m = \Lambda_m^\infty (1 - \beta\sqrt{c}) \tag{8.16}$$

式中 β 在一定温度下, 对一定的电解质和溶剂而言是一个常数。将直线外推至与

表 8.4   298 K 时一些电解质在不同浓度时的摩尔电导率 Λ_m

单位: $S \cdot m^2 \cdot mol^{-1}$

电解质	$c/(mol \cdot dm^{-3})$					
	0.0000	0.0005	0.001	0.010	0.100	1.000
NaCl	0.012639	0.012444	0.012368	0.011845	0.010669	0.008576*
KCl	0.014979	0.014774	0.014688	0.014120	0.012890	0.011187*
HCl	0.042595	0.042253	0.042115	0.04118	0.039113	0.033231*
NaAc	0.0091	0.008920	0.008850	0.008372	0.007276	—
$\frac{1}{2}CuSO_4$	0.01336	0.012160	0.11520	0.008308	0.005055	—
$\frac{1}{2}H_2SO_4$	0.04296	0.04131	0.03995	0.03364	0.02508	—
HAc	0.03907	0.00677	0.00492	0.00163	—	—
$NH_3 \cdot H_2O$	0.02714	0.0047	0.0034	0.00113	0.00036	—

注: 本表数据摘自 Haynes W M. CRC Handbook of Chemistry and Physics. 97th ed. Boca Raton: CRC Press Inc, 2016—2017: 5-74. 其中标注 * 的数据摘自 Miller D G. Application of Irreversible Thermodynamics to Electrolyte Solutions. I: Determination of Ionic Transport Coefficients for Isothermal Vector Transport Processes in Binary Electrolyte Systems [J]. Journal of Physical Chemistry, 1966, 70(8): 147-156.

纵坐标相交处, 即得到溶液在无限稀释时的摩尔电导率 Λ_m^∞ (又称为极限摩尔电导率, limiting molar conductivity)。

强电解质的 Λ_m^∞ 可用外推法求出。但弱电解质 (如 HAc, $NH_3 \cdot H_2O$ 等) 直到溶液稀释至 0.005 $mol \cdot dm^{-3}$ 时, 摩尔电导率 Λ_m 与 $\sqrt{c}$ 仍然不成线性关系。并且在极稀的溶液中, 浓度稍微改变一点, Λ_m 值的变动可能很大, 即实验上的少许误差对外推求得的 Λ_m^∞ 值影响很大。所以从实验值直接求弱电解质的 Λ_m^∞ 遇到了困难。Kohlrausch 的离子独立移动定律解决了这个问题。

离子独立移动定律和离子的摩尔电导率

Kohlrausch 根据大量的实验数据发现了一个规律, 即在无限稀释的溶液中, 每一种离子都是独立移动的, 不受其他离子的影响。如 HCl 与 HNO_3, KCl 与 KNO_3, LiCl 与 $LiNO_3$ 三对电解质的 Λ_m^∞ 差值相等, 而与正离子的本性 (即不论是 H^+, K^+ 还是 Li^+) 无关 (见表 8.5)。同样, 具有相同负离子的三对电解质, 其 Λ_m^∞ 差值也是相等的, 与负离子的本性无关。无论在水溶液中还是非水溶液中都存在这个规律。Kohlrausch 认为在无限稀释时, 每一种离子都是独立移动的, 不受其他离子的影响, 每一种离子对 Λ_m^∞ 值都有恒定的贡献。由于通电于溶液后, 电流的传递由正、负离子共同分担, 因而电解质的 Λ_m^∞ 值可认为是两种离子的极限摩尔电导率之和, 这就是**离子独立移动定律** (law of independent migration)。对于 1–1 价型电解质, 用公式表示为

$$\Lambda_m^\infty = \Lambda_{m,+}^\infty + \Lambda_{m,-}^\infty \tag{8.17a}$$

对于不同的电解质 $M_{\nu_+}A_{\nu_-}$, 其一般式为

$$\Lambda_m^\infty = \nu_+\Lambda_{m,+}^\infty + \nu_-\Lambda_{m,-}^\infty \tag{8.17b}$$

式中 $\Lambda_{m,+}^\infty, \Lambda_{m,-}^\infty$ 分别表示正、负离子在无限稀释时的摩尔电导率。

表 8.5　298 K 时一些强电解质在无限稀释时的摩尔电导率

电解质	$\dfrac{\Lambda_m^\infty}{S \cdot m^2 \cdot mol^{-1}}$	差数	电解质	$\dfrac{\Lambda_m^\infty}{S \cdot m^2 \cdot mol^{-1}}$	差数
KI	0.015031	23.43×10^{-4}	NaCl	0.012639	8.97×10^{-4}
NaI	0.012688		NaClO$_4$	0.011742	
KClO$_4$	0.013997	22.55×10^{-4}	KCl	0.014979	9.82×10^{-4}
NaClO$_4$	0.011742		KClO$_4$	0.013997	
KCl	0.014979	23.40×10^{-4}	LiCl	0.011497	9.04×10^{-4}
NaCl	0.012639		LiClO$_4$	0.010593	

注: 本表数据摘自 Haynes W M. CRC Handbook of Chemistry and Physics. 97th ed. Boca Raton: CRC Press Inc, 2016—2017: 5-74.

根据离子独立移动定律, 在极稀的 HCl 溶液和极稀的 HAc 溶液中, 氢离子的无限稀释摩尔电导率 $\Lambda_m^\infty(H^+)$ 是相同的。也就是说, 凡在一定的温度和一定的溶剂中, 只要是极稀溶液, 同一种离子的摩尔电导率都相同, 而不论另一种离子是何种离子。表 8.6 列出了 298 K 时一些离子在无限稀释水溶液中的摩尔电导率。

这样, 弱电解质在无限稀释时的摩尔电导率 Λ_m^∞ 就可从强电解质的 Λ_m^∞ 求算, 或从离子的无限稀释时的摩尔电导率求得。而离子的无限稀释时的摩尔电导率可从离子的电迁移率 (离子淌度) 求得。例如:

$$\Lambda_m^\infty(HAc) = \Lambda_m^\infty(H^+) + \Lambda_m^\infty(Ac^-)$$
$$= [\Lambda_m^\infty(H^+) + \Lambda_m^\infty(Cl^-)] + [\Lambda_m^\infty(Na^+) + \Lambda_m^\infty(Ac^-)] -$$
$$[\Lambda_m^\infty(Na^+) + \Lambda_m^\infty(Cl^-)]$$
$$= \Lambda_m^\infty(HCl) + \Lambda_m^\infty(NaAc) - \Lambda_m^\infty(NaCl)$$

上式表明, 醋酸 (HAc) 在无限稀释时的摩尔电导率 $\Lambda_m^\infty(HAc)$ 可由强电解质 HCl, NaAc 和 NaCl 在无限稀释时的摩尔电导率数据求得。

电解质的摩尔电导率是正、负离子的离子摩尔电导率贡献的总和, 所以离子的迁移数也可以看作某种离子的离子摩尔电导率占电解质的摩尔电导率的分数。

表 8.6 298 K 时一些离子在无限稀释水溶液中的摩尔电导率

正离子	$\dfrac{\Lambda_{m,+}^{\infty}}{10^{-4}\ S \cdot m^2 \cdot mol^{-1}}$	负离子	$\dfrac{\Lambda_{m,-}^{\infty}}{10^{-4}\ S \cdot m^2 \cdot mol^{-1}}$
H^+	349.65	OH^-	198.0
Li^+	38.66	Cl^-	76.31
Na^+	50.08	Br^-	78.1
K^+	73.48	I^-	76.8
NH_4^+	73.5	NO_3^-	71.42
Ag^+	61.9	CH_3COO^-	40.9
$\frac{1}{2}Ca^{2+}$	59.47	ClO_4^-	67.3
$\frac{1}{2}Ba^{2+}$	63.6	$\frac{1}{2}SO_4^{2-}$	80.0
$\frac{1}{2}Sr^{2+}$	59.4		
$\frac{1}{2}Mg^{2+}$	53.0		
$\frac{1}{3}La^{3+}$	69.7		

注: 本表数据摘自 Haynes W M. CRC Handbook of Chemistry and Physics. 97th ed. Boca Raton: CRC Press Inc, 2016—2017: 5-75～5-76.

对于 1–1 价型电解质, 在无限稀释时, 有

$$\Lambda_m^{\infty} = \Lambda_{m,+}^{\infty} + \Lambda_{m,-}^{\infty}$$
$$t_+ = \frac{\Lambda_{m,+}^{\infty}}{\Lambda_m^{\infty}} \qquad t_- = \frac{\Lambda_{m,-}^{\infty}}{\Lambda_m^{\infty}} \tag{8.18}$$

对于浓度不太大的 1–1 价型强电解质溶液, 设它完全解离, 可近似有

$$\Lambda_m = \Lambda_{m,+} + \Lambda_{m,-}$$
$$t_+ = \frac{\Lambda_{m,+}}{\Lambda_m} \qquad t_- = \frac{\Lambda_{m,-}}{\Lambda_m} \tag{8.19}$$

t_+, t_- 和 Λ_m 的值都可以由实验测得, 从而就可以计算离子的摩尔电导率。

离子的摩尔电导率可由离子的电迁移率求得。设图 8.4 所示实验中电场是均匀的, 则 $\dfrac{dE}{dl}$ 在数值上等于 $\dfrac{E}{l}$, 又因为 $r = u\dfrac{dE}{dl} = u\dfrac{E}{l}$, 故式 (8.5) 可写成

$$I = c\nu_+ \alpha z_+ A(u_+ + u_-)\frac{E}{l}F = c\nu_- \alpha z_- A(u_+ + u_-)\frac{E}{l}F \tag{8.20}$$

已知

$$\kappa = G\frac{l}{A} = \frac{I}{E}\frac{l}{A}$$

将式 (8.20) 代入上式, 并整理得

$$\kappa = c\nu_+\alpha z_+(u_+ + u_-)F = c\nu_-\alpha z_-(u_+ + u_-)F$$

根据摩尔电导率的定义, 这时电解质的浓度为 c, 所以有

$$\Lambda_{\mathrm{m}} = \frac{\kappa}{c} = \nu_+z_+\alpha(u_+ + u_-)F = \nu_-z_-\alpha(u_+ + u_-)F \tag{8.21}$$

对于无限稀释的电解质溶液, $\alpha = 1$, 故

$$\Lambda_{\mathrm{m}}^\infty = \nu_+z_+(u_+^\infty + u_-^\infty)F = \nu_-z_-(u_+^\infty + u_-^\infty)F \tag{8.22}$$

又因为

$$\Lambda_{\mathrm{m}}^\infty = \nu_+\Lambda_{\mathrm{m},+}^\infty + \nu_-\Lambda_{\mathrm{m},-}^\infty$$

所以

$$\Lambda_{\mathrm{m},+}^\infty = z_+u_+^\infty F \qquad \Lambda_{\mathrm{m},-}^\infty = z_-u_-^\infty F \tag{8.23}$$

对于浓度不太大的强电解质溶液, 设它完全解离, 可近似有

$$\Lambda_{\mathrm{m},+} = z_+u_+F \qquad \Lambda_{\mathrm{m},-} = z_-u_-F \tag{8.24}$$

将式 (8.24) 与式 (8.18) 结合, 可把 $t, u, \Lambda_{\mathrm{m},+}, \Lambda_{\mathrm{m},-}$ 和 Λ_{m} 几个物理量联系在一起, 从而可从实验易测的量来计算实验不易测的量或未知的量。

例 8.7

有一电导池, 电极的有效面积 A 为 2×10^{-4} m², 两极片间的距离为 0.10 m, 电极间充以 1–1 价型强电解质 MN 的水溶液, 浓度为 30 mol·m⁻³, 两电极间的电势差 E 为 3 V, 电流强度 I 为 0.003 A。已知正离子 M⁺ 的迁移数 $t_+ = 0.4$。试求:

(1) MN 的摩尔电导率。

(2) M⁺ 的离子摩尔电导率。

(3) M⁺ 在上述电场中的移动速率。

解 (1) $\Lambda_{\mathrm{m}} = \dfrac{\kappa}{c} = \dfrac{1}{c}\cdot G\cdot\dfrac{l}{A} = \dfrac{1}{c}\cdot\dfrac{I}{E}\cdot\dfrac{l}{A}$

$\qquad = \dfrac{1}{30\ \mathrm{mol\cdot m^{-3}}}\times\dfrac{0.003\ \mathrm{A}}{3\ \mathrm{V}}\times\dfrac{0.10\ \mathrm{m}}{2\times10^{-4}\ \mathrm{m^2}}$

$\qquad = 1.67\times10^{-2}\ \mathrm{S\cdot m^2\cdot mol^{-1}}$

(2) $\Lambda_{\mathrm{m},+} = t_+\Lambda_{\mathrm{m}} = 0.4\times1.67\times10^{-2}\ \mathrm{S\cdot m^2\cdot mol^{-1}}$

$\qquad = 6.68\times10^{-3}\ \mathrm{S\cdot m^2\cdot mol^{-1}}$

(3) $r_+ = u_+\dfrac{\mathrm{d}E}{\mathrm{d}l} = \dfrac{\Lambda_{\mathrm{m},+}}{F}\cdot\dfrac{E}{l}$

$\qquad = \dfrac{6.68\times10^{-3}\ \mathrm{S\cdot m^2\cdot mol^{-1}}}{96500\ \mathrm{C\cdot mol^{-1}}}\times\dfrac{3\ \mathrm{V}}{0.10\ \mathrm{m}}$

$\qquad = 2.08\times10^{-6}\ \mathrm{m\cdot s^{-1}} \qquad \left(\mathrm{S} = \Omega^{-1} = \dfrac{\mathrm{A}}{\mathrm{V}},\mathrm{A} = \mathrm{C\cdot s^{-1}}\right)$

由表 8.6 可见, 在水溶液中, H^+ 和 OH^- 的离子摩尔电导率特别大。在表 8.1 中, 这两种离子的电迁移率也较其他离子的大几倍, 这说明水溶液中 H^+ 和 OH^- 在电场力的作用下运动速率特别快。H^+ 和 OH^- 的这种异常现象只在水溶液 (或含有 —OH 基的溶剂, 如 ROH) 中显现。

有人认为, 在水溶液中单个溶剂化的质子的传导是通过一种质子传递机理即 Grotthus 电导机理完成的, 而并不是质子本身从溶液的一端迁向另一端, 如图 8.13 所示。因为质子可以在水分子间转移, 所以随着质子从一个水分子传给另一个水分子, 电流就很快沿着氢键被传导, 而水分子的排列形式从 (a) 变成 (b)。以 (b) 排列方式的水分子必须翻转, 回复到 (a) 的排列状态才能再接受 (或释放) 质子, 故电导率的大小取决于水分子翻转的速率。

OH^- 的摩尔电导率也很大, 传导机理与上述类似, 只是质子从 H_2O 分子上转移到 OH^- 上, 这个过程与 OH^- 在反方向的运动等价。

文献表明, 也有人认为质子在水中形成了 $H_9O_4^+$ (即 H_3O^+ 通过氢键再与三个水分子结合在一起而形成 $H_9O_4^+$)。

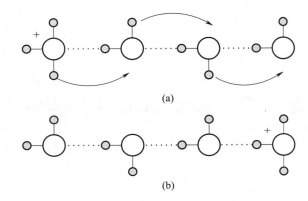

图 8.13　质子传递机理示意图

电导测定的一些应用

有关溶液电导数据的应用是很广泛的, 此处仅择其重要者略述。

1. 检验水的纯度

普通蒸馏水的电导率约为 1×10^{-3} S·m^{-1}, 二次蒸馏水 (蒸馏水用 $KMnO_4$ 和 KOH 溶液处理以除去 CO_2 及有机杂质, 然后在石英器皿中重新蒸馏 $1 \sim 2$ 次) 和去离子水的电导率小于 1×10^{-4} S·m^{-1}。由于水本身有微弱的解离:

$$H_2O \Longrightarrow H^+ + OH^-$$

故虽经反复蒸馏, 仍有一定的电导。理论计算纯水的电导率应为 5.5×10^{-6} S·m^{-1}。在半导体工业上或涉及电导测量的研究中, 需要高纯度的水, 即所谓 "电导水", 水的电导率要求在 1×10^{-4} S·m^{-1} 以下。所以只要测定水的电导率, 就可知道其纯度是否符合要求。

2. 计算弱电解质的解离度和解离常数

在弱电解质溶液中, 只有已解离的部分才能承担传递电荷量的任务。在无限稀释的溶液中可认为弱电解质已全部解离, 此时溶液的摩尔电导率为 Λ_m^∞, 可用离子的无限稀释摩尔电导率相加而得。而一定浓度下电解质的摩尔电导率 Λ_m 与无限稀释溶液中的摩尔电导率 Λ_m^∞ 是有差别的, 这是由两个因素造成的, 一是电解质的不完全解离, 二是离子间存在的相互作用力。因此, 通常称 Λ_m 为表观摩尔电导率, 根据式 (8.21) 和式 (8.22) 可得

$$\frac{\Lambda_m}{\Lambda_m^\infty} = \alpha \frac{u_+ + u_-}{u_+^\infty + u_-^\infty} \tag{8.25}$$

假定离子的电迁移率随浓度的变化可忽略不计, 即 $u_+^\infty \approx u_+, u_-^\infty \approx u_-$, 则式 (8.25) 可简化为

$$\frac{\Lambda_m}{\Lambda_m^\infty} = \alpha \tag{8.26}$$

设电解质为 AB 型 (即 1–1 价型), 若 c 为电解质的起始浓度, 则

$$\text{AB} \longrightarrow \text{A}^+ + \text{B}^-$$

起始时 c 0 0

平衡时 $c(1-\alpha)$ $c\alpha$ $c\alpha$

$$K_c^\ominus = \frac{\dfrac{c}{c^\ominus}\alpha^2}{1-\alpha}$$

将式 (8.26) 代入, 得

$$K_c^\ominus = \frac{\dfrac{c}{c^\ominus}\left(\dfrac{\Lambda_m}{\Lambda_m^\infty}\right)^2}{1-\dfrac{\Lambda_m}{\Lambda_m^\infty}} = \frac{\dfrac{c}{c^\ominus}\Lambda_m^2}{\Lambda_m^\infty(\Lambda_m^\infty - \Lambda_m)} \tag{8.27}$$

式 (8.27) 也可写作

$$\frac{1}{\Lambda_m} = \frac{1}{\Lambda_m^\infty} + \frac{\Lambda_m \dfrac{c}{c^\ominus}}{K_c^\ominus(\Lambda_m^\infty)^2} \tag{8.28}$$

以 $\dfrac{1}{\Lambda_m}$ 对 $c\Lambda_m$ 作图, 截距即为 $\dfrac{1}{\Lambda_m^\infty}$, 根据直线的斜率即可求得 $K_c^\ominus$ 值。

这就是 **Ostwald 稀释定律** (Ostwald's dilution law)。

例 8.8

把浓度为 $15.81 \text{ mol} \cdot \text{m}^{-3}$ 的醋酸溶液注入电导池, 已知电导池常数 K_{cell} 是 13.7 m^{-1}, 此时测得电阻为 $655 \ \Omega$。运用表 8.6 中数值计算醋酸的 $\Lambda_{\text{m}}^{\infty}$, 以及求出在给定条件下醋酸的解离度 α 和解离常数 $K_c^{\ominus}$。

解　$\kappa = \dfrac{K_{\text{cell}}}{R} = \dfrac{13.7 \text{ m}^{-1}}{655 \ \Omega} = 2.09 \times 10^{-2} \text{ S} \cdot \text{m}^{-1}$

$$\Lambda_{\text{m}} = \frac{\kappa}{c} = \frac{2.09 \times 10^{-2} \text{ S} \cdot \text{m}^{-1}}{15.81 \text{ mol} \cdot \text{m}^{-3}} = 1.32 \times 10^{-3} \text{ S} \cdot \text{m}^2 \cdot \text{mol}^{-1}$$

$$\Lambda_{\text{m}}^{\infty} = \Lambda_{\text{m}}^{\infty}(\text{H}^+) + \Lambda_{\text{m}}^{\infty}(\text{Ac}^-)$$

$$= (349.65 + 40.9) \times 10^{-4} \text{ S} \cdot \text{m}^2 \cdot \text{mol}^{-1}$$

$$= 3.91 \times 10^{-2} \text{ S} \cdot \text{m}^2 \cdot \text{mol}^{-1}$$

$$\alpha = \frac{\Lambda_{\text{m}}}{\Lambda_{\text{m}}^{\infty}} = \frac{1.32 \times 10^{-3} \text{ S} \cdot \text{m}^2 \cdot \text{mol}^{-1}}{3.91 \times 10^{-2} \text{ S} \cdot \text{m}^2 \cdot \text{mol}^{-1}} = 3.38 \times 10^{-2}$$

$$K_c^{\ominus} = \frac{\dfrac{c}{c^{\ominus}} \alpha^2}{1 - \alpha} = \frac{\dfrac{15.81 \text{ mol} \cdot \text{m}^{-3}}{1 \text{ mol} \cdot \text{dm}^{-3}} \times (3.38 \times 10^{-2})^2}{1 - 3.38 \times 10^{-2}} = 1.87 \times 10^{-5}$$

Ostwald 稀释定律的正确性可以通过实验来验证。把 Ostwald 稀释定律应用于 HCl 和 HAc 水溶液, 根据式 (8.27) 计算所得的 $K_c^{\ominus}$ 值列于表 8.7 中。

从表 8.7 可以看出, 醋酸的 $K_c^{\ominus}$ 在浓度不太大时接近于一个常数, 但是强电解质 HCl 的 $K_c^{\ominus}$ 值则远不是一个常数。因强电解质在水溶液中几乎是全部解离的, 不存在解离度问题, 也就不遵守 Ostwald 稀释定律。

表 8.7　根据式 (8.27) 计算所得的 $K_c^{\ominus}$ 值 (298 K)

HCl 的水溶液 $\Lambda_{\text{m}}^{\infty} = 425.96 \times 10^{-4} \text{ S} \cdot \text{m}^2 \cdot \text{mol}^{-1}$			HAc 的水溶液 $\Lambda_{\text{m}}^{\infty} = 390.55 \times 10^{-4} \text{ S} \cdot \text{m}^2 \cdot \text{mol}^{-1}$		
$\dfrac{c}{\text{mol} \cdot \text{m}^{-3}}$	$\dfrac{\Lambda_{\text{m}}}{10^{-4} \text{ S} \cdot \text{m}^2 \cdot \text{mol}^{-1}}$	$K_c^{\ominus}/10^{-5}$	$\dfrac{c}{\text{mol} \cdot \text{m}^{-3}}$	$\dfrac{\Lambda_{\text{m}}}{10^{-4} \text{ S} \cdot \text{m}^2 \cdot \text{mol}^{-1}}$	$K_c^{\ominus}/10^{-5}$
0.028408	425.13	0.016	0.028014	210.38	1.760
0.081181	424.87	0.02666	0.15321	112.05	1.767
0.17743	423.94	0.03355	1.02831	48.146	1.781
0.31836	423.55	0.05139	2.41400	32.217	1.789
0.59146	422.54	0.05995	5.91153	20.962	1.798
0.75404	421.78	0.07169	12.829	14.375	1.803
1.5768	420.00	0.1059	50.000	7.358	1.808
1.8766	419.76	0.1212	52.303	7.202	1.811

3. 测定难溶盐的溶解度

一些难溶盐如 $BaSO_4(s)$，$AgCl(s)$ 等在水中的溶解度很小，其浓度不能用普通的滴定方法测定，但可用电导法来求得。以 $AgCl$ 为例，先测定其饱和溶液的电导率 κ (溶液)，由于溶液极稀，水的电导率已占一定比例，不能忽略，所以必须从中减去水的电导率才能得到 $AgCl$ 的电导率：

$$\kappa(AgCl) = \kappa(\text{溶液}) - \kappa(H_2O)$$

摩尔电导率的计算公式为

$$\Lambda_m(AgCl) = \frac{\kappa(AgCl)}{c(AgCl)}$$

由于难溶盐的溶解度很小，溶液极稀，所以可以认为 $\Lambda_m \approx \Lambda_m^\infty$，而 Λ_m^∞ 值可由离子无限稀释摩尔电导率相加而得，因此可根据上式求得难溶盐的饱和溶液浓度 c (单位是 $mol \cdot m^{-3}$)，要注意所取粒子的基本单元在 Λ_m 和 c 中应一致。例如 $BaSO_4$，可取 $\Lambda_m(BaSO_4)$ 和 $c(BaSO_4)$，或 $\Lambda_m\left(\frac{1}{2}BaSO_4\right)$ 和 $c\left(\frac{1}{2}BaSO_4\right)$，从而可计算难溶盐的溶解度。

例 8.9

在 298 K 时，测量 $BaSO_4$ 饱和溶液在电导池中的电阻，得到此溶液的电导率为 4.20×10^{-4} $S \cdot m^{-1}$。已知在该温度下，所用水的电导率为 1.05×10^{-4} $S \cdot m^{-1}$。试求 $BaSO_4$ 在该温度下饱和溶液的浓度。

解

$$\kappa(BaSO_4) = \kappa(\text{溶液}) - \kappa(H_2O)$$

$$= (4.20 - 1.05) \times 10^{-4} \text{ S} \cdot m^{-1} = 3.15 \times 10^{-4} \text{ S} \cdot m^{-1}$$

$$\Lambda_m\left(\frac{1}{2}BaSO_4\right) \approx \Lambda_m^\infty\left(\frac{1}{2}BaSO_4\right)$$

$$= \Lambda_m^\infty\left(\frac{1}{2}Ba^{2+}\right) + \Lambda_m^\infty\left(\frac{1}{2}SO_4^{2-}\right)$$

$$= (63.6 + 80.0) \times 10^{-4} \text{ S} \cdot m^2 \cdot mol^{-1}$$

$$= 1.436 \times 10^{-2} \text{ S} \cdot m^2 \cdot mol^{-1}$$

$$c\left(\frac{1}{2}BaSO_4\right) = \frac{\kappa(BaSO_4)}{\Lambda_m\left(\frac{1}{2}BaSO_4\right)}$$

$$= \frac{3.15 \times 10^{-4} \text{ S} \cdot m^{-1}}{1.436 \times 10^{-2} \text{ S} \cdot m^2 \cdot mol^{-1}}$$

$$= 2.19 \times 10^{-2} \text{ mol} \cdot m^{-3}$$

$$c(\mathrm{BaSO_4}) = \frac{1}{2}c\left(\frac{1}{2}\mathrm{BaSO_4}\right) = 1.10 \times 10^{-2}\ \mathrm{mol \cdot m^{-3}}$$

$$= 1.10 \times 10^{-5}\ \mathrm{mol \cdot dm^{-3}}$$

所以, $\mathrm{BaSO_4}$ 在该温度下饱和溶液的浓度为 $1.10 \times 10^{-2}\ \mathrm{mol \cdot m^{-3}}$ 或 $1.10 \times 10^{-5}\ \mathrm{mol \cdot dm^{-3}}$。

4. 电导滴定

利用滴定过程中溶液电导变化的转折来确定滴定终点的方法称为电导滴定。如图 8.14 所示, 用 NaOH 溶液滴定 HCl 溶液, 以电导率为纵坐标, 加入的 NaOH 溶液的体积为横坐标。在加入 NaOH 溶液前, 溶液中只有 HCl 一种电解质, 因为 $\mathrm{H^+}$ 的离子电导率很大, 所以 HCl 溶液的电导率也很大。当逐渐滴入 NaOH 溶液后, 溶液中 $\mathrm{H^+}$ 与加入的 $\mathrm{OH^-}$ 结合生成 $\mathrm{H_2O}$。这个过程可以看成电导率较小的 $\mathrm{Na^+}$ 取代了电导率很大的 $\mathrm{H^+}$, 因此整个溶液的电导率逐渐变小, 见图中曲线 (1) 的 AB 段。当加入的 NaOH 恰与 HCl 的物质的量相等时溶液的电导率最小, 见图中曲线 (1) 的 B 点, 即为滴定终点。当 NaOH 溶液加入过量后, 由于 $\mathrm{OH^-}$ 的离子电导率很大, 所以溶液的电导率又增大了, 见图中曲线 (1) 的 BC 段。根据 B 点所对应的横坐标上所用 NaOH 溶液的体积就可计算未知 HCl 溶液的浓度。

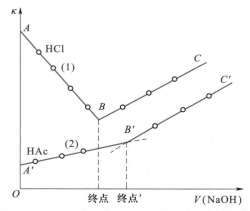

(1) 以强碱 (NaOH) 滴定强酸 (HCl); (2) 以强碱 (NaOH) 滴定弱酸 (HAc)

图 8.14　电导滴定曲线

如以强碱 (如 NaOH) 滴定弱酸 (如 HAc), 开始时溶液的电导率很低, 加入 NaOH 溶液后, 弱酸变成盐类 (NaAc), 电导率沿图中曲线 (2) 的 $A'B'$ 段增大, 超过终点后, 过量的 NaOH 使溶液的电导率沿 $B'C'$ 段较快地增大。转折点 B' 即为滴定的终点。在 B' 点附近由于盐的水解作用, 可能使终点不甚明确, 但可通过两条直线的交点来求得。这种滴定只需测定若干个实验点, 然后将各个点连贯求两条直线的交点。对于有颜色的溶液, 由于观察指示剂的变色不太明显, 采用电导滴定则可得较好的效果。

某些沉淀反应, 也可以使用电导滴定。例如氯化钾与硝酸银溶液的反应, 在滴定过程中, 起初溶液的电导率变化不大或几乎不变。超过终点后, 由于溶液中有过量的盐存在, 电导率很快地增大。如果反应后两种产物都是微溶性的盐, 如以 $BaCl_2$ 溶液滴定 Tl_2SO_4 溶液, 产物 $TlCl$ 和 $BaSO_4$ 均为沉淀, 则终点前后电导率的变化就更大。

8.4 电解质的平均活度和平均活度因子

当电解质溶于溶剂后, 就会完全或部分解离成离子而形成电解质溶液。若溶质在溶剂中几近完全解离, 则称该电解质为强电解质。若仅是部分解离, 尚有未解离的分子, 则称该电解质为弱电解质。其实二者无严格的区别, 因为这与溶液的浓度有关, 通常在极稀的溶液中, 也可以认为弱电解质是全部解离的。

在电解质溶液中, 由于离子间存在相互作用, 故而情况要比非电解质溶液复杂得多。特别是在强电解质的溶液中, 溶质几乎全部解离成离子, 分子已不复存在。在电解质溶液中, 正、负离子共存并且相互吸引, 而不能自由地单独存在, 故而常需考虑正、负离子相互作用和相互影响的平均值。

电解质的平均活度和平均活度因子

当溶液的浓度用质量摩尔浓度表示时, 理想溶液中某一组分的化学势可写为

$$\mu_B = \mu_B^{\ominus}(T) + RT\ln\frac{m_B}{m^{\ominus}}$$

而非理想溶液则不遵从这个公式。为了使热力学计算仍然能保持简单的数学关系式, Lewis 提出了**活度**的概念, 定义

$$a_{m,B} = \gamma_{m,B}\frac{m_B}{m^{\ominus}} \tag{8.29}$$

式中 $\gamma_{m,B}$ 是以质量摩尔浓度表示的物质 B 的活度因子; 当 $m_B \to 0$ 时, $\gamma_{m,B} \to 1$。对于非理想溶液, 化学势的表示式为

$$\mu_B = \mu_B^\ominus(T) + RT\ln\left(\gamma_{m,B}\frac{m_B}{m^\ominus}\right)$$

$$= \mu_B^\ominus(T) + RT\ln a_{m,B} \tag{8.30}$$

这样, 从理想溶液的公式出发所导得的一些热力学公式, 只要把其中的浓度项用相应的活度表示, 就能用于任何溶液, 包括理想的或非理想的溶液。若浓度用 c_B 或 x_B 表示, 则有与之对应的活度和活度因子 (因电化学中用质量摩尔浓度居多, 故以下均以质量摩尔浓度为例讨论, 并略去 "m" 下标)。

电解质溶液比非电解质溶液情况要复杂得多。强电解质溶于水后, 几乎全部解离成正、负离子, 且离子间存在着静电引力。这样, 对于各种正、负离子, 分别有

$$a_+ = \gamma_+\frac{m_+}{m^\ominus} \qquad a_- = \gamma_-\frac{m_-}{m^\ominus}$$

式中 $a_+(a_-), \gamma_+(\gamma_-)$ 和 $m_+(m_-)$ 分别表示正 (负) 离子的活度、活度因子及离子的质量摩尔浓度。现以 1–1 价型的 HCl 的水溶液为例, 说明离子的活度、活度因子及质量摩尔浓度与整个电解质 HCl 的各种对应物理量之间的关系。设 HCl 在稀溶液中全部解离:

$$\mathrm{HCl}(a_{\mathrm{HCl}}) \longrightarrow \mathrm{H}^+(a_{\mathrm{H}^+}) + \mathrm{Cl}(a_{\mathrm{Cl}^-})$$

解离前

$$\mu_{\mathrm{HCl}} = \mu_{\mathrm{HCl}}^\ominus(T) + RT\ln a_{\mathrm{HCl}} \tag{8.31}$$

解离后

$$\mu_{\mathrm{H}^+} = \mu_{\mathrm{H}^+}^\ominus(T) + RT\ln a_{\mathrm{H}^+} \tag{8.32}$$

$$\mu_{\mathrm{Cl}^-} = \mu_{\mathrm{Cl}^-}^\ominus(T) + RT\ln a_{\mathrm{Cl}^-} \tag{8.33}$$

整个电解质 (即 HCl) 的化学势可以用各种离子的化学势之和来表示, 即

$$\mu_{\mathrm{HCl}} = \mu_{\mathrm{H}^+} + \mu_{\mathrm{Cl}^-} \qquad \mu_{\mathrm{HCl}}^\ominus = \mu_{\mathrm{H}^+}^\ominus + \mu_{\mathrm{Cl}^-}^\ominus \tag{8.34}$$

将式 (8.32) 和式 (8.33) 代入式 (8.34), 得

$$\mu_{\mathrm{HCl}} = (\mu_{\mathrm{H}^+}^\ominus + \mu_{\mathrm{Cl}^-}^\ominus) + RT\ln(a_{\mathrm{H}^+}a_{\mathrm{Cl}^-})$$

$$= \mu_{\mathrm{HCl}}^\ominus + RT\ln(a_{\mathrm{H}^+}a_{\mathrm{Cl}^-})$$

对照式 (8.31), 得

$$a_{\mathrm{HCl}} = a_{\mathrm{H}^+}a_{\mathrm{Cl}^-} \tag{8.35}$$

式中

$$a_{\mathrm{H}^+} = \gamma_{\mathrm{H}^+}\frac{m_{\mathrm{H}^+}}{m^\ominus} \qquad a_{\mathrm{Cl}^-} = \gamma_{\mathrm{Cl}^-}\frac{m_{\mathrm{Cl}^-}}{m^\ominus}$$

现将 HCl 的正、负离子的**平均活度** (mean activity of ions) $a_\pm$、**平均质量摩尔浓度** (mean molality of ions) $m_\pm$ 和**平均活度因子** (mean activity factor of ions) $\gamma_\pm$ 分别定义为

$$a_\pm \overset{\text{def}}{=\!=\!=} (a_{\text{H}^+} a_{\text{Cl}^-})^{\frac{1}{2}} \tag{8.36a}$$

$$m_\pm \overset{\text{def}}{=\!=\!=} (m_{\text{H}^+} m_{\text{Cl}^-})^{\frac{1}{2}} \tag{8.36b}$$

$$\gamma_\pm \overset{\text{def}}{=\!=\!=} (\gamma_{\text{H}^+} \gamma_{\text{Cl}^-})^{\frac{1}{2}} \tag{8.36c}$$

而

$$a_\pm = \gamma_\pm \frac{m_\pm}{m^\ominus} \tag{8.37}$$

上述平均值均为几何平均值, 根据式 (8.35), 则应有

$$a_{\text{HCl}} = a_{\text{H}^+} a_{\text{Cl}^-} = a_\pm^2 \tag{8.38}$$

以上讨论的是 1–1 价型的电解质溶液, 对于任意价型的强电解质 B, 设其化学式为 $\text{M}_{\nu_+}\text{A}_{\nu_-}$, 则应有

$$\text{M}_{\nu_+}\text{A}_{\nu_-} \longrightarrow \nu_+ \text{M}^{z+} + \nu_- \text{A}^{z-}$$

式中 z_+ 和 z_- 代表正、负离子的价数。与上述讨论的 HCl 类似:

$$\mu_{\text{B}} = \mu_{\text{B}}^\ominus(T) + RT\ln a_{\text{B}}$$

$$\mu_{\text{B}} = \nu_+\mu_+ + \nu_-\mu_- \qquad \mu_{\text{B}}^\ominus = \nu_+\mu_+^\ominus + \nu_-\mu_-^\ominus$$

$$\mu_+ = \mu_+^\ominus(T) + RT\ln a_+$$

$$\mu_- = \mu_-^\ominus(T) + RT\ln a_-$$

因此

$$\begin{aligned}
\mu_{\text{B}} &= \nu_+\mu_+ + \nu_-\mu_- \\
&= (\nu_+\mu_+^\ominus + \nu_-\mu_-^\ominus) + RT\ln(a_+^{\nu_+} a_-^{\nu_-}) \\
&= \mu_{\text{B}}^\ominus(T) + RT\ln a_{\text{B}}
\end{aligned}$$

所以

$$a_{\text{B}} = a_+^{\nu_+} a_-^{\nu_-} \tag{8.39}$$

强电解质 B 的离子平均活度 $a_\pm$、离子平均活度因子 $\gamma_\pm$ 和离子平均质量摩尔浓度 $m_\pm$ 分别定义为

$$a_\pm \overset{\text{def}}{=\!=\!=} (a_+^{\nu_+} a_-^{\nu_-})^{\frac{1}{\nu}} \tag{8.40a}$$

$$\gamma_\pm \overset{\text{def}}{=\!=\!=} (\gamma_+^{\nu_+} \gamma_-^{\nu_-})^{\frac{1}{\nu}} \tag{8.40b}$$

$$m_\pm \overset{\text{def}}{=\!=\!=} (m_+^{\nu_+} m_-^{\nu_-})^{\frac{1}{\nu}} \tag{8.40c}$$

式中 $\nu = \nu_+ + \nu_-$, 而

$$a_\pm = \gamma_\pm \frac{m_\pm}{m^\ominus}$$

所以

$$a_B = a_+^{\nu_+} a_-^{\nu_-} = a_\pm^\nu \tag{8.41}$$

这里之所以要提出离子平均活度因子的概念, 是因为在电解质溶液中, 正、负离子总是同时存在的, 我们还没有严格的实验方法可用来测定单个离子的活度和活度因子, 而离子的平均活度因子是可以通过实验求出的。另外, 强电解质是全部解离的, 就很容易从电解质的质量摩尔浓度 m_B 求出离子平均质量摩尔浓度 $m_\pm$:

$$m_+ = \nu_+ m_B \qquad m_- = \nu_- m_B$$
$$m_\pm = (m_+^{\nu_+} m_-^{\nu_-})^{\frac{1}{\nu}} = (\nu_+^{\nu_+} \nu_-^{\nu_-})^{\frac{1}{\nu}} m_B$$

例如, 对于 1–2 价型的电解质 $Na_2SO_4(B)$ 的水溶液, 当其质量摩尔浓度为 m_B 时, 有

$$m_\pm = \sqrt[3]{4} m_B \qquad \gamma_\pm = (\gamma_+^2 \gamma_-)^{1/3}$$
$$a_\pm = \gamma_\pm \frac{\sqrt[3]{4} m_B}{m^\ominus} \qquad a_B = a_\pm^3 = 4\gamma_\pm^3 \left(\frac{m_B}{m^\ominus}\right)^3$$

$\gamma_\pm$ 的值可用实验测定或用 Debye-Hückel (德拜–休克尔) 公式进行计算。

从表 8.8 可以看出: (1) 离子平均活度因子的值随浓度的减小而增大 (无限稀释时达到极限值 1), 而一般情况下总是小于 1, 但当浓度增加到一定程度时, $\gamma_\pm$ 值可能随浓度的增大而变大, 甚至大于 1。这是由于离子的水化作用使较浓溶液中的许多溶剂分子被束缚在离子周围的水化层中不能自由行动, 相当于使溶剂量相对减少。(2) 对于相同价型的电解质, 例如 NaCl 和 KCl, $MgSO_4$ 和 $CuSO_4$ 等, 在稀溶液中, 当浓度相同时, 其离子平均活度因子 $\gamma_\pm$ 的值相差不大。(3) 对各不同价型的电解质来说, 当浓度 m_B 相同时, 正、负离子价数的乘积越高, $\gamma_\pm$ 偏离 1 的程度也越大, 即与理想溶液的偏差越大。

上述事实说明在稀溶液中, 影响离子平均活度因子 $\gamma_\pm$ 的主要因素是离子的浓度和价数, 而且离子价数的影响比浓度的影响还要大些, 且价型越高, 影响也越大。据此, 在 1921 年, Lewis 和 Randall 提出了离子强度的概念。

表 8.8　298 K 时几种类型强电解质的离子平均活度因子 $\gamma_{\pm}$

$m_B/(\mathrm{mol \cdot kg^{-1}})$		0.005	0.01	0.02	0.05	0.10	0.20	0.50	1.00	2.00
(1) A^+B^- 型盐类的离子强度/$(\mathrm{mol \cdot kg^{-1}})$		0.005	0.01	0.02	0.05	0.10	0.20	0.50	1.00	2.00
$\gamma_{\pm}$ 计算值		0.926	0.900	0.866	0.809	0.756	0.698	0.618	0.559	0.503
$\gamma_{\pm}$ 实验值	HCl	0.929	0.905	0.876	0.832	0.797	0.768	0.759	0.811	1.009
	NaCl	0.928	0.903	0.872	0.822	0.779	0.734	0.681	0.657	0.668
	KCl	0.927	0.901	0.869	0.816	0.768	0.717	0.649	0.604	0.573
	KOH	0.927	0.902	0.871	0.821	0.779	0.74	0.71	0.733	0.860
	KNO$_3$	0.924	0.896	0.86	0.797	0.735	0.662	0.546	0.444	0.332
	AgNO$_3$	0.924	0.896	0.859	0.794	0.732	0.656	0.536	0.429	0.316
(2) $A^{2+}B^{2-}$ 型盐类的离子强度/$(\mathrm{mol \cdot kg^{-1}})$		0.02	0.04	0.08	0.20	0.40	0.80	2.00	4.00	8.00
$\gamma_{\pm}$ 计算值		0.562	0.460	0.359	0.238	0.165	0.101	0.066	0.045	0.037
$\gamma_{\pm}$ 实验值*	MgSO$_4$	—	—	—	—	—	0.107	0.0675	0.0485	0.0417
	CuSO$_4$	—	—	—	—	—	0.104	0.062	0.0423	—
(3) $A_2^+B^{2-}$ 型或 $A^{2+}B_2^-$ 型盐类的离子强度/$(\mathrm{mol \cdot kg^{-1}})$		0.015	0.03	0.06	0.15	0.30	0.60	1.50	3.00	6.00
$\gamma_{\pm}$ 计算值*		0.776	0.710	0.634	0.523	0.439	0.362	0.274	0.229	—
$\gamma_{\pm}$ 实验值	BaCl$_2$	0.782	0.721	0.653	0.559	0.492	0.436	0.391	0.393	—
	Pb(NO$_3$)$_2$	0.764	0.690	0.604	0.476	0.379	0.291	0.195	0.136	—
	K$_2$SO$_4$	0.772	0.704	0.625	0.511	0.424	0.343	0.251	—	—

注: 本表数据摘自 Haynes W M. CRC Handbook of Chemistry and Physics. 97th ed. Boca Raton: CRC Press Inc, 2016—2017: 5-100~5-105. 其中标注 * 的数据摘自 Guendouzi M E, Mounir A, Dinane A. Water activity, osmotic and activity coefficients of aqueous solutions of Li$_2$SO$_4$, Na$_2$SO$_4$, K$_2$SO$_4$, (NH$_4$)$_2$SO$_4$, MgSO$_4$, MnSO$_4$, NiSO$_4$, CuSO$_4$, and ZnSO$_4$ at T = 298.15 K [J]. The Journal of Chemical Thermodynamics, 2003, 35(2): 209-220.

离子强度

离子强度 (ionic strength) I 定义为溶液中每种离子 B 的质量摩尔浓度 m_B 乘以该离子的价数 z_B 的平方所得的诸项之和的一半。用公式表示为

$$I \overset{\text{def}}{=\!=} \frac{1}{2} \sum_B m_B z_B^2 \tag{8.42}$$

式中 m_B 是 B 离子的真实质量摩尔浓度, 对于弱电解质, 其真实质量摩尔浓度由它的质量摩尔浓度与解离度相乘而得。严格讲, 该离子强度应该用 I_m 表示, 因这

是用质量摩尔浓度计算的。为简单起见, 以后仍把下标 "m" 略去。I 的单位与 m_B 的单位相同。

例 8.10

某 KCl 和 $BaCl_2$ 的溶液中, KCl 的质量摩尔浓度为 $0.1 \ mol \cdot kg^{-1}$, $BaCl_2$ 的质量摩尔浓度为 $0.2 \ mol \cdot kg^{-1}$, 求该溶液的离子强度。

解

$$I = \frac{1}{2} \sum_B m_B z_B^2$$

$$= \frac{1}{2}[(0.1 \times 1^2) + (0.2 \times 2^2) + (0.5 \times 1^2)] \ mol \cdot kg^{-1}$$

$$= 0.7 \ mol \cdot kg^{-1}$$

对于某种电解质 B, 可把式 (8.42) 改写成

$$I = km_B \tag{8.43}$$

式中 k 为与离子的化合价有关的数值。对于任意电解质 $M_{\nu_+} A_{\nu_-}$, 可以从表 8.9 中找到 k 值, 从而很容易得到离子强度值。例如, 电解质 B 为 M_2A_3 (即 $M_2^{3+} A_3^{2-}$), 从表 8.9 中找出 $k = 15$, 所以 $I = 15m_B$。

表 8.9   从 m_B 计算离子强度的 k 的数值

	k			
	A^-	A^{2-}	A^{3-}	A^{4-}
M^+	1	3	6	10
M^{2+}	3	4	15	12
M^{3+}	6	15	9	42
M^{4+}	10	12	42	16

Lewis 根据实验进一步指出: 离子平均活度因子和离子强度的关系在稀溶液的范围内符合如下的经验式:

$$\lg \gamma_\pm = -C\sqrt{I} \tag{8.44}$$

式中 C 为常数。离子强度的概念最初是从实验数据得到的一些感性认识中提出来的, 它是溶液中由于离子电荷所形成的静电场的强度的一种度量。以后在根据 Debye-Hückel 理论所导出的关系式中, 很自然地出现了与离子强度有关的一项, 并且 Debye-Hückel 的结果与 Lewis 所得到的经验式的关系是一致的。

8.5 强电解质溶液理论简介

Debye-Hückel 离子互吸理论

在研究电解质的性质时, 人们发现电解质溶液的依数性 (如渗透压、沸点升高、凝固点降低等) 比同浓度的非电解质依数性的数值大得多。在历史上 van't Hoff 曾经用一个系数 i (后来被称为 van't Hoff 系数) 来表示电解质溶液依数性与非电解质依数性相比所出现的偏差:

$$i = \frac{\Pi_{\text{实验}}}{\Pi_{\text{计算}}}$$

式中 Π 为渗透压。1887 年, Arrhenius 提出了部分解离学说, 用解离度的概念来解释这种现象。他认为电解质在溶液中是部分解离的, 离子和未解离的分子之间呈平衡。部分解离学说能较好地应用于弱电解质。但是, 如果把解离度和解离平衡的概念用于强电解质, 就会得到互相矛盾或者与实验值不符合的结果。例如: (1) 强电解质不服从稀释定律 (参阅表 8.7); (2) 用不同的方法 —— 电导法和凝固点降低法, 测定强电解质的 "解离度" 时, 所得的数值即使在相当稀的溶液中也彼此不符, 其不符的程度不可能用实验误差来解释; (3) 经典的电离学说不能解释强电解质溶液的摩尔电导率与浓度的关系 (即 Kohlrausch 经验公式), 等等。

在经典的电离学说中, 没有考虑离子之间的相互作用。对于弱电解质溶液, 其解离度小, 溶液中离子的浓度不大, 所以离子间的相互吸引所引起的偏差不会很大, 一般可以忽略。而对于强电解质, 则情况就完全不同了, 这一类溶液中电解质全部解离, 离子之间的相互静电吸引力就不能忽略。此外, 若假定在强电解质溶液中存在着分子与离子之间的平衡, 这也与事实不符, 因为 X 射线结构分析已经证明, 许多盐类在固体状态时即已呈离子晶格存在, 因此当它们分散于溶剂中时, 一般说来应该是完全离子化的。尽管由于离子的彼此吸引, 可能由正、负离子形成 "离子对" 使行动受到一定的限制, 以致所产生的效应类似于不完全解离, 但在溶液中显然不会像弱电解质那样存在着含有共价键的分子与离子间的平衡, 而只有离子对与解离了的自由离子之间的平衡。在经典的电离学说中也没有考虑离子的溶剂化等作用。基于以上原因, 所以电离学说存在着很大的局限性。

Debye 和 Hückel 于 1923 年提出了强电解质溶液的理论: 强电解质在低浓度溶液中完全解离, 并认为强电解质溶液与理想溶液的偏差主要是由离子之间的静电引力所引起的。因此, 他们的理论也称为**离子互吸理论** (interionic attraction theory)。

　　Debye 和 Hückel 提出了离子氛 (ionic atmosphere) 的概念, 这是一个很重要的概念。他们认为在溶液中每一个离子都被电荷符号相反的离子所包围, 由于离子间的相互作用, 使得离子的分布不均匀, 从而形成了离子氛 (图 8.15)。假定在大量的离子中间选择某一个离子, 例如某一个正离子, 以此正离子作为坐标的原点 (故这个离子也称为中心离子), 在距离 r 处 ($10^{-7} \sim 10^{-5}$ cm) 有很小的体积元 $\mathrm{d}V$, 由于正离子吸引负离子, 排斥其他正离子, 因此在 $\mathrm{d}V$ 中电荷平均值是负的。于是, 在中心离子与 $\mathrm{d}V$ 之间就建立了一个电场。又由于离子电场是球形对称的, 因此就得到一个带负电荷的离子氛。也就是说, 由于静电作用力的影响, 在中心正离子的周围, 距离中心离子越近, 正电荷的密度越大。结果在中心离子的周围, 大部分正、负电荷互相抵消, 但却不能完全抵消, 其净结果就如在周围分布着一个大小相等而符号相反的电荷。这一层电荷所构成的球体就称为离子氛。在溶液中任何一个离子的周围都有一个对称的带相反电荷的离子氛。如果从概率的观点看, 则在某一个离子周围的空间内, 找到与该离子符号相反的离子的机会要比找到与该离子符号相同的离子的机会多。因此, 可以认为每一个离子都是被带相反电荷的离子氛所包围。当然离子氛的电荷在数值上要等于中心离子的电荷, 只是符号相反。

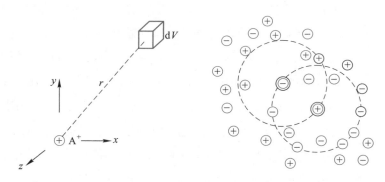

图 8.15　离子氛示意图

　　每一个正离子周围有一个带负电荷的离子氛, 每一个负离子周围又有一个带正电荷的离子氛。每一个中心离子同时又可以作为另一个带相反电荷离子的离子氛中的一员, 其间情况错综复杂。这种情况在一定程度上可以与离子晶体中离子排列的情况相比拟。同时, 由于离子的热运动, 离子氛不是完全静止的, 而是在不断地运动和变换。在离子之间既有引力又存在着斥力, 所以离子氛的存在只能看作时间统计的平均结果。

　　离子氛可以视为球形对称的。根据这种图像, 就可以形象化地把离子间的静电作用归结为中心离子与离子氛之间的作用。这样就使所研究的问题大大地简化了。离子氛的性质取决于离子的价数及溶液的浓度、温度和介电常数等。在无限稀释的情况下，离子间的距离大，离子间的引力可略去不计，故离子氛的影响可略而不计，离子的行动就不受其他离子的影响。而在寻常低浓度的溶液中，离子氛的存在影响着中心离子的行动。

Debye 和 Hückel 除了认为强电解质的稀溶液完全解离和离子间的相互作用力 (主要是静电库仑引力) 可归结为中心离子和离子氛间的作用外，还提出了以下几个假定，从而导出了稀溶液中离子平均活度因子的计算公式。这些假定是

(1) 离子在静电引力下的分布遵从 Boltzmann 分布公式，并且电荷密度与电势之间的关系遵从静电学中的 Poisson (泊松) 公式。

(2) 离子是带电荷的圆球，离子电场是球形对称的，离子不极化，在极稀的溶液中可看成点电荷。

(3) 离子之间的作用力只存在库仑引力，其相互吸引而产生的吸引能小于其热运动的能量。

(4) 在稀溶液中，溶液的介电常数与溶剂的介电常数相差不大，可忽略加入电解质后溶液介电常数的变化。

根据这些假定，导出了稀溶液中离子活度因子的计算公式，即

$$\lg \gamma_i = -A z_i^2 \sqrt{I} \tag{8.45}$$

式 (8.45) 称为 **Debye-Hückel 极限定律** (Debye-Hückel's limiting law)。之所以称为极限定律，是因为在推导过程中的一些假设只有在溶液非常稀释时才能成立。式中 A 在一定温度下对某一定溶剂而言有定值 (见表 8.10)。

Debye-Hückel 的离子互吸理论以及根据他们所设想的模型和假定所推导出的公式虽然只有在稀溶液中才能与实验结果相吻合，但到目前为止仍然是很重要的电解质溶液理论，也是其他理论发展的基础。

因为单种离子的活度因子是无法直接由实验来测定的，因此还需要把它变成离子平均活度因子的形式。

根据式 (8.40)：

$$\gamma_{\pm} = (\gamma_+^{\nu_+} \gamma_-^{\nu_-})^{\frac{1}{\nu}}$$

取对数后，有

$$\lg \gamma_{\pm} = \frac{\nu_+ \lg \gamma_+ + \nu_- \lg \gamma_-}{\nu_+ + \nu_-}$$

根据式 (8.45)，$\lg \gamma_+ = -A z_+^2 \sqrt{I}$，$\lg \gamma_- = -A z_-^2 \sqrt{I}$，代入上式，再利用 $z_+ \nu_+ =$

$|z_-|\nu_-$ 的关系, 可以得到

$$\lg\gamma_\pm = -A|z_+z_-|\sqrt{I} \tag{8.46}$$

按照 Debye-Hückel 的推证过程, 式中活度因子是平均活度因子 γ_x (即浓度用摩尔分数表示的活度因子, 而通常我们用的是 γ_m, 即浓度用质量摩尔浓度表示的活度因子。但是在溶液极稀的情况下, 各种活度因子之间的差异可以忽略不计)。

若不把离子看作点电荷, 考虑到离子的直径, 则极限公式为

$$\lg\gamma_\pm = \frac{-A|z_+z_-|\sqrt{I}}{1+aB\sqrt{I}} \tag{8.47}$$

式中 a 是离子的平均有效直径; A, B 为常数, 其值列于表 8.10。

表 8.10　在水溶液中 Debye-Hückel 极限公式中常数 A, B 的值		
$T/^\circ\mathrm{C}$	$\dfrac{A}{(\mathrm{mol}\cdot\mathrm{kg}^{-1})^{-\frac{1}{2}}}$	$\dfrac{B}{10^{10}(\mathrm{mol}\cdot\mathrm{kg}^{-1})^{-\frac{1}{2}}\cdot\mathrm{m}^{-1}}$
0	0.4918	0.3248
5	0.4952	0.3256
10	0.4989	0.3264
15	0.5028	0.3273
20	0.5070	0.3282
25	0.5115	0.3291
30	0.5161	0.3301
35	0.5211	0.3312
40	0.5262	0.3323
45	0.5317	0.3334
50	0.5373	0.3346
55	0.5432	0.3358
60	0.5494	0.3371
65	0.5558	0.3384
70	0.5625	0.3397
75	0.5695	0.3411
80	0.5767	0.3426
85	0.5842	0.3440
90	0.5920	0.3456
95	0.6001	0.3471
100	0.6086	0.3488

注: 本表数据摘自 James G Speight. Lange's Handbook of Chemistry. 17th ed. New York: McGraw-Hill Education, 2017: Table 1.61.

离子平均有效直径 a 约为 3.5×10^{-10} m, 在 298 K 的水溶液中, $B = 0.3291 \times 10^{10}$ $(\text{mol} \cdot \text{kg}^{-1})^{-\frac{1}{2}} \cdot \text{m}^{-1}$, 所以 aB 之乘积近似于 1.0 $(\text{mol} \cdot \text{kg}^{-1})^{-\frac{1}{2}}$, 故式 (8.47) 可近似写为

$$\lg \gamma_\pm = -\frac{A|z_+ z_-|\sqrt{I}}{1 + \sqrt{I/m^\ominus}} \tag{8.48}$$

按照 Debye-Hückel 极限公式, $\lg \gamma_\pm$ 与 $\sqrt{I}$ 应成线性关系, 并且直线斜率应等于 $-A|z_+ z_-|$。图 8.16 给出了 298 K 时一些电解质的 $\lg \gamma_\pm$ 与 $\sqrt{I}$ 的关系。图中虚线为 Debye-Hückel 极限公式所预期的结果, 实线是实验的结果。从图中可以看出, 当溶液无限稀释时 (即 $\sqrt{I} \to 0$), 实验结果趋近于理论曲线, 且离子价数与 $\sqrt{I}$ 对离子平均活度因子关系的影响 (根据 Debye-Hückel 公式, 表现在直线的斜率上) 也符合实验的结果。由此可见, Debye-Hückel 的观点能够正确地反映出电解质稀溶液的情况。

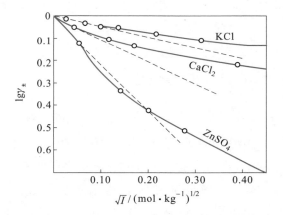

图 8.16 298 K 时一些电解质的 $\lg \gamma_\pm$ 与 $\sqrt{I}$ 的关系

Debye-Hückel 极限公式的适用对象是离子强度为 0.01 $\text{mol} \cdot \text{kg}^{-1}$ 以下的稀溶液。当溶液的离子强度增大时, 虚线与实线的偏离渐趋明显, 这时需要对 Debye-Hückel 极限公式加以修正。例如, 可对式 (8.47) 中的参数 a, B 赋予不同的数值, 以期能更符合实验值。

对 Debye-Hückel 极限公式的另一种改进方法, 是在式 (8.47) 后增加一项 bI, 即

$$\lg \gamma_\pm = \frac{-A|z_+ z_-|\sqrt{I}}{1 + aB\sqrt{I}} + bI \tag{8.49}$$

式中 b 是为适合实验曲线的拟合常数。式 (8.49) 在实验上是一个半经验公式。

例 8.11

用 Debye-Hückel 极限公式计算 298 K 时 $0.01\ \mathrm{mol\cdot kg^{-1}}$ $\mathrm{NaNO_3}$ 和 $0.001\ \mathrm{mol\cdot kg^{-1}}$ $\mathrm{Mg(NO_3)_2}$ 的混合溶液中, $\mathrm{Mg(NO_3)_2}$ 的平均活度因子 $\gamma_\pm$。

解

$$I = \frac{1}{2}\sum_B m_B z_B^2$$

$$= \frac{1}{2}[0.01\times 1^2 + 0.001\times 2^2 + (0.01 + 2\times 0.001)\times 1^2]\mathrm{mol\cdot kg^{-1}}$$

$$= 0.013\ \mathrm{mol\cdot kg^{-1}}$$

$$\lg\gamma_\pm = -0.509(\mathrm{mol\cdot kg^{-1}})^{-\frac{1}{2}}\times|z_+ z_-|\sqrt{I}$$

$$= -0.509(\mathrm{mol\cdot kg^{-1}})^{-\frac{1}{2}}\times|2\times(-1)|\times\sqrt{0.013\ \mathrm{mol\cdot kg^{-1}}}$$

$$= -0.1161$$

$$\gamma_\pm = 0.765$$

计算中应注意, $\gamma_\pm$ 和 z_+, z_- 是对某一电解质而言的, 而离子强度 I 则要考虑溶液中的所有电解质。

Debye-Hückel-Onsager 电导理论

1927 年, 美国物理化学家 Onsager (对线性不可逆过程热力学理论有特殊贡献) 将 Debye-Hückel 理论应用到有外加电场作用的电解质溶液, 把 Kohlrausch 对于摩尔电导率与浓度平方根成线性关系的经验公式提高到理论阶段, 对式 (8.16) 作出了理论的解释, 从而形成了 **Debye-Hückel-Onsager 电导理论**。

前已指出, 在强电解质溶液中, 任一中心离子都被带相反电荷的离子氛所包围。在平衡情况下, 离子氛是对称的, 此时符号相反的电荷平均分配于中心离子的周围。在无限稀释的溶液中, 离子与离子间的距离大, 库仑作用可忽略不计, 故可以忽略离子氛的影响, 即认为离子的行动不受其他离子的影响, 这时的摩尔电导率为 Λ_m^∞。但是在一般情况下, 离子氛的存在影响着中心离子的行动, 使其在电场中运动速率降低, 摩尔电导率降为 Λ_m。离子氛对中心离子运动的影响是由下述两个原因引起的:

(1) **弛豫效应** (relaxation effect)   以中心为正离子和外围为负离子氛者为例。在外加电场的作用下, 中心正离子向阴极移动, 外围离子氛的平衡状态受到损坏。但由于存在库仑作用力, 离子要重建新的离子氛, 同时原有的离子氛要拆散。但无论是建立一个新离子氛还是拆散一个旧离子氛都需要一定时间, 这个时间称为弛豫时间 (relaxation time)。因为离子一直在运动, 中心离子新的离子氛尚未能完全建立, 而旧的离子氛也未能完全拆散, 这就形成了不对称的离子氛, 见图 8.17。

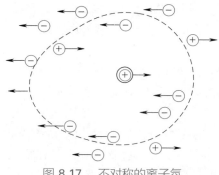

图 8.17　不对称的离子氛

这种不对称的离子氛对中心离子在电场中的运动产生了一种阻力, 通常称为弛豫力。它使得离子的运动速率降低, 因而使摩尔电导率降低。

(2) **电泳效应** (electrophoresis effect)　在外加电场的作用下, 中心离子同其溶剂化分子同时向某一方向移动, 而带相反电荷的离子氛则携同溶剂化分子一起向相反方向移动, 从而增加了黏滞力, 阻滞了离子在溶液中的运动, 这种影响称为电泳效应。它降低了离子运动的速率, 因而也使摩尔电导率降低。

考虑到上述两种因素, 可以推算出在某一浓度时摩尔电导率 Λ_{m} 和无限稀释时摩尔电导率 $\Lambda_{\mathrm{m}}^{\infty}$ 差值的定量关系, 即 Debye-Hückel-Onsager 电导公式, 对于 1–1 价型电解质为

$$\Lambda_{\mathrm{m}} = \Lambda_{\mathrm{m}}^{\infty} - (p + q\Lambda_{\mathrm{m}}^{\infty})\sqrt{c} \tag{8.50}$$

括号中第一项 $p = [z^2 eF^2/(3\pi\eta)][2/(\varepsilon RT)]^{1/2}$, 是电泳效应引起的摩尔电导率降低值, 它与介质的介电常数 (ε) 和黏度 (η) 有关。括号中第二项是弛豫效应引起的摩尔电导率降低值, 其中 $q = b[z^2 eF^2/(24\pi\varepsilon RT)][2/(\pi\varepsilon RT)]^{1/2}$, b 为与电解质类型有关的常数, 对 1–1 价型电解质 $b = 0.50$。可见这两种效应都与溶剂的性质和温度有关。当溶剂的介电常数较大且溶液比较稀时, 用式 (8.50) 计算的结果与实验值颇为接近。

在稀溶液中, 当温度、溶剂一定时, p 和 q 有定值, 故式 (8.50) 可写成

$$\Lambda_{\mathrm{m}} = \Lambda_{\mathrm{m}}^{\infty} - A\sqrt{c} \tag{8.51}$$

式中 A 为常数, 这就是 Kohlrausch 的 Λ_{m} 与 $\sqrt{c}$ 的经验公式。

Debye-Hückel 理论虽然能用于稀溶液, 并且用离子氛的概念可以解释有关电导的一些规律, 但是这个理论仍然是有缺陷的。首先, 在这个理论中完全忽略了离子的溶剂化作用, 以及溶剂化程度对离子之间相互作用的影响。其次, 在这个理论中无论是把离子看成点电荷, 或是看成大小不同的圆球, 都完全忽略了离子的性质、离子本身的结构、溶剂化能力等对离子间相互作用的影响。此外, 离子间的静电作用实际上与介质的介电常数等有很大关系, 这些因素也被忽略了。

进一步对电解质浓溶液活度因子的处理, 主要表现在如下几个方面。一种是修改 Debye-Hückel 的计算公式, 例如增加一些调节参数, 提出一些经验公式, 以期能用于较浓的溶液, 并更能符合实验事实。例如, Davies 曾于 1961 年提出过如下的经验公式:

$$\lg \gamma_{\pm} = -0.50|z_+ z_-| \left(\frac{\sqrt{I}}{1+\sqrt{I}} - 0.30I \right)$$

又如, Meyer 和 Poisier 曾改进 Debye 的计算方法, 采用严格的统计力学理论来处理离子之间的作用。处理电解质溶液的另一条途径是采用新的物理模型, 例如 Robinson-Stockes 的离子水

化理论 (1948 年) 和 Bjerrum 的离子缔合理论。前者根据水合作用提出了包含离子水合数在内的计算活度因子的公式, 后者则提出了 "离子对" (ion pair) 的概念, 此概念在电解质溶液理论的发展中起着非常重要的作用。

离子的缔合理论认为, 在电解质溶液中, 当电荷相反的离子接近到一定程度时, 它们相互间的静电引力可以超过热运动的能量, 在溶液中形成离子的缔合体 (即离子对)。由于离子在溶液中不停地运动, 个别缔合体存在的时间可能是很短的, 在溶液中每瞬间都有许多离子缔合, 同时有许多缔合体分解。从统计的观点来看, 溶液中总是存在着一定数量的缔合体。缔合作用的力是库仑力, 这样的力不能形成共价键分子。在离子的缔合理论中还提出了计算缔合度的公式, 不过只对于高价离子或者在介电常数很小的溶剂中, 计算的结果才能和实验一致。事实上, 离子的缔合情况可能比 Bjerrum 所提出的情况要复杂得多。总之, 到目前为止, 电解质溶液理论还是不完善的。只有在寻求更合理的离子相互作用的模型, 以及对液体的本性有了更深刻的认识之后, 才能使电解质溶液理论得到更进一步的发展。

在化工生产过程中, 对活度因子的处理常常使用参数拟合法。即在活度因子的表达式中增加许多参数, 然后根据实验数据进行拟合, 求出那些参数。这种方法虽然不能明确那些参数的物理意义, 但确有重要的实用价值。

最后, 有必要指出, 通常把电解质溶液分为 "强电解质" 和 "弱电解质" 两种, 都是针对水溶液而言的。事实上, 同一种溶质在不同溶剂中可以表现出完全不同的性质。例如, LiCl 和 KI 都是离子晶体, 在水溶液中表现出强电解质的性质, 而当溶解在醋酸或丙酮中时却变成了弱电解质, 并服从质量作用定律。因此, 弱电解质与强电解质并不能作为物质自身的一种分类, 而仅仅是电解质所处状态的分类。

有些作者认为: 溶剂对电解质的影响如解离、电导、扩散等都与电解质本来所处的状态有关。据此可把物质分为两大类, 一类称为离子载体 (ionophores) 或真实电解质 (true electrolytes)。KCl 就是这一类的典型代表, 它在固态时就是以 K^+ 和 Cl^- 存在。在不同的溶剂中可以形成能自由运动的离子, 也可以形成离子和离子对之间的平衡:

$$K^+ + Cl^- \rightleftharpoons K^+ \cdot Cl^-$$

另一类则称为可离子化的基团 (ionogens) 或潜在电解质 (potential electrolytes)。CH_3COOH 就是这一类的典型。纯 CH_3COOH 是共价分子, 它在水中既可形成分子 $CH_3COOH \cdot H_2O$, 又可形成离子对 $CH_3COO^- \cdot H_3O^+$, 离子对又可解离为相对自由的离子 CH_3COO^- 和 H_3O^+。

有些溶液理论工作者常把电解质溶液分为 "缔合式" 电解质溶液和 "非缔合式" 电解质溶液。在非缔合式电解质溶液中, 溶质是简单的正、负离子 (可能是水合的), 既没有溶质的共价分子, 也没有正、负离子的缔合。若以水为溶剂, 则许多金属的过氯酸盐及碱金属、碱土金属的卤化物等都属于这一类。一些在溶液很浓时才产生缔合作用的电解质如过氯酸、卤酸等也归于此类。非缔合式电解质溶液理论就是强电解质离子互吸理论 (包括 Debye-Hückel 理论和 Onsager 理论等)。非缔合式电解质溶液实际上并不很多, 但其理论却非常重要, 因为近代的电解质溶液理论都是从这里发展出来的。而实际上大多数电解质溶液都是缔合式电解质溶液, 其中又可细分为 "弱电解质" 溶液、"离子对电解质" 溶液和 "团簇电解质" 溶液等。弱电解质在溶液中除正、负离子之外, 还有以共价键结合起来的分子。很多酸和碱都属于这一类, 例如盐酸和硫酸只有在稀溶液中才是强电解质, 在浓溶液中则是弱电解质。通过蒸气压的测定知道

$10 \ \mathrm{mol \cdot dm^{-3}}$ 盐酸中约有 0.3% 是共价分子, 因此该溶液中 HCl 是弱电解质 (分子的存在可以由蒸气压的测定以及综合散射光谱的频率等确定)。通常当溶质中以分子状态存在的部分少于千分之一时, 常可认为其是强电解质。当然在这里 "强" "弱" 之间并没有严格的界限。"离子对电解质" 溶液的概念是 Bjerrum 首先提出来的。如前所述, 在溶液中正、负离子通过纯粹的静电引力而形成离子对。它可以是二离子对 ($\mathrm{M^+A^-}$), 也可以是三离子对, 如:

$$\mathrm{M^+A^- + A^- \Longrightarrow M^+A_2^-}$$

$$\mathrm{M^+A^- + M^+ \Longrightarrow M_2A^+}$$

很多无机盐溶液属于这一类, 特别是在浓溶液的情况下, 有离子对存在。这表明当不同电荷的离子相互靠近到某一临界距离时, 离子间的静电作用能量可能大于它们热运动的能量, 因而正、负离子可能缔合成一个新单元, 作为一个整体在溶液中运动 (它和分子不同, 分子是靠化学键结合, 而离子对则靠库仑力结合)。这种新单元可以是两个离子、三个离子或更多离子缔合而成的离子团簇 (cluster)。在溶液中每一瞬间都有许多离子缔合体分解, 同时又有许多离子缔合体生成。从统计的观点, 溶液中总是有一定数量的离子缔合体存在, 所以在一定浓度的溶液中, 强电解质的每个离子并不都能独立运动, 即虽完全离子化但并非完全解离, 这种缔合作用显然会降低电导和平均活度因子。

　　上述关于电解质溶液的分类, 只是为理论上研究问题提供方便, 并不是十分严格的, 如果企图在它们之间机械地划分一条明显的界限, 是没有必要的。

*Debye-Hückel 极限公式的推导

　　电解质溶液之所以不是理想溶液, 完全是由于离子间的相互作用。因此, j 离子的化学势可以用下式表示:

$$\mu_j = \mu_j (\text{理想}) + \Delta\mu (\text{电}) \tag{8.52}$$

对于理想溶液:

$$\mu_j (\text{理想}) = \mu_j^{\ominus} + RT\ln x_j \tag{8.53}$$

对于非理想溶液:

$$\mu_j = \mu_j^{\ominus} + RT\ln x_j + RT\ln\gamma_j \tag{8.54}$$

比较上面三个公式, 即得

$$RT\ln\gamma_j = \Delta\mu (\text{电}) \tag{8.55}$$

　　静电理论将离子间的相互作用完全归结于静电作用。因此, 可以认为在理想溶液中离子间无静电作用, 而在真实的电解质溶液中离子间存在着静电作用。所以, 式 (8.55) 也就相当于质点由不带电变成带电时所做的功。

　　问题在于如何求出 $\Delta\mu$ (电)。Debye 和 Hückel 引入离子氛的概念, 然后根据离子互吸理论解决了这一问题。

　　设在溶液中选定在某点 A 的一个正离子, 并以它作为坐标的中心, 在距离 r

处 ($10^{-7} \sim 10^{-5}$ cm), 有一小体积元 dV, 如图 8.15 所示。由于正离子吸引负离子, 推斥正离子, 因此就时间取平均, dV 中电荷的平均值是负的。这样该离子与 dV 之间就建立一个电场, A 点在 dV 处电势的时间平均值设为 ψ, 考虑到离子电场有圆球对称性, 于是就建立起一个电荷符号相反、平均电荷密度为 ρ 的离子氛。

设溶液中有 $1, 2, \cdots, i$ 种离子, 相应的浓度分别为单位体积中有 $n_1, n_2, \cdots, n_i$ 个离子, 离子的电荷分别为 $z_1e, z_2e, \cdots, z_ie, z$ 为离子的价数, e 为单位电荷。由于 dV 处存在着平均电势 ψ, 所以在 dV 内离子 B 的局部浓度 n'_B 与它的平均浓度 n_B 不同。根据 Boltzmann 分布公式, n'_B 与 n_B 之间的关系是

$$n'_B = n_B \exp\left(-\frac{z_B e \psi}{k_B T}\right) \tag{8.56}$$

式中 $z_B e \psi$ 是把一个具有 $z_B e$ 电荷的离子从电势等于零的地方 (即无穷远处) 移到 dV 内所需要的功。离子 B 的电荷密度显然是离子电荷乘上它的浓度, 即 $n'_B z_B e$, 因此 dV 内的平均电荷密度 ρ 是各种离子电荷密度的总和, 即 $\sum\limits_B n'_B z_B e$。代入式 (8.56), 即得

$$\rho = \sum_B n_B z_B e \exp\left(-\frac{z_B e \psi}{k_B T}\right) \tag{8.57}$$

根据假定, 离子间相互作用而产生的吸引能小于它的热运动能, 即 $z_B e \psi \ll k_B T$, 这就要求溶液是稀溶液, 因为溶液越稀, 离子间距离越大, ψ 越小。根据数学公式, 当 x 很小时, e^{-x} 可展成级数, 即

$$e^{-x} = 1 - x + \frac{x^2}{2!} - \frac{x^3}{3!} + \cdots$$

所以式 (8.57) 可以写成

$$\rho = \sum_B n_B z_B e - \sum_B n_B z_B e \frac{z_B e \psi}{k_B T} + \frac{1}{2!} \sum_B n_B z_B e \left(\frac{z_B e \psi}{k_B T}\right)^2 - \cdots \tag{8.58}$$

由于溶液是电中性的, 因此右边第一项等于零。又根据 $z_B e \psi \ll k_B T$ 的假设, ψ 的平方项以及以后各项可忽略, 因此得出

$$\rho = -\sum_B \frac{n_B z_B^2 e^2}{k_B T} \psi \tag{8.59}$$

此式指出了某点的电荷密度与该点电势 ψ 的关系。

某一中心离子周围的电荷分布是球形对称的。根据物理学中的 Poisson 方程, 当某一点上的电荷密度是 ρ 时, 这点的电势 ψ 与 ρ 的关系为

$$\frac{\partial^2 \psi}{\partial x^2} + \frac{\partial^2 \psi}{\partial y^2} + \frac{\partial^2 \psi}{\partial z^2} = -\frac{\rho}{\varepsilon}$$

式中 x, y, z 是这一点的笛卡儿坐标, ε 是介质的介电常数。由于离子氛是球形对称的, 在半径为 r 的球面上各点的电势相同, 故将直角坐标换成极坐标后, 可使求解过程大大简化。上式可转化成

$$\frac{1}{r}\frac{\mathrm{d}^2(r\psi)}{\mathrm{d}r^2} = -\frac{\rho}{\varepsilon} \tag{8.60}$$

将式 (8.59) 中 ρ 的表示式代入, 得

$$\frac{1}{r}\frac{\mathrm{d}^2(r\psi)}{\mathrm{d}r^2} = \frac{e^2}{\varepsilon k_\mathrm{B} T}\sum_\mathrm{B} n_\mathrm{B} z_\mathrm{B}^2 \psi \tag{8.61}$$

令

$$k^2 = \frac{e^2}{\varepsilon k_\mathrm{B} T}\sum_\mathrm{B} n_\mathrm{B} z_\mathrm{B}^2 \tag{8.62}$$

并设 c_B 为离子 B 的物质的量浓度, 则

$$n_\mathrm{B} = c_\mathrm{B} L$$

式中 L 为 Avogadro 常数。将上式代入式 (8.62), 得

$$k^2 = \frac{e^2 L}{\varepsilon k_\mathrm{B} T}\sum_\mathrm{B} c_\mathrm{B} z_\mathrm{B}^2 \tag{8.63a}$$

令 $I' = \frac{1}{2}\sum_\mathrm{B} c_\mathrm{B} z_\mathrm{B}^2$, 代入式 (8.63a), 得

$$k = \left(\frac{2e^2 L}{\varepsilon k_\mathrm{B} T}\right)^{\frac{1}{2}}\sqrt{I'} \tag{8.63b}$$

若令 m_B 为离子 B 的质量摩尔浓度, 则

$$m_\mathrm{B} = \frac{c_\mathrm{B}}{\rho_\mathrm{sln}}$$

式中 ρ_sln 为溶液的密度。将上式代入式 (8.63a), 得

$$k^2 = \frac{e^2 L \rho_\mathrm{sln}}{\varepsilon k_\mathrm{B} T}\sum_\mathrm{B} m_\mathrm{B} z_\mathrm{B}^2 \tag{8.63c}$$

若令 $I = \frac{1}{2}\sum_\mathrm{B} m_\mathrm{B} z_\mathrm{B}^2$, 则得

$$k = \left(\frac{2e^2 L \rho_\mathrm{sln}}{\varepsilon k_\mathrm{B} T}\right)^{\frac{1}{2}}\sqrt{I} \tag{8.63d}$$

在稀溶液中, $\rho_{\text{sln}} \approx \rho_{\text{A}}$ (A 表示溶剂), 若溶剂是水, $\rho_{\text{H}_2\text{O}} \approx 1 \ \text{kg} \cdot \text{dm}^{-3}$, 则 $\dfrac{m_{\text{B}}}{m^{\ominus}} \approx \dfrac{c_{\text{B}}}{c^{\ominus}}$, $I' \approx I$。故 k 的表示式通常写作

$$k = \left(\frac{2e^2 L \rho_{\text{A}}}{\varepsilon k_{\text{B}} T}\right)^{\frac{1}{2}} \sqrt{I} \tag{8.63e}$$

k 是 Debye-Hückel 理论中的一个很重要的参数, 它的物理意义在下面还要讨论。

将式 (8.62) 代入式 (8.61), 得

$$\frac{\mathrm{d}^2(r\psi)}{\mathrm{d}r^2} = k^2 r\psi \tag{8.64}$$

或写作

$$\frac{1}{r^2} \frac{\mathrm{d}}{\mathrm{d}r}\left(r^2 \frac{\mathrm{d}\psi}{\mathrm{d}r}\right) = k^2 \psi$$

此式即为著名的 **Poisson-Boltzmann 方程**, 是一个二阶的微分方程, 它的通解是

$$\psi = \frac{C}{r}\mathrm{e}^{-kr} + \frac{C'}{r}\mathrm{e}^{kr}$$

式中 C, C' 为常数, 可从边界条件来确定。当 $r \to \infty$ 时, $\psi \to 0$, 即

$$0 = \frac{C}{\infty}\mathrm{e}^{-\infty} + \frac{C'}{\infty}\mathrm{e}^{\infty}$$

于是必有 $C' = 0$, 故

$$\psi = \frac{C}{r}\mathrm{e}^{-kr} \tag{8.65}$$

在极稀的溶液中, $\sum\limits_{\text{B}} n_{\text{B}} z_{\text{B}}^2$ 的值趋于零, 从式 (8.62) 中可以看出 k 的值也趋于零。根据式 (8.65), 此时在该点的电势将等于 $\dfrac{C}{r}$。在这样极稀的溶液中, 在任何一个离子附近的电势都只由该离子自己决定, 因为其他离子与这个离子距离太远, 以至于不能产生任何影响。同时, 如果把离子当作点电荷, 则在距离离子不远的地方, 电势应为 $\psi = \dfrac{z_j e}{4\pi\varepsilon r}$, 与式 (8.65) 比较, 则可求得另一个常数 C:

$$C = \frac{z_j e}{4\pi\varepsilon}$$

代入式 (8.65) 后, 得

$$\psi = \frac{z_j e}{4\pi\varepsilon} \cdot \frac{\mathrm{e}^{-kr}}{r} \tag{8.66}$$

这就是在没有外力作用下, 与一个 z_j 价的中心离子距离为 r 的点上电势的时间平均值。ψ 是距离 r 的函数, 它是中心离子和离子氛同时作用在 r 距离上某点所产生的电势。这个电势可以看作两个电势之和, 即中心离子单独存在时所引起的电势和离子氛单独存在时所引起的电势的总和 (因为根据电场叠加原理, 两个电荷系统在某一点所引起的电势等于个别电荷所引起的电势的总和)。已知中心离子在 r 距离上的电势是 $\psi = \dfrac{z_j e}{4\pi\varepsilon r}$。令 $\phi(r)$ 代表离子氛在 r 处所产生的电势, 则

$$\psi = \frac{z_j e}{4\pi\varepsilon r} + \phi(r) \tag{8.67}$$

可以将式 (8.66) 写作

$$\psi = \frac{z_j e}{4\pi\varepsilon r} - \frac{z_j e}{4\pi\varepsilon r}(1 - \mathrm{e}^{-kr})$$

对于极稀的溶液, 则 k 很小, $(1 - \mathrm{e}^{-kr})$ 中的指数项展开后, 括号中的值近似等于 kr, 则上式变为

$$\psi = \frac{z_j e}{4\pi\varepsilon r} - \frac{z_j e k}{4\pi\varepsilon} \tag{8.68}$$

与式 (8.67) 相比, 则得

$$\phi(r) = -\frac{z_j e k}{4\pi\varepsilon} \tag{8.69}$$

这就是由于离子氛的存在而在 r 处所产生的电势。

前已述及, 式 (8.55) 相当于质点由不带电变成带电时所做的功。为了求这个功, 可以设想本来溶液中质点都不带电, 当然也就不存在离子氛, 然后设法使这些质点带电而形成离子氛, 离子间就出现了静电作用, 这一过程称为**荷电过程** (charging process)。假定以第 j 种质点为中心, 在它的荷电过程中的任一时刻其电荷是 $\lambda z_j e$, λ 是最终电荷的百分数 (当 $\lambda = 0$ 时, 质点不带电, 当 $\lambda = 1$ 时, 质点获得最终的电荷 $z_j e$)。与此同时, 离子氛的电荷也是从无到有, 逐渐增大的。

根据式 (8.68), 在荷电过程中的任一时刻, 由第 j 种离子所产生的电势 ψ_λ 可写作

$$\psi_\lambda = \frac{z_j e}{4\pi\varepsilon r}\lambda - \frac{z_j e\lambda}{4\pi\varepsilon}k_\lambda$$

根据式 (8.62), k_λ 可用 $k\lambda$ 来代替, 所以

$$\psi_\lambda = \frac{z_j e}{4\pi\varepsilon r}\lambda - \frac{z_j e k}{4\pi\varepsilon}\lambda^2 \tag{8.70}$$

如果在一个第 j 种离子上加上的电荷为 $z_j e\mathrm{d}\lambda$, 则此时所做的功为 $z_j e\mathrm{d}\lambda \cdot \psi_\lambda$。因而, 该 j 种离子完全荷电时所做的电功为

$$
\begin{aligned}
W_j &= \int_0^1 z_j e\psi_\lambda \mathrm{d}\lambda \\
&= \frac{z_j^2 e^2}{4\pi\varepsilon r}\int_0^1 \lambda\mathrm{d}\lambda - \frac{z_j^2 e^2 k}{4\pi\varepsilon}\int_0^1 \lambda^2\mathrm{d}\lambda \\
&= \frac{z_j^2 e^2}{8\pi\varepsilon r} - \frac{z_j^2 e^2 k}{12\pi\varepsilon}
\end{aligned}
\tag{8.71}
$$

如果 N_j 是第 j 种离子的总数, 则溶液中全部离子完全荷电时所做的总电功为

$$
W_j = \sum_j \frac{N_j z_j^2 e^2}{8\pi\varepsilon r} - \sum_j \frac{N_j z_j^2 e^2 k}{12\pi\varepsilon}
\tag{8.72}
$$

当溶液无限稀释时, 没有离子氛存在, k 趋于零, 式 (8.72) 中右边的第二项即不存在, 且此时溶液的介电常数等于纯溶剂 A 的介电常数 ε_A。所以, 当无限稀释时, 第 j 种离子荷电时所做的电功为

$$
W_j^\infty = \sum_j \frac{N_j z_j^2 e^2}{8\pi\varepsilon_\mathrm{A} r}
$$

代入式 (8.72) 可得: 在一定浓度下与在无限稀释时对同一离子荷电时所做电功之差为

$$
W_j - W_j^\infty = -\sum_j \frac{N_j z_j^2 e^2 k}{12\pi\varepsilon}
\tag{8.73}
$$

在恒压下, 荷电过程中溶液的体积没有变化, 因而可把 $(W_j - W_j^\infty)$ 看作在一定浓度下和在无限稀释时由于离子的静电吸引而引起的 Gibbs 自由能之差。如前所述, 含有离子的溶液其 Gibbs 自由能 G 可以看成由两部分所组成, 一部分相应于与该溶液具有相同浓度的理想溶液 (即离子间无静电作用) 的 Gibbs 自由能 G_0, 另一部分相应于离子之间静电作用而产生的 Gibbs 自由能 $\Delta G_\text{电}$:

$$
G = G_0 + \Delta G_\text{电}
$$

式中 $\Delta G_\text{电}$ 可看成与式 (8.73) 中的 $(W_j - W_j^\infty)$ 相等, 即

$$
\Delta G_\text{电} = -\sum_j \frac{N_j z_j^2 e^2 k}{12\pi\varepsilon}
\tag{8.74}
$$

在恒压下, 将 G 对 N_j 微分:

$$\frac{\partial G}{\partial N_j} = \frac{\partial G_0}{\partial N_j} + \frac{\partial \Delta G_{电}}{\partial N_j}$$

得

$$\mu_j = \mu_j^{\ominus} \,(理想) + \Delta\mu_{电}$$

根据化学势的定义, 上式是一个离子的化学势而不是 1 mol 离子的化学势。

$$\Delta\mu_{电} = \frac{\partial \Delta G_{电}}{\partial N_j}$$

对式 (8.74) 微分时应考虑到 k 中包含 $\sqrt{n_j}$, 因而也包含 $\sqrt{N_j}$, 又

$$\Delta\mu_{电} = k_B T \ln\gamma_j$$

故可得

$$k_B T \ln\gamma_j = -\frac{z_j^2 e^2 k}{8\pi\varepsilon}$$

或

$$\ln\gamma_j = -\frac{z_j^2 e^2 k}{8\pi\varepsilon k_B T} = -\frac{L z_j^2 e^2 k}{8\pi\varepsilon R T} \tag{8.75}$$

将式 (8.63e) 代入式 (8.75), 则得

$$\ln\gamma_j = -\frac{z_j^2 e^2 L}{8\pi\varepsilon R T}\left(\frac{2 e^2 L \rho_A}{\varepsilon k_B T}\right)^{\frac{1}{2}} \sqrt{I} \tag{8.76}$$

或写成

$$\lg\gamma_j = -A z_j^2 \sqrt{I} \tag{8.77}$$

式中

$$A = \frac{e^2 L}{8\pi\varepsilon R T \times \ln 10}\left(\frac{2 e^2 L \rho_A}{\varepsilon k_B T}\right)^{\frac{1}{2}}$$

在 298 K 的水溶液中, A 值约为 $0.509(\text{kg} \cdot \text{mol}^{-1})^{1/2}$。

根据式 (8.77), 可导出离子平均活度因子:

$$\lg\gamma_{\pm} = -A|z_+ z_-|\sqrt{I} \tag{8.78}$$

式 (8.77) 和式 (8.78) 就是 Debye-Hückel 极限公式。之所以称为极限公式, 是因为在推导过程中曾作过一些假设, 这些假设只有在稀溶液中 (浓度一般在 0.001 mol·kg^{-1} 以下) 才是适用的。根据式 (8.77) 或式 (8.78) 可知, 离子活度因子随着离子强度的增大而减小, 且离子的价数越高及溶剂的介电常数越小, 离子活度因子的减小就越显著。

按上述方法所得到的活度因子是合理的活度因子 ($\gamma_{B,x}$，即浓度表示为摩尔分数时的校正项)，如果改换成实用的活度因子 ($\gamma_{B,m}$，即浓度表示为质量摩尔浓度时的校正项)，则在水溶液中有如下的关系：

$$\lg\gamma_{B,m} = \lg\gamma_{B,x} - \lg(1 + 0.018\nu m_B) \tag{8.79}$$

式中 ν 是一个电解质 "分子" 所产生的离子数。

式 (8.79) 推导如下：

溶质的化学势可写作

$$\mu_B = \mu_B^\ominus(x) + RT\ln\gamma_{B,x}x_B = \mu_B^\ominus(m) + RT\ln\frac{\gamma_{B,m}\nu m_B}{m^\ominus}$$

或

$$RT\ln\frac{\gamma_{B,m}\nu m_B/m^\ominus}{\gamma_{B,x}x_B} = \mu_B^\ominus(x) - \mu_B^\ominus(m) \tag{1}$$

在溶液极稀的情况下，上式可简化为

$$RT\ln\frac{\nu m_B/m^\ominus}{x_B} = \mu_B^\ominus(x) - \mu_B^\ominus(m) \tag{2}$$

又

$$x_B = \frac{\nu m_B}{\dfrac{1}{M_A} + \nu m_B} \tag{3}$$

式中 M_A 为溶剂的摩尔质量，对水来说 $M_A = 0.018\,\text{kg}\cdot\text{mol}^{-1}$。当溶液极稀时，有

$$\frac{\nu m_B}{x_B} \approx \frac{1}{M_A}$$

代入公式 (2)，得

$$RT\ln\frac{1}{M_A} = \mu_B^\ominus(x) - \mu_B^\ominus(m)$$

再代入公式 (1)，得

$$\frac{\nu\gamma_{B,m}}{\gamma_{B,x}} = \frac{x_B}{M_A m_B}$$

即

$$\gamma_{B,m} = \frac{\gamma_{B,x}x_B}{\nu M_A m_B} \tag{4}$$

将公式 (3) 代入后，得

$$\gamma_{B,m} = \frac{\gamma_{B,x}}{1 + \nu m_B M_A} \tag{5}$$

如溶剂为水，则

$$\gamma_{B,m} = \frac{\gamma_{B,x}}{1 + 0.018\nu m_B} \tag{6}$$

对公式 (6) 取对数后，即得式 (8.79)。

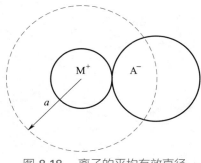

图 8.18 离子的平均有效直径

对于较浓的溶液, 极限公式应作适当的修正, 把离子看成具有一定半径的质点, 如图 8.18 所示。

设中心离子是正离子, 其电荷为 $z_j e$, 令 a 为除中心离子以外其他离子可接近中心离子的极限距离, 即最近距离, 又称为离子的平均有效直径。由于整个溶液是电中性的, 所以, 在以 a 为半径的球以外的所有区间, 其总电荷为 $-z_j e$。即

$$\int_a^\infty 4\pi r^2 \rho \,\mathrm{d}r = -z_j e \tag{8.80}$$

根据式 (8.59)、式 (8.62) 和式 (8.65), 得

$$\rho = -\varepsilon k^2 \frac{C\mathrm{e}^{-kr}}{r}$$

代入式 (8.80), 得

$$\int_a^\infty 4\pi C\varepsilon k^2 r\mathrm{e}^{-kr}\,\mathrm{d}r = z_j e$$

利用分部积分公式, 令 $u = r, \mathrm{d}v = \mathrm{e}^{-kr}\mathrm{d}r$, 则上式积分后得

$$4\pi C\varepsilon \mathrm{e}^{-ka}(1 + ka) = z_j e$$

所以

$$C = \frac{z_j e}{4\pi\varepsilon} \cdot \frac{\mathrm{e}^{ka}}{1 + ka} \tag{8.81}$$

代入式 (8.65), 得

$$\psi = \frac{z_j e}{4\pi\varepsilon} \cdot \frac{\mathrm{e}^{ka}}{1 + ka} \cdot \frac{\mathrm{e}^{-kr}}{r} \tag{8.82}$$

这就是略加修正的 ψ 公式, 然后同样用荷电的方法, 可以求得

$$\ln\gamma_j = -\frac{Lz_j^2 e^2 k}{8\pi\varepsilon RT} \cdot \frac{1}{1 + ka} \tag{8.83}$$

对于一定的溶剂, 在一定的温度下, $k = B\sqrt{I}$。因此, $(1+ka)$ 可用 $(1+aB\sqrt{I})$ 代替, 所以式 (8.83) 可写作

$$\lg\gamma_j = -\frac{Az_j^2\sqrt{I}}{1 + aB\sqrt{I}} \tag{8.84}$$

或

$$\lg\gamma_\pm = -\frac{A|z_+ z_-|\sqrt{I}}{1 + aB\sqrt{I}} \tag{8.85}$$

式中

$$A = \frac{e^2 L}{8\pi\varepsilon RT \times \ln 10}\left(\frac{2e^2 L\rho_A}{\varepsilon k_B T}\right)^{\frac{1}{2}}$$

$$= \frac{e^3}{8\pi \times \ln 10}(2L\rho_A)^{\frac{1}{2}}\left(\frac{1}{\varepsilon k_B T}\right)^{\frac{3}{2}} \tag{8.86}$$

$$B = \left(\frac{2e^2 L\rho_A}{\varepsilon k_B T}\right)^{\frac{1}{2}} \tag{8.87}$$

A, B 的值列于表 8.10 中。在高度稀释的溶液里, $aB\sqrt{I} \ll 1$, 式 (8.85) 就还原为式 (8.78)。因为下述物理量的单位分别为: e(C), Boltzmann 常数 k_B (J·K^{-1} 或 kg·m^2·s^{-2}·K^{-1}), Avogadro 常数 L(mol^{-1}), ρ_A(kg·m^{-3}), 介电常数 ε(C^2·kg^{-1}·m^{-3}·s^2), T(K), 所以 A 的单位为 (mol^{-1}·kg)$^{\frac{1}{2}}$, B 的单位为 (mol^{-1}·kg)$^{\frac{1}{2}}$·m^{-1}。

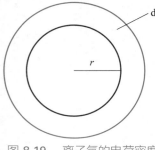

图 8.19　离子氛的电荷密度

最后, 我们再讨论 k 的物理意义。设与中心正离子 j 距离为 r 处, 有一厚度为 dr 的球壳, 见图 8.19。此球壳的体积等于 $4\pi r^2 \mathrm{d}r$, 其中电荷的总数 dq 为

$$\mathrm{d}q = 4\pi r^2 \rho \mathrm{d}r$$

代入式 (8.59) (ρ 的表示式) 及式 (8.82) [ψ 的表示式; 若用式 (8.66), 所得结果是一样的], 得球壳中电荷的总数 dq 为

$$\mathrm{d}q = -\frac{\sum n_j z_j^2 e^2}{k_B T} \cdot \frac{z_j e}{4\pi\varepsilon} \cdot \frac{\mathrm{e}^{ka}}{1+ka} \cdot \frac{\mathrm{e}^{-kr}}{r} 4\pi r^2 \mathrm{d}r$$

$$= Cr\mathrm{e}^{-kr}\mathrm{d}r \tag{8.88}$$

当温度、浓度和离子价型一定时, 式中 C 为常数。式 (8.88) 表示 dq 是随 r 而变的。当 $\mathrm{d}(\mathrm{d}q)/\mathrm{d}r = 0$ 时, dq 有极大值, 即

$$\frac{\mathrm{d}(Cr\mathrm{e}^{-kr}\mathrm{d}r)}{\mathrm{d}r} = 0$$

解得

$$r_m = \frac{1}{k} \tag{8.89}$$

即当与中心离子的距离为 $\frac{1}{k}$ 时, 球壳中的电荷数最多, 故 $\frac{1}{k}$ 就可看成离子氛的厚度。$\frac{1}{k}$ 的值可以用式 (8.63c) 计算:

$$\frac{1}{k} = \left(\frac{\varepsilon k_B T}{e^2 L\rho_{sln}\sum_B m_B z_B^2}\right)^{\frac{1}{2}} \tag{8.90}$$

所有物理量的单位都用 SI 单位, 可求得 $\dfrac{1}{k}$ 的单位是 m。

表 8.11 是计算得到的 298 K 时水溶液中离子氛半径值。

表 8.11　298 K 时水溶液中离子氛半径 $\dfrac{1}{k}$

单位: 10^{-10} m

电解质的价型	质量摩尔浓度 $m/(\mathrm{mol \cdot kg^{-1}})$		
	0.10	0.01	0.001
1−1 价型	9.64	30.5	96.4
1−2 价型或 2−1 价型	5.58	19.3	55.8
2−2 价型	4.82	15.3	48.2
1−3 价型或 3−1 价型	3.94	13.6	39.4

拓展学习资源

重点内容及公式总结	
课外参考读物	
相关科学家简介	
教学课件	

复习题

8.1 Faraday 电解定律的基本内容是什么? 此定律在电化学中有何用处?

8.2 电池中正极、负极、阴极、阳极的定义分别是什么? 为什么在原电池中负极是阳极而正极是阴极?

8.3 电解质溶液的电导率和摩尔电导率与电解质溶液浓度的关系有何不同? 为什么?

8.4 怎样分别求强电解质和弱电解质的无限稀释摩尔电导率? 为什么要用不同的方法?

8.5 离子的摩尔电导率、离子的迁移速率、离子的电迁移率和离子迁移数之间有哪些定量关系式?

8.6 在某电解质溶液中, 若有 i 种离子存在, 则溶液的总电导应该用下列哪个公式表示? 为什么?

(1) $G = \dfrac{1}{R_1} + \dfrac{1}{R_2} + \cdots$

(2) $G = \dfrac{1}{\sum\limits_i R_i}$

8.7 电解质与非电解质的化学势表示形式有何不同? 活度因子的表示式有何不同?

8.8 为什么要引入离子强度的概念? 离子强度对电解质的平均活度因子有什么影响?

8.9 用 Debye-Hückel 极限公式计算平均活度因子时有何限制条件? 在什么时候要用修正的 Debye-Hückel 公式?

8.10 不论是离子的电迁移率还是摩尔电导率, 氢离子和氢氧根离子都比其他与之带相同电荷的离子要大得多, 这是为什么?

8.11 在水溶液中带有相同电荷数的离子, 如 $Li^+, Na^+, K^+, Rb^+, \cdots$, 它们的离子半径依次增大, 而迁移速率也相应增大, 这是为什么?

8.12 影响难溶盐溶解度的因素主要有哪些? 试讨论 $AgCl(s)$ 在下列电解质溶液中的溶解度大小, 按由小到大的次序排列出来 (除水外, 所有电解质的浓度都是 $0.1\ mol \cdot dm^{-3}$)。

(1) $NaNO_3$; (2) $NaCl$; (3) H_2O; (4) $CuSO_4$; (5) $NaBr$。

8.13 用 Pt 电极电解一定浓度的 $CuSO_4$ 溶液, 试分析阴极部、中部和阳极部溶液的颜色在电解过程中有何变化? 若都改用 Cu 电极, 三部分溶液颜色又将如何变化?

8.14 什么叫离子氛? Debye-Hückel-Onsager 电导理论说明了什么问题?

习题

8.1 用电流强度为 5 A 的直流电电解稀硫酸溶液, 假设电流效率为 100%, 在 300 K, 101325 Pa 下, 如欲获得氧气和氢气各 0.001 m³, 需分别通电多少时间? 已知该温度下水的蒸气压为 3565 Pa。

8.2 在一个聚四氟乙烯电解池中, 阴极加入食醋, 并滴入几滴酚酞, 阳极用水充满, 并用盐桥连接, 在 295 K, $p^{\ominus}$ 下用铂电极进行电解。通电后阳极有 O_2 产生, 阳极生成 O_2 的体积与阴极加入食醋的体积成线性关系。实验中, 在阴极溶液刚好变红时, 测阳极产生 O_2 的体积, 测得在阴极加入不同体积的食醋时阳极产生的 O_2 的体积如下:

V(食醋)/cm³	0.00	0.05	0.10	0.15	0.20	0.25	0.30	0.35
$V(O_2)$/cm³	0.00	0.25	0.51	0.76	1.02	1.27	1.52	1.77

求食醋中醋酸的百分含量。

8.3 在 300 K, 100 kPa 下, 用惰性电极电解水溶液制备氢气, 在通电一段时间后, 得到 0.0085 m³ 氢气, 已知该温度下水的蒸气压为 3565 Pa。在与之串联的铜库仑计中析出了 31.8 g Cu(s), 试计算该电解池的电流效率。

8.4 用石墨作电极在 Hittorf 管中电解 HCl 溶液, 在阴极上放出 $H_2(g)$, 在阳极上放出 $Cl_2(g)$。阴极区有一定量的溶液, 在通电前后含 Cl^- 的质量分别为 0.177 g 和 0.163 g。在串联的银库仑计中有 0.2508 g 银析出, 试求 H^+ 和 Cl^- 的迁移数。

8.5 用两个银电极电解质量分数为 0.007422 的 KCl 水溶液。阳极反应为 $Ag(s) + Cl^- \longrightarrow AgCl(s) + e^-$, 反应所产生的 AgCl(s) 沉积于电极上。当有 548.93 C 的电荷量通过上述电解池时, 实验测出电解后阳极区溶液的质量为 117.51 g, 其中 KCl 为 0.6659 g, 试求 KCl 溶液中正、负离子的迁移数。

8.6   假设有一个离子迁移能力较强的锂离子电池, 在 298 K 时, 锂电极电解 $LiCoO_2$, 假设负离子不发生反应。对已知浓度的 Li^+ 溶液, 溶液中通以 20 mA 的电流一段时间, 通电结束后, 串联在电路中的库仑计阴极上有 3.810 g 银析出。据分析可知, 在通电前阴极部溶液中含有 Li^+ 的质量为 1.122 g, 通电后其质量为 1.002 g, 求 Li^+ 和 CoO_2^- 的离子迁移数。

8.7   以银为电极电解氰化银钾 (KCN + AgCN) 溶液时, Ag(s) 在阴极上析出。每通过 1 mol 电子的电荷量, 阴极部失去 0.40 mol Ag^+ 和 0.80 mol CN^-, 得到 0.60 mol K^+。试求:

(1) 氰化银钾配合物负离子的化学表达式 $[Ag_n(CN)_m]^{z-}$ 中 n, m, z 的值;

(2) 氰化银钾配合物中正、负离子的迁移数。

8.8   在 298 K 时, 用铜电极电解铜氨溶液。已知溶液中每 1000 g 水中含 15.96 g $CuSO_4$ 和 17.0 g NH_3。当有 0.01 mol 电子的电荷量通过以后, 在 103.66 g 阳极部溶液中含有 2.091 g $CuSO_4$ 和 1.571 g NH_3。试求:

(1) $[Cu(NH_3)_x]^{2+}$ 中 x 的值;

(2) 该配离子的迁移数。

8.9   有一根均匀的玻璃管, 其截面积为 3.25 cm², 在 25℃ 时, 小心地将 0.0100 mol·dm⁻³ HCl 溶液加在 $CdCl_2$ 溶液上面以形成清晰的界面, 当通入 3.00 mA 电流 45.0 min 时观察到界面移动了 2.13 cm。计算氢离子的迁移数。

8.10   在界面移动法测 K^+ 电迁移率的实验中, 已知迁移管两极之间的距离为 10.0 cm, 两极之间的电位差为 20.0 V, 假设电场是均匀的, 实验测得通电 800 s 后溶液的界面移动了 1.22 cm, 试求 K^+ 的电迁移率。

8.11   某电导池内装有两个直径为 0.04 m 并相互平行的圆形银电极, 电极之间的距离为 0.12 m。若在电导池内盛有浓度为 0.1 mol·dm⁻³ 的 $AgNO_3$ 溶液, 施以 20 V 电压, 则所得电流强度为 0.1976 A。试计算电导池常数、溶液的电导、电导率, 以及 $AgNO_3$ 的摩尔电导率。

8.12   用实验测定不同浓度 KCl 溶液的电导率的标准方法如下: 273.15 K 时, 在 (a), (b) 两个电导池中分别盛以不同液体并测其电阻。当在 (a) 中盛 Hg(l) 时, 测得电阻为 0.99895 Ω [1 Ω 是指 273.15 K 时, 截面积为 1.0 mm², 长为 1062.936 mm 的 Hg(l) 柱的电阻]。当 (a) 和 (b) 中均盛以浓度约为 3 mol·dm⁻³ 的 H_2SO_4 溶液时, 测得 (b) 的电阻为 (a) 的电阻的 0.107811 倍。若在 (b) 中盛以浓度为 1.0 mol·dm⁻³ 的 KCl 溶液时, 测得电阻为 17565 Ω。试求:

(1) 电导池 (a) 的电导池常数;

(2) 在 273.15 K 时, 该 KCl 溶液的电导率。

8.13 在 298 K 时, H^+ 的摩尔电导率为 349.65×10^{-4} S·m²·mol⁻¹, Cl^- 和 Na^+ 在水中的迁移率分别为 7.91×10^{-8} m²·s⁻¹·V⁻¹ 和 5.19×10^{-8} m²·s⁻¹·V⁻¹。

(1) 求 H^+ 在稀溶液中的迁移率;

(2) 求 H^+ 在 1×10^{-3} mol·dm⁻³ HCl 溶液中迁移的电荷量占总电荷量的百分数;

(3) 如果在上述 (2) 1×10^{-3} mol·dm⁻³ HCl 溶液中再加入 NaCl, 使得溶液中 NaCl 的浓度为 1.0 mol·dm⁻³, 问 H^+ 在该混合溶液中迁移的电荷量占总电荷量的百分数是多少?

8.14 在 291 K 时, 10 mol·m⁻³ $CuSO_4$ 溶液的电导率为 0.1434 S·m⁻¹, 试求 $CuSO_4$ 的摩尔电导率 $\Lambda_m(CuSO_4)$ 和 $\frac{1}{2}CuSO_4$ 的摩尔电导率 $\Lambda_m\left(\frac{1}{2}CuSO_4\right)$。

8.15 在 298 K 时, 在某电导池中盛以浓度为 0.01 mol·dm⁻³ 的 KCl 水溶液, 测得电阻 R 为 484.0 Ω。当盛以不同浓度的 NaCl 水溶液时测得数据如下:

$c(NaCl)/(mol \cdot dm^{-3})$	0.0005	0.0010	0.0020	0.0050
R/Ω	10910	5494	2772	1128.9

已知 298 K 时, 0.01 mol·dm⁻³ KCl 水溶液的电导率为 $\kappa(KCl) = 0.1412$ S·m⁻¹。试求:

(1) NaCl 水溶液在不同浓度时的摩尔电导率;

(2) 以 $\Lambda_m(NaCl)$ 对 $\sqrt{c}$ 作图, 求 NaCl 的无限稀释摩尔电导率 $\Lambda_m^{\infty}(NaCl)$。

8.16 已知 NaCl, KNO_3, $NaNO_3$ 在稀溶液中的摩尔电导率分别为 1.26×10^{-2} S·m²·mol⁻¹, 1.45×10^{-2} S·m²·mol⁻¹ 和 1.21×10^{-2} S·m²·mol⁻¹。已知 KCl 中 $t_+ = t_-$, 设在此浓度范围以内, 摩尔电导率不随浓度而变化。

(1) 试计算以上各种离子的摩尔电导率;

(2) 假定 0.1 mol·dm⁻³ HCl 溶液电阻是 0.01 mol·dm⁻³ NaCl 溶液电阻的 $\frac{1}{35}$ (用同一电导池测定), 试计算 HCl 的摩尔电导率。

8.17 在 298 K 时, $BaSO_4$ 饱和水溶液的电导率是 4.58×10^{-4} S·m⁻¹, 所用水的电导率是 1.52×10^{-4} S·m⁻¹。求 $BaSO_4$ 饱和水溶液的浓度 (以 mol·dm⁻³ 为单位) 和溶度积。已知 298 K 无限稀释时, $\frac{1}{2}Ba^{2+}$ 和 $\frac{1}{2}SO_4^{2-}$ 的离子摩尔电导率分别为 63.6×10^{-4} S·m²·mol⁻¹ 和 80.0×10^{-4} S·m²·mol⁻¹。

8.18 在 298 K 时, AgCl 的溶度积为 $K_{sp}^{\ominus} = 1.77 \times 10^{-10}$, 这时所用水的电导率为 1.60×10^{-4} S·m⁻¹。已知在该温度下 Ag^+ 和 Cl^- 的无限稀释摩尔电导率分别为 61.9×10^{-4} S·m²·mol⁻¹ 和 76.31×10^{-4} S·m²·mol⁻¹, 试求在该温

度下 AgCl 饱和水溶液的电导率。

8.19 在 291 K 时, 纯水的电导率为 $\kappa(H_2O) = 4.28 \times 10^{-6}$ S·m^{-1}。当 $H_2O(l)$ 解离成 H^+ 和 OH^- 并达到平衡时, 求该温度下 $H_2O(l)$ 的摩尔电导率、解离度和 H^+ 的浓度。已知这时水的密度为 998.6 kg·m^{-3}。

8.20 根据如下数据, 求 $H_2O(l)$ 在 298 K 时解离成 H^+ 和 OH^- 并达到平衡时的解离度和离子积常数 $K_w^\ominus$。已知 298 K 时, 纯水的电导率为 $\kappa(H_2O) = 5.5 \times 10^{-6}$ S·m^{-1}, H^+ 和 OH^- 的无限稀释摩尔电导率分别为 $\Lambda_m^\infty(H^+) = 3.4965 \times 10^{-2}$ S·m^2·mol^{-1}, $\Lambda_m^\infty(OH^-) = 1.980 \times 10^{-2}$ S·m^2·mol^{-1}, 水的密度为 997.09 kg·m^{-3}。

8.21 在 298 K 时, 测得下列溶液: (1) 1.814 mmol·dm^{-3} CH$_2$ClCOOH 溶液, (2) 1.00 mmol·dm^{-3} CH$_2$ClCOONa 溶液, (3) 1.00 mmol·dm^{-3} NaCl 溶液, (4) 1.00 mmol·dm^{-3} HCl 溶液的电导率分别为 (1) 4.087×10^{-2} S·m^{-1}, (2) 8.75×10^{-3} S·m^{-1}, (3) 1.237×10^{-2} S·m^{-1}, (4) 4.212×10^{-2} S·m^{-1}, 求 1−氯醋酸 (CH$_2$ClCOOH) 的酸式解离常数 K_a。

8.22 画出下列电导滴定的示意图。

(1) 用 NaOH 滴定 C$_6$H$_5$OH;   (2) 用 NaOH 滴定 HCl;

(3) 用 AgNO$_3$ 滴定 K$_2$CrO$_4$;   (4) 用 BaCl$_2$ 滴定 Tl$_2$SO$_4$。

8.23 在 298 K 时, 将电导率为 1.289 S·m^{-1} 的 KCl 溶液装入电导池, 测得电阻为 23.78 Ω, 若在该电导池中装入 2.414×10^{-3} mol·dm^{-3} HAc 溶液, 测得电阻为 3942 Ω, 计算此 HAc 溶液的解离度及解离常数。

8.24 在 298 K 时, 已知 $\Lambda_m^\infty(NaCl) = 1.2639 \times 10^{-2}$ S·m^2·mol^{-1}, $\Lambda_m^\infty(NaOH) = 2.4808 \times 10^{-2}$ S·m^2·mol^{-1} 和 $\Lambda_m^\infty(NH_4Cl) = 1.4981 \times 10^{-2}$ S·m^2·mol^{-1}; 又已知 NH$_3$·H$_2$O 在浓度为 0.1 mol·dm^{-3} 时的摩尔电导率为 $\Lambda_m = 3.09 \times 10^{-4}$ S·m^2·mol^{-1}, 浓度为 0.01 mol·dm^{-3} 时的摩尔电导率为 $\Lambda_m = 9.62 \times 10^{-4}$ S·m^2·mol^{-1}。试根据上述数据求两种不同浓度的 NH$_3$·H$_2$O 溶液的解离度和解离常数。

8.25 在 291 K 时, 在一电场梯度为 1000 V·m^{-1} 的均匀电场中, 分别放入含 H^+, K^+, Cl^- 的稀溶液, 试求各种离子的迁移速率。已知各溶液中离子的摩尔电导率数据如下:

离子	H^+	K^+	Cl^-
$\Lambda_m/(10^{-3}$ S·m^2·mol$^{-1})$	27.8	4.80	4.90

8.26 分别计算下列各溶液的离子强度, 设所有电解质的质量摩尔浓度均为 0.025 mol·kg^{-1}。

(1) NaCl;   (2) MgCl$_2$;   (3) CuSO$_4$;   (4) LaCl$_3$;

(5) NaCl 和 LaCl$_3$ 的混合溶液, 质量摩尔浓度均为 0.025 mol · kg^{-1}。

8.27 分别计算下列四种溶液的离子平均质量摩尔浓度 $m_\pm$、离子平均活度 $a_\pm$ 及电解质的活度 a_B。设各溶液的质量摩尔浓度均为 0.01 mol · kg^{-1}。

(1) NaCl($\gamma_\pm = 0.904$);   (2) K$_2$SO$_4$($\gamma_\pm = 0.715$);

(3) CuSO$_4$($\gamma_\pm = 0.444$);   (4) K$_3$[Fe(CN)$_6$]($\gamma_\pm = 0.571$)。

8.28 有下列不同类型的电解质: ① HCl, ② MgCl$_2$, ③ CuSO$_4$, ④ LaCl$_3$, ⑤ Al$_2$(SO$_4$)$_3$, 设它们都是强电解质, 当其溶液的质量摩尔浓度均为 0.025 mol · kg^{-1} 时, 试计算各种溶液的:

(1) 离子强度 I;

(2) 离子平均质量摩尔浓度 $m_\pm$;

(3) 用 Debye-Hückel 极限公式计算离子平均活度因子 $\gamma_\pm$;

(4) 电解质的离子平均活度 $a_\pm$ 和电解质的活度 a_B。

8.29 用 Debye-Hückel 极限公式计算 298 K 时, 0.002 mol·kg^{-1} CaCl$_2$ 溶液中 Ca^{2+} 和 Cl$^-$ 的活度因子及离子平均活度因子。已知 $A = 0.509$ (mol·kg^{-1})$^{-1/2}$。

8.30 用 Debye-Hückel 极限公式计算 298 K 时, 0.01 mol · kg^{-1} NaNO$_3$ 和 0.001 mol · kg^{-1} Mg(NO$_3$)$_2$ 的混合溶液中 Mg(NO$_3$)$_2$ 的离子平均活度因子。

8.31 在 298 K 时, CO$_2$(g) 饱和水溶液的电导率为 1.87×10^{-4} S · m^{-1}, 已知该温度下纯水的电导率为 5.5×10^{-6} S · m^{-1}, 假定只考虑碳酸的一级解离, 并已知该解离常数 $K_1^\ominus = 4.31 \times 10^{-7}$。试求 CO$_2$(g) 饱和水溶液的浓度。已知 $\Lambda_m^\infty(H^+) = 3.4965 \times 10^{-2}$ S·m^2·mol^{-1}, $\Lambda_m^\infty(HCO_3^-) = 4.45 \times 10^{-3}$ S·m^2·mol^{-1}。

8.32 在 298 K 时, 醋酸 (HAc) 的解离常数为 $K_a^\ominus = 1.8 \times 10^{-5}$, 试计算 1.0 mol · kg^{-1} 醋酸在下列不同情况下的解离度。

(1) 设溶液是理想的, 活度因子均为 1;

(2) 用 Debye-Hückel 极限公式计算 $\gamma_\pm$ 的值, 然后再计算解离度。设未解离的 HAc 的活度因子为 1。

8.33 0.1 mol · dm^{-3} NaOH 溶液的电导率为 2.21 S · m^{-1}, 加入等体积的 0.1 mol · dm^{-3} HCl 溶液后, 电导率降至 0.56 S · m^{-1}, 再加入与上次相同体积的 0.1 mol · dm^{-3} HCl 溶液后, 电导率增至 1.70 S · m^{-1}, 试计算:

(1) NaOH 的摩尔电导率;

(2) NaCl 的摩尔电导率;

(3) HCl 的摩尔电导率;

(4) H$^+$ 和 OH$^-$ 的离子摩尔电导率之和。

8.34 在 25℃ 时, AgCl(s) 在水中饱和溶液的浓度为 1.27×10^{-5} mol·kg^{-1}, 根据 Debye-Hückel 理论计算反应 AgCl(s) === Ag$^+$(aq)+Cl$^-$(aq) 的标准 Gibbs 自由能 $\Delta G_m^{\ominus}$, 并计算 AgCl(s) 在 KNO$_3$ 溶液中的饱和溶液的浓度。已知此混合溶液的离子强度为 $I = 0.010$ mol·kg^{-1}, 已知 $A = 0.509$ (mol·kg^{-1})$^{-1/2}$。

8.35 某有机银盐 AgA(s) (A$^-$ 表示弱有机酸根) 在 pH $= 7.0$ 的水中, 其饱和溶液的质量摩尔浓度为 1.0×10^{-4} mol·kg^{-1}。

(1) 计算在质量摩尔浓度为 0.1 mol·kg^{-1} 的 NaNO$_3$ 溶液中 (设 pH $= 7.0$) AgA(s) 饱和溶液的质量摩尔浓度。在该 pH 下, A$^-$ 的水解可以忽略。

(2) 设 AgA(s) 在质量摩尔浓度为 0.001 mol·kg^{-1} 的 HNO$_3$ 溶液中的饱和质量摩尔浓度为 1.3×10^{-4} mol·kg^{-1}, 计算弱有机酸 HA 的解离常数 $K_a^{\ominus}$。

8.36 在 298.15 K 时, Ag$_2$CrO$_4$ 的溶度积 K_{sp} 为 5.21×10^{-12}, 求 Ag$_2$CrO$_4$ 在以下溶液中的溶解度:

(1) 纯水中;

(2) 0.002 mol·kg^{-1} K$_2$CrO$_4$ 水溶液中;

(3) 0.002 mol·kg^{-1} KNO$_3$ 水溶液中。

第九章

可逆电池的电动势及其应用

本章基本要求

(1) 掌握形成可逆电池的必要条件、可逆电极的类型和电池的书面表示方法，能熟练、正确地写出电极反应和电池反应。

(2) 了解对消法测电动势的基本原理和标准电池的作用。

(3) 在正确写出电极和电池反应的基础上，熟练地用 Nernst 方程计算电极电势和电池的电动势。

(4) 了解电动势产生的机理和标准氢电极的作用。

(5) 掌握热力学与电化学之间的联系，会利用电化学测定的数据计算热力学函数的变化值。

(6) 熟悉电动势测定的主要应用，会从可逆电池测定的数据计算平均活度因子、解离平衡常数和溶液的 pH 等。

使化学能转变为电能的装置称为**原电池**, 简称为**电池**。若转变过程是以热力学可逆方式进行的, 则称为可逆电池, 此时电池是在平衡状态或无限接近于平衡状态的情况下工作的。因此, 在等温等压条件下, 当系统发生变化时, 系统 Gibbs 自由能的减少等于对外所做的最大非膨胀功, 用公式表示为

$$(\Delta_r G)_{T,p} = W_{f,max} \tag{9.1}$$

如果非膨胀功只有电功 (在本章中只讨论这种情况), 则式 (9.1) 又可写为

$$(\Delta_r G)_{T,p} = -nEF \tag{9.2a}$$

式中 n 为电池输出电荷的物质的量, 单位为 mol; E 为可逆电池的电动势, 单位为 V (伏特); F 是 Faraday 常数。对于电动势为 E 的可逆电池, 按电池反应式, 当反应进度 $\xi = 1$ mol 时的 Gibbs 自由能的变化值可表示为

$$(\Delta_r G_m)_{T,p} = \frac{-nEF}{\xi} = -zEF \tag{9.2b}$$

式中 z 为按所写的电极反应, 在反应进度为 1 mol 时, 反应式中电子的计量系数, 其量纲为 1。$\Delta_r G_m$ 的单位为 J · mol^{-1}。显然, 当电池中的化学能以不可逆的方式转变成电能时, 两电极间的不可逆电势差一定小于可逆电动势 E。

式 (9.2) 是一个十分重要的关系式, 它是联系热力学和电化学的主要桥梁, 使人们可以通过可逆电池电动势的测定等电化学方法求得反应的 $\Delta_r G_m$, 并进而解决热力学问题。式 (9.2) 也揭示了化学能转变为电能的最高限度, 为改善电池性能或研制新的化学电源提供了理论依据。

9.1 可逆电池和可逆电极

将化学反应转变为一个能够产生电能的电池, 首要条件是该化学反应是一个氧化还原反应, 或者在整个反应过程中经历了氧化还原反应的过程。其次必须给予适当的装置, 使化学反应分别通过在电极上的反应来完成。组成电池必须有两个电极以及能与电极建立电化反应平衡的相应电解质 (例如电解质溶液), 此外还有其他附属设备。如果两个电极插在同一种电解质溶液中, 则为单液电池 [见图 9.1(a)]。若两个电极插在不同的电解质溶液中, 则为双液电池, 两种电解质溶液之间可用膜或素瓷烧杯分隔 [见图 9.1(b)]。也可把两种电解质溶液放在不同的容器中, 中间用盐桥 (salt bridge) 相连 [见图 9.1(c)]。

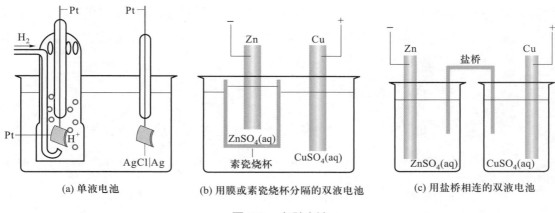

(a) 单液电池　　　　(b) 用膜或素瓷烧杯分隔的双液电池　　　　(c) 用盐桥相连的双液电池

图 9.1　各种电池

因为只有可逆电池的电动势才能和热力学相联系, 所以本章中只讨论可逆电池。

可逆电池

要构成**可逆电池** (reversible cell), 其电极必须是可逆的。这里 "可逆" 两字应按照热力学上可逆的概念来理解, 因此可逆电池必须满足下面两个条件, 缺一不可。

(1) 电极上的化学反应可向正、反两个方向进行。若将电池与一外加电动势 $E_外$ 并联, 当电池的 E 稍大于 $E_外$ 时, 电池仍将通过化学反应而放电。当 $E_外$ 稍大于电池的 E 时, 电池成为电解池, 电池将获得外界的电能而被充电。这时电池中的化学反应可以完全逆向进行。

(2) 可逆电池在工作时, 不论是充电还是放电, 所通过的电流必须十分微小, 电池是在接近平衡状态的情况下工作的。此时, 若作为电池它能做出最大的有用功, 若作为电解池它消耗的电能最小。换言之, 如果设想能把电池放电时所放出的能量全部储存起来, 则用这些能量充电, 就恰好可以使系统和环境都回复到原来的状态, 即能量的转移也是可逆的。

满足条件 (1), (2) 的电池则称为可逆电池。总的说来, 可逆电池一方面要求电池在作为原电池或电解池时总反应必须是可逆的, 另一方面要求电极上的反应 (无论是正向还是反向) 都是在平衡状态的情况下进行的, 即电流应该是无限小的。

例如, 以 $Zn(s)$ 及 $Ag(s)|AgCl(s)$ 为电极, 插到 $ZnCl_2$ 溶液中, 用导线连接两极, 则将有电子自 Zn 电极经导线流向 $Ag(s)|AgCl(s)$ 电极。今若将两电极的导线分别接至另一电池 $E_外$, 使电池的负极与外加电池的负极相接, 正极与正极相接,

并设 $E > E_外$, 且 $E - E_外 = \delta E$。此时虽然电流很小, 但电子流仍可自 Zn 电极经过外加电池流到 Ag(s)|AgCl(s) 电极。若有 1 mol 元电荷的电荷量通过, 则电极上的反应为

负极 (Zn 电极)　$\dfrac{1}{2}Zn(s) \longrightarrow \dfrac{1}{2}Zn^{2+} + e^-$

正极 [Ag(s)|AgCl(s) 电极]　$AgCl(s) + e^- \longrightarrow Ag(s) + Cl^-$

电池的净反应为　$\dfrac{1}{2}Zn(s) + AgCl(s) \Longrightarrow \dfrac{1}{2}Zn^{2+} + Ag(s) + Cl^-$　(9.3)

倘若使外加电池的 $E_外$ 比电池的 E 稍大, 即 $E_外 > E$, $E_外 - E = \delta E$, 则电池内的反应恰好逆向进行。此时电池变为电解池, 有电子自外电源流入 Zn 电极, 在 Zn 电极上起还原作用, 故 Zn 电极称为阴极。而在 Ag(s)|AgCl(s) 电极上则起氧化作用, 故 Ag(s)|AgCl(s) 电极称为阳极。

阴极 (Zn 电极)　$\dfrac{1}{2}Zn^{2+} + e^- \longrightarrow \dfrac{1}{2}Zn(s)$

阳极 [Ag(s)|AgCl(s) 电极]　$Ag(s) + Cl^- \longrightarrow AgCl(s) + e^-$

电池的净反应为　$\dfrac{1}{2}Zn^{2+} + Ag(s) + Cl^- \Longrightarrow \dfrac{1}{2}Zn(s) + AgCl(s)$　(9.4)

由式 (9.3), 式 (9.4) 所代表的两个净反应恰恰相反, 而且在充放电时电流都很小, 所以上述电池是一个可逆电池。但并不是所有反应可逆的电池都是可逆电池。假如上面的电池, 在充电时施以较大的外加电压, 虽然电池中的反应仍可依式 (9.4) 进行, 但就能量而言却是不可逆的, 所以仍旧是不可逆电池。也有一些电池, 放电和充电时电池反应不同, 反应不能逆转, 这当然是不可逆电池。

　　Daniell 电池实际上并不是可逆电池。当电池工作时, 除了在负极进行 Zn(s) 的氧化反应和在正极上进行 Cu^{2+} 的还原反应以外, 在 $ZnSO_4$ 溶液与 $CuSO_4$ 溶液的接界处, 还要发生 Zn^{2+} 向 $CuSO_4$ 溶液中扩散的过程。而当有外界电流反向流入 Daniell 电池中时, 电极反应虽然可以做到逆向进行 [利用 $H_2(g)$ 在金属上的超电势, 使 $H_2(g)$ 不能从阴极析出], 但是在两溶液接界处离子的扩散与原来不同, 是 Cu^{2+} 向 $ZnSO_4$ 溶液中迁移, 因此整个电池的反应实际上是不可逆的。但是, 如果在 $CuSO_4$ 溶液和 $ZnSO_4$ 溶液间插入盐桥 (其构造与作用见后), 则可近似地将其当作可逆电池来处理。但严格地说, 凡是具有两种不同电解质溶液接界的电池都是热力学不可逆的。

可逆电极和电极反应

　　构成可逆电池的电极必须是可逆电极。可逆电极主要有以下三种类型:

(1) **第一类电极**　由金属浸入含有该金属离子的溶液中构成。例如 $Zn(s)$ 浸在 $ZnSO_4$ 溶液中：

若 $Zn(s)$ 起氧化作用, 为负极　　$Zn(s) \longrightarrow Zn^{2+} + 2e^-$

若 $Zn(s)$ 起还原作用, 为正极　　$Zn^{2+} + 2e^- \longrightarrow Zn(s)$

则该 $Zn(s)$ 电极相应的书面表示为

作负极时　　$Zn(s)|ZnSO_4(aq)$

作正极时　　$ZnSO_4(aq)|Zn(s)$

这样的 $Zn(s)$ 电极的氧化作用和还原作用恰好互为逆反应。除金属电极外, 属于第一类电极的还有氢电极、氧电极、卤素电极和汞齐电极等。由于气态物质是非导体, 故借助铂或其他惰性物质起导电作用。将导电用的金属片浸入含有该气体所对应的离子的溶液中, 使气流冲击金属片。例如, 图 9.1(a) 中左边的电极图, 就是氢电极的结构示意图。该类电极作为正极起还原作用的电极反应见书后附录 2。从表中可见, 氢电极和氧电极在酸性或碱性介质中, 其电极表示式、电极反应和电极电势的值均有所不同, 例如：

电极　　　　　　　　　　　　　电极反应

$H^+|H_2(g)|Pt(s)$　　　　　　　　$2H^+ + 2e^- \longrightarrow H_2(g)$

$H_2O(l), OH^-|H_2(g)|Pt(s)$　　　$2H_2O(l) + 2e^- \longrightarrow H_2(g) + 2OH^-$

$Pt(s)|O_2(g)|H_2O(l), H^+$　　　　$O_2(g) + 4H^+ + 4e^- \longrightarrow 2H_2O(l)$

$Pt(s)|O_2(g)|OH^-, H_2O(l)$　　　$O_2(g) + 2H_2O(l) + 4e^- \longrightarrow 4OH^-$

又如, 钠汞齐电极, 其电极表示式和电极反应为

$Na^+(a_+)|Na(Hg)(a)$　　　$Na^+(a_+) + e^- \longrightarrow Na(Hg)(a)$

钠汞齐中 Na 的活度 a 随着 Na(s) 在 Hg(l) 中的浓度变化而变化。

(2) **第二类电极**　由金属及其表面覆盖一薄层该金属的难溶盐, 然后浸入含有该难溶盐的负离子的溶液中所构成, 故又称难溶盐电极 (或微溶盐电极)。例如, 银–氯化银电极和甘汞电极就属于这一类, 其作为正极的电极表示式和还原电极反应分别为

$Cl^-(a_-)|AgCl(s)|Ag(s)$　　　$AgCl(s) + e^- \longrightarrow Ag(s) + Cl^-(a_-)$

$Cl^-(a_-)|Hg_2Cl_2(s)|Hg(l)$　　$Hg_2Cl_2(s) + 2e^- \longrightarrow 2Hg(l) + 2Cl^-(a_-)$

属于第二类电极的还有难溶氧化物电极, 即在金属表面覆盖一薄层该金属的氧化物, 然后浸入含有 H^+ 或 OH^- 的溶液中构成电极, 例如：

$OH^-(a_-)|Ag_2O(s)|Ag(s)$　　$Ag_2O(s) + H_2O(l) + 2e^- \longrightarrow 2Ag(s) + 2OH^-(a_-)$

$H^+(a_+)|Ag_2O(s)|Ag(s)$　　　$Ag_2O(s) + 2H^+(a_+) + 2e^- \longrightarrow 2Ag(s) + H_2O(l)$

(3) **第三类电极**　又称氧化还原电极, 由惰性金属 (如铂片) 插入含有某种离

子的不同氧化态的溶液中构成电极。这里金属只起导电作用, 而氧化还原反应是
溶液中不同价态的离子在溶液与金属的界面上进行的。例如:

电极　　　　　　　　$Fe^{3+}(a_1), Fe^{2+}(a_2)|Pt(s)$

电极反应　　　　　$Fe^{3+}(a_1) + e^- \longrightarrow Fe^{2+}(a_2)$

类似的电极还有 Sn^{4+} 与 Sn^{2+}, $[Fe(CN)_6]^{3-}$ 与 $[Fe(CN)_6]^{4-}$ 等。醌–氢醌电极
也属于这一类。

9.2　电动势的测定[①]

*对消法测电动势

电池的电动势不能直接用伏特计来测量。因为当把伏特计与电池接通后, 必
须有适量的电流通过才能使伏特计显示, 这样电池中就发生化学反应, 溶液的浓
度就会不断改变。同时, 电池本身也有内阻, 因而伏特计不可能有稳定的数值。所
以测量可逆电池的电动势必须在几乎没有电流通过的情况下进行。

设 E 为电池的可逆电动势, U 为两电极间的电势差, 即伏特计的读数, R_o 为
导线上的电阻 (即外阻), R_i 为电池的内阻, I 为电流, 则根据 Ohm 定律:

$$E = (R_o + R_i)I$$

若只考虑外电路时, 则

$$U = R_o I$$

两式中的 I 值相等, 所以

$$\frac{U}{E} = \frac{R_o}{R_o + R_i}$$

若 R_o 很大, R_i 值与之相比可忽略不计, 则 $U \approx E$。

Poggendorff 对消法 (compensation method) 便是根据上述原理设计的。在
外电路上加一个方向相反而电动势几乎相同的电池, 以对抗原电池的电动势。此
时, 外电路上差不多没有电流通过, 相当于在 R_o 为无限大的情形下进行测定。如
图 9.2 所示, AB 为均匀的电阻线, 工作电池 (E_w) 经 AB 构成一个通路, 在 AB
线上产生了均匀的电势降。D 是双臂电钥, 当 D 向下时与待测电池 (E_x) 相通,

[①] 本节内容也可在物理化学实验课程中讲解。

待测电池的负极与工作电池的负极并联, 正极则经过检流计 (G) 接到滑动接头 C 上。这样就等于在电池的外电路上加上一个方向相反的电势差, 它的大小由滑动点的位置来决定。移动滑动点的位置就会找到某一点 (如 C 点), 当双臂电钥闭合时, 检流计中没有电流通过, 此时电池的电动势恰好和 AC 线所代表的电势差在数值上相等而方向相反。

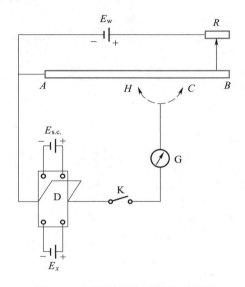

图 9.2 对消法测电动势的示意图

为了求得 AC 线所代表的电势差, 可以将 D 向上掀, 在 E_x 的位置上换以标准电池 (standard cell, 缩写为 s.c.)。标准电池的电动势是已知的, 而且在一定温度下能保持恒定, 设为 $E_{s.c.}$, 用同样的方法可以找出另一点 H, 使检流计中没有电流通过。AH 线所代表的电势差就等于 $E_{s.c.}$。因为电势差与电阻线的长度成正比, 故待测电池的电动势为

$$E_x = E_{s.c.} \frac{AC}{AH}$$

实际的测定是在根据上述原理设计的电势差计上进行的, 其操作步骤可参阅有关物理化学实验教材。

标准电池

在测定电池的电动势时, 需要一个电动势为已知的并且稳定不变的辅助电池, 此电池称为标准电池。常用的标准电池是 Weston (韦斯顿) 标准电池。其装置如图 9.3 所示。

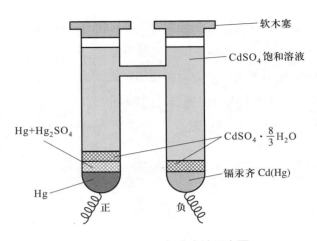

图 9.3　Weston 标准电池示意图

电池的负极为镉汞齐 (Cd 的质量分数为 $0.05 \sim 0.14$), 正极是 Hg(l) 与 $Hg_2SO_4(s)$ 的糊状体, 在糊状体和镉汞齐上面均放有 $CdSO_4 \cdot \frac{8}{3}H_2O(s)$ 的晶体及其饱和溶液。为了使引入的导线与正极糊状体接触得更紧密, 在糊状体的下面放少许 Hg(l)。当电池作用时所进行的反应是

负极　　　　　　$Cd(Hg)(a) \longrightarrow Cd^{2+} + 2e^-$

正极　　　　　　$Hg_2SO_4(s) + 2e^- \longrightarrow 2Hg(l) + SO_4^{2-}$

电池净反应　　　$Cd(Hg)(a) + Hg_2SO_4(s) + \frac{8}{3}H_2O(l) =\!=\!=$

$$CdSO_4 \cdot \frac{8}{3}H_2O(s) + 2Hg(l)$$

电池内的反应是可逆的, 并且电动势很稳定。因为根据电池的净反应, 标准电池的电动势只与镉汞齐的活度有关, 而用于制备标准电池的镉汞齐的活度在一定温度下有定值, 所以在 293.15 K 时, $E = 1.01845$ V; 298.15 K 时, $E = 1.01832$ V。在其他温度下电动势可由下式求得:

$$E_T/\text{V} = 1.01845 - 4.05 \times 10^{-5}(T/\text{K} - 293.15) -$$
$$9.5 \times 10^{-7}(T/\text{K} - 293.15)^2 + 1 \times 10^{-8}(T/\text{K} - 293.15)^3 \qquad (9.5)$$

我国在 1975 年提出的公式为

$$E_T/\text{V} = E(293.15\text{ K})/\text{V} - [39.94(T/\text{K} - 293.15) +$$
$$0.929(T/\text{K} - 293.15)^2 - 0.009(T/\text{K} - 293.15)^3 +$$
$$0.00006(T/\text{K} - 293.15)^4] \times 10^{-6} \qquad (9.6)$$

从上式可知, Weston 标准电池的电动势与温度的关系很小。此外, 还有一种不饱和的 Weston 电池, 其受温度的影响更小。

9.3　可逆电池的书写方法及电动势的取号

可逆电池的书写方法

当在纸上书写电池时, 就有一个把什么电极写在左边、什么电极写在右边的问题, 还有界面和盐桥的表示方法等, 所以有必要采用一些大家都能理解的符号和写法。本书采用一般的惯例:

(1) 写在左边的电极起氧化作用, 为负极; 写在右边的电极起还原作用, 为正极。

(2) 用单垂线 "|" 表示不同物相的界面, 有界面电势存在。此界面包括电极与溶液的界面, 电极与气体的界面, 两种固体之间的界面, 一种溶液与另一种溶液的界面, 或同一种溶液但两种不同浓度之间的界面等。

(3) 用双垂线 "‖" 表示盐桥, 表示溶液与溶液之间的接界电势 (junction potential) 通过盐桥已经降低到可以略而不计。

(4) 要注明温度和压力 (如不写明, 一般指 298.15 K 和标准压力 $p^{\ominus}$)。要标明电极的物态, 若是气体要注明压力和依附的不活泼金属, 对电解质溶液要注明活度 (因为这些都会影响电池的电动势)。

(5) 整个电池的电动势等于右边正极的还原电极电势减去左边负极的还原电极电势, 即 $E = \varphi_{\text{右}(\text{Ox}|\text{Red})} - \varphi_{\text{左}(\text{Ox}|\text{Red})}$。

另外, 在书写电极和电池反应时必须遵守物量和电荷量平衡。例如, 图 9.1(a) 所示的单液电池, 可表示为

$$\text{Pt(s)} \mid \text{H}_2(p^{\ominus}) \mid \text{HCl}(a = 1) \mid \text{AgCl(s)} \mid \text{Ag(s)}$$

左边为负极　　$\frac{1}{2}\text{H}_2(p^{\ominus}) \longrightarrow \text{H}^+(a_{\text{H}^+} = 1) + \text{e}^-$

右边为正极　　$\text{AgCl(s)} + \text{e}^- \longrightarrow \text{Ag(s)} + \text{Cl}^-(a_{\text{Cl}^-} = 1)$

净的电池反应为两个电极反应的总和, 故电池放电时所对应的化学反应为

$$\frac{1}{2}\text{H}_2(p^{\ominus}) + \text{AgCl(s)} =\!=\!= \text{Ag(s)} + \text{HCl}(a = 1)$$

根据热力学的计算, 该反应在等温等压且不做非膨胀功的条件下, $\Delta_{\text{r}}G_{\text{m}} < 0$, 反应是自发的。用电势差计测得该电池的电动势为 0.2223 V。

按照以上的惯例, 可以把所给的化学反应设计成电池。把发生氧化作用的物质组成电极放在电池左边作为负极, 发生还原作用的物质放在电池右边作为正极。电池设计好后务必写出它的电极反应和电池反应, 以核对与原来所给的化学反应是否相符。例如, 若将下列化学反应设计成电池:

(1) $Zn(s) + H_2SO_4(aq) \rlap{=}{=} H_2(p) + ZnSO_4(aq)$

(2) $Ag^+\left(a_{Ag^+}\right) + Cl^-\left(a_{Cl^-}\right) \rlap{=}{=} AgCl(s)$

则所设计的电池为

$$Zn(s) \mid ZnSO_4(aq) \parallel H_2SO_4(aq) \mid H_2(p) \mid Pt$$

$$Ag(s) \mid AgCl(s) \mid HCl(aq) \parallel AgNO_3(aq) \mid Ag(s)$$

读者应能写出电极和电池的反应式并进行核对。

可逆电池电动势的取号

在实验中使用电势差计来测定可逆电池的电动势 E, 实验结果的读数总是正值。但是根据式 (9.2), E 值与 $\Delta_r G_m$ 值相联系, 而 $\Delta_r G_m$ 值是可正可负的, 因此我们必须对 E 值给予相应的取号。

通常采用的惯例如下: 如果按电池的书面表示式所写出的电池反应在热力学上是自发的, 即 $\Delta_r G_m < 0$, 则该电池表示式和电池实际工作时的情况一致, 其 E 值为正值。也就是说, 只有发生自发反应的电池才能做有用的电功。反之, 若写出的电池反应是非自发反应, 其 $\Delta_r G_m > 0$, 则 E 值为负值。例如, 若把图 9.1(a) 所示的电池写成

$$Ag(s) \mid AgCl(s) \mid HCl(a = 1) \mid H_2(p^\ominus) \mid Pt(s)$$

左边为负极, 发生氧化反应:

$$Ag(s) + Cl^-\left(a_{Cl^-}\right) \longrightarrow AgCl(s) + e^-$$

右边为正极, 发生还原反应:

$$H^+\left(a_{H^+}\right) + e^- \longrightarrow \frac{1}{2}H_2(p^\ominus)$$

电池净反应为

$$Ag(s) + HCl(a = 1) \rlap{=}{=} AgCl(s) + \frac{1}{2}H_2(p^\ominus)$$

这个反应在热力学上是非自发反应, 其 $\Delta_r G_m > 0$, 则 E 值为 -0.2223 V。

9.4 可逆电池的热力学

在 1889 年, Nernst 提出了电动势 E 与电极反应各组分活度的关系方程, 即 Nernst 方程, 它反映了电池的电动势与参加反应的各组分的性质、浓度、温度等的关系。根据电化学中的一些实验测定值, 通过化学热力学中的一些基本公式, 可以较精确地计算 $\Delta_r G_m$, $\Delta_r S_m$, $\Delta_r H_m$ 等热力学函数的改变值, 还可以求得电池中化学反应的热力学平衡常数值。Nernst 方程实际上给出了化学能与电能的转换关系。

Nernst 方程

以下面的单液电池为例:

$$\text{Pt(s)} \mid \text{H}_2(p_1) \mid \text{HCl}(a) \mid \text{Cl}_2(p_2) \mid \text{Pt(s)}$$

设此电池的电极反应为

负极, 氧化 $\quad \text{H}_2(p_1) \longrightarrow 2\text{H}^+(a_{\text{H}^+}) + 2\text{e}^-$

正极, 还原 $\quad \text{Cl}_2(p_2) + 2\text{e}^- \longrightarrow 2\text{Cl}^-(a_{\text{Cl}^-})$

电池净反应 $\quad \text{H}_2(p_1) + \text{Cl}_2(p_2) \Longleftrightarrow 2\text{H}^+(a_{\text{H}^+}) + 2\text{Cl}^-(a_{\text{Cl}^-})$

根据化学反应等温式, 上述反应的 $\Delta_r G_m$ 为

$$\Delta_r G_m = \Delta_r G_m^\ominus + RT\ln\frac{a_{\text{H}^+}^2 a_{\text{Cl}^-}^2}{a_{\text{H}_2} a_{\text{Cl}_2}} \tag{9.7}$$

将式 (9.2b) 代入, 得

$$E = E^\ominus - \frac{RT}{zF}\ln\frac{a_{\text{H}^+}^2 a_{\text{Cl}^-}^2}{a_{\text{H}_2} a_{\text{Cl}_2}} \tag{9.8}$$

式中 $E^\ominus$ 为所有参加反应的组分都处于标准状态时的电动势; z 为电极反应中电子的计量系数, 在本例中 $z = 2$。当涉及纯液体或固态纯物质时, 其活度为 1; 当涉及气体时, $a = \dfrac{f}{p^\ominus}$, f 为气体的逸度。若气体可看作理想气体, 则 $a = \dfrac{p}{p^\ominus}$。若电池净反应为 $0 = \sum\limits_B \nu_B B$, 或写成如下更具体的形式:

$$c\text{C} + d\text{D} \Longleftrightarrow g\text{G} + h\text{H}$$

则

$$E = E^{\ominus} - \frac{RT}{zF}\ln\frac{a_G^g a_H^h}{a_C^c a_D^d}$$

$$= E^{\ominus} - \frac{RT}{zF}\ln\prod_B a_B^{\nu_B} \tag{9.9}$$

由于 $E^{\ominus}$ 在给定温度下有定值, 所以式 (9.9) 表明了电池的电动势 E 与参加电池反应的各组分活度之间的关系, 称为电池反应的 Nernst 方程。

由标准电动势 $E^{\ominus}$ 求电池反应的平衡常数

若电池反应中各参加反应的物质都处于标准状态, 则式 (9.2b) 可写为

$$\Delta_r G_m^{\ominus} = -zE^{\ominus}F \tag{9.10}$$

已知 $\Delta_r G_m^{\ominus}$ 与反应的标准平衡常数 $K_a^{\ominus}$ 的关系为

$$\Delta_r G_m^{\ominus} = -RT\ln K_a^{\ominus} \tag{9.11}$$

从式 (9.10) 和式 (9.11) 可以得到

$$E^{\ominus} = \frac{RT}{zF}\ln K_a^{\ominus} \tag{9.12}$$

标准电动势 $E^{\ominus}$ 的值可以通过标准电极电势表 (见书后附录 2) 获得, 从而可通过式 (9.12) 计算反应的平衡常数 $K_a^{\ominus}$。

例 9.1

某电池的电池反应可用如下两个方程式表示, 分别写出其对应的 $\Delta_r G_m$, $K_a^{\ominus}$ 和 E 的表示式, 并找出两组物理量之间的关系。

(1) $\frac{1}{2}H_2(p_{H_2}) + \frac{1}{2}Cl_2(p_{Cl_2}) \Longrightarrow H^+(a_{H^+}) + Cl^-(a_{Cl^-})$

(2) $H_2(p_{H_2}) + Cl_2(p_{Cl_2}) \Longrightarrow 2H^+(a_{H^+}) + 2Cl^-(a_{Cl^-})$

解 $E_1 = E_1^{\ominus} - \frac{RT}{F}\ln\frac{a_{H^+} a_{Cl^-}}{a_{H_2}^{1/2} a_{Cl_2}^{1/2}}$ $E_2 = E_2^{\ominus} - \frac{RT}{2F}\ln\frac{a_{H^+}^2 a_{Cl^-}^2}{a_{H_2} a_{Cl_2}}$

因为是同一电池, 故 $E_1^{\ominus} = E_2^{\ominus}$, 所以 $E_1 = E_2$, 即电动势的值是电池本身的性质, 与电池反应的写法无关。

$$\Delta_r G_{m,1} = -zE_1 F = -E_1 F \qquad \Delta_r G_{m,2} = -2E_2 F$$

因为 $E_1 = E_2$, 所以

$$\Delta_r G_{m,2} = 2\Delta_r G_{m,1}$$

$$E_1^{\ominus} = \frac{RT}{F}\ln K_{a,1}^{\ominus} \qquad E_2^{\ominus} = \frac{RT}{2F}\ln K_{a,2}^{\ominus}$$

因为 $E_1^{\ominus} = E_2^{\ominus}$, 所以 $K_{a,2}^{\ominus} = (K_{a,1}^{\ominus})^2$。可见 $\Delta_r G_m$, $K_a^{\ominus}$ 的值与电池反应的写法有关。

由电动势 E 及其温度系数求反应的 $\Delta_r H_m$ 和 $\Delta_r S_m$

根据热力学基本公式

$$dG = -SdT + Vdp$$

$$\left(\frac{\partial G}{\partial T}\right)_p = -S$$

$$\left[\frac{\partial(\Delta G)}{\partial T}\right]_p = -\Delta S$$

已知 $\Delta_r G_m = -zEF$, 代入上式, 得

$$\left[\frac{\partial(-zEF)}{\partial T}\right]_p = -\Delta_r S_m$$

所以

$$\Delta_r S_m = zF\left(\frac{\partial E}{\partial T}\right)_p \tag{9.13}$$

在等温下, 可逆反应的热效应为

$$Q_R = T\Delta_r S_m = zFT\left(\frac{\partial E}{\partial T}\right)_p \tag{9.14}$$

从热力学函数之间的关系知道, 在等温下 $\Delta G = \Delta H - T\Delta S$, 所以

$$\Delta_r H_m = \Delta_r G_m + T\Delta_r S_m = -zEF + zFT\left(\frac{\partial E}{\partial T}\right)_p \tag{9.15}$$

从实验测得电池的可逆电动势 E 和温度系数 $\left(\frac{\partial E}{\partial T}\right)_p$, 就可求出反应的 $\Delta_r H_m$ 和 $\Delta_r S_m$。由于电动势能够测得很精确, 故从式 (9.15) 所得到的 $\Delta_r H_m$ 值常比用化学方法得到的 $\Delta_r H_m$ 值要精确一些 (随着量热技术精度的提高, 这种情况已逐渐有所改变)。

根据 $\left(\frac{\partial E}{\partial T}\right)_p$ 的数值为正或为负, 可确定可逆电池在工作时是吸热的还是放热的。

例 9.2

(1) 求 298 K 时下列电池的温度系数:

$$Pt(s) \mid H_2(p^\ominus) \mid H_2SO_4(0.01 \text{ mol} \cdot kg^{-1}) \mid O_2(p^\ominus) \mid Pt(s)$$

已知该电池的电动势 $E = 1.228$ V, $H_2O(l)$ 的标准摩尔生成焓 $\Delta_f H_m^\ominus = -285.83 \text{ kJ} \cdot mol^{-1}$。

(2) 求 273 K 时该电池的电动势 E, 设在 273 ～ 298 K 时 $H_2O(l)$ 的标准摩尔生成焓不随温度而改变, 电动势随温度的变化率是均匀的。

解　(1) 电极与电池反应为

左边负极, 氧化　　　　$H_2(p^\ominus) \longrightarrow 2H^+(a_{H^+}) + 2e^-$

右边正极, 还原　　　　$\frac{1}{2}O_2(p^\ominus) + 2H^+(a_{H^+}) + 2e^- \longrightarrow H_2O(l)$

电池净反应　　　　$H_2(p^\ominus) + \frac{1}{2}O_2(p^\ominus) \Longrightarrow H_2O(l)$

$$\Delta_r G_m = -zEF$$
$$= -2 \times 1.228\ \text{V} \times 96500\ \text{C} \cdot \text{mol}^{-1} = -237.0\ \text{kJ} \cdot \text{mol}^{-1}$$

因为

$$\Delta_r H_m = \Delta_r G_m + T\Delta_r S_m = \Delta_r G_m + zFT\left(\frac{\partial E}{\partial T}\right)_p$$

所以

$$\left(\frac{\partial E}{\partial T}\right)_p = \frac{\Delta_r H_m - \Delta_r G_m}{zFT}$$

$$= \frac{(-285.83 + 237.0)\ \text{kJ} \cdot \text{mol}^{-1}}{2 \times 96500\ \text{C} \cdot \text{mol}^{-1} \times 298\ \text{K}} = -8.49 \times 10^{-4}\ \text{V} \cdot \text{K}^{-1}$$

(2) $\left(\dfrac{\partial E}{\partial T}\right)_p \approx \dfrac{\Delta E}{\Delta T} = \dfrac{E(298\ \text{K}) - E(273\ \text{K})}{(298 - 273)\text{K}} = -8.49 \times 10^{-4}\ \text{V} \cdot \text{K}^{-1}$

从上式可求得

$$E(273\ \text{K}) = 1.249\ \text{V}$$

例 9.3

在 298 K 和 313 K 分别测定 Daniell 电池的电动势, 得到 $E_1(298\ \text{K}) = 1.1030\ \text{V}$, $E_2(313\ \text{K}) = 1.0961\ \text{V}$, 设 Daniell 电池的反应为

$$Zn(s) + CuSO_4(a = 1) \Longrightarrow Cu(s) + ZnSO_4\ (a = 1)$$

并设在上述温度范围内, E 随 T 的变化率保持不变, 求 Daniell 电池在 298 K 时反应的 $\Delta_r G_m, \Delta_r H_m, \Delta_r S_m$ 和可逆热效应 Q_R。

解　$\left(\dfrac{\partial E}{\partial T}\right)_p = \dfrac{E_2 - E_1}{T_2 - T_1} = \dfrac{(1.0961 - 1.1030)\ \text{V}}{(313 - 298)\ \text{K}} = -4.6 \times 10^{-4}\ \text{V} \cdot \text{K}^{-1}$

$\Delta_r G_m = -zEF$

$= -2 \times 1.1030\ \text{V} \times 96500\ \text{C} \cdot \text{mol}^{-1}$

$= -212.9\ \text{kJ} \cdot \text{mol}^{-1}$

$$\Delta_r S_m = zF\left(\frac{\partial E}{\partial T}\right)_p$$

$$= 2 \times 96500\ \text{C} \cdot \text{mol}^{-1} \times (-4.6 \times 10^{-4}\ \text{V} \cdot \text{K}^{-1})$$

$$= -88.78\ \text{J} \cdot \text{mol}^{-1} \cdot \text{K}^{-1}$$

$$\Delta_r H_m = \Delta_r G_m + T\Delta_r S_m$$

$$= -212.9\ \text{kJ} \cdot \text{mol}^{-1} + 298\ \text{K} \times (-88.78 \times 10^{-3}\ \text{kJ} \cdot \text{mol}^{-1} \cdot \text{K}^{-1})$$

$$= -239.4\ \text{kJ} \cdot \text{mol}^{-1}$$

$$Q_R = T\Delta_r S_m = 298\ \text{K} \times (-88.78\ \text{J} \cdot \text{mol}^{-1} \cdot \text{K}^{-1})$$

$$= -26.46\ \text{kJ} \cdot \text{mol}^{-1}$$

9.5　电动势产生的机理

　　一个电池的总的电动势可能由下列几种电势差所构成, 即电极与电解质溶液界面间的电势差、导线与电极之间的接触电势差以及由于不同的电解质溶液之间或同一电解质溶液但浓度不同而产生的液体接界电势差。

电极与电解质溶液界面间电势差的形成

　　把任何一种金属片 (如铁片) 插入水中, 由于极性很大的水分子与铁片中构成晶格的铁离子相互吸引而发生水合作用, 结果一部分铁离子与金属中其他铁离子间的键力减弱, 甚至可以离开金属而进入与铁片表面接近的水层之中。金属因失去铁离子而带负电荷, 溶液因有铁离子进入而带正电荷。这两种相反的电荷彼此又互相吸引, 以致大多数铁离子聚集在铁片附近的水层中而使溶液带正电荷, 对金属离子有排斥作用, 阻碍了金属的继续溶解。已溶入水中的铁离子仍可再沉积到金属的表面上。当溶解与沉积的速率相等时, 达到一种动态平衡。这样在金属与溶液之间由于电荷不均等便产生了电势差。

　　如果金属带负电荷 (见图 9.4), 则溶液中金属附近的正离子就会被吸引而集中在金属表面附近, 负离子则被金属所排斥, 以致它在金属附近的溶液中浓度较低。结果金属附近的溶液所带的电荷与金属本身的电荷恰恰相反。这样由电极表面上的电荷层与溶液中多余的带相反电荷的离子层就形成了**双电层** (electrical double layer)。又由于离子的热运动, 带相反电荷的离子并不完全集中在金属表面的溶液层中, 而逐渐扩散远离金属表面, 溶液层中与金属靠得较紧密的一层称为**紧密层** (compact layer), 其余扩散到溶液中去的称为**扩散层** (diffuse layer)。紧密层的厚度一般只有 0.1 nm 左右, 而扩散层的厚度与溶液的浓度、金属的电荷及温度等有关, 其变动范围通常为 $10^{-10} \sim 10^{-6}$ m。双电层电势示意图见图 9.5。

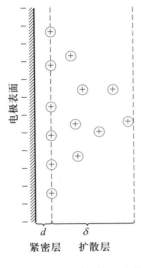

图 9.4　双电层结构示意图

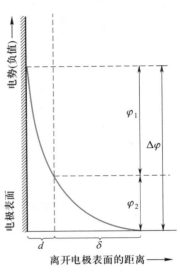

图 9.5　双电层电势示意图

接触电势

接触电势 (contact potential) 通常指两种金属相接触时, 在界面上产生的电势差。因为不同金属的电子逸出功不同, 当相互接触时, 由于相互逸入的电子数目不相等, 在接触界面上电子分布不均匀, 由此产生的电势差称为接触电势。在测定电池的电动势时要用导线 (通常是金属铜丝) 与两电极相连, 因而必然出现不同金属间的接触电势, 它也是构成整个电池电动势的一部分。

液体接界电势

在两种含有不同溶质的溶液所形成的界面上, 或者两种溶质相同而浓度不同的溶液界面上, 存在着微小的电势差, 称为**液体接界电势** (liquid junction potential)。它的大小一般不超过 0.03 V。液体接界电势产生的原因是离子迁移速率的不同。例如, 在两种浓度不同的 HCl 溶液的界面上, HCl 将从浓的一边向稀的一边扩散。因为 H^+ 的运动速率比 Cl^- 的快, 所以在稀的一边将出现过剩的 H^+ 而带正电荷; 在浓的一边由于有过剩的 Cl^- 而带负电荷。它们之间产生了电势差。

电势差的产生使 H^+ 的扩散速率减慢, 同时加快 Cl^- 的扩散速率, 最后到达平衡状态。此时, 两种离子以恒定的速率扩散, 电势差就保持恒定。

*液体接界电势的计算公式

以最简单的情况来说明液体接界电势的计算。例如有电池:

$$\mathrm{Pt(s) \mid H_2(p) \mid HCl(m) \mid HCl(m') \mid H_2(p) \mid Pt(s)}$$

$$t_+ \mathrm{H}^+(a_{\mathrm{H+}}) \longrightarrow t_+ \mathrm{H}^+(a'_{\mathrm{H+}})$$

$$t_- \mathrm{Cl}^-(a_{\mathrm{Cl-}}) \longleftarrow t_- \mathrm{Cl}^-(a'_{\mathrm{Cl-}})$$

式中 t_+, t_- 分别代表正、负离子的迁移数。当电池输出 1 mol 元电荷的电荷量时, 则将有 t_+ mol 的 H^+ 从活度为 $a_{\mathrm{H+}}$ 的溶液通过界面迁向活度为 $a'_{\mathrm{H+}}$ 的溶液, 同时有 t_- mol 的 Cl^- 从活度为 $a'_{\mathrm{Cl-}}$ 的溶液通过界面迁移到活度为 $a_{\mathrm{Cl-}}$ 的溶液中。假定迁移数与溶液的浓度无关, 则迁移过程的 Gibbs 自由能变化 ΔG_j 为

$$\Delta G_\mathrm{j} = t_+ RT \ln \frac{a'_{\mathrm{H+}}}{a_{\mathrm{H+}}} + t_- RT \ln \frac{a_{\mathrm{Cl-}}}{a'_{\mathrm{Cl-}}} = -z E_\mathrm{j} F$$

式中 $z = 1$, E_j 为液体接界电势。对于 $1-1$ 价型电解质, 设 $a_{\mathrm{H+}} = a_{\mathrm{Cl-}} = \dfrac{m}{m^\ominus}$, $a'_{\mathrm{H+}} = a'_{\mathrm{Cl-}} = \dfrac{m'}{m^\ominus}$, 又 $t_+ + t_- = 1$, 所以可得到 $1-1$ 价型电解质的液体接界电势 E_j 的表示式:

$$E_\mathrm{j} = (t_+ - t_-) \frac{RT}{F} \ln \frac{m}{m'} = (2t_+ - 1) \frac{RT}{F} \ln \frac{m}{m'} \tag{9.16}$$

如果能精确测定电池的电动势, 就可以算出离子的迁移数, 这也是求离子迁移数的一种方法。

接界的电解质不同, E_j 就有不同的表示式。以上只考虑了两种相同的 $1-1$ 价型电解质溶液之间的 E_j。

(1) 如果两种相同的电解质是高价型的, 例如:

$$\mathrm{M}^{z+}\mathrm{A}^{z-}(m_1) \mid \mathrm{M}^{z+}\mathrm{A}^{z-}(m_2)$$

则当电池产生 1 mol 元电荷的电荷量时, 有 $\left(\dfrac{t_+}{z_+}\right)$ mol 的正离子由左通过界面向右迁移; 同时有 $\left(\dfrac{t_-}{z_-}\right)$ mol 的负离子由右通过界面向左迁移, 可以证明:

$$E_\mathrm{j} = \left(\frac{t_+}{z_+} - \frac{t_-}{z_-}\right) \frac{RT}{F} \ln \frac{m_1}{m_2} \tag{9.17}$$

式中 z_+, z_- 分别是正、负离子的价数, 代入式中时取其绝对值。

根据迁移数的定义, 有

$$t_+ = \frac{\Lambda_{\mathrm{m},+}}{\Lambda_{\mathrm{m},+} + \Lambda_{\mathrm{m},-}} \qquad t_- = \frac{\Lambda_{\mathrm{m},-}}{\Lambda_{\mathrm{m},+} + \Lambda_{\mathrm{m},-}}$$

代入式 (9.17), 得

$$E_{\mathrm{j}} = \frac{\dfrac{\Lambda_{\mathrm{m},+}}{z_+} - \dfrac{\Lambda_{\mathrm{m},-}}{z_-}}{\Lambda_{\mathrm{m},+} + \Lambda_{\mathrm{m},-}} \frac{RT}{F} \ln \frac{m_1}{m_2} \tag{9.18}$$

(2) 两种溶液浓度相同, 若所含的电解质有一种离子相同, 例如:

$$\mathrm{KCl}(m) \mid \mathrm{KNO_3}(m)$$

$$\mathrm{K_2SO_4}(m) \mid \mathrm{Na_2SO_4}(m)$$

则

$$E_{\mathrm{j}} = \frac{RT}{zF} \ln \frac{\Lambda_{\mathrm{m},1}}{\Lambda_{\mathrm{m},2}} \tag{9.19}$$

式中 $\Lambda_{\mathrm{m},1}$ 和 $\Lambda_{\mathrm{m},2}$ 是两种溶液中电解质的摩尔电导率; z 是离子的价数, 如系负离子, 则用负值。式 (9.19) 称为 **Lewis–Sargent 公式** (证明可参阅有关专著)。

由此可见, 液体接界电势的计算公式比较复杂, 需要具体问题具体分析。

有液体接界电势的电池因界面上有浓差扩散, 而这是不可逆过程, 所以测得的电动势并不是平衡电动势, 也就丧失了热力学的意义。由于电动势的测定常用于计算各种热力学变量, 因此总是尽量避免使用有液体接界电势的电池。单种离子的活度因子不可测量, 需引入 $\gamma_+ = \gamma_- = \gamma_\pm$ 的假定。影响液体接界电势值的因素很多, 所以有液体接界电势存在的电池很难测得稳定的可重复的电动势值。因此, 在实际工作中, 如果不能完全避免两种溶液的接触, 也一定要设法将液体接界电势减小到可以忽略不计的程度。最常用的方法是在两种溶液中间插入一个盐桥, 以代替原来的两个溶液直接接触, 即在两种溶液之间放置一个倒置的 U 形管, 管内装满正、负离子运动速率相近的电解质溶液 (用琼胶固定), 常用的是饱和 KCl 溶液。在盐桥和两溶液的接界处, 因为 KCl 的浓度远大于两溶液中电解质的浓度, 界面上主要是 K^+ 和 Cl^- 同时向溶液扩散。又因 K^+ 和 Cl^- 的运动速率很接近, 迁移数几乎相同, 这样根据式 (9.16), E_{j} 的值接近于零。若组成电池中的电解质含有能与盐桥中电解质发生反应或生成沉淀的离子, 如 Ag^+, Hg_2^{2+} 等, 就不能用 KCl 盐桥, 而要改用浓 $\mathrm{NH_4NO_3}$ 或 $\mathrm{KNO_3}$ 溶液作盐桥。

盐桥只能降低液体接界电势, 而不能完全消除液体接界电势。若用两个电池反串联, 可达到完全消除液体接界电势的目的。例如:

$$\mathrm{Na(Hg)}(a) \mid \mathrm{NaCl}(m_1) \mid \mathrm{AgCl(s)} \mid \mathrm{Ag(s)} - \mathrm{Ag(s)} \mid \mathrm{AgCl(s)} \mid \mathrm{NaCl}(m_2) \mid \mathrm{Na(Hg)}(a)$$

整个串联电池的反应是

$$\mathrm{NaCl}(m_2) \longrightarrow \mathrm{NaCl}(m_1)$$

电池的电动势为

$$E = \frac{RT}{F} \ln \frac{(a_{\mathrm{Na}^+} a_{\mathrm{Cl}^-})_2}{(a_{\mathrm{Na}^+} a_{\mathrm{Cl}^-})_1}$$

电池电动势的产生

如果将任何两种金属如锌片和铜片, 分别插入锌盐和铜盐的溶液中, 并将这两种溶液用适当的半透膜隔开, 借以消除或降低液体接界电势, 则离子进入溶液的过程或金属沉积的过程, 仅仅进行到建立稳定的电势差为止, 以后宏观上就不再发生变化。但这两种金属在平衡状态时的电势是不相等的。如果在锌盐和铜盐溶液的浓度相等或相差不大时进行比较, 则锌比铜更容易析出离子。此时若用导线把锌片和铜片连接起来, 则由于它们之间的电势差以及锌与铜之间的接触电势, 就使一定数量的电子从锌极通过导线流向铜极。锌片上电荷的减少和铜片上电荷的增多, 破坏了两极上的双电层。因此, 从锌片上重新析出 Zn^{2+} 到溶液中去, 同时又有一些 Cu^{2+} 在铜片上得到电子还原为金属铜而析出。这样就使电子再由锌片流到铜片, 并使锌的溶解和 Cu^{2+} 的还原析出的过程继续进行。这是一个自动进行的过程, 即在锌极上起氧化作用, 在铜极上起还原作用。

原电池的电动势等于组成电池的各相间的各个界面上所产生的电势差的代数和。上述的电池可以写成

$$(-)Cu \quad | \quad Zn \quad | \quad ZnSO_4(m_1) \quad | \quad CuSO_4(m_2) \quad | \quad Cu(+)$$

$$\varphi_{接触} \qquad \varphi_- \qquad\qquad \varphi_{扩散} \qquad\qquad \varphi_+$$

为了正确地表示有接触电势存在, 所以将电池符号的两边写成相同的金属 (左方的 Cu 实际上是连接 Zn 电极的导线)。$\varphi_{接触}$ 表示接触电势, $\varphi_{扩散}$ 表示两种不同的电解质或不同浓度的溶液界面上的电势差, 即液体接界电势。电极与溶液间的电势差 φ_- 和 φ_+ 则相应于两电极的电势差, 它们的绝对值是无法求得的 (以后所讲的电极电势, 实际上是与标准氢电极相比较的相对值)。

整个电池的电动势 E 为

$$E = \varphi_+ + \varphi_- + \varphi_{接触} + \varphi_{扩散} \tag{9.20}$$

9.6 电极电势和电池的电动势

标准电极电势 —— 标准氢电极

原电池是由两个相对独立的电极所组成的, 每一个电极相当于一个 "半电池" (half cell), 分别进行氧化和还原作用。由不同的半电池可以组成各式各样的

原电池。但是到目前为止, 我们还不能从实验上测定或从理论上计算个别电极的电极电势, 而只能测得由两个电极所组成的电池的总电动势。

但在实际应用中只要知道与任意一个选定的作为标准的电极相比较时的相对电动势就够了。如果知道了两个半电池的这些数值, 就可以求出由它们所组成的电池的电动势。

按照 1953 年 IUPAC (国际纯粹与应用化学联合会) 的建议, 采用标准氢电极作为标准电极, 这个建议被广泛接受和承认, 并于 1958 年成为 IUPAC 的正式规定。根据这个规定, 电极的氢标电极电势就是所给电极与同温下的标准氢电极所组成的电池的电动势。

氢电极的结构: 把镀铂黑的铂片 (用电镀法在铂片的表面上镀一层呈黑色的铂微粒, 即铂黑) 插入含有氢离子的溶液中, 并不断将氢气冲打到铂片上。图 9.1(a) 中左边电极是氢电极的一种形式。在氢电极上所进行的反应为

$$\frac{1}{2}H_2(g, p_{H_2}) \longrightarrow H^+(a_{H^+}) + e^-$$

在一定的温度下, 如果氢气在气相中的分压为 $p^{\ominus}$, 且氢离子的活度等于 1, 即 $m_{H^+} = 1 \; mol \cdot kg^{-1}$, $\gamma_{H^+} = 1$, $a_{m,H^+} = 1$[①], 则这样的氢电极就是标准氢电极。根据以上规定, 自然得出标准氢电极的电极电势等于零。

对于任意给定的电极, 使其与标准氢电极组合为原电池:

标准氢电极 ‖ 给定电极

设若已消除液体接界电势, 则此原电池的电动势就作为该给定电极的**氢标电极电势**, 简称**电极电势**, 用 φ 表示。本书采用 IUPAC 推荐的惯例: 把标准氢电极放在电池表示式的左边, 作阳极, 发生氧化反应, 把任一给定电极放在右边, 作阴极, 发生还原反应。这样, 组成原电池时, 该原电池的电动势就作为给定电极的电极电势, 称为氢标还原电极电势, 简称还原电势。为了防止发生混淆, 氢标还原电极电势符号后面需依次注明氧化态与还原态, 即 $\varphi_{Ox|Red}$。若该给定电极实际上进行的是还原反应, 即组成的电池是自发的, 则 $\varphi_{Ox|Red}$ 为正值。反之, 若给定电极实际上进行的是氧化反应, 与标准氢电极组成的电池是非自发的, 则 $\varphi_{Ox|Red}$ 为负值。

[①] 在标准氢电极中规定 $a_{H^+} = 1$, 在以后的 Nernst 方程中也还出现金属离子的活度, 这些单种离子的活度是无法测定的。但是在可逆电池的电动势表示式中, 最后总会出现正、负离子活度的乘积, 所以其活度因子可以采用离子的平均活度因子。

由于气态氢不导电, 因此构成电极时要借助适当的电子导体使气体吸附在上面以授受电荷。原则上讲, 氢电极的平衡电势与构成氢电极的基底金属材料无关, 只要它本身不参加化学反应, 而且容易建立 $H_2(g) \rightleftharpoons 2H^+$ 平衡。但实际上由于各种金属材料的物理、化学性质特别是表面性质不同, 所以在它上面的平衡各有差异, 影响到电极反应的可逆性和重现性。最理想的金属材料是镀有铂黑的铂。

以铜电极为例:

$$Pt(s) \mid H_2(p^{\ominus}) \mid H^+(a_{H^+} = 1) \parallel Cu^{2+}(a_{Cu^{2+}}) \mid Cu(s)$$

负极, 氧化 $\qquad H_2(p^{\ominus}) \longrightarrow 2H^+(a_{H^+} = 1) + 2e^-$

正极, 还原 $\qquad Cu^{2+}(a_{Cu^{2+}}) + 2e^- \longrightarrow Cu(s)$

电池净反应 $\qquad H_2(p^{\ominus}) + Cu^{2+}(a_{Cu^{2+}}) \Longleftrightarrow Cu(s) + 2H^+(a_{H^+} = 1)$

电池的电动势 $\qquad E = \varphi_R - \varphi_L$

下标 "R" 和 "L" 分别代表 "右" 和 "左", 则电动势 E 为

$$E = \varphi_{Cu^{2+}|Cu} - \varphi^{\ominus}_{H^+|H_2} = \varphi_{Cu^{2+}|Cu}$$

根据以上规定, 该电池的电动势就是铜电极的氢标还原电极电势。当铜电极 Cu^{2+} 的活度 $a_{Cu^{2+}} = 1$ 时, 实验测得的电池电动势为 0.342 V, 所以 $\varphi_{Cu^{2+}|Cu} = 0.342$ V。用同样的方法, 可得到其他电极的标准还原电极电势值, 列表备用 (参阅本书附录中附录 2)。

标准电极电势表是以人为规定标准氢电极的电极电势为零, 把各种标准电极电势 ($\varphi^{\ominus}_{Ox|Red}/V$) 按数值大小排成的序列表。它反映了在电极上可能发生电化学反应的序列, 即进行反应时, 在电极上得、失电子的能力。电极电势越负, 越容易失去电子; 反之, 电极电势越正, 越容易得到电子。在电极上进行的反应都是氧化还原反应, 因此也反映了某一电极相对于另一电极的氧化还原能力大小的次序, 即**电动次序**, 简称**电动序** (electromotive series)。电极电势相对较负的金属, 是较强的还原剂, 电极电势相对较正的金属, 则是较强的氧化剂。因此, 标准电极电势越负的金属被腐蚀的可能性越大 (例如在空气或稀酸溶液中, Zn, Fe 等都易于被腐蚀, 而 Au, Ag 等就不易被腐蚀; 又如在 Cu 制的器件上镀上一层 Ag 薄膜, 就可以保护 Cu 不受侵蚀)。

利用标准电动序可以估计在电解过程中, 溶液里的各种金属离子在电极上发生还原反应的先后次序, 还可以判断氧化还原反应自发进行的方向, 还可以求出反应的焓变、熵变和平衡常数等。

对于锌电极:

$$Pt(s) \mid H_2(p^{\ominus}) \mid H^+(a_{H^+} = 1) \parallel Zn^{2+}(a_{Zn^{2+}} = 1) \mid Zn(s)$$

当 $a_{Zn^{2+}} = 1$ 时, 它与标准氢电极组成电池, 其电动势的实测值为 0.7618 V。此时锌极上实际进行的作用是氧化作用, 即书面所表示的电池是非自发电池, 因此锌的标准 (还原) 电极电势为 -0.7618 V。

对于任意给定的一个作为正极的电极, 其电极反应可以写成如下的通式:

$$a_{Ox} + ze^- \longrightarrow a_{Red}$$

电极电势的计算式为

$$\varphi_{\mathrm{Ox|Red}} = \varphi_{\mathrm{Ox|Red}}^{\ominus} - \frac{RT}{zF}\ln\frac{a_{\mathrm{Red}}}{a_{\mathrm{Ox}}} \tag{9.21}$$

电极 (还原) 电势的计算通式为

$$\varphi_{\mathrm{Ox|Red}} = \varphi_{\mathrm{Ox|Red}}^{\ominus} - \frac{RT}{zF}\ln\prod_{\mathrm{B}} a_{\mathrm{B}}^{\nu_{\mathrm{B}}} \tag{9.22}$$

式 (9.21) 和式 (9.22) 称为**电极反应的 Nernst 方程**。

例如, 电极 $\mathrm{Cl}^-(a_{\mathrm{Cl}-})|\mathrm{AgCl(s)}|\mathrm{Ag(s)}$, 其电极的还原反应为

$$\mathrm{AgCl(s)} + \mathrm{e}^- \longrightarrow \mathrm{Ag(s)} + \mathrm{Cl}^-(a_{\mathrm{Cl}-})$$

则电极电势的计算式为

$$\begin{aligned}
\varphi_{\mathrm{Cl}^-|\mathrm{AgCl}|\mathrm{Ag}} &= \varphi_{\mathrm{Cl}^-|\mathrm{AgCl}|\mathrm{Ag}}^{\ominus} - \frac{RT}{zF}\ln\frac{a_{\mathrm{Ag}}a_{\mathrm{Cl}-}}{a_{\mathrm{AgCl}}} \\
&= \varphi_{\mathrm{Cl}^-|\mathrm{AgCl}|\mathrm{Ag}}^{\ominus} - \frac{RT}{F}\ln a_{\mathrm{Cl}-}
\end{aligned}$$

一些常用的电极在 298.15 K 时, 以水为溶剂的标准 (还原) 电极电势 $\varphi_{\mathrm{Ox|Red}}^{\ominus}$ 值列于附录的附录 2 中。

以氢电极作为标准电极测定电动势时, 在正常情形下, 电动势可以达到很高的精确度 (±0.000001 V)。但它对使用时的条件要求十分严格, 而且它的制备和纯化也比较复杂, 在一般的实验室中难以有这样的设备, 故在实验测定时, 往往采用二级标准电极。**甘汞电极** (calomel electrode) 就是其中最常用的一种二级标准电极, 它的电极电势可以和标准氢电极相比而被精确测定, 在定温下它具有稳定的电极电势, 并且容易制备, 使用方便。其构造示意图如图 9.6 所示。将少量汞放

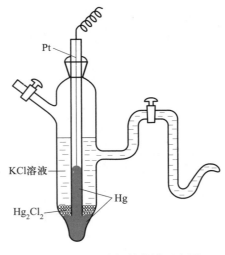

图 9.6   甘汞电极的构造示意图

在容器底部, 加少量由甘汞 $[Hg_2Cl_2(s)]$、汞及氯化钾溶液制成的糊状物, 再用饱和了甘汞的氯化钾溶液将器皿装满。

甘汞电极的电极电势与 Cl^- 的活度有关, 所用 KCl 溶液的浓度不同, 甘汞电极的电极电势也不同。常用的甘汞电极有三种, 见表 9.1。

表 9.1　常用的甘汞电极

$\dfrac{m_{KCl}}{mol \cdot kg^{-1}}$	电极上的还原反应	$\dfrac{\varphi_{Cl^- \mid Hg_2Cl_2 \mid Hg}(298\ K)}{V}$
0.1		0.3337
1.0	$Hg_2Cl_2(s) + 2e^- \longrightarrow 2Hg(l) + 2Cl^-(a_{Cl^-})$	0.2801
饱和		0.2412

注: 本表数据摘自 Haynes W M. CRC Handbook of Chemistry and Physics. 97th ed. Boca Raton: CRC Press Inc, 2016—2017: 5-81~5-82.

电池电动势的计算

1. 从电极电势计算电池电动势[①]

设有电池:

(1) $Pt(s) \mid H_2(p^\ominus) \mid H^+(a_{H^+} = 1) \parallel Cu^{2+}(a_{Cu^{2+}}) \mid Cu(s)$

(2) $Pt(s) \mid H_2(p^\ominus) \mid H^+(a_{H^+} = 1) \parallel Zn^{2+}(a_{Zn^{2+}}) \mid Zn(s)$

(3) $Zn(s) \mid Zn^{2+}(a_{Zn^{2+}}) \parallel Cu^{2+}(a_{Cu^{2+}}) \mid Cu(s)$

三个电池的电池反应分别为

(1) $H_2(p^\ominus) + Cu^{2+}(a_{Cu^{2+}}) =\!=\!=\!= Cu(s) + 2H^+(a_{H^+} = 1)$

(2) $H_2(p^\ominus) + Zn^{2+}(a_{Zn^{2+}}) =\!=\!=\!= Zn(s) + 2H^+(a_{H^+} = 1)$

(3) $Zn(s) + Cu^{2+}(a_{Cu^{2+}}) =\!=\!=\!= Cu(s) + Zn^{2+}(a_{Zn^{2+}})$

显然, 反应 (3) = (1) − (2), 则

$$\Delta_r G_m(3) = \Delta_r G_m(1) - \Delta_r G_m(2)$$

因为

$$\Delta_r G_m(1) = -2E_1 F \qquad E_1 = \varphi_{Cu^{2+} \mid Cu}$$

$$\Delta_r G_m(2) = -2E_2 F \qquad E_2 = \varphi_{Zn^{2+} \mid Zn}$$

[①] 关于标准电极电势在以往的教材或文献中, 常采用氧化电势 (即标准氧化电极电势), 而现在则多采用标准还原电极电势, 二者数值相同, 符号相反。为了谋求电极电势符号的统一, IUPAC 曾于 1953 年在瑞典的首都斯德哥尔摩召开会议, 做出规定 (通称为斯德哥尔摩规定)。它承认电极的氧化反应和还原反应的电极电势可以有不同的正负号 (铜电极的氧化电势为负, 而还原电势则为正), 但是标准电极电势必须是指还原电势 (这和欧洲以往的惯用法一致, 即电极电势的正负号与实际的情况一致)。

而

$$\Delta_r G_m(3) = -2E_1 F - (-2E_2 F) = -2E_3 F$$

所以

$$E_3 = E_1 - E_2 = \varphi_{Cu^{2+}|Cu} - \varphi_{Zn^{2+}|Zn}$$

推而广之, 对于任一电池, 其电动势等于两个电极电势之差。根据本书所采用的惯例, 电动势 E 的计算式为

$$E = \varphi_{Ox|Red}(右) - \varphi_{Ox|Red}(左) \tag{9.23}$$

例如, 对电池 (3), 有

右边电极的还原反应为 $\quad Cu^{2+}(a_{Cu^{2+}}) + 2e^- \longrightarrow Cu(s)$

左边电极的还原反应为 $\quad Zn^{2+}(a_{Zn^{2+}}) + 2e^- \longrightarrow Zn(s)$

则电动势 E 为

$$
\begin{aligned}
E_3 &= \varphi_{Cu^{2+}|Cu} - \varphi_{Zn^{2+}|Zn} \\
&= \left(\varphi^{\ominus}_{Cu^{2+}|Cu} - \frac{RT}{2F} \ln \frac{a_{Cu}}{a_{Cu^{2+}}} \right) - \left(\varphi^{\ominus}_{Zn^{2+}|Zn} - \frac{RT}{2F} \ln \frac{a_{Zn}}{a_{Zn^{2+}}} \right)
\end{aligned} \tag{9.24}
$$

φ 的下标表示系还原电势。总之, 在用电极电势计算电池电动势时必须注意:

(1) 写电极反应时物量和电荷量必须平衡。

(2) 电极电势必须都用还原电势, 计算电动势时用右边正极的还原电势减去左边负极的还原电势 (按照电池书写的左右顺序, 而暂不管电极实际发生的是什么反应)。若计算得到的 E 值为正值, 则该电池是自发电池, 若求得的 E 值为负值, 则所写电池为非自发电池, 或者把电池的正、负极的左、右位对换一下, 这样的电池反应才是自发的。

(3) 要写明反应温度、各电极的物态和液态中各离子的活度 (气体要注明压力) 等, 因为电极电势与这些因素有关。

2. 从电池的总反应式直接用 Nernst 方程计算电池电动势

仍以上面电池 (3) 为例:

左边负极, 氧化 $\quad Zn(s) \longrightarrow Zn^{2+}(a_{Zn^{2+}}) + 2e^-$

右边正极, 还原 $\quad Cu^{2+}(a_{Cu^{2+}}) + 2e^- \longrightarrow Cu(s)$

电池净反应 $\quad Zn(s) + Cu^{2+}(a_{Cu^{2+}}) = Zn^{2+}(a_{Zn^{2+}}) + Cu(s)$

$$E = E^{\ominus} - \frac{RT}{zF} \ln \prod_B a_B^{\nu_B} = E^{\ominus} - \frac{RT}{2F} \ln \frac{a_{Zn^{2+}} a_{Cu}}{a_{Cu^{2+}} a_{Zn}} \tag{9.25}$$

式中 $E^{\ominus} = \varphi^{\ominus}_{右} - \varphi^{\ominus}_{左}$。不难发现, 两种计算电池电动势的方法实际上是等同的, 式 (9.25) 只是把式 (9.24) 的两个括号合并而已。

例 9.4

写出下述电池的电极和电池反应, 并计算 298 K 时电池的电动势。设 $H_2(g)$ 可看作理想气体。

$$Pt \mid H_2(90.0 \text{ kPa}) \mid H^+(a_{H^+} = 0.01) \parallel Cu^{2+}(a_{Cu^{2+}} = 0.10) \mid Cu(s)$$

解 电极和电池反应为

左边负极, 氧化 $\qquad H_2(90.0 \text{ kPa}) \longrightarrow 2H^+(a_{H^+} = 0.01) + 2e^-$

右边正极, 还原 $\qquad Cu^{2+}(a_{Cu^{2+}} = 0.10) + 2e^- \longrightarrow Cu(s)$

电池净反应 $\qquad H_2(90.0 \text{ kPa}) + Cu^{2+}(a_{Cu^{2+}} = 0.10) \Longrightarrow Cu(s) + 2H^+(a_{H^+} = 0.01)$

已知

$$a_{Cu,s} = 1 \qquad a_{H_2,g} \approx \frac{p_{H_2}}{p^\ominus} = \frac{90.0 \text{ kPa}}{100 \text{ kPa}} = 0.90$$

从电极电势表查得

$$\varphi^\ominus_{Cu^{2+}|Cu} = 0.342 \text{ V} \qquad \varphi^\ominus_{H^+|H_2} = 0 \text{ V}$$

方法 1

$$E = \varphi_{Ox|Red}(\text{右}) - \varphi_{Ox|Red}(\text{左})$$

$$= \left(\varphi^\ominus_{Cu^{2+}|Cu} - \frac{RT}{zF} \ln \frac{1}{a_{Cu^{2+}}} \right) - \left(\varphi^\ominus_{H^+|H_2} - \frac{RT}{zF} \ln \frac{a_{H_2}}{a^2_{H^+}} \right)$$

$$= \left(0.342 \text{ V} - \frac{RT}{2F} \ln \frac{1}{0.10} \right) - \left(-\frac{RT}{2F} \ln \frac{0.90}{(0.01)^2} \right)$$

$$= 0.429 \text{ V}$$

方法 2

$$E = E^\ominus - \frac{RT}{zF} \ln \prod_B a_B^{\nu_B}$$

$$= (\varphi^\ominus_{Cu^{2+}|Cu} - \varphi^\ominus_{H^+|H_2}) - \frac{RT}{zF} \ln \frac{a^2_{H^+}}{a_{H_2} a_{Cu^{2+}}}$$

$$= (0.342 - 0) \text{ V} - \frac{RT}{2F} \ln \frac{(0.01)^2}{0.90 \times 0.10}$$

$$= 0.429 \text{ V}$$

例 9.5

用电动势 E 的数值判断, 在 298 K 时亚铁离子 Fe^{2+} 能否依下式使碘 (I_2) 还原为碘离子 (I^-):

$$\text{Fe}^{2+}\,(a_{\text{Fe}^{2+}}=1)+\frac{1}{2}\text{I}_2\,(\text{s})\longrightarrow \text{I}^-\,(a_{\text{I}^-}=1)+\text{Fe}^{3+}\,(a_{\text{Fe}^{3+}}=1)$$

解　将该反应设计成如下电池：

$$\text{Pt(s)}\mid \text{Fe}^{2+}\,(a_{\text{Fe}^{2+}}=1),\text{Fe}^{3+}\,(a_{\text{Fe}^{3+}}=1)\parallel \text{I}^-\,(a_{\text{I}^-}=1)\mid \text{I}_2(\text{s})\mid \text{Pt(s)}$$

因为所有物质都处于标准态, 所以查电极电势表, 得

$$E = E^{\ominus} = \varphi^{\ominus}_{\text{Ox}\mid\text{Red}}\,(右) - \varphi^{\ominus}_{\text{Ox}\mid\text{Red}}\,(左)$$

$$= (0.536 - 0.771)\,\text{V}$$

$$= -0.235\,\text{V}$$

$$\Delta_{\text{r}}G_{\text{m}} = \Delta_{\text{r}}G_{\text{m}}^{\ominus} = -zE^{\ominus}F$$

$$= -1 \times (-0.235\,\text{V}) \times 96500\,\text{C}\cdot\text{mol}^{-1}$$

$$= 22.7\,\text{kJ}\cdot\text{mol}^{-1}$$

显然 $E < 0$, 而 $\Delta_{\text{r}}G_{\text{m}} > 0$, 上述反应为非自发反应。即在该情况下, Fe^{2+} 不能使 $\text{I}_2(\text{s})$ 还原成 I^-, 相反其逆反应是自发反应, 即 Fe^{3+} 能使 I^- 氧化成 $\text{I}_2(\text{s})$。

从该题可以看出, 当所有物质的活度都处于标准态时, 用 $\varphi^{\ominus}_{\text{Ox}\mid\text{Red}}$ 可判断其还原的次序。标准还原电极电势越小 (在电极电势表中在后面者), 其还原态越容易氧化; 反之, 标准还原电极电势越大, 其氧化态越易还原。

例 9.6

同一种金属 Cu, 找出其不同的氧化态 Cu^+ 和 Cu^{2+} 的标准还原电极电势之间的关系。

解　(1) $\text{Cu}^{2+} + 2\text{e}^- \longrightarrow \text{Cu}\,(\text{s})$　　　$\varphi^{\ominus}_{\text{Cu}^{2+}\mid\text{Cu}}$　　　$\Delta_{\text{r}}G_{\text{m}}^{\ominus}(1) = -2\varphi^{\ominus}_{\text{Cu}^{2+}\mid\text{Cu}}F$

(2) $\text{Cu}^+ + \text{e}^- \longrightarrow \text{Cu}\,(\text{s})$　　　$\varphi^{\ominus}_{\text{Cu}^+\mid\text{Cu}}$　　　$\Delta_{\text{r}}G_{\text{m}}^{\ominus}(2) = -\varphi^{\ominus}_{\text{Cu}^+\mid\text{Cu}}F$

(1) − (2) = (3)

(3) $\text{Cu}^{2+} + \text{e}^- \longrightarrow \text{Cu}^+$　　　$\varphi^{\ominus}_{\text{Cu}^{2+}\mid\text{Cu}^+}$　　　$\Delta_{\text{r}}G_{\text{m}}^{\ominus}(3) = -\varphi^{\ominus}_{\text{Cu}^{2+}\mid\text{Cu}^+}F$

因为

$$\Delta_{\text{r}}G_{\text{m},3}^{\ominus} = \Delta_{\text{r}}G_{\text{m},1}^{\ominus} - \Delta_{\text{r}}G_{\text{m},2}^{\ominus}$$

将各个 $\Delta_{\text{r}}G_{\text{m}}^{\ominus}$ 与 $\varphi^{\ominus}_{\text{Ox}\mid\text{Red}}$ 的关系式代入上式, 得

$$\varphi^{\ominus}_{\text{Cu}^{2+}\mid\text{Cu}^+} = 2\varphi^{\ominus}_{\text{Cu}^{2+}\mid\text{Cu}} - \varphi^{\ominus}_{\text{Cu}^+\mid\text{Cu}}$$

从该题可以看出, 当电极反应式相加 (减) 时, $\Delta_{\text{r}}G_{\text{m}}^{\ominus}$ 之间也是相加 (减) 的关系, 因为它是状态函数的变化。这里的电极电势实际上是该电极与标准氢电极组成电池时的电动势, 所以 $\Delta_{\text{r}}G_{\text{m}}^{\ominus}$ 也就是那个电池反应的标准摩尔 Gibbs 自由能的变化值。

9.7 电动势测定的应用

在本章前几节中已讨论过利用测定电池的一些参数, 如 E, $E^{\ominus}$ 和 $\left(\dfrac{\partial E}{\partial T}\right)_p$ 等, 可以求得电池反应的各种热力学函数的变化值, 如 $\Delta_r G_m$, $\Delta_r H_m$, $\Delta_r S_m$ 和平衡常数 $K_a^{\ominus}$ 等。借助于 Nernst 方程所计算的电极电势和电池电动势还可以判别氧化还原反应可能进行的方向等。总之, 电动势测定的应用是极其广泛的, 以下再举几种应用。

求电解质溶液的平均活度因子

以下列电池为例, 可求出不同浓度时 HCl 溶液的 $\gamma_{\pm}$:

$$\text{Pt(s)} \mid \text{H}_2(p^{\ominus}) \mid \text{HCl}(m_{\text{HCl}}) \mid \text{AgCl(s)} \mid \text{Ag(s)}$$

该电池的电池反应为

$$\frac{1}{2}\text{H}_2\left(p^{\ominus}\right) + \text{AgCl}\left(\text{s}\right) \longrightarrow \text{Ag}\left(\text{s}\right) + \text{HCl}\left(m_{\text{HCl}}\right)$$

电池的电动势为

$$E = \left(\varphi_{\text{Cl}^-|\text{AgCl}|\text{Ag}}^{\ominus} - \varphi_{\text{H}^+|\text{H}_2}^{\ominus}\right) - \frac{RT}{F}\ln(a_{\text{H}^+}a_{\text{Cl}^-})$$

对于 1–1 价型电解质, 有 $m_+ = m_- = m_{\text{B}}$, 故

$$a_{\text{H}^+}a_{\text{Cl}^-} = \gamma_+ \frac{m_{\text{H}^+}}{m^{\ominus}} \cdot \gamma_- \frac{m_{\text{Cl}^-}}{m^{\ominus}} = \left(\gamma_{\pm} \frac{m_{\text{HCl}}}{m^{\ominus}}\right)^2$$

代入电动势的计算式, 得

$$E = \varphi_{\text{Cl}^-|\text{AgCl}|\text{Ag}}^{\ominus} - \frac{2RT}{F}\ln\frac{m_{\text{HCl}}}{m^{\ominus}} - \frac{2RT}{F}\ln\gamma_{\pm} \tag{9.26}$$

只要从电极电势表查得 $\varphi_{\text{Cl}^-|\text{AgCl}|\text{Ag}}^{\ominus}$ 的值, 并测得不同浓度 HCl 溶液的电动势 E, 就可求出不同浓度时 $\gamma_{\pm}$ 的值。反之, 如果平均活度因子可以根据 Debye-Hückel 公式计算, 则可求得 $\varphi_{\text{Cl}^-|\text{AgCl}|\text{Ag}}^{\ominus}$ 的值。仍以上述电池为例, 假定 $\varphi_{\text{Cl}^-|\text{AgCl}|\text{Ag}}^{\ominus}$ 为未知, 则根据式 (9.26):

$$\varphi_{\text{Cl}^-|\text{AgCl}|\text{Ag}}^{\ominus} = E + \frac{2RT}{F}\ln\frac{m_{\text{HCl}}}{m^{\ominus}} + \frac{2RT}{F}\ln\gamma_{\pm} \tag{9.27}$$

对于 1–1 价型电解质, 有 $I = m_B, z_+ = |z_-| = 1$, 则 Debye-Hückel 公式为

$$\ln\gamma_\pm = -A'|z_+z_-|\sqrt{I} = -A'\sqrt{m_B} \tag{9.28}$$

将式 (9.28) 代入式 (9.27), 得

$$\varphi^{\ominus}_{Cl^-|AgCl|Ag} = E + \frac{2RT}{F}\ln\frac{m_{HCl}}{m^{\ominus}} - \frac{2RTA'}{F}\sqrt{m_{HCl}} \tag{9.29}$$

设式 (9.29) 右边诸项之和为 E', 以 E' 对 m_{HCl} 或 $\sqrt{m_{HCl}}$ 作图, 在稀溶液范围内可近似得一直线, 外推到 $m_{HCl} \longrightarrow 0$, 这时 $E'(m_{HCl} \longrightarrow 0) = \varphi^{\ominus}_{Cl^-|AgCl|Ag}$。

求难溶盐的活度积

活度积习惯上称为**溶度积** (solubility product), 用 K_{sp} 表示, 它也是一种平衡常数, 量纲为 1。现以求 AgCl(s) 的 K_{sp} 为例, 说明如何由标准电极电势值计算 K_{sp}。

$$AgCl(s) \rightleftharpoons Ag^+(a_{Ag^+}) + Cl^-(a_{Cl^-})$$

$$K_{sp} = \frac{a_{Ag^+}a_{Cl^-}}{a_{AgCl}} = a_{Ag^+}a_{Cl^-}$$

首先设计一电池, 使电池的净反应就是 AgCl(s) 的溶解反应, 该电池可表示为

$$Ag(s) \mid Ag^+(a_{Ag^+}) \parallel Cl^-(a_{Cl^-}) \mid AgCl(s) \mid Ag(s)$$

左边负极, 氧化 $Ag(s) \longrightarrow Ag^+(a_{Ag^+}) + e^-$

右边正极, 还原 $AgCl(s) + e^- \longrightarrow Ag(s) + Cl^-(a_{Cl^-})$

电池净反应 $AgCl(s) \longrightarrow Ag^+(a_{Ag^+}) + Cl^-(a_{Cl^-})$

电池的标准电动势

$$E^{\ominus} = \varphi^{\ominus}_{右} - \varphi^{\ominus}_{左} = (0.2223 - 0.7996)\ V = -0.5773\ V$$

$$\Delta_r G^{\ominus}_m = -zE^{\ominus}F = -RT\ln K_{sp}$$

$$K_{sp} = \exp\left(\frac{zE^{\ominus}F}{RT}\right) \tag{9.30}$$

在 298 K 时

$$K_{sp} = \exp\left[\frac{1 \times (-0.5773\ V) \times 96500\ C\cdot mol^{-1}}{8.314\ J\cdot mol^{-1}\cdot K^{-1} \times 298\ K}\right] = 1.72 \times 10^{-10}$$

所设计电池的 $E^{\ominus}$ 为负值, 是非自发电池, 但这无关紧要, 因为我们是通过计算 (而并非实测) 来求 K_{sp} 的。倘若要通过实验测定 $E^{\ominus}$ 来求 K_{sp}, 则把左、右电极

对调, 就成为自发电池, 此时电池反应的 $K_a = 1/K_{sp}$。

用类似的方法还可以求弱酸 (或弱碱) 的解离常数、水的离子积常数和配合物不稳定常数等。

例如, 求 298 K 时水的离子积常数 K_w。首先也需要设计一个电池, 使电池反应恰好是 $H_2O(l)$ 的解离反应, 这种电池并不是唯一的。假定我们设计的电池为

$$Pt(s) \mid H_2(p^{\ominus}) \mid H^+(a_{H^+}) \parallel OH^-(a_{OH^-}) \mid H_2(p^{\ominus}) \mid Pt(s)$$

左边负极, 氧化 $\quad \dfrac{1}{2}H_2(p^{\ominus}) \longrightarrow H^+(a_{H^+}) + e^- \quad \varphi^{\ominus}_{H^+|H_2} = 0$

右边正极, 还原 $\quad H_2O(l) + e^- \longrightarrow \dfrac{1}{2}H_2(p^{\ominus}) + OH^-(a_{OH^-})$

$$\varphi^{\ominus}_{H_2O|OH^-,H_2} = -0.828 \text{ V}$$

电池净反应 $\quad H_2O(l) \longrightarrow H^+(a_{H^+}) + OH^-(a_{OH^-})$

$$E^{\ominus} = \varphi^{\ominus}_{H_2O|OH^-,H_2} - \varphi^{\ominus}_{H^+|H_2} = -0.828 \text{ V}$$

$$K_w = \exp\left(\frac{zE^{\ominus}F}{RT}\right)$$

$$= \exp\left[\frac{1 \times (-0.828 \text{ V}) \times 96500 \text{ C} \cdot \text{mol}^{-1}}{8.314 \text{ J} \cdot \text{mol}^{-1} \cdot \text{K}^{-1} \times 298 \text{ K}}\right] = 9.9 \times 10^{-15}$$

如果设计如下电池, 可获得相同的结果, 读者可试着计算一下。

$$Pt(s) \mid O_2(p^{\ominus}) \mid H^+(a_{H^+}) \parallel OH^-(a_{OH^-}) \mid O_2(p^{\ominus}) \mid Pt(s)$$

pH 的测定

要测定某一溶液的 pH, 原则上可以用氢电极和甘汞电极构成如下的电池:

$$\boxed{Pt(s)|H_2(p^{\ominus}) \left| \begin{array}{c} \text{待测溶液} \\ (pH = x) \end{array} \right| \text{甘汞电极}}$$

在一定温度下, 测定该电池的电动势 E, 就能求出溶液的 pH。氢电极对 pH 在 $0 \sim 14$ 范围内的溶液都可适用, 但实际应用起来却有许多不便之处。例如, 氢气要很纯且需维持一定的压力, 溶液中不能有氧化剂、还原剂或不饱和的有机物质, 有些物质如蛋白质、胶体等易于吸附在铂电极上而使电极不灵敏、不稳定, 从而导致产生误差。

玻璃电极是测定 pH 最常用的一种指示电极。它是一种氢离子选择性电极 (selective electrode), 在一支玻璃管下端焊接一个特殊原料制成的球形玻璃薄膜,

膜内盛一定 pH 的缓冲溶液或 $0.1\ \mathrm{mol\cdot kg^{-1}}$ HCl 溶液, 溶液中浸入一根 Ag|AgCl 电极 (称为内参比电极)。玻璃膜的组成一般是 72% $\mathrm{SiO_2}$, 22% $\mathrm{Na_2O}$ 和 6% CaO (这种玻璃电极可用于 $\mathrm{pH} = 1 \sim 9$ 的溶液, 如改变组成, 其使用范围可达 $\mathrm{pH} = 1 \sim 14$)。玻璃电极具有可逆电极的性质, 其电极电势符合

$$\begin{aligned}
\varphi_{玻} &= \varphi_{玻}^{\ominus} - \frac{RT}{F}\ln\frac{1}{(a_{\mathrm{H^+}})_x} \\
&= \varphi_{玻}^{\ominus} - \frac{RT}{F} \times 2.303\ \mathrm{pH} \\
&= \varphi_{玻}^{\ominus} - 0.05916\ \mathrm{V} \times \mathrm{pH}
\end{aligned}$$

当玻璃电极与另一甘汞电极组成电池时, 就能从测得的 E 值求出溶液的 pH。

$$\mathrm{Ag(s)\ |\ AgCl(s)\ |\ HCl(0.1\ mol\cdot kg^{-1})} \quad\vdots\quad 溶液(\mathrm{pH}=x)\ |\ 甘汞电极$$

玻璃电极　　　　　　　　　　　　玻璃膜

在 298 K 时,

$$E = \varphi_{甘汞} - \varphi_{玻} = 0.2801\ \mathrm{V} - (\varphi_{玻}^{\ominus} - 0.05916\ \mathrm{V} \times \mathrm{pH})$$

经整理后得

$$\mathrm{pH} = \frac{E - 0.2801\ \mathrm{V} + \varphi_{玻}^{\ominus}}{0.05916\ \mathrm{V}} \tag{9.31}$$

式中 $\varphi_{玻}^{\ominus}$ 对某给定的玻璃电极为一常数, 但对于不同的玻璃电极, 由于玻璃膜的组成不同, 制备手续不同, 以及不同使用程度后表面状态的改变, 致使它们的 $\varphi_{玻}^{\ominus}$ 也未尽相同。原则上若用已知 pH 的缓冲溶液, 测得其 E 值, 就能求出该电极的 $\varphi_{玻}^{\ominus}$。但实际上每次使用时, 需先用已知其 pH 的溶液, 在 pH 计上进行调整, 使 E 和 pH 的关系能满足式 (9.31), 然后再来测定未知液的 pH, 并可直接在 pH 计上读出 pH, 而不必计算 $\varphi_{玻}^{\ominus}$ 的值。

因为玻璃膜的电阻很大, 一般可达 $10 \sim 100\ \mathrm{M\Omega}$, 这样大的内阻要求通过电池的电流必须很小, 否则由于内阻而造成的电势降就会产生不可忽视的误差。因此不能用普通的电势差计, 而要用带有直流 (或交流) 放大器的装置, 此种借助于玻璃电极专门用来测量溶液 pH 的仪器就称为 **pH 计**。

由于玻璃电极不受溶液中存在的氧化剂、还原剂的干扰, 也不受各种 "毒物" 的影响, 使用方便, 所以得到广泛的应用。

玻璃电极上的工作原理, 一般大致可以认为是由于玻璃膜内、外溶液的 pH 不同, 薄膜与溶液发生离子交换, 因而产生了膜电势。当玻璃电极的膜浸入水溶液中时, 膜表面吸收水分, 形成溶胀的硅酸盐层 (水化凝胶层), 厚度为 $0.05 \sim 1.0\ \mathrm{\mu m}$,

而中间的干玻璃层厚度则约为 50 μm。溶胀层中的钠离子与水溶液中的氢离子交换, 因而其表面具有一层能与溶液中氢离子达成交换平衡的 H$^+$ 层, 整个玻璃电极可以看作由如下几层构成:

内参电极 | 膜内部溶液 | 溶胀层 | 干玻璃层 | 溶胀层 | 待测溶液

$(a_{H+})_内$ a_{H+} a'_{H+} $(a_{H+})_外$

pH(已知)   pH(未知)

由于溶胀层中的氢离子浓度与所接触溶液的氢离子浓度不相等, 发生氢离子的扩散, 因而形成了膜电势 ($\varphi_膜$), $\varphi_膜$ 与玻璃的质地及内、外溶液的氢离子浓度有关。

$$\varphi_玻 = \varphi_{内参} + \varphi_膜 = \varphi_玻^\ominus - \frac{RT}{F} \times 2.303\,\text{pH}$$

$$= \varphi_玻^\ominus - 0.05916\,\text{V} \times \text{pH} \tag{9.32}$$

pH 是描述溶液中酸度的一种尺度单位, 但是严格讲, pH 的意义是不够明确的。最初人们用下式来定义 pH:

$$\text{pH} = -\lg c_{H+} \qquad 或 \qquad \text{pH} = -\lg m_{H+}$$

虽然氢离子浓度可以表示溶液中氢离子数量的多少, 但是在离子强度较大的溶液中, 它并不能准确地反映出溶液中酸度的大小, 这就需要以活度代替浓度, 而且比较精确的 pH 测量都需用电化学的方法, 即测量某种电池的电动势来确定 pH, 这就要用 Nernst 方程。由于电池的电动势只与氢离子的活度有关, 而不是与氢离子的浓度直接联系, 因此用下式定义 pH 更为合理, 即

$$\text{pH} = -\lg a_{H+} = -\lg\left(\gamma_{c,B}\frac{c_{H+}}{c^\ominus}\right) \tag{9.33}$$

但这个定义本身就包含着单种离子的活度因子, 它是不能直接测量的。为了解决这一困难, 人们对 pH 给出了一个操作定义 (operational definition)。

测出如下电池的电动势 E_x:

$$\text{Pt(s)} \mid H_2(g) \mid 未知溶液\ x \mid \text{KCl 浓溶液} \mid 参比电极$$

然后把未知溶液 x 换成标准溶液 s, 再测出如下电池的电动势 E_s:

$$\text{Pt(s)} \mid H_2(g) \mid 标准溶液\ s \mid \text{KCl 浓溶液} \mid 参比电极$$

这两个电池具有相同的参比电极 (如甘汞电极) 和相同的盐桥溶液, 并在同一温度下测量。若溶液 x 的 pH 用 pH$_x$ 表示, 标准溶液 s 的 pH 用 pH$_s$ 表示, 则两者的关系为

$$\text{pH}_x = \text{pH}_s + \frac{(E_x - E_s)F}{RT\ln 10} \tag{9.34}$$

由式 (9.34) 所定义的 pH 是量纲一的量, 是 pH 的操作定义, 在国际上都采用此种定义, 我国的国家标准 (GB) 也使用此种定义。

在上述电池中的氢电极可由其他氢离子响应电极 (如玻璃电极或醌氢醌电极) 代替, 两个盐桥溶液只要相同且浓度不低于 $3.5 \ \mathrm{mol \cdot kg^{-1}}$, 也能得到良好的近似结果。

根据式 (9.34), 只要给定标准溶液的 $\mathrm{pH_s}$, 则就能求出未知溶液的 $\mathrm{pH_x}$。标准溶液需具备如下的条件: 制备容易, 性能稳定, 缓冲能力较强, 且标准溶液的 $\mathrm{pH_s}$ 必须尽可能与未知溶液的 $\mathrm{pH_x}$ 接近, 以减少因溶液浓度不同、扩散不同而导致的液体接界电势不同。为此 IUPAC 规定了五种标准溶液的 $\mathrm{pH_s}$, 见表 9.2。

表 9.2　五种标准溶液的 $\mathrm{pH_s}$

$t/^\circ\mathrm{C}$	A	B	C	D	E
0		4.000	6.984	7.534	9.464
5		3.998	6.951	7.500	9.395
10		3.997	6.923	7.472	9.332
15		3.998	6.900	7.448	9.276
20		4.000	6.881	7.429	9.225
25	3.557	4.005	6.865	7.413	9.180
30	3.552	4.011	6.853	7.400	9.139
35	3.549	4.018	6.844	7.389	9.102
37	3.548	4.022	6.841	7.386	9.088
40	3.547	4.027	6.838	7.380	9.068
45	3.547	4.047	6.834	7.373	9.038
50	3.549	4.050	6.833	7.367	9.011
55	3.554	4.075	6.834		8.985
60	3.560	4.091	6.836		8.962
70	3.580	4.126	6.845		8.921
80	3.609	4.164	6.859		8.885
90	3.650	4.205	6.877		8.850
95	3.674	4.227	6.886		8.833

注: (1) 标准溶液的组成如下。

A: 酒石酸氢钾 (在 298.15 K 的饱和溶液);

B: 邻苯二甲酸氢钾, $m = 0.05 \ \mathrm{mol \cdot kg^{-1}}$;

C: $\mathrm{KH_2PO_4}$, $m = 0.025 \ \mathrm{mol \cdot kg^{-1}}$; $\mathrm{Na_2HPO_4}$, $m = 0.025 \ \mathrm{mol \cdot kg^{-1}}$;

D: $\mathrm{KH_2PO_4}$, $m = 0.008695 \ \mathrm{mol \cdot kg^{-1}}$; $\mathrm{Na_2HPO_4}$, $m = 0.03043 \ \mathrm{mol \cdot kg^{-1}}$;

E: $\mathrm{Na_2B_4O_7}$, $m = 0.01 \ \mathrm{mol \cdot kg^{-1}}$。

其中 m 表示质量摩尔浓度, 溶剂是水。

(2) 本表数据摘自 Haynes W M. CRC Handbook of Chemistry and Physics. 97th ed. Boca Raton: CRC Press Inc, 2016—2017: 5-116.

*电势-pH 图及其应用

电极电势的数值反映了物质的氧化还原能力, 可以判断电化学反应进行的可能性。对于有 H^+ 或 OH^- 参加的电极反应, 其电极电势与溶液的 pH 有关 (即具有函数关系)。因此, 把一些有 H^+ (或 OH^-) 参加的电极电势与 pH 的关系绘制成图, 就可以从图上直接判断, 在一定的 pH 范围内何种电极反应将优先进行, 这种图就称为电势-pH 图。此类图形是比利时学者 Pourbaix M 首先绘制的, 所以也称为 Pourbaix 图。当时的目的在于研究金属的腐蚀问题, 以后发现此类电势-pH 图有广泛的应用。例如, 从这些图中可知反应中各组分的生成条件及某种组分稳定存在的范围, 它对解决在水溶液中发生的一系列反应的化学平衡问题 (如元素的分离、湿法冶金、金属防腐等) 有广泛的应用。

例如, 某种燃料电池:

$$H_2(p_{H_2}) \mid H_2SO_4(pH) \mid O_2(p_{O_2})$$

对氧电极:

$$O_2(g) + 4H^+ + 4e^- \longrightarrow 2H_2O(l) \tag{9.35}$$

$$\varphi_{O_2|H^+,H_2O} = \varphi^{\ominus}_{O_2|H^+,H_2O} - \frac{RT}{4F}\ln\frac{1}{a_{O_2}a_{H^+}^4}$$

在 298 K 时

$$\varphi^{\ominus}_{O_2|H^+,H_2O} = 1.229 \text{ V}$$

$$\varphi_{O_2|H^+,H_2O} = 1.229 \text{ V} + \frac{RT}{4F}\ln\frac{p_{O_2}}{p^{\ominus}} - \frac{2.303RT}{F}pH \tag{9.36}$$

(1) 当 $p_{O_2} = p^{\ominus}$ 时, 有

$$\varphi_{O_2|H^+,H_2O} = (1.229 - 0.05916\,pH) \text{ V}$$

以 φ 为纵坐标, pH 为横坐标绘得一直线 (b), 见图 9.7。

(2) 当 $p_{O_2} > p^{\ominus}$ 时, 并设氧气的压力为 $\dfrac{p_{O_2}}{p^{\ominus}} = 100$, 代入式 (9.36), 得

$$\varphi_{O_2|H^+,H_2O} = (1.259 - 0.05916\,pH) \text{ V}$$

据此在图 9.7 上可画出与 (b) 线平行但在 (b) 线之上的另一直线 (用 $+b$ 表示)。

(3) 同理, 当 $p_{O_2} < p^{\ominus}$, 并设氧气的压力为 $\dfrac{p_{O_2}}{p^{\ominus}} = 0.01$ 时, 则

$$\varphi_{O_2|H^+,H_2O} = (1.199 - 0.05916\,pH) \text{ V}$$

据此在图 9.7 上可画出与 (b) 线平行但在 (b) 线之下的另一直线 (用 $-b$ 表示)。由此可见, 当 $\varphi_{O_2|H^+,H_2O}$ 在 (b) 线之上时, 平衡时的氧气分压应有 $p_{O_2} > p^{\ominus}$, 这

时水就要分解 (氧化) 放出氧气, 以维持所需的氧气分压, 故把 (b) 线之上的区域称为氧稳定区。反之, 当 $\varphi_{O_2|H^+,H_2O}$ 处于 (b) 线之下时, 平衡时的氧气分压应有 $p_{O_2} < p^\ominus$, 则反应有右移的趋势, 使多余的氧还原而生成水, 故把 (b) 线以下的区域称为水稳定区。

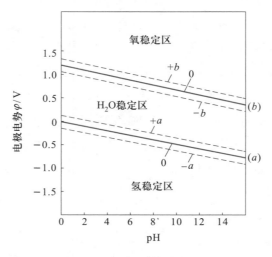

图 9.7   水的电势 – pH 图

对于平衡氢电极的讨论与上类似, 其电极反应为

$$2H^+ + 2e^- \longrightarrow H_2(p_{H_2})$$

$$\varphi_{H^+|H_2} = \varphi_{H^+|H_2}^\ominus - \frac{RT}{zF}\ln\frac{a_{H_2}}{a_{H^+}^2} \tag{9.37}$$

已知 $\varphi_{H^+|H_2}^\ominus = 0$, 在 298 K 时, 有

$$\varphi_{H^+|H_2} = -\frac{RT}{zF}\ln\frac{p_{H_2}}{p^\ominus} - \frac{2.303RT}{F}\text{pH} \tag{9.38}$$

当 $p_{H_2} = p^\ominus$ 时, 有

$$\varphi_{H^+|H_2}/\text{V} = -0.05916\,\text{pH}$$

在图 9.7 上画一直线 (a)。当 $\dfrac{p_{H_2}}{p^\ominus} = 100$ 时, 有

$$\varphi_{H^+|H_2}/\text{V} = -0.05916 - 0.05916\,\text{pH}$$

据此在图 9.7 上画一直线, 此线在 (a) 线之下 (用 $-a$ 表示)。

当 $\dfrac{p_{H_2}}{p^\ominus} = 0.01$ 时, 有

$$\varphi_{H^+|H_2}/\text{V} = 0.05916 - 0.05916\,\text{pH}$$

据此在图 9.7 上画一直线, 此线在 (a) 线之上 (用 $+a$ 表示)。由此可见, $\varphi_{H^+|H_2}$

在 (a) 线之下, 应有 $p_{H_2} > p^{\ominus}$, 故 (a) 线之下为氢稳定区; 反之, 在 (a) 线之上为水稳定区。

由式 (9.36) 和式 (9.38) 可见, 氢电极和氧电极的电势 – pH 图是平行的 (斜率相等), 所以氢氧电池的电动势与溶液的 pH 无关, 在气体压力都等于标准压力时, 电池的 $E^{\ominus}$ 总是等于 1.229 V。

在图 9.7 中, 在 (b) 线之上、(a) 线之下, $H_2O(l)$ 不稳定, 要分解放出 $O_2(g)$ 或 $H_2(g)$, 而在 (b) 线和 (a) 线之间则是 $H_2O(l)$ 的稳定区。在 (b) 线上的反应为式 (9.35), 可以一般写作

$$[氧化态]_1 + ze^- \rightleftharpoons [还原态]_1$$

当由上而下跨越平衡线 I (参阅图 9.8, 以箭头表示), 则从 $[氧化态]_1$ 的稳定区进入 $[还原态]_1$ 的稳定区。

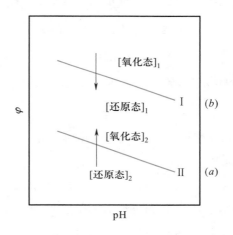

图 9.8   电势 – pH 图和反应方向

在 (a) 线上的反应为式 (9.37), 可以一般写作

$$[还原态]_2 \rightleftharpoons [氧化态]_2 + ze^-$$

当由下而上跨越平衡线 II, 则从 $[还原态]_2$ 的稳定区进入 $[氧化态]_2$ 的稳定区。

由于平衡线 I 在平衡线 II 之上, 所以 $[氧化态]_1$ 作为氧化剂, $[还原态]_2$ 作为还原剂而发生如下反应:

$$[氧化态]_1 + [还原态]_2 \rightleftharpoons [还原态]_1 + [氧化态]_2$$

相应的原电池的电动势为 $E = \varphi_1 - \varphi_2$。当系统中存在几种还原剂时, 一种氧化态总是优先氧化最强的那种还原剂 (因为两者的电势差较大)。

有了如上关于电势 – pH 图的基本概念, 我们再来讨论它的应用。除了 (a) 线和 (b) 线外, 根据化学反应和电化学反应系统中反应物和产物的种类不同, 电势 – pH 图总是由下列几种类型的直线构成, 现以 $Fe - H_2O$ 的电势 – pH 图为例

予以说明。

(1) 没有氧化还原的反应 (在电势 – pH 图上表现为垂直线), 例如没有电子得失的反应, 在定温下:

$$\text{Fe}_2\text{O}_3 \, (\text{s}) + 6\text{H}^+ \, (a_{\text{H}^+}) \Longrightarrow 2\text{Fe}^{3+} \, (a_{\text{Fe}^{3+}}) + 3\text{H}_2\text{O} \, (\text{l}) \tag{A}$$

反应的平衡常数

$$K_a^{\ominus} = \frac{a_{\text{Fe}^{3+}}^2}{a_{\text{H}^+}^6}$$

等式双方取对数后, 有

$$\lg K_a^{\ominus} = 2\lg a_{\text{Fe}^{3+}} + 6\text{pH}$$

反应 (A) 的 $\Delta_r G_m^{\ominus}$ 可以由热力学数据表上的标准摩尔生成 Gibbs 自由能求得:

$$\Delta_r G_m^{\ominus} = 2\Delta_f G_m^{\ominus} \, (\text{Fe}^{3+}) + 3\Delta_f G_m^{\ominus} \, (\text{H}_2\text{O}, \text{l}) - \Delta_f G_m^{\ominus} \, (\text{Fe}_2\text{O}_3, \text{s})$$
$$= [2 \times (-4.7) + 3 \times (-237.1) - (-742.2)] \, \text{kJ} \cdot \text{mol}^{-1}$$
$$= 21.5 \, \text{kJ} \cdot \text{mol}^{-1}$$

由此可求得平衡常数的值为 $K_a^{\ominus} = 1.7 \times 10^{-4}$, 故得

$$\lg a_{\text{Fe}^{3+}} = -1.88 - 3\text{pH}$$

此式与电极电势无关, 当 pH 有定值时, $a_{\text{Fe}^{3+}}$ 也有定值, 故在电势 – pH 图中是一条垂直的直线。

设若 $a_{\text{Fe}^{3+}} = 10^{-6}$, 则代入上式后得 pH = 1.37, 在图 9.9 中就是垂直线 (A)。在垂直线的左方 pH < 1.37, 为酸性溶液, 根据反应式 (A), Fe^{3+} 占优势。在垂直线右方为 pH > 1.37, 反应 (A) 左移, $\text{Fe}_2\text{O}_3(\text{s})$ 占优势。

(2) 有氧化还原的反应, 但反应与 pH 无关 (即反应式中不出现 H^+), 在电势 – pH 图上表现为与 pH 轴平行的直线。例如:

$$\text{Fe}^{3+} \, (a_{\text{Fe}^{3+}}) + \text{e}^- \longrightarrow \text{Fe}^{2+} \, (a_{\text{Fe}^{2+}}) \tag{B}$$

$$\varphi_{\text{Fe}^{3+}|\text{Fe}^{2+}}/\text{V} = \varphi_{\text{Fe}^{3+}|\text{Fe}^{2+}}^{\ominus}/\text{V} - 0.05916 \lg \frac{a_{\text{Fe}^{2+}}}{a_{\text{Fe}^{3+}}}$$
$$= 0.771 - 0.05916 \lg \frac{a_{\text{Fe}^{2+}}}{a_{\text{Fe}^{3+}}} \tag{B'}$$

电极电势 $\varphi_{\text{Fe}^{3+}|\text{Fe}^{2+}}$ 与 pH 无关。设若 $a_{\text{Fe}^{3+}} = a_{\text{Fe}^{2+}} = 10^{-6}$, 则

$$\varphi_{\text{Fe}^{3+}|\text{Fe}^{2+}} = \varphi_{\text{Fe}^{3+}|\text{Fe}^{2+}}^{\ominus} = 0.771 \, \text{V}$$

此即图中平行于 pH 轴的 (B) 线。在 (B) 线以上, $\varphi_{\text{Fe}^{3+}|\text{Fe}^{2+}} > 0.771$ V, 根据式 (B′), 则氧化态 Fe^{3+} 应占优势; 在 (B) 线以下, $\varphi_{\text{Fe}^{3+}|\text{Fe}^{2+}} < 0.771$ V, 则还原态 Fe^{2+} 应占优势。

对于氧化还原反应:

$$Fe^{2+}(a_{Fe^{2+}}) + 2e^- \longrightarrow Fe(s) \qquad (C)$$

同法可以得到平行于 pH 轴的 (C) 线, 在 (C) 线之上氧化态 Fe^{2+} 占优势, 在 (C) 线之下还原态 Fe(s) 占优势。

(3) 有氧化还原的反应, 反应与 pH 有关, 在电势–pH 图中表现为斜线。例如反应:

$$Fe_2O_3(s) + 6H^+(a_{H^+}) + 2e^- \longrightarrow 2Fe^{2+}(a_{Fe^{2+}}) + 3H_2O(l) \qquad (D)$$

若 $a_{Fe^{2+}} = 1 \times 10^{-6}$, 则

$$\varphi_{Fe_2O_3|Fe^{2+}}/V = 1.01456 - 0.1773\,pH$$

在图中表现为 (D) 线, 这是一条倾斜的线, 在 (D) 线的左下方 Fe^{2+} 占优势, 右上方 $Fe_2O_3(s)$ 占优势。

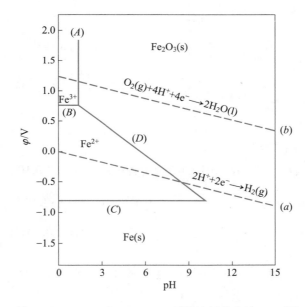

图 9.9　298 K 时 $Fe-H_2O$ 系统的部分电势–pH 图

在图 9.9 中同时也画出了氢、氧两电极电势随 pH 的变化曲线, 即 (a) 线和 (b) 线。

总之, 系统所有可能发生的重要反应的平衡关系式都可以画在一张电势–pH 图上, 这些线段把整个图划分为几个区域, 每一个区域代表某种组分的稳定区。因为是水溶液, 所以常常也画出 $O_2(g)$ 电极和 $H_2(g)$ 电极与不同 pH 的水溶液达成平衡的平衡线。根据这些线就能大致判断在水溶液中发生某些反应的可能性。$Fe-H_2O$ 系统的电势–pH 图在 Fe 的防腐蚀方面有很大的用处, 为了防止 Fe(s) 的氧化可以人为地控制溶液的 pH 和电极电势。不过, 实用的电势–pH 图上要画

出 Fe^{3+}, Fe^{2+} 等在各种浓度时的曲线, 看起来要比书上的示意图复杂得多。

电势－pH 图的用处很多, 兹再举一个关于稀土元素的例子。

稀土元素的氢氧化物大都溶于稀硝酸, 但铈除三价氢氧化物外还可以生成四价氢氧化物 $Ce(OH)_4$, 此氢氧化物不溶于稀硝酸。因此人们希望能利用这一差异, 从稀土元素中分离出铈。

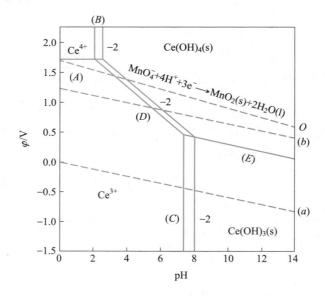

图 9.10 $Ce - H_2O$ 系统的电势－pH 图

首先在电势－pH 图中画出各种图线, 见图 9.10。

$$Ce^{4+} + e^- \longrightarrow Ce^{3+} \tag{A}$$

$$\varphi_{Ce^{4+}|Ce^{3+}}/V = 1.72 - 0.05916 \lg\frac{a_{Ce^{3+}}}{a_{Ce^{4+}}} \tag{A'}$$

此式与 pH 无关。在电势－pH 图中是水平线, 当 $a_{Ce^{4+}} = a_{Ce^{3+}} = 1$ 时得水平线 (A), (A) 线之上氧化态 Ce^{4+} 占优势。

$$Ce(OH)_4(s) + 4H^+ \longrightarrow Ce^{4+} + 4H_2O(l) \tag{B}$$

根据有关数据可以求出:

$$\lg a_{Ce^{4+}} = 8.30 - 4\,pH \tag{B'}$$

此式与电极电势无关, 当 $a_{Ce^{4+}} = 1$ 时, pH $= 2.075$, 故是一条垂直于 pH 轴的直线 (B)。在垂直线左方是 Ce^{4+} 的稳定区, 右方是 $Ce(OH)_4(s)$ 的稳定区, (B) 线附近与 (B) 线平行 (标有 -2) 的垂直线, 是当 $a_{Ce^{4+}} = 10^{-2}$ 时的图线。

$$Ce(OH)_3(s) + 3H^+ \longrightarrow Ce^{3+} + 3H_2O(l) \tag{C}$$

已知 $Ce(OH)_3$ 的 $K_{sp} = 1.6 \times 10^{-20}$, 得

$$\lg a_{Ce^{3+}} = 22.2 - 3\,pH \tag{C'}$$

上式与电势无关, 在电势–pH 图上是垂直线 (C), 当 $a_{Ce^{3+}} = 1$ 时, $pH = 7.4$, 若 $a_{Ce^{3+}} = 10^{-2}$ 时, $pH = 8.07$。垂直线 (C) 之左, Ce^{3+} 较稳定, 之右则是 $Ce(OH)_3(s)$ 的稳定区。

$$Ce\,(OH)_4\,(s) + 4H^+ + e^- \longrightarrow Ce^{3+} + 4H_2O(l) \tag{D}$$

$$\varphi_{Ce(OH)_4|Ce^{3+}}/V = \varphi^{\ominus}_{Ce(OH)_4|Ce^{3+}}/V - 0.05916\,\lg a_{Ce^{3+}} + 0.237\,pH$$
$$= 2.21 - 0.05916\,\lg a_{Ce^{3+}} - 0.237\,pH \tag{D'}$$

当 $a_{Ce^{3+}} = 1$ 时, $\varphi_{Ce(OH)_4|Ce^{3+}}/V = 2.21 - 0.237\,pH$

当 $a_{Ce^{3+}} = 10^{-2}$ 时, $\varphi_{Ce(OH)_4|Ce^{3+}}/V = 2.33 - 0.237\,pH$

这是两条斜线。在斜线的右上方是 $Ce(OH)_4(s)$ 的稳定区, 左下方是 Ce^{3+} 的稳定区。

$$Ce\,(OH)_4\,(s) + H^+ + e^- \longrightarrow Ce\,(OH)_3\,(s) + H_2O(l) \tag{E}$$

$$\varphi_{Ce(OH)_4|Ce(OH)_3}/V = 0.898 - 0.05916\,pH \tag{E'}$$

这是一条斜线 (E), 在此线的上方是 $Ce(OH)_4(s)$ 的稳定区, 在此线的下方是 $Ce(OH)_3(s)$ 的稳定区。

图中也画出了 (a) 线和 (b) 线。

有了电势–pH 图就可作进一步的讨论。

原料是三价稀土氢氧化物的混合物, 在 (C) 线之右, (E) 线以下是 $Ce(OH)_3(s)$ 的稳定区。若要把 $Ce(OH)_3(s)$ 氧化为 $Ce(OH)_4(s)$, 则只需要选择一个适当的氧化剂, 使它的平衡线位于 (E) 线之上就行了。如图所示, (b) 线正好在 (E) 线之上, 所以氧气有可能把 $Ce(OH)_3(s)$ 氧化成 $Ce(OH)_4(s)$。

在 $Ce(OH)_3(s)$ 变为 $Ce(OH)_4(s)$ 后, Ce^{3+} 的浓度降低, (C) 线在某种程度上右移, 所以溶液的 pH 选择 $8 \sim 9$ 为宜。

代表反应 $MnO_4^- + 4H^+ + 3e^- \Longrightarrow MnO_2(s) + 2H_2O(l)$ 的线也在 (E) 线之上, 但因以 $KMnO_4$ 为氧化剂后, 在系统中引入了钾、锰等物质, 在以后的净化工作中要多费一些手续。

*细胞膜与膜电势

当不同浓度的 MX 溶液, 用一种只允许 M^+ 透过而 X^- 不能透过的半透膜隔开时, 由于 M^+ 在膜两边的浓度不同, 因而发生渗透 (即离子迁移), 从而产生了**膜电势** (membrane potential)。

$$\text{电解液}\,(\beta)\,, M^+\,(\beta) \quad \vdots \quad \text{电解液}\,(\alpha)\,, M^+\,(\alpha)$$

半透膜

膜双方的电势差为

$$\Delta\varphi\,(\alpha,\beta) = \varphi\,(\alpha) - \varphi\,(\beta) = \frac{RT}{F}\ln\frac{a_{M^+}\,(\beta)}{a_{M^+}\,(\alpha)} \tag{9.39}$$

若 β 相是较浓的相, 则将有正离子迁移至 α 相, 从而产生膜电势。

在生物体内的每一个细胞都被厚度为 $6 \sim 10\,\text{nm}$ 的薄膜即细胞膜所包围。细胞膜内、外都充满液体, 在液体中都溶有一定量的电解质 (哺乳动物体液的电解质总浓度约为 $0.3\,\text{mol}\cdot\text{dm}^{-3}$)。

目前公认的细胞膜的模型是: 细胞膜由两个分子厚度的卵磷脂层所组成, 称为类脂双层。卵磷脂分子是两亲分子, 其疏水链伸向膜的中间, 亲水部分伸向膜的内、外两侧, 球状蛋白分子分布在膜中, 有的蛋白分子一部分嵌在膜内, 一部分在膜外, 也有的蛋白分子横跨整个膜 (见图 9.11)。故可以把细胞膜看成由排列的卵磷脂分子和蛋白质组成的二维溶液。这些膜蛋白在生物体内的活性传输 (活性细胞能把化学物种从化学势低的区域传送到化学势高的区域, 这称为活性传输) 和许多化学反应中起催化作用, 并充当离子透过膜的通道。

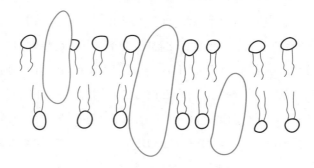

图 9.11   细胞膜模型示意图

膜在生物体的细胞代谢和信息传递中起着关键的作用, 在神经细胞中, 细胞膜能传递神经脉冲。

K^+ 比 Na^+ 和 Cl^- 更易于透过细胞膜, 因此细胞膜两侧 K^+ 的浓度差最大。静息神经细胞内液体中 K^+ 的浓度是细胞外的 35 倍左右。为使问题简单起见, 我们不考虑 Na^+, Cl^- 和 H_2O 透过细胞膜的情况, 而只考虑 K^+ 透过细胞膜, 由于膜两边 K^+ 浓度不等而引起了电势差 (即产生了膜电势)。设用适当的实验装置, 将细胞内、外液体组成如下的电池:

$$\text{Ag(s) | AgCl(s) | KCl(aq) | 内液} (\beta) \vdots \text{外液} (\alpha) \text{ | KCl(aq) | AgCl(s) | Ag(s)}$$

细胞膜

由于细胞内液 β 相中的 K^+ 浓度比 α 相中的浓度大, 所以 K^+ 倾向于由 β 相穿过细胞膜向膜外液 α 相扩散, 使 α 相一边产生净的正电荷, 而在 β 相一边产生净的负电荷。β 相一边的负电荷阻止 K^+ 进一步向 α 相扩散, 而加速 K^+ 从 α 相向 β 相扩散, 最后达到动态平衡, 此时 K^+ 在 α 和 β 两相中的电化学势相等。由于 K^+ 从 β 相向 α 相转移, 造成 α 相的电势高于 β 相的电势。根据电池电动势的计算公式:

$$E = \varphi_{右} - \varphi_{左}$$

因为左、右电极的界面接触电势正好相消, 根据膜电势公式:

$$E = \Delta\varphi(\alpha, \beta) = \varphi_\alpha - \varphi_\beta$$
$$= \frac{RT}{F}\ln\frac{a_{K+}(\beta)}{a_{K+}(\alpha)} \tag{9.40}$$

在生物化学上, 则习惯于用下式表示:

$$\text{膜电势 } \Delta\varphi = \varphi_{内} - \varphi_{外} = \frac{RT}{F}\ln\frac{a_{K+}(外)}{a_{K+}(内)}$$

对于静息神经细胞, 假定活度因子均为 1, 则

$$\Delta\varphi = \frac{RT}{F}\ln\frac{a_{K+}(外)}{a_{K+}(内)}$$
$$= \frac{8.314\,\mathrm{J\cdot mol^{-1}\cdot K^{-1}} \times 298\,\mathrm{K}}{96500\,\mathrm{C\cdot mol^{-1}}}\ln\frac{1}{35} = -91\,\mathrm{mV}$$

而实验测出神经细胞的膜电势约为 $-70\,\mathrm{mV}$, 这是由活机体中溶液不是处于平衡状态所造成的。对于静止肌肉细胞, 膜电势约为 $-90\,\mathrm{mV}$, 肝细胞约为 $-40\,\mathrm{mV}$。

实验表明, 当一个刺激沿神经细胞传递时, 或当肌肉细胞收缩时, 细胞膜电势 $\Delta\varphi = \varphi_{内} - \varphi_{外}$ 会暂时变为正值。通过神经细胞膜电势的变化而传递这种神经刺激。肌肉细胞膜电势的改变会引起肌肉收缩。我们的思维及通过视觉、听觉和触觉器官接受外界的感觉过程都与膜电势的变化有关。了解生命需要了解这些电势差是如何维持以及如何变化的, 这个研究领域正越来越为人们所重视。

膜电势的存在意味着每个细胞膜上都有一个双电层, 相当于一些电偶极子分布在细胞表面。现以心脏的收缩为例, 当心肌收缩和松弛时, 心肌细胞的膜电势不断变化, 因此心脏总的偶极矩及心脏所产生的电场也在变化。心动电流图 (electrocardiogram), 简称心电图 (ECG), 就是测量人体表面几组对称点之间由于心

脏偶极矩的变化所引起的电势差随时间的变化情况, 从而判断心脏工作是否正常。类似的还有监测骨架肌肉电活性的肌动电流图 (electromyogram, 即 EMG), 这对指导运动员训练有一定的帮助。另外, 还有通过监测头皮上两点之间的电势差随时间的变化, 可以了解大脑中神经细胞的电活性的脑电图 (electroencephalogram, 即 EEG)。

一个神经脉冲是膜电势的一个短暂变化, 约 0.001 s, 这种变化以 $10 \sim 100 \ m \cdot s^{-1}$ 的速率沿神经纤维传播, 传播的速率与神经的种类和特性有关。这种膜电势的变化是由 Na^+ 对膜的穿透性的局部增加而引起的, 但具体机理目前仍不清楚。

由于细胞膜两边离子浓度不等 [如果膜电势为 -70 mV, 在 298 K 时离子在细胞膜内外的浓度比 $(c_{外}/c_{内})$ 的值: K^+ 为 (41/1); Na^+ 为 (1/9); Cl^- 为 (1/14)], 使得离子自动地从高浓度向低浓度扩散, Na^+ 不断地流入细胞内部, K^+ 却不断地从细胞内流出。但观察到的 Na^+, K^+ 浓度却基本上是稳定的, 这是由于活性细胞膜中的某种蛋白酶促使 ATP 水解, 起了活性传输的 "泵作用", 把 K^+ 从浓度较低的细胞外打入浓度较高的细胞内, 而把 Na^+ 从细胞内抽出来, 维持了细胞膜内、外的离子浓度差, 就维持了各种器官细胞的膜电势, 从而也维持了生命。

*离子选择性电极和化学传感器简介

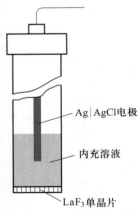

图 9.12 氟离子选择性电极的基本形式

1. 离子选择性电极

玻璃电极就是一种对 H^+ 具有选择性的电极, 这种电极已有几十年的使用历史。但是, **离子选择性电极** (ion-selective electrode) 的迅速发展还是 20 世纪 60 年代以后的事。这是一种专门用于测量溶液中某种特定离子浓度的指示电极。各种不同的离子选择性电极的作用原理大体上相似, 但有着不同的机理。除玻璃电极外, 发展和应用最广泛的是晶体固体电极。图 9.12 所示为氟离子选择性电极的基本形式。电极管一般用玻璃或其他聚合物材料制成, 管内溶液一般为含相同离子的强电解质溶液 $(0.1 \ mol \cdot kg^{-1}$ 左右), 内参考电极则常为 $Ag(s)|AgCl(s)$ 电极。

如图 9.12 所示的氟离子选择性电极, 就是以 LaF_3 单晶片做成薄膜, 内充溶液为 $0.1 \ mol \cdot kg^{-1}$ KF 和 $0.1 \ mol \cdot kg^{-1}$ NaCl 溶液, 可以表示为

$$Ag(s)|AgCl(s) \left| \begin{array}{c} F^- \ (0.1 \ mol \cdot kg^{-1}) \\ Cl^- \ (0.1 \ mol \cdot kg^{-1}) \end{array} \right| LaF_3 \ (单晶)|含 \ F^- \ 的未知液$$

图中标注: Ag|AgCl电极; 内充溶液; LaF_3单晶片

$$\varphi = \varphi^{\ominus} - \frac{2.303RT}{F}\lg\left(a_{\text{F}^-}\right)_{\text{未知}}$$

一般说来, 电极膜是对某种正离子 M^{z+} 有选择性穿透的薄膜, 当电极插入含有该离子的溶液中时, 由于它和膜上的相同离子进行交换而改变两相界面的电荷分布, 从而在膜表面上产生膜电势。它与溶液中 M^{z+} 的活度的关系, 可用 Nernst 方程来表示:

$$\varphi_{\text{膜}} = \varphi_{\text{膜}}^{\ominus} - \frac{2.303RT}{zF}\lg\frac{1}{a_{\text{M}^{z+}}} \tag{9.41}$$

$\varphi_{\text{膜}}^{\ominus}$ 中包含膜内表面的膜电势、参考电极的电极电势以及除浓度外其他对电极电势的影响因素。

同样, 对于负离子 R^{z-} 有选择性的电极, 则有如下的关系:

$$\varphi_{\text{膜}} = \varphi_{\text{膜}}^{\ominus} - \frac{2.303RT}{zF}\lg a_{\text{R}^{z-}} \tag{9.42}$$

当离子选择性电极与甘汞电极组成电池后:

$$E = \varphi_{\text{参比}} - \varphi_{\text{膜}} = \varphi' + \frac{2.303RT}{zF}\lg a_{\text{M}^{z+}} \tag{9.43}$$

根据式 (9.43), 只要配制一系列已知浓度的 M^{z+} 标准溶液, 并以测得的 E 值与相应的 $\lg a_{\text{M}^{z+}}$ 值绘制校正曲线, 即可按相同步骤求得未知溶液中欲测离子的浓度。

出现最早、研究得较多的离子选择性电极是玻璃电极, 除测量 pH 的电极外, 改进玻璃的成分, 已制成了 Na^+, K^+, NH_4^+, Ag^+, Tl^+, Li^+, Rb^+, Cs^+ 等一系列一价正离子的选择性电极。此外, 还出现了各种膜电极。例如, 用 Ag_2S 压片可制成 S^{2-} 选择性电极, 用高分子化合物 (如具有均匀分布微孔的聚乙烯膜) 也可制成液体离子交换膜电极。

*2. 化学传感器简介

随着科学技术的不断深入发展, 人们希望在许多化学物质中有选择性地测出某种含量极少的特定物质。近年来发展迅速的**化学传感器** (chemical sensor) 就是以化学物质为检测参数的传感器, 它就像人的感觉器官那样具有 "嗅觉" 和 "味觉" 的功能。这种传感器在生物医学、环境保护、工业生产和日常生活等方面起着越来越重要的作用。

化学传感器主要是利用敏感材料与被测物质中的分子、离子或生物物质相互接触时所引起的电极电势、表面化学势的变化或所发生的表面化学反应或生物反应, 直接或间接地将其转换为电信号。基于这个原理, 人们根据不同的应用课题设计出各种各样的化学传感器。化学传感器实际上是各种不同的专用电极。这种专用电极携带方便、使用简单、得到结果迅速、灵敏度高、可以检测浓度极低 (质量分数为 10^{-6}) 的物质, 所以在矿山开发、石油化工、医学和日常生活中越来越多地被用作易燃、易爆、有毒、有害气体监测预报和自动控制的装置, 或用来测定不同 pH 溶液中含量极低的物质, 甚至可以测量细胞中离子的浓度。

目前已经发展的化学传感器主要可归纳为半导体陶瓷气体传感器、电化学气体传感器、半导体场效应化学传感器和生物传感器等几类。这里仅以 CO_2 气敏电极为例来说明化学传感器的基本原理和使用方法。

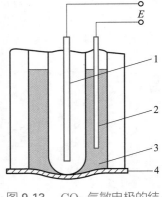

图 9.13 CO_2 气敏电极的结构示意图

CO_2 气敏电极是一种电化学气体传感器, 这类传感器是在离子选择性电极基础上发展起来的。它利用气敏电极或气体扩散电极测量混合气体中或溶解在溶液中的某种气体的含量。这种电极上装有气体渗透膜, 图 9.13 是 CO_2 气敏电极的结构示意图。图中底部 4 是疏水性的微孔气体渗透膜, 一般采用聚四氟乙烯微孔膜, 只允许被测的 CO_2 气体通过, 其厚度约为 10^{-4} m; 3 是浓度为 0.01 mol·dm⁻³ 的 $NaHCO_3$ 溶液; 2 是参比电极, 一般采用 Ag(s)|AgCl(s) 电极或甘汞电极; 1 是 H^+ 指示电极, 1 与 2 组成原电池。

当该气敏电极插入含有 CO_2 的溶液中时, 由于 CO_2 与 H_2O 作用生成 H_2CO_3, 从而影响了 $NaHCO_3$ 的解离平衡, 只要测出 H^+ 指示电极 1 与参比电极 2 组成的原电池的电动势, 就能计算出溶液中 CO_2 的分压。

$$CO_2 + H_2O \xrightarrow{K_1} H_2CO_3 \xrightarrow{K_2} HCO_3^- + H^+$$

$$K_1 = \frac{[H_2CO_3]}{[CO_2][H_2O]} \qquad K_2 = \frac{[H^+][HCO_3^-]}{[H_2CO_3]}$$

$$[H^+] = \frac{K_1 K_2 [CO_2]}{[HCO_3^-]} \qquad (因\ a_{H_2O} = 1)$$

由于 HCO_3^- 的浓度较高, 即 $[HCO_3^-]$ 很大, 在反应中其活度可看作常数, 则上式可写为

$$[H^+] = K[CO_2] \qquad 或 \qquad [H^+] = K p_{CO_2}$$

式中 $K = \dfrac{K_1 K_2}{[HCO_3^-]}$, 为常数; p_{CO_2} 表示 CO_2 的分压, 其大小与溶解的 CO_2 的量成正比。由此看出, 中间溶液 3 中的氢离子活度与被测溶液中 CO_2 的分压成正比, 故用 pH 玻璃电极指示 H^+ 活度, 其膜电势为

$$\varphi_{膜} = 常数 + \frac{RT}{F}\ln a_{H^+} = 常数 + \frac{RT}{F}\ln p_{CO_2}$$

$$E = \varphi_{参比} - \varphi_{膜}$$

测出电动势 E 就可计算溶液中 CO_2 的含量。

在生物医学中将这种气敏电极做成特殊的探针形式, 可检测动脉中 CO_2 的含量或表皮上 CO_2 的含量, 这对危重患者的手术和监护起着重要作用。

*9.8　内电位、外电位和电化学势

内电位与外电位

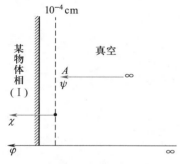

图 9.14　物质相的内电位、外电位和表面电势

根据静电学, 某一位置的电位 φ 是指把单位正电荷从无穷远处移到该处所做的电功, 但是把这些概念用于电化学系统时, 由于有化学作用存在, 问题变得较为复杂。因为携带单位电荷进入某一物质相时, 除了电学作用之外, 必然还有化学作用。例如, 电子进入水溶液这个物质相后就将发生还原作用。因此单位电荷进入物质相时实际所做的功是电学作用和化学作用的联合效果。我们无法只测电学作用部分而不涉及化学作用部分。所以物体内某一点的**内电位** (inner potential) φ 虽然在物理上有明确的意义, 但却是不能测量的。内电位又称为 Galvani (伽伐尼) 电位。可以把内电位 φ 分为两部分, 即**外电位** (outer potential) ψ 和**表面电势** (surface potential) χ (如图 9.14 所示)。外电位 ψ 是把单位电荷 (指正电荷) 在真空中从无穷远处移到物体表面的近旁 A 点大约离表面 10^{-4} cm 处所做的电功, 称为该点的外电位 (或 Volta 电位)。这一部分是可以测量的, 因为 A 点尚在真空之中, 没有化学作用的问题, 或化学作用的短程力尚未开始起作用。把单位电荷从表面的 A 点通过界面移到物相内部, 这一步不可避免要涉及化学反应问题, 这一部分电功称为表面电势, 用符号 χ 表示 (χ 虽有明确的物理意义, 但却是不能测定的, 内电位不能确定就是因为表面电势不能测定)。所以, 某物体相 I 的内电位 $\varphi_{内}$ 为

$$\varphi = \psi + \chi$$

在谈到互相接触的两个相 (如金属与电解质) 的相间电势时, 应当对内电位差与外电位差加以区别, 在电学中通常所指的 "电极与溶液间的电位差" 是由带电

质点从一相内部转入另一相内部的过程所做的功来量度的, 因此它应当是金属与溶液的内电位之差。

如图 9.15 所示, 金属 (Ⅰ) 与溶液 (Ⅱ) 两相间的内电位之差为 $_\text{Ⅰ}\varphi_\text{Ⅱ}$[①], 在金属表面 10^{-4} cm 处的金属的表面电势为 $_\text{Ⅰ}\chi_\text{真空}$, 溶液的表面电势为 $_\text{Ⅱ}\chi_\text{真空}$。

$$_\text{Ⅰ}\varphi_\text{Ⅱ} = \varphi_\text{Ⅰ} - \varphi_\text{Ⅱ} = (\psi_\text{Ⅰ} + \chi_\text{Ⅰ}) - (\psi_\text{Ⅱ} + \chi_\text{Ⅱ})$$
$$= (\psi_\text{Ⅰ} - \psi_\text{Ⅱ}) + (\chi_\text{Ⅰ} - \chi_\text{Ⅱ})$$

式中 $_\text{Ⅰ}\varphi_\text{Ⅱ}$ 代表 Ⅰ, Ⅱ 两相相间的内电位之差, 即接触电势。$(\psi_\text{Ⅰ} - \psi_\text{Ⅱ})$ 是两相外电位之差, 原则上它是可以测量的。而表面电势之差 $(\chi_\text{Ⅰ} - \chi_\text{Ⅱ})$ 涉及化学作用, 如前所述, 我们不能直接测量出哪一部分是属于化学作用, 哪一部分是属于电学作用, 所以表面电势之差无法测量, 从而使内电位之差也无法测量。另外, 按照规定, 相间电势与书写的次序有关, $_\text{Ⅰ}\varphi_\text{Ⅱ} = -_\text{Ⅱ}\varphi_\text{Ⅰ}$。

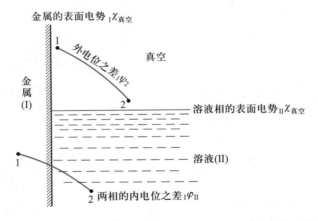

图 9.15   电极与电解质溶液间的内电位之差与外电位之差

Ⅰ, Ⅱ 两相的内电位之差虽不能直接测量, 但是如果一个电池的两个终端相 (即电极) 是相同的物质, 它们的物理状态和化学状态相同, 所以它们的表面电势也相同, 则直接测得的两终端相的外电位差就等于它的内电位差。由图 9.16 可以看出, 将两个不同的金属 M_1 和 M_2 浸入同一溶液 L 中所组成的原电池为

$$M_2 \mid M_1 \mid 溶液 \mid M_2$$

这个原电池的电动势 E 是由三个电势差所组成的, 即

$$E = {}_{M_2}\varphi_\text{溶液} + {}_\text{溶液}\varphi_{M_1} + {}_{M_1}\varphi_{M_2}$$

这就是式 (9.20) 中的 E 值。而最终实际测定的 E, 是相同的终端相的外电位之差。

在表示原电池的电势时, 应当采用正确断路的原电池。所谓正确断路, 就是

[①] Ⅰ、Ⅱ 两相相间的内电位之差为 $\varphi_{(\text{Ⅰ}|\text{Ⅱ})}$, 这里把它简写为 $_\text{Ⅰ}\varphi_\text{Ⅱ}$, 余同。

指电池的两个终端相在化学性质和物理性质上彼此相同 (即同一种金属), 但其内部两点的电位不一定相同。例如, 以铜和锌作为电池的两个电极, 必须在锌电极上连接一块铜, 或在铜电极上连接一块锌。也可以在锌电极和铜电极上同时连接第三种金属 (例如铝), 这样可构成正确断路的原电池。

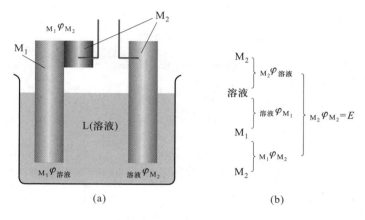

图 9.16 原电池的电动势

在测量电池电动势时, 例如对于 Daniell 电池, 当把锌电极和铜电极都用铜导线与电位计相连时, 实际上已完成了上述步骤。

$$\text{Cu}' \mid \text{Zn} \mid \text{ZnSO}_4 \parallel \text{CuSO}_4 \mid \text{Cu}$$
$$\text{IV}' \qquad \text{I} \qquad \text{II} \qquad \qquad \text{III} \qquad \text{IV}$$

测得的电池电动势实际是两个相同的 Cu 相 (IV 与 IV$'$) 间的电势差 ($\varphi_{\text{IV}} - \varphi_{\text{IV}'}$)。由于终端相相同, 所以测得的外电位差就是它们的内电位差, 而锌电极实际上是由三个相组成, 即

$$\text{Cu}' \mid \text{Zn} \mid \text{ZnSO}_4$$
$$\text{IV}' \qquad \text{I} \qquad \text{II}$$

锌电极的电极电势应为 II / I 相间电势 ($_{\text{I}}\varphi_{\text{II}}$) 和 I / IV$'$ 相间电势 ($_{\text{I}}\varphi_{\text{IV}'}$) 之和, 即

$$\varepsilon_{\text{Zn}} = {}_{\text{II}}\varphi_{\text{I}} + {}_{\text{I}}\varphi_{\text{IV}'} = {}_{\text{II}}\varphi_{\text{IV}'}$$

同样, 对于氢电极, Pt 电极也是通过铜导线与电位计相连的, 应把它写成如下形式:

$$\text{Cu} \mid \text{Pt} \mid \text{H}_2 \mid \text{H}^+$$

由于电极电势的绝对值不能测量, 为了使用方便, 可以采用一个相对的标准, 即将待测电极与标准氢电极相比较。例如, 将铜电极与标准氢电极组成如下电池:

$$\text{Cu} \mid \text{Pt} \mid \text{H}_2(p^\ominus) \mid \text{H}^+(a_{\text{H}^+} = 1) \mid \text{Cu}^{2+} \mid \text{Cu}$$

该电池的电动势为 (设液体接界电势可以忽略, 下同)

$$E = {}_{Cu}\varphi_{Cu^{2+}} + {}_{H^+}\varphi_{H_2} + {}_{H_2}\varphi_{Pt} + {}_{Pt}\varphi_{Cu}$$

如对氢电极规定: $E = {}_{H^+}\varphi_{H_2} + {}_{H_2}\varphi_{Pt} = 0$, 则铜电极的电极电势 (对标准氢电极的相对值) 为

$$\varphi_{Cu} = {}_{Pt}\varphi_{Cu} + {}_{Cu}\varphi_{Cu^{2+}} \tag{a}$$

又如, 将锌电极与标准氢电极相比:

$$Cu \mid Pt \mid H_2(p^\ominus)\mid H^+(a_{H^+} = 1) \mid Zn^{2+} \mid Zn \mid Cu$$

$$E = {}_{Cu}\varphi_{Zn} + {}_{Zn}\varphi_{Zn^{2+}} + {}_{H^+}\varphi_{H_2} + {}_{H_2}\varphi_{Pt} + {}_{Pt}\varphi_{Cu}$$

则锌电极的电极电势 (对标准氢电极的相对值) 为

$$\varphi_{Zn} = {}_{Cu}\varphi_{Zn} + {}_{Zn}\varphi_{Zn^{2+}} + {}_{Pt}\varphi_{Cu} = {}_{Pt}\varphi_{Zn} + {}_{Zn}\varphi_{Zn^{2+}} \tag{b}$$

既然在式 (a), (b) 中各种电极的电极电势都包含着其与 Pt (即氢电极中的 Pt) 间的相间电势, 因此可以把它们包含在电极电势中, 而把铜电极的电势简单地写作 φ_{Cu}, 把锌电极的电势简单地写作 φ_{Zn}。在 Daniell 电池

$$Zn(s) \mid Zn^{2+} \parallel Cu^{2+} \mid Cu(s)$$

中, 由于铜电极的电势较高, 所以 $E = \varphi_{Cu} - \varphi_{Zn}$。

以上的叙述实际上是要表明这样一个事实, 即标准电极电势表上的数值都不是电极电势的实际数值 (因为单个电极的电极电势值是不能测量的), 而是相对于标准氢电极的相对值。但是两个电极电势的差值是可以测量的 (正如两个人站在同一水平线上比高一样, 由于不知道高度的起点在哪里, 所以每个人的绝对高度可能不知道, 但他们的高度差值是可以测量的)。

电化学势

关于 "电位" 和 "电势" 的译名问题, 目前我国一般书上 "位" "势" 混用, 不加分辨。但也有人认为应该进一步予以区分。按照物理学上的概念: 空间某点的电位, 是指将单位正电荷从无穷远处 (或以毫无任何力的作用的无穷远的真空为参考点) 移到该点所需做的功。它具有绝对的意义, 例如单一物相的内电位、外电位等。"势" 则是空间两点间的电位差 (或电位降), 例如相间内电位之差称为相间内电势, 外电位之差称为相间外电势。一种金属与其离子所形成的电极的电极电势实际上既是金属和溶液两相的电位差的一种衡量, 又是该电极与标准氢电极电位差的一种相对衡量。

将试验电荷 ze 从无穷远处移入一个实物相 α 内。所做的功可分为三部分:

① 从无穷远移到表面 10^{-4} cm 处 (这是实验电荷与 α 相的化学短程力尚未发生作用的地方), 所做的功为 $W_1 = ze\psi$。② 从表面移入体相内部, 由于表面存在着定向的偶极层, 或电荷分布的不均匀性, 所以要克服表面电势 χ 而做功 $W_2 = ze\chi$。③ 将实验电荷引入物相内部时除了克服表面电势要做功之外, 还要克服粒子之间的短程作用的化学功, 这个功就是化学势 μ。所以, 总的功 W 为

$$W = ze\psi + ze\chi + \mu = ze\varphi + \mu = \overline{\mu} \tag{a}$$

$\overline{\mu}$ 就是试验电荷在实物相 α 内的**电化学势** (electrochemical potential)。

推而广之, 对于带电的化学体来说, 在实物相 α 中, 某组分 B 的电化学势 $\overline{\mu}_B(\alpha)$ 是把 1 mol 组分 B (电荷数是 z_B) 在恒温恒压并保持 α 相中各组分浓度不变的情况下, 从无穷远处移入 α 相时所引起的 Gibbs 自由能的变化值, 也就是以可逆方式进行这一过程时所做的非膨胀功。如上所述, 这一转移过程中既有静电作用又有化学作用, 所以将 $\overline{\mu}_B(\alpha)$ 分为电功和化学功两部分:

$$\overline{\mu}_B(\alpha) = z_B F \varphi(\alpha) + \mu_B(\alpha) \tag{b}$$

$\mu_B(\alpha)$ 就是组分 B 在 α 相中的化学势, 相应于纯属化学作用的能量改变。组分 B 的电荷数 z_B 可正可负。作为一个特例 $z_B = 0$, 此时 $\overline{\mu}_B(\alpha) = \mu_B(\alpha)$, 即对于不带电的组分来说, 其在实物相 α 内的电化学势就等于其化学势。

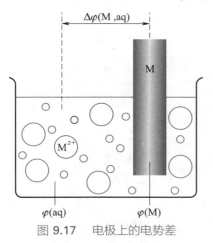

正如对于不带电的物体, 用化学势可以判断物质自动迁移的方向一样, 对于带电的系统, 则可用电化学势来判断物质自动迁移的方向。组分 B 总是从电化学势大的地方移向电化学势小的地方, 当达到平衡时二者的电化学势相等。以 $M^{z+}|M$ 的平衡为例 (如 $Ag^+|Ag$ 电极), 见图 9.17:

$$M^{z+} + ze^- \rightleftharpoons M \tag{c}$$

当平衡时, 双方的电化学势相等, 即

$$\overline{\mu}_{M^{z+}}(aq) + z\overline{\mu}_{e^-}(M) = \overline{\mu}_M(M) \tag{d}$$

图 9.17 电极上的电势差

式中 $\overline{\mu}_{M^{z+}}(aq)$ 代表在溶液中 M^{z+} 的电化学势, $\overline{\mu}_{e^-}(M)$ 代表单位电子在金属 M 上的电化学势, $\overline{\mu}_M(M)$ 代表金属 M 的电化学势。根据式 (b), 式 (d) 可写作

$$[\mu_{M^{z+}}(aq) + zF\varphi(aq)] + z[\mu_{e^-}(M) - F\varphi(M)] = \mu_M(M)$$

由于 M 不带电荷, 所以 $\overline{\mu}_M(M) = \mu_M(M)$, 故

$$\Delta\varphi(M, aq) = \varphi(M) - \varphi(aq) = \frac{1}{zF}[\mu_{M^{z+}}(aq) + z\mu_{e^-}(M) - \mu_M(M)] \tag{e}$$

从上式可看出, 如果 M^{z+} 在溶液 (aq) 中的化学势很大, 正离子将移向电极

M, 使电极带正电荷, 因此 $\varphi(M) > \varphi(aq)$。已知 $\mu_B = \mu_B^{\ominus} + RT\ln a_B$, 代入上式, 得

$$\Delta\varphi(M, aq) = \frac{1}{zF}\left[\mu_{M^{z+}}^{\ominus} + z\mu_{e^-}(M) - \mu_M(M)\right] + \frac{RT}{zF}\ln a_{M^{z+}} \tag{f}$$

对纯物质来说, 它本身被选作标准态, 所以 $\mu_M(M) = \mu_M^{\ominus}(M)$, 又当 $a_{M^{z+}} = 1$ 时, 上式变为

$$\Delta\varphi^{\ominus}(M, aq) = \frac{1}{zF}[\mu_{M^{z+}}^{\ominus} + z\mu_e(M) - \mu_M^{\ominus}(M)]$$

将此结果代入式 (f), 得

$$\Delta\varphi(M, aq) = \Delta\varphi^{\ominus}(M, aq) + \frac{RT}{zF}\ln a_{M^{z+}}$$

这就是表示电极电势的 Nernst 方程。

拓展学习资源

重点内容及公式总结	
课外参考读物	
相关科学家简介	
教学课件	

复习题

9.1 可逆电极有哪些主要类型? 每种类型试举一例, 并写出该电极的还原反应。对于气体电极和氧化还原电极, 在书写电极表示式时应注意什么问题?

9.2 什么叫电池的电动势? 用伏特表测得的电池的端电压与电池的电动势是否相同? 为何在测电动势时要用对消法?

9.3 为什么 Weston 标准电池的负极采用含 Cd 质量分数为 $0.04 \sim 0.12$ 的镉汞齐时, 标准电池都有稳定的电动势值? 试用 Cd–Hg 的二元相图说明。标准电池的电动势会随温度而变化吗?

9.4 用书面表示电池时有哪些通用符号? 为什么电极电势有正有负? 用实验能测到负的电动势吗?

9.5 电极电势是否就是电极表面与电解质溶液之间的电势差? 单个电极的电极电势能否测量? 如何用 Nernst 方程计算电极的还原电势?

9.6 如果规定标准氢电极的电极电势为 1.0 V, 则各电极的还原电极电势将如何变化? 电池电动势将如何变化?

9.7 在公式 $\Delta_r G_m^\ominus = -zE^\ominus F$ 中, $\Delta_r G_m^\ominus$ 是否表示该电池各物质都处于标准态时, 电池反应的 Gibbs 自由能变化值?

9.8 求算标准电动势 $E^\ominus$ 有哪些方法? 在公式 $E^\ominus = \dfrac{RT}{zF} \ln K^\ominus$ 中, $E^\ominus$ 是否是电池反应达平衡时的电动势? $K^\ominus$ 是否是电池中各物质都处于标准态时的平衡常数?

9.9 联系电化学与热力学的主要公式是什么? 电化学中能用实验测定哪些数据? 如何用电动势法测定下述各热力学数据? 试写出所设计的电池、应测的数据及计算公式。

(1) $H_2O(l)$ 的标准摩尔生成 Gibbs 自由能 $\Delta_f G_m^\ominus(H_2O, l)$;

(2) $H_2O(l)$ 的离子积常数 $K_w^\ominus$;

(3) $Hg_2SO_4(s)$ 的溶度积 $K_{sp}^\ominus$;

(4) 反应 $Ag(s) + \dfrac{1}{2} Hg_2Cl_2(s) \longrightarrow AgCl(s) + Hg(l)$ 的标准摩尔反应焓变 $\Delta_r H_m^\ominus$;

(5) 稀的 HCl 水溶液中, HCl 的平均活度因子 $\gamma_\pm$;

(6) $Ag_2O(s)$ 的标准摩尔生成焓 $\Delta_f H_m^\ominus$ 和分解压;

(7) 反应 $Hg_2Cl_2(s) + H_2(g) \longrightarrow 2HCl(aq) + 2Hg(l)$ 的标准平衡常数 $K_a^{\ominus}$；

(8) 醋酸的解离常数。

9.10   当组成电极的气体为非理想气体时, 公式 $\Delta_r G_m = -zEF$ 是否成立? Nernst 方程能否使用? 其电动势 E 应如何计算?

9.11   什么叫液体接界电势? 它是怎样产生的? 如何从液体接界电势的测定计算离子的迁移数? 如何消除液体接界电势? 用盐桥能否完全消除液体接界电势?

9.12   根据公式 $\Delta_r H_m = -zEF + zFT\left(\dfrac{\partial E}{\partial T}\right)_p$, 如果 $\left(\dfrac{\partial E}{\partial T}\right)_p$ 为负值, 则表示化学反应的等压热效应一部分转变成电功 $(-zEF)$, 而余下部分仍以热的形式放出 [因为 $zFT\left(\dfrac{\partial E}{\partial T}\right)_p = T\Delta S = Q_R < 0$]。这就表明在相同的始态和终态条件下, 化学反应的 $\Delta_r H_m$ 比按电池反应进行的焓变值大 (指绝对值), 这种说法对不对? 为什么?

习题

9.1   写出下列电池中各电极的反应和电池反应。

(1) $Pt(s) \mid H_2(p_{H_2}) \mid HCl(a) \mid Cl_2(p_{Cl_2}) \mid Pt(s)$

(2) $Pt(s) \mid H_2(p_{H_2}) \mid H^+(a_{H^+}) \vdots Ag^+(a_{Ag^+}) \mid Ag(s)$

(3) $Ag(s) \mid AgI(s) \mid I^-(a_{I^-}) \vdots Cl^-(a_{Cl^-}) \mid AgCl(s) \mid Ag(s)$

(4) $Pb(s) \mid PbSO_4(s) \mid SO_4^{2-}(a_{SO_4^{2-}}) \vdots Cu^{2+}(a_{Cu^{2+}}) \mid Cu(s)$

(5) $Pt(s) \mid H_2(p_{H_2}) \mid NaOH(a) \mid HgO(s) \mid Hg(l)$

(6) $Pt(s) \mid H_2(p_{H_2}) \mid H^+(aq) \mid Sb_2O_3(s) \mid Sb(s)$

(7) $Pt(s) \mid Fe^{3+}(a_1), Fe^{2+}(a_2) \vdots Ag^+(a_{Ag^+}) \mid Ag(s)$

(8) $Na(Hg)(a_{am}) \mid Na^+(a_{Na^+}) \vdots OH^-(a_{OH^-}) \mid HgO(s) \mid Hg(l)$

9.2   试将下述化学反应设计成电池。

(1) $AgCl(s) \longrightarrow Ag^+(a_{Ag^+}) + Cl^-(a_{Cl^-})$

(2) $AgCl(s) + I^-(a_{I^-}) \longrightarrow AgI(s) + Cl^-(a_{Cl^-})$

(3) $H_2(p_{H_2}) + HgO(s) \longrightarrow Hg(l) + H_2O(l)$

(4) $Fe^{2+}(a_2) + Ag^+(a_{Ag^+}) \longrightarrow Fe^{3+}(a_1) + Ag(s)$

(5) $Cl_2(p_{Cl_2}) + 2I^-(a_{I^-}) \longrightarrow I_2(s) + 2Cl^-(a_{Cl^-})$

(6) $H_2O(l) \longrightarrow H^+(a_{H^+}) + OH^-(a_{OH^-})$

(7) $Mg(s) + \frac{1}{2}O_2(g) + H_2O(l) \longrightarrow Mg(OH)_2(s)$

(8) $Pb(s) + HgO(s) \longrightarrow Hg(l) + PbO(s)$

(9) $Sn^{2+}(a_{Sn^{2+}}) + Tl^{3+}(a_{Tl^{3+}}) \longrightarrow Sn^{4+}(a_{Sn^{4+}}) + Tl^+(a_{Tl^+})$

9.3 在 298 K 和 313 K 时分别测定 Daniell 电池的电动势, 得到 $E_1(298\ K) = 1.1030\ V$, $E_2(313\ K) = 1.0961\ V$, 设 Daniell 电池的反应为

$$Zn(s) + CuSO_4(a = 1) \Longrightarrow Cu(s) + ZnSO_4(a = 1)$$

并设在上述温度范围内, E 随 T 的变化率保持不变, 求 Daniell 电池在 298 K 时反应的 $\Delta_r G_m$, $\Delta_r H_m$, $\Delta_r S_m$ 和可逆热效应 Q_R。

9.4 在 298 K 时, 有下列电池:

$$Pt(s)|Cl_2(p^\ominus)\ |\ HCl(0.1\ mol \cdot kg^{-1})|AgCl(s)|Ag(s)$$

试求:

(1) 电池的电动势;

(2) 电动势温度系数和有 1 mol 电子电荷量可逆输出时的热效应;

(3) AgCl(s) 的分解压。

已知 $\Delta_f H_m^\ominus(AgCl) = -1.270 \times 10^5\ J \cdot mol^{-1}$; Ag(s), AgCl(s) 和 $Cl_2(g)$ 的规定熵值 $S_m^\ominus$ 分别为 42.6 $J \cdot mol^{-1} \cdot K^{-1}$, 96.3 $J \cdot mol^{-1} \cdot K^{-1}$ 和 223.066 $J \cdot mol^{-1} \cdot K^{-1}$。

9.5 $p^\ominus$ 下, 在 $298 \sim 350\ K$ 温度区间内测量下述电池在不同温度下的电动势:

$$Pt(s)\ |\ Ag(s)\ |\ RbAg_4I_5(a)\ |\ Ag_3AuSe_2(s), Ag_2Se(s), Au(s)\ |\ Pt(s)$$

实验测得该电池的电动势与温度的关系如下:

$$E/mV = 91.193 + 0.116T/K \qquad (298\ K < T < 350\ K)$$

已知电池的实际反应为

$$Ag + Ag_3AuSe_2 \Longrightarrow 2Ag_2Se + Au$$

(1) 求 298 K 时电池反应的 Gibbs 自由能变化 (不计系统的膨胀功);

(2) 求电池反应的摩尔熵变;

(3) 求 298 K 时电池反应的摩尔焓变;

(4) 求 298 K 时电池反应的可逆热效应。

9.6   有人设计了一个固体电池, 其电池反应为

$$3Rh_2S_3(s) + H_2(g) = 2Rh_3S_4(s) + H_2S(g)$$

实验测得该电池在 925 K 和 1075 K 时, 电池电动势分别为 $E_1(925\ K) = 80\ mV$, $E_2(1075\ K) = 114\ mV$, 并发现在实验温度范围内电池电动势值与温度的变化成线性关系, 电池温度系数不会发生变化。

(1) 在 1000 K 时, 试求该电池反应的 $\Delta_r G_m$, $\Delta_r S_m$, $\Delta_r H_m$, Q_R。

(2) 若只有 1 个电子得失, 则上述这些值又等于多少?

(3) 计算在相同的温度 (1000 K) 和压力下, 与电池净反应相同的热化学方程式的热效应。

9.7   一个可逆电动势为 1.07 V 的原电池, 在恒温槽中恒温至 293 K。当此电池短路时 (即直接发生化学反应, 不做电功), 相当于有 1000 C 的电荷量通过。假定电池中发生的反应与可逆放电时的反应相同, 试求将此电池和恒温槽都看作系统时总的熵变。如果要分别求算恒温槽和电池的熵变, 还需何种数据?

9.8   分别写出下列电池的电极反应、电池反应, 列出电动势 E 的计算公式, 并计算电池的标准电动势 $E^\ominus$。设活度因子均为 1, 气体为理想气体。所需的标准电极电势从电极电势表中查阅。

(1) $Pt(s) \mid H_2(p^\ominus) \mid KOH(0.1\ mol \cdot kg^{-1}) \mid O_2(p^\ominus) \mid Pt(s)$

(2) $Pt(s) \mid H_2(p^\ominus) \mid H_2SO_4(0.01\ mol \cdot kg^{-1}) \mid O_2(p^\ominus) \mid Pt(s)$

(3) $Ag(s) \mid AgI(s) \mid I^-(a_{I^-}) \vdots Ag^+(a_{Ag^+}) \mid Ag(s)$

(4) $Pt(s) \mid Sn^{4+}(a_{Sn^{4+}}), Sn^{2+}(a_{Sn^{2+}}) \vdots Tl^{3+}(a_{Tl^{3+}}), Tl^+(a_{Tl^+}) \mid Pt(s)$

(5) $Hg(l) \mid HgO(s) \mid KOH(0.5\ mol \cdot kg^{-1}) \mid K(Hg)(a_{am} = 1)$

9.9   试为下述反应设计一电池:

$$Cd(s) + I_2(s) = Cd^{2+}(a_{Cd^{2+}}) + 2I^-(a_{I^-})$$

求电池在 298 K 时的标准电动势 $E^\ominus$, 反应的 $\Delta_r G_m^\ominus$ 和标准平衡常数 $K_a^\ominus$。

如将电池反应写成

$$\frac{1}{2}Cd(s) + \frac{1}{2}I_2(s) = \frac{1}{2}Cd^{2+}(a_{Cd^{2+}}) + I^-(a_{I^-})$$

再计算 $E^\ominus$, $\Delta_r G_m^\ominus$ 和 $K_a^\ominus$, 比较两者的结果, 并说明为什么。

9.10   近年来, 锂硫电池由于其较锂离子电池更高的电容量和理论能力密度, 受到科学家的广泛关注。已知在以单质 S_8 作为正极的锂离子电池中, 以极小电流放电时, 可测出放电平台的稳定电压为 2.0 V, 生成的产物为 Li_2S。求 $p^\ominus$, 298 K 时, 此反应正极的标准电极电势。

9.11　在 298 K 时, 已知如下三个电极的反应及标准还原电极电势, 如将电极 (1) 与 (3) 和电极 (2) 与 (3) 分别组成自发电池 (设活度均为 1), 试写出电池的书面表示式, 并写出电池反应式并计算电池的标准电极电动势。

(1) $Fe^{2+}(a_{Fe^{2+}}) + 2e^- \longrightarrow Fe(s)$,　　$\varphi^{\ominus}_{Fe^{2+}|Fe} = -0.447$ V

(2) $AgCl(s) + e^- \longrightarrow Ag(s) + Cl^-(a_{Cl^-})$,　　$\varphi^{\ominus}_{Cl^-|AgCl|Ag} = 0.2223$ V

(3) $Cl_2(p^{\ominus}) + 2e^- \longrightarrow 2Cl^-(a_{Cl^-})$,　　$\varphi^{\ominus}_{Cl_2|Cl^-} = 1.3583$ V

9.12　电极反应 $O_2(g) + 4H^+(aq) + 4e^- \longrightarrow 2H_2O(l)$ 可以分以下四个步骤进行:

$$O_2(g) + H^+(aq) + e^- \longrightarrow \cdot OOH(aq) \qquad (1)$$

$$\cdot OOH(aq) \longrightarrow \cdot O(aq) + \cdot OH(aq) \qquad (2)$$

$$\cdot O(aq) + H^+(aq) + e^- \longrightarrow \cdot OH(aq) \qquad (3)$$

$$\cdot OH(aq) + H^+(aq) + e^- \longrightarrow H_2O(l) \qquad (4)$$

已知上述步骤 (1), (3), (4) 的标准电极电势值分别为 -0.125 V, 2.12 V 和 2.72 V。该电极反应的电极电势值为 1.229 V, 求步骤 (2) 的标准 Gibbs 自由能变化。

9.13　已知 298 K 时, 下述电池的标准电动势 $E^{\ominus} = 0.2680$ V:

$$Pt(s) \mid H_2(p^{\ominus}) \mid HCl(0.08\ mol \cdot kg^{-1}, \gamma_{\pm} = 0.809) \mid Hg_2Cl_2(s) \mid Hg(l)$$

(1) 写出电极反应和电池反应;

(2) 计算该电池的电动势;

(3) 计算甘汞电极的标准电极电势。

9.14　已知 298 K 时, 下述电池的电动势为 1.362 V:

$$Pt(s) \mid H_2(p^{\ominus}) \mid H_2SO_4(aq) \mid Au_2O_3(s) \mid Au(s)$$

又知 $H_2O(g)$ 的 $\Delta_f G^{\ominus}_m = -228.572$ kJ $\cdot$ mol^{-1}, 该温度下水的饱和蒸气压为 3167 Pa, 求在 298 K 时氧气的逸度等于多少才能使 $Au_2O_3(s)$ 与 $Au(s)$ 呈平衡?

9.15　在 298 K 时, 下述反应达到平衡:

$$Cu(s) + Cu^{2+}(a_2) \longrightarrow 2Cu^+(a_1)$$

(1) 设计合适的电池, 由 $\varphi^{\ominus}$ 值求反应进度为 1 mol 时反应的平衡常数 $K^{\ominus}$;

(2) 若将 Cu 粉与 0.1 mol $\cdot$ kg^{-1} CuSO$_4$ 溶液在 298 K 下共摇动, 计算达平衡时 Cu$^+$ 的质量摩尔浓度。

已知 $\varphi^{\ominus}_{Cu^{2+}|Cu} = 0.3419$ V, $\varphi^{\ominus}_{Cu^+|Cu} = 0.521$ V。

9.16　试设计合适的电池, 判断在 298 K 时将金属插在碱性溶液中, 在通常的空气中银是否会被氧化 (空气中氧气的分压为 21 kPa)。如果在溶液中加入大量的 CN$^-$, 情况又怎样? 已知 $[Ag(CN)_2]^- + e^- \longrightarrow Ag(s) + 2CN^-$, $\varphi^{\ominus} = -0.31$ V。

9.17 在 298 K 时, 分别将金属 Fe 和 Cd 插入下述溶液中, 组成电池。试判断哪种金属首先被氧化。

(1) 溶液中 Fe^{2+} 和 Cd^{2+} 的活度都是 0.10;

(2) 溶液中 Fe^{2+} 的活度是 0.1, 而 Cd^{2+} 的活度是 0.001。

9.18 已知 298 K, $Ba(OH)_2$ 质量摩尔浓度为 1 $mol \cdot kg^{-1}$ 时, 下列电池的电动势:

(1) $Fe(s) \mid FeO(s) \mid Ba(OH)_2(aq) \mid HgO(s) \mid Hg(l)$ $E_1 = 0.937$ V

(2) $Pt(s) \mid H_2(p^{\ominus}) \mid Ba(OH)_2(aq) \mid HgO(s) \mid Hg(l)$ $E_2 = 0.927$ V

(3) $Pt(s) \mid H_2(p^{\ominus}) \mid Ba(OH)_2(aq) \mid O_2(p^{\ominus}) \mid Pt(s)$ $E_3 = 1.23$ V

试求 FeO(s) 的标准生成 Gibbs 自由能 $\Delta_f G_m^{\ominus}(FeO, s)$。

9.19 根据下列在 298 K, $p^{\ominus}$ 下的热力学数据, 计算 HgO(s) 在该温度时的解离压。已知:

(1) 电池 $Pt(s) \mid H_2(p_{H_2}) \mid NaOH(a) \mid HgO(s) \mid Hg(l)$ 的标准电动势 $E^{\ominus} = 0.9265$ V;

(2) 反应 $H_2(g) + \dfrac{1}{2}O_2(g) \rightleftharpoons H_2O(l)$ 的 $\Delta_r H_m^{\ominus} = -285.83 \text{ kJ} \cdot \text{mol}^{-1}$;

(3) 298 K 时, 各物质的摩尔熵值为

物质	HgO(s)	$O_2(g)$	$H_2O(l)$	Hg(l)	$H_2(g)$
$S_m/(\text{J} \cdot \text{mol}^{-1} \cdot \text{K}^{-1})$	70.29	205.14	69.91	77.4	130.68

9.20 在 273 ~ 318 K 的温度范围内, 下述电池的电动势与温度的关系可由所列公式表示:

(1) $Cu(s) \mid Cu_2O(s) \mid NaOH(aq) \mid HgO(s) \mid Hg(l)$

$E/\text{mV} = 461.7 - 0.144(T/\text{K} - 298) + 1.4 \times 10^{-4}(T/\text{K} - 298)^2$

(2) $Pt(s) \mid H_2(p^{\ominus}) \mid NaOH(aq) \mid HgO(s) \mid Hg(l)$

$E/\text{mV} = 925.65 - 0.2948(T/\text{K} - 298) + 4.9 \times 10^{-4}(T/\text{K} - 298)^2$

已知 $\Delta_f H_m^{\ominus}(H_2O, l) = -285.83 \text{ kJ} \cdot \text{mol}^{-1}$, $\Delta_f G_m^{\ominus}(H_2O, l) = -237.13 \text{ kJ} \cdot \text{mol}^{-1}$, 试分别计算 HgO(s) 和 $Cu_2O(s)$ 在 298 K 时的 $\Delta_f G_m^{\ominus}$ 和 $\Delta_f H_m^{\ominus}$ 的值。

9.21 已知下列电池在 298 K 时的电动势为 1.0486 V:

$$Pt(s) \mid H_2(p^{\ominus}) \mid NaOH(0.010 \text{ mol} \cdot \text{kg}^{-1}, \gamma_{\pm} = 0.930) \parallel$$

$$NaCl(0.01125 \text{ mol} \cdot \text{kg}^{-1}, \gamma_{\pm} = 0.924) \mid AgCl \mid Ag(s)$$

(1) 写出电池反应;

(2) 求 $H_2O(l)$ 的离子积常数 K_w。已知 $\varphi_{AgCl|Ag}^{\ominus} = 0.2223$ V。

9.22 电极 $Ag^+ \mid Ag(s)$ 和 $Cl^- \mid AgCl(s) \mid Ag(s)$ 在 298 K 时的标准电极电势分别为 0.7996 V 和 0.2223 V。

(1) 计算 AgCl(s) 在水中的饱和溶液的浓度;

(2) 用 Debye-Hückel 极限公式计算 298 K 时 AgCl(s) 在 $0.01 \text{ mol} \cdot \text{kg}^{-1}$ KNO_3 溶液中的溶解度, 已知 $A = 0.509 \ (\text{mol} \cdot \text{kg}^{-1})^{-1/2}$;

(3) 计算反应 $AgCl(s) \Longrightarrow Ag^+(aq) + Cl^-(aq)$ 的 $\Delta_r G_m^\ominus$。

9.23 写出下列浓差电池的电池反应, 并计算在 298 K 时的电动势。

(1) $Pt(s) \mid H_2(g, 200 \text{ kPa}) \mid H^+(a_{H^+}) \mid H_2(g, 100 \text{ kPa}) \mid Pt(s)$

(2) $Pt(s) \mid H_2(p^\ominus) \mid H^+(a_{H^+,1} = 0.01) \vdots H^+(a_{H^+,2} = 0.1) \mid H_2(p^\ominus) \mid Pt(s)$

(3) $Pt(s) \mid Cl_2(g, 100 \text{ kPa}) \mid Cl^-(a_{Cl^-}) \mid Cl_2(g, 200 \text{ kPa}) \mid Pt(s)$

(4) $Pt(s) \mid Cl_2(p^\ominus) \mid Cl^-(a_{Cl^-,1} = 0.1) \vdots Cl^-(a_{Cl^-,2} = 0.01) \mid Cl_2(p^\ominus) \mid Pt(s)$

(5) $Zn(s) \mid Zn^{2+}(a_{Zn^{2+},1} = 0.04) \vdots Zn^{2+}(a_{Zn^{2+},2} = 0.02) \mid Zn(s)$

(6) $Pb(s) \mid PbSO_4(s) \mid SO_4^{2-}(a_{SO_4^{2-},1} = 0.01) \vdots$
$$SO_4^{2-}(a_{SO_4^{2-},2} = 0.001) \mid PbSO_4(s) \mid Pb(s)$$

9.24 在 298 K 时, 有如下电池:

$$Pt(s) \mid Cl_2(p^\ominus) \mid NaCl(m_1) \vdots NaCl(m_2) \mid Cl_2(p^\ominus) \mid Pt(s)$$

(1) 写出电池反应 (不计液体接界电势), 并列出电子得失数为 1 时的电动势 E 的计算式。

(2) 若 $m_1 = 0.10 \text{ mol} \cdot \text{kg}^{-1}$, $m_2 = 0.01 \text{ mol} \cdot \text{kg}^{-1}$, 不考虑液体接界电势, 计算该浓差电池的电动势 E_c。

(3) 考虑液体接界电势, 写出当通过 1 mol 电子电荷量时电池中发生的所有反应, 列出 $E_总$ 的表达式。

(4) 若实验测得 $E_总 = 0.046$ V, 求 Na^+ 和 Cl^- 的迁移数 t_+ 和 t_-。

9.25 在 298 K 时, 有如下浓差电池:

$Pt(s) \mid Cl_2(p) \mid HCl(0.01 \text{ mol} \cdot \text{kg}^{-1}, a_1) \mid HCl(0.001 \text{ mol} \cdot \text{kg}^{-1}, a_2) \mid Cl_2(p) \mid Pt(s)$
电池反应为

$$Cl^-(0.01 \text{ mol} \cdot \text{kg}^{-1}, a_1) \longrightarrow Cl^-(0.001 \text{ mol} \cdot \text{kg}^{-1}, a_2)$$

求该电池的电动势 E 值。已知 Cl^- 的活度因子 γ_{Cl^-} 与溶液的离子强度 $I(\leqslant 0.1 \text{ mol} \cdot \text{kg}^{-1})$ 有如下关系: $\lg \gamma_{Cl^-} = -\dfrac{A_c \sqrt{I}}{1 + 1.5\sqrt{I}}$, 其中在 298 K 的水溶液中 $A_c = 0.511 \text{ mol}^{-1/2} \cdot \text{dm}^{3/2}$, 假设 $\gamma_{H^+} = \gamma_{\pm}$。

9.26 常用的铅蓄电池可表示为

$$Pb(s) \mid PbSO_4(s) \mid H_2SO_4(m = 1.0 \text{ mol} \cdot \text{kg}^{-1}) \mid PbSO_4(s) \mid PbO_2(s)$$

已知在 $0 \sim 60\,^\circ\text{C}$ 的温度区间内, 电动势 E 与温度的关系式为

$$E/\mathrm{V} = 1.91737 + 56.1 \times 10^{-6}(T/^\circ\mathrm{C}) + 1.08 \times 10^{-8}(T/^\circ\mathrm{C})^2$$

在 25 ℃ 时, 电池的 $E^\ominus = 2.041$ V, 试计算这时电解质溶液 $H_2SO_4(m = 1.0\ \mathrm{mol} \cdot \mathrm{kg}^{-1})$ 的平均活度因子 $\gamma_\pm$。

9.27　在 298 K, 100 kPa 时, 试求电极 $\mathrm{Pt}|S_2O_3^{2-},\ S_4O_6^{2-}$ 的标准电极电势。已知:

(1) 1 mol $Na_2S_2O_3 \cdot 5H_2O(s)$ 溶于大量水中, $\Delta_r H_{m,1}^\ominus = 46.735\ \mathrm{kJ} \cdot \mathrm{mol}^{-1}$;

(2) 1 mol $Na_2S_2O_3 \cdot 5H_2O(s)$ 溶于过量的 I_3^- 溶液中, $\Delta_r H_{m,2}^\ominus = 28.786\ \mathrm{kJ} \cdot \mathrm{mol}^{-1}$;

(3) 1 mol $I_2(s)$ 溶于过量的 I^- 溶液中, $\Delta_r H_{m,3}^\ominus = 3.431\ \mathrm{kJ} \cdot \mathrm{mol}^{-1}$;

(4) $\mathrm{Pt}|I_2(s)|I^-$, $\varphi_4^\ominus = 0.5355$ V;

(5) 各物质在 298 K 时的标准摩尔熵如下:

物质	$S_2O_3^{2-}$	$S_4O_6^{2-}$	I^-	$I_2(s)$
$S_m^\ominus/(\mathrm{J} \cdot \mathrm{mol}^{-1} \cdot \mathrm{K}^{-1})$	67.0	146.0	111.3	116.1

9.28　在 298 K 时, 电极 $H_2O_2,\ H^+,\ H_2O|\mathrm{Pt}$ 的电极反应为

$$H_2O_2(l) + 2H^+(a_{H^+}) + 2e^- \longrightarrow 2H_2O(l)$$

求该电极的标准电极电势。已知电极 $H^+,\ H_2O_2|O_2(p^\ominus)|\mathrm{Pt}$ 的电极反应为

$$O_2(p^\ominus) + 2H^+(a_{H^+} = 1) + 2e^- \longrightarrow H_2O_2(l)$$

其标准电极电势 $\varphi_{H^+,H_2O_2|O_2(p^\ominus)|\mathrm{Pt}}^\ominus = 0.682$ V, 水的离子积常数 $K_w^\ominus = 1 \times 10^{-14}$, $\varphi_{O_2|OH^-}^\ominus = 0.401$ V, 氢氧燃料电池的 $E^\ominus = 1.229$ V。

9.29　已知 298 K 时下列电池:

$$\mathrm{Cd(Hg)}(a) \mid CdCl_2(\mathrm{aq},\ 0.01\ \mathrm{mol} \cdot \mathrm{kg}^{-1}) \mid AgCl(s)|Ag(s)$$

的电动势是 0.7585 V, 其 $E^\ominus = 0.5732$ V。

(1) 计算 $0.01\ \mathrm{mol} \cdot \mathrm{kg}^{-1} CdCl_2$ 溶液的 $\gamma_\pm$;

(2) 把 (1) 中求出的 $\gamma_\pm$ 值与从 Debye-Hückel 极限公式计算的 $\gamma_\pm$ 值相比较, 并说明为何两个数值有差异。

9.30　已知 298 K 时, $AgBr(s)$ 的 $K_{sp}^\ominus = 4.86 \times 10^{-13}$, $\varphi_{Ag^+|Ag}^\ominus = 0.7996$ V, $\varphi_{Br^-|Br_2}^\ominus = 1.066$ V, 试求该温度下:

(1) $\varphi_{Br^-|AgBr(s)|Ag(s)}^\ominus$ 值;

(2) $AgBr(s)$ 的标准摩尔生成 Gibbs 自由能变化值 $\Delta_f G_m^\ominus(AgBr)$。

9.31　在 298 K, $p^\ominus$ 时, 有下列电池反应:

$$Ag_2SO_4(s) + H_2(p^\ominus) =\!=\!= 2Ag(s) + H_2SO_4(0.01\ \mathrm{mol} \cdot \mathrm{kg}^{-1})$$

(1) 请为这个电池反应设计一个原电池, 并写出电极反应;

(2) 求该电池的可逆电池电动势 E (假设所有离子及电解质的平均活度因子为 1);

(3) 求 Ag_2SO_4 的溶度积 K_{sp}。

已知 $\varphi^{\ominus}_{SO_4^{2-}|Ag_2SO_4|Ag} = 0.627$ V, $\varphi^{\ominus}_{Ag^+|Ag} = 0.7996$ V。

9.32 在 298 K 时, 如下电池:

$$Hg(l) \mid Hg_2Br_2(s) \mid HBr(m = 0.10\ mol \cdot kg^{-1}, \gamma_{\pm} = 0.772) \mid$$

$$(0.1\ mol \cdot dm^{-3})\ KCl\ 甘汞电极$$

的电动势为 0.1271 V, 已知右方甘汞电极的电极电势为 0.3338 V, $\varphi^{\ominus}_{Hg_2^{2+}|Hg} = 0.7973$ V, 求该温度下 $Hg_2Br_2(s)$ 的活度积。

9.33 在 298 K 时, 试设计合适的电池, 用电动势法测定下列各热力学函数值。要求写出电池的表达式和列出所求函数的计算式。

(1) $Ag(s) + Fe^{3+}(a_{Fe^{3+}}) \longrightarrow Ag^+(a_{Ag^+}) + Fe^{2+}(a_{Fe^{2+}})$ 的平衡常数;

(2) $Hg_2Cl_2(s)$ 的标准活度积 $K^{\ominus}_{ap}$;

(3) $HBr(0.01\ mol \cdot kg^{-1})$ 溶液的离子平均活度因子 $\gamma_{\pm}$;

(4) $Ag_2O(s)$ 的分解温度;

(5) $H_2O(l)$ 的标准摩尔生成 Gibbs 自由能;

(6) 弱酸 HA 的解离常数。

9.34 在 298 K 时, 测得如下电池的电动势 E 与 HBr 的质量摩尔浓度的关系如下所示:

$$Pt(s) \mid H_2(p^{\ominus}) \mid HBr(m) \mid AgBr(s) \mid Ag(s)$$

$m/(mol \cdot kg^{-1})$	0.01	0.02	0.05	0.10
E/V	0.3127	0.2786	0.2340	0.2005

试计算:

(1) 电极 $Br^-(a_{Br^-})|AgBr(s)|Ag(s)$ 的标准电极电势 $\varphi^{\ominus}$;

(2) $0.1\ mol \cdot kg^{-1}$ HBr 溶液的离子平均活度因子 $\gamma_{\pm}$。

9.35 电池 $Pt(s)|H_2(p_1)|H_2SO_4(aq)|H_2(p_2)|Pt(s)$ 中, 氢气服从的状态方程式为 $pV_m = RT + \alpha p$, 式中 $\alpha = 1.48 \times 10^{-5}\ m^3 \cdot mol^{-1}$, 且与温度、压力无关。若 $p_1 = 30p^{\ominus}$, $p_2 = p^{\ominus}$, 试:

(1) 写出电池反应;

(2) 求 298 K 时的电动势;

(3) 电池可逆做功时吸热还是放热?

(4) 若使电池短路, 系统和环境间交换多少热量?

9.36 在 298 K 时, 某电池的电池反应为

$$Pb(s) + CuBr_2(aq) \Longrightarrow PbBr_2(s) + Cu(s)$$

其中 $CuBr_2$ 的质量摩尔浓度为 $0.01 \text{ mol} \cdot \text{kg}^{-1}$, $\gamma_\pm = 0.707$, 实验测得该电池的电动势 $E = 0.442$ V, 已知 $\varphi^\ominus_{Cu^{2+}|Cu} = 0.3419$ V, $\varphi^\ominus_{Pb^{2+}|Pb} = -0.1262$ V。试:

(1) 写出该电池的书面表示式;

(2) 求电池的标准电动势 $E^\ominus$;

(3) 求电池反应的平衡常数 $K^\ominus$;

(4) 求 $PbBr_2(s)$ 饱和溶液的质量摩尔浓度 (设活度因子均为 1)。

9.37 有如下电池:

$$Hg(l) \mid 硝酸亚汞\ (m_1), HNO_3(m) \parallel 硝酸亚汞\ (m_2), HNO_3(m) \mid Hg(l)$$

电池中 HNO_3 的质量摩尔浓度均为 $0.1 \text{ mol} \cdot \text{kg}^{-1}$。在 291 K 时, 维持 $\dfrac{m_2}{m_1} = 10$ 的情形下, 有人对该电池进行了一系列测定, 求得电动势的平均值为 0.029 V。试根据这些数据, 确定亚汞离子在溶液中是以 Hg_2^{2+} 还是 Hg^+ 形式存在。

9.38 在 298 K 时,用玻璃电极通过测下列电池的电动势值来求待测溶液的pH:

$$玻璃电极 \mid H^+(pH) \parallel KCl(饱和) \mid Hg_2Cl_2(s) \mid Hg(l)$$

实验测得当溶液 pH=3.98 时, 电池的电动势 $E_1 = 0.228$ V; 当溶液 pH 为 pH_x 时, 电池的电动势为 $E_2 = 0.3451$ V, 求 pH_x 为多少? 当电池中换用 $pH = 7.40$ 的缓冲溶液时, 电池的电动势 E_3 为多少?

9.39 用电动势法测定丁酸的解离常数。298 K 时, 安排如下电池:

$$Pt(s) \mid H_2(p^\ominus) \mid HA(m_1), NaA(m_2), NaCl(m_3) \mid AgCl(s) \mid Ag(s)$$

其中 HA 为丁酸, NaA 为丁酸钠, 实验数据如下:

$m_1/(\text{mol} \cdot \text{kg}^{-1})$	$m_2/(\text{mol} \cdot \text{kg}^{-1})$	$m_3/(\text{mol} \cdot \text{kg}^{-1})$	E/V
0.00717	0.00687	0.00706	0.63387
0.01273	0.01220	0.01254	0.61922
0.01515	0.01453	0.01493	0.61501

试求 $HA \Longrightarrow H^+ + A^-$ 的解离常数 $K_a^\ominus$。设活度因子均为 1。

9.40 298 K 时, 下述电池的实验数据如表所示:

$$Pt(s) \mid H_2(p^\ominus) \mid Ba(OH)_2(0.005 \text{ mol} \cdot \text{kg}^{-1}), BaCl_2(m) \mid AgCl(s) \mid Ag(s)$$

$m/(\text{mol} \cdot \text{kg}^{-1})$	0.00500	0.01166	0.01833	0.02833
E/V	1.04988	1.02783	1.01597	1.00444

试求 298 K 时水的离子积常数 $K_w^{\ominus}$。设活度因子均为 1。

9.41 在 298 K 时, 有下列两个电池:

(1) Ag(s)|AgCl(s)|HCl水溶液(m_1)|H$_2$($p^{\ominus}$)|Pt(s)|H$_2$($p^{\ominus}$)|HCl水溶液(m_2)|AgCl(s)|Ag(s)

(2) Ag(s)|AgCl(s)|HCl水溶液 (m_1)|HCl水溶液 (m_2)|AgCl(s)|Ag(s)

已知 HCl 水溶液的质量摩尔浓度分别为 $m_1 = 8.238 \times 10^{-2}$ mol $\cdot$ kg^{-1}, $m_2 = 8.224 \times 10^{-3}$ mol $\cdot$ kg^{-1}, 两电池电动势分别为 $E_1 = 0.0822$ V, $E_2 = 0.0577$ V。试求:

(1) 在两种 HCl 水溶液中离子平均活度因子的比值 $\gamma_{\pm,1}/\gamma_{\pm,2}$;

(2) H$^+$ 在 HCl 水溶液中的迁移数 t_+;

(3) H$^+$ 和 Cl$^-$ 的无限稀释离子摩尔电导率 Λ_m^{∞}(H$^+$) 和 Λ_m^{∞}(Cl$^-$) 的值。已知 Λ_m^{∞}(HCl) $= 4.2596 \times 10^{-2}$ S $\cdot$ m$^2 \cdot$ mol^{-1}。

9.42 已知 298 K, 100 kPa 时, C (石墨) 的标准摩尔燃烧焓为 $\Delta_c H_m^{\ominus} = -393.5$ kJ $\cdot$ mol^{-1}。如将 C (石墨) 的燃烧反应安排成燃料电池:

$$\text{C (石墨,s)} \mid \text{熔融氧化物} \mid \text{O}_2(\text{g}) \mid \text{M(s)}$$

则能量的利用率将大大提高, 同时可防止热电厂用煤直接发电所造成的能源浪费和环境污染。试根据一些热力学数据, 计算该燃料电池的电动势。已知这些物质的标准摩尔熵如下:

物质	C (石墨, s)	CO$_2$(g)	O$_2$(g)
$S_m^{\ominus}/(\text{J} \cdot \text{mol}^{-1} \cdot \text{K}^{-1})$	5.74	213.8	205.14

9.43 在 298 K 时有如下电池:

$$\text{Pt(s)} \mid \text{H}_2(p^{\ominus}) \mid \text{KOH}(a = 1) \mid \text{Ag}_2\text{O(s)} \mid \text{Ag(s)}$$

已知 $\varphi_{\text{Ag}_2\text{O}|\text{Ag}}^{\ominus} = 0.344$ V; $\Delta_f H_m^{\ominus}$(H$_2$O, l) $= -285.83$ kJ $\cdot$ mol^{-1}; $\Delta_f H_m^{\ominus}$(Ag$_2$O, s) $= -31.05$ kJ $\cdot$ mol^{-1}。试求:

(1) 该电池的电动势值。已知该温度下水的离子积常数 $K_w = 1.0 \times 10^{-14}$。

(2) 当电池可逆输出 1 mol 电子的电荷量时, 电池反应的 Q_r, W_e (膨胀功), W_f (电功), $\Delta_r U_m$, $\Delta_r H_m$, $\Delta_r S_m$, $\Delta_r A_m$, $\Delta_r G_m$ 及 $\left(\dfrac{\partial E}{\partial T}\right)_p$ 的值各为多少?

(3) 如果让电池短路, 不做电功, 则在发生同样的反应时上述各函数的变量又为多少?

9.44 已知水的离子积常数在 293 K 和 303 K 时分别为 $K_w^\ominus(293\ \text{K}) = 0.67 \times 10^{-14}$, $K_w^\ominus(303\ \text{K}) = 1.45 \times 10^{-14}$。试求:

(1) 298 K, $p^\ominus$ 时, 中和反应 $\text{H}^+(\text{aq}) + \text{OH}^-(\text{aq}) = \text{H}_2\text{O}(\text{l})$ 的 $\Delta_r H_m^\ominus$ 和 $\Delta_r S_m^\ominus$ 的值 (设 $\Delta_r H_m^\ominus$ 与温度的关系可以忽略);

(2) 298 K 时, OH^- 的标准摩尔生成 Gibbs 自由能 $\Delta_f G_m^\ominus$ 的值。已知下述电池:

$$\text{Pt}(\text{s}) \mid \text{H}_2(p^\ominus) \mid \text{KOH}(\text{aq}) \mid \text{HgO}(\text{s}) \mid \text{Hg}(\text{l})$$

的标准电动势 $E^\ominus = 0.927$ V, 并已知反应 $\text{Hg}(\text{l}) + \dfrac{1}{2}\text{O}_2(\text{g}, p^\ominus) = \text{HgO}(\text{s})$ 的 $\Delta_r G_m^\ominus(298\ \text{K}) = -58.5\ \text{kJ} \cdot \text{mol}^{-1}$。

9.45 将两根相同的银与氯化银电极插入静息神经细胞膜两边内外液体中, 组成如下电池:

$$\text{Ag}(\text{s})|\text{AgCl}(\text{s})|\text{KCl}(\text{aq})|\text{内液}\ (a_{\text{K}^+})|\text{细胞膜}|\text{外液}\ (a'_{\text{K}^+})|\text{KCl}(\text{aq})|\text{AgCl}(\text{s})|\text{Ag}(\text{s})$$

已知 298 K 时, 静息神经细胞内液体中 K^+ 的活度 (a_{K^+}) 是细胞膜外液体中 K^+ 的活度 (a'_{K^+}) 的 35 倍, 假定 K^+ 的活度因子均为 1, 试计算静息神经细胞的膜电势 $\Delta\varphi$。

第十章

电解与极化作用

本章基本要求

本章主要介绍通电使系统发生化学变化即电解作用中的一些规律，对于在有电流通过电极时所发生的极化作用的原因也作介绍。具体要求如下：

(1) 了解分解电压的意义，以及要使电解池不断地进行工作必须克服哪几种阻力。

(2) 了解极化现象、超电势和极化作用，以及如何降低极化作用。

(3) 了解极化曲线的含义，电解池与原电池的极化曲线的异同点，以及各有什么缺点和可利用之处。

(4) 掌握计算 $H_2(g)$ 超电势的方法，了解为什么在电解中研究 $H_2(g)$ 的超电势特别多。

(5) 能用计算的方法判断在电解过程中在两个电极上首先发生反应的物质。了解电解的一般过程及其应用。

(6) 了解金属腐蚀的类型，以及常用的防止金属腐蚀的方法。

(7) 了解常见化学电源的基本原理、类型及目前的发展概况，特别是燃料电池的应用前景。

使电能转变成化学能的装置称为**电解池** (electrolytic cell)。当一个电池与外接电源反向对接时, 只要外加的电压大于该电池的电动势 E, 电池就接受外界所提供的电能, 电池中的反应发生逆转, 原电池就变成了电解池。但实际上要使电解池连续地正常工作, 外加的电压往往要比电池的电动势 E 大得多, 这些额外的电能部分用来克服电阻, 部分消耗在克服电极的极化作用 (所谓极化作用, 简言之就是当有电流通过电极时, 电极电势偏离其平衡值的现象)。无论是原电池还是电解池, 只要有一定量的电流通过, 电极上就有极化作用发生, 该过程就是不可逆过程。研究不可逆电极反应及其规律性既有理论意义, 同时对电化学工业也是十分重要的。本章中除了讨论电极反应过程、电解池中的极化作用外, 还简要介绍了一些电解在工业上的应用及金属防腐和化学电源等。

10.1　分解电压

在电池上若外加一个直流电源, 并逐渐增加电压直至使电池中的物质在电极上发生化学反应, 这就是电解过程。

例如用 Pt 作为电极来电解 HCl 水溶液, 如图 10.1 所示。图中 V 是伏特计, G 是安培计。将电解池接到由电源和可变电阻所组成的分压器上, 逐渐增加外加电压, 同时记录相应的电流, 然后绘制电流 – 电压曲线, 如图 10.2 所示。在开始时, 外加电压很小, 几乎没有电流通过。此后电压增加, 电流略有增加。但当电压增加到某一数值以后, 曲线的斜率急增, 继续增加电压, 电流就随电压直线上升。

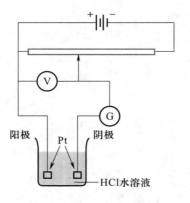

图 10.1　分解电压的测定

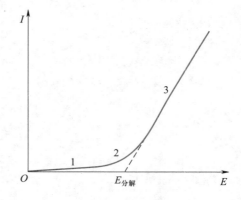

图 10.2　测定分解电压时的电流 – 电压曲线

在电解池中进行的反应是

阴极 $\qquad 2H^+(a_{H+}) + 2e^- \longrightarrow H_2(g, p)$

阳极 $\qquad 2Cl^-(a_{Cl-}) \longrightarrow Cl_2(g, p) + 2e^-$

当开始施加外电压时, 尚没有 $H_2(g)$ 和 $Cl_2(g)$ 生成。继续增大外电压, 电极表面上开始产生少量的氢气和氯气, 其压力虽小, 但却构成了一个原电池, 它产生了一个与外加电压方向相反的**反电动势** (back electromotive force) E_b。

因为电极表面氢气和氯气的压力远远低于大气的压力, 微量的气体非但不能离开电极自由逸出, 反而可能扩散到溶液中而消失。由于电极上的产物扩散掉了, 需要通入极微小的电流使电极产物得到补充。继续增大外加电压, 电极上就有氢气和氯气继续产生并向溶液中扩散, 因而电流也有少许增加, 这种情况相应于图 10.2 中曲线上的 1—2 段。当 p_{H_2} 和 p_{Cl_2} 增加到等于外界的大气压力时, 电极上就开始有气泡逸出, 此时反电动势 E_b 达到最大值 $E_{b,max}$ 而不再继续增大。如果再继续增大外加电压就只增加溶液中的电势降 ($E_{外} - E_{b,max} = IR$), 从而使电流急增。这相当于曲线中 2—3 段的上升直线部分。

将直线向下外延到电流强度为零时所得的电压就是 $E_{b,max}$, 这是使某电解质溶液能连续不断发生电解时所必需的最小外加电压, 也称为电解质溶液的**分解电压** (decomposition voltage)。从理论上讲, $E_{b,max}$ 应当等于原电池的可逆电动势 $E_{可逆}$, 但实际上 $E_{b,max}$ 却大于 $E_{可逆}$, 超出的部分是电极上的极化作用所致 (实际上, 图中分解电压的位置不能确定得很精确, 上述的电流-电压曲线并没有十分确切的理论意义, 实验测定的分解电压重现性也不好, 但它却很有实用价值)。

表 10.1 中列出了几种电解质水溶液的分解电压。前面几个数据表明, 如果用平滑的铂片作电极, 则在酸或碱的溶液中, 分解电压差不多都是 1.7 V, 这是因为无论是酸的水溶液还是碱的水溶液, 在外加电压下都是水被分解, 阴极上都析出氢气, 阳极上都析出氧气。它们的理论分解电压都是 1.23 V, 由此可见, 即使在铂电极上, $H_2(g)$ 和 $O_2(g)$ 都发生相当大的极化作用。

表 10.1 几种电解质水溶液的分解电压 (以一价离子计, 浓度为 $1 \text{ mol} \cdot \text{dm}^{-3}$)

电解质水溶液	实测分解电压 $E_{分解}$/V	电解产物	可逆分解电压 $E_{可逆}$/V	$(E_{分解} - E_{可逆})$/V
HNO_3	1.69	$H_2 + O_2$	1.23	0.46
$CH_2ClCOOH$	1.72	$H_2 + O_2$	1.23	0.49
H_2SO_4	1.67	$H_2 + O_2$	1.23	0.44
H_3PO_4	1.70	$H_2 + O_2$	1.23	0.47
$NaOH$	1.69	$H_2 + O_2$	1.23	0.46

续表

电解质水溶液	实测分解电压 $E_{分解}$/V	电解产物	可逆分解电压 $E_{可逆}$/V	$(E_{分解} - E_{可逆})$/V
KOH	1.67	$H_2 + O_2$	1.23	0.44
$NH_3 \cdot H_2O$	1.74	$H_2 + O_2$	1.23	0.51
HCl	1.31	$H_2 + Cl_2$	1.37	−0.06
HBr	0.94	$H_2 + Br_2$	1.08	−0.14
HI	0.52	$H_2 + I_2$	0.55	−0.03
$CoCl_2$	1.78	$Co + Cl_2$	1.69	0.09
$NiCl_2$	1.85	$Ni + Cl_2$	1.64	0.21
$ZnBr_2$	1.80	$Zn + Br_2$	1.87	−0.07
$Cd(NO_3)_2$	1.98	$Cd + O_2$	1.25	0.73
$CoSO_4$	1.92	$Co + O_2$	1.14	0.78
$CuSO_4$	1.49	$Cu + O_2$	0.51	0.98
$Pb(NO_3)_2$	1.52	$Pb + O_2$	0.96	0.56
$NiSO_4$	2.09	$Ni + O_2$	1.10	0.99
$AgNO_3$	0.70	$Ag + O_2$	0.04	0.66
$ZnSO_4$	2.55	$Zn + O_2$	1.60	0.95

10.2　极化作用

　　根据上节所述, 电解过程常是在不可逆的情况下进行的, 即所用的电压大于自发电池的电动势 (参阅表 10.1)。实际分解电压常超过可逆的电动势, 可用公式表示为

$$E_{分解} = E_{可逆} + \Delta E_{不可逆} + IR \tag{10.1}$$

式中 $E_{可逆}$ 是指相应的原电池的电动势, 也即理论分解电压; IR 项是由于电池内溶液、导线和接触点等的电阻所引起的电势降 (当电流通过时, 就相当于把 I^2R 的电能转化为热); $\Delta E_{不可逆}$ 则是由电极上反应的不可逆, 即电极**极化效应** (polarization effect) 所致的。

　　当电极上无电流通过时, 电极处于平衡状态, 与之相对应的电极电势是电极的可逆电极电势 $\varphi_{可逆}$, 随着电极上电流密度的增大, 电极反应的不可逆程度越来越大, 其电极电势值对可逆电极电势值的偏离也越来越大 (通常将这类描述电流

密度与电极电势之间关系的曲线称为极化曲线)。在有电流通过电极时, 电极电势偏离其可逆值的现象称为**电极的极化** (polarization)。为了明确地表示出电极极化的状况, 常把某一电流密度下的电极电势 $\varphi_{不可逆}$ 与 $\varphi_{可逆}$ 之间的差值称为**超电势** (overpotential, 又称为**过电位**)。由于超电势的存在, 在实际电解时要使正离子在阴极上发生还原, 外加于阴极的电势必须比可逆电极的电极电势更负一些; 要使负离子在阳极上氧化, 外加于阳极的电势必须比可逆电极的电极电势更正一些。

电极发生极化的原因, 是因为当有电流流过电极时, 在电极上发生一系列的过程, 并以一定的速率进行, 而每一步都或多或少地存在着阻力 (或势垒)。要克服这些阻力, 相应地各需要一定的推动力, 表现在电极电势上就出现各种偏离。

根据极化产生的不同原因, 通常可以简单地把极化分为两类: 电化学极化和浓差极化, 并将与之相应的超电势称为电化学超电势和浓差超电势。除了上述两种主要的原因之外, 还有一种原因是, 电解过程中在电极表面上生成一层氧化物的薄膜或其他物质, 从而对电流的通过产生了阻力, 有时也称为电阻超电势。若以 R_e 表示电极表面层的电阻, I 代表通过的电流, 则由于氧化膜的电阻所需额外增加的电压, 在数值上就等于 IR_e。由于这种情况不具有普遍意义, 因此这里只讨论浓差极化和电化学极化。

浓差极化

浓差极化是电解过程中电极附近溶液的浓度和本体溶液 (指离开电极较远、浓度均匀的溶液) 浓度有差别所导致的。例如, 当把两个银电极插到质量摩尔浓度为 m 的 $AgNO_3$ 溶液中进行电解时, 在阴极附近的 Ag^+ 沉积到电极上 [Ag^+ + e^- $\longrightarrow$ $Ag(s)$], 使得该处溶液中 Ag^+ 的浓度不断地降低。如果本体溶液中的 Ag^+ 扩散到该处进行补充的速率赶不上沉积的速率, 则在阴极附近 Ag^+ 的浓度势必比本体溶液的浓度低 (这里所谓电极附近是指电极与溶液之间的界面区域, 在通常搅拌的情况下其厚度不大于 10^{-2} cm)。在一定的电流密度下, 达到稳定状态后, 溶液有一定的浓度梯度, 此时电极附近溶液的浓度具有一定的稳定值, 就好像是把电极浸入一个浓度较小的溶液中一样。由于这种浓度差别所引起的极化称为**浓差极化** (concentration polarization), 相应的超电势称为浓差超电势其数值显然由浓差的大小来决定, 而浓差大小又与搅拌情况、电流密度和温度有关。当没有电流通过时, 电极的可逆电势由溶液的质量摩尔浓度 m (即本体溶液的质量摩尔浓度) 所决定:

$$\varphi_{可逆} = \varphi_{Ag^+|Ag}^{\ominus} - \frac{RT}{F}\ln\frac{1}{m(Ag^+)} \tag{10.2}$$

当有电流通过时, 设电流密度为 j, 电极附近的质量摩尔浓度为 m_e, 则电极电势就由 m_e 决定。$\varphi_{不可逆}$ 可以近似地表示为

$$\varphi_{不可逆} = \varphi_{Ag^+|Ag}^{\ominus} - \frac{RT}{F}\ln\frac{1}{m_e(Ag^+)} \tag{10.3}$$

由于 $m_e(Ag^+) < m(Ag^+)$, 其结果是电极电势将比按本体溶液的质量摩尔浓度所计算的理论电极电势要小。这两个电极电势之差即为阴极浓差超电势 $\eta_{阴}$:

$$\eta_{阴} = (\varphi_{可逆} - \varphi_{不可逆})_{阴} = \frac{RT}{F}\ln\frac{m(Ag^+)}{m_e(Ag^+)} \tag{10.4}$$

由此可见, 阴极上浓差极化的结果是使阴极的电极电势变得比可逆时更小一些; 同理可以证明在阳极上浓差极化的结果是使阳极电极电势变得比可逆时更大一些。

为了使超电势都是正值, 我们把阴极的超电势 ($\eta_{阴}$) 和阳极的超电势 ($\eta_{阳}$) 分别定义为

$$\eta_{阴} = (\varphi_{可逆} - \varphi_{不可逆})_{阴} \tag{10.5a}$$

$$\eta_{阳} = (\varphi_{不可逆} - \varphi_{可逆})_{阳} \tag{10.5b}$$

例如, 有 $0.005\ mol\cdot kg^{-1}$ 的 $ZnSO_4$ 溶液, Zn^{2+} 在阴极上的理论析出电势为 $-0.808\ V$, 而实际的析出电势为 $-0.838\ V$, 则

$$\eta_{阴} = -0.808\ V - (-0.838\ V) = 0.030\ V$$

又如, 当 OH^- 的质量摩尔浓度为 $10^{-13}\ mol\cdot kg^{-1}$ 时, $O_2(g)$ 在阳极上的理论析出电势为 $1.170\ V$, 而实际值为 $1.642\ V$, 则

$$\eta_{阳} = (1.642 - 1.170)\ V = 0.472\ V$$

在外加电势不太大的情况下, 剧烈搅动溶液可以降低其浓差极化 (但由于电极表面存在扩散层, 所以不可能把浓差极化完全除去)。但有时人们也利用这种极化, 例如极谱分析就是利用滴汞电极上所形成的浓差极化来进行分析的一种方法 (关于极谱分析的基本原理, 请参阅电化学分析相关专著)。

电化学极化

假定溶液已搅拌得非常均匀或者已设法使浓差极化降至可以忽略不计的程度, 同时又假定溶液的内阻及各部分的接触电阻都很小, 均可不予考虑, 则从理论

上讲要使电解质溶液进行电解, 外加的电压只需略大于因电解而产生的原电池的电动势就行了。但是实际上有些电解池并非如此, 要使这些电解池的电解顺利进行, 所加的电压必须比该电池的反电动势要大才行, 特别是当电极上生成气体的时候, 这种差异就更大。这种现象称为**电化学极化** (electrochemical polarization), 这部分所需的额外电压称为**电化学超电势**。这是由于电极的反应通常是分若干步进行的, 这些步骤当中可能有某一步反应速率比较缓慢, 需要比较高的活化能。

在一定电流密度下, 每个电极的实际析出电势 (即不可逆电极电势) 等于可逆电极电势加上浓差超电势和电化学超电势, 即

$$\varphi_{阳, 析出} = \varphi_{阳, 可逆} + \eta_{阳} \tag{10.6a}$$

$$\varphi_{阴, 析出} = \varphi_{阴, 可逆} - \eta_{阴} \tag{10.6b}$$

而整个电池的分解电压等于阳、阴两极的析出电势之差, 即

$$E_{分解} = \varphi_{阳, 析出} - \varphi_{阴, 析出}$$

$$= E_{可逆} + \eta_{阳} + \eta_{阴} \tag{10.7}$$

分解电压是指所需的最小电压, 因此可不考虑溶液中因克服电阻而引起的电势降 (IR)。

极化曲线 —— 超电势的测定

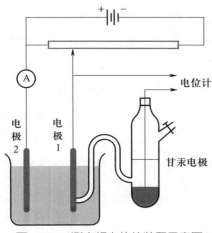

图 **10.3** 测定超电势的装置示意图

图 10.3 给出了测定超电势的装置示意图。测定超电势实际上就是测定在有电流通过电极时的电极电势。然后从电流与电极电势的关系就能得到极化曲线。设要测量电极 1 的极化曲线; 借助辅助电极 2, 将电极 1,2 安排成一个电解池。调节外电路中的电阻, 以改变通过电极的电流大小 (电流的数值可以在电流计上读出)。当待测电极上有电流通过时, 其电势偏离可逆电势。另用一个电极 (通常用电势比较稳定的电极, 如甘汞电极) 与待测电极组成原电池 [甘汞电极的一端拉成毛细管, 常称为 Luggin(卢金) 毛细管, 使其靠近电极 1 的表面, 以减少溶液中的电势降 IR], 用电势差计测量该电池的电动势。由于甘汞电极的电极电势是已知的, 故可求出待测电极的电极电势。每改变一次电流密度 (j), 当待测电极的电极电势达稳定后就可以测出一个稳定的电势值。这样就得到电极 1 的稳态 $j - \varphi$ 曲线, 即极化曲线。同法可以测得另一电极的极化曲线。

实验证明, 当电流密度不同时, 两极的电极电势不同, 因而超电势也不同。图 10.4(a) 给出了电解池通电时电流密度与电极电势关系图 (即电解池中两电极的极化曲线)。

在图 10.4(a) 中, $\eta_{阴}$ 是在一定电流密度下的阴极超电势, $\eta_{阳}$ 是在同一情况下的阳极超电势。由此可见, 电解时电流密度越大, 超电势越大, 则外加的电压也要增大, 所消耗的能量也就越多。

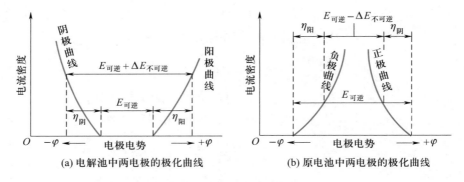

图 10.4　电流密度与电极电势的关系

对于原电池, 控制其放电电流, 同样可以在其放电过程中, 分别测定两个电极的极化曲线。按照对阴、阳极的定义, 在原电池中负极起氧化作用, 则为阳极, 正极起还原作用, 则为阴极, 因此在原电池中负极的极化曲线即是阳极极化曲线, 正极的极化曲线即是阴极极化曲线, 如图 10.4(b) 所示。当原电池放电时, 有电流在电极上通过, 随着电流密度增大, 由于极化作用, 负极 (阳极) 的电极电势比可逆电势值越来越大, 正极 (阴极) 的电极电势比可逆电势越来越小, 两条曲线有相互靠近的趋势, 原电池的电动势逐渐减小, 它所能做的电功则逐渐减小。

从图 10.4(a), (b) 可知, 从能量消耗的角度看, 无论原电池还是电解池, 极化作用的存在都是不利的。为了使电极的极化减小, 必须供给电极以适当的反应物质, 由于这种物质比较容易在电极上反应, 可以使电极上的极化减小或限制在一定程度内, 这种作用称为**去极化作用** (depolarization), 这种外加的物质则叫**去极化剂** (depolarizer)。

影响超电势的因素很多, 如电极材料、电极的表面状态、电流密度、温度、电解质的性质、浓度及溶液中的杂质等, 因此, 超电势测定的重现性不好。一般说来, 析出金属的超电势较小, 而析出气体, 特别是氢、氧的超电势较大。图 10.5 给出了氢在几种电极上的超电势。

表 10.2 中列出了 298.15 K 时 $H_2(g), O_2(g)$ 和 $Cl_2(g)$ 在不同金属上的超电势值。

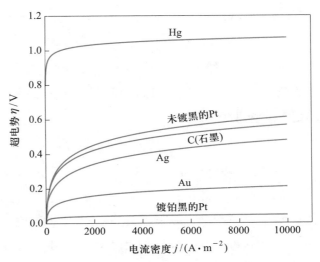

图 10.5　氢在几种电极上的超电势

表 10.2　298.15 K 时 $H_2(g), O_2(g)$ 和 $Cl_2(g)$ 在不同金属上的超电势值

电极	电流密度 $j/(A \cdot m^{-2})$					
	10	100	1000	5000	10000	50000
$H_2(1 \text{ mol} \cdot dm^{-3}$ H_2SO_4 溶液$)$						
Ag	0.097	0.13	0.3	—	0.48	0.69
Al	0.3	0.83	1.0	—	1.29	—
Au	0.017	—	0.1	—	0.24	0.33
Fe	—	0.56	0.82	—	1.29	
石墨	0.002	—	0.32	—	0.6	0.73
Hg	0.8	0.93	1.03	—	1.07	
Ni	0.14	0.3	—	—	0.56	0.71
Pb	0.4	0.4	—	—	0.52	1.06
Pt(光滑的)	0	0.16	0.29	—	0.68	—
Pt(镀铂黑的)	0	0.03	0.041	—	0.048	0.051
Zn	0.48	0.75	1.06	—	1.23	—
$O_2(1 \text{ mol} \cdot dm^{-3}$ KOH 溶液$)$						
Ag	0.58	0.73	0.98	—	1.13	—
Au	0.67	0.96	1.24	—	1.63	—
Cu	0.42	0.58	0.66	—	0.79	—
石墨	0.53	0.9	1.06	—	1.24	—
Ni	0.35	0.52	0.73	—	0.85	—
Pt(光滑的)	0.72	0.85	1.28	—	1.49	—
Pt(镀铂黑的)	0.4	0.52	0.64	—	0.77	—
Cl_2(饱和 NaCl 溶液)						
石墨	—	—	0.25	0.42	0.53	—
Pt(光滑的)	0.008	0.03	0.054	0.161	0.236	—
Pt(镀铂黑的)	0.006	—	0.026	0.05		—

注: 本表数据摘自 James G Speight. Lange's Handbook of Chemistry. 17th ed. New York: McGraw-Hill Education, 2017: Table 1.81.

氢超电势

氢超电势是各种电极过程中研究得最早也是最多的, 但直到现在仍有许多问题不甚清楚。早在 1905 年, Tafel 就提出了一个经验式, 表示氢超电势与电流密度的定量关系, 称为 **Tafel 公式**, 即

$$\eta = a + b\ln(j/[j]) \tag{10.8}$$

式中 j 是电流密度, $[j]$ 是 j 的单位, 这样表示使对数项中的数值为纯数; a, b 是常数。常数 a 是电流密度 j 等于单位电流密度时的超电势值, 它与电极材料、电极表面状态、溶液组成及实验温度等有关。b 的数值对于大多数金属来说相差不多, 在常温下接近于 0.050 V (如用以 10 为底的对数, b 约为 0.116 V。这就意味着, 电流密度增加 10 倍, 则超电势约增加 0.116 V)。氢超电势的大小基本上取决于 a 的数值, 因此 a 的数值越大, 氢超电势也越大, 其不可逆程度也越大。

如用超电势 η 为纵坐标, $\ln(j/[j])$ 为横坐标作图, Tafel 关系是一条直线。这个关系在电流密度很小时不能与事实相符合。因为按照该公式, 当 $j \to 0$ 时, η 应趋向 $-\infty$, 这当然是不对的。当 $j \to 0$ 时, 电极的情况接近于可逆电极, η 应该是零而不应该是 $-\infty$。实际上, 在低电流密度时, 超电势不遵守 Tafel 公式而出现了另外一种性质的关系, 即超电势与通过电极的电流密度成正比, 可表示为 $\eta = \omega j$。ω 值与金属电极的性质有关, 它与式 (10.8) 中的常数 a 一样, 可以表示出在指定条件下氢电极的不可逆程度。

关于氢在阴极电解的机理研究, 从 20 世纪 30 年代开始有了很大的发展, 人们提出了一些不同的理论, 如迟缓放电理论和复合理论等。在不同的理论中有一些共同点, 例如, 都提出 H^+ 的放电过程可分为几个步骤:

(1) H_3O^+ 从本体溶液中扩散到电极附近。

(2) H_3O^+ 从电极附近的溶液中移到电极上。

(3) H_3O^+ 在电极上依照下列机理放电, 即

(a) H_3O^+ 在电极表面上放电, 从而形成吸附在电极表面的 H 原子 [称为 Volmer 反应]:

$$H_3O^+ + Me + e^- \Longleftrightarrow Me - H + H_2O$$

其中 Me 表示金属电极。在碱性溶液中, 由于 H_3O^+ 少, 直接在阴极上放电的可能是水分子:

$$H_2O + Me + e^- \Longleftrightarrow Me - H + OH^-$$

(b) H_3O^+ 和已经被吸附在电极表面上的 H 原子反应生成 H_2 [称为 Heyrovsky

反应]:

$$H_3O^+ + Me - H + e^- \rightleftharpoons Me + H_2 + H_2O$$

(a), (b) 都是电化学步骤, 由于 (b) 中还包含吸附氢的脱附过程, 故 (b) 又称为电化学脱附步骤。

(4) 吸附在电极上的 H 原子化合为 H_2 (称为 Tafel 反应或复合脱附步骤)。

$$Me - H + Me - H \rightleftharpoons 2Me + H_2$$

(5) H_2 从电极上扩散到溶液内或形成气泡逸出。

其中 (1), (5) 两步已证明不能影响反应速率, 至于 (2), (3), (4) 三步中, 究竟哪一步最慢, 各学者的意见并不完全一致。迟缓放电理论认为第三步最慢, 而复合理论则认为第四步即吸附在电极上的氢原子化合为氢分子的步骤最慢。也有人认为在电极上各反应步骤的速率相近, 反应属于联合控制。在不同的金属上, 氢超电势的大小不同, 可设想采用不同的机理来解释。反应机理和速率控制步骤都随条件变化而改变。

一般说来, 对氢超电势比较高的金属 (如 Hg, Zn, Pb, Cd 等), 迟缓放电理论基本上能概括全部的实验事实。对于氢超电势比较低的金属 (如 Pt, Pd 等), 则复合理论能解释实验事实。而对于氢超电势居中的金属 (如 Fe, Co, Cu 等), 则情况要复杂得多, 有必要同时考虑放电步骤的迟缓性和原子化合形成氢分子这一步骤的迟缓性。但不论采用何种机理或何种理论, 最后应都能得到经验的 Tafel 关系式。

历史上对氢的超电势研究得比较多, 其原因大致如下:

(1) 氢的氧化还原反应在许多实际的电化学系统中都会遇到, 例如电解食盐的水溶液以制取 H_2, Cl_2 和 NaOH, 就是以氢电极反应为基础的电解工艺。又如电解水制取氢气或分离氢的同位素, 再如在氢–氧燃料电池或氢–空气燃料电池中, 都是以氢作为负极的活性物质。

(2) 在水溶液电镀工业中, 氢在阴极上析出是不可避免的副反应, 它不仅对镀层有害, 而且使阴极的电流效率降低。

(3) 金属的腐蚀过程与氢的氧化还原过程密切相关, 析氢反应和金属的腐蚀形成共轭反应, 控制析氢的速率也就有可能减缓金属腐蚀的速率。

(4) 标准氢电极的电极电势是电极电势的基准, 所以有必要研究在电极上析氢过程的反应历程。

影响氢电极过程的因素很多, 情况较为复杂, 实验的重现性也较差。因此, 现有的一些理论远不能认为是非常成熟的理论。

*Tafel 公式的理论推导

电极上的析氢反应过程是一个复杂的过程, 它是由许多基元 (或单元) 过程所组成的, 究竟哪一个单元过程是析氢过程中的控制步骤? 知道了控制步骤也就知道了析氢过程中阴极极化的原因。

氢离子在阴极上的还原过程, 一般包括: 液相传质过程、电化学反应过程、复合脱附过程及新相生成过程等。在一般情况下, 传质过程和新相生成过程不会成为控制步骤, 因此, 能成为控制步骤的只有电化学反应过程和脱附过程。认为电化学步骤缓慢, 并成为整个析氢过程控制步骤的理论, 称为 "**迟缓放电理论**"。认为复合步骤缓慢, 并成为整个析氢过程控制步骤的理论, 则称为 "**迟缓复合理论**"; 认为电化学脱附步骤是控制步骤的理论, 称为 "电化学脱附理论"。

以下仅以 "迟缓放电理论" 为基础, 导出 Tafel 的经验公式。

迟缓放电理论根据化学动力学中的公式, 同时考虑到电化学过程的特点, 可以从理论上推导出 Tafel 公式。这是研究电极过程的速率与机理之间关系的一门科学, 又称为**电极过程动力学** (kinetics of electrode process)。

如以 c^σ 表示电极表面层中反应物的浓度, 并以 E_a 表示反应的活化能, 则反应速率 r (即单位时间单位表面上反应物消耗的物质的量) 为

$$r = kc^\sigma = c^\sigma A \exp\left(-\frac{E_a}{RT}\right)$$

式中 k 为速率常数; A 为指前因子 (见第十一章)。电流密度 j 为

$$j = zFr = zFAc^\sigma \exp\left(-\frac{E_a}{RT}\right) \tag{a}$$

我们知道在平衡情况下, 任何电极上都同时进行着两个相反的过程, 即氧化过程和还原过程, 只是二者以相同的速率进行, 因而宏观上看不出电极上有什么变化。

由于有两个反应同时在电极与溶液的界面上进行, 而氧化与还原作用的活化能又不同, 因此根据式 (a), 还原与氧化过程的电流密度可分别表示为

$$j_{Red} = k_{Red} c^\sigma_{Red} \exp\left(-\frac{E_{a,Red}}{RT}\right) \tag{b}$$

$$j_{Ox} = k_{Ox} c^\sigma_{Ox} \exp\left(-\frac{E_{a,Ox}}{RT}\right) \tag{c}$$

式中 k_{Red}, k_{Ox} 为速率常数; $c^\sigma_{Red}, c^\sigma_{Ox}$ 分别为还原和氧化过程中反应物在表面层中的浓度; $E_{a,Red}, E_{a,Ox}$ 分别为还原和氧化过程的活化能。

对于有电子和离子参加的反应来说, 反应速率应当与电极表面的带电状况有关, 即与电极的电势有关。这是因为表面的带电状况, 可以改变放电过程的活化能。例如, 电极表面负电荷增多, 则使得还原过程易于进行, 即使得还原过程的活化能减小, 反应速率加快。与此相反, 电极表面负电荷增多, 则使得金属的氧化过程难以进行, 即氧化过程的活化能增大。电极电势与活化能的关系为

$$E_{a,Red} = E^0_{a,Red} + \alpha zF\varphi_{阴}(Ox|Red)_{IR} \tag{d}$$

$$E_{a,Ox} = E^0_{a,Ox} - \beta zF\varphi_{阳}(Ox|Red)_{IR} \tag{e}$$

式中 $E^0_{a,Red}, E^0_{a,Ox}$ 表示电极电势为零 (即非电极反应) 时还原和氧化过程的活化能; $\varphi_{阴}(Ox|Red)_{IR}, \varphi_{阳}(Ox|Red)_{IR}$ 分别表示还原与氧化过程中的实际不可逆还原电极电势。

α, β 均小于 1, $\alpha + \beta = 1$ (证明从略)。这就是说, 电极电势的影响并不能全部用于改变离子的活化能 (或放电速率), 只有其中一部分会产生影响。

对于阴极过程 (即还原过程), 将式 (d) 代入式 (b), 得还原电流密度为

$$j_{Red} = k_{Red}c^\sigma_{Red}\exp\left[\frac{-E^0_{a,Red} - \alpha zF\varphi_{阴}(Ox|Red)_{IR}}{RT}\right]$$

$$= k_{阴}c^\sigma_{Red}\exp\left[\frac{-\alpha zF\varphi_{阴}(Ox|Red)_{IR}}{RT}\right] \tag{f}$$

对于阳极过程 (即氧化过程), 将式 (e) 代入式 (c), 得氧化电流密度为

$$j_{Ox} = k_{Ox}c^\sigma_{Ox}\exp\left[\frac{-E^0_{a,Ox} + \beta zF\varphi_{阳}(Ox|Red)_{IR}}{RT}\right]$$

$$= k_{阳}c^\sigma_{Ox}\exp\left[\frac{\beta zF\varphi_{阳}(Ox|Red)_{IR}}{RT}\right] \tag{g}$$

式 (f), (g) 中:

$$k_{阴} = k_{Red}\exp\left(-\frac{E^0_{a,Red}}{RT}\right)$$

$$k_{阳} = k_{Ox}\exp\left(-\frac{E^0_{a,Ox}}{RT}\right)$$

式 (f) 和式 (g) 显示了实际反应过程中电极电势对反应速率的影响。

当电极反应达到平衡时, 电极电势等于可逆电极电势, 此时在电极上还原作用和氧化作用仍在不断进行, 只不过是二者的速率相等而已, 这时交换电流密度 j_0 为

$$j_0 = j_{Red} = j_{Ox} \tag{h}$$

代入式 (f), (g) 后, 得

$$j_0 = k_{阴} c_{\text{Red}}^{\sigma} \exp\left[\frac{-\alpha z F \varphi_{阴}(\text{Ox}|\text{Red})_{\text{R}}}{RT}\right]$$

$$= k_{阳} c_{\text{Ox}}^{\sigma} \exp\left[\frac{\beta z F \varphi_{阳}(\text{Ox}|\text{Red})_{\text{R}}}{RT}\right] \tag{i}$$

根据式 (10.5) 对超电势的定义, 得

$$E_{阴}(\text{Ox}|\text{Red})_{\text{IR}} = E_{阴}(\text{Ox}|\text{Red})_{\text{R}} - \eta_{阴}$$

根据式 (f) 和式 (i) 得

$$j_{\text{Red}} = k_{阴} c_{\text{Red}}^{\sigma} \exp\left[\frac{-\alpha z F \varphi_{阴}(\text{Ox}|\text{Red})_{\text{R}}}{RT}\right] \exp\left(\frac{-\alpha z F \eta_{阴}}{RT}\right)$$

$$= j_0 \exp\left(\frac{-\alpha z F \eta_{阴}}{RT}\right) \tag{j}$$

同理, 对于阳极过程有

$$j_{\text{Ox}} = j_0 \exp\left(\frac{\beta z F \eta_{阳}}{RT}\right) \tag{k}$$

　　电势偏离平衡值是由于电极上有电流通过, 这个电流值应是两者的代数和。当阴极上极化很大时, j_{Red} 远大于 j_{Ox}, 就可忽略氧化对电流的贡献, 将还原产生的电流密度看作阴极电流密度, 即

$$j_{阴} \approx j_{\text{Red}} = j_0 \exp\left(-\frac{\alpha z F \eta_{阴}}{RT}\right) \tag{l}$$

两边取对数, 得

$$\ln\frac{j_{阴}}{[j]} = \ln\frac{j_0}{[j]} - \frac{\alpha z F \eta_{阴}}{RT}$$

或

$$\eta_{阴} = \frac{RT}{\alpha z F}\ln\frac{j_0}{[j]} - \frac{RT}{\alpha z F}\ln\frac{j_{阴}}{[j]} \tag{m}$$

或

$$\eta_{阴} = a + b\ln\frac{j_{阴}}{[j]} \tag{n}$$

这就是 **Tafel 公式**。它表明超电势与电流密度的对数成线性关系。同时式中也给出了 a, b 的物理意义。因在阴极上的超电势是负值, 有些书上 $\eta_{阴}$ 用绝对值表示。如果把阴极超电势定义为正值, 两者就差一个 "−" 号。读者在看不同的教材或超电势表值时应理解这个问题。

同理, 当阳极上极化很大时, 可得

$$\eta_{阳} = -\frac{RT}{\beta z F}\ln\frac{j_0}{[j]} + \frac{RT}{\beta z F}\ln\frac{j_{阳}}{[j]} \tag{o}$$

或

$$\eta_{阳} = a' + b'\ln\frac{j_{阳}}{[j]}$$

从 Tafel 公式可以看出电极上的超电势与电流密度之间的线性关系, 也可以知道 a 和 b 等的物理意义。

10.3　电解时电极上的竞争反应

金属的析出与氢的超电势

当电解金属盐类的水溶液时, 溶液中的金属离子和 H^+ 都将趋向于阴极, 究竟何者先在阴极上析出, 从下面几个例子可以得到解答。

例 10.1

在 298 K 时, 用惰性电极来电解 $AgNO_3$ 溶液 (设活度均为 1)。在阳极放出氧气, 在阴极可能析出氢或金属银。因为现在只讨论阴极上的情况, 所以氧在阳极上的超电势可视为定值而暂不考虑。

假如阴极上析出的是银:

$$Ag^+(a_{Ag^+} = 1) + e^- \longrightarrow Ag(s)$$

$$\varphi_{Ag^+|Ag} = \varphi_{Ag^+|Ag}^{\ominus} = 0.7996\ V$$

假如阴极上析出的是氢气:

$$H^+(a_{H^+} = 10^{-7}) + e^- \longrightarrow \frac{1}{2}H_2(g, p^{\ominus})$$

$$\varphi_{H^+|H_2} = -\frac{0.05916\ V}{1}\lg\frac{1}{10^{-7}} = -0.414\ V$$

显而易见, 即使氢没有超电势, 银的析出也比较容易。实际上, 氢在银上还有超电势 (电极电势还要更负些), 析出氢当然更困难。如果我们把两种可能产物所形成的电池排列如下, 也不难看出, 当阴极上有 Ag 析出时所形成原电池的反电动势较小:

$$\text{Ag(s)} \mid \text{AgNO}_3(a=1) \mid \text{O}_2(p^{\ominus}) \mid \text{Pt(s)}$$

$$E = \varphi_{\text{H}^+|\text{O}_2|\text{Pt}} - 0.7996 \text{ V}$$

$$\text{Ag(s)} \mid \text{H}_2(p^{\ominus}) \mid \text{AgNO}_3(a=1) \mid \text{O}_2(p^{\ominus}) \mid \text{Pt(s)}$$

$$E = \varphi_{\text{H}^+|\text{O}_2|\text{Pt}} - (-0.414 \text{ V})$$

因此可得出结论, 在阴极上, (还原) 电势越正者, 其氧化态越先还原而析出; 同理, 在阳极上起氧化反应, 则 (还原) 电势越负者其还原态越先氧化而析出.

例 10.2

以镉为阴极电解 $CdSO_4$ 溶液 (设活度均为 1). 阴极反应为

$$Cd^{2+}(a_{Cd^{2+}} = 1) + 2e^- \longrightarrow Cd(s) \qquad \varphi^{\ominus}_{Cd^{2+}|Cd} = -0.403 \text{ V}$$

此值与析出氢的数值 (-0.414 V) 很接近, 从理论上讲, H^+ 和 Cd^{2+} 均可同时在阴极上还原. 如果溶液是酸性的, 氢离子活度大于 10^{-7}, 则 H^+ 应比 Cd^{2+} 更容易析出. 但是实验结果表明, 在阴极上得到的是 $Cd(s)$, 而不是 $H_2(g)$. 其原因是氢在镉电极上的超电势很大, 即使在 $10 \text{ A} \cdot \text{m}^{-2}$ 的低电流密度下超电势也有 1 V 左右, 所以 H^+ 在镉电极上析出远较 Cd^{2+} 的还原困难得多. 人们就是利用这种现象使金属活泼次序在氢以上的金属也能从溶液中析出来的.

超电势的存在本来是不利的 (因为电解时需要消耗更多能量), 但从另一个角度来看, 正因为有超电势存在, 才使得某些本来在 H^+ 之后在阴极上还原的反应, 也能顺利地先在阴极上进行. 例如, 可以在阴极上镀 Zn, Cd, Ni 等而不会有氢气析出. 在电动次序中氢以上的金属即使是 Na, 也可以用汞作为电极使 Na^+ 在电极上放电, 生成钠汞齐而不会放出氢气 (因为氢气在汞上有很大的超电势). 又如铅蓄电池在充电时, 如果氢没有超电势, 则我们就不能使铅沉积到电极上, 而只会放出氢气. 在铅蓄电池的阳极上, OH^- 先氧化而放出氧气, 而 SO_4^{2-} 氧化则比较困难.

一般说来, 在电解的过程中, 一方面应该注意因电解池中溶液浓度的改变所引起的反电动势的改变, 同时还要注意控制外加电压不宜过大, 以防止氢气也在阴极同时析出.

例 10.3

298 K 时, 如以 Pt 为电极电解 $CuSO_4$ 溶液, 质量摩尔浓度为 $1 \text{ mol} \cdot \text{kg}^{-1}$. 所组成的原电池为

$$\text{Cu(s)} \mid \text{CuSO}_4(1 \text{ mol} \cdot \text{kg}^{-1}) \mid \text{O}_2(g) \mid \text{Pt(s)}$$

设电解质的活度因子均等于 1, 并已知氧在铂电极上的电极电势为 1.70 V, 且假设不随反应发生变化, $\varphi_{Cu^{2+}|Cu}^{\ominus} = 0.34$ V, 则该电池的分解电压为

$$E_{分解} = \varphi_{阳} - \varphi_{阴} = (1.70 - 0.34)\ \text{V} = 1.36\ \text{V}$$

若外加电压增至 2.0 V, 则此时溶液中 Cu^{2+} 的质量摩尔浓度可自下式求得 (设阳极电极电势仍为 1.70 V):

$$1.70\ \text{V} - \left(0.34\ \text{V} + \frac{RT}{2F}\ln a_{Cu^{2+}}\right) = 2.0\ \text{V}$$

计算得 $[Cu^{2+}] = 2 \times 10^{-22}\ \text{mol} \cdot \text{kg}^{-1}$。

由于氢在铜电极上有超电势, 设其值为 0.60 V, 则当氢气开始析出时, 电池的分解电压应为

$$E_{分解} = 1.70\ \text{V} - \left(\frac{RT}{F}\ln a_{H^+} - \eta_{阴}\right)$$

$$= (1.70 + 0.60)\ \text{V} = 2.30\ \text{V}$$

(因为当阴极上有 1 mol Cu^{2+} 还原成 Cu 时, 阳极上就有 2 mol OH^- 发生氧化, 溶液中生成 2 mol H^+, 其中 1 mol H^+ 与 SO_4^{2-} 结合生成 HSO_4^-, 净多 1 mol H^+。设 H^+ 的活度因子为 1, 则 $a_{H^+} = 1$, $E_{分解} = 1.70$ V $+ \eta_{阴}$。)

从例 10.3 的计算可知, 用铂电极电解 $CuSO_4$ 溶液 ($1\ \text{mol} \cdot \text{kg}^{-1}$) 时, 当外加电压等于 1.36 V 时, 电解才开始进行。当电压增大到 2.0 V 时, Cu^{2+} 的质量摩尔浓度已降低到极小 ($2 \times 10^{-22}\ \text{mol} \cdot \text{kg}^{-1}$)。直到电压增大到 2.30 V 时, 才开始析出氢气。

金属离子的分离

如果溶液中含有多种不同的金属离子, 它们分别具有不同的析出电势, 可以控制外加电压的大小使金属离子分步析出而得以分离。

为了更有效地将两种离子分开, 两种金属的析出电势至少应该相差多少才能使离子基本分离, 可以通过下述计算说明:

$$M^{z+}(a_+) + ze^- \longrightarrow M(s)$$

$$\varphi_{M^{z+}|M} = \varphi_{M^{z+}|M}^{\ominus} - \frac{RT}{zF}\ln\frac{1}{a_{M^{z+}}}$$

假定在金属离子还原过程中阳极的电势不变, 设金属离子的起始和终了活度分别为 $a_{M^{z+},1}$ 和 $a_{M^{z+},2}$, 则两者的电势差值为

$$\Delta E_{阴} = \frac{RT}{zF} \ln \frac{a_{M^{z+},1}}{a_{M^{z+},2}}$$

设 $\frac{a_{M^{z+},1}}{a_{M^{z+},2}} = 10^7$ 时, 此时离子的浓度已降低到原浓度的千万分之一, 离子基本分离干净。则对于一价金属离子如 Ag^+, $\Delta E_{阴}$ 约为 0.4 V, 对二价离子如 Cu^{2+}, $\Delta E_{阴}$ 约为 0.2 V, 其余以此类推。当一种离子浓度下降到 $\frac{1}{10^7}$ 时, 可将沉积该金属的阴极取出, 然后调换另一新的电极, 再增大外加电压, 使另一种金属离子继续沉积出来。

如欲使两种离子同时在阴极上析出而形成合金, 需调整两种离子的浓度, 使其具有相等的析出电势。例如, 相同浓度的 Cu^{2+} 与 Zn^{2+}, 其析出电势相差约 1 V, 两者不能同时析出。但如果在溶液中加入 CN^- 使其成为配合物 (即 $[Cu(CN)_3]^-$, $[Zn(CN)_4]^{2-}$), 然后调整 Cu^{2+} 和 Zn^{2+} 的浓度比, 则可使铜和锌同时析出而形成合金镀层。如果进一步控制温度、电流密度及 CN^- 的浓度, 还可以得到不同组成的黄铜合金。

电解过程的一些其他应用

电解时阴极上的反应当然并不限于金属离子的析出, 任何能从阴极上取得电子的还原反应都可能在阴极上进行; 同样, 在阳极上也并不限于负离子的析出或阳极的溶解, 任何放出电子的氧化反应都能在阳极上进行。若溶液中含有某些离子, 具有比 H^+ 更正的还原电势, 则 $H_2(g)$ 就不再逸出, 而发生该种物质的还原。这种物质通常就称为**阴极去极化剂** (cathode depolarizer)。同理, 若要减弱因阳极上析出 $O_2(g)$ 或 $Cl_2(g)$ 等所引起的极化作用, 则可以加入还原电势较负的某种物质, 使其比 OH^- 先在阳极氧化, 这种物质就称为**阳极去极化剂** (anode depolarizer)。例如, 用某种电极电解 1 mol·kg^{-1} 的 HCl 溶液, 若在阴极区加入一些 $FeCl_3$, 则由于 Fe^{3+} 还原成 Fe^{2+} 的还原电势比 H^+ 的高, 所以 Fe^{3+} 在阴极区还原为 Fe^{2+}, 而避免了析出氢气的极化作用。若在阳极区内加一些 $FeCl_2$, 则阳极反应将是 $Fe^{2+} \longrightarrow Fe^{3+} + e^-$, 而不是 $Cl^- \longrightarrow \frac{1}{2}Cl_2(g) + e^-$。最简单的去极化剂是具有不同化合价的离子, 例如铁 (Fe^{2+}, Fe^{3+}) 和锡 (Sn^{2+}, Sn^{4+}) 的离子。这些去极化剂的作用相当于一个氧化还原电极, 它有较恒定的电极电势, 其数值取决于高价和低价离子活度的比值。

在上例中 Fe^{3+} 是直接从阴极上取得电子而还原的。另一类去极化作用虽然也有氢离子参加反应, 但没有氢气析出。例如, 在阴极上硝酸盐及硝基苯被还原

的反应是

$$NaNO_3 + 2H^+ + 2e^- \longrightarrow NaNO_2 + H_2O$$

$$C_6H_5NO_2 + 6H^+ + 6e^- \longrightarrow C_6H_5NH_2 + 2H_2O$$

这些反应常是不可逆的, 而且实际的电极过程也并不十分清楚.

去极化剂在电化工业中应用得很广泛. 例如电镀工艺中为了使金属沉积的表面既光滑又均匀, 常加入一定的去极化剂, 以防止因 $H_2(g)$ 的放出而使表面有孔隙或疏松现象.

上述用电解方法来实现物质的氧化或还原, 在工业上常用于电解制备. 如电解食盐水制备氢气、氯气和 NaOH 的氯碱工业, 用电解法提纯金属如电解铜, 生产合金如黄铜, 电解水以制备纯净的氢气和氧气, 电解法制双氧水等. 有机物的电解制备在近年来也研究得很多, 如丙烯腈在电解池阴极上加氢还原制成己二腈 (生产尼龙 −66 的原料) 已投入工业生产.

$$2CH_2{=}CHCN + 2H^+ + 2e^- \longrightarrow CN(CH_2)_4CN$$

又如电解硝基苯制苯胺, 其主要步骤为

$$C_6H_5NO_2 \longrightarrow C_6H_5NO \longrightarrow C_6H_5NHOH \longrightarrow C_6H_5NH_2$$
　　硝基苯　　　　　　亚硝基苯　　　　　　苯胲　　　　　　　苯胺

如果用氢超电势较高的阴极如 Pb, Zn, Cu 或 Sn, 不管溶液是碱性的或酸性的, 电解产物都是苯胺. 如果用中性溶液, 以 Ag, C 或 Ni 为阴极, 主要的产物是苯胺. 如果用同样的电极, 但以酸性溶液代替中性溶液, 产物是对氨基苯酚 [$C_6H_4(NH_2)OH$]、联苯胺 ($NH_2C_6H_4C_6H_4NH_2$) 和苯胺. 在碱性溶液里, 中间产物亚硝基苯和苯胺进行脱水反应, 产生氧化偶氮苯:

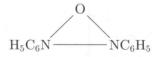

氧化偶氮苯再电解还原, 它就失去氧而成为偶氮苯 ($C_6H_5{-}N{=}N{-}C_6H_5$), 再加入氢而成氢化偶氮苯 ($C_6H_5NH{-}NHC_6H_5$), 最后的结果是得到两分子的苯胺. 这些都是很好的应用实例.

电解制备的主要优点: ① 产物比较纯净, 易于提纯. 用电解法进行氧化和还原时不需要另外加入氧化剂或还原剂, 可以减少污染. ② 适当地选择电极材料、电流密度和溶液的组成, 可以扩大电解还原法的适用范围. 通过控制反应条件还可以使原来在化学方法中是一步完成的反应, 控制反应停止在某一中间步骤上, 有时又可以把多步骤的化学反应在电解槽内一次完成, 从而得到所要的产物.

电解氧化和还原的应用是十分广泛的, 除了上面提到的电解制备外, 还可以再举几个应用的例子。

(1) **塑料电镀** 为了节约金属, 减轻产品重量和降低成本, 目前在建筑业、汽车制造业及人们日常生活中越来越多地采用塑料来代替金属。但是, 绝大多数塑料有不能导电、没有金属光泽等不足之处, 为了改进其性能, 可以在 ABS、尼龙、聚四氟乙烯等各种塑料上进行电镀, 其步骤大致是先将塑料表面去油、粗化及各种表面活性处理, 然后用化学沉积法在其表面形成很薄的导电层, 再把塑料镀件置于电镀槽的阴极, 镀上各种所需的金属。电镀后的塑料制品能够导电、导磁, 有金属光泽, 也提高了焊接性能, 而且其机械性能、热稳定性和防老化能力等都有所提高。

(2) **铝及其合金的电化学氧化和表面着色** 金属铝及其合金由于质轻、导电、导热及延展性能好, 故在电子工业、机械制造和轻工业等方面有广泛的应用。但是, 由于铝质软、不耐磨、表面氧化膜太薄 (约 4 μm)、抗蚀性能差和色泽单调等不足, 所以它的应用受到极大的限制。

铝及其合金的电化学氧化亦称阳极氧化, 可以改变铝制品的性能。该过程即把铝或其合金置于相应的电解液 (硫酸、铬酸、草酸等) 中作为阳极, 在特定的工作条件和外加电流的作用下, 在阳极表面形成一层厚度为 5 ~ 20 μm 的氧化膜, 而硬质阳极氧化膜厚度可达 6 ~ 200 μm, 可使得铝或其合金的硬度和耐磨性大有提高 (可达 250 ~ 500 kg·mm^{-2})。厚的氧化膜层具有大量的微孔, 可吸附各种润滑剂。因此, 这种铝及其合金可以用来制造发动机气缸及其他耐磨零件。经阳极氧化处理后的铝及其合金有良好的耐热性 (硬质阳极氧化膜熔点高达 2320 K)、绝缘性 (击穿电压高达 2000 V)、抗蚀性 (在 3%NaCl 盐雾中经几小时而不腐蚀) 和绝热性, 使得它在航天、航空、电子、电气工业上有广泛的用途。表面氧化膜有许多微孔, 吸附能力强, 可以吸附染料染成各种鲜艳夺目的色彩, 使得它在轻工业、建筑装潢等方面的用途越来越广泛。

10.4 金属的电化学腐蚀、防腐与金属的钝化

金属的电化学腐蚀

金属表面与周围介质发生化学及电化学作用而遭受破坏的现象, 统称为金属腐蚀。金属表面与介质 (如气体或非电解质液体等) 因发生化学作用而引起的腐

蚀, 叫作化学腐蚀。化学腐蚀作用进行时没有电流产生。金属表面与介质 (如潮湿空气、电解质溶液等) 接触时, 因形成微电池而发生电化学作用而引起的腐蚀, 叫作**电化学腐蚀** (electrochemical corrosion)。

由于金属腐蚀而遭受到的损失是非常严重的。据统计, 全世界每年因腐蚀而报废的金属设备和材料的量为金属年产量的 $20\% \sim 30\%$。因此, 研究金属的腐蚀和防腐是一项很重要的工作。在腐蚀作用中, 电化学腐蚀情况最为严重。

当两种金属或两种不同的金属制成的物体相接触, 同时又与其他介质 (如潮湿空气、其他潮湿气体、水或电解质溶液等) 相接触时, 就形成一个原电池, 并进行原电池的电化学作用。例如, 在一铜板上有一些铁的铆钉 (见图 10.6), 长期暴露在潮湿的空气中, 在铆钉的部位就特别容易生锈。这是因为铜板暴露在潮湿空气中时表面上会凝结一层薄薄的水膜, 空气里的 CO_2, 工厂区的 SO_2 废气, 沿海地区潮湿空气中的 $NaCl$ 都能溶解到这一薄层水膜中形成电解质溶液, 于是就形成了原电池。其中, 铁是阳极 (即负极), 铜是阴极 (即正极)。在阳极上一般都是金属的溶解过程 (即金属被腐蚀过程), 如 Fe 发生氧化作用:

$$Fe(s) \longrightarrow Fe^{2+} + 2e^-$$

在阴极上, 由于条件不同可能发生不同的反应。如在阴极 (Cu) 上可发生:

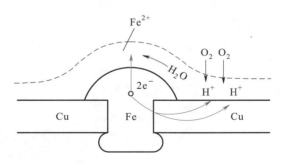

图 10.6　铁的电化学腐蚀示意图

(1) 氢离子还原成 H_2 析出 (亦称为**析氢腐蚀**):

$$2H^+ + 2e^- \longrightarrow H_2(g) \tag{1}$$

$$\varphi_1 = -\frac{RT}{2F}\ln\frac{a_{H_2}}{a_{H^+}^2}$$

(2) 在酸性气氛中, 大气中的氧气在阴极上取得电子, 而发生还原反应 (亦称为**耗氧腐蚀**):

$$O_2(g) + 4H^+ + 4e^- \longrightarrow 2H_2O \tag{2}$$

$$\varphi_2 = \varphi_{O_2|H^+,H_2O}^{\ominus} - \frac{RT}{4F}\ln\frac{1}{a_{O_2} \cdot a_{H^+}^4}$$

$\varphi^{\ominus}_{O_2|H^+,H_2O} = 1.229$ V, 在空气中 $p_{O_2} = 21$ kPa, 显然 φ_2 比 φ_1 大得多, 即反应 (2) 比反应 (1) 容易发生, 也就是说 $\varphi_{Fe^{2+}|Fe}$ 与 $\varphi_{H^+|H_2}$ 组成电池的电动势比 $\varphi_{Fe^{2+}|Fe}$ 与 $\varphi_{O_2|H^+,H_2O}$ 组成电池的电动势小得多, 所以当有氧气存在时 Fe 的腐蚀就更严重。

在图 10.6 中, 由于两种金属紧密连接, 电池反应不断地进行, Fe 就变成 Fe^{2+} 而进入溶液, 多余的电子移向铜极, 在铜极上氧气和氢离子被消耗掉, 生成水, Fe^{2+} 就与溶液中的 OH^- 结合, 生成氢氧化亚铁 $Fe(OH)_2$, 然后又和潮湿空气中的水分和氧发生作用, 最后生成铁锈 (铁锈是铁的各种氧化物和氢氧化物的混合物):

$$4Fe(OH)_2(s) + 2H_2O(l) + O_2(g) \Longrightarrow 4Fe(OH)_3(s)$$

结果铁就受到了腐蚀。

工业上使用的金属不可能是非常纯净的, 常存在一些杂质。在表面上金属的电势和杂质的电势不尽相同, 这就构成了以金属和杂质为电极的许许多多微电池 (或局部电池)。如图 10.7 所示, 铁杂质在锌中形成的微电池, 氢离子在铁阴极上放电, 锌作为阳极不断溶解而受到腐蚀。所以, 含铁杂质的粗锌在酸性溶液中, 既有化学腐蚀, 又有电化学腐蚀, 要比纯锌腐蚀得更快。

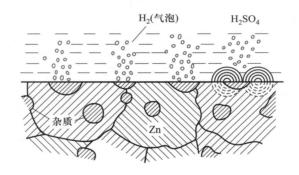

图 10.7　含杂质的工业用锌在稀硫酸溶液中被腐蚀的示意图

在金属表面上形成浓差电池也能构成电化学腐蚀。例如, 把两个铁电极放在稀的 NaCl 溶液中, 在一个电极 (A) 上通以空气, 另一电极 (B) 上通以富氮空气 (其含氧量较一般空气少), 由于两电极附近氧的浓度不同, 因而就构成了浓差电池。电极 (A) 成为阴极, 电极 (B) 成为阳极, 在电极上所进行的反应为

阳极 (B)　　$Fe(s) \longrightarrow Fe^{2+} + 2e^-$

阴极 (A)　　$\dfrac{1}{2}O_2(g) + H_2O(l) + 2e^- \longrightarrow 2OH^-$

同一根铁管, 如有局部处于氧浓度较低处 (如裂缝处或螺纹联结处), 就能构成浓差电池, 使作为阳极的部分受到腐蚀。

金属的电化学腐蚀, 实际上是形成了许多微电池, 它和前章所述的原电池, 并没有本质上的区别。

根据氧化还原的一般原则, 在金属发生氧化作用的同时, 必然要有另一个与之相共轭的氧化剂发生还原作用 (有时也称为共轭反应)。在微电池的阴极上所进行的还原过程, 在金属腐蚀的文献中常被称为**去极化作用** (depolarization[①]), 并把该种氧化剂称为**去极化剂** (depolarizer)。显然, 不管金属多么活泼, 没有去极化剂的存在, 金属腐蚀的过程就不能进行。在金属腐蚀时经常遇到的去极化剂是溶液中的氢离子和溶液中溶解的氧。如前所述, 由于 $\varphi_{O_2|H^+,H_2O}$ 的值比 $\varphi_{H^+|H_2}$ 的值更正 (由前者所组成的微电池的电动势大), 所以当溶液中有溶解的氧时, 金属更易于腐蚀。

腐蚀电池电动势的大小影响腐蚀的倾向和速率。当两种金属一旦构成微电池之后, 由于有电流产生, 电极就要发生极化, 而极化作用的结果会改变腐蚀电池的电动势, 因而需要研究极化对腐蚀的影响, 特别是研究金属在各种介质中的极化曲线有重要的意义。

金属的防腐

金属防腐常用的方法有下列几种:

(1) **非金属保护层** 将耐腐蚀的物质, 如油漆、喷漆、搪瓷、陶瓷、玻璃、沥青、高分子材料 (如塑料、橡胶、聚酯) 等, 紧密包裹在要保护的金属表面, 使金属与腐蚀介质隔开。当这些保护层完整时能起保护的作用。

(2) **金属保护层** 用耐腐蚀性较强的金属或合金覆盖在被保护的金属表面, 覆盖的主要方法是电镀。按防腐蚀的性质来说, 保护层可分为阳极保护层和阴极保护层。前者是镀上去的金属比被保护的金属有较负的电极电势, 例如把锌镀在铁上 (一旦发生电化学腐蚀时锌为阳极, 铁为阴极); 后者是镀上去的金属有较正的电极电势, 例如把锡镀在铁上 (此时锡为阴极, 铁为阳极)。就保护层把被保护的金属与外界介质隔开这一点来说, 两种保护层的作用并无原则上的区别。但当保护层受到损坏而变得不完整时, 情况就完全不同。阴极保护层受损就失去了保护作用, 它和被保护的金属形成原电池, 由于被保护的金属是阳极, 阳极要氧化, 所以保护层的存在反而加速了被保护金属的腐蚀。但阳极保护层则不然, 即使保护层被破坏, 由于被保护的金属是阴极, 所以受腐蚀的是保护层本身, 而被保护的金属则不受腐蚀。

---

① depolarization 通常被译为 "去极化作用", 编者认为译为 "消极化作用" 可能更为得当。

(3) **电化保护**   有以下几种方法。

保护器保护: 将电极电势较低的金属和被保护的金属连接在一起, 构成原电池, 电极电势较低的金属作为阳极而溶解, 被保护的金属作为阴极就可以避免腐蚀。例如海上航行的船舶, 在船底四周镶嵌锌块, 此时, 船体是阴极受到保护, 锌块是阳极代替船体而受腐蚀, 所以有时将锌块称为保护器。这种保护法是保护了阴极, 牺牲了阳极, 所以也称为牺牲阳极保护法。

阴极电保护: 利用外加直流电, 把负极接到被保护的金属上, 让它成为阴极, 正极接到一些废铁上成为阳极, 使它受到腐蚀。那些废铁实际上也是牺牲性阳极, 它保护了阴极, 只不过它是在外加电流下保护阴极的。在化工厂中, 一些装有酸性溶液的容器或管道, 水中的金属闸门及地下的水管或输油管常用这种方法防腐。

阳极电保护: 把被保护的金属接到外加电源的正极上, 使被保护的金属进行阳极极化, 电极电势向正的方向移动, 使金属 "钝化" 而得到保护。金属可以在氧化剂的作用下钝化, 也可以在外电流的作用下钝化 (参阅下部分内容)。

(4) **加缓蚀剂保护**   由于缓蚀剂 (inhibitor) 的用量少, 方便且经济, 故这是一种最常用的方法。缓蚀剂种类很多, 可以是无机盐类缓蚀剂 (如硅酸盐、正磷酸盐、亚硝酸盐、铬酸盐等), 也可以是有机缓蚀剂 (一般是含有 N, S, O 和三键的化合物, 如胺类、吡啶类等)。在腐蚀性的介质中只要加少量缓蚀剂, 就能改变介质的性质, 从而大大降低金属腐蚀的速率。其缓蚀机理一般是减慢阴极 (或阳极) 过程的速率, 或者是覆盖电极表面从而防止腐蚀。

阳极缓蚀剂的作用是直接阻止阳极表面的金属进入溶液, 或者是在金属表面上形成保护膜, 使阳极免于腐蚀 (但应注意, 如果加入缓蚀剂的量不足, 阳极表面覆盖不完全, 反而导致阳极的电流密度增加使腐蚀加快。因此, 为了引起注意, 有时也把阳极缓蚀剂称为危险性缓蚀剂)。

阴极缓蚀剂主要也在于抑制阴极过程的进行, 增大阴极极化, 有时也可在阴极上形成保护膜。阴极缓蚀剂不具有 "危险性"。

有机缓蚀剂可以是阴极缓蚀剂也可以是阳极缓蚀剂, 它主要是被吸附在阴极表面而增加了氢超电势, 妨碍氢离子放电过程的进行, 从而使金属溶解速率减慢。

气相缓蚀剂: 金属器件在储存或运输过程中可能经历温度和湿度的变化, 表面上凝有很薄的水膜, 易于引起锈蚀。如果在仓库内或包装上加有某种易于挥发但又不是挥发很快的物质 (如亚硝酸二环己烷基胺等), 这种物质将溶解在金属表面的湿膜中, 改变介质的性质, 起到缓蚀的作用。此种缓蚀剂称为气相缓蚀剂。

防止金属腐蚀可根据具体情况采用多种方法, 下节所介绍的金属钝化, 也是一种防止腐蚀的方法。但是, 最根本的还是研究制成新的耐腐蚀材料, 如特种合金或特种陶瓷高聚物材料等。

金属的钝化

一块普通的铁片, 在稀硝酸中很容易溶解, 但在浓硝酸中则几乎不溶解。经过浓硝酸处理后的铁片, 即使再把它放在稀硝酸中, 其腐蚀速度也比原来未处理前有显著的下降或甚至不溶解, 这种现象叫作**化学钝化** (chemical passivation), 此时的金属则处于**钝态** (passive state)。除了硝酸之外, 其他一些试剂 (通常是强氧化剂) 如 $HClO_3$, $K_2Cr_2O_7$, $KMnO_4$ 等都可使金属钝化。金属变成钝态之后, 其电极电势向正的方向移动, 甚至可以升高到接近于贵金属 (如 Au, Pt) 的电极电势。由于电极电势升高, 钝化后的金属失去了它原来的特性, 例如钝化后的铁在铜盐溶液中不能将铜取代出来。

除了用氧化剂处理可使金属变成钝态外, 用电化学的方法也可使金属变成钝态。例如, 将 Fe 置于 H_2SO_4 溶液中作为阳极, 用外加电流使之阳极极化。采用一定的设备使铁的电势逐步升高, 同时观察其相应的电流变化, 就可得到如图 10.8 所示的极化曲线。当铁的电势增加时, 极化曲线沿 AB 线变化, 此时铁处于活化区。铁以低价转入溶液, 此时阳极过程是 $Fe \longrightarrow Fe^{2+} + 2e^-$。当电势到达 B 点时, 表面开始钝化。此时电流密度随着电势的增加而迅速降低到很低的数值, B 点所对应的电势称为钝化电势, B 点所对应的电流密度则称为临界钝化电流密

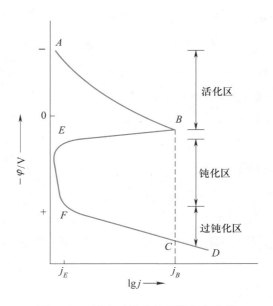

图 10.8　铁在硫酸中的阳极极化曲线

度。当电势到达 E 点时, 金属处于稳定的钝态。当进一步使电势逐步上升时, 在曲线 EF 段, 电流密度仍然保持很小的数值, 此时的电流称为钝态电流。在 EF 区间, 金属处于稳定钝化区。只要维持金属的电势在 EF 之间, 金属就处于稳定的钝化状态。过了 F 点, 曲线又重新变得倾斜起来, 电流又开始增加, 表示阳极又发生了氧化过程。FC 段则称为过钝化区, 铁以高价离子形式转入溶液, 在这一段中如果达到了氧的析出电势, 则阴极上就发生氧气被还原成 H_2O 的反应。

由此可见, 用外加电源使被保护的金属作为阳极, 并维持其电势在 EF 的钝化区就能防止金属的腐蚀。在化肥厂的碳化塔上就常利用这种方法来防止碳化塔的腐蚀。

关于金属钝化的理论很多, 其中重要的有成相理论和吸附理论, 大体上前者认为在表面上形成了一层致密的氧化膜, 其厚度为 $0.1 \sim 1$ nm。而后者则认为在表面上形成了氧的吸附层 (详细的论述可参见有关书籍)。

10.5 化学电源

化学电源是将化学能转换为电能的实用装置, 其品种繁多, 按其使用的特点大体可分为如下两类: ① 一次电池, 即电池中的反应物质在进行一次电化学反应放电之后就不能再次使用了, 如干电池、锌–空气电池等。② 二次电池, 是指电池放电后, 通过充电方法使活性物质复原后能够再放电, 且充、放电过程可以反复多次, 循环进行, 如铅蓄电池等。表 10.3 中列出了一些常见的一次电池和二次电池。图 10.9 所示为两种常见的一次电池。

化学电源的性能通常用电池容量、电池能量密度 (比能量) 和电池功率密度 (比功率) 等几个参数来衡量。电池容量是指电池所能输出的电荷量, 一般以安 [培][小] 时为单位, 用 $A \cdot h$ 表示。电池能量密度是指电池输出的电能与电池的质量或体积之比, 分别称为质量能量密度或体积能量密度, 单位为 $W \cdot h \cdot kg^{-1}$ 或 $W \cdot h \cdot dm^{-3}$。理论能量密度是指每千克参与反应的活性物质所提供的能量。由于化学电源有极板架、外壳等附加质量, 另外, 所含活性物质也不可能全部参加反应, 所以实际的能量密度要比理论能量密度小得多。

表 10.3　一些常见的一次电池和二次电池

电池		放电反应 阴极	放电反应 阳极	电解液	电极材料 阴极	电极材料 阳极	$\dfrac{E_{cell}}{V}$	应用
二次电池	铅酸	$PbO_2 + 4H^+ + SO_4^{2-} + 2e^- \longrightarrow 2H_2O + PbSO_4$	$Pb + SO_4^{2-} \longrightarrow PbSO_4 + 2e^-$	$H_2SO_4(aq)$	Pb	Pb	2.05	汽车，飞机工业
	Ni–Cd	$NiO(OH) + H_2O + e^- \longrightarrow Ni(OH)_2 + OH^-$	$Cd + 2OH^- \longrightarrow Cd(OH)_2 + 2e^-$	$KOH(aq)$	Ni	Cd	1.48	飞机引擎，启动机，铁路照明
一次电池	Zn–C	$2MnO_2 + H_2O + 2e^- \longrightarrow Mn_2O_3 + 2OH^-$	$Zn \longrightarrow Zn^{2+} + 2e^-$	$NH_4Cl/ZnCl_2/MnO_2/$湿C粉$/NH_4Cl$	石墨	Zn	1.55	便携式电源（干电池）
	Zn–Mn	$2MnO_2 + 2H_2O + 2e^- \longrightarrow 2MnO(OH) + 2OH^-$	$Zn + 2OH^- \longrightarrow ZnO + H_2O + 2e^-$	$ZnCl_2/NH_4Cl_2/$淀粉$/NaOH(aq)$	$MnO_2/$石墨	Zn	1.55	高质量干电池
	Ag$_2$O–Zn	$Ag_2O + H_2O + 2e^- \longrightarrow 2Ag + 2OH^-$	$Zn + 2OH^- \longrightarrow ZnO + H_2O + 2e^-$	$KOH(aq)$	$Ag_2O/$石墨	Zn	1.5	表、照相机等
	HgO–Zn	$HgO + 2H_2O + 2e^- \longrightarrow Hg + 2OH^-$	$Zn + 2OH^- \longrightarrow ZnO + H_2O + 2e^-$	$KOH(aq)$	$HgO/$石墨	Zn	1.5	表、照相机等

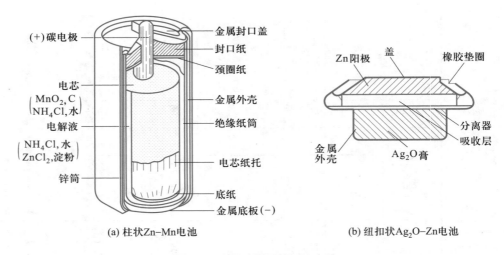

(a) 柱状Zn–Mn电池　　　　(b) 纽扣状Ag$_2$O–Zn电池

图 10.9　两种常见的一次电池

燃料电池

直接燃烧燃料获得热能, 然后再使热能转换为机械能和电能, 在这一过程燃料的利用效率很低, 还不到 20%。如果能够把燃料燃烧的化学反应组成一个原电池, 让化学能直接转换为电能, 其效率就将大大提高。

这种以燃料作为能源, 将燃料的化学能直接转换为电能的装置称为**燃料电池**(fuel cell)。与一般化学电源相比, 燃料电池的特点是在电极上所需的物质 (即提供化学能的燃料和氧化剂) 储存在电池的外部, 它是一个敞开系统, 可以根据需要连续加入, 而产物也可同时排出。电极本身在工作时并不消耗和变化。而一般化学电源 (即一般的一次电池和二次电池), 其反应物质在电池体内, 系统和环境之间只有能量交换而反应物不能继续补充, 因而其容量受电池的体积和质量的限制。与一般的电池一样, 燃料电池的另一优点是它不受 Carnot 循环的热机效率的限制, 能量的转换效率高。

燃料电池的发电原理: 与一般化学电池一样, 燃料电池的构造为

$$(-)燃料 \parallel 电解质 \parallel 氧化剂(+)$$

要将燃料的化学能转换为电能, 首先应使燃料离子化, 以便进行反应。由于大部分燃料为有机化合物, 且为气体, 这就要求电极具有电催化作用, 且为多孔材料, 以增大燃料气、电解液和电极三相之间的接触界面, 因为此界面就是电子授受的反应区。这种电极称为气体扩散电极 (或三相电极), 这种电极关系到催化剂的利用率、反应的速率以及产生的电流密度, 因而是燃料电池中的重要研究对象。

以氢作为燃料的氢–氧燃料电池 (见图 10.10) 为例, 当电解质是酸性介质时:

阴极 $$O_2(g) + 4H^+ + 4e^- \longrightarrow 2H_2O(l)$$

阳极 $$2H_2(g) \longrightarrow 4H^+ + 4e^-$$

电池净反应 $$2H_2(g) + O_2(g) \longrightarrow 2H_2O(l)$$

在碱性介质中, 电池净反应依然是 $2H_2(g) + O_2(g) \longrightarrow 2H_2O(l)$。该电池的标准电动势为 1.229 V。

氢–氧燃料电池中氢阳极交换电流可以很大, 但氧阴极交换电流较小, 所以一般采用含有能催化该电极反应的催化剂的材料作电极, 或者提高整个电池的温度以加快电极反应。同时增大电极表面, 以使电池使用时能通过较大的电流, 所以电极常做成多孔的。图 10.10 中的氢–氧燃料电池是以覆盖着钛的铂为电极, 电解质则采用阴离子交换树脂。

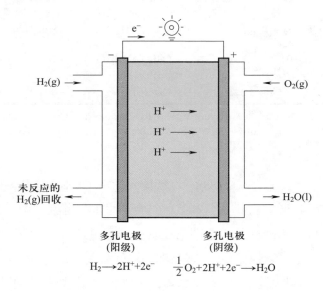

图 10.10 氢–氧燃料电池示意图

例如, Apollo (阿波罗) 宇宙飞船上的燃料电池由三组碱式氢–氧燃料电池组成, 能提供的电压范围为 27 ~ 31 V, 功率为 563 ~ 1420 W。目前航天飞机上都使用钢瓶携带的 $H_2(l)$ 和 $O_2(l)$ 作为燃料电池的原料而不断产生电能, 其产物 $H_2O(l)$ 又可以作为宇航员的生活用水。

若使用甲烷为燃料, 则反应为

阴极 $$2O_2(g) + 8H^+ + 8e^- \longrightarrow 4H_2O(l)$$

阳极 $$CH_4(g) + 2H_2O(l) \longrightarrow CO_2(g) + 8H^+ + 8e^-$$

电池净反应 $$CH_4(g) + 2O_2(g) \longrightarrow 2H_2O(l) + CO_2(g)$$

若使用甲醇为燃料, 则反应为

阴极 $\quad\quad\quad\quad \dfrac{3}{2}O_2(g) + 6H^+ + 6e^- \longrightarrow 3H_2O(l)$

阳极 $\quad\quad\quad\quad CH_3OH(l) + H_2O(l) \longrightarrow CO_2(g) + 6H^+ + 6e^-$

电池净反应 $\quad\quad CH_3OH(l) + \dfrac{3}{2}O_2(g) \longrightarrow CO_2(g) + 2H_2O(l)$

几种常用的燃料电池的理论热效率列于表 10.4 中。由表 10.4 可见, 燃料电池的理论热效率是非常高的。

表 10.4　几种常用的燃料电池的理论热效率

反应	$\dfrac{\Delta_r G_m^\ominus}{kJ \cdot mol^{-1}}$	$\dfrac{\Delta_r H_m^\ominus}{kJ \cdot mol^{-1}}$	E/V	理论热效率 $\dfrac{\Delta_r G_m^\ominus}{\Delta_r H_m^\ominus}$
$H_2(g) + \dfrac{1}{2}O_2(g) \longrightarrow H_2O(l)$	-237.1	-283.6	1.230	0.84
$CH_4(g) + 2O_2(g) \longrightarrow CO_2(g) + 2H_2O(l)$	-890.1	-890.5	1.154	0.99
$CH_3OH(l) + \dfrac{3}{2}O_2(g) \longrightarrow CO_2(g) + 2H_2O(l)$	-702.0	-725.9	1.214	0.97
$C(s) + O_2(g) \longrightarrow CO_2(g)$	-394.4	-394.4	1.023	1.00

注: 本表数据根据 Haynes W M. CRC Handbook of Chemistry and Physics. 97th ed. Boca Raton: CRC Press Inc, 2016—2017: 5-26, 5-30, 5-4 中 C、H_2、H_2O、CH_3OH、O_2 和 CH_4 的 $\Delta_f G^\ominus$ 和 $\Delta_f H^\ominus$ 计算得来。

事实上, 早在 1838 年, 德国科学家 Christian Friedrich Schonbein 就发现了燃料电池效应, 即氢气和氧气结合产生水和电流。1839 年, 英国物理学家 William Robert Grove 给出了理论证明, 并于 1942 年给出了燃料电池设计草图, 他因此被称为 "燃料电池之父"。1889 年, 英国人 Ludwig Mond 和 Charles Langer 创造了 "燃料电池" 这一科学术语, 并构造了氢氧燃料电池装置, 他们在稀硫酸溶液中插入两个铂电极, 然后分别向两个电极供应氧气和氢气, 于是就产生了电流。氢氧燃料电池的电池净反应为 $2H_2(g) + O_2(g) \longrightarrow 2H_2O(l)$, 实际上是电解水的逆反应。当时这一结果并未引起足够的重视, 原因之一是当时由蒸汽机带动机械设备, 可以直接带动发电机发电, 人们还没有能源匮乏的危机感。另一原因是电化学的理论滞后, 那时对电极上进行反应的机理研究得不够充分, 电极反应动力学作为一门学科分支还没有真正建立起来。

之后, 在 20 世纪 50 年代末, 英国人 Francis Thomas Bacon 用高压氢气和氧气制造了大功率的燃料电池, 并建立了 6 kW 的发电装置。此类装置经过不断改进, 于 20 世纪 60 年代成为阿波罗宇宙飞船上的工作能源。直至今日, 燃料电池仍是许多航天飞行器的重要能源来源。1966 年, 美国通用汽车公司推出了全球第一款燃料电池汽车 Electrovan。目前, 燃料电池的研究仍是不少国家的重点研究课题。

与一般能源相比, 燃料电池具有许多特点和优点, 如:

(1) 能量转换率高。任何热机的效率都受 Carnot 热机效率 (η) 所限制, 例如用热机带动发电机发电, 其效率仅为 $35\% \sim 40\%$, 而燃料电池的能量转换效率可在 80% 以上。

(2) 减少大气污染。火力发电产生废气 (如 CO_2, SO_2, NO_x 等)、废渣, 而氢氧燃料电池发电后只产生水, 在航天飞行器中经净化后甚至可以作为航天员的饮用水。

(3) 燃料电池的比能量高。所谓比能量是指单位质量的反应物所产生的能量, 燃料电池的比能量高于其他电池。

(4) 燃料电池具有高度的稳定性。燃料电池无论是在额定功率以上超载运行, 还是低于额定功率时运行, 它都能承受而效率变化不大。当负载有变化时, 它的响应速率快, 都能承受。

燃料电池的品种很多, 其分类方法也各异。以前曾按燃料的性质、工作温度、电解液的类型及结构特性等来进行分类, 但目前基本上都是按燃料电池中电解质的类型来分的, 大致分为下列五种类型: 磷酸型燃料电池 (缩写为 PAFC)、熔融碳酸盐燃料电池 (MCFC)、固体氧化物燃料电池 (SOFC)、碱性燃料电池 (AFC) 和质子交换膜燃料电池 (PEMFC)。燃料电池的种类甚多, 设备各异, 其中也存在不少问题, 有待于继续深入研究。

设计并制造一个好的燃料电池具有非常重大的实际意义, 它涉及能源的利用效率问题。目前在这方面还需要进行大量的研究工作, 也还存在不少具体的困难, 例如使用的电极材料比较贵重, 要寻找合适的催化剂, 电解液的腐蚀性比较强等, 这些都有待于进一步解决。

燃料电池的最佳燃料是氢, 当地球上化石燃料逐渐减少时, 人类赖以生存的能量将是核能和太阳能。那时可用核能和太阳能发电, 以电解水的方式制取氢, 然后利用氢作为载能体, 采用燃料电池的技术与大气中的氧转化为各种用途的电能, 如汽车动力、家庭用电等。那时的世界将进入氢能时代。

燃料电池作为一种高效且对环境友好的发电方式, 备受各国政府的重视, 它已成为 21 世纪的重要研究课题。

蓄电池

蓄电池是二次电池, 可以反复充放电, 在工业上的用途极广, 如汽车、发电站、火箭等领域, 每年均需用大量蓄电池, 所以蓄电池工业是一项很大的工业。蓄电池主要有下列几类: ① 酸式铅蓄电池; ② 碱式 Fe-Ni 或 Cd-Ni 蓄电池; ③ Ag-Zn 蓄电池。三者各具优缺点, 互为补充。铅蓄电池历史最早, 较成熟, 价廉, 但质量大, 保养要求较严, 易于损坏。镍蓄电池能经受剧烈振动, 比较经得起放电, 保存维护要求不高, 本身质量轻, 低温性能好 (尤其是 Cd-Ni 蓄电池), 但结构复杂, 制造费用较高, Cd 还会严重污染环境和危害人体健康。Ag-Zn 蓄电池的单位质量、单位容积所蓄电能高, 能大电流放电, 能经受机械振动, 所以特别符合宇宙卫星的要求, 但设备费用很高, 充放电次数为 $100 \sim 150$ 次, 使用寿命较短, 尚需进一步研究。

以下是这三种蓄电池的反应, 分别为

(1) 铅蓄电池

$$\text{Pb(s)} \mid \text{H}_2\text{SO}_4(\text{相对密度}1.22 \sim 1.28) \mid \text{PbO}_2(\text{s})$$

电池反应为

$$\text{PbO}_2(\text{s}) + \text{Pb(s)} + 2\text{H}_2\text{SO}_4(\text{aq}) \underset{\text{充电}}{\overset{\text{放电}}{\rightleftharpoons}} 2\text{PbSO}_4(\text{s}) + 2\text{H}_2\text{O(l)}$$

(2) Fe-Ni 蓄电池

$$\text{Fe(s)} \mid \text{KOH(质量分数}w = 0.22) \mid \text{NiOOH(s)}$$

电池反应为

$$\text{Fe(s)} + 2\text{NiOOH(s)} + 2\text{H}_2\text{O(l)} \underset{\text{充电}}{\overset{\text{放电}}{\rightleftharpoons}} \text{Fe(OH)}_2(\text{s}) + 2\text{Ni(OH)}_2(\text{s})$$

Cd-Ni 蓄电池

$$\text{Cd(s)} \mid \text{KOH(质量分数}w = 0.20) \mid \text{NiOOH(s)}$$

电池反应为

$$\text{Cd(s)} + 2\text{NiOOH(s)} + 2\text{H}_2\text{O(l)} \underset{\text{充电}}{\overset{\text{放电}}{\rightleftharpoons}} \text{Cd(OH)}_2(\text{s}) + 2\text{Ni(OH)}_2(\text{s})$$

(3) Ag-Zn 蓄电池

$$\text{Zn(s)} \mid \text{KOH(质量分数}w = 0.40) \mid \text{Ag}_2\text{O}_2(\text{s})$$

电池反应为

$$\text{Ag}_2\text{O}_2(\text{s}) + 2\text{H}_2\text{O(l)} + 2\text{Zn(s)} \underset{\text{充电}}{\overset{\text{放电}}{\rightleftharpoons}} 2\text{Ag(s)} + 2\text{Zn(OH)}_2(\text{s})$$

上述几种蓄电池的电容量以 Ag-Zn 蓄电池的为最大, 故 Ag-Zn 蓄电池常被称为高能电池。

金属氢化物-镍电池   老一代 Cd-Ni 高容量可充电式电池由于镉有毒性,

废电池的处理比较麻烦, 已经被部分国家禁止使用。因此, 氢–镍电池特别是以金属氢化物为负极, 正极仍为 NiOOH 的氢–镍电池发展迅速。其电池表示式为

$$MH(s)|KOH(aq)|NiOOH(s)$$

或

$$MH(s) \mid KOH(aq) \mid Ni(OH)_2(s) + NiOOH(s)$$

电极反应为

负极 $\quad MH(s) + OH^- \longrightarrow M(s) + H_2O(l) + e^-$

正极 $\quad NiOOH(s) + H_2O(l) + e^- \longrightarrow Ni(OH)_2(s) + OH^-$

电池净反应 $\quad MH(s) + NiOOH(s) \Longrightarrow M(s) + Ni(OH)_2(s)$

式中 MH(s) 代表金属氢化物, 如 $LaNi_5H_6(s)$, 此类储氢材料主要是某些过渡金属、合金和金属间化合物。由于其特殊的晶格结构, 氢原子容易渗入金属晶格的四面体或八面体间隙之中, 并形成金属氢化物。与至今还在应用的 Cd–Ni 电池相比, 金属氢化物–镍电池有许多优点, 如: ① 能量密度高, 相同尺寸的电池, 金属氢化物–镍电池的电容量是 Cd–Ni 电池的 $1.5 \sim 2$ 倍。② 无污染, 是绿色电池。③ 可大电流快速放电。④ 工作电压与 Cd–Ni 电池的相同, 也是 1.2 V。

*10.6　电有机合成简介

电有机合成是研究用电化学的方法进行有机合成的一门学科, 它是涉及电化学、有机合成及化学工程等学科内容的边缘学科。许多合成有机化合物的化学反应中包含着电子的转移, 如果将这些反应安排在电解池中进行, 这就是电有机合成反应。例如, 苯胺是一种重要的有机合成中间体, 通常的化学方法是在 Raney 镍的催化作用下, 用氢气还原硝基苯来制取, 其反应为

$$C_6H_5NO_2 + 3H_2 \xrightarrow{\text{Raney Ni}} C_6H_5NH_2 + 2H_2O$$

在电解槽里, 电解硝基苯的乙醇溶液, 在阴极同样可以生成苯胺:

$$C_6H_5NO_2 + 6H^+ + 6e^- \longrightarrow C_6H_5NH_2 + 2H_2O$$

研究电有机合成反应的机理、反应条件、实验设计以及从实验室的结果放大到化工生产的规模, 这涉及许多生产技术问题, 凡此种种都是电有机合成所要解决的问题。

采用电化学合成方法主要有以下的优点:

(1) 热化学反应一般是在平衡条件下进行, 主、副反应共存。而电化学合成是通过调节工作电压来控制反应方向的, 而且可在电解池中设置各种隔膜, 使阴、阳两电极的产品分开, 而不混在一起。

(2) 电化学反应一般是在常温下进行, 只要通过调节外加电压来调节反应速率。而热化学反应常需要借助提高温度来提高反应速率。

(3) 电化学反应中参与反应的最重要的试剂之一就是 "电子", 这是特别洁净的 "试剂", 可保证产品的纯度。

(4) 在热化学反应中, 凡是 $\Delta_r G_{T,p} > 0$ 的反应难以自发进行, 而在电化学反应中, 由于外界提供了电能, 可以使 $\Delta_r G_{T,p} > 0$ 的反应进行。

(5) 可更好地选择所要得到的产品, 特别是电极上所生成的活泼中间体, 在它未发生扩散, 尚未与本体溶液混合时, 可通过一定的设备设法取出。

上述种种特点, 无疑是热化学反应无法比拟的, 也是最近几十年电有机合成发展较快的原因。

电有机合成的历史可以追溯到 19 世纪初期。1834 年, Faraday 曾用电解 CH_3COONa 的方法制得 C_2H_6, 这无疑是最早的电有机合成反应:

$$2CH_3COO^- \longrightarrow C_2H_6 + 2CO_2 + 2e^-$$

1849 年, Kolbe 发现一系列脂肪酸都可以通过电解脱去羧基, 生成较长链的烃, 其通式可写为

$$2RCOO^- \longrightarrow R-R + 2CO_2 + 2e^-$$

此反应称为 Kolbe 反应, 是最早实现工业化的电有机合成反应。

在此后的一百多年里, 化学家集中精力研究了那些用普通化学方法难以合成、只有借助于电化学合成方法才能实现的精细有机化学产品的合成方法, 并取得了不少成绩。但其中仅有少数具有应用价值的反应发展成为工业规模的生产, 如硝基苯电还原制苯胺、葡萄糖电还原制山梨醇和甘露糖醇等。

电有机合成过程中需要考虑的问题很多, 如电极材料的选择、电解液的选择等。在工业化的过程中所需要考虑的问题更多, 如传质问题、电极的活性问题、电解槽的设计问题, 以及采用什么隔膜 (即离子交换膜) 等问题, 这些问题都限制了电有机合成工业化的进程。

1965 年, 美国 Monsanto 化学公司在 Beizer 教授长期研究的基础上, 建立了己二腈电化学合成厂, 几乎同时美国 Nalco 公司实现了电合成烷基铅的工业生产, 其反应分别为

$$2CH_2{=}CHCN + 2H_2O + 2e^- \longrightarrow NC(CH_2)_4CN + 2OH^-$$

$$4C_2H_6MgCl + Pb \longrightarrow Pb(C_2H_6)_4 + 4MgCl^+ + 4e^-$$

前者的生产规模达到 1.5×10^5 t/a, 后者达到 1.3×10^4 t/a, 这两个标志性的生产过程, 解决了许多工程上的问题, 有重要的突破, 带动了之后的电有机合成工业的大发展。

电有机合成反应可分为直接电有机合成和间接电有机合成。前者是指有机合成反应直接在电极表面完成, 后者是指有机合成反应所需的氧化 (还原) 剂通过电化学方法获得, 并可再生循环利用。

(1) 直接电有机合成 以合成己二腈为例。己二腈是制造尼龙 –66 的原料, 需求量十分大。传统的化学方法是从乙炔和甲醛开始, 经过很长的合成路线, 才能制得己二腈:

$$CH{\equiv}CH + HCHO \xrightarrow{\text{加压, 催化}} CH{\equiv}CCH_2OH \xrightarrow{\text{催化氧化}}$$

$$HOCH_2C{\equiv}C{-}C{\equiv}CCH_2OH \xrightarrow{\text{氢化}} HO(CH_2)_6OH \xrightarrow{\text{氧化}}$$

$$HOOC(CH_2)_4COOH \xrightarrow{\text{加氨}} H_2NOOC(CH_2)_4COONH_2 \xrightarrow{\text{催化脱水}} NC(CH_2)_4CN$$

改用电合成法后, 首先以石油工业的丙烯为原料, 制成丙烯腈:

$$CH_2{=}CH{-}CH_3 \xrightarrow{NH_3+O_2} CH_2{=}CHCN$$

然后再用丙烯腈电合成己二腈。其电极反应为

阴极 $\quad\quad 2CH_2{=}CHCN + 2H^+ + 2e^- \longrightarrow NC(CH_2)_4CN$

阳极 $\quad\quad H_2O \longrightarrow \dfrac{1}{2}O_2 + 2H^+ + 2e^-$

电池净反应 $\quad 2CH_2{=}CHCN + H_2O \longrightarrow NC(CH_2)_4CN + \dfrac{1}{2}O_2$

(2) 间接电有机合成 当有下列情况发生时, 如: ① 当有机化合物在电极上直接进行电化学反应的速率较慢或电流效率较低时; ② 当电极产物选择性不佳、收率不高时; ③ 当反应物在电解溶剂中难以溶解时, 就可以考虑使用间接电有机合成法。

间接电有机合成法是反应物 (S) 通过一种传递电子的媒介 (M, M_{Ox} 代表媒介 M 的氧化态, M_{Red} 代表媒介 M 的还原态), 生成目标产物 (P)。首先 S 和 M_{Ox} 经过化学反应生成 P, 与此同时, M 发生价态的变化, 由 M_{Ox} 变成 M_{Red}。M_{Red} 经电极反应再变为 M_{Ox}, 再生后的 M_{Ox} 又可重新参与反应。这些变化用式可表示为

$$S + M_{Ox} \xrightarrow{\text{化学反应}} M_{Red} + P$$

例如, 以锰盐为媒质, 间接电氧化甲苯制苯甲酸的过程, 可表示为

$$C_6H_5CH_3 + Mn^{3+} \xrightarrow{\text{化学反应}} Mn^{2+} + C_6H_5COOH$$

（3）成对电解法　例如，锰与二氧化锰是广泛使用的原料，过去是分别在两个电解槽中产生的。

槽 1 生产 Mn(s)：

阴极　　$Mn^{2+} + 2e^- \longrightarrow Mn(s)$

阳极　　$2OH^- \longrightarrow \dfrac{1}{2}O_2(g) + H_2O(l) + 2e^-$

槽 2 生产 $MnO_2(s)$：

阴极　　$2H^+ + 2e^- \longrightarrow H_2(g)$

阳极　　$Mn^{2+} + 2H_2O(l) \longrightarrow MnO_2(s) + 4H^+ + 2e^-$

现在改造为在同一电解槽中生产 Mn(s) 和 $MnO_2(s)$，其主要反应是

$$2Mn^{2+} + 2H_2O(l) \longrightarrow Mn(s) + MnO_2(s) + 4H^+$$

阴极反应生产 Mn(s)，阳极反应生产 $MnO_2(s)$，中间用 H^+ 可透过的隔膜分开，且以 $PbO_2(s)$ 和 Ti(s) 为电极。此例是成对电解法合成无机产品的例子，而成对电解法合成有机产品的例子则可举乙醛酸的合成，在阴极通过草酸电化学还原生成乙醛酸，在阳极通过乙二醛氧化生成乙醛酸，实现在阴、阳极获得同一产品。

拓展学习资源

重点内容及公式总结	
课外参考读物	
相关科学家简介	
教学课件	

复习题

10.1 什么叫分解电压? 它在数值上与理论分解电压 (即原电池的可逆电动势) 有何不同? 实际操作时用的分解电压要克服哪几种阻力?

10.2 产生极化作用的原因主要有哪几种? 原电池和电解池的极化现象有何不同?

10.3 什么叫超电势? 它是怎样产生的? 如何降低超电势的数值?

10.4 析出电势与电极的平衡电势有何不同? 超电势的存在, 使电解池阴、阳极的析出电势如何变化? 使原电池正、负极的电极电势如何变化? 超电势的存在有何不利和有利之处?

10.5 什么叫氢超电势? 氢超电势与哪些因素有关? 如何计算氢超电势? 氢超电势的存在对电解过程有何利弊?

10.6 在电解时, 正、负离子分别在阴、阳极上放电, 其放电先后次序有何规律? 欲使不同的金属离子用电解方法分离, 需控制什么条件?

10.7 金属电化学腐蚀的机理是什么? 为什么铁的耗氧腐蚀比析氢腐蚀要严重得多? 为什么粗锌 (杂质主要是 Cu, Fe 等) 比纯锌在稀 H_2SO_4 溶液中反应得更快?

10.8 在铁锅里放一点水, 哪个部位最先出现铁锈? 为什么? 为什么海轮要比江轮采取更有效的防腐措施?

10.9 比较镀锌铁与镀锡铁的防腐效果。一旦镀层有损坏, 两种镀层对铁的防腐效果有何不同?

10.10 金属防腐主要有哪些方法? 这些防腐方法的原理有何不同?

10.11 化学电源主要有哪几类? 常用的蓄电池有哪几种? 各有何优缺点? 氢氧燃料电池有何优缺点?

10.12 试述电解方法在工业上有哪些应用, 并举例说明。

习题

10.1 在 298 K, $p^{\ominus}$ 下, 试写出下列电解池在两电极上所发生的反应, 并计算其理论分解电压。

(1) $Pt(s) \mid NaOH(1.0 \; mol \cdot kg^{-1}, \gamma_{\pm} = 0.68) \mid Pt(s)$

(2) $Pt(s) \mid HBr(0.05 \; mol \cdot kg^{-1}, \gamma_{\pm} = 0.860) \mid Pt(s)$

(3) $Ag(s) \mid AgNO_3(0.50 \; mol \cdot kg^{-1}, \gamma_{\pm} = 0.526) \vdots\vdots AgNO_3(0.01 \; mol \cdot kg^{-1}, \gamma_{\pm} = 0.902) \mid Ag(s)$

10.2 在 298 K 时, 用面积为 2 cm² 的 Fe(s) 作阴极, 电解 1 mol·kg⁻¹ KOH 溶液, 每小时析出 100 mg H₂, 这时氢在铁阴极上析出电势为多少? 已知 Tafel 公式 $\left(\eta = a + b \ln \dfrac{j}{[j]} \right)$ 中常数 $a = 0.76$ V, $b = 0.05$ V, j 的单位为 $A \cdot cm^{-2}$。

10.3 在 298 K 时, 用 Fe(s) 电极电解 1 mol·kg⁻¹ KOH 水溶液, 测得氢气在铁阴极上的实际析出电势为 -1.627 V, 已知 Tafel 公式中 $a = 0.76$ V, $b = 0.05$ V (电流密度单位为 $A \cdot cm^{-2}$), Fe(s) 电极的面积为 1 cm², 求每小时电解出 $H_2(g)$ 的质量。

10.4 在 298 K 时, 有如下氢氧燃料电池:

$$Pt(s) \mid H_2(p^{\ominus}) \mid H^+(aq) \mid O_2(p^{\ominus}) \mid Pt(s)$$

(1) 求以 $1.0 \; mol \cdot dm^{-3} \; H_2SO_4 \; (\gamma_+ = 0.13)$ 为电解质溶液的氢氧燃料电池的可逆电极电势 $\varphi_{H^+|H_2}$ 和 $\varphi_{O_2|H^+,H_2O}$ 的值。

(2) 如在某一电流密度下放电时, $\varphi_{H^+|H_2} = 0.265$ V, $\varphi_{O_2|H^+,H_2O} = 0.599$ V 则保持电流密度不变, 对该电池充电, 如电极极化情况不变, 溶液中电阻降压为 0.20 V 时, 加在电池上的外压是多少? 已知 $\varphi_{O_2|H^+,H_2O}^{\ominus} = 1.229$ V。

10.5 在 298 K 时, 使下列电解池发生电解作用:

$$Pt(s) \mid CdCl_2(1.0 \; mol \cdot kg^{-1}), NiSO_4(1.0 \; mol \cdot kg^{-1}) \mid Pt(s)$$

问当外加电压逐渐增加时, 两电极上首先分别发生什么反应? 这时外加电压至少为多少? (设活度因子均为 1, 超电势可忽略。)

10.6 在 298 K 时, 用 Pb(s) 电极电解 H_2SO_4 溶液, 已知其质量摩尔浓度为 0.10 mol·kg⁻¹, $\gamma_{\pm} = 0.265$。若在电解过程中, 把 Pb(s) 阴极与另一甘汞电极相连组成原电池, 测得其电动势 $E = 1.0685$ V。试求 $H_2(g)$ 在 Pb(s) 阴极上的超电势 (只考虑 H_2SO_4 的一级解离)。已知所用甘汞电极的电极电势 $\varphi_{甘汞} = 0.2802$ V。

10.7 在锌电极上析出氢气的 Tafel 公式为

$$\eta/V = 0.72 + 0.116 \lg[j/(A \cdot cm^{-2})]$$

在 298 K 时, 用 Zn(s) 作阴极, 惰性物质作阳极, 电解 0.1 mol·kg⁻¹ ZnSO₄ 溶液, 设溶液 pH 为 7.0。若要使 $H_2(g)$ 不和锌同时析出, 应控制什么条件?

10.8 在 298 K, $p^{\ominus}$ 下, 用铂电极电解含有 Na^+ 和 Zn^{2+} 的混合水溶液以

分离这两种离子。已知 Na^+ 和 Zn^{2+} 的质量摩尔浓度分别为 $0.37\ mol \cdot dm^{-3}$ 和 $0.1\ mol \cdot dm^{-3}$, 混合水溶液的 pH = 6 (设活度因子均为 1)。问:

(1) 哪一种物质优先在阴极析出?

(2) 当第二种物质析出时, 阴极区的 pH 为多少?

(3) 如果改用铁电极作阴极, 哪一种物质优先在阴极析出?

已知氢气在铂和铁上的超电势分别为 0.049 V 和 1.291 V; $\varphi^{\ominus}_{Zn^{2+}|Zn} = -0.7618$ V, $\varphi^{\ominus}_{Na^+|Na} = -2.71$ V。

10.9 在 298 K 时, Cr 和 Fe 同时沉积进行不锈钢电镀。

(1) 若 Cr^{3+} 的质量摩尔浓度为 $1\ mol \cdot kg^{-1}$, 则 Fe^{2+} 的质量摩尔浓度为多少? 假定两个电极均不考虑超电势。

(2) 若电解 Cr^{3+} 的质量摩尔浓度为 $2.5\ mol \cdot kg^{-1}$, Fe^{2+} 的质量摩尔浓度为 $0.5\ mol \cdot kg^{-1}$ 的混合溶液, 假定 Cr 没有超电势, 计算 Fe 析出的超电势。

已知 $\varphi^{\ominus}_{Cr^{3+}|Cr} = -0.744$ V, $\varphi^{\ominus}_{Fe^{2+}|Fe} = -0.447$ V。

10.10 在 298 K 时, 用 Pt 阳极和 Cu 阴极电解 $0.10\ mol \cdot dm^{-3}$ $CuSO_4$ 溶液, 电极的面积为 $50\ cm^2$, 电流保持在 0.040 A, 并采取措施, 使浓差极化极小。若电解槽中含 $1\ dm^3$ 溶液, 试问至少电解多长时间后, $H_2(g)$ 才会析出? 此时剩余 Cu^{2+} 的质量摩尔浓度为多少? 设活度因子均为 1。已知氢在铜上的 $\eta = a + b \lg \dfrac{j}{[j]}$, $a = 0.80$ V, $b = 0.115$ V, $\varphi^{\ominus}_{Cu^{2+}|Cu} = 0.3419$ V。

10.11 在 298 K, $p^{\ominus}$ 时, 以 Pt 为阴极, 电解含 $FeCl_2(0.01\ mol \cdot kg^{-1})$ 和 $CuCl_2(0.02\ mol \cdot kg^{-1})$ 的水溶液。假设氢气和氧气由于较大的超电势而不能析出, 氯电极的超电势忽略不计, 试问:

(1) 何种金属先析出?

(2) 第二种金属析出时至少需施加多大电压?

(3) 当第二种金属析出时, 第一种金属离子浓度为多少?

已知 $\varphi^{\ominus}_{Fe^{2+}|Fe} = -0.447$ V, $\varphi^{\ominus}_{Cu^{2+}|Cu} = 0.3419$ V, $\varphi^{\ominus}_{Cl_2|Cl^-} = 1.358$ V。

10.12 电流密度为 $500\ mA \cdot cm^{-2}$ 时, O_2 在铂阳极上析出的超电势为 0.72 V, 而 Cl_2 析出的超电势则可以忽略不计。在 pH = 7 及 Cl^- 浓度为 $0.1\ mol \cdot dm^{-3}$ 的溶液中, 插入铂电极逐步增加电压进行电解, 试问 $O_2(g)$ 和 $Cl_2(g)$ 哪一种气体先在阳极析出? 已知 $\varphi^{\ominus}_{O_2|OH^-} = 0.401$ V, $\varphi^{\ominus}_{Cl_2|Cl^-} = 1.358$ V。

10.13 在 298 K 时, 某溶液含 Zn^{2+} 和 H^+, 设两者活度因子均等于 1。现用 Zn(s) 作为阴极进行电解, 要求让 Zn^{2+} 的质量摩尔浓度降到 $10^{-7}\ mol \cdot kg^{-1}$ 时才允许 $H_2(g)$ 开始析出, 问需如何控制溶液的 pH? 已知 $\varphi^{\ominus}_{Zn^{2+}|Zn} = -0.7618$ V, $H_2(g)$ 在 Zn(s) 上的超电势为 0.7 V。

10.14 以 Pt 为电极电解 $SnCl_2$ 水溶液, 在阴极上沉积 Sn, 在阳极上产生 $O_2(g)$。已知 $a_{Sn^{2+}} = 0.10$, $a_{H^+} = 0.010$; 氧在阳极上析出的超电势 $\eta_{O_2} = 0.50$ V; $\varphi_{Sn^{2+}|Sn}^{\ominus} = -0.1375$ V, $\varphi_{O_2|H^+,H_2O}^{\ominus} = 1.229$ V。

(1) 试写出电极反应, 计算实际分解电压;

(2) 若氢在阴极上析出时的超电势为 0.50 V, 试问要使 $a_{Sn^{2+}}$ 降至何值时, 才开始析出氢气?

10.15 在金属镍为电极电解 $NiSO_4$(1.10 mol·kg^{-1}) 水溶液, 已知 $\varphi_{Ni^{2+}|Ni}^{\ominus} = -0.257$ V, $\varphi_{O_2|H^+,H_2O}^{\ominus} = 1.229$ V; 氢在 Ni(s) 上的超电势为 0.14 V, 氧在 Ni(s) 上的超电势为 0.36 V。问在阴、阳极上首次析出哪种物质? 设溶液呈中性, 活度因子均为 1。

10.16 在 298 K 时, 溶液中含 Ag^+ 和 CN^- 的原始质量摩尔浓度分别为 $m_{Ag^+} = 0.10$ mol·kg^{-1}, $m_{CN^-} = 0.25$ mol·kg^{-1}, 当形成配离子 $[Ag(CN)_2]^-$ 后, 其解离常数 $K_a^{\ominus} = 3.8 \times 10^{-19}$。试计算在该溶液中剩余 Ag^+ 的摩尔质量浓度和 Ag(s) 的析出电势 (设活度因子均为 1)。

10.17 欲从镀银废液中回收金属银, 废液中 $AgNO_3$ 的质量摩尔浓度为 1×10^{-6} mol·kg^{-1}, 还含有少量的 Cu^{2+}。今以银为阴极、石墨为阳极用电解法回收银, 要求银的回收率达 99%。试问阴极电势应控制在什么范围? Cu^{2+} 的质量摩尔浓度应低于多少才不致使 Cu(s) 和 Ag(s) 同时析出 (设活度因子均为 1)?

10.18 目前工业上电解食盐水制造 NaOH 的反应如下:

$$2NaCl + 2H_2O \xrightarrow{\text{电解}} 2NaOH + H_2(g) + Cl_2(g) \qquad ①$$

有人提出改进方案, 改进电解池的结构, 使电解食盐水的总反应为

$$2NaCl + H_2O + \frac{1}{2}O_2(空气) \xrightarrow{\text{电解}} 2NaOH + Cl_2(g) \qquad ②$$

(1) 从两种电池总反应分别写出阴极电极反应和阳极电极反应;

(2) 计算在 298 K 时, 两种反应的理论分解电压各为多少? 设活度均为 1, 溶液 pH = 14, 空气中 O_2 的摩尔分数为 0.21。

(3) 计算改进方案理论上可节约多少电能 (用百分数表示)?

10.19 某一溶液中含 KCl, KBr 和 KI 的质量摩尔浓度均为 0.10 mol·kg^{-1}。今将该溶液放入带有 Pt(s) 电极的素烧瓷杯内, 再将素烧瓷杯放在一带有 Zn(s) 电极和大量 0.10 mol·kg^{-1} $ZnCl_2$ 溶液的较大器皿中, 若略去液体接界电势和极化影响, 试求 298 K 时, 下列各情况所需施加的最小电压。设活度因子均为 1。

(1) 析出 99% 的碘;

(2) 析出 Br_2, 至 Br^- 的质量摩尔浓度为 1×10^{-4} mol·kg^{-1};

(3) 析出 Cl_2, 至 Cl^- 的质量摩尔浓度为 1×10^{-4} mol·kg^{-1}。

10.20 氯碱工业用铁网为阴极, 石墨棒为阳极, 电解含 NaCl 质量分数为 $w_{NaCl} = 0.25$ 的溶液来获得 $Cl_2(g)$ 和 NaOH 溶液。NaCl 溶液不断地加到阳极区, 然后经过隔膜进入阴极区。若某电解槽内阻为 8×10^{-4} Ω, 外加电压为 4.5 V, 电流为 2000 A。每小时从阴极区流出溶液为 27.46 kg, 其中 $w_{NaOH} = 0.10$, $w_{NaCl} = 0.13$。已知下述电池的电动势为 2.3 V:

$$Pt(s) \mid H_2(p^{\ominus}) \mid NaOH(w = 1.0), NaCl(w = 0.13) \; \vdots \; NaCl(w = 0.25) \mid Pt(s)$$

试求:

(1) 该生产过程的电流效率;

(2) 该生产过程的能量效率 (即生产一定量产品时, 理论上所需的电能与实际消耗的电能之比);

(3) 该电解池中用于克服内阻及用于克服极化的电位降。

10.21 通过计算说明 25℃ 时, 被 $CO_2(g)$ 饱和的水溶液能否被还原成 HCOOH。

(1) 以铂片为阴极;

(2) 以铅为阴极。

已知在铂片上的氢超电势为 0 V, 而在铅上的氢超电势则为 0.6 V; 查表可知 (298 K 时):

	$\Delta_f H_m^{\ominus}/(kJ \cdot mol^{-1})$	$S_m^{\ominus}/(J \cdot mol^{-1} \cdot K^{-1})$
$H_2(g)$	0	130.684
$O_2(g)$	0	205.138
$H_2O(l)$	-285.830	69.91
$CO_2(g)$	-393.509	213.8
HCOOH(l)	-425.0	128.95

10.22 金属的电化学腐蚀是指金属作原电池的阳极而被氧化, 在不同的 pH 条件下, 原电池的还原作用可能有以下几种:

酸性条件 $2H_3O^+ + 2e^- \longrightarrow 2H_2O(l) + H_2(p^{\ominus})$

                $O_2(p^{\ominus}) + 4H^+ + 4e^- \longrightarrow 2H_2O(l)$

碱性条件 $O_2(p^{\ominus}) + 2H_2O(l) + 4e^- \longrightarrow 4OH^-(a_{OH^-})$

所谓的金属腐蚀是指金属附近能形成离子的活度至少为 10^{-6}。现有如下六种金属: Au, Ag, Cu, Fe, Pb, Al, 试问哪些金属在下述 pH 条件下会被腐蚀?

(1) 强酸性溶液, pH = 1;

(2) 强碱性溶液, pH = 14;

(3) 微酸性溶液, pH = 6;

(4) 微碱性溶液, pH = 8。

所需的标准电极电势值自行查询, 设所有物质的活度因子均为 1。

10.23 在 298 K, $p^{\ominus}$ 时, 将反应 $CO(p^{\ominus}) + \dfrac{1}{2}O_2(g) \rightleftharpoons CO_2(p^{\ominus})$ 设计成燃料电池, 计算该电池的热效率。若将该反应放出的热量利用 Carnot 热机做功, 设高温热源为 1000 K, 低温热源为 300 K, 计算所做的功, 并计算该功占燃料电池所做功的分数。

10.24 电容量、比能量和活性物质的利用率是衡量化学电源优劣的指标。试计算常用铅蓄电池 (其电动势为 2.04 V) 的理论电容量和理论比能量。制作一个 53.6 A·h 的铅蓄电池, 若用了 230 g Pb(s), 问铅的利用率是多少?

第十一章
化学动力学基础（一）

本章基本要求

(1) 掌握宏观动力学中的一些基本概念，如反应速率的表示法、基元反应和非基元反应。了解什么是反应级数、反应分子数和速率常数等。

(2) 掌握具有简单级数（如一级、二级和零级）反应的特点，不但会从实验数据利用各种方法判断反应级数，还要能熟练地利用速率方程计算速率常数、半衰期等。

(3) 掌握三种典型复杂反应（对峙反应、平行反应和连续反应）的特点，学会使用合理的近似方法，作一些简单的计算。

(4) 掌握温度对反应速率的影响，特别是在平行反应中如何进行温度调控，以提高所需产物的产量。

(5) 掌握 Arrhenius 公式的各种表示形式，知道活化能的含义及其对反应速率的影响，并掌握活化能的求算方法。

(6) 掌握链反应的特点，会用稳态近似、平衡假设和速控步等近似方法从复杂反应的机理推导出速率方程。

11.1 化学动力学的任务和目的

　　将化学反应应用于生产实践主要有两个方面的问题: 一是要了解反应进行的方向和最大限度, 以及外界条件对平衡的影响; 二是要知道反应进行的速率和反应的历程 (即机理)。人们把前者归属于化学热力学的研究范围, 把后者归属于化学动力学 (chemical kinetics) 的研究范围。热力学只能预言在给定的条件下, 反应发生的可能性, 即在给定条件下, 反应能不能发生, 以及发生到什么程度。至于如何把可能性变为现实性, 以及过程中进行的速率如何, 历程如何, 热力学不能给出回答。这是因为在经典热力学的研究方法中既没有考虑时间因素, 也没有考虑各种因素对反应速率的影响和反应进行的其他细节。例如, 合成氨的反应在 3×10^7 Pa 和 773 K 左右进行, 按热力学分析, 其最大可能转化率是 26% 左右, 但是如果不加催化剂, 这个反应的速率是非常慢的, 根本不能应用于工业生产。因此, 必须对这个反应进行化学动力学方面的研究, 寻找合适的催化剂, 从而加快反应速率, 使反应能用于大规模工业生产。热力学计算还表明, 在常温常压下就有可能由氮和氢生成氨, 因此如何寻找新的催化剂, 选择合适的反应途径以实现热力学的预期目的是当前十分活跃的研究领域。又如, 在 298 K 时:

$$H_2(g) + \frac{1}{2}O_2(g) \Longrightarrow H_2O(l) \qquad \Delta_r G_m^{\ominus} = -237.13 \text{ kJ} \cdot \text{mol}^{-1}$$

根据热力学的观点, 此反应向右进行的趋势理应是很大的。但热力学对于这个反应需要多长时间却不能提供任何启示。实际上, 在通常情况下, 若把氢和氧放在一起, 它们几乎不能发生反应。如果升高温度到 1073 K 时, 该反应却以爆炸的方式瞬时完成。如果我们选用合适的催化剂 (如用钯作为催化剂), 则即使在常温常压下氢和氧也能以较快的速率化合成水, 同时还可以利用该反应所释放出来的能量 (这个反应已成功地设计成为氢氧电池)。反应进行速率问题的重要性, 在化工生产中是不言而喻的。在大多数情况下, 人们希望反应的速率加快, 但在另一些情况中, 人们也希望能降低反应的速率, 如防止金属的腐蚀、防止塑料老化、抑制反应中的某些副反应的发生等。

　　化学动力学的基本任务之一就是要了解反应的速率, 了解各种因素 (如分子结构、温度、压力、浓度、介质、催化剂等) 对反应速率的影响, 从而给人们提供选择反应条件、掌握控制反应进行的主动权, 使化学反应按人们所希望的速率进行。

　　化学动力学的另一个基本任务是研究**反应历程** (mechanism)。所谓反应历程,就是反应物究竟按什么途径、经过哪些步骤才转化为最终产物。同时, 知道了这些反应历程, 可以找出决定反应速率的关键所在, 使主反应按照人们所希望的方向进行, 并使副反应以最小的速率进行, 从而在生产上达到多快好省的目的。

了解反应历程也可以帮助人们了解有关物质结构的知识, 因为化学变化从根本上来说, 就是旧键的破裂和新键的形成过程。反应的历程能够反映出物质结构和反应能力之间的关系, 从而可以加深人们对于物质运动形态的认识。当然用已知的有关物质结构的知识也可以推测一些反应的历程, 然而遗憾的是迄今为止, 真正弄清楚反应历程的反应为数还不多, 这方面的工作远远落后于实际。但是随着各种新型谱仪的出现和用激光、交叉分子束等试验手段对微观反应动力学的研究越来越深入, 人们对反应历程的研究已达到一个新的高度。

在实际生产中, 既要考虑热力学问题, 也要考虑动力学问题。如果一个反应在热力学上判断是可能发生的, 则如何使可能性变为现实性, 并使这个反应能以一定的速率进行, 就成为主要矛盾了。如果一个反应在热力学上判断为不可能, 当然就不再需要考虑速率问题了。一个化学反应系统内的许多性质和外界条件都能影响平衡和反应速率, 平衡问题和速率问题这两者是相互关联的。但限于人们目前的认识水平, 迄今还没有统一的定量处理方法把它们联系起来, 在很大程度上还需要分别研究化学反应平衡和化学反应速率。

从历史上来说, 化学动力学的发展比化学热力学的发展迟, 而且不具有热力学那样较完整的系统。

化学动力学的发展大体上可以分为几个阶段, 即 19 世纪后半叶的宏观动力学阶段; 20 世纪 50 年代以后的微观反应动力学 (microkinetics) 阶段。在这两个阶段之间, 即 20 世纪前叶, 则是宏观反应动力学向微观反应动力学的过渡阶段。在第一阶段中的主要成就是质量作用定律和 Arrhenius 公式的确立, 并由此提出了活化能的概念。由于这一时期测试手段的水平相对较低, 对反应动力学的研究基本上仍然是宏观的, 因而其结论也只使用于总包反应[①]。在第二阶段中, 主要是对反应速率从理论上进行了探讨, 提出了碰撞理论和过渡态理论, 并借助于量子力学计算了反应系统的势能面, 指出过渡态 (或活化络合物) 乃是势能面上的马鞍点。在这一阶段中, 一个重要的发现是链反应, 许多常见的反应如燃烧、有机物的分解、烯烃的聚合等都是链反应, 在反应的历程中存在自由基, 而且总包反应是由许多基元反应组成的。链反应的发现使化学动力学的研究从总包反应向基元反应深入, 即由宏观反应动力学向微观反应动力学过渡。在第二个阶段中, 由

---

① 总包反应 (overall reaction) 又称总反应, 它是指化学反应按给定的计量方程从始态到终态完全进行反应, 而不考虑其在反应过程中所经历的历程。例如, $2H_2(g) + O_2(g) \Longrightarrow 2H_2O(l)$ 就代表一个总包反应。而在反应过程中所经过的历程是很复杂的。

于分子束和激光技术的发展及应用, 从而开创了分子反应动态学 (或称微观反应动力学)。它深入研究态–态反应的层次, 即研究由不同量子态的反应物转化为不同量子态的产物的速率及反应的细节。物理化学家李远哲由于在交叉分子束研究中做出了卓越的贡献, 与 Herschbach 分享了 1986 年的诺贝尔化学奖。

近百年来化学动力学进展的速度很快, 这一方面应归功于相邻学科基础理论和技术上的进展, 另一方面归功于实验方法、检测手段的日新月异。例如, 用磁共振谱仪可以检测自由基的存在, 用闪光光解技术发现寿命特别短的自由基。又如, 时间在化学动力学中是极为重要的变量, 在 20 世纪 50 年代还认为 10^{-3} s 以下的快速反应是无法测量的, 而到了 70 年代, 时间的分辨率已达到微秒 (10^{-6} s) 水平, 80 年代可达到皮秒 (10^{-12} s) 水平, 可以直接观测化学反应的最基本的动态历程。这一变量在测试精度上的大大提高, 为人们提供了许多前所未有的新的信息, 为深入研究反应的细节提供了依据。超短脉冲激光技术的开发, 更是打开了进入超短时间飞秒 (10^{-15} s) 分辨世界的门槛。各种先进波谱学仪器的出现, 使生物大分子及纳米分子的形貌和结构清晰可见。量子化学已经能够在实验手段相形见绌时计算出化学反应的反应物过渡态、中间物和产物的结构能谱和反应通道; 计算(机) 化学各种方法和程序的发展, 使人们能够利用有限的已知的微观和宏观参数去设计预期功能的新产物、新流程, 以及进一步推测反应所经历的历程, 最大限度地减少条件实验的工作量。但是也应指出, 从总体上说化学动力学的发展虽相对较为迅速, 但所形成的理论与经典热力学相比尚不够完善, 要从定量的角度和从物质内部的结构即从原子、分子水平来说明或解决化学反应历程和相关的动力学问题, 还需要继续不断的努力。

11.2   化学反应速率的表示法

反应开始后, 反应物的数量 (或浓度) 不断降低, 产物的数量 (或浓度) 不断增加, 如图 11.1 所示。在大多数反应系统中, 反应物 (或产物) 的浓度随时间的变化关系往往不是线性关系, 开始时反应物的浓度较大, 反应较快, 单位时间内得到的产物较多。而在反应后期, 反应物的浓度变小, 反应较慢, 单位时间内得到的产物的数量较少。但也有些反应 (如链反应), 反应开始时需要有一定的诱导时间 (induction time), 反应很慢, 然后不断加快, 达到最大值后才由于反应物的消耗而逐渐变慢。一些**自催化反应** (autocatalytic reaction) 也有类似的情况。因此, 从浓度随时间的变化曲线可以提供反应类型的信息。

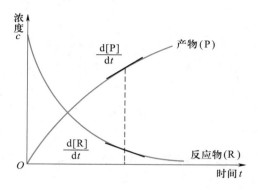

图 11.1　反应物和产物的浓度随时间的变化

在物理学中, "速度 (velocity)" 是矢量, 有方向性, 而 "速率 (rate)" 是标量。本书一律采用标量 "速率" 来表示浓度随时间的变化率。为了描述化学反应的进展情况, 可以用反应物浓度随时间的不断降低来表示, 也可用产物浓度随时间的不断升高来表示。但由于在反应式中产物和反应物的化学计量数不尽一致, 所以用反应物或产物的浓度变化率来表示反应速率时, 其数值未必一致。但若采用反应进度 (ξ) 随时间的变化率来表示反应速率, 则不会产生这种矛盾。

根据反应进度 ξ 的定义, 设反应为

$$\alpha R \longrightarrow \beta P$$

$$t = 0 \qquad n_R(0) \qquad n_P(0)$$

$$t = t \qquad n_R(t) \qquad n_P(t)$$

若反应开始时 ($t = 0$), 反应物 R 和产物 P 的物质的量分别为 $n_R(0)$ 和 $n_P(0)$, 当反应时间为 t 时, 物质的量分别为 $n_R(t)$ 和 $n_P(t)$, 则反应进度为

$$\xi = \frac{n_R(t) - n_R(0)}{-\alpha} = \frac{n_P(t) - n_P(0)}{\beta} \tag{11.1}$$

对反应物的计量系数 (α) 取负值, 产物的计量系数 (β) 取正值。将式 (11.1) 对 t 微分, 得到在某个时刻 t 时反应进度的变化率, 即称为**反应的转化速率** (conversion rate of reaction):

$$\frac{d\xi}{dt} = \dot{\xi} = -\frac{1}{\alpha} \frac{dn_R(t)}{dt} = \frac{1}{\beta} \frac{dn_P(t)}{dt} \tag{11.2}$$

化学反应速率 r 可以定义为

$$r \overset{\text{def}}{=\!=} \frac{1}{V} \frac{d\xi}{dt} = \frac{1}{V} \dot{\xi} \tag{11.3}$$

式中 V 为反应系统的体积, 则上述反应的反应速率为

$$r = -\frac{1}{V\alpha}\frac{\mathrm{d}n_{\mathrm{R}}(t)}{\mathrm{d}t} = \frac{1}{V\beta}\frac{\mathrm{d}n_{\mathrm{P}}(t)}{\mathrm{d}t} \tag{11.4}$$

如果在反应过程中体积是恒定的, 则式 (11.4) 可写为

$$r = -\frac{1}{\alpha}\frac{\mathrm{d}\left[n_{\mathrm{R}}(t)/V\right]}{\mathrm{d}t} = -\frac{1}{\alpha}\frac{\mathrm{d}c_{\mathrm{R}}}{\mathrm{d}t} = -\frac{1}{\alpha}\frac{\mathrm{d}\left[\mathrm{R}\right]}{\mathrm{d}t}$$

$$= \frac{1}{\beta}\frac{\mathrm{d}\left[n_{\mathrm{P}}(t)/V\right]}{\mathrm{d}t} = \frac{1}{\beta}\frac{\mathrm{d}c_{\mathrm{P}}}{\mathrm{d}t} = \frac{1}{\beta}\frac{\mathrm{d}\left[\mathrm{P}\right]}{\mathrm{d}t}$$

式中 [R] 表示反应物 R 的浓度 c_{R}, [P] 表示产物 P 的浓度 c_{P}。

对于任意反应:

$$e\mathrm{E} + f\mathrm{F} =\!=\!= g\mathrm{G} + h\mathrm{H} \qquad 或 \qquad 0 = \sum_{\mathrm{B}}\nu_{\mathrm{B}}\mathrm{B}$$

则有

$$r = -\frac{1}{e}\frac{\mathrm{d}[\mathrm{E}]}{\mathrm{d}t} = -\frac{1}{f}\frac{\mathrm{d}[\mathrm{F}]}{\mathrm{d}t} = \frac{1}{g}\frac{\mathrm{d}[\mathrm{G}]}{\mathrm{d}t} = \frac{1}{h}\frac{\mathrm{d}[\mathrm{H}]}{\mathrm{d}t}$$

$$= \frac{1}{\nu_{\mathrm{B}}}\frac{\mathrm{d}[\mathrm{B}]}{\mathrm{d}t} \tag{11.5}$$

式中 ν_{B} 为化学反应式中物质 B 的计量系数, 对反应物取负值, 对产物取正值; r 的量纲为 [浓度] $\cdot$ [时间]$^{-1}$。例如, 对于五氧化二氮的分解反应:

$$\mathrm{N_2O_5(g)} =\!=\!= \mathrm{N_2O_4(g)} + \frac{1}{2}\mathrm{O_2(g)}$$

反应速率既可以用 $\mathrm{N_2O_5}$ 的浓度随时间变化率表示, 也可用 $\mathrm{N_2O_4}$ 或 $\mathrm{O_2}$ 的浓度随时间变化率表示, 即

$$r = -\frac{\mathrm{d}[\mathrm{N_2O_5}]}{\mathrm{d}t} = \frac{\mathrm{d}[\mathrm{N_2O_4}]}{\mathrm{d}t} = 2\frac{\mathrm{d}[\mathrm{O_2}]}{\mathrm{d}t}$$

对于气相反应, 压力比浓度更容易测定, 因此也可用参加反应的各物种的分压来代替浓度, 对上述反应有

$$r' = -\frac{\mathrm{d}p_{\mathrm{N_2O_5}}}{\mathrm{d}t} = \frac{\mathrm{d}p_{\mathrm{N_2O_4}}}{\mathrm{d}t} = 2\frac{\mathrm{d}p_{\mathrm{O_2}}}{\mathrm{d}t}$$

这时 r' 的量纲为 [压力] $\cdot$ [时间]$^{-1}$。对于理想气体, $p_{\mathrm{B}} = c_{\mathrm{B}}RT$, 所以 $r' = r(RT)$。

对于多相催化反应, 反应的速率可以定义为

$$r \stackrel{\mathrm{def}}{=\!=\!=} \frac{1}{Q}\frac{\mathrm{d}\xi}{\mathrm{d}t} \tag{11.6a}$$

式中 Q 代表催化剂的用量。若 Q 用质量 m 表示，则

$$r_m = \frac{1}{m}\frac{\mathrm{d}\xi}{\mathrm{d}t} \tag{11.6b}$$

r_m 称为在给定条件下催化剂的比活性，其单位为 $\mathrm{mol \cdot kg^{-1} \cdot s^{-1}}$。如果 Q 用催化剂的堆体积 V（包括粒子自身的体积和粒子间的空间）表示，则

$$r_V = \frac{1}{V}\frac{\mathrm{d}\xi}{\mathrm{d}t} \tag{11.6c}$$

r_V 为单位体积催化剂的反应速率，其单位为 $\mathrm{mol \cdot m^{-3} \cdot s^{-1}}$。如果 Q 用催化剂的表面积 A 表示，则

$$r_A = \frac{1}{A}\frac{\mathrm{d}\xi}{\mathrm{d}t} \tag{11.6d}$$

IUPAC 建议，称 r_A 为表面反应速率 (areal rate of reaction)，其单位为 $\mathrm{mol \cdot m^{-2} \cdot s^{-1}}$。

要测定化学反应速率，必须测出在不同反应时刻的反应物（或产物）的浓度，绘制物质浓度随时间的变化曲线（也称为动力学曲线），然后从图上求出不同反应时间的速率 $\left(\dfrac{\mathrm{d}c}{\mathrm{d}t}\right)$（即在时间 t 时作该曲线的切线），就可以知道反应在 t 时的速率。在反应开始 $(t = 0)$ 时的速率 $\left(\dfrac{\mathrm{d}c}{\mathrm{d}t}\right)_{t=0}$ 称为反应的初速，在研究化学反应动力学时它是一个较为重要的参数。

测定反应物（或产物）在不同反应时间的浓度一般可采用化学方法和物理方法。化学方法是在某一时间取出一部分物质，并设法迅速使反应停止（用骤冷、冲稀、加阻化剂或除去催化剂等方法），然后进行化学分析，这样可直接得到不同时刻某物质浓度的数值，但实验操作则往往较烦琐；物理方法是在反应过程中，对某一种与物质浓度有关的物理量进行连续监测，获得一些原位 (in situ) 反应的数据。通常利用的物理性质和方法有测定压力、体积、旋光度、折射率、吸收光谱、电导、电动势、介电常数、黏度、热导率或进行比色等。对于不同的反应可选用不同方法和仪器，如色谱、质谱、色 – 质谱联用、红外光谱及磁共振谱等。由于物理方法不是直接测量物质的浓度，所以首先要知道浓度与这些物理量之间的依赖关系，当然最好是选择与浓度变化成线性关系的一些物理量。

对于一些反应时间很短（在秒以下）的快速反应，必须采取某些特殊的装置才能进行测量，否则在反应物尚未完全混匀之前，已混合的部分反应已经开始甚至可能已经完成或接近尾声，这给准确记录反应时间带来困难或根本无法计算反应时间。对这种快速反应常采用快速流动法进行测量，在流动法中反应物迅速混

合, 并在长管式反应器的一端以一定速度输入, 产物在反应器的另一端流出, 然后用物理方法测定在反应管不同位置上反应物的浓度, 也可获得绘制浓度随时间变化曲线的必要数据, 工业上常采用这种流动技术。

11.3   化学反应的速率方程

表示反应速率与浓度等参数之间的关系的方程或表示浓度等参数与时间关系的方程称为化学反应的速率方程 (rate equation), 也称为动力学方程 (kinetic equation)。速率方程可表示为微分式或积分式, 其具体形式随不同反应而异, 必须由实验来确定。基元反应的速率方程式是其中最为简单的。

基元反应和非基元反应

我们通常所写的化学方程式绝大多数并不代表反应的真正历程, 而仅代表反应的总结果, 所以它只是反应的**化学计量式** (stoichiometric equation)。

例如, 在气相中氢分别与三种不同的卤素 (Cl_2, Br_2, I_2) 反应, 通常把反应的化学计量式写成

(1) $H_2 + I_2 \Longrightarrow 2HI$

(2) $H_2 + Cl_2 \Longrightarrow 2HCl$

(3) $H_2 + Br_2 \Longrightarrow 2HBr$

这三个反应的化学计量式形式相似, 但它们的反应历程却大不相同。根据大量的实验结果, 现在知道 H_2 和 I_2 的反应历程为

(4) $I_2 + M \Longleftrightarrow 2I\cdot + M$

(5) $H_2 + 2I\cdot \longrightarrow 2HI$

式中 M 是指反应器壁或其他第三体分子, 它们是惰性物质, 不参与反应而只具有传递能量的作用。

H_2 和 Cl_2 的反应由下面几步构成:

(6) $Cl_2 + M \longrightarrow 2Cl\cdot + M$

(7) $Cl\cdot + H_2 \longrightarrow HCl + H\cdot$

(8) $H\cdot + Cl_2 \longrightarrow HCl + Cl\cdot$

(9) $Cl\cdot + Cl\cdot + M \longrightarrow Cl_2 + M$

H_2 和 Br_2 的反应由如下几步构成:

(10) $Br_2 + M \longrightarrow 2Br\cdot + M$

(11) $Br\cdot + H_2 \longrightarrow HBr + H\cdot$

(12) $H\cdot + Br_2 \longrightarrow HBr + Br\cdot$

(13) $H\cdot + HBr \longrightarrow H_2 + Br\cdot$

(14) $Br\cdot + Br\cdot + M \longrightarrow Br_2 + M$

方程式 (1), (2), (3) 只表示这三个反应的总结果。

如果一个化学反应, 总是经过若干个简单的反应步骤, 最后才转化为产物分子, 这种反应称为非基元反应。所谓简单步骤是指分子经一次碰撞后, 在一次化学行为中就能完成反应, 这种反应称为**基元反应** (elementary reaction), 有时也简称为元反应。简言之, 基元反应就是一步能完成的反应。上述反应 (4) ~ (14) 都是基元反应, 而反应 (1) ~ (3) 是非基元反应。非基元反应是许多基元反应的总和, 亦称为总包反应或简称为**总反应** (overall reaction)。一个复杂反应是经过若干个基元反应才能完成的反应, 这些基元反应代表了反应所经过的途径, 在动力学上就称其为**反应机理**或**反应历程** (reaction mechanism)。故方程式 (4) ~ (5), (6) ~ (9) 和 (10) ~ (14) 分别代表了三种卤素与 H_2 的反应历程。

经验证明, 基元反应的速率方程比较简单, 即基元反应的速率与反应物浓度 (含有相应的指数) 的乘积成正比, 其中各浓度的指数就是反应式中各反应物质的计量系数。例如, 对于 (5) ~ (14) 反应, 有

$$r_5 \propto [H_2][I\cdot]^2 \qquad \text{或} \qquad r_5 = k_5[H_2][I\cdot]^2 \tag{11.7}$$

$$r_6 \propto [Cl_2][M] \qquad \text{或} \qquad r_6 = k_6[Cl_2][M] \tag{11.8}$$

$\cdots\cdots\cdots\cdots$

其余类推。

基元反应的这个规律称为**质量作用定律** (law of mass action), 是 19 世纪中期由挪威化学家 Guldberg 和 Waage 在总结前人的大量工作并结合他们自己的实验的基础上提出来的, 即 "化学反应速率与反应物的有效质量成正比" (这里的质量其原意是指浓度)。质量作用定律只适用于基元反应。

从总包反应的化学计量式不能直接得到动力学方程。动力学方程往往是一个较复杂的函数关系, 这些关系可通过实验、设计反应历程而获得。例如, 反应 (1) ~ (3) 的速率方程为 (得到这些公式的过程, 将在 "复杂反应" 一节中介绍)

$$r_1 = k_1 [H_2] [I_2] \tag{11.9}$$

$$r_2 = k_2 [H_2] [Cl_2]^{1/2} \tag{11.10}$$

$$r_3 = \frac{k\,[\mathrm{H_2}]\,[\mathrm{Br_2}]^{1/2}}{1 + k'\,[\mathrm{HBr}]\,/[\mathrm{Br_2}]} \tag{11.11}$$

反应的级数、反应分子数和反应的速率常数

在化学反应的速率方程中, 各物浓度项的指数之代数和就称为**该反应的级数** (order of reaction), 用 n 表示。例如, 根据实验结果归纳得出的某反应的速率方程可用下式表示:

$$r = k[\mathrm{A}][\mathrm{B}]$$

则根据速率方程中各浓度项的相应指数, 该反应对反应物 A 而言是一级, 对反应物 B 也是一级, 故总反应为二级。我们通常所说的该反应的级数都是指总级数而言的。例如, 光气的合成反应:

$$\mathrm{CO(g) + Cl_2(g) \longrightarrow COCl_2(g)}$$

实验表明该反应的速率方程为

$$r = k[\mathrm{CO}][\mathrm{Cl_2}]^{3/2}$$

则该反应对 $\mathrm{CO(g)}$ 来说是一级, 对 $\mathrm{Cl_2(g)}$ 来说是 3/2 级, 总反应是 2.5 级。

又如, 前面所说的反应 (3) $\mathrm{H_2 + Br_2 \Longrightarrow 2HBr}$, 其反应的速率方程如式 (11.11) 所示, 式中 k, k' 都是实验值 (是经验常数), 该反应对 $\mathrm{H_2}$ 是一级, 而对 $\mathrm{Br_2}$ 和 HBr 就不具有简单的关系, 因此该反应也就没有简单的总级数。

反应的分子数 (这里所说的反应分子数实际上是指参加反应的物种粒子数, 即 molecularity) 与反应的级数不同, 从微观的角度看, 参加基元反应的分子数只可能是 1, 2 或 3。对于基元反应或简单反应, 通常其反应级数和反应的分子数是相同的。例如, 反应 $\mathrm{I_2 \longrightarrow 2I\cdot}$ 是单分子反应, 也是一级反应; 反应 $\mathrm{Br\cdot + H_2 \longrightarrow HBr + H\cdot}$ 是双分子反应, 也是二级反应。但也有些基元反应表现出的反应级数与反应分子数不一致, 例如, 乙醚在 $500\,^\circ\mathrm{C}$ 左右的热分解反应是单分子反应, 也是一级反应, 但在低压下则表现为二级反应。这是实验结果, 反映出该反应在不同压力下有不同的反应级数。又如双分子反应, 通常情况下是二级反应, 但在某种情况下也可以使其成为一级反应。

总之, 反应的级数和分子数是属于不同范畴的概念, 反应级数是就宏观的总包反应而言的, 而反应分子数则系对微观的基元反应来说的。反应级数可以是整数、分数、零或负数等, 有时甚至无法用简单数字来表示。而反应分子数的值只能是不大于 3 的正整数。尽管在通常情况下二者常具有相同的数值, 但其意义是有区别的。对于一个指定的基元反应, 反应分子数有定值, 但其反应的级数由于

反应的条件不同而可能不同。

在式 (11.7) 至式 (11.11) 中, 都有一个比例系数 k, 这是一个与浓度无关的量, 称为**速率常数** (rate constant), 也称为**速率系数** (rate coefficient)[①]。由于在数值上它相当于参加反应的物质都处于单位浓度时的反应速率, 故又称为**反应的比速率** (specific reaction rate)。不同反应有不同的速率常数, 速率常数与反应温度、反应介质 (溶剂)、催化剂等有关, 甚至会随反应器的形状、性质而异。

速率常数 k 是化学动力学中一个重要物理量, 其数值直接反映了速率的快慢。要获得化学反应的速率方程, 首先需要收集大量的实验数据, 然后再经归纳整理而得。它是确定反应历程的主要依据, 在化学工程中, 它又是设计合理的反应器的重要依据。

11.4 具有简单级数的反应

以下讨论的是具有简单级数的反应, 介绍其速率方程的微分式、积分式以及它们的速率常数 k 的单位和半衰期等各自的特征。具有简单级数的反应并不一定就是基元反应, 但只要该反应具有简单的级数, 它就具有该级数反应的所有特征。

一级反应

凡是反应速率只与物质浓度的一次方成正比者称为**一级反应** (first order reaction), 如放射性元素镭的蜕变反应及五氧化二氮的分解反应等。

$$^{226}_{88}\text{Ra} \longrightarrow {}^{222}_{86}\text{Rn} + {}^{4}_{2}\text{He}$$

$$\text{N}_2\text{O}_5(\text{g}) =\!=\!= \text{N}_2\text{O}_4(\text{g}) + \frac{1}{2}\text{O}_2(\text{g})$$

其他如分子重排反应 (如顺丁烯二酸转化为反丁烯二酸)、蔗糖水解反应等都是一级反应 (严格讲蔗糖水解是准一级反应, 但可以按一级反应处理)。

[①] 我国国家标准 GB 3101—93 有一个附录 A, 其标题是: "物理量名称中所用术语的规则"。内容表明: "在一定条件, 如果量 A 正比于量 B, 则可以用乘积表示为 $A = kB$。如果 A 和 B 具有不同的量纲, 则用系数这一术语, 如果两个量具有相同的量纲, 则用因数或因子"。但该规则又特别申明 "本规则既不企图作为硬性规定, 也不企图消除已有各种学术语言融在一起的常有的分歧"。

鉴于当前国内外新出版的物理化学教材、手册以及期刊文献绝大多数仍使用速率常数一词, 故本书仍暂不作修改。但读者应注意, 国家标准所表示的倾向也是明显的。

设有某一级反应:

$$A \xrightarrow{\ k_1\ } P$$

$$t = 0 \qquad c_A^0 = a \qquad c_P^0 = 0$$

$$t = t \qquad c_A = a - x \qquad c_P = x$$

反应速率方程的微分式为

$$r = -\frac{\mathrm{d}c_A}{\mathrm{d}t} = \frac{\mathrm{d}c_P}{\mathrm{d}t} = k_1 c_A$$

$$-\frac{\mathrm{d}(a-x)}{\mathrm{d}t} = k_1(a-x) \qquad 或 \qquad \frac{\mathrm{d}x}{\mathrm{d}t} = k_1(a-x) \tag{11.12}$$

或

$$\frac{\mathrm{d}x}{a-x} = k_1 \mathrm{d}t \tag{11.13}$$

对式 (11.13) 作不定积分, 则得

$$\ln(a-x) = -k_1 t + 常数 \tag{11.14}$$

若以 $\ln(a-x)$ 对时间 t 作图, 应得斜率为 $-k_1$ 的直线, 这是一级反应的特征。若对式 (11.13) 作定积分:

$$\int_0^x \frac{\mathrm{d}x}{(a-x)} = \int_0^t k_1 \mathrm{d}t$$

得

$$\ln\frac{a}{a-x} = k_1 t \tag{11.15}$$

$$k_1 = \frac{1}{t}\ln\frac{a}{a-x} \tag{11.16}$$

从反应物起始浓度 a 和 t 时刻的浓度 $(a-x)$ 即可算出速率常数 k_1, 一级反应速率常数的量纲为 [时间]$^{-1}$, 时间可以用秒 (s)、分 (min)、小时 (h)、天 (d) 或年 (a) 表示。

动力学的微分式 (11.12) 或式 (11.13) 只能告诉我们反应的速率随组分浓度的递变情况。为了求得浓度和时间的函数关系, 必须对微分式进行积分, 从而得到速率方程的积分式, 即式 (11.15)。根据定积分式, 在 k_1, x, t 三个变量中, 只要知道其中任意两个就可求出第三个量 (当然反应物起始浓度 a 应是已知的)。

式 (11.15) 也可写成

$$(a-x) = a\exp(-k_1 t) \tag{11.17}$$

反应物的浓度 c_A 随时间 t 呈指数性下降, 当 $t \to \infty$ 时, $(a-x) \to 0$, 所以一级反应需用无限长的时间才能反应完全。

若令 y 为时间 t 时反应物已作用的分数, 即

$$y = \frac{x}{a} \tag{11.18}$$

代入式 (11.16), 得

$$t = \frac{1}{k_1}\ln\frac{1}{1-y} \tag{11.19}$$

若令 $y = \dfrac{x}{a} = \dfrac{1}{2}$ 时的时间为 $t_{1/2}$, 即反应物消耗了一半所需的时间, 这个时间称为**半衰期** (half life), 则

$$t_{1/2} = \frac{\ln 2}{k_1} = \frac{0.6931}{k_1} \tag{11.20}$$

从式 (11.20) 可知, 一级反应的半衰期与反应的速率常数 k_1 成反比, 而与反应物的起始浓度无关。对于一个给定的一级反应, 由于 k_1 有定值, 所以 $t_{1/2}$ 也有定值。这是一级反应的另一特点, 据此可判断一个反应是否是一级反应。

例 11.1

某金属钋的同位素进行 β 放射, 经 14 d(1 d = 1 天) 后, 同位素的活性降低 6.85%。试求此同位素的蜕变常数和半衰期; 要分解 90.0%, 需经过多长时间?

解 设反应开始时物质的量为 100%, 14 d 后剩余未分解者为 100% − 6.85%, 代入式 (11.16), 有

$$k_1 = \frac{1}{t}\ln\frac{a}{a-x} = \frac{1}{14\ \mathrm{d}}\ln\frac{100\%}{100\% - 6.85\%}$$
$$= 0.00507\ \mathrm{d}^{-1}$$

代入式 (11.20), 得

$$t_{1/2} = \frac{\ln 2}{0.00507\ \mathrm{d}^{-1}} = 137\ \mathrm{d}$$

代入式 (11.19), 得

$$t = \frac{1}{k_1}\ln\frac{1}{1-y}$$
$$= \frac{1}{0.00507\ \mathrm{d}^{-1}}\ln\frac{1}{1-0.9} = 454\ \mathrm{d}$$

二级反应

反应速率和物质浓度的二次方成正比者称为**二级反应** (second order reaction)。

二级反应最为常见, 例如乙烯、丙烯和异丁烯的二聚作用, 乙酸乙酯的皂化, 碘化氢、甲醛的热分解等都是二级反应。二级反应的通式可以写为

(甲)　　$A + B \longrightarrow P + \cdots$　　　$r = k_2[A][B]$

(乙)　　$2A \longrightarrow P + \cdots$　　　$r = k_2[A]^2$

对于反应 (甲), 若以 a, b 代表 A 和 B 的起始浓度, 经 t 时间后有浓度为 x 的 A 和等量的 B 起了作用, 则在 t 时, A 和 B 的浓度分别为 $(a{-}x)$ 和 $(b{-}x)$。

$$A \quad + \quad B \quad \xrightarrow{\ k_2\ } P + \cdots$$

$$
\begin{array}{llll}
t = 0 & a & b & 0 \\
t = t & a - x & b - x & x
\end{array}
$$

$$-\frac{\mathrm{d}c_A}{\mathrm{d}t} = -\frac{\mathrm{d}c_B}{\mathrm{d}t} = -\frac{\mathrm{d}(a-x)}{\mathrm{d}t} = -\frac{\mathrm{d}(b-x)}{\mathrm{d}t}$$

$$= k_2(a-x)(b-x) \tag{11.21}$$

或

$$\frac{\mathrm{d}x}{\mathrm{d}t} = k_2(a-x)(b-x) \tag{11.22}$$

物质 A 和 B 的起始浓度可以相同也可以不相同。

(1) 若 A 和 B 的起始浓度相同, 即 $a = b$, 则反应 (甲) 的速率方程可以写成

$$\frac{\mathrm{d}x}{\mathrm{d}t} = k_2(a-x)^2 \tag{11.23}$$

移项作不定积分:

$$\int \frac{\mathrm{d}x}{(a-x)^2} = \int k_2 \mathrm{d}t$$

得

$$\frac{1}{a-x} = k_2 t + 常数 \tag{11.24}$$

根据式 (11.24), 若以 $\dfrac{1}{a-x}$ 对 t 作图, 则应得一条直线, 直线的斜率即为 k_2, 这是利用作图法求二级反应速率常数的一种方法。

若作定积分:

$$\int_0^x \frac{\mathrm{d}x}{(a-x)^2} = \int_0^t k_2 \mathrm{d}t$$

则得

$$\frac{1}{a-x} - \frac{1}{a} = k_2 t \tag{11.25a}$$

或

$$k_2 = \frac{1}{t} \frac{x}{a(a-x)} \tag{11.25b}$$

如令 y 代表时间 t 后, 原始反应物已分解的分数, 即以 $y = \dfrac{x}{a}$ 代入式 (11.25), 则得

$$\frac{y}{1-y} = k_2 t a \tag{11.26}$$

当原始反应物消耗一半时, $y = \dfrac{1}{2}$, 则

$$t_{1/2} = \frac{1}{k_2 a} \tag{11.27}$$

二级反应的半衰期与一级反应不同, 它与反应物的起始浓度成反比, 二级反应的速率常数 k_2 的量纲为 $[浓度]^{-1} \cdot [时间]^{-1}$, 这是二级反应的特点之一。

在 SI 单位中, 浓度的单位用 $\mathrm{mol} \cdot \mathrm{m}^{-3}$, 时间的单位用 s, 而习惯上浓度的单位常用 $\mathrm{mol} \cdot \mathrm{dm}^{-3}$, 时间的单位可用 s, min, h, d 等形式表示, 所以不同的单位显然会影响 k 的数值, 要注意其间的换算关系。例如, 若 k 的单位分别用 $(\mathrm{mol} \cdot \mathrm{dm}^{-3})^{-1} \cdot \mathrm{min}^{-1}$ 和 $(\mathrm{mol} \cdot \mathrm{m}^{-3})^{-1} \cdot \mathrm{s}^{-1}$ 表示, 则两者的数值之比为 60000。

(2) 若 A 和 B 的起始浓度不相同, 即 $a \neq b$, 则

$$\frac{\mathrm{d}x}{\mathrm{d}t} = k_2 (a-x)(b-x)$$

$$\int \frac{\mathrm{d}x}{(a-x)(b-x)} = \int k_2 \mathrm{d}t$$

作不定积分后, 得

$$\frac{1}{a-b} \ln \frac{a-x}{b-x} = k_2 t + 常数 \tag{11.28}$$

若作定积分, 则得

$$k_2 = \frac{1}{t(a-b)} \ln \frac{b(a-x)}{a(b-x)} \tag{11.29}$$

因为 $a \neq b$, 所以半衰期对 A 和 B 而言是不一样的, 没有统一的表示式。

对于反应 (乙):

$$2A \xrightarrow{k_2} P$$

$$t = 0 \qquad a \qquad 0$$

$$t = t \qquad a - 2x \qquad x$$

$$\frac{\mathrm{d}x}{\mathrm{d}t} = k_2(a - 2x)^2$$

按照前面所述的方法进行积分, 可得相应的结果。

与一级反应不同, 在二级反应中用浓度表示的速率常数和用压力表示的速率常数, 在数值上不相等。设反应 (乙) 为气相反应, 其速率方程为

$$r = -\frac{1}{2}\frac{\mathrm{d}[A]}{\mathrm{d}t} = k_2[A]^2$$

式中 $[A]$ 代表 A 的浓度。若 A 是理想气体, 则有

$$[A] = \frac{p_A}{RT}$$

或

$$\mathrm{d}[A] = \frac{1}{RT}\mathrm{d}p_A$$

式中 p_A 是 A 的分压, 代入速率方程, 得

$$-\frac{1}{2RT}\frac{\mathrm{d}p_A}{\mathrm{d}t} = k_2\left(\frac{p_A}{RT}\right)^2$$

即

$$-\frac{1}{2}\frac{\mathrm{d}p_A}{\mathrm{d}t} = \frac{k_2}{RT}p_A^2 = k_p p_A^2$$

显然 k_2 和 k_p 之间差一个 $\frac{1}{RT}$ 项, k_2 的量纲为 $[浓度]^{-1} \cdot [时间]^{-1}$, 而 k_p 的量纲为 $[压力]^{-1} \cdot [时间]^{-1}$, 两者的数值也不相等。

例 11.2

在 791 K 时, 在定容下乙醛的分解反应为

$$2CH_3CHO(g) \Longrightarrow 2CH_4(g) + 2CO(g)$$

若乙醛的起始压力 p_0 为 48.4 kPa, 经一定时间 t 后, 容器内的总压力 $p_{总}$ 数据如下:

t/s	42	105	242	384	665	1070
$p_{总}/kPa$	52.9	58.3	66.3	71.6	78.3	83.6

试证明该反应为二级反应。

证明 已知乙醛的起始压力为 p_0, 则

$$2CH_3CHO(g) \Longrightarrow 2CH_4(g) + 2CO(g)$$

$$t = 0 \qquad p_0 \qquad\qquad 0 \qquad\quad 0$$

$$t = t \qquad p_0 - p \qquad\quad p \qquad\quad p$$

$$p_{总} = p_0 + p \text{ 或 } p = p_{总} - p_0$$

$$\frac{dp}{dt} = 2k_p(p_0 - p)^2 = k'_p(p_0 - p)^2$$

上式积分后, 得

$$k'_p = \frac{1}{t}\frac{p}{p_0(p_0 - p)}$$

代入不同 t 时刻的 p 值, 计算所得的 k'_p 值确为常数, 其平均值 $k'_p = 5.04 \times 10^{-5}(kPa)^{-1} \cdot s^{-1}$, 表明该反应为二级反应。计算结果如下:

t/s	42	105	242	384	665	1070
p/kPa	4.5	9.9	17.9	23.2	29.9	35.2
$\dfrac{k'_p}{10^{-5}(kPa)^{-1}\cdot s^{-1}}$	5.04	5.06	5.01	4.95	5.02	5.15

例 11.3

乙酸乙酯的皂化, 经研究确定是二级反应。

$$CH_3COOC_2H_5 + OH^- \Longrightarrow CH_3COO^- + C_2H_5OH$$

可以用酸碱滴定法或测定混合溶液的电导率的方法来求反应物的浓度随时间的变化, 从而计算 k_2 值。实验数据列于下表中左边三列。试分别用计算法和作图法求 k_2 值。表中 a 和 b 分别表示 NaOH 和 $CH_3COOC_2H_5$ 的起始浓度, $a = 9.80 \text{ mol} \cdot m^{-3}$, $b = 4.86 \text{ mol} \cdot m^{-3}$。

解 (1) 计算法: 因反应物起始浓度不等 $(a \neq b)$, 所以用式 (11.29) 计算 k_2 值, 计算结果列于表中最右一列, 平均值 $k_2 = 1.08 \times 10^{-4} \text{ mol}^{-1} \cdot m^3 \cdot s^{-1}$。

(2) 绘图法: 根据式 (11.28), 若以 $\dfrac{1}{a-b}\ln\dfrac{a-x}{b-x}$ 对 t 作图, 则应是一条直线, 直线的斜率即为 k_2。为此, 先计算获得不同时间的 $\dfrac{1}{a-b}\ln\dfrac{a-x}{b-x}$ 值 (结果列于表中第四列), 然后对 t 作图 (见图 11.2)。

t/s	$\dfrac{a-x}{\text{mol} \cdot \text{m}^{-3}}$	$\dfrac{b-x}{\text{mol} \cdot \text{m}^{-3}}$	$\dfrac{\dfrac{1}{a-b}\ln\dfrac{a-x}{b-x}}{\text{mol}^{-1} \cdot \text{m}^3}$	$\dfrac{k_2}{10^{-4}\ \text{mol}^{-1} \cdot \text{m}^3 \cdot \text{s}^{-1}}$
0	9.80	4.86	—	—
178	8.92	3.98	0.1634	1.202
273	8.64	3.70	0.1717	1.088
531	7.92	2.97	0.1986	1.065
866	7.24	2.30	0.2321	1.041
1510	6.45	1.51	0.2939	1.006
1918	6.03	1.09	0.3463	1.064
2401	5.74	0.80	0.3989	1.070

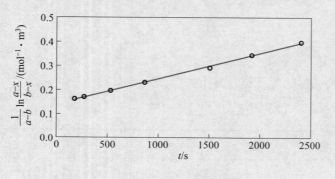

图 11.2 $CH_3COOC_2H_5$ 的水解数据图

直线的斜率为 $1.06 \times 10^{-4}\ \text{mol}^{-1} \cdot \text{m}^3 \cdot \text{s}^{-1}$, 也即

$$k_2 = 1.06 \times 10^{-4}\ \text{mol}^{-1} \cdot \text{m}^3 \cdot \text{s}^{-1}$$

两种方法得到基本相同的结果。

三级反应

反应速率与物质浓度的三次方成正比者称为**三级反应** (third order reaction), 三级反应可有下列几种形式:

$$A + B + C \longrightarrow \text{产物} \tag{11.30}$$

$$2A + B \longrightarrow \text{产物} \tag{11.31}$$

$$3A \longrightarrow \text{产物} \tag{11.32}$$

可分以下几种情况来讨论:

(1) 在式 (11.30) 中, 若反应物的起始浓度相同, $a = b = c$, 则动力学方程可

写为

$$\frac{dx}{dt} = k_3(a-x)^3$$

移项作不定积分, 得

$$\frac{1}{2(a-x)^2} = k_3t + 常数$$

若作定积分, 则得

$$k_3 = \frac{1}{2t}\left[\frac{1}{(a-x)^2} - \frac{1}{a^2}\right] \tag{11.33}$$

如令 y 代表原始反应物的分解分数, 即 $y = \dfrac{x}{a}$, 代入式 (11.33), 得

$$\frac{y(2-y)}{(1-y)^2} = 2k_3a^2t$$

当 $y = \dfrac{1}{2}$ 时, 其半衰期为

$$t_{1/2} = \frac{3}{2k_3a^2} \tag{11.34}$$

(2) 在式 (11.30) 中, 若 $a = b \neq c$, 则其动力学方程为

$$\frac{dx}{dt} = k_3(a-x)^2(c-x)$$

作定积分后, 得

$$\frac{1}{(c-a)^2}\left[\ln\frac{(a-x)c}{(c-x)a} + \frac{x(c-a)}{a(a-x)}\right] = k_3t \tag{11.35}$$

(3) 在式 (11.30) 中, 当 $a \neq b \neq c$ 时, 其动力学方程为

$$\frac{dx}{dt} = k_3(a-x)(b-x)(c-x)$$

上式经积分, 得

$$\frac{1}{(a-b)(a-c)}\ln\frac{a}{a-x} + \frac{1}{(b-c)(b-a)}\ln\frac{b}{b-x} + \frac{1}{(c-a)(c-b)}\ln\frac{c}{c-x} = k_3t \tag{11.36}$$

(4) 对于式 (11.31), $2A + B \longrightarrow$ 产物, 有

$$\frac{dx}{dt} = k_3(a-2x)^2(b-x)$$

积分的结果为

$$k_3 = \frac{1}{t(2b-a)^2} \left[\frac{2x(2b-a)}{a(a-2x)} + \ln \frac{b(a-2x)}{a(b-x)} \right] \tag{11.37}$$

三级反应在气相和液相中为数不多。在气相反应中, 目前人们熟知的有五个反应属于三级反应, 而且都与 NO 有关。这五个反应是: 两个分子的 NO 和一个分子的 Cl_2, Br_2, O_2, H_2 及 D_2 的反应。即

$$2NO + H_2 \longrightarrow N_2O + H_2O$$

$$2NO + O_2 \longrightarrow 2NO_2$$

$$2NO + Cl_2 \longrightarrow 2NOCl$$

$$2NO + Br_2 \longrightarrow 2NOBr$$

$$2NO + D_2 \longrightarrow N_2O + D_2O$$

上述几个三级反应, 有人认为就是三分子反应, 但后来也有人认为每个反应可能是由两个连续的双分子反应所构成的。例如:

$$2NO \underset{k_{-1}}{\overset{k_1}{\rightleftharpoons}} N_2O_2 \qquad \text{(很快, 迅即达到平衡)}$$

$$N_2O_2 + O_2 \xrightarrow{k_2} 2NO_2 \qquad \text{(慢)}$$

整个反应的速率取决于最慢的一步, 所以反应的速率方程为

$$\frac{\mathrm{d}x}{\mathrm{d}t} = k_2 \left[N_2O_2 \right] \left[O_2 \right]$$

在第一个反应中

$$\frac{\left[N_2O_2 \right]}{\left[NO \right]^2} = \frac{k_1}{k_{-1}} = K$$

所以

$$\left[N_2O_2 \right] = \frac{k_1}{k_{-1}} \left[NO \right]^2$$

代入反应速率方程中, 得

$$\frac{\mathrm{d}x}{\mathrm{d}t} = \frac{k_1 k_2}{k_{-1}} \left[NO \right]^2 \left[O_2 \right] = k_3 \left[NO \right]^2 \left[O_2 \right]$$

所以整个反应是三级反应。

基元反应呈三级很少见的原因是三个分子同时碰撞的机会不多。在气相中一些游离原子的化合可以看作三分子反应, 例如:

$$X \cdot + X \cdot + M \longrightarrow X_2 + M$$

式中 $X \cdot$ 代表 $I \cdot$, $Br \cdot$ 或 $H \cdot$; M 代表杂质或器壁分子或第三种惰性分子, M 的作用只是吸收反应所释放的热量。由于 M 的浓度并没有发生变化, 所以这些三分子反应表现为二级反应。在溶液中, 由于几个双分子的连续反应, 最后其速率方程也可能呈现三级反应的形式。例如, 在乙酸或硝基苯溶液中, 含不饱和 C=C 键化合物的加成作用就常是三级反应。此外, 在水溶液中 $FeSO_4$ 的氧化, Fe^{3+} 和 I^- 的作用, 以及在乙醚中苯酰氯与乙醇的作用, 均是三级反应。

零级反应和准级反应

1. 零级反应

反应速率与物质的浓度无关者称为**零级反应** (zeroth order reaction)。其速率可表示为

$$r = -\frac{dc_A}{dt} = k_0 \qquad 或 \qquad r = \frac{dx}{dt} = k_0 \tag{11.38}$$

上式经移项积分, 得

$$x = k_0 t \tag{11.39}$$

当 $x = \dfrac{a}{2}$ 时, $t_{1/2} = \dfrac{a}{2k_0}$。

反应总级数为零的反应并不多, 已知的零级反应中最多的是表面催化反应。例如, 氨在金属钨上的分解反应:

$$2NH_3(g) \xrightarrow{\text{W催化剂}} N_2(g) + 3H_2(g)$$

由于反应只在催化剂表面上进行, 反应速率只与表面状态有关。若金属 W 表面已被吸附的 NH_3 所饱和, 再增加 NH_3 的浓度对反应速率不再有影响, 此时反应对 NH_3 呈零级反应。

2. 准级反应

设某反应的速率方程为

$$r = k c_A^{\alpha} c_B^{\beta}$$

该反应的级数显然应是 $(\alpha + \beta)$。如果大大增加 B 的浓度, 以致在反应过程中 B 的浓度变化很小或基本不变, 则可把 c_B^{β} 当作常数并入速率常数 k 中, 得

$$r = k' c_A^{\alpha}$$

于是该反应就变成 α 级反应, 由于 $k' = k c_B^{\beta}$, 显然 k' 与 k 的单位不同。α 级反应的结论是在特殊情况下形成的, 故称为**准 α 级反应** (pseudo α order reaction)。

例如, 蔗糖转化为葡萄糖和果糖的反应:

$$C_{12}H_{22}O_{11} + H_2O \xrightarrow{H_3O^+} C_6H_{12}O_6 + C_6H_{12}O_6$$
蔗糖   果糖   葡萄糖

该反应的速率方程早在 1850 年就由 Wilhelmy 所建立, 这个反应是化学动力学中最早经过定量研究的, 其速率方程为

$$r = -\frac{d[S]}{dt} = k[S]$$

式中 [S] 代表蔗糖的浓度。速率方程中不出现水的浓度 $[H_2O]$ 项, 是因为在反应中水分子的消耗相对于水的浓度 $\left([H_2O] = \dfrac{1000 \text{ g} \cdot \text{dm}^{-3}}{18 \text{ g} \cdot \text{mol}^{-1}} = 55.56 \text{ mol} \cdot \text{dm}^{-3}\right)$ 来说是微不足道的。设 $[S] = 0.1 \text{ mol} \cdot \text{dm}^{-3}$, 即使蔗糖全部转化, 水浓度的变化也只不过是 $\dfrac{0.1}{55.56}$, 还不到 0.2%, 故水的浓度可视为不变, 而已并入速率常数 k 中, 所以在速率方程中只出现蔗糖的浓度 [S] 项, 故当时称此类反应为**准单分子反应** (pseudo unimolecular reaction)。此后, 在对反应的级数和反应分子数有了明确的界定之后, 此类反应均称为**准一级反应** (pseudo first order reaction)。

后来, 又有人研究了蔗糖在酸性溶液中的催化转化反应, 其速率方程应为

$$r = -\frac{d[S]}{dt} = k[S][H_2O][H^+]$$

同样, 由于反应中 $[H_2O]$ 和 $[H^+]$ 基本上不变, 故得

$$r = -\frac{d[S]}{dt} = k'[S]$$

显然, 在酸性溶液中蔗糖的转化反应依然是准一级反应 (至于某种反应物的浓度大到什么程度方可以认为其浓度不变, 并没有统一的标准。通常认为, 为了保证反应是准一级的, 至少需要过量 40 倍以上)。

例 11.4

蔗糖的转化是一级反应:

$$C_{12}H_{22}O_{11} + H_2O \xrightarrow{H_3O^+} C_6H_{12}O_6 + C_6H_{12}O_6$$
蔗糖   果糖   葡萄糖

H_3O^+ 在反应中只起催化剂的作用。蔗糖是右旋的, 设起始旋光度为 α_0。水解后所得到的葡萄糖是右旋的, 果糖是左旋的。由于后者的旋光度大, 所以水解后的混合物呈左旋, 故蔗糖的水解作用又称为转化反应 (inversion reaction)。设 α 为反应进行到 t 时刻混合物的旋光度, α_∞ 为水解完毕时的旋光度。试根据表 11.1 所列的实验数据 (一、二、三列), 求该反应的速率常数及其平均值。

表 11.1 298 K 时, 质量分数为 0.2 的蔗糖溶液在有 0.5 mol·dm^{-3} 乳酸存在时的水解数据

$t/\min$	$\alpha/(°)$	$(\alpha - \alpha_\infty)/(°)$	k_1 (计算值)$/(10^{-5}\ \min^{-1})$
0	34.50	45.27	—
1435	31.10	41.87	5.441
4315	25.00	35.77	5.459
7070	20.16	30.93	5.388
11360	13.98	24.75	5.315
14170	10.61	21.38	5.294
16935	7.57	18.34	5.335
19815	5.08	15.85	5.296
29925	−1.65	9.12	5.354
∞	−10.77	0.00	—

解 因在式 (11.16) 中用到了浓度比 $\dfrac{a}{a-x}$, 所以任何与浓度成比例的量 (如旋光度、分压等) 均可用来代替公式中的浓度项, 而不会影响 k_1 的计算值。设用 $(\alpha_0 - \alpha_\infty)$ 代表蔗糖的起始量, 用 $(\alpha - \alpha_\infty)$ 代表 t 时刻蔗糖的量, 则代入式 (11.16), 得

$$k_1 = \frac{1}{t}\ln\frac{\alpha_0 - \alpha_\infty}{\alpha - \alpha_\infty}$$

计算结果列表于 11:1 中最后一列, 其平均值为

$$k_1 = 5.360 \times 10^{-5}\ \min^{-1}$$

为了便于查阅, 将上述几种具有简单级数反应的速率方程和特征列于表 11.2 中, 人们常用这些特征来判别反应的级数。

表 11.2 具有简单级数反应的速率方程和特征

级数	反应类型	速率方程的定积分式	浓度与时间的线性关系	半衰期 $t_{1/2}$	速率常数 k 的量纲
一级	A ⟶ 产物	$\ln\dfrac{a}{a-x} = k_1 t$	$\ln\dfrac{1}{a-x} \sim t$	$\dfrac{\ln 2}{k_1}$	[时间]$^{-1}$
二级	A+B ⟶ 产物 $(a=b)$	$\dfrac{1}{a-x} - \dfrac{1}{a} = k_2 t$	$\dfrac{1}{a-x} \sim t$	$\dfrac{1}{k_2 a}$	[浓度]$^{-1}$·[时间]$^{-1}$
	A+B ⟶ 产物 $(a \neq b)$	$\dfrac{1}{a-b}\ln\dfrac{b(a-x)}{a(b-x)} = k_2 t$	$\ln\dfrac{b(a-x)}{a(b-x)} \sim t$	$t_{1/2}(A) \neq t_{1/2}(B)$	

续表

级数	反应类型	速率方程的定积分式	浓度与时间的线性关系	半衰期 $t_{1/2}$	速率常数 k 的量纲
三级	$A + B + C \longrightarrow$ 产物 $(a = b = c)$	$\dfrac{1}{2}\left[\dfrac{1}{(a-x)^2} - \dfrac{1}{a^2}\right] = k_3 t$	$\dfrac{1}{(a-x)^2} \sim t$	$\dfrac{3}{2}\dfrac{1}{k_3 a^2}$	[浓度]$^{-2}$· [时间]$^{-1}$
零级	表面催化反应	$x = k_0 t$	$x \sim t$	$\dfrac{a}{2k_0}$	[浓度]· [时间]$^{-1}$
n 级 $n \neq 1$	反应物 $\longrightarrow$ 产物	$\dfrac{1}{n-1}\left[\dfrac{1}{(a-x)^{n-1}} - \dfrac{1}{a^{n-1}}\right] = kt$	$\dfrac{1}{(a-x)^{n-1}} \sim t$	$A\dfrac{1}{a^{n-1}}$ (A 为常数)	[浓度]$^{1-n}$· [时间]$^{-1}$

反应级数的测定法

动力学方程都是根据大量的实验数据或用拟合法来确定的。设化学反应的速率方程可写为如下形式:

$$r = kc_A^{\alpha} c_B^{\beta} \cdots$$

有些复杂反应的速率方程有时也可简化为这样的形式。在化工生产中, 在不知其准确的反应历程的情况下, 也常常采用这样的形式作为经验公式用于化工设计中。确定动力学方程的关键是确定 $\alpha, \beta, \cdots$ 的数值, 这些数值不同, 其速率方程的积分形式也不同。确定反应级数和速率常数的常用方法有如下几种。

(1) **积分法**   例如一个反应的速率方程可表示为

$$r = -\frac{1}{a}\frac{d[A]}{dt} = k[A]^{\alpha}[B]^{\beta}$$

$$\frac{d[A]}{[A]^{\alpha}[B]^{\beta}} = -akdt$$

通常可先假定一组 α 和 β 值, 求出这个积分项, 然后对 t 作图。例如, 设 $\beta = 0$, $\alpha = 1$, 即反应为一级, 根据一级反应的特征, 以 $\ln\dfrac{1}{a-x}$ 对 t 作图, 如果得到的是直线, 则该反应就是一级反应。

如果设 $\beta = 1$, $\alpha = 1$, 且 $a \neq b$, 则根据二级反应的特点, 以 $\dfrac{1}{a-b}\ln\dfrac{a-x}{b-x}$ 对 t 作图, 若得一直线, 则该反应就是二级反应。

这种方法实际上是一个尝试的过程 [所以也叫尝试法 (trial method)]。如果尝试成功, 则所设的 α, β 值就是正确的。如果得到的不是直线, 则须重新假设 α, β 的值, 重新进行尝试, 直到得到直线为止。当然也可以不用作图法, 而直接进行计算, 即将实验数据 (各不同的时间 t 和相应的浓度 x) 代入表 11.2 中速率方程的积分公式, 分别按一、二、三级反应的公式计算速率常数 k。如果各组实验数据代入一级反应的方程式, 得到的 k 是一个常数, 则该反应就是一级反应。如果代到二级的公式中得到的 k 是一个常数, 则该反应就是二级反应, 依此类推。如果代入表 11.2 中的积分公式, 所算出的 k 都不是一个常数, 或者作图时得不到直线, 则该反应就不是具有简单整数级数的反应。尝试法的缺点是不够灵敏, 而且如果实验的浓度范围不够大, 则很难明显区别出究竟是几级 (这种方法的计算工作量较大, 但在有了计算机程序之后, 这也是轻而易举的事)。积分法一般对反应级数是简单整数的反应的结果较好。当级数是分数时, 很难尝试成功, 最好用微分法。

(2) **微分法** 为简便, 先讨论一个简单反应:

$$A \longrightarrow 产物$$

在 t 时 A 的浓度为 c, 该反应的速率方程设为

$$r = -\frac{dc}{dt} = kc^n$$

等式双方取对数后得

$$\lg r = \lg\left(-\frac{dc}{dt}\right) = \lg k + n\lg c \tag{11.40}$$

先根据实验数据, 将浓度 c 对时间 t 作图, 然后在不同的浓度 $c_1, c_2, \cdots$ 各点上求曲线的斜率 $r_1, r_2, \cdots$ 再以 $\lg r$ 对 $\lg c$ 作图。若所设速率方程式是对的, 则应得一直线, 该直线的斜率 n 即为反应级数。或者将一系列的 r_i 和 c_i 代入式 (11.40), 例如取 r_1, c_1 和 r_2, c_2 两组数据, 可得

$$\lg r_1 = \lg k + n\lg c_1$$

$$\lg r_2 = \lg k + n\lg c_2$$

将两式相减, 得

$$n = \frac{\lg r_1 - \lg r_2}{\lg c_1 - \lg c_2}$$

用上述方法求出若干个 n, 然后求出平均值。

也可先假设一个 n 值, 把一系列的 r_i 和 c_i 代入式 (11.40), 算出一系列的 k 值。如果假设正确, 则 k 值基本上应为一差异不大的常数。

若某反应的动力学方程为

$$r = kc_A^\alpha c_B^\beta c_C^\gamma$$

等式双方取对数后, 得

$$\lg r = \lg k + \alpha\lg c_A + \beta\lg c_B + \gamma\lg c_C$$

或

$$\lg r = \lg k + \alpha \left(\lg c_A + \frac{\beta}{\alpha} \lg c_B + \frac{\gamma}{\alpha} \lg c_C \right)$$

可以通过一组实验数据, 由解联立方程式获得 α, β, γ 值。或者以 $\lg r$ 对 $\lg c_A$ 作图, 如得一直线, 则 β 和 γ 等于零, 从直线斜率求出 α 值。如果得不到一直线, 可以改变 $\frac{\beta}{\alpha}$ 和 $\frac{\gamma}{\alpha}$ 的比值, 以 $\left(\lg c_A + \frac{\beta}{\alpha} \lg c_B + \frac{\gamma}{\alpha} \lg c_C \right)$ 对 $\lg r$ 作图。经过多次变更 $\frac{\beta}{\alpha}$ 和 $\frac{\gamma}{\alpha}$ 的值 (当然这个比值只能是简单的整数或分数), 直到得到直线为止, 就可分别得 α, β, γ 值。这样定级数的方法如果采用普通计算方法显然是比较麻烦的, 可借助于计算机解决问题。

由于在绘图或计算中所用到的数据是 $r \left(\text{即} -\frac{dc}{dt} \right)$, 故此法称为微分法。用此法求级数, 不仅可处理级数为整数的反应, 也可以处理级数为分数的反应。

用微分法时, 最好使用开始时的反应速率值, 即用一系列不同的起始浓度 c_0, 作不同的时间 t 对浓度 c 的曲线, 然后在不同的起始浓度 c_0 处求出相应的斜率 $\left(-\frac{dc}{dt} \right)$, 以后的处理方法与上面相同。采用起始浓度法的优点是可以避免反应产物的干扰。

(3) **半衰期法**   从半衰期与浓度的关系可知, 若反应物的起始浓度都相同, 则

$$t_{1/2} = A \frac{1}{a^{n-1}} \tag{11.41}$$

式中 $n(n \neq 1)$ 为反应级数, 对同一反应 A 为常数。如以两个不同的起始浓度 a 和 a' 进行实验, 则

$$\frac{t_{1/2}}{t'_{1/2}} = \left(\frac{a'}{a} \right)^{n-1}$$

上式取对数后, 得

$$n = 1 + \frac{\lg \dfrac{t_{1/2}}{t'_{1/2}}}{\lg \dfrac{a'}{a}}$$

由两组数据就可以求出 n, 如数据较多, 也可以用作图法。将式 (11.41) 取对数, $\lg t_{1/2} = (1-n)\lg a + \lg A$。将 $\lg t_{1/2}$ 对 $\lg a$ 作图, 从斜率可求出 n。

这个方法并不限定反应一定要进行到 $\frac{1}{2}$, 也可以取反应进行到 $\frac{1}{4}$, $\frac{1}{8}$ 等的时间来计算。

(4) **改变物质数量比例的方法** 设速率方程式为

$$r = kc_A^\alpha c_B^\beta c_C^\gamma$$

若设法保持 A 和 C 的浓度不变, 而将 B 的浓度加大一倍, 若反应速率也比原来加大一倍, 则可确定 c_B 的方次 $\beta = 1$。同理, 若保持 B 和 C 的浓度不变, 而把 A 的浓度加大一倍, 若速率增加为原来的 4 倍, 则可确定 c_A 的方次 $\alpha = 2$。这种方法可应用于较复杂的反应。

例 11.5

草酸钾与氯化高汞的反应方程式为

$$2HgCl_2 + K_2C_2O_4 \Longrightarrow 2KCl + 2CO_2 + Hg_2Cl_2$$

已知在 373 K 时, Hg_2Cl_2 从起始浓度不同的反应物溶液中沉淀的数据如下所示:

实验次数	$\dfrac{c_0(K_2C_2O_4)}{mol \cdot dm^{-3}}$	$\dfrac{c_0(HgCl_2)}{mol \cdot dm^{-3}}$	$\dfrac{t}{min}$	$\dfrac{x(Hg_2Cl_2)}{mol \cdot dm^{-3}}$
1	0.0836	0.404	65	0.0068
2	0.0836	0.202	120	0.0031
3	0.0418	0.404	62	0.0032

试求反应的级数。

解 设用平均速率代表瞬时速率 (这只有在反应速率较慢, 或者反应时间较短时才是可行的, 否则误差较大), Hg_2Cl_2 的生成速率在 1,2 两次实验中分别为

$$\left(\frac{\Delta x}{\Delta t}\right)_1 = \frac{0.0068}{65} \, mol \cdot dm^{-3} \cdot min^{-1}$$

和

$$\left(\frac{\Delta x}{\Delta t}\right)_2 = \frac{0.0031}{120} \, mol \cdot dm^{-3} \cdot min^{-1}$$

又反应速率可写为

$$\frac{\Delta x}{\Delta t} = k[HgCl_2]^n [K_2C_2O_4]^m$$

若选择 1, 2 两次实验的数据, 可得

$$\frac{\left(\dfrac{\Delta x}{\Delta t}\right)_1}{\left(\dfrac{\Delta x}{\Delta t}\right)_2} = \frac{k(0.0836)^m(0.404)^n}{k(0.0836)^m(0.202)^n} = \frac{\dfrac{0.0068}{65}}{\dfrac{0.0031}{120}}$$

在两次实验中反应物 $K_2C_2O_4$ 的起始浓度是一样的, 可以从比值中消去, 由此可解得 $n = 2$。同理, 用 1,3 两次实验数据可求得 $m = 1$, 故此反应是三级反应。

$$r = k_3[HgCl_2]^2[K_2C_2O_4]$$

例 11.6

三甲基胺与溴化正丙烷溶于溶剂苯中, 其起始浓度均为 $0.1 \ mol \cdot dm^{-3}$, 将反应物分别放入几个玻璃瓶中, 封口后, 浸于 412.6 K 的恒温槽中, 每经历一定时间, 取出一瓶快速冷却, 使反应 "停止", 然后分析其成分, 结果如下表中的前三列所示:

瓶号	经历时间 t / s	反应物起作用的摩尔分数	$\dfrac{x}{10^{-2} \ mol \cdot dm^{-3}}$	$\dfrac{k_1}{10^{-4} \ s^{-1}}$	$\dfrac{k_2}{10^{-3} \ mol^{-1} \cdot dm^3 \cdot s^{-1}}$
1	780	0.112	1.12	1.52	1.62
2	2040	0.257	2.57	1.46	1.70
3	3540	0.367	3.67	1.29	1.64
4	7200	0.552	5.52	1.12	1.71

试判断此反应是二级还是一级反应, 并求出其速率常数 k 值 (假定在实验的范围内反应只向右进行)。

解　反应可以写作

$$N(CH_3)_3 + CH_3CH_2CH_2Br \longrightarrow (CH_3)_3(C_3H_7)N^+ + Br^-$$

$$
\begin{array}{lcccc}
t = 0 & a & b & 0 & 0 \\
t = t & a - x & b - x & x & x
\end{array}
$$

可以用两种方法求解:

(1) 积分法　若设反应对三甲基胺是一级, 对溴化正丙烷是零级 (若设反应对溴化正丙烷是一级时, 其情况与此相同), 则

$$\frac{\mathrm{d}x}{\mathrm{d}t} = k_1(a - x)$$

移项作定积分, 得

$$k_1 = \frac{1}{t}\ln\frac{a}{a - x}$$

已知 $a = 0.1\ \text{mol} \cdot \text{dm}^{-3}$, 在不同的时间 t 时的 x 值列于上表第四列。将第 1 瓶的数据代入 k_1 的计算式中:

$$k_1 = \frac{1}{780\ \text{s}} \ln \frac{0.1}{0.1 - 0.0112}$$
$$= 1.52 \times 10^{-4}\ \text{s}^{-1}$$

同法可求得其他瓶号的 k_1 值, 列于上表第五列。显然, k_1 不为常数, 所以该反应不是一级反应。

若设反应为二级反应 $(a = b)$, 则

$$\frac{\mathrm{d}x}{\mathrm{d}t} = k_2(a - x)^2$$

移项作定积分, 得

$$k_2 = \frac{1}{t}\frac{x}{a(a - x)}$$

代入各瓶号的实验数据, 得到的 k_2 值列于上表第六列。k_2 值近似为一常数, 所以该反应为二级反应, 其速率常数为

$$k_2 = 1.67 \times 10^{-3}\ \text{mol}^{-1} \cdot \text{dm}^3 \cdot \text{s}^{-1}$$

(2) 微分法　以 x 对 t 作图, 在曲线上任一点的斜率 $\dfrac{\mathrm{d}x}{\mathrm{d}t}$ 就是该反应的速率

$$r = -\frac{\mathrm{d}(a - x)}{\mathrm{d}t} = \frac{\mathrm{d}x}{\mathrm{d}t}$$

图 11.3 是在 $(CH_3)_3N$ 和 $CH_3CH_2CH_2Br$ 反应系统中浓度 x 与时间 t 的关系图。从图中可找出不同浓度时曲线的斜率, 列于表 11.3。

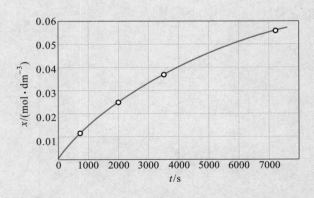

图 11.3　在 $(CH_3)_3N$ 和 $CH_3CH_2CH_2Br$ 反应系统中浓度 x 与时间 t 的关系图

表 11.3 图 11.3 中不同浓度时曲线的斜率

浓度 $c/(mol \cdot dm^{-3})$		反应速率 $r\left(=\dfrac{dx}{dt}\right)$
x	$a-x$	$10^{-5} \ mol \cdot dm^{-3} \cdot s^{-1}$
0.0	0.10	1.58
0.01	0.09	1.38
0.02	0.08	1.14
0.03	0.07	0.79
0.04	0.06	0.64
0.05	0.05	0.45

若反应是一级的, 则

$$r = \frac{dx}{dt} = k_1(a-x)$$

或

$$\lg r = \lg k_1 + \lg(a-x)$$

如以 $\lg r$ 对 $\lg(a-x)$ 作图, 则所得直线的斜率应等于 1。

若反应是二级的, 则

$$r = \frac{dx}{dt} = k_2(a-x)(b-x) = k_2(a-x)^2$$

或

$$\lg r = \lg k_2 + 2\lg(a-x)$$

以 $\lg r$ 对 $\lg(a-x)$ 作图, 则所得直线的斜率应等于 2。

根据表 11.3 中的实验数据, 作图如图 11.4。

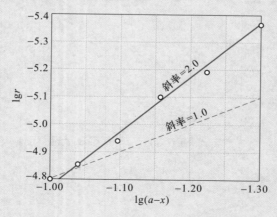

图 11.4   在 $(CH_3)_3N$ 和 $CH_3CH_2CH_2Br$ 反应系统中 $\lg r$ 与 $\lg(a-x)$ 的关系图

所得的实验点均落在斜率等于 2.0 的直线上。该直线的截距为 -2.76, 故直线的方程式为

$$\lg r = -2.76 + 2.0 \lg(a - x)$$

$$\lg k_2 = -2.76$$

$$k_2 = 1.74 \times 10^{-3}\ \text{mol}^{-1} \cdot \text{dm}^3 \cdot \text{s}^{-1}$$

斜率等于 1.0 的直线在图中用虚线标出, 它显然与实验值相差太远了。

以上无论用微分法还是用积分法都证明反应是二级的。从上述的例子可以看出, 微分法更易于判断反应的级数。

11.5　几种典型的复杂反应

前面讨论的都是比较简单的反应。如果一个化学反应是由两个以上的基元反应以各种方式相互联系起来的, 则这种反应就是复杂反应。一个总包反应是由许多基元反应组合起来的。原则上任一基元反应的速率常数仅取决于该反应的本性与温度, 不受其他组分的影响, 它所遵从的动力学规律也不因其他基元反应的存在而有所不同, 速率常数不变。但由于其他组分的同时存在, 影响了组分的浓度, 所以反应的速率会受到影响。

以下只讨论几种典型的复杂反应——即对峙反应、平行反应和连续反应, 这些都是基元反应的最简单的组合。链反应也是复杂反应, 由于它具有特殊的规律, 留待以后讨论。

对峙反应

在正、反两个方向上都能进行的反应称为**对峙反应** (opposing reaction), 亦称为可逆反应。例如:

$$A \underset{k_{-1}}{\overset{k_1}{\rightleftharpoons}} B$$

$$A \underset{k_{-2}}{\overset{k_1}{\rightleftharpoons}} B + C$$

$$A + B \underset{k_{-2}}{\overset{k_2}{\rightleftharpoons}} C + D$$

等等。现以最简单的 1–1 级对峙反应 (即正、反两个方向的反应均为一级的反应) 为例, 讨论对峙反应的特点和处理方法。

$$\text{A} \underset{k_{-1}}{\overset{k_1}{\rightleftharpoons}} \text{B}$$

$$
\begin{array}{lcc}
t=0 & a & 0 \\
t=t & a-x & x \\
t=t_e & a-x_e & x_e
\end{array}
$$

下标 "e" 表示平衡。

净的右向反应速率取决于正向及逆向反应速率的总结果, 即

$$r = \frac{\mathrm{d}x}{\mathrm{d}t} = r_{正} - r_{逆} = k_1(a-x) - k_{-1}x \tag{11.42}$$

根据式 (11.42), 无法同时解出 k_1 和 k_{-1} 的值, 还需一个联系 k_1 和 k_{-1} 的公式, 这可以从平衡条件得到。当达到平衡时, $r = \dfrac{\mathrm{d}x}{\mathrm{d}t} = 0$, 所以

$$k_1(a-x_e) = k_{-1}x_e$$

$$\frac{x_e}{a-x_e} = \frac{k_1}{k_{-1}} = K \tag{11.43}$$

或

$$k_{-1} = k_1 \frac{a-x_e}{x_e} \tag{11.44}$$

K 就是平衡常数。将式 (11.44) 代入式 (11.42), 得

$$\frac{\mathrm{d}x}{\mathrm{d}t} = k_1(a-x) - k_1\frac{(a-x_e)}{x_e} \cdot x = \frac{k_1 a(x_e - x)}{x_e} \tag{11.45}$$

将式 (11.45) 作定积分, 得

$$k_1 = \frac{x_e}{ta} \ln \frac{x_e}{x_e - x} \tag{11.46}$$

求出 k_1 后再代入式 (11.44), 即可求出 k_{-1}, 或从式 (11.43) 已知平衡常数 K 而求出 k_{-1}。

对于 2–2 级对峙反应 (或其他对峙反应), 处理的方法基本相同, 即

$$\text{A} \quad + \quad \text{B} \underset{k_{-2}}{\overset{k_2}{\rightleftharpoons}} \text{C} + \text{D}$$

$$
\begin{array}{lcccc}
t=0 & a & b & 0 & 0 \\
t=t & a-x & b-x & x & x \\
t=t_e & a-x_e & b-x_e & x_e & x_e
\end{array}
$$

设 $a=b$, 则

$$r = \frac{\mathrm{d}x}{\mathrm{d}t} = k_2(a-x)^2 - k_{-2}x^2 \tag{11.47}$$

平衡时

$$k_2(a-x_e)^2 = k_{-2}x_e^2$$

$$\frac{x_e^2}{(a-x_e)^2} = \frac{k_2}{k_{-2}} = K \tag{11.48}$$

代入式 (11.47), 积分

$$\int_0^x \frac{\mathrm{d}x}{(a-x)^2 - \frac{1}{K}x^2} = \int_0^t k_2\mathrm{d}t$$

得

$$k_2t = \frac{\sqrt{K}}{2a}\ln\frac{a+(\beta-1)x}{a-(\beta+1)x} \tag{11.49}$$

式中

$$\beta^2 = \frac{1}{K}$$

例 11.7

碘代甲烷 CH_3I 和二甲基−对−甲苯胺 (用 N−R 表示) 在硝基苯溶液中形成季铵盐的反应是 2−2 级对峙反应:

$$CH_3I + N{-}R \underset{k_{-2}}{\overset{k_2}{\rightleftharpoons}} CH_3{-}\overset{+}{N}{-}R + I$$

而反应物的起始浓度均为 $0.05\ \mathrm{mol\cdot dm^{-3}}$, 实验数据如下:

反应时间 t/s	10.2	26.5	36.0	78.0
N−R 作用的分数	0.175	0.343	0.412	0.523

已知在实验温度下, 平衡常数 $K = 1.43$, 求速率常数 k_2 和 k_{-2}。

解 已知 $a = 0.05\ \mathrm{mol\cdot dm^{-3}}$, $\beta = \dfrac{1}{\sqrt{K}} = \dfrac{1}{\sqrt{1.43}} = 0.836$, 代入式 (11.49), 有

$$k_2 = \frac{1}{t} \times \frac{\sqrt{1.43}}{2 \times 0.05}\ln\frac{0.05\ \mathrm{mol\cdot dm^{-3}} - 0.164x}{0.05\ \mathrm{mol\cdot dm^{-3}} - 1.836x}$$

将对应的实验数据 t 和 $x(= 0.05\ \mathrm{mol\cdot dm^{-3}} \times y)$ 代入, 即可求出 k_2 值。不同反应时间对应的 k_2 值分别为

反应时间 t/s	10.2	26.5	36.0	78.0
$k_2/(\text{mol}^{-1} \cdot \text{dm}^3 \cdot \text{s}^{-1})$	0.420	0.422	0.446	0.481

则

$$\overline{k}_2 = 0.442 \; \text{mol}^{-1} \cdot \text{dm}^3 \cdot \text{s}^{-1}$$

所以

$$\overline{k}_{-2} = \overline{k}_2/K = 0.309 \; \text{mol}^{-1} \cdot \text{dm}^3 \cdot \text{s}^{-1}$$

平行反应

反应物同时平行地进行两个或两个以上不同反应的反应称为**平行反应** (parallel reaction), 这种情况在有机反应中较多。通常将生成期望产物的反应称为主反应, 其余为副反应。组成平行反应的几个反应的级数可以相同, 也可以不同, 前者的数学处理较为简单。

先考虑最简单的情况, 即两个反应都是一级反应的平行反应:

$$A \longrightarrow \begin{array}{c} \xrightarrow{k_1} B \\ \xrightarrow{k_2} C \end{array}$$

$$\begin{array}{cccc} & [A] & [B] & [C] \\ t = 0 & a & 0 & 0 \\ t = t & a - x_1 - x_2 & x_1 & x_2 \end{array}$$

令 $x = x_1 + x_2$。因为平行反应的总速率是两个平行反应的速率之和, 所以

$$r = r_1 + r_2 = \frac{\mathrm{d}x}{\mathrm{d}t} = \frac{\mathrm{d}x_1}{\mathrm{d}t} + \frac{\mathrm{d}x_2}{\mathrm{d}t} = k_1(a - x) + k_2(a - x)$$
$$= (k_1 + k_2)(a - x) \tag{11.50}$$

对式 (11.50) 进行定积分, 有

$$\int_0^x \frac{\mathrm{d}x}{a - x} = (k_1 + k_2) \int_0^t \mathrm{d}t$$

得

$$\ln \frac{a}{a - x} = (k_1 + k_2)t \tag{11.51}$$

由此可见, 两个平行的一级反应的微分式和积分式, 与简单一级反应的基本相同, 仅是速率常数是两个平行反应的速率常数的加和。

两个反应都是二级反应的平行反应的例子有氯苯的再氯化, 得到的二氯苯产物有对位和邻位两种。设反应开始时 C_6H_5Cl 和 Cl_2 的浓度分别为 a 和 b, 且无产物存在, 反应到某时刻 t 时, 产物的浓度分别为 x_1 和 x_2, 则

$$
\begin{array}{c}
C_6H_5Cl \quad + \quad Cl_2 \quad \xrightarrow[]{\substack{k_1 \\ \\ k_2}} \begin{array}{l} 对-C_6H_4Cl_2 + HCl \quad x_1 \\ 邻-C_6H_4Cl_2 + HCl \quad x_2 \end{array} \\
a-x_1-x_2 \quad b-x_1-x_2
\end{array}
$$

$$
r_1 = \frac{dx_1}{dt} = k_1(a-x_1-x_2)(b-x_1-x_2) \tag{11.52a}
$$

$$
r_2 = \frac{dx_2}{dt} = k_2(a-x_1-x_2)(b-x_1-x_2) \tag{11.52b}
$$

由于两个反应同时进行, 反应的速率等于两个反应的速率之和, 所以

$$
r = r_1 + r_2 = (k_1 + k_2)(a-x_1-x_2)(b-x_1-x_2)
$$

令 $x = x_1 + x_2$, 则

$$
r = \frac{dx}{dt} = (k_1 + k_2)(a-x)(b-x)
$$

移项作定积分, 得

$$
\frac{1}{a-b}\ln\frac{b(a-x)}{a(b-x)} = (k_1 + k_2)t \tag{11.53}
$$

若将式 (11.52a) 与式 (11.52b) 相除, 则得

$$
\frac{dx_1/dt}{dx_2/dt} = \frac{k_1}{k_2}
$$

由于这两个反应是同时开始而分别进行的, 开始时均无产物存在, 因此两个反应的速率之比应等于产物的数量之比, 即

$$
\frac{dx_1/dt}{dx_2/dt} = \frac{x_1}{x_2}
$$

所以

$$
\frac{k_1}{k_2} = \frac{x_1}{x_2} \tag{11.54}
$$

只要知道起始浓度 a 和 b, 再知道反应经历的时间 t, 产物的量 x_1 和 x_2, 则从式 (11.53) 可求得 $(k_1 + k_2)$, 从式 (11.54) 可求得 k_1/k_2, 将所得结果联立求解, 就能求得 k_1 和 k_2。如果所求得的 k_1 和 k_2 相差很大, 则速率大的一般称为主反

应, 而其余的则称为副反应。

从式 (11.54) 可以看出, 当温度一定时, k_1/k_2 是一个定值, 也就是说产物中对位二氯苯和邻位二氯苯的比值是一定的。如果希望多获得某一种产品, 就要设法改变 k_1/k_2 值。一种方法是选择适当的催化剂, 提高催化剂对某一反应的选择性以改变 k_1/k_2 值。另一种方法是通过改变温度来改变 k_1/k_2 值。例如甲苯的氯化, 可以直接在苯环上发生取代, 也可以在甲基上发生取代, 这两个反应可平行进行。实验表明, 在低温下 (300 ~ 320 K) 使用 $FeCl_3$ 作催化剂时取代反应主要发生在苯环上; 而在较高温下 (390 ~ 400 K) 用光激发, 则取代反应主要发生在甲基上。

如果两个平行反应的级数不相同, 情况就复杂一些。例如, 两个平行反应的速率方程为

$$r_1 = kc_Ac_B \qquad r_2 = k'c_B^2$$

则

$$\frac{r_1}{r_2} = \frac{k}{k'} \cdot \frac{c_A}{c_B}$$

如果反应 1 的产物是所需要的, 根据上式, 为了得到更多的反应 1 的产物, 并尽量抑制反应 2 的进行, 显然 c_A 应控制得高些, c_B 则以较低为宜。

连续反应

有很多化学反应是经过连续几步才完成的, 前一步的产物就是下一步的反应物, 如此依次连续进行, 这种反应就称为**连续反应** (consecutive reaction), 也称为**连串反应**。例如苯的氯化, 产物氯苯能进一步与氯作用生成二氯苯、三氯苯等。

又如苯加乙烯制乙苯, 在乙苯生成之后, 还会在邻位上发生烷基化反应。

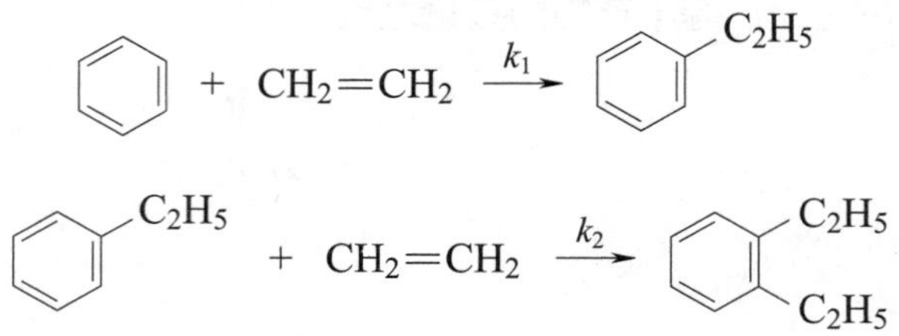

开始时第二步的速率比较慢, 但当苯转化达 70% ~ 80% 时, 第二步的反应就会以显著的速率进行 (若以生产乙基苯为目的, 则第二步的反应就是我们所不需要的反应)。

最简单的连续反应是两个单向连续的一级反应, 可一般地写作

$$A \xrightarrow{k_1} B \xrightarrow{k_2} C$$

$t = 0$	a	0	0
$t = t$	x	y	z

反应开始时, 设 A 的浓度为 a, B 与 C 的浓度为 0, 经过时间 t 后, A,B,C 的浓度分别为 x, y, z。生成 B 的净速率等于其生成速率与消耗速率之差。

$$-\frac{\mathrm{d}x}{\mathrm{d}t} = k_1 x \tag{11.55}$$

$$\frac{\mathrm{d}y}{\mathrm{d}t} = k_1 x - k_2 y \tag{11.56}$$

$$\frac{\mathrm{d}z}{\mathrm{d}t} = k_2 y \tag{11.57}$$

首先对式 (11.55) 求解, 这是一个典型的一级反应, 其积分公式为

$$-\int_a^x \frac{\mathrm{d}x}{x} = \int_0^t k_1 \mathrm{d}t$$

积分得

$$\ln\frac{a}{x} = k_1 t \qquad 或 \qquad x = a\mathrm{e}^{-k_1 t} \tag{11.58}$$

将式 (11.58) 代入式 (11.56), 得

$$\frac{\mathrm{d}y}{\mathrm{d}t} = k_1 a\mathrm{e}^{-k_1 t} - k_2 y$$

这是一个 $\frac{\mathrm{d}y}{\mathrm{d}x} + Py = Q$ 型的一次线性微分方程, 该方程式的解为

$$y = \frac{k_1 a}{k_2 - k_1} \left(\mathrm{e}^{-k_1 t} - \mathrm{e}^{-k_2 t}\right) \tag{11.59}$$

按照化学反应式, $a = x + y + z$ 或 $z = a - x - y$, 将式 (11.58) 和式 (11.59) 代入后, 得

$$z = a\left(1 - \frac{k_2}{k_2 - k_1}\mathrm{e}^{-k_1 t} + \frac{k_1}{k_2 - k_1}\mathrm{e}^{-k_2 t}\right) \tag{11.60}$$

根据式 (11.58)、式 (11.59)、式 (11.60) 绘图, 得图 11.5。由图可见, A 的浓度随时间单调降低, C 的浓度随时间单调升高, 而 B 的浓度则开始升高, 以后降低, 中间出现极大值。

中间产物 B 的浓度在反应过程中出现极大值, 是连续反应的突出特征。在反应前期, 反应物 A 的浓度较高, 因而生成 B 的速率较快, B 的数量不断增加。但

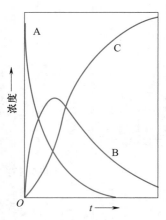

图 11.5   连续反应中浓度随时间变化的关系图

是, 随着反应继续进行, A 的浓度逐渐降低, 相应地使生成 B 的速率减慢。同时, 由于 B 的浓度升高, 进一步生成最终产物的速率不断加快, 使 B 被大量消耗, 因而 B 的数量反而减少。当生成 B 的速率与消耗 B 的速率相等时, 就出现极大点。

可以利用动力学方程式 (11.59), 求得 y 为极大值时的参数。将式 (11.59) 对 t 微分, 当 y 有极大值时:

$$\frac{\mathrm{d}y}{\mathrm{d}t} = 0$$

相应的反应时间为 t_m:

$$\frac{\mathrm{d}y}{\mathrm{d}t} = \frac{k_1 a}{k_2 - k_1}\left(k_2 \mathrm{e}^{-k_2 t} - k_1 \mathrm{e}^{-k_1 t}\right) = 0$$

解得

$$t_\mathrm{m} = \frac{\ln k_2 - \ln k_1}{k_2 - k_1}$$

再代入式 (11.59), 得

$$y_\mathrm{m} = a\left(\frac{k_1}{k_2}\right)^{\frac{k_2}{k_2 - k_1}} \tag{11.61}$$

y_m 就是 B 处于极大值时的浓度。y_m 显然与 a 及 k_1 和 k_2 的比值有关。如果 $k_1 \gg k_2$, y_m 出现较早, 且数值也较大。如果 $k_1 \ll k_2$, 则 y_m 出现较迟, 而且数值较小。

对于一般的反应来讲, 反应的时间长些, 得到的最终产物总是多一些。但对连续反应, 如果我们需要的是中间产物 B, 由于它有一个浓度最高的反应时间 t_m, 超过这个时间, 反而引起所需产物浓度的降低和副产物的增加。生产上如果控制反应时间使其在 t_m 附近, 则可望得到中间产物浓度最高的产品, 这对于产品的后处理过程是有利的。

以上讨论的是 k_1, k_2 相差不大即两个反应的速率大致相等的情况。如果第一步反应很快, $k_1 \gg k_2$, 原始反应物很快就都转化为 B, 则生成最终产物 C 的速率主要取决于第二步反应。另一种极端情况, 如第二步反应很快, $k_1 \ll k_2$, 中间产物 B 一旦生成立即转化为 C, 因此反应的总速率 (即生成产物 C 的速率) 取决于第一步反应。在式 (11.60) 中, 若令 $k_1 \ll k_2$, 则可简化为 $z = a(1 - \mathrm{e}^{-k_1 t})$, 这相当于在始态和终态之间进行一个一级反应, 产物的浓度与 k_1 有关。所以, 连续反应不论分几步进行, 常是最慢的一步控制着全局, 这最慢的一步就称为速率控制步骤, 简称速控步, 可以用它的速率近似作为整个反应的速率。

对复杂的连续反应, 要从数学上严格求许多联立微分方程的解, 从而求出反应过程中出现的各物浓度与时间 t 的关系是十分困难的。所以, 在动力学中也常采用一些近似方法, 如速控步近似法、稳态近似法 (见链反应一节) 等。

*11.6 基元反应的微观可逆性原理

以简单的单分子反应 (如顺–丁烯二酸转化为反–丁烯二酸的重排反应) 为例, 其基元反应为

$$A \underset{k_{-1}}{\overset{k_1}{\rightleftharpoons}} B$$

正向反应速率 r_1 为

$$r_1 = k_1[A]$$

逆向反应速率 r_{-1} 为

$$r_{-1} = k_{-1}[B]$$

系统达到平衡时, $r_1 = r_{-1}$, 所以

$$\frac{[B]}{[A]} = \frac{k_1}{k_{-1}} = K$$

推而广之, 对任一对峙反应, 平衡时其基元反应的正向反应速率与逆向逆反应速率必须相等。这一原理称为**精细平衡原理** (principle of detailed balance)。从理论上讲, 精细平衡原理是微观可逆性 (microscopic reversibility) 对大量微观粒子构成的宏观系统相互制约的结果。所谓微观可逆性是指微观粒子系统具有时间反演的对称性。

分子的相互碰撞是力学行为, 它服从力学中的一条规律——"时间反演对称性", 即在力学方程中, 如将时间 t 用 $-t$ 代替, 则对正向运动方程的解和对逆向运动方程的解完全相同, 只是二者相差一个正负符号。反言之, 对于化学反应, 微观可逆性可以表述为: 基元反应的逆过程必然也是基元反应。而且逆过程就按原来的路程返回, 就像把电影胶片倒放一遍一样。因此, 从微观的角度看, 若正向反应是允许的, 则其逆向反应亦应该是允许的。

对含有大量分子的宏观系统而言, 当分子处于各种微观状态时, 分子所进行

的每一个反应 (或每一个规程) 在正、逆两个方向进行反应时的速率相等, 如前所述, 这就是精细平衡原理。

根据精细平衡原理可以推出一个结论, 即在复杂反应 (即非基元反应) 中如果有一个速控步 (控制整个反应的步骤), 则它必然也是逆反应的速控步。微观可逆性与精细平衡原理之间的关系是因果关系, 但通常在化学反应动力学的讨论中不去区分两者之间的细微差别。

前面所讲的 H_2 和 Br_2 的复杂反应, 是由五个基元反应构成的, 由于达平衡时正、逆反应的速率相等, 且具有微观可逆性, 故而

$$Br_2 + M \underset{k_{-1}}{\overset{k_1}{\rightleftharpoons}} 2Br\cdot + M \quad K_1 = \frac{k_1}{k_{-1}}$$

$$Br\cdot + H_2 \underset{k_{-2}}{\overset{k_2}{\rightleftharpoons}} HBr + H\cdot \quad K_2 = \frac{k_2}{k_{-2}}$$

$$H\cdot + Br_2 \underset{k_{-3}}{\overset{k_3}{\rightleftharpoons}} HBr + Br\cdot \quad K_3 = \frac{k_3}{k_{-3}}$$

$$H\cdot + HBr \underset{k_{-4}}{\overset{k_4}{\rightleftharpoons}} H_2 + Br\cdot \quad K_4 = \frac{k_4}{k_{-4}}$$

$$Br\cdot + Br\cdot + M \underset{k_{-5}}{\overset{k_5}{\rightleftharpoons}} Br_2 + M \quad K_5 = \frac{k_5}{k_{-5}}$$

总反应的平衡常数为

$$
\begin{aligned}
K &= K_1 \cdot K_2 \cdot K_3 \cdot K_4 \cdot K_5 \\
&= \frac{k_1 k_2 k_3 k_4 k_5}{k_{-1} k_{-2} k_{-3} k_{-4} k_{-5}} \\
&= \prod_i \frac{k_i}{k_{-i}}
\end{aligned}
$$

11.7　温度对反应速率的影响

速率常数与温度的关系 —— Arrhenius 经验式

温度可以影响反应速率, 这是根据经验早已知道的事实。历史上, van't Hoff 曾根据实验事实总结出一条近似规律, 即温度每升高 10 K, 反应速率增加 2 ~ 4 倍, 用公式表示为

$$\frac{k_{T+10\ \text{K}}}{k_T} = 2 \sim 4$$

如果不需要精确的数据或手边的数据不全, 则可根据这个规律大略地估计出温度对反应速率的影响, 这个规律有时称为 **van't Hoff 近似规则**。

例 11.8

若某一反应 A ⟶ B, 近似地满足于 van't Hoff 规则。今使这个反应在两个不同的温度下进行, 但起始浓度相同, 并达到同样的反应程度 (即相同的转化率)。当反应在 390 K 下进行时, 需时 10 min, 试估计在 290 K 进行时, 需要多少时间? 假定这个反应的速率方程式为

$$-\frac{\mathrm{d}c}{\mathrm{d}t} = kc^n$$

且假定在此温度区间内, 反应的历程不变, 且无副反应。

解 设在 T_1 时的速率常数为 k_1, 则

$$-\int_{c_0}^{c} \frac{\mathrm{d}c}{c^n} = \int_{0}^{t_1} k_1 \mathrm{d}t$$

在 T_2 时的速率常数为 k_2, 则

$$-\int_{c_0}^{c} \frac{\mathrm{d}c}{c^n} = \int_{0}^{t_2} k_2 \mathrm{d}t$$

由于起始浓度和反应程度都相同, 所以上两式左方积分的数值应相同。因此得到

$$k_1 t_1 = k_2 t_2 \tag{11.62}$$

所以

$$\frac{k_{390\ \text{K}}}{k_{290\ \text{K}}} = \frac{t_{290\ \text{K}}}{t_{390\ \text{K}}}$$

根据 van't Hoff 近似规则, 若速率的温度系数取其低限, 即

$$\frac{k_{T+10\ \text{K}}}{k_T} = 2$$

则

$$\frac{k_{390\ \text{K}}}{k_{290\ \text{K}}} = \frac{k_{(290\ \text{K}+10\ \text{K}\times10)}}{k_{290\ \text{K}}} = 2^{10} = 1024$$

$$\frac{t_{290\ \text{K}}}{t_{390\ \text{K}}} = \frac{t_{290\ \text{K}}}{10\ \text{min}} = 1024$$

$$t_{290\ \text{K}} = 1024 \times 10\ \text{min} = 10240\ \text{min} \approx 7\ \text{d}$$

从上面估计可以看出, 在 390 K 时反应时间为 10 min, 而在 290 K 却要 7 d, 显然这样长的时间是没有工业生产价值的。反之, 如果某一反应在常温下不太快的话, 在升高温度后就有可能变得很快, 甚至导致无法控制, 这也是工业生产所禁忌的。由此可见, 温度的控制对于研究反应速率、反应历程以及化工生产是极为重要的。

Arrhenius 研究了许多气相反应的速率, 特别是对蔗糖在水溶液中的转化反应做了大量的研究工作。他提出了活化能的概念, 并揭示了反应的速率常数与温度的依赖关系, 即

$$k = A\mathrm{e}^{-\frac{E_\mathrm{a}}{RT}} \tag{11.63}$$

式 (11.63) 称为 **Arrhenius 公式**。式中 k 是温度为 T 时反应的速率常数; R 是摩尔气体常数; A 是**指前因子** (pre-exponential factor); E_a 是**表观活化能** (apparent activation energy, 通常简称为活化能)。

Arrhenius 认为, 并不是反应分子之间的任何一次直接接触 (或碰撞) 都能发生反应, 只有那些能量足够高的分子之间的直接碰撞才能发生反应。那些能量高到能发生反应的分子称为 "活化分子" (activated molecule)。由非活化分子变成活化分子所要的能量称为 (表观) 活化能。其实, Arrhenius 当时对活化能并没有给出明确的定义, 他最初认为反应的活化能和指前因子只取决于反应物质的本性, 而与温度无关。

对式 (11.63) 取对数, 得

$$\ln k = \ln A - \frac{E_\mathrm{a}}{RT} \tag{11.64}$$

若假定 A 与 T 无关, 则得到微分形式:

$$\frac{\mathrm{d}\ln k}{\mathrm{d}T} = \frac{E_\mathrm{a}}{RT^2} \tag{11.65}$$

根据式 (11.64), 若以 $\ln k$ 对 $1/T$ 作图, 可得一直线, 由直线的斜率和截距, 可分别求得 E_a 和 A。

Arrhenius 公式在化学动力学的发展过程中所起的作用是非常重要的, 特别是他所提出的活化分子的活化能概念, 在反应速率理论的研究中起了很大的作用。

表 11.4 中列出了常温下一些反应的动力学参数。

表 11.4 常温下一些反应的动力学参数 (E_a 和 A)

反应	介质	$E_a/(kJ \cdot mol^{-1})$	$\lg[A/(mol^{-1} \cdot dm^3 \cdot s^{-1})]$
$CH_3COOC_2H_5 + NaOH \longrightarrow CH_3COONa + C_2H_5OH$	水	47.3	7.2
$n-C_5H_{11}Cl + KI \longrightarrow n-C_5H_{11}I + KCl$	丙酮	77.0	8.0
$C_2H_5ONa + CH_3I \longrightarrow C_2H_5OCH_3 + NaI$	乙醇	81.6	11.4
$C_2H_5Br + NaOH \longrightarrow C_2H_5OH + NaBr$	乙醇	89.5	11.6
$CH_3I + HI \longrightarrow CH_4 + 2I\cdot$	气相	139.7	12.2
$2HI \longrightarrow H_2 + I_2$	气相	184.1	11.2
$H_2 + I_2 \longrightarrow 2HI$	气相	165.3	11.2
$NH_4CNO \longrightarrow NH_2CONH_2$	水	97.1	12.6
$N_2O_5 \longrightarrow N_2O_4 + \frac{1}{2}O_2$	气相	103.3	13.7
$CH_3N_2CH_3 \longrightarrow C_2H_6 + N_2$	气相	219.7	13.5
$CH_2-CH_2 \longrightarrow CH_3CH=CH_2$ 与 CH_2	气相	272.0	12.2
$2NO + O_2 \longrightarrow 2NO_2$	气相	-4.6	3.02
$Br\cdot + Br\cdot + M \longrightarrow Br_2 + M$	气相	0	$9.60(M = H_2)$

在讨论平衡常数与温度的关系时, 曾介绍过 van't Hoff 公式:

$$\frac{d\ln K^\ominus}{dT} = \frac{\Delta_r H_m^\ominus}{RT^2}$$

这个公式和式 (11.65) 很相似。van't Hoff 公式是从热力学角度说明温度对平衡常数的影响, 而 Arrhenius 公式则是从动力学的角度说明温度对反应速率常数的影响。

对于吸热反应, $\Delta_r H_m^\ominus > 0$, $\frac{d\ln K^\ominus}{dT} > 0$, 即平衡常数 $K^\ominus$ 随温度的上升而增大, 也就是平衡转化率随温度的升高而增加。而从 Arrhenius 公式知, 当温度上升时 k 也增加, 因此无论从热力学还是动力学的角度, 温度升高对吸热反应有利。而对于放热反应, 因为 $\Delta_r H_m^\ominus < 0$, 所以 $\frac{d\ln K^\ominus}{dT} < 0$, 从热力学的角度看, 升高温度对放热反应不利。而从动力学角度看, 升高温度总是使反应加快。这里遇到了矛盾, 因此要作具体分析。一般来说, 只要一个反应的平衡转化率没有低到没有生产价值的情况下, 速率因素总是矛盾的主要方面。例如, 合成氨反应是一个放热放应, 在常温下的转化率理应比高温时高。但在常温下, 它的反应速率很慢 (迄今人们还没有找到合适的催化剂, 使反应速率提高到可在常温下能进行工业生产的程度)。如果适当地提高温度, 平衡转化率虽然有所下降, 但由于速率加快了, 在短时间内总是可以得到一定数量的产品, 而且没有反应掉的原料还可以

循环使用。所以, 在工业生产中, 合成氨的反应温度一般控制在 773 K。在理论上可以用对反应速率求极值的办法, 求出最适宜温度 T_m。

实际生产中绝大部分反应都不可能达到平衡, 因为达到平衡需要时间, 所以实际转化率总比平衡转化率低。在平衡与速率二者之间, 从提高产量的角度来看我们希望它的速率快一些, 通过提高反应速率来弥补转化率低的不足。但是, 也不能盲目提高温度, 温度过高, 反应过快, 甚至可能发生局部过热、燃烧和爆炸等事故。同时还要考虑温度对副反应的影响, 对催化剂的影响 (如防止催化剂烧结而丧失活性) 等一系列问题。所以, 在工业化生产过程中必须全面考虑问题, 衡量各种利弊。

反应速率与温度关系的几种类型

总包反应是许多简单反应的综合。因此, 总包反应的反应速率与温度之间的关系是比较复杂的。实验表明, 总包反应的反应速率 (r) 与温度 (T) 之间的关系, 大致可用图 11.6 所示的几种示意图来表示。

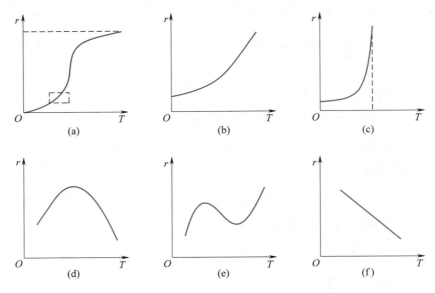

图 11.6   总包反应的反应速率 (r) 与温度 (T) 之间的关系示意图

图 11.6(a) 是根据 Arrhenius 公式所得的 S 形曲线, 当 $T \to 0$ 时, $r \to 0$; 当 $T \to \infty$ 时, r 有定值 (这是一个在全温度范围内的图形)。由于一般实验都是在常温的有限温度区间中进行, 所得的曲线由图 11.6(b) 来表示。它实际上是 (a) 在有限的温度范围内 [即 (a) 中用虚线框表示部分] 的放大图。(a) 和 (b) 都遵守 Arrhenius 公式。图 11.6(c) 对应的是总包反应中含有爆炸型的反应, 在低温时, 反应速率较慢, 基本上符合 Arrhenius 公式。但当温度升高到某一临界值时, 反

应速率迅速增大, 甚至趋于无限, 以致引起爆炸。第四种类型 (d) [图 11.6(d)] 常在一些受吸附速率控制的多相催化反应 (如加氢反应) 中出现。在温度不太高的情况下, 反应速率随温度升高而加快, 但达到某一高度以后若再升高温度, 将使反应速率变慢。这可能是高温对催化剂的性能有不利的影响所致。由酶催化的一些反应多属于这一类型, 因为当温度升高到一定程度时, 酶的活性开始丧失。第五种类型 (e)[图 11.6(e)] 是在碳的氢化反应中观察到的, 当温度升高时可能有副反应发生而复杂化, 曲线出现最高点和最低点。也可能是总包反应中出现了 (c), (d) 类型的反应所致。第六种类型 (f) [图 11.6(f)] 是反常的, 温度升高, 反应速率反而变慢, 如一氧化氮氧化成二氧化氮的反应就属于这一类型。由于第二种类型 (b) 最为常见, 所以通常所讨论的反应大多数是指这一类型。

*反应速率与活化能之间的关系

反应的速率 $r \propto k$。在 Arrhenius 公式 $k = A \exp \left(-\dfrac{E_a}{RT} \right)$ 中, 把活化能 E_a 看作与温度无关的常数, 这在一定的温度范围内与实验结果基本上是相符的。

如以 $\ln k$ 对 $\dfrac{1}{T}$ 作图, 根据 Arrhenius 公式, 直线的斜率为 $-\dfrac{E_a}{R}$。图 11.7 是一个示意图, 图中纵坐标数字刻度采用自然对数, 所以其读数就是 k 的数值。E_a 越大, 则斜率 (指绝对值) 也越大, 所以图中 Ⅰ, Ⅱ, Ⅲ 三个反应的活化能 $E_a(Ⅲ) > E_a(Ⅱ) > E_a(Ⅰ)$。

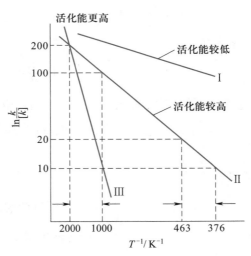

图 11.7　$\ln k$ 对 $\dfrac{1}{T}$ 作图 (示意图)

对于一个给定的反应, 在低温范围内反应的速率随温度的变化更敏感。例如反应 Ⅱ, 在温度由 376 K 增加到 463 K, 即增加 87 K 时, k 值由 10 增加到 20,

就增加一倍。而在高温范围内, 若要 k 增加一倍 (即由 100 增至 200), 温度要由 1000 K 变成 2000 K (即增加 1000 K) 才行。

对于活化能不同的反应, 当温度增加时, E_a 大的反应速率增加的倍数比 E_a 小的反应速率增加的倍数大。例如反应 III 和 II, 因为 $E_a(\text{III}) > E_a(\text{II})$, 当温度从 1000 K 变成 2000 K 时, $k(\text{II})$ 从 100 增加到 200, 增大了一倍, 而 $k(\text{III})$ 却从 10 变成了 200, 增加了 19 倍。所以, 若几个反应同时发生时, 升高温度对 E_a 大的反应有利。这种关系也可用如下的关系式来说明, 根据式 (11.65):

$$\frac{\mathrm{d}\ln k_1}{\mathrm{d}T} = \frac{E_{a,1}}{RT^2}$$

$$\frac{\mathrm{d}\ln k_2}{\mathrm{d}T} = \frac{E_{a,2}}{RT^2}$$

两式相减, 得

$$\frac{\mathrm{d}\ln(k_1/k_2)}{\mathrm{d}T} = \frac{E_{a,1} - E_{a,2}}{RT^2}$$

若 $E_{a,1} > E_{a,2}$, 当温度升高时, $\dfrac{k_1}{k_2}$ 值增大, 即 k_1 随温度的增加倍数大于 k_2 随温度的增加倍数。反之, 若 $E_{a,1} < E_{a,2}$, 则温度升高时, $\dfrac{k_1}{k_2}$ 值减小, 即 k_1 随温度的增加倍数小于 k_2 随温度的增加倍数。由此可见, 高温有利于活化能较大的反应, 低温有利于活化能较低的反应。如果两个反应在系统中都可以发生, 则它们可以看成一对竞争反应。对于复杂反应, 可以根据上述温度对竞争反应速率的影响的一般规则来寻找较适宜的操作温度。

对连续反应:

$$\text{A} \xrightarrow[E_{a,1}]{k_1} \text{P} \xrightarrow[E_{a,2}]{k_2} \text{S}$$

如果 P 是所需要的产物, 而 S 是副产物, 则希望 k_1/k_2 值越大越有利于 P 的生成。因此, 若 $E_{a,1} > E_{a,2}$, 则宜用较高的反应温度; 若 $E_{a,1} < E_{a,2}$, 则宜用较低的反应温度。

对平行反应:

$$\text{A} \begin{cases} \xrightarrow{k_1, E_{a,1}} \text{P (产物)} \\ \xrightarrow{k_2, E_{a,2}} \text{S (副产物)} \end{cases}$$

同样希望 k_1/k_2 值越大越有利 P 的生成, 若 $E_{a,1} > E_{a,2}$, 则宜用较高的反应温度; 若 $E_{a,1} < E_{a,2}$, 则宜用较低的反应温度。

对于反应都是一级的平行反应:

$$A \begin{cases} \xrightarrow{k_1, E_{a,1}} P \ (产物) \\ \xrightarrow{k_2, E_{a,2}} S_1 \ (副产物) \\ \xrightarrow{k_3, E_{a,3}} S_2 \ (副产物) \end{cases}$$

这类反应在有机反应如硝化、氯化中是常见的。若设 $E_{a,3} > E_{a,1} > E_{a,2}$, 这时就需要寻找一个最有利于产物 P 生成的中间温度。同样采用求极值的方法 (证明从略), 可得出此中间温度应满足如下公式:

$$T = \frac{E_{a,3} - E_{a,2}}{R\ln\left(\dfrac{E_{a,3} - E_{a,1}}{E_{a,1} - E_{a,2}} \cdot \dfrac{A_3}{A_2}\right)}$$

当然, 若能寻找一个合适的催化剂, 降低 $E_{a,1}$, 增大 k_1, 则反应对主要产物 P 的选择性同样会大大提高。

*11.8 关于活化能

活化能概念的进一步说明

在 Arrhenius 公式中, 把 E_a 看作与温度无关的常数, 这在一定的温度范围内与实验结果是相符的。但是, 如果实验温度范围适当放宽或对于较复杂的反应, 则 $\ln k$ 对 $\dfrac{1}{T}$ 作的图就不是一条很好的直线, 这表明 E_a 与温度有关, 而且 Arrhenius 经验式对某些历程复杂的反应不适用。例如, 对于烯烃在 Bi–Mo 型催化剂上的催化氧化反应, 由于几个同时发生的平行反应的 E_a 相差较大, 且受温度影响的程度各不相同, 在平行反应之间发生竞争, 因而 $\ln k$ 对 $\dfrac{1}{T}$ 作图得到的是一条折线。

对于基元反应, E_a 可赋予较明确的物理意义。分子相互作用的首要条件是它们必须 "接触", 虽然分子彼此碰撞的频率很高, 但并不是所有的碰撞都是有效的, 只有少数能量较高的分子碰撞后才能起作用, E_a 表征了反应分子能发生有效碰撞的能量要求。Tolman 曾证明:

$$E_a = \overline{E}^* - \overline{E}_R \tag{11.66}$$

式中 $\overline{E}^*$ 表示能发生反应分子的平均能量, $\overline{E}_R$ 表示所有反应物分子的平均能量,

其单位都是 $J \cdot mol^{-1}$。E_a 是这两个统计平均能量的差值。如对一个分子而言, 将式 (11.66) 除以 Avogadro 常数, 则

$$\varepsilon_a = \frac{\overline{E^*} - \overline{E_R}}{L} = \overline{\varepsilon}^* - \overline{\varepsilon}_R \tag{11.67}$$

ε_a 就是一个具有平均能量 $\overline{\varepsilon}_R$ 的反应物分子要变成具有平均能量 $\overline{\varepsilon}^*$ 的活化分子必须获得的能量, $E_a = \varepsilon_a \cdot L$, 式中 E_a 称为**实验活化能**, 简称**活化能** (activation energy)。

设反应为

$$A \longrightarrow P$$

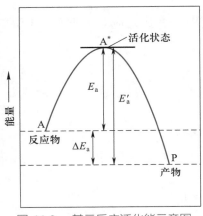

图 11.8   基元反应活化能示意图

反应物 A 必须获得能量 E_a 变成活化状态 A^*, 才能越过能垒变成产物 P。同理, 对逆反应, P 必须获得 E_a' 的能量才能越过能垒变成 A (参阅图 11.8)。上述活化能与活化状态的概念和图示, 对反应速率理论的发展起了很大的作用。

对于非基元反应, E_a 就没有明确的物理意义了, 它实际上是组成该总包反应的各种基元反应活化能的特定组合。仍以如下反应为例:

$$H_2 + I_2 \xrightarrow{k} 2HI$$

该反应的总速率表示式为

$$r = -\frac{d[H_2]}{dt} = k[H_2][I_2]$$

$$k = A \exp\left(-\frac{E_a}{RT}\right)$$

已知其反应历程为

(1) $\qquad\qquad\qquad\qquad I_2 + M \underset{k_{-1}}{\overset{k_1}{\rightleftharpoons}} 2I\cdot + M$

(2) $\qquad\qquad\qquad\qquad H_2 + 2I\cdot \xrightarrow{k_2} 2HI$

对反应 (1), 有

$$\overrightarrow{r_1} = k_1[I_2][M] \qquad k_1 = A_1 \exp\left(-\frac{E_{a,1}}{RT}\right) \tag{1}$$

$$\overleftarrow{r_{-1}} = k_{-1}[I\cdot]^2[M] \qquad k_{-1} = A_{-1} \exp\left(-\frac{E_{a,-1}}{RT}\right) \tag{2}$$

平衡时, $\overrightarrow{r_1} = \overleftarrow{r_{-1}}$, 则有

$$[I\cdot]^2 = \frac{k_1[I_2]}{k_{-1}} \tag{3}$$

对反应 (2), 有

$$r_2 = -\frac{\mathrm{d}[\mathrm{H}_2]}{\mathrm{d}t} = k_2[\mathrm{H}_2][\mathrm{I}\cdot]^2 \qquad k_2 = A_2 \exp\left(-\frac{E_{\mathrm{a},2}}{RT}\right) \qquad (4)$$

将式 (3) 代入速率表示式, 得

$$r = \frac{k_2 k_1}{k_{-1}}[\mathrm{H}_2][\mathrm{I}_2]$$

$$= k[\mathrm{H}_2][\mathrm{I}_2] \qquad \left(\diamondsuit \frac{k_2 k_1}{k_{-1}} = k\right)$$

所以, 将式 (1), (2), (4) 的速率常数表示式代入, 得

$$k = \frac{k_2 k_1}{k_{-1}} = \frac{A_2 A_1}{A_{-1}} \exp\left(-\frac{E_{\mathrm{a},2} + E_{\mathrm{a},1} - E_{\mathrm{a},-1}}{RT}\right)$$

$$= A \exp\left(-\frac{E_{\mathrm{a}}}{RT}\right)$$

式中 $A = \dfrac{A_2 A_1}{A_{-1}}$, $E_{\mathrm{a}} = E_{\mathrm{a},2} + E_{\mathrm{a},1} - E_{\mathrm{a},-1}$。

　　由此可见, Arrhenius 活化能 E_{a} 在复杂反应中仅是各基元反应活化能的组合, 没有明确的物理意义。这时 E_{a} 称为该总包反应的**表观活化能**, A 称为**表观指前因子** (apparent pre-exponential factor)。

活化能与温度的关系

　　很多反应若按 Arrhenius 公式, 以 $\ln k$ 对 $1/T$ 作图, 常得到的图形是一条曲线, 而不是直线, 这表明表观活化能不是一个常数。在第十二章讨论反应的速率理论时将会指出, k 与 T 的关系可以写成

$$k = A_0 T^m \exp\left(-\frac{E_0}{RT}\right) \qquad (11.68)$$

式中多了一个 T^m 项, 现在我们可以暂时把它看成对 Arrhenius 公式的一个修正项, 成为含有三个参量的经验公式。式中 A_0 是与温度无关的常数, m 是绝对值不大于 4 的整数或半整数。式 (11.68) 也可以写成

$$\ln\frac{k}{T^m} = \ln A_0 - \frac{E_0}{RT}$$

或

$$\ln k = \ln A_0 + m\ln T - \frac{E_0}{RT} \qquad (11.69)$$

此式表明, 无论以 $\ln\dfrac{k}{T^m}$ 对 $1/T$ 作图, 或以 $\ln k$ 对 $1/T$ 作图都可大致得到一条直线, 只不过所得直线的截距不同而已。

Arrhenius 公式中的 E_a 应是温度的函数, 考虑到温度的影响, 可以将 Arrhenius 公式写成

$$E_a = RT^2\frac{\mathrm{d}\ln k}{\mathrm{d}T}$$

将式 (11.69) 对 T 微分后, 代入上式, 得到 E_a 与 T 之间关系的表达式:

$$E_a = E_0 + mRT \tag{11.70}$$

在式 (11.69) 中, A_0, m, E_0 都要由实验确定。式中 $\ln k$ 与 $1/T$ 偏离线性关系的程度取决于 $m\ln T$ 项数值的大小。由于通常一般反应的 m 值较小, 所以不少系统的实验值仍与 Arrhenius 公式的经验式相符合。

活化能的估算

除了用各种实验方法来获得 E_a 的数值外, 人们还提出了一些从理论上来预测或估计活化能的方法。一般从反应所涉及的化学键的键能来估算, 这些估计方法还只能是经验的, 所得结果也比较粗糙, 但在分析反应速率问题时, 仍然是有帮助的。

(甲) 对于基元反应

$$A{-}A + B{-}B \longrightarrow 2A{-}B$$

这里需要改组的化学键为 $A{-}A$ (键能 ε_{A-A}) 和 $B{-}B$ (键能为 ε_{B-B})。分子反应的首要条件是 "接触", 在 "接触" 过程中有一部分分子取得一些能量, 否则化学键的改组就不可能进行。但是, 分子并不需要全部拆散才发生反应, 而是先形成一个活化体, 活化体的寿命很短, 一经形成就很快转化为产物。所以, 通常基元反应所需的活化能约占这些待破化学键键能的 30%。

$$A{-}A + B{-}B \longrightarrow \begin{array}{c} A\text{-}{-}\text{-}A \\ \vdots \quad \vdots \\ B\text{-}{-}\text{-}B \end{array} \longrightarrow 2A{-}B$$

$$E_a = (\varepsilon_{A-A} + \varepsilon_{B-B})L \times 30\%$$

(乙) 对于有自由基参加的基元反应, 例如:

$$H\cdot + Cl{-}Cl \longrightarrow H{-}Cl + Cl\cdot$$

由于反应物中有一个活性很大的原子或自由基, 正反应为放热反应, 所需活化能约为需被改组化学键键能的 5.5%, 如对于上述反应, 有

$$E_a = \varepsilon_{\text{Cl-Cl}}L \times 5.5\%$$

(丙) 对于分子裂解成两个原子或自由基的反应, 例如:

$$\text{Cl-Cl} + M \longrightarrow 2\text{Cl·} + M$$

在这样的基元反应中需要解开 Cl—Cl 键, 而无须再形成新的化学键, 所以 $E_a = \varepsilon_{\text{Cl-Cl}}L$。

(丁) 对于自由基的复合反应, 例如:

$$\text{Cl·} + \text{Cl·} + M \longrightarrow \text{Cl}_2 + M$$

这类反应的 $E_a = 0$, 因为自由基本来是很活泼的, 复合时不需要破坏化学键, 故不必吸收额外的能量。有时处于激发态的自由基在复合成分子时回到基态, 还会释放出能量, 使表观活化能出现负值。

上述的估计比较粗糙, 仅能作为参考。

11.9　链反应

在化学动力学中有一类特殊的反应, 只要用热、光、辐射或其他方法使反应引发, 它便能通过活性组分 (自由基或原子) 相继发生一系列的连续反应, 像链条一样使反应自动发展下去, 这类反应称为**链反应** (chain reaction)。工业上很多重要的工艺过程, 如橡胶的合成, 塑料、高分子化合物的制备, 石油的裂解, 碳氢化合物的氧化等, 都与链反应有关。所有的链反应都是由下列三个基本步骤组成的:

(1) **链的开始** (或链的引发, chain initiation)　即开始时分子借助光、热等外因生成自由基的反应。在这个反应过程中需要断裂分子中的化学键, 因此它所需要的活化能与断裂化学键所需的能量是同一个数量级。

(2) **链的传递** (或链的增长, chain propagation)　即自由原子或自由基与饱和分子作用生成新的分子和新的自由基 (或原子), 这样不断交替。若不受阻, 反应就一直进行下去, 直至反应物被耗尽为止。由于自由原子或自由基有较强的反应能力, 故所需活化能一般小于 $40\,\text{kJ·mol}^{-1}$。

(3) **链的终止** (chain termination)　当自由基被消除时, 链就终止。断链的方式可以是两个自由基结合成分子, 也可以是与器壁碰撞时, 器壁吸收自由基的能量而断链, 例如:

$$\text{Cl·} + 器壁 \longrightarrow 断链$$

因此, 改变反应器的形状或表面涂料等都可能影响反应速率, 这种器壁效应是链反应的特点之一。

根据链的传递方式不同, 可将链反应分为直链反应 (straight chain reaction) 和支链反应 (branched chain reaction)。

直链反应 (H_2 和 Cl_2 反应的历程) —— 稳态近似法

$H_2(g)$ 和 $Cl_2(g)$ 反应的净结果是

$$H_2(g) + Cl_2(g) \longrightarrow 2HCl(g)$$

根据很多人的研究, 生成 $HCl(g)$ 的速率既与 $[Cl_2]^{\frac{1}{2}}$ 成正比, 又与 $[H_2]$ 成正比, 即

$$r = \frac{1}{2}\frac{d[HCl]}{dt} = k\,[Cl_2]^{\frac{1}{2}}\,[H_2]$$

据此, 人们推测反应的历程和相应的活化能如表 11.5 所示。

表 11.5 H_2 和 Cl_2 反应的历程和相应的活化能

反应历程		$E_a/(kJ \cdot mol^{-1})$
(1) $Cl_2 + M \xrightarrow{k_1} 2Cl\cdot + M$	链的开始	242
(2) $Cl\cdot + H_2 \xrightarrow{k_2} HCl + H\cdot$	链的传递	24
(3) $H\cdot + Cl_2 \xrightarrow{k_3} HCl + Cl\cdot$		13
……	……	……
(4) $2Cl\cdot + M \xrightarrow{k_4} Cl_2 + M$	链的终止	0

这个反应的速率可以用 HCl 生成的速率来表示。在 (2), (3) 步中都有 HCl 分子生成, 所以

$$\frac{d[HCl]}{dt} = k_2[Cl\cdot]\,[H_2] + k_3\,[H\cdot]\,[Cl_2] \tag{a}$$

这个速率方程中不但涉及反应物 H_2 和 Cl_2 的浓度, 而且涉及活性很大的自由基原子 $Cl\cdot$ 和 $H\cdot$ 的浓度。由于 $Cl\cdot$ 和 $H\cdot$ 等中间产物十分活泼, 它们只要碰上任何分子或其他的自由基都将立即反应, 所以在反应过程中它们的浓度很低, 并且寿命很短, 用一般的实验方法难以测定它们的浓度。同时, 在反应过程中会出现许多中间化合物和许多复杂的连续反应, 如果需严格地找出反应系统中各物种的浓度与时间的关系 (即 $c - t$ 关系), 则需要给出许多微分方程, 然后联立求解。这是很难办到的, 即使有了高速计算机也是十分麻烦而且并非必要的。采用稳态近似法可把问题简化, 它能够以少数几个代数方程代替许多微分方程。

由于自由基等中间产物极活泼, 它们参加许多反应, 但浓度低、寿命又短, 所以可以近似地认为在反应达到稳定状态后, 它们的浓度基本上不随时间而变化, 即

$$\frac{d[Cl\cdot]}{dt} = 0 \qquad \frac{d[H\cdot]}{dt} = 0$$

这样处理的方法叫作稳态近似法 (steady state approximation method, 简称 SS 近似法)。因为只有在流动的敞开系统中, 控制必要的条件, 才有可能使反应系统中各物种的浓度保持一定, 不随时间而变化。而在封闭系统中, 由于反应物浓度不断下降, 产物浓度不断增高, 要保持中间产物浓度不随时间而变化, 严格讲是不大可能的。所以, 稳态近似法只是一种近似方法, 但确能解决很多问题。

根据上述 H_2 和 Cl_2 反应的历程, 用稳态近似法, 得

$$\frac{d[Cl\cdot]}{dt} = 2k_1[Cl_2][M] - k_2[Cl\cdot][H_2] + k_3[H\cdot][Cl_2] - 2k_4[Cl\cdot]^2[M] = 0 \qquad (b)$$

$$\frac{d[H\cdot]}{dt} = k_2[Cl\cdot][H_2] - k_3[H\cdot][Cl_2] = 0 \qquad (c)$$

将式 (c) 代入式 (b), 得

$$2k_1[Cl_2] = 2k_4[Cl\cdot]^2$$

$$[Cl\cdot] = \left(\frac{k_1}{k_4}[Cl_2]\right)^{\frac{1}{2}} \qquad (d)$$

将式 (c), (d) 代入式 (a), 得

$$\frac{d[HCl]}{dt} = 2k_2\left(\frac{k_1}{k_4}\right)^{\frac{1}{2}}[Cl_2]^{\frac{1}{2}}[H_2]$$

所以

$$\frac{1}{2}\frac{d[HCl]}{dt} = k[Cl_2]^{\frac{1}{2}}[H_2] \qquad (e)$$

式中 $k = k_2\left(\dfrac{k_1}{k_4}\right)^{\frac{1}{2}}$。根据这个速率方程, Cl_2 和 H_2 的反应是 1.5 级反应。根据 Arrhenius 公式:

$$k_1 = A_1 \exp\left(-\frac{E_{a,1}}{RT}\right)$$

$$k_2 = A_2 \exp\left(-\frac{E_{a,2}}{RT}\right)$$

$$k_4 = A_4 \exp\left(-\frac{E_{a,4}}{RT}\right)$$

则

$$k = A_2 \left(\frac{A_1}{A_4} \right)^{\frac{1}{2}} \exp \left[-\frac{E_{a,2} + \frac{1}{2} \left(E_{a,1} - E_{a,4} \right)}{RT} \right]$$

$$= A \exp \left(-\frac{E_a}{RT} \right)$$

所以, H_2 和 Cl_2 的总反应的表观指前因子和表观活化能分别为

$$A = A_2 \left(\frac{A_1}{A_4} \right)^{\frac{1}{2}}$$

$$E_a = E_{a,2} + \frac{1}{2} \left(E_{a,1} - E_{a,4} \right)$$

$$= \left[24 + \frac{1}{2} \times (242 - 0) \right] kJ \cdot mol^{-1} = 145 \ kJ \cdot mol^{-1}$$

若 H_2 和 Cl_2 的反应是由若干个基元反应组合而成的, 而不是依照链反应的方式进行, 则按照 30% 规则估计其活化能约为

$$E_a = 0.30 \left(\varepsilon_{H-H} + \varepsilon_{Cl-Cl} \right) L$$

$$= 0.30 \times (436 + 242) \ kJ \cdot mol^{-1}$$

$$= 203 \ kJ \cdot mol^{-1}$$

显然反应会选择活化能较低的链反应方式进行。又由于 $\varepsilon_{Cl-Cl} < \varepsilon_{H-H}$, 故一般链引发总是从 Cl_2 开始而不是从 H_2 开始。同理, H_2 与 Br_2 或 H_2 与 I_2 的反应之所以有它们自己所特有的历程, 也因为按照那种历程所需的活化能最低。在反应物分子和产物分子之间往往可以存在若干不同的平行通道, 而起主要作用的通道总是活化能最低而反应速率最快的捷径。

支链反应——H_2 和 O_2 反应的历程

H_2 和 O_2 的混合气在一定的条件下会发生爆炸, 由于造成爆炸的原因不同, 爆炸可分为两种类型, 即热爆炸 (thermal explosion) 和支链爆炸 (branched chain explosion)。

当 H_2 和 O_2 发生支链反应时:

链的开始 $H_2 \longrightarrow H \cdot + H \cdot$ (1)

直链反应 $H \cdot + O_2 + H_2 \longrightarrow H_2O + OH \cdot$ (2)

                       $OH \cdot + H_2 \longrightarrow H_2O + H \cdot$ (3)

支链反应 $H \cdot + O_2 \longrightarrow OH \cdot + O \cdot$ (4)

$$O\cdot + H_2 \longrightarrow OH\cdot + H\cdot \tag{5}$$

链在气相中的中断　　$2H\cdot + M \longrightarrow H_2 + M \tag{6}$

$$OH\cdot + H\cdot + M \longrightarrow H_2O + M \tag{7}$$

链在器壁上的中断　　$H\cdot + 器壁 \longrightarrow 销毁 \tag{8}$

$$OH\cdot + 器壁 \longrightarrow 销毁 \tag{9}$$

在支链反应中若每一个自由原子参加反应后可以产生两个自由原子 (如图 11.9 所示), 而由于这些自由原子又可以再参加直链反应或支链反应, 所以反应的速率迅速加快, 最后可以达到支链爆炸的程度。

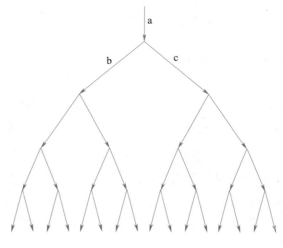

图 11.9　支链反应

当一个放热反应在无法散热的情况下进行时, 反应热使反应系统的温度猛烈上升, 而温度又使这个放热反应的速率按指数规律加快, 放出的热量也跟着增多, 这样的循环很快使反应速率几乎毫无止境地加快, 最后就会发生爆炸。这样发生的爆炸就是热爆炸。

爆炸反应通常都有一定的爆炸区, 当反应达到燃烧或爆炸的压力范围时, 反应的速率由平稳而突然加快。图 11.10 是氢氧混合系统的爆炸界限与温度、压力的关系。

当总压力低于 p_1 [见图 11.10(a)] 时, 即 AB 段, 反应进行得平稳。当压力在 p_1 至 p_2 之间时, 反应的速率很快, 自动地加速, 发生爆炸或燃烧。当压力超过 p_2, 一直到 p_3 的阶段, 即 CD 段, 反应速率反而减慢。当压力超过 p_3 时, 又发生爆炸。

上述系统中两个压力限与温度的关系, 可用图 11.10(b) 来表示。图中 ab 为低爆炸界限, bc 为高爆炸界限, cd 代表第三爆炸界限。第三爆炸界限以上的爆炸是热爆炸 (对于 H_2 和 O_2 的反应来说, 存在 cd 线。但是否所有的爆炸反应都有

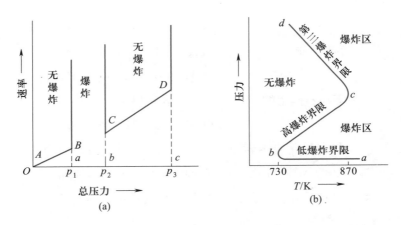

图 11.10   氢氧混合系统的爆炸界限与温度、压力的关系

第三爆炸界限, 则尚不能肯定)。

　　发生上述现象是因为在反应中有链发展和链中断步骤。若链中断的概率大, 则链发展就不会很快。在压力很低时, 系统中自由原子很容易扩散到容器壁上而销毁, 因此减少了链的传递者, 反应不会进行得太快。当压力逐渐增大后, 在容器中分子有效的碰撞次数增加, 因此链的发展速率大大增加, 直至发生爆炸。当压力超过 p_2 时, 反应反而变慢, 这是因为系统内分子的浓度增加, 容易发生三分子的碰撞而使自由原子消失。例如:

$$O\cdot + O\cdot + M \longrightarrow O_2 + M$$

$$O\cdot + O_2 + M \longrightarrow O_3 + M$$

　　很多可燃气体都有一定的爆炸界限。表 11.6 列出了在常温常压下一些可燃气体在空气中的爆炸界限, 因此在使用这些气体时应十分注意。为避免发生爆炸,

表 11.6   常温常压下一些可燃气体在空气中的爆炸界限 (用体积分数 φ_B 表示)

可燃气体	爆炸界限 φ_B	可燃气体	爆炸界限 φ_B
H_2	$0.04 \sim 0.742^*$	CO	$0.125 \sim 0.742^*$
NH_3	$0.155 \sim 0.27^*$	CH_4	$0.05 \sim 0.15$
CS_2	$0.119 \sim 0.285^*$	C_2H_6	$0.03 \sim 0.155$
C_2H_4	$0.027 \sim 0.36$	C_6H_6	$0.013 \sim 0.071$
C_2H_2	$0.025 \sim 1.0$	CH_3OH	$0.067 \sim 0.36$
C_3H_8	$0.021 \sim 0.095$	C_2H_5OH	$0.033 \sim 0.19$
C_4H_{10}	$0.019 \sim 0.085$	$(C_2H_5)_2O$	$0.017 \sim 0.49^*$
C_5H_{12}	$0.014 \sim 0.078$	$CH_3COOC_2H_5$	$0.022 \sim 0.11$

　　注: 本表数据摘自《石油化工可燃气体和有毒气体检测报警设计标准》(GB 50493—2019)。其中标注 * 的数据摘自 Jame G Speight. Lange's Handbook of Chemistry. 17th ed. New York: MCGraw-Hill Education, 2017: Table 1.14.

在化工生产过程中常在反应器的适当位置上, 安装带有化学传感器的警报设备, 可随时告知或自动记录反应系统中易爆物的成分、压力等参数, 以避免发生事故.

*11.10 拟定反应历程的一般方法

今以石油裂解中一个重要反应 —— 乙烷热分解的反应历程为例, 说明确定反应历程 (机理) 的一般过程.

乙烷热分解发生在 823 ~ 923 K, 由实验室测得其主要产物是氢和乙烯 (此外还有少量的甲烷), 反应方程式可以写为

$$C_2H_6(g) \longrightarrow C_2H_4(g) + H_2(g)$$

实验得出, 在较高的压力下, 它是一级反应, 其反应速率方程式为

$$-\frac{d[C_2H_6]}{dt} = k[C_2H_6]$$

由实验测得反应的活化能为 284.5 kJ·mol^{-1} 左右, 根据质谱仪 (mass spectrometer) 和其他实验技术证明, 在乙烷的热分解过程中有自由基 ·CH$_3$ 和 ·C$_2$H$_5$ 生成. 根据这些实验事实, 有人认为该反应是按下列的链反应机理进行的:

(1) $C_2H_6 \xrightarrow{k_1} 2\cdot CH_3$ $E_1 = 351.5 \text{ kJ·mol}^{-1}$

(2) $\cdot CH_3 + C_2H_6 \xrightarrow{k_2} CH_4 + \cdot C_2H_5$ $E_2 = 33.5 \text{ kJ·mol}^{-1}$

(3) $\cdot C_2H_5 \xrightarrow{k_3} C_2H_4 + H\cdot$ $E_3 = 167 \text{ kJ·mol}^{-1}$

(4) $H\cdot + C_2H_6 \xrightarrow{k_4} H_2 + \cdot C_2H_5$ $E_4 = 29.3 \text{ kJ·mol}^{-1}$

(5) $H\cdot + \cdot C_2H_5 \xrightarrow{k_5} C_2H_6$ $E_5 = 0 \text{ kJ·mol}^{-1}$

在反应中, (1) 是链的开始, (2), (3), (4) 是链的传递, (5) 是链的终止.

上述乙烷热分解的链反应机理是否正确还需要予以检验. 首先必须按上述反应机理找出反应速率和反应物浓度的关系, 检验其是否与实验结果一致, 还要根据各基元反应的活化能来估算总的活化能, 看所得到的活化能是否和实验值相符. 此外, 如果还有其他实验事实, 则所提出的机理也应能给予说明.

根据上述机理, 反应的速率为

$$-\frac{d[C_2H_6]}{dt} = k_1[C_2H_6] + k_2[\cdot CH_3][C_2H_6] + k_4[C_2H_6][H\cdot] - k_5[H\cdot][\cdot C_2H_5] \quad (a)$$

上式中各个自由基的浓度 $[\cdot CH_3]$, $[H\cdot]$, $[\cdot C_2H_5]$ 在反应过程中很难直接测定, 可以通过稳态近似法求出它们与反应物浓度 $[C_2H_6]$ 之间的关系.

$$\frac{d[\cdot CH_3]}{dt} = 2k_1[C_2H_6] - k_2[C_2H_6][\cdot CH_3] = 0 \tag{b}$$

$$\frac{d[\cdot C_2H_5]}{dt} = k_2[\cdot CH_3][C_2H_6] - k_3[\cdot C_2H_5] +$$
$$k_4[H\cdot][C_2H_6] - k_5[H\cdot][\cdot C_2H_5] = 0 \tag{c}$$

$$\frac{d[H\cdot]}{dt} = k_3[\cdot C_2H_5] - k_4[H\cdot][C_2H_6] - k_5[H\cdot][\cdot C_2H_5] = 0 \tag{d}$$

以上三式相加, 得

$$2k_1[C_2H_6] - 2k_5[H\cdot][\cdot C_2H_5] = 0$$

所以

$$[H\cdot] = \left(\frac{k_1}{k_5}\right)\frac{[C_2H_6]}{[\cdot C_2H_5]} \tag{e}$$

从式 (b) 可得

$$[\cdot CH_3] = \frac{2k_1}{k_2} \tag{f}$$

把式 (e) 代入式 (d), 得

$$[\cdot C_2H_5]^2 - \left(\frac{k_1}{k_3}\right)[C_2H_6][\cdot C_2H_5] - \left(\frac{k_1k_4}{k_3k_5}\right)[C_2H_6]^2 = 0$$

这是一个以 $[\cdot C_2H_5]$ 为变数的一元二次方程式, 其解为

$$[\cdot C_2H_5] = [C_2H_6]\left[\frac{k_1}{2k_3} \pm \sqrt{\left(\frac{k_1}{2k_3}\right)^2 + \frac{k_1k_4}{k_3k_5}}\right]$$

k_1 是链引发步骤的速率常数, 一般不是很大, 可略去不计. 同时, 负值为不合理解, 也不予考虑. 所以, 上式可简化为

$$[\cdot C_2H_5] = \left(\frac{k_1k_4}{k_3k_5}\right)^{\frac{1}{2}}[C_2H_6] \tag{g}$$

再代入式 (e), 得

$$[H\cdot] = \left(\frac{k_1k_3}{k_4k_5}\right)^{\frac{1}{2}} \tag{h}$$

将式 (f), (g), (h) 代入式 (a), 整理后得

$$-\frac{\mathrm{d}\,[C_2H_6]}{\mathrm{d}t} = \left[2k_1 + \left(\frac{k_1k_3k_4}{k_5}\right)^{\frac{1}{2}}\right][C_2H_6]$$

在括号中, 相对说可以略去 $2k_1$, 故得

$$-\frac{\mathrm{d}\,[C_2H_6]}{\mathrm{d}t} = \left(\frac{k_1k_3k_4}{k_5}\right)^{\frac{1}{2}}[C_2H_6] = k\,[C_2H_6] \tag{i}$$

即反应对 $[C_2H_6]$ 为一级。由于反应的活化能越大, 速率常数越小。基元反应 (1) 的活化能比其他几个基元反应的活化能都大, 故相对来说略去 $2k_1$ 及高次方项, 不致引入很大的误差。

由此可见, 按照上述反应机理导出的反应速率方程式, 即式 (i), 说明此反应是一个一级反应, 与实验所得结果基本上是一致的。

再看如何由基元反应的活化能来估计总的活化能。在式 (i) 中:

$$k = \left(\frac{k_1k_3k_4}{k_5}\right)^{\frac{1}{2}}$$

根据速率常数与温度的关系, $k = A\exp\left(-\dfrac{E_a}{RT}\right)$, 可以得出

$$A\exp\left(-\frac{E_a}{RT}\right) = \left(\frac{A_1A_3A_4}{A_5}\right)^{\frac{1}{2}}\exp\left[-\frac{1}{2}\left(\frac{E_1+E_3+E_4-E_5}{RT}\right)\right]$$

$$\begin{aligned}E_a &= \frac{1}{2}\left(E_1+E_3+E_4-E_5\right)\\ &= \frac{1}{2}\times(351.5+167+29.3-0)\ \mathrm{kJ\cdot mol^{-1}}\\ &= 274\ \mathrm{kJ\cdot mol^{-1}}\end{aligned}$$

这个数值与实验直接测得的表观活化能 $284.5\ \mathrm{kJ\cdot mol^{-1}}$ 也是接近的。

由于反应级数和活化能的数值都基本上与实验结果大致相符, 这表明上述机理在实验的条件下基本上是合理的。关于乙烷的热分解反应有不少人进行过研究, 在较低的压力和较高的温度下, 实验测得反应为 2/3 级, 这主要是因为当反应的条件不同时, 链终止的步骤有所不同。

在处理复杂反应的历程时, 除了稳态近似法以外, 还有速控步近似和平衡假设两种方法。适当采用可以免去解复杂的联立微分方程, 使稳态近似不致引入很大误差。

在一系列的连续反应中, 若其中有一步反应的速率最慢, 它控制了总反应的速率, 使反应的速率基本等于最慢一步的速率, 则这最慢的一步反应称为**速控步** (rate controlling step) 或**决速步** (rate determining step)。

例如, 有反应

$$H^+ + HNO_2 + C_6H_5NH_2 \xrightarrow{Br^-(\text{催化剂})} C_6H_5N_2^+ + 2H_2O$$

实验得出的速率方程为

$$r = k[H^+][HNO_2][Br^-]$$

而 $[C_6H_5NH_2]$ 对反应速率无影响, 未出现在速率方程式中。因此, 该反应的可能历程是

(1) $H^+ + HNO_2 \underset{k_{-1}}{\overset{k_1}{\rightleftharpoons}} H_2NO_2^+$ 快速平衡

(2) $H_2NO_2^+ + Br^- \xrightarrow{k_2} ONBr + H_2O$ 慢

(3) $ONBr + C_6H_5NH_2 \xrightarrow{k_3} C_6H_5N_2^+ + H_2O + Br^-$ 快

第 (2) 步是总反应的速控步, 因此总反应的速率为

$$r = k_2[H_2NO_2^+][Br^-]$$

中间产物的浓度 $[H_2NO_2^+]$ 可从快速平衡反应 (1) 中求得:

$$[H_2NO_2^+] = \frac{k_1}{k_{-1}}[H^+][HNO_2] = K[H^+][HNO_2]$$

代入总反应速率方程, 得

$$r = \frac{k_1 k_2}{k_{-1}}[H^+][HNO_2][Br^-] = k[H^+][HNO_2][Br^-]$$

这与实验结果一致。表观速率常数 $k = \dfrac{k_1 k_2}{k_{-1}}$, 不包括速控步以下的快反应的速率常数 k_3, 但包括了速控步及以前所有反应的速率常数。由于反应物 $C_6H_5NH_2$ 是出现在速控步以后的快反应中, 所以它的浓度对总反应基本无影响, 故不出现在速率方程中。

从上例中可以看到, 在一个含有对峙反应的连续反应中, 如果存在速控步, 则总反应速率及表观速率常数仅取决于速控步及其以前的平衡过程, 与速控步以后的各快反应无关。另外, 因速控步反应很慢, 假定快速平衡反应不受其影响, 各正、逆反应间的平衡关系仍然存在, 则可以利用平衡常数 K 及反应物浓度求出中间产物的浓度, 这种处理方法称为平衡假设 (equilibrium hypothesis)。之所以称为假设是因为在化学反应进行的系统中, 完全平衡是达不到的, 这也仅是一种近似的处理方法。

设某总反应为 $A + B \longrightarrow P$, 总反应速率用 $r = \dfrac{d[P]}{dt}$ 表示, 其一种反应历程为

$$A \underset{k_{-1}}{\overset{k_1}{\rightleftharpoons}} C \tag{i}$$

$$C + B \xrightarrow{k_2} P \tag{ii}$$

则 $r = \dfrac{\mathrm{d}\,[\mathrm{P}]}{\mathrm{d}t} = k_2[\mathrm{C}][\mathrm{B}]$。究竟用何种近似方法来消去中间产物的浓度项 [C], 则要视具体情况而定, 也就是说稳态近似法、速控步及平衡假设的使用是有一定的前提的。

(1) 如果 $k_{-1} + k_2\,[\mathrm{B}] \gg k_1$, 中间产物 C 一旦产生, 马上会被消耗掉, 这时可以对中间产物 C 作稳态近似:

$$\frac{\mathrm{d}\,[\mathrm{C}]}{\mathrm{d}t} = k_1\,[\mathrm{A}] - k_{-1}\,[\mathrm{C}] - k_2\,[\mathrm{B}]\,[\mathrm{C}] = 0 \tag{a}$$

$$[\mathrm{C}] = \frac{k_1\,[\mathrm{A}]}{k_{-1} + k_2\,[\mathrm{B}]} \tag{b}$$

$$r = \frac{k_1 k_2\,[\mathrm{A}]\,[\mathrm{B}]}{k_{-1} + k_2\,[\mathrm{B}]} \tag{c}$$

如果 $k_{-1} \ll k_2\,[\mathrm{B}]$, 则 $k_{-1} + k_2\,[\mathrm{B}] \approx k_2\,[\mathrm{B}]$, 则总速率为

$$r = k_1\,[\mathrm{A}] \tag{d}$$

因这时反应 (i) 是速控步, 反应物 B 参加速控步后面的快反应, 因此不影响反应速率。

(2) 如果 $k_{-1} \gg k_2[\mathrm{B}]$, 这时反应 (ii) 为速控步。要反应 (i) 的平衡能维持, 还需要 $k_{-1} \gg k_1$, 使平衡能很快建立, 这时才能用平衡假设。当 (i) 处于平衡时[根据式 (b), 略去 $k_2[\mathrm{B}]$ 项], 得

$$[\mathrm{C}] = \frac{k_1}{k_{-1}}\,[\mathrm{A}] = K\,[\mathrm{A}] \tag{e}$$

则

$$r = \frac{k_1 k_2}{k_{-1}}\,[\mathrm{A}]\,[\mathrm{B}] \tag{f}$$

对照式 (c), 只有在 $k_{-1} \gg k_2[\mathrm{B}]$ 时, 两式基本相等。所以, 使用平衡假设是有条件的, 只有第一个平衡是快速平衡, 第二步是慢反应, 作为速控步, 这时才可以采用平衡假设这一近似方法。

有了以上三种近似处理方法, 在推导复杂反应的速率方程时就要简便得多了。

化学反应的反应机理并不是凭空想象出来的, 也不是先有一套假设再逐步验证的, 而是要首先掌握足够的实验数据, 从实验中找出反应速率与浓度的关系、活化能, 以及判断在分解过程中是否有自由基存在等, 然后根据这些事实来考虑其历程。而所设想的历程即使在理论上符合逻辑, 也必须经过实验的检验, 整个过

程就是实践、认识、再实践、再认识的过程。只有这样循环往复, 逐步深入, 才可能得出一个正确的结论, 这就是辩证唯物主义的认识过程。

一般说来, 拟定反应机理大致要经过下列几个步骤:

(1) **初步的观察和分析**　根据对反应系统所观察到的现象, 初步了解反应是复相还是均相反应, 反应是否受光的影响; 注意反应过程中有无颜色的改变, 有无热量放出, 有无副产物生成, 以及其他可能观察到的现象。根据对现象的分析, 再有计划地进行系统性实验。

(2) **收集定量的数据**　① 测定反应速率与各个反应物浓度的关系, 确定反应的总级数。② 测定反应速率与温度的关系, 确定反应的活化能。③ 测定有无逆反应或其他可能的复杂反应, 反应过程中的主反应是什么? 副反应又是什么? ④ 中间产物的寿命可能很短, 数量也可能不多, 因此对它们的检验常常必须用特殊的方法 (如用淬冷法或原位磁共振谱、色谱–质谱联合谱仪、闪光光解等测试手段)。但是, 一旦检验出有某种中间产物存在, 则对于反应机理的确定往往起着很重要的作用。O_2, Cl_2O, NO 等具有未成对的电子, 易于捕获自由基。在反应系统中加入这些物质, 观察反应速率是否下降, 以判断系统中是否有自由基存在。而自由基的存在常能导致链反应。

可以有计划地设计实验, 用各种物理的或化学的测试手段来检验中间产物。

(3) **拟定反应机理**　根据所观察到的事实和收集到的数据, 提出可能的反应步骤, 然后逐步排除那些与活化能大小不相符的反应步骤或与事实有抵触的反应步骤。对所提出的机理必须进行多方面的考验。除了根据反应级数、速率方程式、活化能考验之外, 还可以按具体情况进行具体分析。例如, 可用同位素来判别机理, 也可以根据对物质结构已有的常识来判断。如能就机理中的中间步骤单独进行实验, 则更为有效。整个机理的速率方程式应经过逐步检验, 必须与观测到的全部实验事实一致, 这个反应机理才能初步确定下来。通过对势能面的量化计算, 也可以了解反应过程中最可能经过的途径等 (但势能面的计算是相当复杂的问题)。

如果发现有新的实验事实, 则所提出的反应机理必须能够说明新的实验事实, 否则必须对反应机理进行修正或者重新考虑。

以上提到的只是拟定反应机理的一般过程, 并不是对任何一个反应所有的研究步骤都必须用到, 也可能还有其他研究步骤需要补充, 这完全要对具体问题做具体分析并从整体上综合考虑。

拓展学习资源

重点内容及公式总结	
课外参考读物	
相关科学家简介	
教学课件	

复习题

11.1 根据质量作用定律, 写出下列基元反应的反应速率表示式 (试用各种物质分别表示)。

(1) $A + B \Longrightarrow 2P$

(2) $2A + B \Longrightarrow 2P$

(3) $A + 2B \Longrightarrow P + 2S$

(4) $2Cl + M \Longrightarrow Cl_2 + M$

11.2 零级反应是否是基元反应? 具有简单级数的反应是否一定是基元反应? 反应 $Pb(C_2H_5)_4 \Longrightarrow Pb + 4C_2H_5$ 是否可能为基元反应?

11.3 在气相反应动力学中,往往可以用压力来代替浓度,若反应 $aA \longrightarrow P$ 为 n 级反应, 当 k_p 是以压力表示的反应速率常数, p_A 是 A 的分压, 所有气体可看作理想气体时, 试证明: $k_p = k_c(RT)^{1-n}$。

11.4 对于一级反应, 列式表示当反应物反应掉 $\dfrac{1}{n}$ 所需要的时间 t。试证明一级反应的转化率分别达到 50%, 75%, 87.5% 时所需的时间分别为 $t_{1/2}$, $2t_{1/2}$,

$3t_{1/2}$。

11.5 对于反应 $A \longrightarrow P$, 若 A 反应掉 $\dfrac{3}{4}$ 所需时间为 A 反应掉 $\dfrac{1}{2}$ 所需时间的 3 倍, 该反应是几级反应? 若 A 反应掉 $\dfrac{3}{4}$ 所需时间为 A 反应掉 $\dfrac{1}{2}$ 所需时间的 5 倍, 该反应又是几级反应? 试用计算式说明。

11.6 某一反应进行完全所需时间是有限的, 且等于 $\dfrac{c_0}{k}$ (c_0 为反应物起始浓度), 则该反应是几级反应?

11.7 零级反应、一级反应和二级反应各有哪些特征? 平行反应、对峙反应和连续反应又有哪些特征?

11.8 某总包反应速率常数 k 与各基元反应速率常数的关系为 $k = k_2 \left(\dfrac{k_1}{2k_4} \right)^{\frac{1}{2}}$, 则该反应的表观活化能 E_a 和指前因子与各基元反应活化能和指前因子的关系如何?

11.9 某定容基元反应的热效应为 $100 \ \text{kJ} \cdot \text{mol}^{-1}$, 则该正反应的实验活化能 E_a 值将大于、等于还是小于 $100 \ \text{kJ} \cdot \text{mol}^{-1}$? 或是不能确定? 如果反应热效应为 $-100 \ \text{kJ} \cdot \text{mol}^{-1}$, 则 E_a 值又将如何?

11.10 某反应的 E_a 值为 $190 \ \text{kJ} \cdot \text{mol}^{-1}$, 加入催化剂后活化能降为 $136 \ \text{kJ} \cdot \text{mol}^{-1}$。设加入催化剂前后指前因子 A 值保持不变, 则在 773 K 时, 加入催化剂后反应的速率常数是原来的多少倍?

11.11 根据 van't Hoff 经验规则: 温度每升高 10 K, 反应速率增加到原来的 $2 \sim 4$ 倍。在 $298 \sim 308$ K 温度区间内, 服从此规则的化学反应的活化能 E_a 值的范围为多少? 为什么有的反应温度升高, 反应速率反而下降?

11.12 某温度时, 有一气相一级反应 $A(g) \longrightarrow 2B(g) + C(g)$, 在恒温恒容下进行。设反应开始时, 各物质的浓度分别为 a, b, c, 气体总压力为 p_0, 经 t 时间及当 A 完全分解时的总压力分别为 p_t 和 p_∞, 试证明该分解反应的速率常数为

$$k = \frac{1}{t} \ln \frac{p_\infty - p_0}{p_\infty - p_t}$$

11.13 已知平行反应 $A \xrightarrow{E_{a,1}} B$ 和 $A \xrightarrow{E_{a,2}} C$, 且 $E_{a,1} > E_{a,2}$, 为提高 B 的产量, 应采取什么措施?

11.14 从反应机理推导速率方程时通常有哪几种近似方法? 各有什么适用条件?

习题

11.1 有反应 $A \longrightarrow P$, 实验测得是 $\frac{1}{2}$ 级反应, 试证明:

(1) $[A]_0^{1/2} - [A]^{1/2} = \frac{1}{2}kt$;

(2) $t_{1/2} = \frac{\sqrt{2}}{k} \left[\sqrt{2} - 1 \right] [A]_0^{1/2}$

11.2 一级反应和二级反应极难由反应百分数对时间图的形状来分辨, 对于半衰期相等的一级反应、二级反应 (两种反应物起始浓度相等), 当 $t = \frac{1}{2}t_{1/2}$ 时, 求两者未反应的百分数。

11.3 蔗糖在稀酸溶液中按下式水解:

$$C_{12}H_{22}O_{11} \text{ (蔗糖)} + H_2O \Longrightarrow C_6H_{12}O_6 \text{ (葡萄糖)} + C_6H_{12}O_6 \text{ (果糖)}$$

当温度和酸的浓度一定时, 已知反应的速率与蔗糖的浓度成正比。今有某一溶液, 蔗糖和 HCl 的浓度分别为 $0.3 \text{ mol} \cdot \text{dm}^{-3}$ 和 $0.01 \text{ mol} \cdot \text{dm}^{-3}$, 在 $48 \,°\text{C}$ 下, 20 min 内有 32% 的蔗糖水解 (由旋光仪测定旋光度而推知)。已知该反应为一级反应。

(1) 计算反应的速率常数 k 和反应开始时及反应 20 min 时的反应速率。

(2) 计算 40 min 时, 蔗糖的水解速率。

11.4 在 298 K 时, 用旋光仪测定蔗糖的转化速率, 在不同时间所测得的旋光度 α_t 如下:

t/min	0	10	20	40	80	180	300	∞
$\alpha_t/(°)$	6.60	6.17	5.79	5.00	3.71	1.40	-0.24	-1.98

试求该反应的速率常数 k 值。

11.5 一个二级反应, 其反应式为 $2A + 3B \longrightarrow P$, 求反应速率常数的积分表达式。已知 298 K 时, $k = 2.00 \times 10^{-4} \text{ dm}^3 \cdot \text{mol}^{-1} \cdot \text{s}^{-1}$, 开始时反应混合物中 A 的摩尔分数为 20%, B 的摩尔分数为 80%, $p_0 = 202.65 \text{ kPa}$, 计算 1 h 后 A, B 各反应了多少。

11.6 在 298 K 时, 测定乙酸乙酯皂化反应速率。反应开始时, 溶液中酯与碱的浓度均为 $0.01 \text{ mol} \cdot \text{dm}^{-3}$, 每隔一定时间, 用标准酸溶液滴定其中碱的含量, 实验所得结果如下:

$t/\min$	3	5	7	10	15	21	25
$[OH^-]/(10^{-3}\ mol\cdot dm^{-3})$	7.40	6.34	5.50	4.64	3.63	2.88	2.54

(1) 证明该反应为二级反应, 并求出速率常数 k 值;

(2) 若酯与碱的浓度均为 $0.002\ mol\cdot dm^{-3}$, 试计算该反应完成 95% 时所需的时间及该反应的半衰期。

11.7 含有相同物质的量的 A, B 溶液, 等体积相混合, 发生反应 A+B $\longrightarrow$ C, 在反应经过 1.0 h 后, A 已消耗了 75%; 当反应时间为 2.0 h 时, 在下列情况下, A 还有多少未反应?

(1) 该反应对 A 为一级, 对 B 为零级;

(2) 该反应对 A, B 均为一级;

(3) 该反应对 A, B 均为零级。

11.8 气相基元反应 2A(g) $\longrightarrow$ B(g) 在恒温为 500 K 的恒容反应器中进行, 其反应速率可表示为 $-\dfrac{dc_A}{dt} = k_c[A]^2$, 也可表示为 $-\dfrac{dp_A}{dt} = k_p p_A^2$。已知 $k_c = 8.205 \times 10^{-3}\ dm^3 \cdot (mol\cdot s)^{-1}$, 求 k_p (压力单位为 Pa)。

11.9 反应 A $\longrightarrow$ 2B 在恒容反应器中进行, 反应温度为 373 K, 实验测得系统总压数据如下:

t/s	0	5	10	25	∞
$p_{总}/kPa$	35.6	40.0	42.7	46.7	53.3

已知 $t = \infty$ 为 A 全部转化的时刻, 该反应对 A 为二级反应, 试导出以总压表示的反应速率方程, 并求速率常数。

11.10 反应 A $\longrightarrow$ P 为 n 级反应 ($n \neq 1$), 其速率方程可写为 $-\dfrac{dc_A}{dt} = kc_A^n$, 若 a 为 A 的起始浓度, x 为 t 时刻变化的量 (单位 $mol\cdot dm^{-3}$), 试导出 k 及 n 级反应半衰期的表达式。

11.11 设反应为 A $\longrightarrow$ P, 反应对 A 为 n 级反应, 定义 $[A]/[A]_0 = 1 - \alpha$, 则其半衰期 $t_{1/2}$ 与其四分之三衰期 $t_{3/4}$ 之比仅是 n 的函数, 试求该函数表达式, 并说明此式对于 $n = 1$ 是否适用。

11.12 大气中 CO_2 含量较少, 但可鉴定出放射性同位素 ^{14}C, 一旦 CO_2 由光合作用 "固定", 从大气中拿走 ^{14}C, 而新 ^{14}C 又不再加入, 那么放射量会以半衰期为 5770 年的一级过程减少。现从某古代松树的木髓中取样, 测定其 ^{14}C 含量是大气中 CO_2 的 ^{14}C 含量的 54.9%, 求该树的大约年龄。

11.13 某天然矿含放射性元素铀 (U), 其蜕变反应可简单表示为

$$U \xrightarrow{k(U)} Ra \xrightarrow{k(Ra)} Pb$$

设已达稳态放射蜕变平衡, 测得镭与铀的浓度比保持为 $[Ra]/[U] = 3.47 \times 10^{-7}$, 稳定产物铅与铀的浓度比为 $[Pb]/[U] = 0.1792$, 已知镭的半衰期为 1580 年。

(1) 求铀的半衰期;

(2) 估计此矿的地质年龄 (计算时可作适当近似)。

11.14 在水溶液中, 金属离子 M^{2+} 与四苯基卟啉 (H_2TPP) 生成的金属卟啉化合物在催化及生物化学方面具有多种功能, 设该反应速率方程为 $r = k[M^{2+}]^{\alpha}[H_2TPP]^{\beta}$, 试设计测定 α, β 的实验方案, 并写出反应级数与所测实验数据之间的关系式 (提示: 反应式为 $M^{2+} + H_2TPP \longrightarrow MTPP + 2H^{+}$)。

11.15 反应 $H_2(g) + D_2(g) \longrightarrow 2HD(g)$ 在恒容下, 按计量数进料, 获得以下数据:

T/K	1008		946		
p_0/Pa	400	800	450	800	3200
$t_{1/2}/s$	196	135	1330	1038	546

试求该反应级数。

11.16 物质 A 的热分解反应 $A(g) \longrightarrow B(g) + C(g)$ 在密闭容器中恒温下进行, 测得其总压变化如下:

$t/\min$	0	10	30	∞
$p/(10^6\ Pa)$	1.30	1.95	2.28	2.60

(1) 确定反应级数;

(2) 计算速率常数 k;

(3) 计算反应经过 40 min 时的转化率。

11.17 在一抽干的刚性容器中, 引入一定量纯气体 $A(g)$, 发生如下反应:

$$A(g) \longrightarrow B(g) + 2C(g)$$

设反应能进行完全, 在 323 K 下恒温一定时间后开始计时, 测定系统的总压随时间的变化情况, 实验数据如下:

$t/\min$	0	30	50	∞
$p_{总}/kPa$	53.33	73.33	80.00	106.66

求该反应的级数及速率常数。

11.18 乙烯热分解反应 $C_2H_4(g) \longrightarrow C_2H_2(g) + H_2(g)$ 为一级反应, 在 1073 K 时, 反应经过 10 h 时有 50% 乙烯分解, 已知该反应的活化能 $E_a = 250.8 \text{ kJ} \cdot \text{mol}^{-1}$, 求此反应在 1573 K 时, 乙烯分解 50% 需多少时间?

11.19 反应 $[Co(NH_3)_3F]^{2+} + H_2O \longrightarrow [Co(NH_3)_3H_2O]^{3+} + F^-$ 是一个酸催化反应, 若反应的速率方程为 $r = k [Co(NH_3)_3F^{2+}]^{\alpha} [H^+]^{\beta}$, 在指定温度和起始浓度条件下, 络合物反应掉 $\frac{1}{2}$ 和 $\frac{3}{4}$ 所用的时间分别是 $t_{1/2}$ 和 $t_{3/4}$, 实验数据如下:

实验编号	$\dfrac{[Co(NH_3)_3F^{2+}]_0}{\text{mol} \cdot \text{dm}^{-3}}$	$\dfrac{[H^+]_0}{\text{mol} \cdot \text{dm}^{-3}}$	T/K	$t_{1/2}/\text{h}$	$t_{3/4}/\text{h}$
1	0.10	0.01	298	1.0	2.0
2	0.20	0.02	298	0.5	1.0
3	0.10	0.01	308	0.5	1.0

试根据实验数据求:

(1) 反应的级数 α 和 β;

(2) 不同温度时的反应速率常数 k;

(3) 反应实验活化能 E_a。

11.20 溶液中反应 $2Fe^{2+} + 2Hg^{2+} \longrightarrow Hg_2^{2+} + 2Fe^{3+}$ 在 353 K 下进行, 测得下列两组实验数据:

I 组 $[Fe^{2+}]_0 = 0.1 \text{ mol} \cdot \text{dm}^{-3}$ $[Hg^{2+}]_0 = 0.1 \text{ mol} \cdot \text{dm}^{-3}$		II 组 $[Fe^{2+}]_0 = 0.1 \text{ mol} \cdot \text{dm}^{-3}$ $[Hg^{2+}]_0 = 0.001 \text{ mol} \cdot \text{dm}^{-3}$	
$t/(10^5 \text{ s})$	A (吸光度)	$t/(10^5 \text{ s})$	$[Hg^{2+}]/(10^{-3} \text{ mol} \cdot \text{dm}^{-3})$
0	0.100	0	1.000
1	0.400	0.5	0.585
2	0.500	1.0	0.348
3	0.550	1.5	0.205
∞	0.700	2.0	0.122
		∞	0

若反应速率方程为 $r = k[Fe^{2+}]^{\alpha}[Hg^{2+}]^{\beta}$, 试求 α, β 和 k 的值。

11.21 当有 I_2 存在作为催化剂时, 氯苯 (C_6H_5Cl) 与 Cl_2 在 $CS_2(l)$ 溶液中发生如下的平行反应 (均为二级反应):

$$C_6H_5Cl + Cl_2 \begin{array}{c} \xrightarrow{k_1} o-C_6H_4Cl_2 + HCl \\ \xrightarrow{k_2} p-C_6H_4Cl_2 + HCl \end{array}$$

设在温度和 I_2 的浓度一定时, C_6H_5Cl 与 Cl_2 在 $CS_2(l)$ 溶液中的起始浓度均为 $0.5\ mol \cdot dm^{-3}$, 30 min 后, 有 15% 的 C_6H_5Cl 转变为 $o-C_6H_4Cl_2$, 有 25% 的 C_6H_5Cl 转变为 $p-C_6H_4Cl_2$, 试计算两个速率常数 k_1 和 k_2。

11.22 有正、逆反应均为一级的对峙反应:

$$D-R_1R_2R_3CBr \underset{k_{-1}}{\overset{k_1}{\rightleftharpoons}} L-R_1R_2R_3CBr$$

正、逆反应的半衰期均为 $t_{1/2} = 10\ min$。若起始时 $D-R_1R_2R_3CBr$ 的物质的量为 1 mol, 试计算在 10 min 后, 生成 $L-R_1R_2R_3CBr$ 的物质的量。

11.23 在 321 K 时, 在 200 mL 的 $0.1\ mol \cdot dm^{-3}$ d–莰酮–3–羧酸的酒精溶液中, 发生下列两个反应:

$$C_{10}H_{15}OCOOH \xrightarrow{k_1} C_{10}H_{16}O + CO_2 \tag{1}$$

$$C_2H_5OH + C_{10}H_{15}OCOOH \xrightarrow{k_2} C_{10}H_{15}OCOOC_2H_5 + H_2O \tag{2}$$

测量中和 20 mL $0.1\ mol \cdot dm^{-3}$ 原酸需 $0.05\ mol \cdot dm^{-3}$ $Ba(OH)_2$ 溶液的体积, 以及产生 CO_2 的质量, 得到如下结果:

t/min	0	10	20	30
$Ba(OH)_2$ 溶液的体积/mL	20	16.26	13.25	10.68
产生 CO_2 的质量/g	—	0.0841	0.1545	0.2095

试求 k_1 和 k_2。

11.24 某反应在 300 K 时进行, 完成 40% 需 24 min。如果保持其他条件不变, 在 340 K 时进行, 同样完成 40 %, 需时 6.4 min, 求该反应的实验活化能。

11.25 某一气相反应 $A(g) \underset{k_{-2}}{\overset{k_1}{\rightleftharpoons}} B(g) + C(g)$, 已知在 298 K 时, $k_1 = 0.21\ s^{-1}$, $k_{-2} = 5 \times 10^{-9}\ Pa^{-1} \cdot s^{-1}$; 当温度由 298 K 升到 310 K 时, 其 k_1 和 k_{-2} 的值均增加 1 倍, 试求:

(1) 298 K 时, 反应平衡常数 K_p;

(2) 正、逆反应的实验活化能 E_a;

(3) 298 K 时, 反应的 $\Delta_r H_m$ 和 $\Delta_r U_m$;

(4) 298 K 时, A 的起始压力为 100 kPa, 若使总压达到 152 kPa 时, 所需的时间。

11.26 某溶液中含有 NaOH 及 $CH_3COOC_2H_5$, 浓度均为 $0.01\ mol \cdot dm^{-3}$。

在 298 K 时, 反应经 10 min 有 39% 的 $CH_3COOC_2H_5$ 分解, 而在 308 K 时, 反应 10 min 有 55% 的 $CH_3COOC_2H_5$ 分解。该反应速率方程为

$$r = k[NaOH][CH_3COOC_2H_5]$$

试计算:

(1) 298 K 和 308 K 时, 反应的速率常数;

(2) 288 K 时, 反应 10 min, $CH_3COOC_2H_5$ 分解的分数;

(3) 293 K 时, 若有 50% 的 $CH_3COOC_2H_5$ 分解所需的时间。

11.27 在 673 K 时, 设反应 $NO_2(g) \longrightarrow NO(g) + \frac{1}{2}O_2(g)$ 可以完全进行, 并设产物对反应速率没无影响, 经实验证明该反应是二级反应, 速率方程可表示为 $-\dfrac{d[NO_2]}{dt} = k[NO_2]^2$, 速率常数 k 与反应温度 T 之间的关系为

$$\ln \frac{k}{(mol \cdot dm^{-3})^{-1} \cdot s^{-1}} = -\frac{12886.7}{T/K} + 20.27$$

试计算:

(1) 该反应的 A 及实验活化能 E_a;

(2) 若 673 K 时, 将 $NO_2(g)$ 通入反应器, 使其压力为 26.66 kPa, 发生上述反应, 当反应器中的压力达到 32.0 kPa 时所需的时间 (设气体为理想气体)。

11.28 某溶液中的反应 $A + B \longrightarrow P$, 当 A 和 B 的起始浓度 $[A]_0 = 1 \times 10^{-4}$ mol $\cdot$ dm^{-3}, $[B]_0 = 0.01$ mol $\cdot$ dm^{-3} 时, 实验测得不同温度下吸光度随时间的变化如下:

$t/$min	0	57	130	∞
298 K 时 A 的吸光度	1.390	1.030	0.706	0.100
308 K 时 A 的吸光度	1.460	0.542	0.210	0.110

当固定 $[A]_0 = 1 \times 10^{-4}$ mol $\cdot$ dm^{-3}, 改变 $[B]_0$ 时, 实验测得在 298 K 时, $t_{1/2}$ 随 $[B]_0$ 的变化如下:

$[B]_0/(mol \cdot dm^{-3})$	0.01	0.02
$t_{1/2}/$min	120	30

设速率方程为 $r = k[A]^\alpha[B]^\beta$, 试计算 α, β, 速率常数 k 和实验活化能 E_a。

11.29 通过测量系统的电导率, 可以跟踪如下反应:

$$CH_3CONH_2 + HCl + H_2O \longrightarrow CH_3COOH + NH_4Cl$$

在 63 ℃ 时, 等体积混合浓度均为 $2.0\ \text{mol} \cdot \text{dm}^{-3}$ 的 CH_3CONH_2 和 HCl 溶液后, 在不同时刻观测到下列电导率数据:

t/min	0	13	34	50
$\kappa/(\text{S} \cdot \text{m}^{-1})$	40.9	37.4	33.3	31.0

不考虑非理想性的影响, 确定反应级数并计算反应的速率常数。

11.30 433 K 时, 气相反应 $N_2O_5 \longrightarrow 2NO_2 + \frac{1}{2}O_2$ 是一级反应。已知反应活化能为 $103\ \text{kJ} \cdot \text{mol}^{-1}$。

(1) 在恒容容器中最初引入纯的 N_2O_5, 3 s 后容器压力增大一倍。

① 求此时 N_2O_5 的分解分数;

② 求速率常数。

(2) 若反应发生在同样容器中, 但温度为 T_2, 在 3 s 后容器的压力增大到最初的 1.5 倍。

① 求温度 T_2 时反应的半衰期;

② 求温度 T_2。

11.31 反应 $A(g) + 2B(g) \longrightarrow P(g)$ 的速率方程为 $r = -dp_A/dt = kp_A^{\alpha}p_B^{\beta}$, 经实验发现: 当 B 的起始量远远大于 A 的起始量时, $\dfrac{d\ln p_A}{dt} = C$, 其中 C 为常数; 当 A 与 B 进料比为 1:2 时, 反应速率 r 与 $p_A p_B$ 之比也是一常数, 在 500 K 时其值为 $9.87 \times 10^{-4}\ \text{kPa}^{-1} \cdot \text{min}^{-1}$, 在 510 K 时其值为 $1.974 \times 10^{-3}\ \text{kPa}^{-1} \cdot \text{min}^{-1}$, 试确定该反应的反应级数及反应活化能。

11.32 气相反应 $2NO + H_2 \longrightarrow N_2O + H_2O$ 能进行完全, 且具有速率方程 $r = kp_{NO}^{\alpha}p_{H_2}^{\beta}$, 实验结果如下:

p_{NO}^0/kPa	80	80	1.3	2.6	80
$p_{H_2}^0/\text{kPa}$	1.3	2.6	80	80	1.3
$t_{1/2}/\text{s}$	19.2	19.2	830	415	10
T/K	1093	1093	1093	1093	1113

求该反应级数 α 及 β, 并计算实验活化能 E_a。

11.33 有一个涉及一种反应物种 (A) 的二级反应, 此反应速率常数可用下式表示:

$$k/(\mathrm{dm^3 \cdot mol^{-1} \cdot s^{-1}}) = 4.0 \times 10^{10}(T/\mathrm{K})^{1/2} \exp\left(-\frac{145200\ \mathrm{J \cdot mol^{-1}}}{RT}\right)$$

(1) 600 K 时, 当反应物 A 的初始浓度为 $0.1\ \mathrm{mol \cdot dm^{-3}}$ 时, 此反应的半衰期为多少?

(2) 300 K 时, 此反应的活化能 E_a 为多少?

(3) 如果上述反应是通过下列历程进行的:

$$A \underset{k_{-1}}{\overset{k_1}{\rightleftharpoons}} B$$

$$B + A \xrightarrow{k_2} C$$

$$C \xrightarrow{k_3} P$$

其中 B 和 C 是活性中间物, P 为最终产物. 试分析反应速率方程在什么条件下对这个反应能给出二级速率方程.

11.34 已知气相反应 $3H_2 + N_2 \longrightarrow 2NH_3$ 的下列速率数据 (723 K):

实验编号	$p_{H_2}^0/\mathrm{kPa}$	$p_{N_2}^0/\mathrm{kPa}$	$\dfrac{-\mathrm{d}p_{\text{总}}}{\mathrm{d}t}/(\mathrm{kPa \cdot h^{-1}})$
1	13.2	0.132	0.00132
2	26.4	0.132	0.00528
3	52.8	0.660	0.1056

$-\dfrac{\mathrm{d}p_{\text{总}}}{\mathrm{d}t} = kp_{H_2}^x p_{N_2}^y$, 试求:

(1) x, y 的值;

(2) 实验 1 中 p_{N_2} 降到 0.066 kPa 所需时间;

(3) 若反应在 823 K 进行, 实验 1 的初始速率 (假定活化能为 $189\ \mathrm{kJ \cdot mol^{-1}}$).

11.35 设有一反应 $2A(g) + B(g) \longrightarrow G(g) + H(s)$ 在某恒温密闭容器中进行, 开始时 A 和 B 的物质的量之比为 2:1, 起始总压为 3.0 kPa, 在 400 K 时, 60 s 后容器中总压为 2.0 kPa, 设该反应的速率方程为 $-\dfrac{\mathrm{d}p_B}{\mathrm{d}t} = k_p p_A^{3/2} p_B^{1/2}$, 实验活化能 $E_a = 100\ \mathrm{kJ \cdot mol^{-1}}$. 试求:

(1) 在 400 K 时, 150 s 后容器中 B 的分压;

(2) 在 500 K 时, 重复上述实验, 50 s 后 B 的分压.

11.36 气相反应合成 HBr: $H_2(g) + Br_2(g) \longrightarrow 2HBr(g)$, 其反应历程为

① $Br_2 + M \xrightarrow{k_1} 2Br\cdot + M$

② $Br\cdot + H_2 \xrightarrow{k_2} HBr + H\cdot$

③ $H \cdot + Br_2 \xrightarrow{k_3} HBr + Br \cdot$

④ $H \cdot + HBr \xrightarrow{k_4} H_2 + Br \cdot$

⑤ $Br \cdot + Br \cdot + M \xrightarrow{k_5} Br_2 + M$

(1) 试推导 HBr 生成反应的速率方程;

(2) 已知如下键能数据, 估算各基元反应的活化能。

化学键	Br — Br	H — Br	H — H
$\varepsilon/(kJ \cdot mol^{-1})$	192	364	435

11.37 反应 $OCl^- + I^- \longrightarrow OI^- + Cl^-$ 的可能机理如下:

(1) $OCl^- + H_2O \underset{k_{-1}}{\overset{k_1}{\rightleftharpoons}} HOCl + OH^-$ 　　快速平衡 $\left(K = \dfrac{k_1}{k_{-1}}\right)$

(2) $HOCl + I^- \xrightarrow{k_2} HOI + Cl^-$ 　　速控步

(3) $OH^- + HOI \xrightarrow{k_3} H_2O + OI^-$ 　　快速反应

试推导出反应的速率方程, 并求表观活化能与各基元反应活化能之间的关系。

11.38 反应 $2NO + O_2 \longrightarrow 2NO_2$ 的反应机理如下:

$$NO + NO \xrightarrow{k_1} N_2O_2 \qquad E_1 = 79.5 \, kJ \cdot mol^{-1}$$

$$N_2O_2 \xrightarrow{k_2} 2NO \qquad E_2 = 205 \, kJ \cdot mol^{-1}$$

$$N_2O_2 + O_2 \xrightarrow{k_3} 2NO_2 \qquad E_3 = 84 \, kJ \cdot mol^{-1}$$

(1) 对 N_2O_2 作稳态处理, 导出以 $\dfrac{d[NO_2]}{dt}$ 表示的速率方程;

(2) 第一步生成的 N_2O_2 只有极少量用于第三步生成产物, 而绝大部分转化为第二步 NO, 据此事实计算反应活化能。

11.39 多数烃类气相热分解反应的表观速率方程对反应物级数为 0.5, 1.0 和 1.5 等整数或半整数。这可以用自由基链反应机理来解释。设 A 为反应物, $R_1, R_2, \cdots, R_6$ 为产物分子, X_1, X_2 为活性自由基。

$$\text{链的开始} \qquad A \xrightarrow{k_0} R_1 + X_1 \qquad \text{慢} \qquad (1)$$

$$\text{链的传递} \qquad A + X_1 \xrightarrow{k_1} R_2 + X_2 \qquad\qquad (2)$$

$$X_2 \xrightarrow{k_2} R_3 + X_1 \qquad\qquad (3)$$

$$\text{链的终止} \qquad 2X_1 \xrightarrow{k_4} R_4 \qquad\qquad (4)$$

$$X_1 + X_2 \xrightarrow{k_5} R_5 \qquad\qquad (5)$$

$$2X_2 \xrightarrow{k_6} R_6 \qquad\qquad (6)$$

假设链的终止步骤分别为 (4), (5), (6) 三种情况, 试按上述机理推求 A 的分解速率方程。

11.40　对光气合成提出如下机理:

① $Cl_2 \xrightarrow{k_1} 2Cl$

② $2Cl \xrightarrow{k_{-1}} Cl_2$

③ $Cl + CO \xrightarrow{k_2} COCl$

④ $COCl \xrightarrow{k_{-2}} Cl + CO$

⑤ $COCl + Cl_2 \xrightarrow{k_3} COCl_2 + Cl$

(1) 应用稳态近似法推导出 $COCl_2$ 生成速率方程;

(2) 当反应 ① ~ ④ 比反应 ⑤ 进行较快时, 试问 (1) 中结果可否简化?

(3) 若反应 ① 和 ②, ③ 和 ④ 达成平衡, 试证 (2) 的结果。

11.41　O_3 分解反应动力学得到如下规律:

(1) 在反应初始阶段, 对 $[O_3]$ 为一级反应;

(2) 在反应后期, 对 $[O_3]$ 为二级反应, 对 $[O_2]$ 为负一级反应;

(3) 在反应过程, 检测到的唯一中间物为自由原子 O。

试根据以上事实, 推测 O_3 分解反应历程。

11.42　硝酰胺 NO_2NH_2 在缓冲介质 (水溶液) 中缓慢分解: $NO_2NH_2 \longrightarrow N_2O(g) + H_2O$, 实验找到如下规律:

(a) 恒温下, 在硝酰胺溶液上部固定体积中, 用测定 N_2O 气体的分压 p 来研究分解反应, 据 $p - t$ 曲线可得

$$\lg \frac{p_\infty}{p_\infty - p} = k't$$

(b) 改变缓冲介质, 使在不同的 pH 下进行实验, 作 $\lg t_{1/2} - pH$ 图, 得一直线, 斜率为 -1, 截距为 $\lg(0.693/k)$。

回答下列问题:

(1) 写出该反应的速率方程, 并说明为什么。

(2) 有人提出如下两种反应历程:

① $NO_2NH_2 \xrightarrow{k_1} N_2O(g) + H_2O$

② $NO_2NH_2 + H_3O^+ \underset{k_{-2}}{\overset{k_2}{\rightleftharpoons}} NO_2NH_3^+ + H_2O$　　　瞬间达平衡

　　$NO_2NH_3^+ \xrightarrow{k_3} N_2O + H_3O^+$　　　速控步

你认为上述反应历程是否与事实相符, 为什么?

(3) 请提出你认为比较合理的反应历程, 并求其速率方程。

11.43 合成氨的反应机理如下:

(1) $N_2 + 2(Fe) \xrightarrow{k_1} 2N(Fe)$ 速控步

(2) $N(Fe) + \dfrac{3}{2}H_2 \underset{k_3}{\overset{k_2}{\rightleftharpoons}} NH_3 + (Fe)$ 对峙反应

试证明:

$$-\frac{\mathrm{d}[N_2]}{\mathrm{d}t} = \frac{k[N_2]}{\left(1 + \dfrac{K[NH_3]}{[H_2]^{3/2}}\right)^2} \quad (k, K \text{ 均为常数})$$

11.44 反应 $A(g) + 2B(g) \longrightarrow \dfrac{1}{2}C(g) + D(g)$ 在一密闭容器中进行, 假设速率方程的形式为 $r = k_p p_A^{\alpha} p_B^{\beta}$, 实验发现: (a) 当反应物的起始分压分别为 $p_A^0 = 26.664$ kPa, $p_B^0 = 106.66$ kPa 时, 反应中 $\ln p_A$ 随时间变化率与 p_A 无关; (b) 当反应物的起始分压分别为 $p_A^0 = 53.328$ kPa, $p_B^0 = 106.66$ kPa 时, $\dfrac{r}{p_A^2}$ 为常数, 并测得 500 K 和 510 K 时, 该常数分别为 $1.974 \times 10^{-3} (\text{kPa} \cdot \text{min})^{-1}$ 和 $3.948 \times 10^{-3} (\text{kPa} \cdot \text{min})^{-1}$。试确定:

(1) 速率方程中的 α 和 β 的值;

(2) 反应在 500 K 时的速率常数;

(3) 反应的活化能。

11.45 当用无水乙醇作溶剂时, d–樟脑–3–羧酸 (A) 发生如下两个反应: (a) A 直接分解为樟脑 (B) 和 $CO_2(g)$; (b) A 与溶剂乙醇反应, 生成樟脑羧酸乙酯 (C) 和 $H_2O(l)$。在反应体积为 0.2 dm^3 时, 生成的 $CO_2(g)$ 用碱液吸收并计算其质量, A 的浓度用碱滴定求算。在 321 K 时, 实验数据如下:

$t/\min$	0	10	20	30	40	50	60
$[A]/(\text{mol} \cdot \text{dm}^{-3})$	0.100	0.0813	0.0663	0.0534	0.0437	0.0294	0.0200
$m(CO_2)/\text{g}$	0	0.0841	0.1545	0.2095	0.2482	0.3045	0.3556

如忽略逆反应, 求这两个反应的速率常数。

11.46 473 K 时, 有反应 $A + 2B \longrightarrow 2C + D$, 其速率方程可写成 $r = k[A]^x[B]^y$。实验 (a): 当 A, B 的初始浓度分别为 $[A]_0 = 0.01$ mol $\cdot$ dm^{-3} 和 $[B]_0 = 0.02$ mol $\cdot$ dm^{-3} 时, 测得反应物 B 在不同时刻的浓度数据如下:

t/h	0	90	217
$[B]/(\text{mol} \cdot \text{dm}^{-3})$	0.020	0.010	0.005

实验 (b): 当 A, B 的初始浓度相等, $[A]_0 = [B]_0 = 0.02 \ \text{mol} \cdot \text{dm}^{-3}$ 时, 测得初始反应速率为实验 (a) 的 1.4 倍, 即 $\dfrac{r_{0,b}}{r_{0,a}} = 1.4$。

(1) 求该反应的总级数 $x + y$;

(2) 分别求对 A, B 的反应级数 x, y;

(3) 计算速率常数 k。

11.47 在 298 K 时, 下列反应可进行到底: $N_2O_5(g) + NO(g) \xrightarrow{\ k\ } 3NO_2(g)$。在 $N_2O_5(g)$ 和 $NO(g)$ 的初始压力分别为 $p^0_{N_2O_5} = 133.32 \ \text{Pa}$, $p^0_{NO} = 13332 \ \text{Pa}$ 时, 用 $\ln p_{N_2O_5}$ 对时间 t 作图, 得一直线, 相应的半衰期为 2.0 h, 当 $N_2O_5(g)$ 和 $NO(g)$ 的初始压力均为 6666 Pa 时, 得如下实验数据:

$p_{总}/\text{Pa}$	13332	15332	16665	19998
t/h	0	1	2	∞

(1) 若反应的速率常数方程可表示为 $r = k p^x_{N_2O_5} p^y_{NO}$, 从上面给出的数据求速率常数 k 和反应级数 x, y 的值;

(2) 如果 $N_2O_5(g)$ 和 $NO(g)$ 的初始压力分别为 $p^0_{N_2O_5} = 13332 \ \text{Pa}$, $p^0_{NO} = 133.32 \ \text{Pa}$ 时, 求半衰期 $t_{1/2}$ 的值。

11.48 有正、逆反应均为一级的对峙反应 $A \underset{k_{-1}}{\overset{k_1}{\rightleftharpoons}} B$, 已知其速率常数和平衡常数与温度的关系式分别为

$$\lg(k_1/\text{s}^{-1}) = -\frac{2000}{T/\text{K}} + 4.0$$

$$\lg K = \frac{2000}{T/\text{K}} - 4.0 \qquad K = k_1/k_{-1}$$

反应开始时, $[A]_0 = 0.5 \ \text{mol} \cdot \text{dm}^{-3}$, $[B]_0 = 0.05 \ \text{mol} \cdot \text{dm}^{-3}$, 试计算:

(1) 逆反应的活化能;

(2) 400 K 时, 反应 10 s 后, A 和 B 的浓度;

(3) 400 K 时, 反应达平衡时, A 和 B 的浓度。

11.49 反应物 A 同时生成主产物 B 及副产物 C, 反应均为一级反应:

$$A \quad \begin{array}{c} \xrightarrow{\ k_1\ } B \\ \xrightarrow{\ k_2\ } C \end{array}$$

已知 $k_1 = 1.2 \times 10^3 \exp\left(-\dfrac{90 \ \text{kJ} \cdot \text{mol}^{-1}}{RT}\right)$, $k_2 = 8.9 \exp\left(-\dfrac{80 \ \text{kJ} \cdot \text{mol}^{-1}}{RT}\right)$。

(1) 使 B 含量大于 90% 及大于 95% 时, 求各需的反应温度 T_1 和 T_2;

(2) 可否得到含 B 为 99.5% 的产品?

11.50 已知乙烯氧化制环氧乙烷, 可发生下列两个反应:

① $C_2H_4(g) + \dfrac{1}{2}O_2(g) \xrightarrow{k_1} C_2H_4O(g)$

② $C_2H_4(g) + 3O_2(g) \xrightarrow{k_2} 2CO_2(g) + 2H_2O(g)$

在 298 K 时, 物质的标准摩尔生成 Gibbs 自由能数据如下:

物质	$C_2H_4O(g)$	$C_2H_4(g)$	$CO_2(g)$	$H_2O(g)$
$\Delta_f G_m^{\ominus}/(kJ \cdot mol^{-1})$	−13.0	68.4	−394.4	−228.6

当在银催化剂上, 研究上述反应时得到反应 ① 及反应 ② 的反应级数完全相同, $E_{a,1} = 63.6\ kJ \cdot mol^{-1}$, $E_{a,2} = 82.8\ kJ \cdot mol^{-1}$, 而且可以控制 $C_2H_4O(g)$ 的进一步氧化的速率极低。

(1) 从热力学观点, 讨论乙烯氧化生产环氧乙烷之可能性;

(2) 求 $T_1 = 298\ K$, $T_2 = 503\ K$ 时, 两反应的速率之比值 r_1/r_2;

(3) 从动力学观点, 讨论乙烯氧化生产环氧乙烷是否可行, 并据计算结果讨论应如何选择反应温度。

第十二章

化学动力学基础（二）

本章基本要求

(1) 了解目前较常用的反应速率理论。特别是对碰撞理论和过渡态理论要知道它们分别采用的模型、推导过程中引进的假定、计算速率常数的公式及理论的优缺点。会利用这两个理论来计算一些简单反应的速率常数，掌握活化能、阈能和活化焓等能量之间的关系。

(2) 了解微观反应动力学的发展概况、常用的实验方法和该研究在理论上的意义。

(3) 了解溶液反应的特点和溶剂对反应的影响，会判断离子强度对不同反应速率的影响（即原盐效应）。了解扩散对反应的影响。

(4) 了解较常用的测试快速反应的方法，学会用弛豫法来计算简单快速对峙反应的两个速率常数。

(5) 了解光化学反应的基本定律、光化学平衡与热化学平衡的区别以及这类反应的发展趋势和应用前景。掌握量子产率的计算和会处理简单的光化学反应动力学问题。

(6) 了解化学激光的原理、发展趋势和应用前景。

(7) 了解催化反应特别是酶催化反应的特点、催化剂之所以能改变反应速率的本质和常用催化剂的类型。

(8) 了解自催化反应的特点和产生化学振荡的原因。

Arrhenius 根据实验从宏观的角度总结出了化学反应的动力学基本规律, 即 **Arrhenius 公式**, 他认为反应的速率常数与温度的关系取决于活化能 (E_a) 和指前因子 A [又称为频率因子 (frequency factor)]。Arrhenius 所提出的这些基本概念为后来建立反应速率理论作出了重要贡献。人们希望能从理论上或从微观的角度对定律作出解释, 并希望能从理论上预言反应在给定条件下的速率常数。

在本章中将简要地介绍碰撞理论、过渡态理论和单分子反应的 Lindemann (林德曼) 理论等。

12.1 碰撞理论

在反应速率理论的发展过程中, 先后形成了碰撞理论、过渡态理论和单分子反应理论等, 这些理论都是动力学研究中的基本理论。

碰撞理论是 20 世纪初在气体分子动理论的基础上发展起来的。该理论认为, 发生化学反应的先决条件是反应物分子的碰撞接触, 但并非每一次碰撞都能导致反应发生。在热平衡系统中, 分子的平动能符合 Boltzmann 分布。如果互碰分子对的平动能不够大, 则碰撞不会导致反应发生, 分子对碰撞后随即分离。只有那些相对平动能在分子连心线上的分量超过某一临界值的分子对, 才能把平动能转化为分子内部的能量, 使旧键破裂而发生原子间的重新组合。这种能导致旧键破裂的碰撞称为**有效碰撞** (effective collision)。碰撞理论认为, 只要知道分子的碰撞频率 (Z), 再求出可导致旧键破裂的有效碰撞在总碰撞中的分数 (q), 则从 Z 和 q 的乘积即可求得反应速率 (r) 和速率常数 (k)。

简单碰撞理论 (simple collision theory) 以硬球碰撞为模型, 导出宏观反应速率常数的计算公式, 故又称为**硬球碰撞理论** (hard-sphere collision theory)。

双分子的互碰频率和速率常数的推导

两个分子的碰撞过程实质上是在分子的作用力下, 两个分子先互相接近, 接近到一定距离时, 它们之间开始产生斥力, 斥力随分子间距离的减小而很快增大, 之后分子就改变原来的方向而相互远离, 于是就完成了一次碰撞过程。两个分子的质心在碰撞时所能达到的最短距离称为**有效直径** (或称为**碰撞直径**), 其数值往往稍稍大于分子本身的直径。

假定 A 分子和 B 分子都是硬球, 所谓硬球碰撞是指想象中的两个硬球只作弹性碰撞, 且忽略分子的内部结构。设单位体积中 A 的分子数为 n_A, B 的分子数为 n_B, 则根据气体分子动理论 (见上册第一章 1.7 节), 运动着的 A 分子和 B 分子在单位时间内的碰撞频率为

$$Z_{AB} = \pi d_{AB}^2 \sqrt{\frac{8RT}{\pi\mu}} n_A n_B$$

式中 d_{AB} 代表 A 分子和 B 分子的半径之和; πd_{AB}^2 称为**碰撞截面** (collision cross-section); μ 为**折合摩尔质量** (reduced molar mass)。

将单位体积中的分子数换算成物质的浓度:

$$n_A = \frac{N_A}{V} \qquad n_B = \frac{N_B}{V}$$

则

$$c_A = \frac{n_A}{L} \qquad c_B = \frac{n_B}{L}$$

代入式 (1.59), 得 A 分子和 B 分子之间的碰撞频率, 即

$$Z_{AB} = \pi d_{AB}^2 L^2 \sqrt{\frac{8RT}{\pi\mu}} c_A c_B \tag{12.1}$$

若系统中只有一种分子, 则 A 分子与 A 分子之间的碰撞频率为

$$Z_{AA} = 2\pi d_{AA}^2 \sqrt{\frac{RT}{\pi M_A}} n_A^2 \tag{12.2}$$

式中 d_{AA} 是两个 A 分子的半径之和, 即 A 分子的直径; M_A 是 A 分子的摩尔质量; n_A 是单位体积中的 A 分子数 [参见第一章的式 (1.58)]。若单位体积中的 A 分子数用物质的量浓度表示, $c_A = \frac{n_A}{L}$, 则式 (12.2) 可改写为

$$Z_{AA} = 2\pi d_{AA}^2 L^2 \sqrt{\frac{RT}{\pi M_A}} c_A^2 \tag{12.3}$$

若 A 分子和 B 分子的每次碰撞都能起反应, 则反应 $A + B \longrightarrow P$ 的反应速率为

$$-\frac{dn_A}{dt} = Z_{AB}$$

改用物质的量浓度表示为

$$dn_A = dc_A \cdot L$$

$$-\frac{\mathrm{d}c_\mathrm{A}}{\mathrm{d}t} = -\frac{\mathrm{d}n_\mathrm{A}}{\mathrm{d}t} \cdot \frac{1}{L} = \frac{Z_\mathrm{AB}}{L}$$

$$= \pi d_\mathrm{AB}^2 L\sqrt{\frac{8RT}{\pi\mu}}c_\mathrm{A}c_\mathrm{B}$$

已知

$$-\frac{\mathrm{d}c_\mathrm{A}}{\mathrm{d}t} = kc_\mathrm{A}c_\mathrm{B}$$

则得

$$k = \pi d_\mathrm{AB}^2 L\sqrt{\frac{8RT}{\pi\mu}} \tag{12.4}$$

这就是根据简单碰撞理论所导出的速率常数 (k)。

在常温常压下, A 分子和 B 分子的碰撞频率的数值约为 10^{35} m$^{-3}\cdot$s^{-1}, 所以按式 (12.4) 计算得到的速率常数值要比实验值大得多。由此可见, 并不是每次碰撞都能发生反应, 即 Z_AB 中只有一部分碰撞是能发生反应的有效碰撞。令 q 代表有效碰撞在 Z_AB 中所占的分数, 则

$$r = -\frac{\mathrm{d}c_\mathrm{A}}{\mathrm{d}t} = \frac{Z_\mathrm{AB}}{L} \cdot q \tag{12.5}$$

现在只要找出有效碰撞分数 q 的表示式, 就能计算出速率常数。

根据分子能量分布的近似公式, 即 Boltzmann 公式, 能量具有 E 的活性分子在总分子中所占的分数 q 为

$$q = \mathrm{e}^{-\frac{E}{RT}} \tag{12.6}$$

故式 (12.5) 可写为

$$r = -\frac{\mathrm{d}c_\mathrm{A}}{\mathrm{d}t} = \frac{Z_\mathrm{AB}}{L} \cdot \mathrm{e}^{-\frac{E}{RT}}$$

将式 (12.1) 代入后, 得

$$r = \pi d_\mathrm{AB}^2 L\sqrt{\frac{8RT}{\pi\mu}}\mathrm{e}^{-\frac{E}{RT}}c_\mathrm{A}c_\mathrm{B} = kc_\mathrm{A}c_\mathrm{B} \tag{12.7}$$

碰撞理论根据气体分子动理论及 Arrhenius 分子反应活化能的概念, 导出了速率常数 (k) 和分子反应速率 (r) 的表达式。

根据式 (12.7), 反应的速率常数 k 应为

$$k = \pi d_{\text{AB}}^2 L \sqrt{\frac{8RT}{\pi\mu}} e^{-\frac{E}{RT}} = A e^{-\frac{E}{RT}} \tag{12.8}$$

式中 $A = \pi d_{\text{AB}}^2 L \sqrt{\frac{8RT}{\pi\mu}}$, 所以将 A 称为**频率因子**。式 (12.8) 也可写为

$$k = A' T^{\frac{1}{2}} e^{-\frac{E}{RT}}$$

在 A' 中已不包括温度项, 对上式两边取对数后, 得

$$\ln k = \ln A' + \frac{1}{2} \ln T - \frac{E}{RT}$$

将上式对温度 T 微分, 得

$$\frac{\mathrm{d}\ln k}{\mathrm{d}T} = \frac{E + \frac{1}{2}RT}{RT^2}$$

在一般情况下, $\frac{1}{2}RT$ 比 E 要小得多, 故可略而不计, 因此得

$$\frac{\mathrm{d}\ln k}{\mathrm{d}T} = \frac{E}{RT^2} \tag{12.9}$$

这就是 **Arrhenius 经验公式**。因此, 碰撞理论不但解释了 $\ln k$ 与 $\frac{1}{T}$ 之间的线性关系, 并指出, 若以 $\ln k$ 对 $\frac{1}{T}$ 作图, 则应能得到很好的直线。

*硬球碰撞模型 —— 碰撞截面与反应阈能

初期的碰撞理论对碰撞过程的描述较为简单, 因而后来又提出碰撞截面的概念, 并对碰撞过程作较精确的描述。

设 A 和 B 为两个没有结构的硬球分子, 质量分别为 m_{A} 和 m_{B}, 分子折合质量为 μ, A 和 B 的运动速度分别为 u_{A} 和 u_{B}。运动着的 A 和 B 分子的总能量 E 为

$$E = \frac{1}{2} m_{\text{A}} u_{\text{A}}^2 + \frac{1}{2} m_{\text{B}} u_{\text{B}}^2$$

但总能量 E 也可以考虑为质心整体运动的动能 (ε_{g}) 和分子间相对运动能 (ε_{r}) 之和, 即

$$E = \varepsilon_{\text{g}} + \varepsilon_{\text{r}} = \frac{1}{2}(m_{\text{A}} + m_{\text{B}}) u_{\text{g}}^2 + \frac{1}{2} \mu u_{\text{r}}^2 \tag{12.10}$$

式中 u_g 代表质心的速度; u_r 代表相对速度。质心动能 ε_g 是两个分子在空间整体运动的动能, 它对发生化学反应所需的能量没有贡献。而能够精确衡量两个分子互相趋近时能量大小的是相对平动能 ε_r。

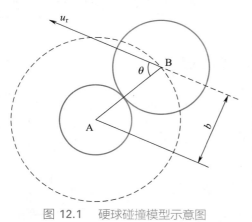

图 12.1   硬球碰撞模型示意图

若用相对速度 u_r 代替 A 分子和 B 分子的运动速度 u_A 和 u_B, 则两个硬球碰撞运动可看作一个分子不动 (如 A 分子), 而另一个具有相对速度 u_r 的分子 (如 B 分子) 向 A 分子运动, 如图 12.1 所示。相对速度 (u_r) 与连心线 AB(即 d_{AB}) 之间的夹角为 θ。通过 A, B 分子的质心分别作与相对速度 u_r 平行的线, 平行线之间的距离为 b。此 b 称为**碰撞参数** (impact parameter), 表示两个分子接近的程度。$b = d_{AB}\sin\theta$, 当两个分子迎头碰撞时, $\theta = 0$, $b = 0$; 当 $b > d_{AB}$ 时, 不会发生碰撞。所以**碰撞截面** (collision cross section) σ_c 为

$$\sigma_c = \int_0^{b_{\max}} 2\pi b \mathrm{d}b = \pi b_{\max}^2 = \pi d_{AB}^2 \tag{12.11}$$

凡是落在这个截面内的分子, 都可能发生碰撞。

分子碰撞的相对平动能为 $\frac{1}{2}\mu u_r^2$, 它在连心线上的分量为 ε_r', 可表示为

$$\varepsilon_r' = \frac{1}{2}\mu(u_r\cos\theta)^2 = \frac{1}{2}\mu u_r^2(1 - \sin^2\theta)$$

$$= \varepsilon_r\left(1 - \frac{b^2}{d_{AB}^2}\right) \tag{12.12}$$

只有当 ε_r' 的值超过某一规定值 ε_c 时, 这样的碰撞才是有效的, 才是能导致反应的碰撞。ε_c 称为能发生化学反应的**临界能**或**阈能** (threshold energy)。对于不同的反应, 显然 ε_c 的值是不同的。故发生反应的必要条件是 $\varepsilon_r' \geqslant \varepsilon_c$, 即

$$\varepsilon_r\left(1 - \frac{b^2}{d_{AB}^2}\right) \geqslant \varepsilon_c \tag{12.13}$$

从式 (12.13) 可知, 当碰撞参数 b 等于某一数值 b_r 时, 它正好使相对动能 ε_r 在连心线上的分量 ε_r' 等于 ε_c, 则

$$\varepsilon_r\left(1 - \frac{b_r^2}{d_{AB}^2}\right) = \varepsilon_c$$

或

$$b_r^2 = d_{AB}^2 \left(1 - \frac{\varepsilon_c}{\varepsilon_r} \right) \qquad (12.14)$$

这样, 当 ε_c 值一定时, 凡是碰撞参数 $b \leqslant b_r$ 的碰撞都是有效的。据此, 反应截面的定义为

$$\sigma_r \xlongequal{\text{def}} \pi b_r^2 = \pi d_{AB}^2 \left(1 - \frac{\varepsilon_c}{\varepsilon_r} \right) \qquad (12.15)$$

当 $\varepsilon_r \leqslant \varepsilon_c$ 时, $\sigma_r = 0$; 当 $\varepsilon_r > \varepsilon_c$ 时, σ_r 的值随 ε_r 的增大而增大, 如图 12.2 所示。又因为 $\varepsilon_r = \frac{1}{2}\mu u_r^2$, 故 σ_r 也是 u_r 的函数, 即

$$\sigma_r(u_r) = \pi d_{AB}^2 \left(1 - \frac{2\varepsilon_c}{\mu u_r^2} \right) \qquad (12.16)$$

反应截面是微观反应动力学中的基本参数, 反应的速率常数 k 及实验活化能 E_a 等是宏观反应动力学参数。如何从反应截面求速率常数 k 和实验活化能 E_a, 反映了微观与宏观反应之间的联系。

设 A 和 B 为两束相互垂直交叉的粒子 (原子或分子) 流, 由于单位体积中粒子数很低, 在交叉区域只发生单次碰撞, 如图 12.3 所示。

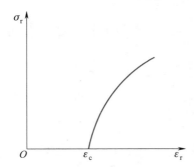

图 12.2   反应截面与阈能的关系

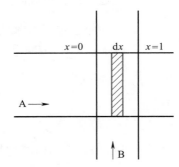

图 12.3   两束粒子交叉示意图

A 和 B 的相对速度为 u_r, A 束的强度可表示为

$$I_A = u_r \frac{N_A}{V} \qquad (12.17)$$

当 A 通过交叉区域时, 由于与 B 束粒子碰撞而被散射出交叉区, 使 A 束的强度 I_A 下降。通过 dx 距离以后, A 束的强度损失 $-dI_A$ 应当正比于 A 束入射的强度 $I_A(x)$、B 束的粒子密度 $\frac{N_B}{V}$ 和间距 dx, 即

$$-dI_A = \sigma(u_r) I_A(x) \frac{N_B}{V} dx \qquad (12.18)$$

式中比例系数 $\sigma(u_r)$ 与相对速度 u_r 有关, 且是碰撞频率的一种量度, 它具有面积的单位, 也就是碰撞截面。式 (12.18) 中 I_A 的下降是由反应碰撞和非反应碰撞两部分造成的。如果只考虑由于反应碰撞而使 A 束的强度 I_A 下降, 则用反应截面得

$$(-\mathrm{d}I_A)_r = \sigma_r(u_r)I_A(x)\frac{N_B}{V}\mathrm{d}x \tag{12.19}$$

因为 $I_A = u_r\dfrac{N_A}{V}$, $\mathrm{d}I_A = u_r\mathrm{d}\left(\dfrac{N_A}{V}\right)$, $u_r = \dfrac{\mathrm{d}x}{\mathrm{d}t}$, 代入式 (12.19) 后, 得

$$-\frac{\mathrm{d}\left(\dfrac{N_A}{V}\right)}{\mathrm{d}t} = u_r\sigma_r(u_r)\frac{N_A}{V}\frac{N_B}{V} = k(u_r)\frac{N_A}{V}\frac{N_B}{V} \tag{12.20}$$

从式 (12.20) 可知, 微观反应速率常数 $k(u_r)$ 是由反应物的相对速度和反应截面所决定的。即在式 (12.20) 中:

$$k(u_r) = u_r\sigma_r(u_r) \tag{12.21}$$

在宏观反应系统中, 从微观的角度看, 碰撞分子有各种可能的相对速度, 对每个相对速度都存在着像式 (12.21) 所表达的微观反应速率常数, 这些不同相对速度的反应碰撞以不同的权重对宏观反应有所贡献。它们的反应碰撞速率常数的加权总和构成了宏观反应速率常数 $k(T)$, 即

$$k(T) = f_1k(u_1) + f_2k(u_2) + f_3k(u_3) + \cdots$$
$$= \int_0^\infty f(u_r, T)u_r\sigma_r(u_r)\mathrm{d}u_r \tag{12.22}$$

式中 f_1 表示具有相对速度 u_1 的碰撞分子对占总碰撞分子的分数 (相当于统计权重); $f(u_r, T)$ 是相对速度的分布函数, 设相对速度分布也可以用 Maxwell-Boltzmann 分布来表示:

$$f(u_r, T) = 4\pi\left(\frac{\mu}{2\pi k_B T}\right)^{\frac{3}{2}}\exp\left(-\frac{\mu u_r^2}{2k_B T}\right)u_r^2 \tag{12.23}$$

式中 k_B 为 Boltzmann 常数。将式 (12.23) 代入式 (12.22), 得

$$k(T) = 4\pi\left(\frac{\mu}{2\pi k_B T}\right)^{\frac{3}{2}}\int_0^\infty u_r^3\exp\left(-\frac{\mu u_r^2}{2k_B T}\right)\sigma_r(u_r)\mathrm{d}u_r \tag{12.24}$$

若用碰撞的相对动能 ε_r 来代替相对速度, 则

$$\varepsilon_r = \frac{1}{2}\mu u_r^2 \qquad \mathrm{d}\varepsilon_r = \mu u_r\mathrm{d}u_r$$

代入式 (12.24), 得

$$k(T) = \left(\frac{1}{\pi\mu}\right)^{\frac{1}{2}} \left(\frac{2}{k_B T}\right)^{\frac{3}{2}} \int_{\varepsilon_c}^{\infty} \varepsilon_r \exp\left(-\frac{\varepsilon_r}{k_B T}\right) \sigma_r(\varepsilon_r) d\varepsilon_r \tag{12.25}$$

式 (12.24) 或式 (12.25) 将微观的反应截面 σ_r 与宏观的反应速率常数 $k(T)$ 这两个基本参数联系起来了。由微观反应截面的计算和测量, 可以得到宏观反应的速率常数, 实现了从微观向宏观的过渡。但是, 我们还无法从宏观反应的速率常数去推导有关反应截面的信息。

若将硬球碰撞模型的反应截面的表示式 (不同的碰撞模型, σ_r 的表示式也不同), 即将式 (12.15) 代入式 (12.25), 则得到简单碰撞理论的反应速率常数 k_{SCT}, 即

$$k_{SCT}(T) = \left(\frac{1}{\pi\mu}\right)^{\frac{1}{2}} \left(\frac{2}{k_B T}\right)^{\frac{3}{2}} \int_{\varepsilon_c}^{\infty} \varepsilon_r \exp\left(-\frac{\varepsilon_r}{k_B T}\right) \pi d_{AB}^2 \cdot \left(1 - \frac{\varepsilon_c}{\varepsilon_r}\right) d\varepsilon_r$$

$$= \pi d_{AB}^2 \sqrt{\frac{8 k_B T}{\pi\mu}} \exp\left(-\frac{\varepsilon_c}{k_B T}\right) \tag{12.26}$$

如果式 (12.20) 中 $\dfrac{N_A}{V}$ 和 $\dfrac{N_B}{V}$ 也用 c_A 和 c_B 表示, 则式 (12.26) 可写为

$$k_{SCT}(T) = \pi d_{AB}^2 L \sqrt{\frac{8 k_B T}{\pi\mu}} \exp\left(-\frac{\varepsilon_c}{k_B T}\right) \tag{12.27}$$

对照式 (12.6) 可知, 有效的反应碰撞占总碰撞的分数为 $\exp\left(-\dfrac{\varepsilon_c}{k_B T}\right)$, 对于 1 mol 粒子, 则为 $\exp\left(-\dfrac{E_c}{RT}\right)$。根据式 (12.26) 或式 (12.27) 就可以计算宏观反应速率常数 $k(T)$ 值。对于相同分子的双分子反应, 根据式 (12.3), 显然 $k_{SCT}(T)$ 的表示式为

$$k_{SCT}(T) = \frac{\sqrt{2}}{2} \pi d_{AA}^2 L \sqrt{\frac{8 RT}{\pi M_A}} \exp\left(-\frac{\varepsilon_c}{k_B T}\right) \tag{12.28}$$

*反应阈能与实验活化能的关系

根据实验活化能的定义

$$E_a = RT^2 \frac{d\ln k(T)}{dT}$$

将式 (12.27) 代入, 得

$$E_a = RT^2 \left(\frac{1}{2T} + \frac{E_c}{RT^2} \right) = E_c + \frac{1}{2}RT \tag{12.29}$$

如果 $E_c \gg \frac{1}{2}RT$, 则可认为 $E_a \approx E_c$, 但两者的物理意义是不同的, E_c 才是与温度无关的常数。若用 E_a 代替 E_c, 则式 (12.27) 可改写为

$$k(T) = \pi d_{AB}^2 L \sqrt{\frac{8k_B Te}{\pi\mu}} \exp\left(-\frac{E_a}{RT}\right) \tag{12.30}$$

式中 e = 2.718, 是自然对数的底数。对照 Arrhenius 公式, 指前因子 A 所代表的实际意义应是

$$A = \pi d_{AB}^2 L \sqrt{\frac{8k_B Te}{\pi\mu}} \tag{12.31}$$

式 (12.31) 中的所有参数均不必从动力学实验中求得, 只要通过计算就可得到指前因子 A 的值。如果将 A 的计算值与实验结果进行比较, 可以检验碰撞理论模型的适用程度。

例 12.1

在 600 K 时, 反应 $2NOCl \Longrightarrow 2NO + Cl_2$ 的速率常数 k 值为 60 $mol^{-1} \cdot dm^3 \cdot s^{-1}$, 实验活化能为 105.5 $kJ \cdot mol^{-1}$。已知 NOCl 分子直径为 0.283 nm, 摩尔质量为 65.5 $g \cdot mol^{-1}$。试计算反应在该温度下的速率常数。

解 $E_c = E_a - \frac{1}{2}RT$

$$= \left(105.5 - \frac{1}{2} \times 8.314 \times 600 \times 10^{-3} \right) kJ \cdot mol^{-1} = 103.0 \, kJ \cdot mol^{-1}$$

$$k(T) = 2\pi d_{AA}^2 L \sqrt{\frac{RT}{\pi M}} \exp\left(-\frac{E_c}{RT}\right)$$

$$= 2 \times 3.14 \times (2.83 \times 10^{-10} \, m)^2 \times 6.022 \times 10^{23} \, mol^{-1} \times$$

$$\sqrt{\frac{8.314 \times 600 \, J \cdot mol^{-1}}{3.14 \times 65.5 \times 10^{-3} \, kg \cdot mol^{-1}}} \exp\left(\frac{-103000 \, J \cdot mol^{-1}}{8.314 \times 600 \, J \cdot mol^{-1}}\right)$$

$$= 5.09 \times 10^{-2} \, mol^{-1} \cdot m^3 \cdot s^{-1} = 50.9 \, mol^{-1} \cdot dm^3 \cdot s^{-1}$$

计算结果与实验值符合得比较好。

概率因子

对于一些常见的反应, 用上述理论计算所得的 $k(T)$ 值和 A 值与实验值基本相符。但也有不少反应, 理论计算所得的速率常数值要比实验值大, 有时甚至大很多。例如, 溶液中的一些反应, 计算结果比实验值约大 10^5 倍, 使碰撞理论遇到了困难。有一个时期人们认为这是溶剂的影响所致, 但是后来发现有些气相反应的计算结果也偏高。为了解决这一困难, 人们又在公式中增加一个校正因子 P, 即

$$k(T) = PA \exp\left(-\frac{E_a}{RT}\right) \tag{12.32}$$

式中 P 称为**概率因子** (probability factor) 或**空间因子** (steric factor), P 的数值可以从 10^{-9} 变到大于 1, 见表 12.1。P 中包括了降低分子有效碰撞的所有各种因素, 例如对于复杂分子, 虽已活化, 但仅限于在某一特定的方位上相碰才是有效的碰撞, 因而降低了反应的速率。又如, 当两个分子相互碰撞时, 能量高的分子将一部分能量传给能量低的分子, 这种传递作用需要一定的碰撞延续时间。虽然碰撞分子有足够的能量, 但若分子碰撞的延续时间不够长, 则能量来不及彼此传递, 两个接触的分子就分开了, 因此使能量较低的分子达不到活化, 因而构成了无效的碰撞, 也就不可能引起反应。或者碰撞后分子虽获得了能量, 但还需要一定时间进行内部能量的传递以使最弱的键断裂, 但是在未达到这个时刻以前, 分子又与其他分子互碰而失去了活化能, 从而也构成无效碰撞, 影响了反应的速率。对于复杂的分子, 化学键必须从一定的部位断裂。倘若在该化学键的附近有较大的原子团, 则由于空间效应, 一定会影响该化学键与其他分子相碰撞的机会, 因而也

表 12.1　某些双分子反应的活化能、指前因子和概率因子

反应	$\dfrac{E_a}{kJ \cdot mol^{-1}}$	$\lg[A/(mol^{-1} \cdot dm^3 \cdot s^{-1})]$		概率因子 P
		计算值	实验值	
$2NO_2 \longrightarrow 2NO + O_2$	111.3	8.42	9.85	0.038
$2NOCl \longrightarrow 2NO + Cl_2$	107.9	9.51	9.47	1.1
$NO + O_3 \longrightarrow NO_2 + O_2$	9.6	7.80	9.90	0.008
$Br\cdot + H_2 \longrightarrow HBr + H\cdot$	73.6	9.31	10.23	0.12
$\cdot CH_3 + H_2^\cdot \longrightarrow CH_4 + H\cdot$	41.8	7.25	10.27	9.5×10^{-4}
$\cdot CH_3 + CHCl_3 \longrightarrow CH_4 + \cdot CCl_3$	24.3	6.10	10.18	8.3×10^{-5}
$2\text{-}环戊二烯 \longrightarrow 二聚物$	60.7	3.39	9.91	3×10^{-7}

降低了反应速率。以上种种理由只能说明, P 是碰撞数的一个校正项。但是为什么 P 的变化幅度有如此之大, 则并无十分恰当的解释, 因而 P 的物理意义显得并不十分明确。

在碰撞理论中, 把分子看成没有结构的刚球, 模型过于简单, 这使这个理论的准确程度有一定的局限性 (以后虽对碰撞的模型作了一些修正, 但其基本情况仍没有多大改变)。碰撞理论对 Arrhenius 经验公式中的指数项、指前因子及阈能都提出了较明确的物理意义, 但却未能提出其计算方法, 因此用碰撞理论来计算速率常数 k 值时, 阈能还必须由实验活化能求得, 这意味着应用碰撞理论的公式时, 只能以实验测定的活化能代替碰撞理论中的活化能, 而要求得实验中的活化能需先测定一系列温度下的速率常数。这是与能预言速率常数 (即从理论上计算速率常数) 相悖的, 因此这一理论也还是半经验的。虽然如此, 碰撞理论在反应理论中毕竟起了很大作用, 解释了一些实验事实, 它所提出的一些概念至今仍十分有用, 它为我们描绘了一幅虽然粗糙但十分明确的反应图像。

12.2　过渡态理论

碰撞理论采用硬球模型, 从经典力学的角度进行理论推导。外部运动的模型清晰, 但却忽视了分子的内部结构和内部运动, 因此所得到的结果必然过于简单。

过渡态理论 (transition state theory, TST) 又称为活化络合物理论, 这个理论是 1935 年后由 Eyring、Polanyi 等人在统计力学和量子力学发展的基础上提出来的。在理论形成的过程中曾引入了一些模型和假设, 它的大意是: 化学反应不是只通过简单碰撞就可完成的, 而是要经过一个由反应物分子以一定的构型存在的过渡态, 在形成过渡态的过程中要考虑分子的内部结构、内部运动, 并认为反应物分子不只是在碰撞接触瞬间, 而是在相互接触的全过程中都存在着相互作用, 系统的势能一直在变化。要形成这个过渡态需要一定的活化能, 故过渡态又称为活化络合物或活化复合物。活化络合物与反应物分子之间建立化学平衡, 反应的速率由活化络合物转化成产物的速率来决定。这个理论还认为, 反应物分子之间相互作用的势能是分子间相对位置的函数, 在反应物转变为产物的过程中, 系统的势能不断变化。可以画出反应过程中势能变化的势能面图, 从中找出最佳的反应途径。过渡态理论原则上提供了一种计算反应速率的方法, 只要知道分子的某些基本物性, 如振动频率、质量、核间距离等等, 即可计算某反应的速率常数, 故这个理论也称为**绝对反应速率理论** (absolute rate theory, ART)。

势能面

原子间相互作用表现为原子间有势能 E_p 存在, 势能 E_p 的值是原子的核间距 r 的函数。

$$E_p = E_p(r) \tag{12.33}$$

势能函数的获得一般有两种方法: 一是原则上可用量子力学进行理论计算, 但这种方法即使是对最简单的双原子分子系统也是不容易的, 对多原子系统至今尚未获得较完整的势能表达式。二是用经验公式表示, 可以获得足够准确的势能数据。Morse 的势能 $E_p(r)$ 公式是对双原子分子最常用的经验公式:

$$E_p(r) = D_e\{\exp[-2a(r-r_0)] - 2\exp[-a(r-r_0)]\} \tag{12.34}$$

式中 r_0 为分子中原子间的平衡核间距; D_e 为势能曲线的井深; a 为与分子结构特性有关的常数。根据 Morse 经验公式可画出双原子分子的 Morse 势能曲线, 如图 12.4 所示。系统的势能在平衡核间距 r_0 处有最低点。当 $r < r_0$ 时, 核间有排斥力, 当 $r > r_0$ 时, 核间有吸引力, 即化学键力。如果分子处于振动基态, 即振动量子数 $v = 0$ 的状态, 这时要把基态分子解离为孤立原子需要的能量为 D_0, 显然 $D_0 = D_e - E_0$ (零点能), D_0 的值可从光谱数据得到。分子中的价电子所处的能级不同, 则势能曲线也不同, 一般考虑的都是电子处于基态的势能曲线。

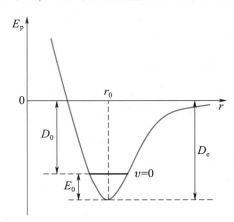

图 12.4　双原子分子的 Morse 势能曲线

现以简单的反应为例:

$$A + B\!-\!C \Longrightarrow [A\text{---}B\text{---}C]^{\neq} \longrightarrow A\!-\!B + C$$

式中 A 代表单原子分子; B—C 代表双原子分子。当 A 原子接近 B—C 分子时,

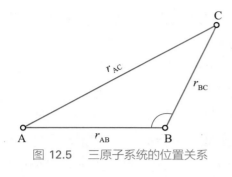

图 12.5 三原子系统的位置关系

就开始使 B—C 分子间的键减弱, 同时, 开始生成新的 A—B 键。而在这个过程未完成之前, 系统形成一个过渡态即活化络合物 $[A\text{---}B\text{---}C]^{\neq}$, 此时前一个键尚未完全断开, 后一个键又未完全形成。在这个过程中, 反应系统的势能变化要用三个参数来描述, 即 $E_{\mathrm{p}} = E_{\mathrm{p}}(r_{AB}, r_{BC}, r_{AC})$; 也可以是 $E_{\mathrm{p}} = E_{\mathrm{p}}(r_{AB}, r_{BC}, \angle ABC)$, 参阅图 12.5。

其能量图要用四维空间中一个曲面来表示, 此曲面称为**势能面** (potential energy surface, PES), 四维空间的图当然无法画出。如果表示势能面的三个参数中有一个被固定, 设 $\angle ABC = 180°$, 即通常所称的**共线碰撞** (colinear collision), 此时活化络合物为线形分子, 则势能变化可用三维空间中的曲面表示, 如图 12.6 所示。随着 r_{AB} 和 r_{BC} 的不同, 势能值也不同, 这些不同的点在空间构成了高低不平的曲面, 犹如起伏的山峰。这个势能面有两个山谷, 山谷的两个低谷口分别相应于反应的始态和终态 (相应于图中的 R 点和 P 点)。连接这两个山谷间的山脊顶点 (即 RP 连线中的最高点 $T^{\neq}$) 是势能面上的**鞍点** (saddle point)。反应物从左山谷的谷底, 沿着山谷爬上鞍点, 这时形成活化络合物, 用 "$T^{\neq}$" 表示, 然后再沿右边山谷下降到右边的谷底, 形成产物, 其所经路线如图中虚线 $R\text{---}T^{\neq}\text{---}P$ 所示。

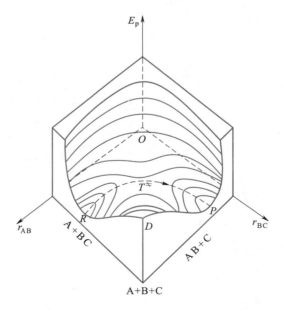

图 12.6 $A + B\text{---}C \longrightarrow A\text{---}B + C$ 反应势能面示意图

这是一条最低能量的反应途径, 称为**反应坐标** (reaction coordinate)。与坐标原点 O 相对一侧的 D 点势能很高, 它相应于完全解离成原子的状态, 即 A + B +

C。图中 R 点代表反应的始态 (即 A＋B—C), 在左前方的切面图上, R 是势能的最低点。在右前方的切面图上, P 是反应的终态 (即 AB＋C), P 点也是该势能切面的最低点。当反应开始进行后, r_{AB} 和 r_{BC} 开始变化, 物系点沿 R---$T^{\neq}$ 线上升, 到达 $T^{\neq}$ 点后, 又沿 $T^{\neq}$---P 线下降, 直到 P 点。

如果把势能面上的等势能线 (类似于地图上的等高线) 投射到底面上, 就得到图 12.7。图中曲线代表相同能量的投影, 线上的数字表示每一条等势能曲线的能量数值, 数字越大, 则势能越高 (为了比较其大小, 图中的数字都是虚拟的数值)。作用前系统 (即 A＋BC) 的能量处于图中的最低点 R 点, 反应产物 (AB＋C) 的能量处于另一最低点 P 点, $T^{\neq}$ 点相当于活化络合物所在位置, D 点 (在图中右上方) 或更远处代表 A＋B＋C, O 点与 D 点的能量均比 $T^{\neq}$ 点的高。这个势能面模型, 很像一个马鞍, 原点 O 和 D 点相当于马鞍前后的两个高峰的切点, 如果连接 O---$T^{\neq}$---D 三点, 则将是一条凹形曲线, $T^{\neq}$ 点是曲线的最低点。R 点和 P 点相当于两个脚蹬, $T^{\neq}$ 点相当于马鞍中心, 倘若连接 R---$T^{\neq}$---P 线, 则是一条凸形曲线, $T^{\neq}$ 点是该曲线的最高点, 即 $T^{\neq}$ 点在 R---$T^{\neq}$---P 线上是最高点, 在 O---$T^{\neq}$---D 线上是最低点, 相当于马鞍的中心, 所以用 "马鞍点" 来表示活化络合物 $T^{\neq}$ 是一个十分形象化的表示。

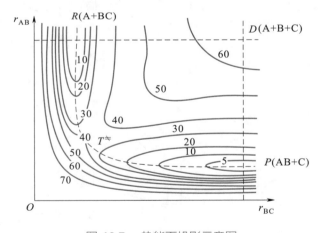

图 12.7   势能面投影示意图

如果以反应坐标为横坐标, 势能为纵坐标, 作平行于反应进程的势能面的剖面图, 得图 12.8。从图 12.8 可以看出, 从反应物 A＋BC 到产物 AB＋C, 沿反应进程通过鞍点前进, 这是能量最低的通道, 但也必须越过势垒 E_b, E_b 是活化络合物与反应物两者最低势能之差值, 两者零点能之间的差值为 E_0。势能垒的存在从理论上表明了实验活化能 E_a 的实质。

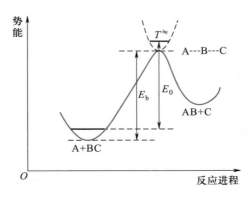

图 12.8　势能面的剖面图

由过渡态理论计算反应速率常数

过渡态理论是以反应系统的势能面为基础, 并认为从反应物向产物转化的过程中必须获得一些能量, 以越过反应进程中的能垒而形成活化络合物 (即过渡态), 然后再通过活化络合物转化成产物。活化络合物的浓度可由它与反应物达成化学平衡的假设来求算。反应物一旦转变成活化络合物, 就会向产物转化, 也就是说过渡态是处于反应物向产物转化的一个无返回点 (point of no return) (对于某些反应, 活化络合物也有可能再分解回到反应物状态, 这时在计算时要乘上一个系数, 本书中暂不考虑这种情况)。活化络合物向产物转化是整个反应的决速步骤, 即活化络合物的分解速率可作为整个反应的速率。在这个基础上, 再来讨论如何计算速率常数。仍以反应 $A + B—C \longrightarrow A—B + C$ 为例:

$$A + B—C \underset{}{\overset{K_c^{\neq}}{\rightleftharpoons}} [A\text{-}\text{-}\text{-}B\text{-}\text{-}\text{-}C]^{\neq} \longrightarrow A—B + C$$

$$K_c^{\neq} = \frac{[A\text{-}\text{-}\text{-}B\text{-}\text{-}\text{-}C]^{\neq}}{[A][BC]} \tag{12.35}$$

设 $[A\text{-}\text{-}\text{-}B\text{-}\text{-}\text{-}C]^{\neq}$ 为线形三原子分子, 它有 3 个平动自由度, 2 个转动自由度, 其振动自由度为 $3n - 5 = 4$ (式中 n 为分子中的原子数, $n = 3$), 其中有两个是稳定的弯曲振动, 见图 12.9(c)(d), 一个是对称伸缩振动, 见图 12.9(a), 这些都不会导致活化络合物分解。而有一种不对称伸缩振动是无回收力的, 如图 12.9(b) 所示, 它将导致活化络合物分解, 则反应速率也就是活化络合物的分解速率, 可表示为

$$r = -\frac{\mathrm{d}[A\text{-}\text{-}\text{-}B\text{-}\text{-}\text{-}C]^{\neq}}{\mathrm{d}t} = \nu [A\text{-}\text{-}\text{-}B\text{-}\text{-}\text{-}C]^{\neq}$$

$$= \nu K_c^{\neq} [A][BC] \tag{12.36}$$

又因

$$r = k[\mathrm{A}][\mathrm{BC}]$$

则速率常数

$$k = \nu K_c^{\neq}$$

式中 ν 为不对称伸缩振动的频率。如再知道平衡常数 $K_c^{\neq}$ 的值, 就可算出速率常数 k 值。$K_c^{\neq}$ 的值可以用统计热力学所给出的计算平衡常数的公式根据微观数据进行计算, 也可以用热力学的方法, 用热力学函数的变化值而求得。首先介绍前者。

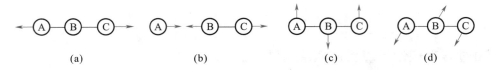

(a)　　　　　　　(b)　　　　　　　(c)　　　　　　　(d)

图 12.9　　三原子系统的振动方式

根据统计热力学在化学平衡中的应用, 已知计算平衡常数的公式为

$$K_c^{\neq} = \frac{[\mathrm{A\text{-}\text{-}\text{-}B\text{-}\text{-}\text{-}C}]^{\neq}}{[\mathrm{A}][\mathrm{BC}]} = \frac{q^{\neq}}{q_{\mathrm{A}} q_{\mathrm{BC}}} = \frac{f^{\neq}}{f_{\mathrm{A}} f_{\mathrm{BC}}} \exp\left(-\frac{E_0}{RT}\right) \tag{12.37}$$

式中 q 是不包括体积项 V 的分子总配分函数; f 是不包括零点能和体积项 V 的分子配分函数; E_0 是活化络合物的零点能与反应物零点能之差。如果把活化络合物中相应于不对称伸缩振动的自由度再分出来, 即令

$$f^{\neq} = f^{\neq\prime} \frac{1}{1 - \exp\left(-\dfrac{h\nu}{k_{\mathrm{B}}T}\right)} \tag{12.38}$$

式中 k_{B} 是 Boltzmann 常数。由于不对称伸缩振动不稳定, 它对应的频率比一般的振动频率低, 即 $h\nu \ll k_{\mathrm{B}}T$, 故可作如下近似:

$$\frac{1}{1 - \exp\left(-\dfrac{h\nu}{k_{\mathrm{B}}T}\right)} \approx \frac{k_{\mathrm{B}}T}{h\nu}$$

则式 (12.38) 为

$$f^{\neq} = f^{\neq\prime} \frac{k_{\mathrm{B}}T}{h\nu} \tag{12.39}$$

将式 (12.39) 代入式 (12.37), 后再代入 $k = \nu K_c^{\neq}$ 的表示式, 得

$$k = \nu K_c^{\neq} = \nu \frac{k_{\mathrm{B}}T}{h\nu} \frac{f^{\neq\prime}}{f_{\mathrm{A}} f_{\mathrm{BC}}} \exp\left(-\frac{E_0}{RT}\right)$$

$$= \frac{k_B T}{h} \frac{f^{\neq\prime}}{f_A f_{BC}} \exp\left(-\frac{E_0}{RT}\right) \tag{12.40}$$

式 (12.40) 就是用统计热力学方法处理的过渡态理论计算速率常数的表示式, 式中 $\frac{k_B T}{h}$ 在一定温度下为定值, 在常温下其数量级约为 10^{13}, 单位是 s^{-1}。这个公式也可以推广使用于其他基元反应, 一般可写为

$$k = \frac{k_B T}{h} \frac{f^{\neq\prime}}{\prod_B f_B} \exp\left(-\frac{E_0}{RT}\right) \tag{12.41}$$

式中 $\prod_B f_B$ 表示所有反应物种 B 的配分函数 f_B 的连乘积。

任何分子都有 3 个平动自由度, 双原子分子和由 n 个原子组成的线形多原子分子有 2 个转动自由度, $(3n - 5)$ 个振动自由度。非线形多原子分子有 3 个转动自由度, $(3n - 6)$ 个振动自由度。在活化络合物中, 有一个不对称伸缩振动自由度用于其分解, 则其总的振动自由度要比正常分子少一个。例如, 对于反应

$$\text{A(单原子)} + \text{B(单原子)} \Longleftrightarrow [\text{A---B}]^{\neq}\text{(双原子)}$$

$$k = \frac{k_B T}{h} \frac{(f_t^3 f_r^2)^{\neq}}{(f_t^3)_A (f_t^3)_B} \exp\left(-\frac{E_0}{RT}\right) \tag{12.42}$$

$[\text{A---B}]^{\neq}$ 的振动自由度 $= (3 \times 2 - 5) - 1 = 0$, 即 $[\text{A---B}]^{\neq}$ 仅有的一个振动自由度用于活化络合物的分解。若反应为

> A(N_A, 非线形多原子分子) + B(N_B, 非线形多原子分子) $\Longleftrightarrow$
>
> $[\text{A---B}]^{\neq}$($N_A + N_B$, 非线形多原子分子)

N_A 和 N_B 分别为 A 和 B 分子中的原子数, 则

$$k = \frac{k_B T}{h} \frac{[f_t^3 f_r^3 f_v^{3(N_A + N_B) - 7}]^{\neq}}{(f_t^3 f_r^3 f_v^{3N_A - 6})_A (f_t^3 f_r^3 f_v^{3N_B - 6})_B} \exp\left(-\frac{E_0}{RT}\right) \tag{12.43}$$

原则上只要知道分子的质量、转动惯量、振动频率等微观物理量 (有些可从光谱数据获得), 就可用统计热力学的方法求出配分函数, 从而计算速率常数 k 值。但是, 由于还不可能直接获得过渡态的光谱数据, 所以只有在准确描绘势能面的基础上, 才有可能计算 $f^{\neq\prime}$ 项。式中 E_0 值也可从势能面上势垒的值 E_b 及零点能求得:

$$E_0 = E_b + \left[\frac{1}{2} h\nu_0^{\neq} - \frac{1}{2} h\nu_0(\text{反应物})\right] L \tag{12.44}$$

式中 $\nu_0^{\neq}$ 和 ν_0 (反应物) 分别为活化络合物和反应物的基态振动频率。因此, 从式 (12.42) 或式 (12.43), 原则上可不通过动力学实验数据就能计算出速率常数的理论值, 这就是过渡态理论又被称为**绝对反应速率理论** (absolute reaction rate theory) 的缘故。

过渡态理论的热力学处理方法是用反应物转变成活化络合物过程中的热力学函数的变化值 $\Delta_r^{\neq} G_m^{\ominus}, \Delta_r^{\neq} S_m^{\ominus}$ 和 $\Delta_r^{\neq} H_m^{\ominus}$ 来计算 $K_c^{\neq}$, 进而计算速率常数 k 值。仍用上述例子来说明:

$$A + B\!-\!C \Longrightarrow [A\text{-}\text{-}\text{-}B\text{-}\text{-}\text{-}C]^{\neq} \longrightarrow A\!-\!B + C$$

根据过渡态理论的统计热力学表达方法已得式 (12.40), 式中除常数 $\dfrac{k_B T}{h}$ 外的其余部分相当于平衡常数的统计力学表示形式, 仅在活化络合物的配分函数中扣除了沿反应坐标的一个振动配分函数, 令

$$K_c^{\neq} = \frac{f^{\neq\prime}}{f_A f_{BC}} \exp\left(-\frac{E_0}{RT}\right) \tag{12.45}[1]$$

这样, 式 (12.40) 可写成

$$k = \frac{k_B T}{h} K_c^{\neq} \tag{12.46}$$

由此可见, 只要用热力学方法求出 $K_c^{\neq}$ 的值, 就可计算速率常数 k 值。现以气相双分子基元反应为例:

$$A(g) + B\!-\!C(g) \Longrightarrow [A\text{-}\text{-}\text{-}B\text{-}\text{-}\text{-}C]^{\neq}(g)$$

$$K_c^{\neq} = \frac{[A\text{-}\text{-}\text{-}B\text{-}\text{-}\text{-}C]^{\neq}}{[A][BC]}$$

在动力学中, 反应速率通常是用物质的浓度随时间的变化率来表示的, 而气体的化学势一般都用压力表示, 若也用浓度表示, 则要作如下换算:

$$p_B = \frac{n_B RT}{V} = c_B RT$$

$$\mu_B = \mu_B^{\ominus}(T, p^{\ominus}) + RT\ln\frac{p_B}{p^{\ominus}}$$

$$= \mu_B^{\ominus}(T, p^{\ominus}) + RT\ln\frac{c_B RT}{p^{\ominus}}$$

$$= \mu_B^{\ominus}(T, p^{\ominus}) + RT\ln\frac{RT c^{\ominus}}{p^{\ominus}} + RT\ln\frac{c_B}{c^{\ominus}}$$

---

[1] 根据式 (12.45) 所计算的 $K_c^{\neq}$ 及 $\Delta_r^{\neq} G_m^{\ominus}$ 等也都不考虑沿反应坐标的振动对活化络合物 $\Delta_f G_m^{\ominus}$ 的影响。

当 $c_B = c^{\ominus} = 1\ mol \cdot dm^{-3}$ 时, 有

$$\mu_B(c_B = c^{\ominus}) = \mu_B^{\ominus}(T, p^{\ominus}) + RT\ln\frac{RTc^{\ominus}}{p^{\ominus}}$$

$$= \mu_B^{\ominus}(T, c^{\ominus})$$

$\mu_B^{\ominus}(T, c^{\ominus})$ 是气体 B 在温度为 T、浓度为 $1\ mol \cdot dm^{-3}$ 时的化学势。代入化学势的表示式后, 则用浓度表示的气体化学势的表示式一般可写为

$$\mu_B = \mu_B^{\ominus}(T, c^{\ominus}) + RT\ln\frac{c_B}{c^{\ominus}} \tag{12.47}$$

根据热力学的基本关系式, 则应有

$$\sum_B \nu_B \mu_B^{\ominus}(T, c^{\ominus}) = \Delta_r G_m^{\ominus}(c^{\ominus})$$

$$= -RT\ln\prod_B \left(\frac{c_B}{c^{\ominus}}\right)_e^{\nu_B}$$

$$= -RT\ln K_c^{\ominus}$$

对于上述反应, 有

$$K_c^{\ominus} = \frac{[A\text{---}B\text{---}C]^{\neq}/c^{\ominus}}{\dfrac{[A]}{c^{\ominus}} \cdot \dfrac{[BC]}{c^{\ominus}}} = K_c^{\neq}(c^{\ominus})^{2-1}$$

对于一般反应, 则有

$$K_c^{\ominus} = K_c^{\neq}(c^{\ominus})^{n-1}$$

式中 n 为所有反应物的计量系数之和。因此, 在形成活化络合物的过程中, 以浓度为标度的**标准摩尔活化 Gibbs 自由能** (standard molar Gibbs free energy of activation) $\Delta_r^{\neq} G_m^{\ominus}(c^{\ominus})$ 为

$$\Delta_r^{\neq} G_m^{\ominus}(c^{\ominus}) = -RT\ln[K_c^{\neq}(c^{\ominus})^{n-1}]$$

或

$$K_c^{\neq} = (c^{\ominus})^{1-n} \exp\left[-\frac{\Delta_r^{\neq} G_m^{\ominus}(c^{\ominus})}{RT}\right] \tag{12.48}$$

将式 (12.48) 代入式 (12.46), 得

$$k = \frac{k_B T}{h}(c^{\ominus})^{1-n} \exp\left[-\frac{\Delta_r^{\neq} G_m^{\ominus}(c^{\ominus})}{RT}\right] \tag{12.49}$$

根据热力学函数之间的关系, 在等温时有 $\Delta G = \Delta H - T\Delta S$, 代入式 (12.49), 得

$$k = \frac{k_B T}{h}(c^{\ominus})^{1-n} \exp\left[\frac{\Delta_r^{\neq} S_m^{\ominus}(c^{\ominus})}{R}\right] \exp\left[-\frac{\Delta_r^{\neq} H_m^{\ominus}(c^{\ominus})}{RT}\right] \tag{12.50}$$

式中 $\Delta_r^{\neq} S_m^{\ominus}(c^{\ominus})$ 和 $\Delta_r^{\neq} H_m^{\ominus}(c^{\ominus})$ 分别为各物质用浓度表示时的**标准摩尔活化熵** (standard molar entropy of activation) 和**标准摩尔活化焓** (standard molar enthalpy of activation)。式 (12.49) 和式 (12.50) 即为过渡态理论用热力学方法计算反应速率常数的公式, 它适用于任何形式的基元反应, 只要能计算出活化熵、活化焓或活化 Gibbs 自由能, 原则上就有可能计算反应的速率常数。从式 (12.50) 也可看出, 反应速率不仅取决于活化焓, 还与活化熵有关, 两者对速率常数的影响刚好相反。这就是为什么有些反应虽然活化焓很大, 但由于其活化熵也很大, 所以仍能以较快的速率进行。例如, 蛋白质的变性反应, 其 $\Delta_r^{\neq} H_m^{\ominus}$ 值高达 420 kJ·mol^{-1}, 但由于活化熵也很大, 所以仍能以较快的速率进行。当然, 也有些反应虽然活化焓很小, 但只要活化熵是一个绝对值较大的负数, 其反应速率也可能很小。

如果化学势仍用压力表示, 标准态为 $p^{\ominus} = 100 \text{ kPa}$, 则

$$\sum_B \nu_B \mu_B^{\ominus}(T, p^{\ominus}) = \Delta_r^{\neq} G_m^{\ominus}(p^{\ominus})$$

$$= -RT\ln \prod_B \left(\frac{p_B}{p^{\ominus}}\right)_e^{\nu_B}$$

$$= -RT\ln K_p^{\ominus}$$

因为 $p_B = c_B RT$, 所以对于上述气相双分子基元反应, 有

$$K_c^{\neq} = \frac{[\text{A---B---C}]^{\neq}}{[\text{A}][\text{BC}]} = \frac{p_{[\text{ABC}]}^{\neq}/RT}{\dfrac{p_A}{RT} \cdot \dfrac{p_{BC}}{RT}}$$

$$= \frac{p_{[\text{ABC}]}^{\neq}/p^{\ominus}}{\dfrac{p_A}{p^{\ominus}} \cdot \dfrac{p_{BC}}{p^{\ominus}}} \left(\frac{p^{\ominus}}{RT}\right)^{1-2}$$

$$= K_p^{\ominus}\left(\frac{p^{\ominus}}{RT}\right)^{1-2}$$

对于一般反应, 则有

$$K_c^{\neq} = K_p^{\ominus}\left(\frac{p^{\ominus}}{RT}\right)^{1-n}$$

$$= \left(\frac{p^{\ominus}}{RT}\right)^{1-n} \exp\left[-\frac{\Delta_r^{\neq} G_m^{\ominus}(p^{\ominus})}{RT}\right]$$

代入式 (12.46), 得

$$k = \frac{k_B T}{h}\left(\frac{p^{\ominus}}{RT}\right)^{1-n} \exp\left[-\frac{\Delta_r^{\neq} G_m^{\ominus}(p^{\ominus})}{RT}\right] \qquad (12.51)$$

$$k = \frac{k_B T}{h}\left(\frac{p^{\ominus}}{RT}\right)^{1-n} \exp\left[\frac{\Delta_r^{\neq} S_m^{\ominus}(p^{\ominus})}{R}\right] \exp\left[-\frac{\Delta_r^{\neq} H_m^{\ominus}(p^{\ominus})}{RT}\right] \qquad (12.52)$$

显然, 用式 (12.49)、式 (12.50) 或用式 (12.51)、式 (12.52) 所计算得到的速率常数 k 值是相同的。但是, $\Delta_r^{\neq} G_m^{\ominus}(c^{\ominus}) \neq \Delta_r^{\neq} G_m^{\ominus}(p^{\ominus}), \Delta_r^{\neq} S_m^{\ominus}(c^{\ominus}) \neq \Delta_r^{\neq} S_m^{\ominus}(p^{\ominus})$。从热力学数据表上所能查到的数值都是指标准态为 $p^{\ominus} = 100\,\text{kPa}$ 时的数值。

从以上所介绍的过渡态理论计算速率常数 k 的两种方法看出, 这个理论一方面与物质的结构相联系, 另一方面也与热力学建立了联系, 它明确指出反应速率不仅与活化能 E_a (E_a 与 $\Delta_r^{\neq} H_m^{\ominus}$ 的关系见下部分内容) 有关, 而且与活化熵有关。在过渡态理论中不需引入概率因子 P, 这些都是过渡态理论比碰撞理论优越的地方。虽然过渡态理论提供了一种计算反应速率的途径和方法, 但在实际运算时, 除了一些极为简单的反应系统之外, 一般说来还有不少困难, 例如量子力学对多质点系统的能量计算问题, 确定活化络合物的几何构型问题等。另外, 在过渡态理论中引入了不少假定, 有的还不尽合理, 如活化络合物与反应物达成平衡的假设就不一定确切。原则上, 过渡态理论根据势能面的高度可以求得活化能, 并从光谱数据中求得配分函数的值, 进而求得速率常数 k 值。虽然过渡态理论相对于碰撞理论有其优越性, 但离准确地预言反应的速率常数 k 值尚有很大的距离。因为除极简单的反应外, 对绝大多数反应来说, 很难得到其势能面, 并且活化络合物的寿命很短, 也很难得到它的光谱数据, 因此活化络合物的构型常只能靠估计获得。同时, 由于活化络合物的寿命很短, 彼此碰撞的次数可能还不够多, 未必能达到足以满足 Boltzmann 分布的要求。如此等等, 表明过渡态理论仍要进行很多修正或补充。总之, 在化学动力学的领域里还需要进一步做大量的实验和理论工作, 逐步寻找各种因素与反应速率的定量关系, 使反应速率理论更趋完善。

*活化络合物的活化能 E_a 和指前因子 A 与诸热力学函数之间的关系

在上述讨论中曾引出了几个与能量有关的物理量, 如 E_c, E_0, E_b 和 $\Delta_r^{\neq} H_m^{\ominus}$ 等, 它们的物理意义各不相同, 但数值上有一定的联系, 可以通过实验活化能 E_a 或光谱数据等进行换算。

E_c 是分子发生有效碰撞时其相对动能在连心线上的分量所必须超过的临界能, 故 E_c 又称为阈能, 是与温度无关的量。E_c 与 E_a 的关系已由式 (12.29) 给出, 即 $E_c = E_a - \dfrac{1}{2}RT$。

E_0 是活化络合物的零点能与反应物零点能之间的差值, E_b 是反应物形成活化络合物时所必须翻越的势垒高度, E_0 与 E_b 的关系已由式 (12.44) 给出。如将式 (12.40) 代入实验活化能 E_a 的定义式, 得

$$E_a = RT^2\frac{\mathrm{d}\ln k}{\mathrm{d}T}$$

$$= E_0 + mRT \tag{12.53}$$

式中 m 包含了 $\dfrac{k_B T}{h}$ 常数项中及配分函数项中所有与温度 T 有关的因子, 对一定的反应系统 m 有定值。

将式 (12.46) 代入 E_a 的定义式, 得

$$E_a = RT^2\frac{\mathrm{d}\ln k}{\mathrm{d}T}$$

$$= RT^2\left[\frac{1}{T} + \left(\frac{\partial\ln K_c^{\neq}}{\partial T}\right)_V\right] \tag{12.54}$$

根据平衡常数与温度的关系式:

$$\left(\frac{\partial\ln K_c^{\neq}}{\partial T}\right)_V = \frac{\Delta_r^{\neq}U_m^{\ominus}}{RT^2} \tag{12.55}$$

则

$$E_a = RT + \Delta_r^{\neq}U_m^{\ominus} = RT + \Delta_r^{\neq}H_m^{\ominus} - \Delta(pV)_m \tag{12.56}$$

式中 $\Delta(pV)_m$ 是反应进度为 1 mol 时, 由反应物形成活化络合物时系统 pV 的改变值。对凝聚相反应, $\Delta(pV)_m$ 的值很小, 近似有 $\Delta_r^{\neq}U_m^{\ominus} \approx \Delta_r^{\neq}H_m^{\ominus}$, 则

$$E_a = RT + \Delta_r^{\neq}H_m^{\ominus} \tag{12.57}$$

对于理想气体的反应, 有 $pV = nRT$, 则

$$\Delta(pV)_m = \sum_B \nu_B^{\neq}RT \tag{12.58}$$

式中 $\displaystyle\sum_B \nu_B^{\neq}$ 是反应物形成活化络合物时, 参与反应的气态物质的计量系数的代数和。代入式 (12.56), 得

$$E_a = \Delta_r^{\neq}H_m^{\ominus} + \left(1 - \sum_B \nu_B^{\neq}\right)RT \tag{12.59}$$

从式 (12.57) 和式 (12.59) 可以看出, 在温度不太高时, 把 E_a 与 $\Delta_r^{\neq}H_m^{\ominus}$ 看作近似相等也不致引起很大的误差。

将式 (12.59) 代入式 (12.50), 得

$$k = \frac{k_B T}{h}\mathrm{e}^n(c^{\ominus})^{1-n}\exp\left[\frac{\Delta_r^{\neq}S_m^{\ominus}(c^{\ominus})}{R}\right]\exp\left(-\frac{E_a}{RT}\right) \tag{12.60}$$

与 Arrhenius 公式相比较, 因为 $1 - \sum\limits_{B} \nu_B^{\neq} = n$, 得

$$A = \frac{k_B T}{h} e^n (c^{\ominus})^{1-n} \exp\left[\frac{\Delta_r^{\neq} S_m^{\ominus}(c^{\ominus})}{R}\right] \tag{12.61}$$

从式 (12.61) 看出, 指前因子 A 与形成过渡态的熵变有关。除了单分子反应外, 在由反应物形成活化络合物时, 分子数总是减少的, 则对熵贡献最大的平动自由度亦减少, 故总熵变 $\Delta_r^{\neq} S_m^{\ominus}$ 一般是负值。

12.3 单分子反应理论

单分子反应 (unimolecular reaction) 按照定义应该是由一个分子所实现的基元反应, 但是, 一个孤立地处于基态的分子不能自发地进行反应 (事实上它已处于平衡态)。实际上, 为使这类反应发生, 反应分子必须具有足够的能量。如果反应分子不以其他方式 (如获得辐射能等) 获得能量, 那只有通过分子间的碰撞来获得。碰撞理论认为每次碰撞至少要两个分子, 因此严格讲它就不是单分子反应, 而应称为**准单分子反应** (pseudo-unimolecular reaction)。例如, 某些分子的分解反应或异构化反应就属于这种单分子反应。

1922 年, Lindemann 等人提出了单分子反应的碰撞理论, 认为单分子反应是经过相同分子间的碰撞而达到活化状态的。而获得足够能量的活化分子并不立即分解, 它需要一个分子内部能量的传递过程, 以便把能量聚集到要断裂的键上去。因此, 在碰撞之后与进行反应之间出现一段停滞时间 (time lag)。此时, 活化分子可能进行反应, 也可能消活化 (deactivation) 而再变回普通分子。在浓度不是很小的情况下, 这种活化与消活化之间存在一个平衡; 如果活化分子分解或转化为产物的速率比消活化的速率慢, 则上述平衡基本上可认为不受影响。单分子反应的机理可表示如下:

总反应为　　A $\longrightarrow$ P

具体步骤为　(1) A + A $\underset{k_{-1}}{\overset{k_1}{\rightleftharpoons}}$ A* + A

　　　　　　(2) A* $\xrightarrow{k_2}$ P

式中 A* 为活化分子。式 (1) 并不是化学变化, 而仅是使分子活化的传能过程。分子活化的速率为

$$\frac{\mathrm{d}[A^*]}{\mathrm{d}t} = k_1[A]^2 \tag{a}$$

分子消活化的速率为

$$-\frac{\mathrm{d}[A^*]}{\mathrm{d}t} = k_{-1}[A][A^*] \tag{b}$$

活化分子变为产物的速率为

$$\frac{\mathrm{d}[P]}{\mathrm{d}t} = k_2[A^*] \tag{c}$$

则分子活化的净速率为

$$\frac{\mathrm{d}[A^*]}{\mathrm{d}t} = k_1[A]^2 - k_{-1}[A][A^*] - k_2[A^*]$$

当反应达稳态后, 活化分子的数目维持不变 (即产生和消耗 A^* 的速率相等), 则

$$\frac{\mathrm{d}[A^*]}{\mathrm{d}t} = 0$$

由此解得

$$[A^*] = \frac{k_1[A]^2}{k_{-1}[A] + k_2}$$

反应 (2) 的速率为产物的生成速率, 也就是实验上测得的总反应速率 r, 代入 $[A^*]$ 的表达式后, 得

$$r = \frac{\mathrm{d}[P]}{\mathrm{d}t} = k_2[A^*] = \frac{k_1 k_2[A]^2}{k_{-1}[A] + k_2} \tag{12.62}$$

式 (12.62) 为 Lindemann 单分子反应理论所推出的结果, 按此结果对单分子反应中所出现的不同反应级数可作如下解释。

当 A^* 转化为产物的速率 [式 (c)] 远大于 A^* 的消活化速率 [式 (b)] 时, 即 $k_2 \gg k_{-1}[A]$, 则式 (12.62) 可近似写为

$$r = k_1[A]^2$$

反应表现为二级反应。

反之, 当 A^* 转化为产物的速率 [式 (c)] 远小于 A^* 的消活化速率 [式 (b)] 时, 即 $k_2 \ll k_{-1}[A]$ 时, 式 (12.62) 可近似写为

$$r = \frac{k_2 k_1}{k_{-1}}[A] = k[A]$$

反应表现为一级反应。

对于某些气相反应, 在高压下, [A] 值很大, 分子的互撞机会多, 消活化的速率较快, 则反应表现为一级反应。对于同一反应, 如使之在低压下进行, 由于碰撞而消活化的机会较少, 相对而言, 活化分子转化为产物的速率快, 所以反应表现为二级反应。这个结论已为某些实验所证实, 例如环丙烷转化为丙烯的反应以及偶氮甲烷的分解反应就是这样的。

式 (12.62) 也可写作

$$r = k'[A] \qquad \text{其中 } k' = \frac{k_1 k_2 [A]}{k_1 [A] + k_2}$$

603 K 时以偶氮甲烷分解反应的 k' 对偶氮甲烷的压力 (p) 作图可得图 12.10, 这里的压力相当于上式中的浓度项。此反应在低压下为二级反应, 高压下为一级反应, 压力在 $1.3 \sim 26.7$ kPa 的区间则为过渡区。

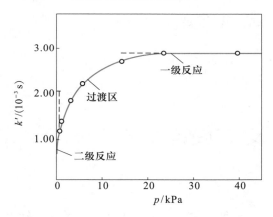

图 12.10   偶氮甲烷分解反应的级数与压力的关系

Lindemann 单分子反应理论在定性上是基本符合实际的, 但在定量上往往和实验结果有偏差, 后来不少学者对其进行修正, 目前与实验符合得较好的单分子反应理论是 20 世纪 50 年代的 **RRKM (Rice-Ramsperger-Kassel-Marcus) 理论**, 这是 Marcus 把 20 年代的 RRK 理论与过渡态理论结合而提出的, RRKM 理论把 Lindemann 理论修正为

$$(1) \qquad A + A \underset{k_{-1}}{\overset{k_1}{\rightleftharpoons}} A^* + A$$

$$(2) \qquad A^* \xrightarrow{k_2(E^*)} A^{\neq} \xrightarrow{k^{\neq}} P$$

A^* 是 A 与 A (或与其他惰性分子 M) 碰撞而生成的活化分子, 但 A^* 要转化为产物, 必须再多吸收一些能量, 使分子转变成过渡态的构型 $A^{\neq}$, $A^{\neq}$ 是富能分子 (energized molecule), 它能克服反应中的势垒 (E_b) 而开始分解。Lindemann 理论中所提及的碰撞后与反应前的停滞时间就相当于 A^* 向 $A^{\neq}$ 的转变过程。

RRKM 理论的核心是计算 k_2 值, 该理论认为 k_2 值是能量 E^* 的函数, A^* 所获得的能量 E^* 越大, 反应速率就越快, 即当 $E^* < E_b$, $k_2 = 0$; 当 $E^* > E_b$, $k_2 = k_2(E^*)$。当反应 (2) 达到稳定时, 有

$$\frac{d[A^{\neq}]}{dt} = k_2(E^*)[A^*] - k^{\neq}[A^{\neq}] = 0$$

则

$$k_2(E^*) = \frac{k^{\neq}[A^{\neq}]}{[A^*]} \tag{12.63}$$

式 (12.63) 是 RRKM 理论计算 $k_2(E^*)$ 的出发点, 假定 $k_2(E^*)$ 与时间和活化方式无关, 分子内部能量传递比 A^* 分解的速率快得多, 然后采用统计力学的方法计算 $k_2(E^*)$, 于是就获得了与实验值符合较好的结果。

在研究单分子反应理论的过程中曾出现了许多理论, 如 Hinshelwood 理论、Slater 理论、RRK 理论、RRKM 理论等, 但 Lindemann 理论无疑是这些理论的基础。

*12.4 分子反应动态学简介

20 世纪 50 年代至 80 年代, 由于激光、分子束等实验技术的飞速发展, 计算机的广泛应用, 以及反应速率理论研究的逐步深入, 为从微观角度研究化学反应过程提供了良好的实验条件和一定的理论基础, 使人们有可能从化学反应的宏观领域深入微观领域, 去探索分子与分子 (或原子与原子) 间的反应和特征, 研究指定能态粒子之间反应 (即所谓态-态反应) 的规律, 揭示微观化学反应所经历的历程。这些研究不但对化学反应动力学理论有重要的贡献, 而且对应用研究也有一定的指导意义。由于微观地研究化学反应过程的实验和理论的迅速发展, 从而形成了化学反应动力学的一个新分支——**分子反应动态学** (molecular reaction dynamics)。它从分子水平上研究分子在一次碰撞行为中的变化和基元反应的微观历程, 例如分子如何碰撞、如何进行能量交换, 旧键如何被破坏、新键如何形成的细节, 分子彼此碰撞的角度对反应速率的影响以及分子反应产物的角分布等, 进而了解化学反应过程中的各种动态性质。分子反应动态学又称为**微观反应动力学** (microscopic reaction kinetics)。总之, 它研究的是基元反应的微观历程, 真正

从分子水平上研究一次碰撞行为, 即研究分子的态对态 (state-to-state) 即态–态反应行为。限于篇幅也限于对本课程的基本要求, 在本节中只能对进行这方面研究所用的主要实验手段和已取得的实验结果以及一些进展概况作简单的介绍。

研究分子反应的实验方法

在微观化学反应研究中, 极为有用的实验方法主要有交叉分子束、红外化学发光和激光诱导荧光三种。

交叉分子束 (crossed molecular beam) 技术是目前分子反应碰撞研究中最强有力的工具。常用的交叉分子束反应装置如图 12.11 所示。它是由束源、准直狭缝、速度选择器、散射室、检测器和产物速度分析器等主要部分组成的。分子束形成的必要条件是在所研究的系统中有足够低的背景压力, 一般小于 10^{-4} Pa。因为在这样低的压力下, 分子的平均自由程约为 50 m, 远大于装置的尺寸, 故分子间的相互碰撞可以忽略。此时的束流是自由分子流, 称为分子束 (molecular beam)。来自束源的分子通过一系列狭缝, 可以得到一束准直的分子束。分子束沿着直线方向运动, 在运动过程中它的速度和内部量子态不会发生变化。D. R. Herschbach 和李远哲在分子束实验研究中曾作出杰出的贡献, 并因此而共同获得 1986 年诺贝尔化学奖。

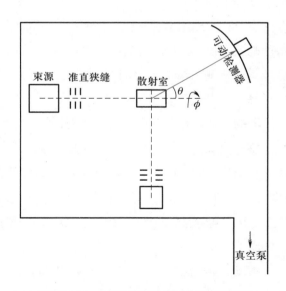

图 **12.11** 交叉分子束反应装置示意图

分子束是在高真空的容器中飞行的一束分子, 它是由束源中发射出来的。早期使用的束源是由加热炉产生的溢流束。例如, 金属钾原子束是由加热炉把金属钾汽化为钾蒸气, 从束源的小孔中溢出, 经过几个狭缝准直地进入高真空的散射室而形成的。由于此种分子束是由分子的热运动扩散而形成的, 故称为溢流束或扩散束, 束中分子的速度遵从 Boltzmann 分布。产生束源的设备常简称为 "炉子", 一般控制炉内压力使其低于 13 Pa, 以使炉内的分子平均自由程远大于炉子小孔的尺寸和狭缝的宽度, 使分子无碰撞地自由流出。这种束源结构简单, 易控制, 适用于各种反应, 但缺点是束流强度低、速度分布较宽。

　　近年来常使用超声喷嘴束源, 源内压力可高于大气压力的几十倍, 突然以超声速绝热向真空膨胀, 分子由随机的热运动转变为定向的有序束流, 它具有较大的平动能, 同时由于绝热膨胀后温度很低可使转动和振动处于基态。这种分子束的速度分布比较窄, 不需要外加速度选择器, 喷嘴源本身通过压力的调节就起着速度选择作用。

　　速度选择器 (图 12.11 中未画出) 是由一系列带有齿孔的圆盘组成的, 这些圆盘装在一个与分子束前进方向平行的转动轴上, 每个盘上刻有数目不等的齿孔。由于从溢流束源产生的分子束中分子的速度遵从 Boltzmann 分布, 为了得到一个速度范围很窄的分子束, 故让它在进入散射室之前先经过速度选择器, 让分子束中具有所选择速度的分子恰好相继通过各个圆盘上的齿孔而到达散射室, 速度不符合要求的分子都被圆盘挡掉。改变转轴速度, 可以控制分子束的速度以达到选择反应分子平动能量的要求 (参见本书第一章)。这种速度选择器的缺点是大大降低了分子束的强度。

　　散射室又称主室或反应室, 两束分子在那里正交发生反应散射。散射室要求保持很高的真空度, 散射室周围可以设置多个窗口, 以便让探测激光束进入反应散射区域进行检测, 同时通过窗口接收来自产物粒子辐射的光学信号, 以分析产物的量子态。

　　检测器的灵敏度是分子束实验成功与否的关键因素之一。因为稀薄的两束分子在散射室里交叉, 只有其中一小部分发生碰撞, 而反应碰撞又只是全部碰撞中的很小部分, 因此在某立体角内要测量的产物强度是非常低的。正因为如此, 直到 20 世纪后半期, 当高灵敏度检测器出现后, 分子束的研究才得以迅速发展。例如, 电子轰击式电离四极质谱仪及速度分析器常被用来测量分子束反应产物的角分布、平动能分布及分子内部能量的分布。

　　处于振动、转动激发态的化学反应产物向低能态跃迁时所发出的辐射称为**红外化学发光** (infrared chemiluminescence, 简称 IRC), 记录分析这些光谱, 可以得到初生产物在振动、转动态上的分布。分子束实验一般只能确定反应释放能量在产物平动能和内部能之间的分配, 而红外化学发光技术可以得到产物转动能、振动能及平动能之间的相对分布。红外化学发光实验研究的开拓者是

J. C. Polanyi。

激光诱导荧光 (laser-induced fluorescence, 简称 LIF) 方法是 20 世纪 70 年代由 R. N. Zare 发展起来的, 并得到了广泛的应用。这种方法是用一束可调激光, 将初生产物分子的电子从处于某振转态的基态激发到高电子态的某一振转能级, 并检测高电子态发出的荧光。让激光束在电子基态诸能级上扫描, 由测得的荧光强度及两电子态之间电子的跃迁情况, 可以确定产物分子在振动能级上的初始分布情况。

分子碰撞与态 – 态反应

凡涉及两个粒子间的反应必然经历碰撞过程。例如, 对于一个双分子基元反应 A + BC $\longrightarrow$ AB + C, 宏观上该反应的速率可表示为 $r = k[\text{A}][\text{BC}]$, 式中速率常数 k 可用 Arrhenius 公式表达, 即 $k = A \exp\left(-\dfrac{E_\mathrm{a}}{RT}\right)$。

宏观动力学的主要任务之一就是在一定温度范围内, 测定 k 的值并求出反应的活化能 E_a 和指前因子 A。但是, 所得到的结果都是在热平衡条件下的平均值。反应前 A 分子和 BC 分子可以各自具有各种不同的平动能、内部能量 (包括转动、振动和电子能量等) 以及各种不同的方位。反应产物也经历了多次碰撞, 并且具有不同的能量, 它们完全失去了初生时的特征和能量, 因而所得结果是大量分子的平均行为和总包反应的规律。而从微观的角度去研究反应, 就要知道从确定能态的反应物到确定能态的产物的反应特征。对上述反应来说, 就是要知道从量子态为 i 的 A 分子与量子态为 j 的 BC 分子发生反应, 生成量子态分别为 m 和 n 的 AB 分子和 C 分子, 可表示为

$$\text{A}(i) + \text{BC}(j) \longrightarrow \text{AB}(m) + \text{C}(n)$$

这种反应称为**态 – 态反应** (state-to-state reaction), 这样的反应只能靠个别分子的单次碰撞来完成, 需要从分子水平上考虑问题。

分子的碰撞可以区分为弹性碰撞、非弹性碰撞和反应碰撞。前两种碰撞不引起化学变化, 后一种碰撞则引起化学反应。在弹性碰撞过程中, 分子之间可以交换平动能, 所以碰撞前后分子的速度发生了变化, 但总的平动能是守恒的, 且在弹性碰撞中, 分子内部的能量 (如转动、振动及电子能量等) 保持不变。分子间平动能的交换速率很快, 在大量分子的平衡中, 分子的能量和速度分布遵从 Maxwell-Boltzmann 分布定律。在非弹性碰撞过程中, 分子平动能可以与其内部的能量互相交换 (虽然这种交换的速率是比较慢的), 因而在非弹性碰撞前后平动能不守恒, 而分子的转动能之间的交换速率较快, 大约在几次碰撞 (甚至是每次碰

撞) 中就有一次碰撞有转动能的交换。因此, 分子的转动、振动及电子态之间的 Boltzmann 分布靠分子的非弹性碰撞维持。在反应碰撞中, 不但有平动能与内部能量的交换, 同时分子的完整性也由于发生了化学反应而产生变化, 如果化学反应的速率很快, 系统就可能来不及维持平衡态的 Boltzmann 分布。

在微观反应动力学研究中, 需要知道特定的态与态之间的反应, 这在宏观动力学实验中是办不到的。因为在通常的条件下, 反应物和产物的能态并不单一, 而是呈 Boltzmann 分布。为了选择分子的某一特定的量子态, 需要一些特殊的装置 (如激光、产生分子束的装置), 同时对于产物的能态也需要用特殊的检测器进行检测分析。

直接反应碰撞和形成络合物的碰撞

在分子束实验中, 主要测量的量是产物分子的角分布和速度分布, 从这两个量可以得到经典动力学实验不能得到的关于基元反应的微观反应历程的信息。

实验测得的产物角分布因反应不同而不同, 呈明显的特征。在质心坐标系中 (质心坐标系是指以互撞分子的质心作为原点而作图, 如果设想观察者坐在质心上观察两个分子的碰撞, 则他将看到两个分子总是沿着一条通过质心的直线从相反的方向趋近), 反应产物有的集中在前半球, 有的集中在后半球, 也有的对称地分布在前后半球中, 不同的角分布对应于不同类型的反应碰撞。

反应产物的角分布在某些方向特别集中, 这是由于反应碰撞时间很短, 小于转动周期 (1×10^{-12} s), 正在碰撞的反应物没有足够的时间完成数次转动, 反应过程却早已结束, 这种碰撞就是直接反应碰撞。例如:

$$K + I_2 \longrightarrow KI + I\cdot$$

以该反应为例, 收集反应过程中的产物密度分布图。该图是以质心为原点的角度坐标图, 规定 K 原子的入射方向为 0°, I_2 分子的入射方向为 180°, 对所有的反应散射作出相应的标记点。先作出产物密度点, 然后将产物密度相等的点用一条线联结起来, 即得到密度的 "等值线"。图 12.12(b) 中就是产物 KI 的等密度线, 它反映了产物的角度分布, 即 "最概然的散射方向"。若产物 KI 分子出现的方向与碰撞前 K 原子的方向一致, 即称为 "正向散射或向前散射"。从等密度图也可以了解产物分子的相对速度和相对平动能的分布。

产物 KI 分子的散射方向与 K 原子的入射方向一致 (参见图 12.12), 在检测器中捕捉到的产物主要分布在 K 原子前进的方向, 犹如 K 原子在前进方向上与 I_2 分子相遇时, 摘取了一个 I 原子而继续向前。因此, 这种向前散射的直接反应碰撞的动态模型称为**抢夺模型** (stripping model)。

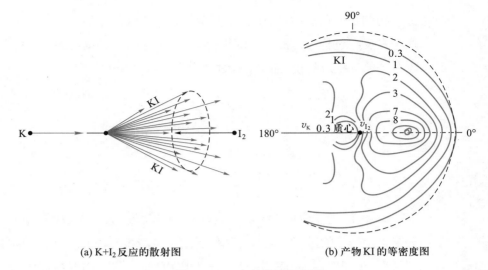

(a) K+I$_2$ 反应的散射图　　　　　　　(b) 产物 KI 的等密度图

图 **12.12**　向前散射示意图

对于反应:

$$K + CH_3I \longrightarrow KI + \cdot CH_3$$

其产物 KI 分子的分布却与上面的反应不同, KI 分子的散射优势方向与 K 原子入射方向相反, 这是一种向后散射的直接反应模型, 称为**回弹模型** (rebound model), 如图 12.13 所示。

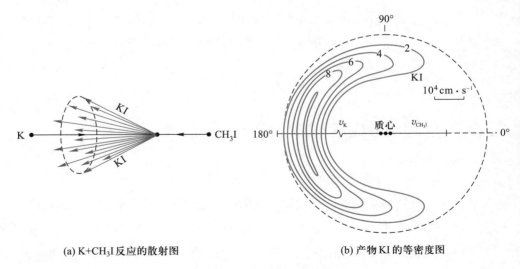

(a) K+CH$_3$I 反应的散射图　　　　　　(b) 产物 KI 的等密度图

图 **12.13**　向后散射示意图

还有一种形成中间络合物的反应, 例如反应:

$$Cs + RbCl \longrightarrow CsCl + Rb$$

$$O\cdot + Br_2 \longrightarrow OBr + Br\cdot$$

· · · · · · · · · · ·

其产物的角分布前后都有, 在空间中呈各向同性的散射, 如图 12.14 所示。这是由于在反应过程中形成了中间络合物, 它的寿命比转动的周期大好几倍, 因而产物分子呈随机散射状, 而不会形成在空间某些方向的特别优势。

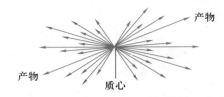

图 12.14　形成中间络合物的散射示意图

K 和 I_2 的反应可以推广到碱金属 M 和卤素 X_2 的反应, 该反应过程实际是一个电子转移的过程。因为卤素原子的电子亲和势较大, 而碱金属的电离势值又不是很大, 所以在 M 原子与 X_2 分子相距较远时, 电子转移就可能完成:

$$M + X_2 \longrightarrow M^+ \cdot X_2^-$$

碱金属 M 很容易抛出价电子给卤素分子, 就像把鱼叉投向鱼一样把电子抛向一个卤素分子, 从而形成离子对 $M^+ \cdot X_2^-$。由于电子质量很小, 这种电子转移即使在反应物相距 0.1 nm 以上时也是可能发生的。然后, 库仑引力 (像一根绳子)将一个 X^- (鱼) 拉回来, 形成稳定的 MX 分子, 而推斥另一个 X 原子, 这种机理被称为**鱼叉机理** (harpoon mechanism)。

我们不可能定量地叙述反应过程的细节, 仅从以上的定性叙述中, 也可以看出产物的角分布与基元反应的微观历程之间是密切联系的。

12.5　在溶液中进行的反应

溶液中的反应与气相反应相比, 最大的不同是溶剂分子的存在。同一个反应在气相中进行和在溶液中进行则有不同的速率, 甚至有不同的历程, 生成不同的产物, 这些都是溶剂效应引起的。在溶液中, 溶剂对反应物的影响大致有解离作用、传能作用和溶剂的介电性质等的影响。在电解质溶液中, 还有离子与离子、离子与溶剂分子间的相互作用等的影响, 这些都属于溶剂的物理效应。溶剂也可以对反应起催化作用, 甚至溶剂本身也可以参加反应, 这些属于溶剂的化学效应。显然, 溶液中的反应要比气相反应复杂得多, 现在已逐渐形成专门研究溶液中反应的一个学科分支 —— 溶液反应动力学。本节仅对溶剂的几个影响因素作简要的介绍。

溶剂对反应速率的影响 —— 笼效应

在均相反应中, 溶液中的反应远比气相反应多得多 (有人粗略估计有 90% 以上均相反应是在溶液中进行的), 但研究溶液中反应的动力学要考虑溶剂分子所起的物理的或化学的影响。另外, 在溶液中有离子参加的反应常常是瞬间完成的, 这也造成了观测动力学数据的困难。最简单的情况是溶剂仅起介质作用的情况。

在溶液中起反应的分子要通过扩散穿过周围的溶剂分子之后, 才能彼此接近而发生接触, 反应后产物分子也要穿过周围的溶剂分子通过扩散而离开。这里所谓扩散, 就是对周围溶剂分子的反复挤撞。从微观的角度, 可以认为周围溶剂分子形成了一个笼 (cage), 而反应分子则处于笼中。分子在笼中持续时间比气体分子互相碰撞的持续时间长 10 ～ 100 倍, 这相当于分子在笼中可以经历反复的多次碰撞。所谓笼效应 (cage effect) 就是指反应分子在溶剂分子形成的笼中进行的多次反复的碰撞 (或 "振动", 这当然是指分子外部的反复移动, 而不是指分子内部的振动)。这种连续的反复碰撞一直持续到反应分子从笼中挤出, 这种在笼中连续的反复碰撞则称为反应分子的一次**遭遇** (encounter)。所以, 溶剂分子的存在虽然限制了反应分子作远距离的移动, 减少了与远距离分子的碰撞机会, 但却增加了近距离反应分子的重复碰撞, 因而总的碰撞频率并未降低。据粗略估计, 在水溶液中, 对于一对无相互作用的分子, 在一次遭遇中它们在笼中的时间为 $10^{-12} \sim 10^{-11}$ s, 在这段时间内要进行 100 ～ 1000 次的碰撞。然后, 分子偶尔有机会跃出这个笼子, 扩散到别处, 又进入另一个笼中。可见, 溶液中分子的碰撞与气体中分子的碰撞不同, 后者的碰撞是连续进行的, 而前者则是间断式进行的, 一次遭遇相当于一批碰撞, 它包含着多次的碰撞。而就单位时间内总碰撞次数而论, 两者大致相同, 不会有数量级上的变化。所以, 溶剂的存在不会使活化分子减少。A 和 B 发生反应必须通过扩散进入同一笼中, 反应物分子通过溶剂分子所构成的笼所需要的活化能一般不超过 $20 \, \text{kJ} \cdot \text{mol}^{-1}$, 而分子碰撞进行反应的活化能一般在 $40 \sim 400 \, \text{kJ} \cdot \text{mol}^{-1}$。由于扩散作用的活化能小得多, 所以扩散作用一般不会影响反应的速率。但也有不少反应的活化能很小, 例如自由基的复合反应、水溶液中的离子反应等, 则反应速率取决于分子的扩散速度, 即与分子在笼中时间成反比。

在溶液中, 溶剂对反应速率的影响是一个极其复杂的问题, 一般说来有以下几方面。

(1) 溶剂的介电常数对于有离子参加的反应的影响　因为溶剂的介电常数越大, 离子间的引力越弱, 所以介电常数比较大的溶剂常不利于离子间的化合反应。

(2) 溶剂的极性对反应速率的影响　如果产物的极性比反应物的极性大, 则

在极性溶剂中反应速率比较快; 反之, 如果反应物的极性比产物的极性大, 则在极性溶剂中的反应速率必变慢。例如, 使反应

$$C_2H_5I + (C_2H_5)_3N \longrightarrow (C_2H_5)_4N^+I^-$$

在各种不同的溶剂中进行, 由于产物 $(C_2H_5)_4N^+I^-$ 是一种盐类, 其极性远较反应物的大, 所以随着溶剂极性的增加, 反应速率也变快。

(3) 溶剂化的影响　一般来说, 作用物与产物在溶液中都能或多或少地形成溶剂化物。这些溶剂化物若与任一种反应分子生成不稳定的中间化合物而使活化能降低, 则可以使反应速率变快。如果溶剂分子与作用物生成比较稳定的化合物, 则一般常能使活化能升高, 而使反应速率变慢。如果活化络合物溶剂化后的能量降低, 则活化能降低, 就会使反应速率变快。

(4) 离子强度的影响　在稀溶液中, 如果作用物都是电解质, 则反应的速率与溶液的离子强度有关, 这种效应则称为**原盐效应** (primary salt effect)。

原盐效应

早在 20 世纪 20 年代, Bjerrum 等人已假设溶液中反应离子在转化成产物之前要经过一个中间体, 并导出了速率常数与离子活度因子之间的关系式。这个中间体相当于过渡态, 后来人们用过渡态理论也导出了类似的关系式。

设在溶液中离子 A^{z_A} 和 B^{z_B} 的反应为

$$A^{z_A} + B^{z_B} \Longleftrightarrow [(A\text{-}\text{-}\text{-}B)^{z_A+z_B}]^{\neq} \xrightarrow{k} P$$

式中 z_A 和 z_B 分别为离子 A, B 的电价。根据过渡态理论的热力学处理方法, 有

$$k = \frac{k_B T}{h} K_c^{\neq}$$

考虑到在通常的溶液浓度范围内, $K_c^{\neq}$ 并不是常数, 而 $K_a^{\neq}$ 才是常数, 即

$$K_a^{\neq} = \frac{a^{\neq}}{a_A a_B} = \frac{c^{\neq}/c^{\ominus}}{\dfrac{c_A}{c^{\ominus}}\dfrac{c_B}{c^{\ominus}}} \cdot \frac{\gamma^{\neq}}{\gamma_A \gamma_B}$$

$$= K_c^{\neq} \cdot (c^{\ominus})^{n-1} \frac{\gamma^{\neq}}{\gamma_A \gamma_B} \tag{12.64}$$

式中 n 为反应离子的计量系数之和。因此

$$k = \frac{k_B T}{h} (c^{\ominus})^{1-n} K_a^{\neq} \cdot \frac{\gamma_A \gamma_B}{\gamma^{\neq}}$$

$$= k_0 \frac{\gamma_A \gamma_B}{\gamma^{\neq}} \tag{12.65}$$

从式 (12.65) 看出, 速率常数 k 与活度因子有关。k_0 值一般可由实验测定, 在溶液中离子反应常选无限稀释的溶液为参考态, 这时 $\gamma_i = 1$, $k = k_0$, $\gamma^{\neq}$ 是活化络合物的活度因子。不同的过渡态有不同的 $\gamma^{\neq}$ 值, 它不能用一般的方法测定, 而要与相同结构的分子进行比较而估计得到。

将式 (12.65) 取对数, 得

$$\lg\frac{k}{k_0} = \lg\gamma_A + \lg\gamma_B - \lg\gamma^{\neq} \tag{12.66}$$

根据 Debye-Hückel 极限公式:

$$\lg\gamma_i = -Az_i^2\sqrt{I}$$

代入式 (12.66), 得

$$\lg\frac{k}{k_0} = -A[z_A^2 + z_B^2 - (z_A + z_B)^2]\sqrt{I}$$
$$= 2z_A z_B A\sqrt{I} \tag{12.67}$$

以 $\lg k$ 或 $\lg\dfrac{k}{k_0}$ 对 $\sqrt{I}$ 作图, 则应得到直线, 直线的斜率与 z_A 和 z_B 有关。图 12.15 中直线是根据式 (12.67) 绘制的, 图中的圆点是实验值。

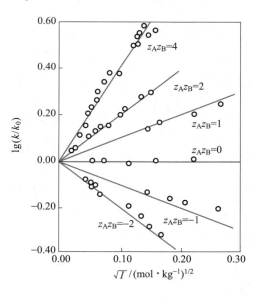

图 12.15 原盐效应

从式 (12.67) 可知, 如果作用物之一是非电解质, 则 $z_A z_B = 0$, 即原盐效应等于零。也就是说, 非电解质之间反应的速率以及非电解质与电解质之间反应的速率与溶液中的离子强度无关 (这个结论是由 Debye-Hückel 极限公式得来的, 当浓度较高时, 这个结论就不正确了)。例如, 反应:

$$CH_2ICOOH + SCN^- \longrightarrow CH_2(SCN)COOH + I^-$$

就属于这一类型。对于反应:

$$CH_2BrCOO^- + S_2O_3^{2-} \longrightarrow CH_2(S_2O_3)COO^{2-} + Br^-$$

$z_A z_B = +2$, 产生正的原盐效应, 即反应的速率随离子强度 I 的增大而变快。对于反应:

$$[CO(NH_3)_5Br]^{2+} + OH^- \longrightarrow [CO(NH_3)_5OH]^{2+} + Br^-$$

$z_A z_B = -2$, 产生负的原盐效应, 即反应的速率随离子强度 I 的增大而变慢。

*由扩散控制的反应

溶液中所进行的反应是由相互遭遇的分子进行的。反应物分子 A, B 在一定黏度的介质中做布朗运动, 则反应速率一定与 A, B 通过扩散进而形成 "遭遇对" AB 的速率有关。特别是对反应活化能不大的反应, 则反应速率将受扩散的控制 (例如有自由基参加的反应、酸碱中和反应等一般都受扩散的控制)。

对溶液中 A 和 B 所进行的反应, 可表示为如下的机理:

$$A + B \xrightleftharpoons[k_{-d}]{k_d} AB \xrightarrow{k_r} P$$

式中 AB 表示 "遭遇对"; k_d 为形成遭遇对的速率常数; k_{-d} 是遭遇对分离为 A, B 的速率常数; k_r 为遭遇对进行反应的速率常数。利用稳态处理法, 即认为反应达稳态时, 遭遇对的浓度不随时间改变而改变, 则

$$\frac{d[AB]}{dt} = k_d[A][B] - k_{-d}[AB] - k_r[AB] = 0$$

解得

$$[AB] = \frac{k_d[A][B]}{k_{-d} + k_r}$$

反应的总速率取决于 [AB], 即

$$r = k_r[AB]$$

代入上式后得

$$r = k_r \frac{k_d[A][B]}{k_{-d} + k_r} = k[A][B]$$

式中

$$k = \frac{k_r k_d}{k_{-d} + k_r}$$

从上式可知, 反应可能有两种情况:

(1) 若在黏度较大的溶剂中, 遭遇对分离为 A 和 B 较难, 或者是反应的活化能很小, 此时 $k_r \gg k_{-d}$, 则 $k = k_d$, 即

$$r = k_d[A][B] \tag{12.68}$$

这时反应主要由扩散控制。

(2) 若遭遇对反应变为产物的活化能大, 则反应为活化过程所控制, $k_r \ll k_{-d}$, 则

$$k = k_r \frac{k_d}{k_{-d}} = k_r K \tag{12.69}$$

式中 K 为反应物分子形成遭遇对的平衡常数。式 (12.69) 表明, 反应的总速率由形成遭遇对的平衡常数以及遭遇对越过反应势垒变为产物的速率所决定。

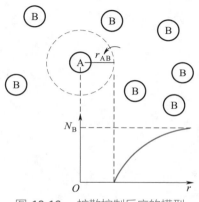

图 12.16　扩散控制反应的模型

现在讨论第一种情况, 即反应受扩散控制, 反应的总速率等于扩散速率。可设想如下的模型: A 分子不动, 任何 B 分子只要进入以 A 分子为中心, 以 $r_{AB}(r_{AB} = r_A + r_B)$ 为半径的球内时, 即可与 A 分子反应。由于反应速率很快, 所以在 A 分子邻近的区域中 B 分子的浓度降低, 形成一个浓度梯度 (见图 12.16)。根据菲克第一定律 (Fick's first law), 单位时间内通过单位截面的物质的流量 J 与浓度梯度成正比 (参见 14.3 节), 即

$$J = -D_B \frac{dN_B}{dr} \tag{12.70}$$

式中比例系数 D_B 是 B 分子的扩散系数, 可以看作单位浓度梯度时的流量; N_B 为 B 分子的浓度 (单位体积中的分子数), $\frac{dN_B}{dr}$ 是在距离为 r 处的浓度梯度; 式中负号表示扩散的方向与浓度增大的方向相反 (即与 r 的增加方向相反)。

因此通过以 A 分子为球心, 以 r 为半径的球面的 B 分子的流量为

$$I_B = 4\pi r^2 J = -4\pi r^2 D_B \frac{dN_B}{dr}$$

或

$$\frac{I_B}{r^2} dr = -4\pi D_B dN_B \tag{12.71}$$

当 $r = r_{AB}$ 时, $N_B = 0$。当 $r = \infty$ 时, $N_B = N_B^0$ (N_B^0 是 B 的本体浓度)。对式 (12.71) 积分, 则

$$\int_{r_{AB}}^{\infty} \frac{I_B}{r^2} dr = \int_0^{N_B^0} -4\pi D_B dN_B$$

$$I_B = 4\pi D_B r_{AB} N_B^0$$

若是单位时间, I_B 就是对于 1 个 A 分子而言, 在单位时间内与 B 分子的反应速率。实际上 A 分子不止一个 (设 A 的本体浓度为 N_A^0), 故假设 A 分子不动时, 与扩散进来的 B 分子发生反应的速率 $r_{(A 与 B)}$ 为

$$r_{(A 与 B)} = 4\pi D_B r_{AB} N_B^0 N_A^0$$

同理, 若设 B 分子不动, 与扩散进来的 A 分子发生反应的速率 $r_{(B 与 A)}$ 为

$$r_{(B 与 A)} = 4\pi D_A r_{AB} N_B^0 N_A^0$$

事实上, A 和 B 都有明显的扩散倾向。所以, 单位体积内发生反应的总速率 r_D 为

$$r_D = r_{(A 与 B)} + r_{(B 与 A)} = 4\pi(D_A + D_B)r_{AB}N_A^0 N_B^0 \tag{12.72}$$

再对照式 (12.68), 可得

$$k = k_d = 4\pi(D_A + D_B)r_{AB} \tag{12.73}$$

根据 Stokes-Einstein 扩散系数公式 (参见 14.3 节)

$$D = \frac{k_B T}{6\pi \eta r} \tag{12.74}$$

式中 k_B 为 Boltzmann 常数; η 为黏度; r 为扩散粒子的半径。将式 (12.74) 代入式 (12.73) (式中 $r_{AB} = r_A + r_B$), 得

$$k_d = 4\pi(r_A + r_B)\frac{k_B T}{6\pi \eta}\left(\frac{1}{r_A} + \frac{1}{r_B}\right)$$

$$= \frac{2k_B T}{3\eta}\frac{(r_A + r_B)^2}{r_A r_B}$$

当 $r_A \approx r_B$ 时, 有

$$k_d = \frac{8k_B T}{3\eta} \tag{12.75}$$

而溶剂黏度 η 与温度的关系所遵循的公式与 Arrhenius 公式类似, 即

$$\eta = A \exp\left(\frac{E_a}{RT}\right)$$

式中 E_a 是扩散过程的活化能。将上式代入式 (12.75), 得

$$k_d = \frac{8k_B T}{3A} \exp\left(-\frac{E_a}{RT}\right) \tag{12.76}$$

根据式 (12.76), 可以计算当反应为扩散控制时的活化能。对于大多数有机溶剂, E_a 约为 $10 \text{ kJ} \cdot \text{mol}^{-1}$。显然, 扩散活化能越低, 扩散控制的反应速率越快, 低活化能是扩散控制反应的特点。

*12.6 快速反应的几种测试手段

对单分子反应来说, 速率常数的极限值可达 $10^{12} \sim 10^{14} \text{ s}^{-1}$, 双分子反应的速率常数值亦可大到 $10^{11} \text{ mol}^{-1} \cdot \text{dm}^3 \cdot \text{s}^{-1}$。例如, 1955 年 Eigen 等人用解离场效应方法, 测得酸碱中和的正向反应速率常数约为 $1.4 \times 10^{11} \text{ mol}^{-1} \cdot \text{dm}^3 \cdot \text{s}^{-1}$, 而传统测量反应速率的物理化学方法则不能测量如此快速反应的速率, 可见对于快速反应 (fast reaction) 要求用特殊的测量方法。随着科学技术的发展, 特别是时间分辨技术的提高 (目前对时间可精确测至 10^{-15} s), 对快速反应动力学的研究已有不少实验方法, 如表 12.2 所示。

表 12.2 快速反应的实验方法及其应用范围

实验方法	适用的半衰期范围/s
传统方法	$10^0 \sim 10^8$
流动法	$10^{-3} \sim 10^2$
弛豫法	$10^{-10} \sim 1$
跳浓弛豫法	$10^{-6} \sim 1$
跳温弛豫法	$10^{-7} \sim 1$
场脉冲法	$10^{-10} \sim 10^{-4}$
激波管法	$10^{-9} \sim 10^{-3}$
动力学波谱法	$< 10^{-10}$

本节仅对弛豫法和闪光光解法作简单介绍。

弛豫法

弛豫是指一个平衡系统因受外来因素快速扰动而偏离平衡位置, 在新条件下趋向新平衡的过程。**弛豫法** (relaxation method) 包括快速扰动方法和快速监测扰动后的不平衡态趋近于新平衡态的速度或时间。快速扰动的方法可以用脉冲激光使反应系统温度在 10^{-6} s 时间内突然升高几摄氏度 (温度跳跃), 或突然改变系统的压力 (压力跳跃), 也可用冲稀扰动, 即突然改变系统的浓度 (浓度跳跃), 等等。由于弛豫时间与速率常数、平衡常数和物种平衡浓度有一定的函数关系, 因此如能用实验测出弛豫时间, 就可根据该关系式求出反应的速率常数。弛豫法是在 20 世纪 50 年代由 Eigen 等人发展起来的。对峙反应的平衡常数一般借助于热力学方法比较容易得到, 因此, 借助于弛豫过程的动力学研究测定其弛豫时间或弛豫速率常数, 即可求得正向反应和逆向反应的速率常数。这对于测定对峙反应尤其是快速进行的对峙反应是很有效的。现以一级快速对峙反应为例, 求弛豫时间与速率常数的关系。设一级快速对峙反应为

$$A \underset{k_{-1}}{\overset{k_1}{\rightleftharpoons}} P \tag{1}$$

令 a 是 A 的原始浓度, x 为 P 的浓度, 则在 t 时的速率方程为

$$\frac{\mathrm{d}x}{\mathrm{d}t} = k_1(a - x) - k_{-1}x \tag{2}$$

若式中 k_1 或 k_{-1} 是很大的, 不可能用通常的方法来测定。如果先让此系统在某一温度下达成平衡, 然后用特殊方法使温度发生突变 (温度跳跃), 原平衡被破坏, 系统向新条件下的平衡转移。若在新平衡条件下产物的平衡浓度为 x_e, 则有

$$k_1(a - x_e) = k_{-1}x_e \tag{3}$$

系统在发生突变后, 产物的浓度 x 与新的平衡浓度 x_e 之差为 Δx, 则

$$\Delta x = x - x_e \qquad \text{或} \qquad x = \Delta x + x_e \tag{4}$$

对产物 P 如有正的偏离, 则对反应物 A 应有负的偏离, 反之亦然。根据式 (2) 和式 (4), 可得

$$\begin{aligned}
\frac{\mathrm{d}(\Delta x)}{\mathrm{d}t} &= \frac{\mathrm{d}x}{\mathrm{d}t} = k_1(a - x) - k_{-1}x \\
&= k_1[(a - x_e) - \Delta x] - k_{-1}(\Delta x + x_e)
\end{aligned} \tag{5}$$

将式 (3) 代入式 (5), 整理得

$$\frac{\mathrm{d}(\Delta x)}{\mathrm{d}t} = -(k_1 + k_{-1})\Delta x \tag{6}$$

因此, 与新平衡的偏离值 Δx 随时间的变化率 $\dfrac{\mathrm{d}(\Delta x)}{\mathrm{d}t}$ (即为系统向新平衡位置的转移速率) 与一级对峙反应中浓度随时间的变化规律相似。将式 (6) 移项积分, 当 "刺激" 刚停止时, 也就开始计算时间, 这时 $t = 0$, $\Delta x = (\Delta x)_0$。显然起始时

$(\Delta x)_0$ 的值是偏离新平衡的最大值, 当时间为 t 时, 偏离值为 Δx, 则

$$\int_{(\Delta x)_0}^{\Delta x} \frac{\mathrm{d}(\Delta x)}{\Delta x} = \int_0^t -(k_1 + k_{-1})\mathrm{d}t$$

$$\ln\frac{(\Delta x)_0}{\Delta x} = (k_1 + k_{-1})t \tag{7}$$

式中常数 $(k_1 + k_{-1})$ 的量纲是 [时间]$^{-1}$, 若令 $\dfrac{1}{k_1 + k_{-1}} = \tau$, 则 $\ln\dfrac{(\Delta x)_0}{\Delta x} = \dfrac{t}{\tau}$。

当 $\dfrac{(\Delta x)_0}{\Delta x} = \mathrm{e}$ (e 是自然对数的底数, e = 2.718), 或 $\Delta x = \dfrac{(\Delta x)_0}{\mathrm{e}} = 0.3679(\Delta x)_0$

时, 有

$$\ln\frac{(\Delta x)_0}{\Delta x} = \ln\mathrm{e} = 1$$

则

$$\tau = t = \frac{1}{k_1 + k_{-1}} \tag{8}$$

此时 τ 即为 Δx (系统的浓度与平衡浓度之差) 达到 $(\Delta x)_0$ (起始时的最大偏离值) 的 36.79% 所需的时间, 称为**弛豫时间** (time of relaxation)。因此, 如能用实验的方法精确测定弛豫时间 τ, 则可求得 $(k_1 + k_{-1})$ 的值, 再结合平衡常数 $K = \dfrac{k_1}{k_{-1}}$, 就能分别求得 k_1 和 k_{-1} 的值。现代的一些实验手段, 例如有自动记录设备的核磁共振 (NMR) 谱仪、电子自旋共振 (ESR) 谱仪及用振荡器跟踪电导的变化等能在极短时间内反映出系统发生变化的信息。

对于其他级数的快速对峙反应, 可用同样的方法导出弛豫时间 τ 的表示式, 现仅将其结果列于表 12.3。

表 12.3　几种简单快速对峙反应弛豫时间的表示式

对峙反应	$\dfrac{1}{\tau}$ 的表示式
$A \underset{k_{-1}}{\overset{k_1}{\rightleftharpoons}} P$	$(k_1 + k_{-1})$
$A + B \underset{k_{-1}}{\overset{k_2}{\rightleftharpoons}} P$	$k_2([A]_e + [B]_e) + k_{-1}$
$A \underset{k_{-2}}{\overset{k_1}{\rightleftharpoons}} G + H$	$k_1 + 2k_{-2}x_e$
$A + B \underset{k_{-2}}{\overset{k_2}{\rightleftharpoons}} G + H$	$k_2([A]_e + [B]_e) + k_{-2}([G]_e + [H]_e)$

例 12.2

在一个很小的电导池中放纯水试样, 用微波脉冲辐射突然使温度从 288 K 升到 298 K, 测得弛豫时间为 $\tau = 3.6 \times 10^{-5}$ s。已知 298 K 时, 水的解离常数 $K_w = 1.0 \times 10^{-14}$, 求水解离反应 $H_2O \underset{k_{-2}}{\overset{k_1}{\rightleftharpoons}} H^+ + OH^-$ 的速率常数 k_1 和 k_{-2}。

解 $K = \dfrac{k_1}{k_{-2}} = \dfrac{[H^+][OH^-]}{[H_2O]}$

$$= \frac{1.0 \times 10^{-14} (\text{mol} \cdot \text{dm}^{-3})^2}{55.5 \text{ mol} \cdot \text{dm}^{-3}} = 1.8 \times 10^{-16} \text{ mol} \cdot \text{dm}^{-3}$$

$$x_e = \sqrt{K_w} = 1.0 \times 10^{-7} \text{ mol} \cdot \text{dm}^{-3}$$

$$\tau = \frac{1}{k_1 + 2k_{-2}x_e}$$

$$= \frac{1}{1.8 \times 10^{-16} k_{-2} \text{ mol} \cdot \text{dm}^{-3} + 2k_{-2} \times 1.0 \times 10^{-7} \text{ mol} \cdot \text{dm}^{-3}}$$

解得

$$k_{-2} = 1.4 \times 10^{11} \text{ mol}^{-1} \cdot \text{dm}^3 \cdot \text{s}^{-1}$$

$$k_1 = K k_{-2} = 1.8 \times 10^{-16} \text{ mol} \cdot \text{dm}^{-3} \times 1.4 \times 10^{11} \text{ mol}^{-1} \cdot \text{dm}^3 \cdot \text{s}^{-1}$$

$$= 2.5 \times 10^{-5} \text{ s}^{-1}$$

可以看出, k_{-2} 是一个很大的数值, 它就是酸碱中和的速率常数。

闪光光解法

自从 20 世纪 40 年代末问世以来, **闪光光解** (flash photolysis) 技术已经发展成为一种测定快速反应的十分有效的手段。实验装置的基本原理是: 将反应物放在一长石英管中 (一般可长至 1 m), 管两端有平面窗口, 与反应管平行有一石英制闪光管, 它能产生能量高、持续时间很短的强烈闪光。在这种闪光被反应物吸收的瞬间, 会引起反应物中的电子激发, 发生化学反应。对这种光解产物 (主要是自由原子或自由基碎片) 通过窗口用光谱技术 (如紫外、可见吸收光谱, 磁共振谱等) 进行测定, 并监测这些碎片随时间的衰变行为。由于所用的闪光强度很高, 可以产生比一般反应历程中生成的碎片浓度高得多的自由基。所以, 闪光光解技术对鉴定寿命极短的自由基特别有用。

闪光光解的时间分辨率取决于闪光灯的闪烁时间, 若闪烁时间为 20 μs 左右, 则测一级反应的半衰期可达 10^{-6} s。如果用激光器 (用超短脉冲激光) 代替闪光管, 则可产生持续时间在 10^{-9} s 甚至 10^{-15} s 的激光脉冲, 可以大大提高测量时间的分辨率。

闪光光解法的主要优点是可利用闪烁时间比要检测的物种的寿命短得多的强闪光灯, 因而曾发现了许多反应的中间产物 (自由基), 并能有效地研究反应极快的原子复合反应动力学。另外所用反应管较长, 也为光谱检测提供了一个很长的光程。

12.7 光化学反应

光化学反应与热化学反应的区别

只有在光的作用下才能进行的化学反应或由于化学反应产生的激发态粒子在跃迁到基态时能放出光辐射的反应都称为**光化学反应** (photochemical reaction)。光化学现象虽早为人们所知, 但**光化学** (photochemistry) 成为有理论基础的科学还只是近几十年的事。

光是一种电磁辐射, 具有波动和微粒的二重性。光化学既与电磁辐射有关, 又与物质的相互作用有关。所以, 光化学处于化学和物理的交汇点, 在讨论光化学过程的同时, 有必要简单介绍一些光的吸收和发射等物理过程。

可见光的波长范围是 $400 \sim 750\,\mathrm{nm}$, 紫外光的波长范围为 $150 \sim 400\,\mathrm{nm}$, 近红外光的波长范围为 $750 \sim 3 \times 10^3\,\mathrm{nm}$。在光化学中, 人们关注波长在 $100 \sim 1000\,\mathrm{nm}$ 的光波 (其中包括紫外光、可见光和红外光)。光子的能量随光的波长的增大而下降, 因为一个光子的能量 ε 为

$$\varepsilon = h\nu$$

而波长

$$\lambda = \frac{c}{\nu}$$

则

$$\varepsilon = h\frac{c}{\lambda}$$

式中 h 为 Planck 常量; c 为光速; ν 为频率。在光谱学习中习惯用**波数** (wave number) σ 即波长的倒数 $\left(\sigma = \dfrac{1}{\lambda}\right)$ 来表示光子的能量。对光化学反应有效的光是可见光和紫外光, 红外光由于能量较低, 不足以引发化学反应 (但红外激光是可

以引发化学反应的)。

　　相对于光化学反应来讲, 平常的那些反应可称为热反应。光化学反应与热反应有许多不同的地方。例如, 在等温等压下, 热反应总是向系统的 Gibbs 自由能降低的方向进行。但有许多光化学反应 (并不是所有的光化学反应) 却能使系统的 Gibbs 自由能升高, 如在光的作用下氧转变为臭氧、氨的分解, 植物中 $CO_2(g)$ 与 $H_2O(l)$ 合成糖类并放出氧气等, 都是 Gibbs 自由能升高的例子。但如果把辐射的光源切断, 则该反应仍旧向 Gibbs 自由能降低的方向进行, 而力图恢复原来的状态。但这个反向反应在寻常的温度下, 有可能进行得很慢, 以致觉察不出。例如, 糖类和氧气在同样的条件下再变为 $CO_2(g)$ 和 $H_2O(l)$ 的反应就是如此。

　　热反应的活化能来源于分子碰撞, 而光化学反应的活化能来源于光子的能量 (光化学反应的活化能通常为 $30\ kJ \cdot mol^{-1}$ 左右, 小于一般热反应的活化能)。热反应的反应速率受温度影响大, 而光化学反应的温度系数较小。这些都是热反应与光化学反应的主要不同之处。但初始光化学过程的速率常数也随温度而变, 且也遵从 Arrhenius 公式。这和普通的化学反应是一致的。

　　当系统吸收了光子的能量而成为激发态后, 激发态的寿命是很短暂的 (一般在 10^{-7} s 左右), 在此期间激发态的变化有两种可能: ① 进行后续的光化学反应; ② 激发态自我衰变, 如以辐射方式放出荧光或磷光等。这两种可能形成竞争形式。因此, 只有活化能较小, 反应速率快者才能取得优势, 并按第一种可能进行光化学反应。这也是我们所观察到的光化反应其活化能均较小的原因。而热反应的初始过程, 反应分子都处于基态, 能量较低, 具有较高的活化能, 反应速率相对较慢。

　　光化学反应和热反应之间的主要区别, 即在光作用下的化学反应是激发态分子的反应, 而在非光作用下的化学反应通常是基态分子的反应 (有时也称为暗反应, 即一般的热反应)。因此, 用 "光催化" 一词来描述光化学反应, 是不确切的。催化剂在反应结束后, 催化剂的化学组成没有发生变化, 而光化学反应后, 光却被吸收掉了, 二者有本质上的不同。

　　研究光化学的重要性是不言而喻的, 植物的叶绿素能利用日光把 $CO_2(g)$ 和 $H_2O(l)$ 转变成糖类和氧气。这种光合作用是绿色植物的特有本领, 地球上多数生命的生存全仰仗于它。人类当今的重要能源 (煤、石油、天然气) 则是古代光合作用留给我们的遗产。随着粮食、能源、污染问题的日益尖锐, 对光合作用的研究不仅有重要的科学意义, 而且有巨大的经济意义。例如, 结合太阳能的利用, 人们正在进行着光电转换及光化学能转换的研究。

　　光合作用的化学模拟研究如模拟植物利用阳光把 $CO_2(g)$ 和 $H_2O(l)$ 合成糖

类和氧气的过程, 若这一模拟成功, 就可以实现人造粮食的理想。光解水制氢的研究模拟光合作用中分解水放出氧和氢, 如这一模拟成功, 就能从水中获得廉价的氢。

与热反应相比, 光化学反应具有许多独特的优点, 所以在科学研究、医学、化工生产和军事应用等方面都得到广泛的应用。

光化学反应的初级过程和次级过程

光化学反应是从物质 (即反应物) 吸收光子开始的, 此过程统称为光化反应的初级过程, 它使反应物分子或原子中的电子能态由基态跃迁到较高能量的激发态 ("*" 表示激发态)。若光子能量很高也可使分子解离, 如

$$Hg(g) + h\nu \longrightarrow Hg^*(g)$$
$$Br_2(g) + h\nu \longrightarrow 2Br^*(g)$$

这两个过程都是**初级过程** (primary process), 初级过程的产物还可以进行一系列的**次级过程** (secondary process), 如发生猝灭 (quenching)、荧光 (fluorescence) 或磷光 (phosphorescence) 等。猝灭是激发态分子 (A^*) 与其他分子或器壁碰撞后失去能量, 而荧光和磷光则是激发态原子或分子再跃迁回到基态时所发出的光。猝灭使次级反应停止。

原子或分子吸收光子后, 被激发到较高能级的激发态; 由于激发态不稳定而进行辐射跃迁, 直接回到基态时所发生的光称为荧光。激发态的寿命是很短的, 一般只有 10^{-8} s; 由于寿命很短, 所以切断光源, 荧光立即停止。但也有一些被光照射的物质, 在切断光源后, 仍能继续发光, 可延续到若干秒, 甚至更长, 此种光称为磷光。其原因是激发态分子在跃迁回到基态时, 常需经过介稳状态。

激发态分子与其他分子碰撞, 可能将过剩的能量传给被碰撞的分子, 使其激发甚至解离, 也可能与相撞的分子发生反应等, 例如:

$$Hg^* + Tl \longrightarrow Hg + Tl^*$$
$$Hg^* + H_2 \longrightarrow Hg + 2H^*$$
$$Hg^* + O_2 \longrightarrow HgO + O^*$$

这些都是激发态分子 (或原子) 的次级过程。

光化学基本定律

只有被分子吸收的光才能引起分子的光化学反应, 这是 19 世纪时由 Grotthus 和 Draper 总结出来的, 故称为 **Grotthus-Draper 定律**, 又称为光

化学第一定律。根据这个定律, 在进行光化学反应研究时要注意光源、反应器材料及溶剂等的选择。

光化学第二定律是指在初级反应中, 一个反应分子吸收一个光子而被活化。这是 20 世纪初由 Stark 和 Einstein 提出来的, 故称为 Stark-Einstein 定律, 又称为光化学第二定律 (在大多数光化反应中, 光源强度范围为 $10^{14} \sim 10^{18}$ 光子 $\cdot$s^{-1}, 这时该定律是有效的。但激光被使用后, 由于光强度超过了上述范围, 人们发现有的分子可吸收两个或更多的光子, 故光化学第二定律对光强度很大、激发态分子寿命较长的情况不适用)。根据该定律, 如要活化 1 mol 分子则要吸收 1 mol 光子。1 mol 光子的能量称为摩尔光量子能量, 用符号 E_m 表示, 则

$$E_m = Lh\nu = \frac{Lhc}{\lambda}$$

$$= \frac{6.022 \times 10^{23} \text{ mol}^{-1} \times 6.626 \times 10^{-34} \text{ J} \cdot \text{s} \times 3.0 \times 10^8 \text{ m} \cdot \text{s}^{-1}}{\lambda}$$

$$= \frac{0.1197}{\lambda} \text{ J} \cdot \text{m} \cdot \text{mol}^{-1}$$

平行的单色光通过一均匀吸收介质时, 未被吸收的透射光强度 I_t 与入射光强度 I_0 的关系为

$$I_t = I_0 \exp(-\kappa dc) \tag{12.77}$$

式中 d 是介质厚度; c 是吸收质的浓度 (用 mol $\cdot$ dm^{-3} 表示); κ 为摩尔吸收系数, 其值与入射光的波长、温度、溶剂等性质有关。式 (12.77) 就称为 **Lambert-Beer (朗伯 – 比尔) 定律**。

量子产率

光化学反应是从物质 (即反应物) 吸收光子开始的。所以, 光的吸收过程是光化学反应的初级过程。光化学第二定律只适用于初级过程, 该定律也可用下式表示:

$$A + h\nu \longrightarrow A^*$$

A^* 为 A 的电子激发态, 即活化分子。活化分子有可能直接变为产物, 也可能和低能量分子相撞而失活, 或者引发其他次级反应 (如引发一个链反应等)。为了衡量光化学反应的效率, 引入**量子产率** (quantum yield) 的概念, 用 ϕ 表示。对于指定的反应, 有

$$\phi = \frac{\text{反应物分子消失数目}}{\text{吸收光子数目}} = \frac{\text{反应物消失的物质的量}}{\text{吸收光子的物质的量}} \tag{12.78a}$$

由上式所定义的 ϕ 是反应物消耗的量子产率。也可根据生成的产物分子数目来定义量子产率:

$$\phi' = \frac{\text{产物分子生成数目}}{\text{吸收光子数目}} = \frac{\text{产物生成的物质的量}}{\text{吸收光子的物质的量}} \tag{12.78b}$$

由于受化学反应式中计量系数的影响, ϕ 和 ϕ' 的数值很可能是不相等的, 例如:

$$2HBr + h\nu(\lambda = 200 \text{ nm}) \longrightarrow H_2 + Br_2$$

显然 $\phi = 2$, 而 $\phi' = 1$。但如用反应速率 (r) 和吸收光子的速率 (I_a) 来定义量子产率 (ϕ), 并令

$$\phi = \frac{r}{I_a} \tag{12.78c}$$

则不会引起混淆[①]。反应速率 (r) 可用任何动力学方法测量, 吸收光子的速率 (I_a) 可用化学光量计 (chemical actinometer) 测量。因此, 量子产率可由实验测定。如果一个光化学过程只包含初级过程, 则问题较为简单。如果初级过程之后接着进行次级过程, 则由于活化分子所进行的次级过程不同, ϕ 值可以小于 1, 也可以大于 1。若引发一个链反应, 则 ϕ 值甚至可达 10^6。

初级过程的量子产率在理论上具有重要意义。但是, 当初级过程的产物是自由基或自由原子时, 它们的浓度难以测定, 量子产率就难以估算。所以, 最常采用的是求总量子产率, 因为稳定的最终产物其浓度是可以测定的。例如, HI(g) 的光解反应:

初级过程 (光化学反应)	$HI + h\nu \longrightarrow H\cdot + I\cdot$

次级过程 (热反应) $\begin{cases} H\cdot + HI \longrightarrow H_2 + I\cdot \\ I\cdot + I\cdot \longrightarrow I_2 \end{cases}$

总过程 $\qquad 2HI \xrightarrow{h\nu} H_2 + I_2$

即一个光子可使两个 HI 分子分解, 故 $\phi = 2$。若次级过程为链反应, 则 ϕ 可能很大。例如, H_2 和 Cl_2 的反应, ϕ 值可高达 $10^4 \sim 10^6$。若次级过程中包括消活化作用, 则 ϕ 可以小于 1。例如, CH_3I 的光解反应, $\phi = 0.01$。

*分子中的能态 —— Jablonski 图

分子内部各种能级的大小以转动能级为最小, 然后振动能级、电子能级、核能级依次增大。基态分子吸收光子后就被激发, 激发转动、振动能级所需的能量

[①] 有些作者将由式 (12.78a) 所定义的 ϕ 称为量子效率 (quantum efficiency), 而将由式 (12.78b) 所定义的 ϕ' 称为量子产率, 如能严格区分, 亦未尝不可, 但似不如取式 (12.78c) 所定义的为好。

较小, 但分子处于转动或振动激发态时仍不会发生化学变化。只有用较高的能量, 使分子出现电子激发态时, 激发态电子的得失, 才能引发光化学反应。

分子激发时的**多重性** (multiplicity) M 的定义为

$$M = 2s + 1 \tag{12.79}$$

式中 s 为分子中电子的总自旋量子数。如果一对电子是自旋反平行的, 则 $s = 0$; 如果是自旋平行的, 则 $s = 1$。多重性 M 代表分子中电子的总自旋角动量在 z 轴方向的分量的多重可能值 (简称多重性)。当 $s = 0$ 时, $M = 1$, 在 z 轴方向只有一种分量, 这种状态称为单重态, 即 S 态。当 $s = 1$ 时, $M = 3$, 即电子总自旋角动量在磁场 z 方向的投影, 可以有三个不同的分量, 故称为激发三重态, 简称 T 态, 如图 12.17 所示。

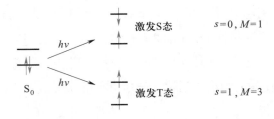

图 **12.17**   分子的多重性

分子吸收光子被激发后的各种光物理过程可用 **Jablonski 图** (图 12.18) 来示意说明。

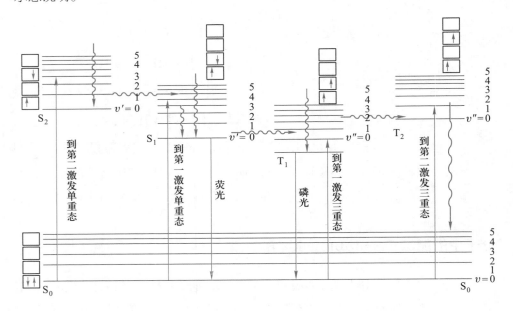

图 **12.18**   Jablonski 图

图 12.18 中, 垂直向上代表能量逐步增加, 水平方向没有物理意义。S_0 表示

电子基态, 当一个电子被激发时, 激发态 S 中两电子保持自旋反平行, 仍属 S 态, 图 12.18 中 S_1 和 S_2 分别表示第一和第二激发单重态。当激发电子为自旋平行时, 称为激发三重态。图中 T_1 和 T_2 表示第一和第二激发三重态 (由图可见, T 态的能量总比相应的 S 态的能量低, 这是因为在三重态中, 两个处于不同轨道的电子自旋平行, 其轨道在空间的重叠较少, 电子的平均间距较长, 相互排斥作用减弱, 因此 T 态的能量总比相应的 S 态的能量低)。图中水平方向每一组线表示一个电子能级, 每个电子能级上有若干个振动能级 (转动能级应在振动能级之间, 图中未标出)。

当分子吸收较强的光子, 其电子从基态被激发至高能级上时可获得分子吸收光谱, 由于在电子被激发的同时, 振动和转动也被激发, 所以分子吸收光谱有相当宽的吸收带。

原则上每一个激发态都可以通过发射光子降低自身的能量而**退活化** (deactivation) 到基态。对于孤立原子, 发射波长和吸收波长是相同的。在实际中, 激发分子的退活化过程有许多途径, 主要有**辐射跃迁** (radiation transition)、**无辐射跃迁** (radiationless transition) 和**分子间传能** (intermolecular energy transfer) 三种。前两种是分子内部的传能过程, 第三种则是分子间的传能过程。图 12.18 中向下的实线箭头表示有辐射步骤。当激发态分子从激发单重态 S_1 上的某一能态跃迁到基态 S_0 上的某一能态时所发射的辐射称为**荧光** (fluorescence), 即 $S_1 \longrightarrow S_0 + h\nu$, 这种辐射的寿命很短, 大约只有 10^{-8} s 的数量级, 所以一旦切断光源, 荧光立即停止。当激发态分子从 T_1 态跃迁到 S_0 态时, 即 $T_1 \longrightarrow S_0 + h\nu'$, 所发射的辐射称为**磷光** (phosphorescence), 它发生在多重性不同的态间向基态的跃迁。磷光发射寿命较长, 有时可保持数秒。由于从 S_0 态激发到 S_1, S_2 态是自旋允许的, 所以在 S_1, S_2 态上的分子多, 也使得荧光强度较强。而激发到 T_1, T_2 态是自旋禁阻的, 所以在 T_1, T_2 态上的分子少, 使得磷光比较弱。

无辐射跃迁是指发生在激发态分子内部的不发射光子的能量衰变过程。这种能量衰变过程有如下几种形式。

(1) **内转变** (internal conversion, IC), 是多重性相同的电子能态之间的无辐射跃迁, 如 $S_2 \rightsquigarrow S_1^{\nu}$ (在图 12.18 中用水平波纹线表示), 这种转变是等能的。

(2) **系间窜跃** (inter-system crossing, ISC), 是在多重性不同的态间的无辐射跃迁, 如 $S_1 \rightsquigarrow T_1^{\nu}$ 或 $T_1 \rightsquigarrow S_1^{\nu}$。

(3) **振动弛豫** (vibration relaxation), 也属于无辐射跃迁, 即在同一电子能级中, 由较高的振动能级将振动能量变成平动能, 或快速地传递给介质而回到较低的振动能级 (在图 12.18 中用垂直波纹线表示)。当电子被激发到 S_2 的高振动态

S_2^v 后, 由于振动弛豫非常快 (经过几次分子碰撞即可完成), 则系统很快将一部分能量变为平动能而退活化到 S_2 的 $v = 0$ 的振动能级, 故称为振动弛豫。

激发态分子也可以经过分子与分子自身之间的碰撞或与溶剂及杂质分子之间的碰撞, 放出能量 (热) 而导致退活化, 这种过程称为**猝灭** (quenching)。例如:

溶剂 (S) 猝灭 $A^* + S \longrightarrow A + S + 热$

自身猝灭 $A^* + A \longrightarrow 2A + 热$

杂质 (M) 猝灭 $A^* + M \longrightarrow A + M + 热$

电子能量转移 $A^* + B \longrightarrow A + B^*$

以上所述都是光的物理过程, 在过程中分子本身保持完整。

如果系统吸收光子后, 分子被激发到能量很高的激发态, 在激发态中有未填满的电子轨道, 则激发态分子的电子有可能失去, 也有可能接受其他分子的电子, 因而引发分子的解离、异构化或与其他分子发生反应, 这就构成光化学反应过程。

光化学反应动力学

光化学反应的速率方程较热反应的复杂一些, 它的初级过程与入射光的频率、强度 (I_0) 有关。因此, 首先要了解其初级过程, 然后还要知道哪几步是次级过程。要确定反应历程, 仍然要依靠实验数据, 测定某些物质的生成速率或某些物质的消耗速率。各种分子光谱在确定初级过程时常是有力的实验工具。

举简单反应 $A_2 \longrightarrow 2A$ 为例。设其历程为

(1) $A_2 + h\nu \xrightarrow{I_a} A_2^*$ (激发活化)   初级过程

(2) $A_2^* \xrightarrow{k_2} 2A$ (解离) 退活化   次级过程

(3) $A_2^* + A_2 \xrightarrow{k_3} 2A_2$ (能量转移而失活)   次级过程

产物 A 的生成速率为

$$\frac{d[A]}{dt} = 2k_2[A_2^*] \tag{a}$$

光化学反应初级过程的反应速率一般只与入射光的强度有关, 而与反应物浓度无关。因为反应物一般总是过量的, 所以初级光化学反应对反应物呈零级反应。根据光化学第二定律, 则初级过程的反应速率就等于吸收光子的速率 I_a (即单位时间、单位体积中吸收光子的数目或 "Einstein" 数)。若入射光 I_0 没有被全部吸收, 而有一部分变成了透射 (或反射) 光, 设吸收光占入射光的分数为 $a(a = I_a/I_0)$, 则 $I_a = aI_0$。对于上例, 根据反应 (1), A_2^* 的生成速率就等于 I_a, 而 A_2^* 的消耗速率则由反应 (2), (3) 决定。对 A_2^* 作稳态近似, 有

$$\frac{d[A_2^*]}{dt} = I_a - k_2[A_2^*] - k_3[A_2^*][A_2] = 0$$

$$[A_2^*] = \frac{I_a}{k_2 + k_3[A_2]} \tag{b}$$

将式 (b) 代入式 (a), 得

$$\frac{d[A]}{dt} = \frac{2k_2 I_a}{k_2 + k_3[A_2]} \tag{c}$$

该反应的量子效率为

$$\phi = \frac{r}{I_a} = \frac{\frac{1}{2}\frac{d[A]}{dt}}{I_a} = \frac{k_2}{k_2 + k_3[A_2]}$$

例 12.3

有人曾测得氯仿在光照下的氯化反应:

$$CHCl_3 + Cl_2 + h\nu \longrightarrow CCl_4 + HCl$$

它的速率方程为

$$\frac{d[CCl_4]}{dt} = k[Cl_2]^{1/2} I_a^{1/2}$$

为解释此速率方程, 提出了如下的反应机理:

(1) $Cl_2 + h\nu \xrightarrow{I_a} 2Cl\cdot$

(2) $Cl\cdot + CHCl_3 \xrightarrow{k_2} \cdot CCl_3 + HCl$

(3) $\cdot CCl_3 + Cl_2 \xrightarrow{k_3} CCl_4 + Cl\cdot$

(4) $2\cdot CCl_3 + Cl_2 \xrightarrow{k_4} 2CCl_4$

验证按此机理所导出的速率方程与实验所得的速率方程的一致性。

解 在反应 (3), (4) 中有 CCl_4 生成, 所以

$$\frac{d[CCl_4]}{dt} = k_3[\cdot CCl_3][Cl_2] + 2k_4[\cdot CCl_3]^2[Cl_2] \tag{a}$$

对反应过程中产生的自由基 $\cdot CCl_3$ 和 $Cl\cdot$ 作稳态近似, 有

$$\frac{d[\cdot CCl_3]}{dt} = k_2[Cl\cdot][CHCl_3] - k_3[\cdot CCl_3][Cl_2] - 2k_4[\cdot CCl_3]^2[Cl_2] = 0$$

$$\frac{d[Cl\cdot]}{dt} = 2I_a - k_2[Cl\cdot][CHCl_3] + k_3[\cdot CCl_3][Cl_2] = 0$$

上两式相加得

$$[\cdot CCl_3] = \left(\frac{2I_a}{2k_4[Cl_2]}\right)^{1/2} \tag{b}$$

将式 (b) 代入式 (a), 得

$$\frac{d[CCl_4]}{dt} = k_3\left(\frac{2I_a[Cl_2]}{2k_4}\right)^{1/2} + 2I_a = kI_a^{1/2}[Cl_2]^{1/2} + 2I_a \tag{c}$$

式中 $k = k_3\left(\frac{1}{k_4}\right)^{1/2}$。一般在光化学反应中, 反应物的分子数总是比吸收的光子数多得多, 所以式 (c) 中略去第二项, 即得

$$\frac{d[CCl_4]}{dt} = kI_a^{1/2}[Cl_2]^{1/2}$$

光化学平衡和热化学平衡

设反应物 A, B 在吸收光能的条件下进行如下的反应:

$$A + B \xrightarrow{h\nu} C + D$$

若产物对光不敏感, 则它将按热反应又回到原态, 即

$$A + B \underset{\text{热反应}}{\overset{h\nu}{\rightleftharpoons}} C + D \tag{1}$$

当正、逆反应的速率相等时, 达到稳态, 称为 **光稳定态** (photo stationary state)。在没有光的存在下, 上述反应也能达到平衡。

$$A + B \underset{\text{热反应}}{\overset{\text{热反应}}{\rightleftharpoons}} C + D \tag{2}$$

则这样的平衡就是热力学平衡。光稳定态和热力学平衡态是不同的, 光稳定态的平衡常数 (有时称为光化学平衡常数) 与热力学平衡常数也是不同的。如果反应 (1) 已达平衡, 当移去光源后, 系统将重新建立如式 (2) 所示的平衡。

以蒽的二聚为例:

$$2C_{14}H_{10}(\text{蒽}) \underset{\text{热}}{\overset{\text{光}}{\rightleftharpoons}} C_{28}H_{20}(\text{二聚体})$$

这个反应的机理其实并不如此简单, 但为了简化, 用上式来讨论, 并简写为

$$2A \underset{k_{-1}}{\overset{I_a}{\rightleftharpoons}} A_2$$

正向反应速率

$$r_f = I_a$$

逆向反应速率

$$r_b = k_{-1}[A_2]$$

平衡时, $r_f = r_b$, 即

$$I_a = k_{-1}[A_2]$$

或

$$[A_2] = I_a/k_{-1}$$

平衡浓度 $[A_2]$ 取决于吸收光的强度 I_a, 即与吸收光的强度 I_a 成正比。当 I_a 一定时, 则双蒽的浓度为一常数 (即光化学平衡常数), 而与反应物蒽的浓度无关。

也有些光化学反应, 其正、逆反应都对光敏感, 例如:

$$2SO_3 \xrightleftharpoons[h\nu']{h\nu} 2SO_2 + O_2$$

热力学计算表明, 在 900 K 和 101.325 kPa 下, 平衡时有 30% 的 SO_3 分解。但在光化学反应的情况下, 在 318 K 时, 就有 35% 的 SO_3 分解, 而且当光强度一定时, 在 323 ~ 1073 K 内其平衡常数都不会改变。

通常的化学反应, 温度每升高 10 K, 反应速率增加 2 ~ 4 倍。而温度对光化学反应速率的影响一般都不大, 这是由于光化学的初级过程与吸收光的强度有关, 而次级过程中又常涉及自由基反应, 这些反应的活化能不大, 所以温度对反应速率影响不大。但也有些光化学反应的温度系数很大, 有的甚至可为负值, 这是由于有次级过程存在, 在总的速率常数中可能包括中间步骤的速率常数或平衡常数。一种简单的情况: 若总的速率常数中包含某一步骤的速率常数 k_1 和平衡常数 $K^\ominus$, 并设有如下的关系:

$$k = k_1 K^\ominus$$

则

$$
\begin{aligned}
\frac{\mathrm{d}\ln k}{\mathrm{d}T} &= \frac{\mathrm{d}\ln k_1}{\mathrm{d}T} + \frac{\mathrm{d}\ln K^\ominus}{\mathrm{d}T} \\
&= \frac{E_a}{RT^2} + \frac{\Delta_r H_m^\ominus}{RT^2} \\
&= \frac{E_a + \Delta_r H_m^\ominus}{RT^2}
\end{aligned}
$$

如果 $\Delta_r H_m^\ominus$ 为负值, 且其绝对值大于 E_a, 则 $\frac{\mathrm{d}\ln k}{\mathrm{d}T} < 0$, 即增加温度, 反应速率反而变慢, 苯的氯化反应就属于这一类型。

总之, 光化学反应与热反应的主要区别可归纳为如下几点:

(1) 在热反应中, 反应分子靠频繁的互相碰撞而获得克服势垒所需要的活化能, 而在光化学反应中, 分子靠吸收外来光能后激发而克服势垒。

(2) 在定温定压下, 自发进行的热反应必是 $(\Delta_r G)_{T,p} \leqslant 0$ 的反应, 但光化学反应可以是 $(\Delta_r G)_{T,p} \leqslant 0$ 的反应, 也可以是 $(\Delta_r G)_{T,p} > 0$ 的反应。例如, $CO_2(g)$ 及 H_2O 在阳光的照射下, 以叶绿素作催化剂而合成糖类的反应就是 $(\Delta_r G)_{T,p} > 0$ 的反应:

$$6CO_2(g) + 6H_2O \xrightarrow[\text{阳光}]{\text{叶绿素}} C_6H_{12}O_6 + 6O_2(g)$$

(3) 热反应的反应速率受温度的影响比较明显。在光化学反应中, 分子吸收光子而激发的步骤, 其速率与温度无关, 而受激发后的反应步骤, 又常是活化能很小的步骤, 故一般来说, 光化学反应的温度系数较小。

(4) 在对峙反应中, 在正、逆反应中只要有一个是光化学反应, 则当正、逆反应的速率相等时就建立了 "光稳定态" (也称为光化学平衡态)。同一对峙反应, 若既可按热反应方式进行, 又可按光化学反应进行, 则热反应的平衡常数及平衡组成与光化学反应的 "平衡常数" 及光稳定态的组成并不相同。对于光化学反应, 并不存在 $\Delta_r G_m^{\ominus} = -RT\ln K^{\ominus}$ 的关系。

感光反应、化学发光

有些物质不能直接吸收某种波长的光而进行光化学反应, 即对光不敏感。但如果在系统中加入另外一种物质, 它能吸收这样的辐射, 然后把光能传递给反应物, 使反应物发生作用, 而本身在反应的前后并不发生变化, 则这样的外加物质就叫作**感光剂** (或**光敏剂**, photosensitizer), 相应的反应就是**感光反应** (或**光敏反应**, photosensitized reaction)。

例如, 用波长为 253.7 nm 的紫外光照射氢气时, 氢气并不解离。该紫外光 1 mol 光子的能量为

$$E_m = \frac{Lhc}{\lambda}$$

$$= \frac{6.022 \times 10^{23} \ \text{mol}^{-1} \times 6.626 \times 10^{-34} \ \text{J} \cdot \text{s} \times 3.0 \times 10^8 \ \text{m} \cdot \text{s}^{-1}}{253.7 \times 10^{-9} \ \text{m}}$$

$$= 472 \ \text{kJ} \cdot \text{mol}^{-1}$$

而 1 mol $H_2(g)$ 分子的解离能为 436 kJ·mol^{-1}, 照理反应应该可以发生, 但实际上 $H_2(g)$ 并不解离。在 $H_2(g)$ 中混入少量汞蒸气后, $Hg(g)$ 受光活化成为 $Hg^*(g)$, 它能使氢分子立刻分解, 则汞蒸气就是该反应的感光剂。上述过程可定性地表示为

$$Hg(g) + h\nu \longrightarrow Hg^*(g)$$

$$Hg^*(g) + H_2(g) \longrightarrow Hg(g) + H_2^*(g)$$

$$H_2^*(g) \longrightarrow 2H\cdot$$

另一个常见的例子是植物的光合作用 (photosynthesis)。$CO_2(g)$ 及 H_2O 都不能直接吸收阳光 ($\lambda = 380 \sim 760$ nm), 而叶绿素却能吸收阳光并将 $CO_2(g)$ 和 H_2O 转化为葡萄糖:

$$6CO_2(g) + 6H_2O \xrightarrow[h\nu]{\text{叶绿素}} C_6H_{12}O_6 + 6O_2(g)$$

因此, 叶绿素就是植物光合作用的感光剂。

卤化银能吸收自然光里的短波辐射 (绿光、紫光、紫外光) 而发生分解, 如

$$AgBr \xrightarrow{h\nu} Ag + Br\cdot$$

这个反应是照相技术的基础。但卤化银却不受长波辐射 (红光、荧光) 的影响, 故冲洗相片的暗房里可用红灯照射。如果在 $AgBr$ 中加入某种染料, 则它在红光下也会分解, 这种染料就是感光剂。

二氧铀草酸盐光量计, 可以用来测定紫外光的强度, 即是根据上面的原理设计的。仪器的主要部分含有一定浓度的 UO_2SO_4 和草酸溶液, UO_2^{2+} 对紫外光敏感, 它吸收紫外光成为激发态, 并把能量传递给草酸, 使草酸分解, 从草酸的分解量可以测知紫外光的强度。

选择对不同波长的光所发生的感光反应, 可以设计测定不同波长光的强度的仪器, 这种设备称为化学光量计。

化学发光 (chemiluminescence) 是化学反应过程中发出的光, 可看成光化学反应的逆过程。光化学反应是分子吸收光子变为激发态后再进行的反应, 而化学发光则由于在化学反应过程中产生了激发态分子, 这些激发态分子回到基态的同时放出了辐射。由于产生化学发光的温度一般在 800 K 以下, 故有时又称为**化学冷光** (cold light)。例如, $CO(g)$ 燃烧时能形成激发态的 $CO_2^*(g)$ 和 $O_2^*(g)$, 这些激发态分子能放出光:

$$O_2^* \longrightarrow O_2 + h\nu$$

$$CO_2^* \longrightarrow CO_2 + h\nu'$$

其他如细菌对朽木的氧化、萤火虫的发光及黄磷的发光等, 所发出的光都是可见的 (当然也有些只是在夜间可见的)。

有些化学发光是肉眼不可见的, 如红外化学发光。例如, 热反应:

$$H + X_2 \longrightarrow X + HX^*$$

激发态 HX* 可以放出红外辐射, 在化学反应动态学中, 人们通过研究这种红外辐射, 可以了解能量在初生态产物中的分配。

*12.8 化学激光简介

激光的英文名称 laser 是英文 "light amplification by stimulated emission of radiation" 的缩写, 意思是 "由受激发射辐射而强化的光"。激光是一种单色、亮度高、相干性好、方向性好的相干光束。

受激辐射、受激吸收及自动辐射等是电磁波与物质相互作用的三种基本现象, 激光的产生即由此而来。

受激辐射、受激吸收和自动辐射

受激辐射、受激吸收和自动辐射三种情况的对比见图 12.19。每一个能级上的粒子是很多的, 图中只给出了一个有变动的粒子 (用 "●" 表示)。

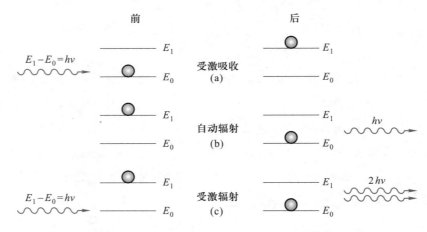

图 **12.19** 受激辐射、受激吸收和自动辐射三种情况的对比

处于激发态的粒子其能量较高, 会自发从高能级跃迁到低能级, 而放出能量为 $E_1 - E_0 = h\nu$ 的辐射。在跃迁过程中, 每一个原子或分子都可以当作一个独立发射光的光源, 因而发射的光指向各个方向, 是无序的, 即具有不同的偏振方向, 在光学上称这种光具有**非相干性** (noncoherence)。此过程称为自动辐射, 图 12.19(b) 就属于这种情况。

图 12.19(a) 是处于低能级 (能量为 E_0) 的原子 (或分子) 吸收了外来的能量 $h\nu$, 而从低能级跃迁到高能级的过程, 称为受激吸收。一旦撤去激励光源, 则受激吸收过程立刻停止。

图 12.19(c) 则是一种较特殊的过程, 它首先要求处于高能级的粒子数要多于低能态的粒子数 (即粒子数分布呈反转状态)。受激辐射是指处于较高能级的激发态分子 (或原子) 受光的激励而回到低能级的过程; 与此同时, 发射出与激励光源同频率、同位相、同方向、同偏振的辐射。受激辐射出的波的能量比入射波的能量增加了一倍 (即产生了光的倍增效应), 这就是激光的来源。

粒子数反转

在通常的情况下, 将适当能量的光子射入含有某物质的容器中, 不能发生上述第三种情况即受激辐射, 而只能发生受激吸收。这是因为在通常的热平衡状态下, 在能级 E_0 和 E_1 上的粒子数 N_0 和 N_1 服从 Boltzmann 分布定律, 即

$$\frac{N_1}{N_0} = \exp\left(-\frac{E_1 - E_0}{kT}\right)$$

式中 $E_1 > E_0$。若两个能级的能量差 (或能量间隙) 为 kT (在室温时, kT 值约为 0.025 eV), 高能级的粒子数约为低能级粒子数的 1/e (或 0.37)。而对发生可见光子的能级转变来说, 激发态和基态之间的能量间隙约为 1.25 eV (这个数值与 0.025 eV 相差甚远, 即在受激辐射过程中, 高能级的能量远远高于第一激发态的能量 E_1)。所以在通常的平衡状况下, 在室温时处于该激发态的粒子数将是微不足道的。因此, 任何可见光的光子很可能被吸收而不引起受激辐射。

要使受激辐射占优势, 必须增加激发态的粒子数, 并使之多于低能级的粒子数, 这种情况就称为**粒子数反转** (population inversion)。但在热平衡下, Boltzmann 分布公式表明, 对于二能级系统, 即使温度无限高, 也只能使两个能级的粒子数相等。在常温下, 要实现粒子数反转只能在非平衡状况下进行, 此时 Boltzmann 分布定律已不适用, 代之而起支配作用的是非平衡态即不可逆过程热力学的规律。

激光器是一个远离平衡的开放系统, 它与外界不断交换能量, 从外界输入足够强的光波 (或适当的电能), 使其中的粒子从低能级激发到高能级, 或直接利用化学反应使产物处于激发态, 以实现粒子数反转, 这一过程称为**泵浦** (pumping, 也称为抽运或抽送)。

三能级系统和四能级系统的粒子数反转

任何物质的能级结构都极为复杂, 但与激光器运转过程直接有关的能级结构只有两种, 即三能级系统和四能级系统 (如上所述, 对二能级系统不管用什么手段, 只能发生受激吸收而不能发生受激辐射)。

在三能级系统中 [如图 12.20(a)], 粒子通过适当的方法 (泵浦), 从基态 (能级 0) 提升到能级 2, 如果该系统有这样的性质, 即处在能级 2 的粒子是很不稳定的, 它很快跃迁 (或蜕变) 到能级 1, 这样就可能在能级 1 和 0 之间出现粒子数反转。

在图 12.20(b) 所示的四能级系统中, 在外界的激励下, 基态 (能级 0) 上有大量的粒子被泵浦到能级 3 上。能级 3 上的粒子迅速地跃迁到能级 2 上, 能级 2 是亚稳态的, 寿命较长。而能级 1 的寿命较短, 到能级 1 上的粒子很快回到基态。于是在能级 2 与能级 1 之间非常容易实现粒子数反转。

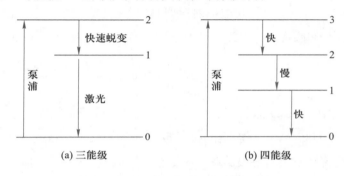

图 12.20　三能级系统和四能级系统

化学激光

化学激光 (chemical laser) 就是通过化学反应, 直接产生非 Boltzmann 分布的激发态工作粒子 (原子、分子、自由基等), 构成粒子数反转从而得到的激光。或者说, 化学激光是指激活介质的粒子数反转是通过化学反应的热效应, 把能量转变为粒子的振动能和转动能而实现的激光系统。产生化学激光必须具备的条件是

(1) 在化学反应中一定要释放出能量, 这是化学激光的能源;

(2) 化学反应所释放的能量要能转化为产物分子的热力学能, 使其形成激发态粒子;

(3) 要求化学反应达到特定能级的反应速率快 (即泵浦速率快), 使生成的激发态粒子不致在发生激光之前由于自发辐射衰减或分子间碰撞传能而被消耗, 这样才能保证达到上、下能级粒子数的反转 (即粒子能在高能级上发生积累);

(4) 要求激发态粒子自动辐射的寿命极短, 有足够的跃迁概率。

第一台化学激光器是氯化氢化学激光器, 是在 1965 年由美国加州大学伯克利分校的 J. Kasper (当时他是研究生) 与他的导师 G. Pimentel 共同研制的, 他们利用光引发 $H_2(g)$ 与 $Cl_2(g)$ 的混合气体爆炸而获得激光, 其反应机理如下:

(1) $Cl_2 + h\nu \longrightarrow 2Cl\cdot$ 光解引发链反应

(2) $Cl\cdot + H_2 \longrightarrow HCl(\upsilon = 0) + H\cdot$

$$E_a = 23\,\text{kJ} \cdot \text{mol}^{-1}, \Delta_r H_m = 4.18\,\text{kJ} \cdot \text{mol}^{-1}$$

(3) $H\cdot + Cl_2 \longrightarrow HCl^*(\upsilon = 1 \sim 6) + Cl\cdot$

$$E_a = 7.5\,\text{kJ} \cdot \text{mol}^{-1}, \Delta_r H_m = -188.5\,\text{kJ} \cdot \text{mol}^{-1}$$

(4) $HCl^*(\upsilon = 1 \sim 6) \longrightarrow HCl(\upsilon = 0) + h\nu\ (\lambda = 3.7 \sim 3.8\,\mu\text{m})$

由于反应 (2) 的活化能较高而又不是放热反应, 所以相对而言反应速率偏慢, 产生的 HCl 粒子都处于振动的基态 (振动量子数 $\upsilon = 0$). 因此, 这一步不可能产生激光. 而反应 (3) 的活化能小, 而又放出大量的热, 反应速率极快, 成为产生激光的泵浦反应, 使能级上粒子数反转. 受激粒子中的振动量子数 υ 值在 $1 \sim 6$, 产生的激光波长为 $\lambda = 3.7 \sim 3.8\,\mu\text{m}$.

这是第一台化学激光器, 也是第一台运转在振动量子数由 2—1 和由 1—0 的化学激光器, 这样的反应机理对以后其他化学激光的研制产生了极大的影响和指导作用. 但由于反应 (2) 中产生的处于基态的 HCl 会将 (3) 中产生的激发态的 HCl* "稀释", 所以希望在反应中有更多的 H 原子. 但 H_2 的解离能大, 至今无很好的办法来解决. 另外, 该激光器在反应气 $H_2(g)$ 与 $Cl_2(g)$ 的预混时, 见光容易发生爆炸. 所以, 后来这类激光器逐渐被 HF/DF 化学激光器代替.

HF/DF 化学激光器是将分别注入的氧化剂和燃料, 经过超声速混合喷管进入光腔, 与反应物一旦混合就产生一个快速强放能的泵浦反应, 产生处于振动激发态的 $HF^*(\upsilon)$; 当粒子形成部分反转时, 就会发射出波长在 $2.7 \sim 3.1\,\mu\text{m}$ 的激光.

在 20 世纪 70 年代, 激光技术已开始用于工业加工, 当时主要用 $CO_2(g)$ 激光器和钕玻璃固体激光器, 它们的能源都是电能, 操作比较简单, 而化学激光器的操作相对比较复杂. 但当需要高功率激光时, 由于化学激光器的放大性能好, 可放大至几十万瓦甚至百万瓦, 可以用来切割钢板、铝板等, 不但切割速度快, 而且质量好, 所以化学激光器就优于电能激光器. 另外, 氧碘化学激光的波长为 $1.315\,\mu\text{m}$, 很适合用光纤传输, 便于远距离操作, 如对核反应堆的检修和拆除等; 再加上氧碘化学激光器的波长短, 光束发射角仅是 $CO_2(g)$ 激光器的 1/8, 所以可以聚焦成很小的光斑, 提高加工精度.

化学激光是利用化学反应释放的能量而产生的激光, 所以不受电源的限制, 可以制备成由飞机运载的机载激光器, 或制备成由卫星运载的星载激光器, 以及其他高功率的车载、舰载激光武器等, 所以化学激光器在军事工业上备受重视。

激光作为一种特殊的光源, 其用途非常广泛。激光光源具有单色性好、亮度高、方向性强和相干性高等特点, 是用来研究光与物质的相互作用, 从而辨认物质及其所在系统的结构、组成、状态及其变化的较理想的光源。激光的出现, 使原有的光谱技术在灵敏度和分辨率方面得到很大的提高。激光光谱学已经成为和物理学、化学、生物学及材料科学等密切相关的新领域。

激光可用于同位素的分离。人们早已知道可以利用单色光对准一种同位素的谱线位置, 将它光解或激发至激发态进行反应, 而其余的同位素不被光解或激发而留存于原料之中, 达到同位素分离的目的。用激光的方法已经成功地分离了氢、硼、氮、碳、氯、硫、钠、锂、溴、钙、钡、铁等的同位素, 难度最大的 ^{235}U 和 ^{238}U 的分离也获得了成功。

在常温常压下不能进行的反应, 通过激光的照射可诱发其发生反应, 这开拓了激光诱导化学反应的新领域。例如, 激光法生产氯乙烯:

$$C_2H_4Cl_2 \xrightarrow{h\nu} \cdot C_2H_4Cl + Cl\cdot$$

$$C_2H_4Cl_2 + Cl\cdot \longrightarrow \cdot C_2H_3Cl_2 + HCl$$

$$\cdot C_2H_3Cl_2 \xrightarrow{M} C_2H_3Cl + Cl\cdot$$

又如, 激光诱发 $BCl_3 + H_2S$ 的反应, 在常温常压下二者不发生反应, 但在二氧化碳激光辐射之下, BCl_3 分子的 ν_3 振动频率与 10.55 μm 红外光子共振, 使 B—Cl 键被激发, 发生下述反应过程:

$$BCl_3 + H_2S \xrightarrow{h\nu} BCl_3^* + H_2S \longrightarrow BCl_2SH + HCl$$

$$3BCl_2SH \longrightarrow (BClS)_3 + 3HCl$$

$$(BClS)_3 \longrightarrow B_2S_3 + BCl_3$$

12.9　催化反应动力学

催化剂与催化作用

能加快反应的速率而不改变反应总的标准 (摩尔) Gibbs 自由能变化的物质称为**催化剂** (catalyst), 相关过程称为**催化作用** (catalysis), 有催化剂参与的反应称为**催化反应** (catalyzed reaction)。能使反应速率变慢的物质称为**抑制剂** (inhibitor), 相关过程称为抑制作用 (inhibition)。

催化剂在现代工业中的作用是毋庸赘述的, 尤其是在化工、医药、农药、染料等工业中, 80% 以上产品的生产过程都需要催化剂。许多熟知的工业反应如氮氢合成氨、$SO_2(g)$ 氧化制 $SO_3(g)$、氨氧化制硝酸、尿素的合成、合成橡胶、高分子的聚合反应等, 都是采用催化剂的。在生命现象中大量存在着催化作用, 例如植物对 $CO_2(g)$ 的光合作用, 有机体内的新陈代谢, 蛋白质、糖类和脂肪的分解作用等基本上都是酶催化作用。在人体内酶催化作用的终止意味着生命的终止。

化学工业的发展和国民经济的需要都推动着对催化作用的研究, 生命科学的研究同样需要了解各种酶催化作用的机理。但是, 由于涉及的问题比较复杂, 催化理论的进展远远落后于生产实际。

催化反应通常可以分为均相催化反应和多相催化反应, 前者催化剂和反应物处于同一相, 如均为气态或液态, 后者则不处于同一相, 这时反应在两相界面上进行。工业上许多重要的催化反应都是多相催化反应, 且以催化剂是固态物质, 反应物是气态或液态者居多。

催化剂之所以能加快反应的速率, 是因为它参与具体的反应过程 (既是反应的反应物, 也是反应的产物), 改变了反应的途径, 降低了反应的活化能, 见表 12.4。如图 12.21 所示, 在有催化剂 K 存在的情况下, 反应沿着活化能较低的新途径进行, 图中的最高点相当于反应过程的中间状态。

表 12.4 催化反应和非催化反应的活化能

反应	$\dfrac{E_a}{kJ \cdot mol^{-1}}$		催化剂
	非催化反应	催化反应	
$2HI \longrightarrow H_2 + I_2$	184.1	104.6	Au
$2H_2O \longrightarrow 2H_2 + O_2$	244.8	136.0	Pt
蔗糖在盐酸溶液中的分解	107.1	39.3	转化酶
$2SO_2 + O_2 \longrightarrow 2SO_3$	251.0	62.8	Pt
$3H_2 + N_2 \longrightarrow 2NH_3$	334.7	167.4	$Fe - Al_2O_3 - K_2O$

设催化剂 K 能加速反应 $A + B \xrightarrow{K} AB$, 设其机理为

$$A + K \underset{k_2}{\overset{k_1}{\rightleftharpoons}} AK \qquad (1)$$

$$AK + B \xrightarrow{k_3} AB + K \qquad (2)$$

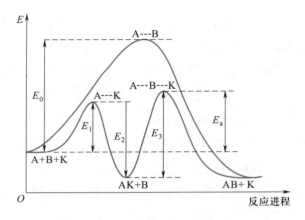

图 12.21　催化反应的活化能与反应的途径

若第一个反应能很快达到平衡, 则用平衡假设近似法, 从反应 (1) 得

$$k_1 c_K c_A = k_2 c_{AK}$$

或

$$c_{AK} = \frac{k_1}{k_2} c_K c_A$$

但总反应速率由反应 (2) 决定, 即

$$r = k_3 c_{AK} c_B = k_3 \frac{k_1}{k_2} c_B c_K c_A = k c_A c_B$$

式中 k 称为**表观速率常数** (apparent rate constant), $k = k_3 \dfrac{k_1}{k_2} c_K$。上述各基元反应的速率常数可以用 Arrhenius 公式表示, 于是

$$k = \frac{A_1 A_3}{A_2} c_K \exp\left(-\frac{E_1 + E_3 - E_2}{RT}\right)$$

故催化反应的表观活化能 $E_a = E_1 + E_3 - E_2$ (能峰的示意图如图 12.21 所示)。而非催化反应 (图 12.21 中用上面的一条曲线表示) 要克服一个活化能为 E_0 的较高的能峰, 而在催化剂的存在下, 反应的途径改变, 只需要克服两个较小的能峰 (E_1 和 E_3)。

　　活化能的降低对于反应速率的影响是很大的, 如表 12.4 中 HI 的分解反应 (503 K), 在没有催化剂时活化能为 $184.1 \, \text{kJ} \cdot \text{mol}^{-1}$, 若以 Au 为催化剂, 活化能降为 $104.6 \, \text{kJ} \cdot \text{mol}^{-1}$。则

$$\frac{k_{催}}{k_{非催}} = \frac{A \exp\left(-\dfrac{104.6 \times 10^3}{RT}\right)}{A' \exp\left(-\dfrac{184.1 \times 10^3}{RT}\right)}$$

假定催化反应和非催化反应的指前因子 A 相等, 则

$$\frac{k_{催}}{k_{非催}} = 1.8 \times 10^8$$

人们曾经发现有些催化反应的活化能降低得不多, 但反应速率却改变很大; 也发现在不同催化剂上进行的同一反应, 其活化能相差不大, 但反应速率相差很大, 这些情况可由活化熵的改变来解释。

根据式 (12.50), 若活化熵 $\Delta_r^{\neq} S_m^{\ominus}$ 改变较大, 则能强烈地影响速率常数 $k_{(r)}$。例如, 乙烯的加氢反应, 在金属 W 和 Pt 催化剂上反应的活化能相同, 可是由于在 Pt 上反应的活化熵增大, 导致指前因子 A 增加, 所以反应速率加快。

综上所述可知:

(1) 催化剂能加快反应到达平衡的速率, 是由于改变了反应历程, 降低了活化能。至于它怎样降低活化能, 机理如何, 乃是催化研究领域的重要点之一。

(2) 催化剂在反应前后, 其化学性质没有改变, 但在反应过程中由于参与了反应 (可与反应物生成某种不稳定的中间化合物)。所以, 在反应前后, 催化剂本身的化学性质虽不变, 但常有物理性状的改变。例如, 催化 $KClO_3$ 分解的 MnO_2 催化剂, 在作用进行后, 从块状变为粉末状。催化 NH_3 氧化的铂网, 经过几个星期后, 表面就变得比较粗糙。

(3) 催化剂不影响化学平衡。从热力学的观点来看, 催化剂不能改变反应系统的 $\Delta_r G_m^{\ominus}$。催化剂只能缩短达到平衡所需的时间, 而不能移动平衡点。对于业已平衡的反应, 不可能借加入催化剂来增加产物的比例。催化剂对正、逆反应都发生同样的影响, 所以正反应的优良催化剂也应为逆反应的催化剂。例如, 苯在 Pt 和 Pd 上容易氢化生成环己烷 (473 ~ 513 K), 而在 533 ~ 573 K 环己烷也能在上述催化剂上脱氢。又如, 在相同条件下, 水合反应的催化剂同时也是脱水反应的催化剂。这个原则很有用。例如, 用 CO 和 H_2 为原料合成 CH_3OH 是一个很有经济价值的反应, 在常压下寻找甲醇分解反应的催化剂就可作为高压下合成甲醇的催化剂。而直接研究高压反应, 实验条件要麻烦得多。

催化剂不能实现热力学上不能发生的反应。因此, 在寻找催化剂时, 首先要尽可能根据热力学的原则, 核算一下某种反应在该条件下发生的可能性。

(4) 催化剂有特殊的选择性。① 某一类反应只能用某些催化剂来进行催化, 如环己烷的脱氢反应只能用 Pt, Pd, Ir, Rh, Cu, Co, Ni 等来催化。② 某一物质只在某一固定类型的反应中, 才可以作为催化剂, 如新鲜沉淀的氧化铝, 对一般有机化合物的脱水都具有催化作用。③ 同一物质在不同催化剂上可得到不同的产物, 如 C_2H_5OH 在 473 ~ 523 K 的金属铜上得到 $CH_3CHO + H_2$; 在 623 ~ 633 K 的

Al_2O_3 (或 TiO_2) 上得到 $C_2H_4 + H_2O$; 在 $673 \sim 723$ K 的 ZnO, Cr_2O_3 上得到丁二烯等。

(5) 有些反应其速率和催化剂的浓度成正比, 这可能是因为催化剂参加了反应成为中间化合物。对于气-固相催化反应, 增加催化剂的用量或增加催化剂的比表面, 都将增加单位时间内的反应量。

(6) 在催化剂或反应系统内加入少量的杂质常可以强烈地影响催化剂的作用, 这些杂质既可成为助催化剂也可成为反应的毒物 (poison)。这表明催化剂的表面并不全是等效的, 存在着具有一定结构的表面活性中心。

均相酸碱催化

酸碱催化可分为均相与多相两种。在历史上对均相酸碱催化研究得较多, 而对于多相酸碱催化如前所述, 由于对表面的吸附态及表面的活性中心研究得还很不充分, 所以其理论没有前者的成熟。但均相酸碱催化的某些机理, 也可供多相酸碱催化参考。

酸催化反应包含催化剂分子把质子转移给反应物的步骤。因此, 催化剂的效率常与酸催化剂的酸强度有关。在酸催化时, 酸失去质子的趋势可用它的解离常数 K_a 来衡量:

$$HA + H_2O \Longrightarrow H_3O^+ + A^-$$

故酸催化反应的速率常数 k_a 应与酸的解离常数 K_a 成比例。实验表明, 二者有如下的关系:

$$k_a = G_a K_a^{\alpha}$$

或

$$\lg k_a = \lg G_a + \alpha \lg K_a \tag{12.80}$$

式中 G_a, α 均为常数, 取决于反应的种类和反应条件。表 12.5 给出了以各种酸为催化剂时乙醛水合物 (在丙酮溶液中) 脱水反应的数据, 该反应为

$$CH_3CH(OH)_2 \xrightarrow{\text{催化剂}} CH_3CHO + H_2O$$

以 $\lg k_a$ 对 $\lg K_a$ (K_a 是在水溶液中测量的解离常数) 作图, 可得图 12.22, 图中的结果符合式 (12.80)。

对于碱催化反应, 碱的催化作用速率常数 k_b 同样与它的解离常数 K_b 有如下的关系:

$$k_b = G_b K_b^{\beta} \tag{12.81}$$

表 12.5　以各种酸为催化剂时乙醛水合物脱水反应的数据 (298 K)

序号	酸	$\dfrac{\text{催化反应速率常数 } k_a}{\text{dm}^3 \cdot \text{mol}^{-1} \cdot \text{min}^{-1}}$	解离常数 K_a
1	酚	0.0181	1.06×10^{-10}
2	邻氯苯酚	0.112	3.2×10^{-9}
3	间硝基苯酚	0.160	5.3×10^{-9}
4	邻硝基苯酚	0.334	6.8×10^{-8}
5	对硝基苯酚	0.520	6.75×10^{-8}
6	2,4,6-三氯苯酚	1.53	3.9×10^{-7}
7	丙酸	18.0	1.35×10^{-5}
8	乙酸	19.2	1.75×10^{-5}
9	甲酸	43.5	1.8×10^{-4}
10	2,6-二硝基苯酚	91.0	1.94×10^{-4}
11	溴代乙酸	129	7.94×10^{-4}
12	2,4-二硝基苯酚	183	8.32×10^{-5}
13	苯基丙酸	225	4.17×10^{-5}
14	二氯乙酸	773	5.50×10^{-2}

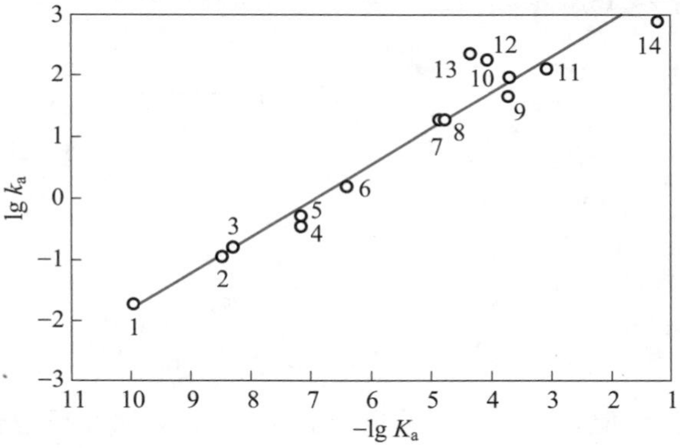

图 12.22　在乙醛水合物的脱水过程中, 各种酸的催化反应速率常数的 Brönsted 关系图
(图中数字即为表 12.5 中的序号)

式中 G_b, β 均为常数, 也由反应的种类和反应条件决定。式 (12.80) 和式 (12.81) 中的 α, β 均为正值, 其值为 $0 \sim 1$。

在碱性溶液中碱的解离常数:

$$B + H_2O \Longrightarrow BH^+ + OH^-$$

$$K_b = \frac{[BH^+][OH^-]}{[B]} \tag{12.82}$$

式 (12.80) 和式 (12.81) 有时称为 **Brönsted 关系式**或 **Brönsted 定律**。如果催化剂是多元酸 (或碱), 能解离 (或接受) 多于一个质子, 例如丙二酸 $CH_2(COOH)_2$ 或 PO_4^{2-} 等, 则 Brönsted 关系式应稍加修正。Brönsted 关系式对均相反应能相当好地符合, 有时也可适用于非均相反应。

酸或碱催化反应常被解释为经过离子型的中间化合物, 即经过碳正离子或碳负离子而进行的。例如:

$$S(反应物) + HA(酸催化剂) \longrightarrow SH^+ + A^-$$

$$SH^+ + A^- \longrightarrow 产物 + HA$$

或

$$S(反应物) + B(碱催化剂) \longrightarrow S^- + HB^+$$

$$S^- + HB^+ \longrightarrow 产物 + B$$

具体的例子: 在催化剂 $AlCl_3$ 的作用下, 苯与卤代烃的反应称为 Friedel-Crafts 反应, 反应的机理是

$$C_5H_{11}\!:\!\ddot{C}l\!: + \underset{Cl}{\overset{Cl}{Al}}\!:\!Cl \Longrightarrow C_5^+H_{11} + [AlCl_4]^-$$

$AlCl_3$ 是 Lewis 酸, 接受电子对产生碳正离子, 然后再按下式反应:

$$\bigcirc + C_5^+H_{11} \longrightarrow \bigcirc^{C_5H_{11}} + H^+$$

$$[AlCl_4]^- + H^+ \longrightarrow AlCl_3 + HCl$$

络合催化

络合催化 (coordination catalysis) 又称为**配位催化**, 泛指在反应过程中, 催化剂与反应基团直接形成中间络合物, 使反应基团活化。

络合催化是均相催化研究领域中的重点, 自 20 世纪 50 年代初期 Ziegler-Natta 型催化剂[①] 出现以来, 以金属络合物为基础的催化剂研究有很大的发展。现在一些过渡金属络合物已成为加氢、脱氢、氧化、异构化、水合、羰基合成、高分子聚合等类型反应过程的重要催化剂。通过对这些催化过程的研究, 络合物

[①] 由四氯化钛–三乙基铝 [$TiCl_4 - Al(C_2H_5)_3$] 组成的催化剂, 适用于常压下催化乙烯聚合, 所得聚乙烯具有良好的性能。此类催化剂是 Ziegler 和 Natta 在 20 世纪 50 年代发明的, 故被称为 Ziegler-Natta 催化剂。以后人们把这一概念扩大, 凡催化剂中有一种过渡元素, 可提供 π 络合空位, 而另一种金属起还原性烷基化作用, 把起这两种作用的金属配对的催化剂统称为 Ziegler-Natta 型催化剂。

催化剂的活性、选择性、稳定性等特点, 已经逐渐在工业应用上显示出来。

络合活化催化作用 (简称为络合催化) 汲取了近代络合物化学和化学键理论方面的成就, 并随着这些科学理论和研究方法的发展而兴盛起来。它在化学工业中的重大作用, 又促进了络合物化学和化学键理论的进一步发展。尤其重要的是, 发现许多具有催化性能的络合物还可以作为反应的中间体被分离出来。通过对这些分离出来的中间体的性质、结构等方面的研究, 可以更深入地理解催化反应的机理, 这对了解催化作用的本质是非常重要的, 从而也对制备和筛选催化剂提供更多的科学依据。

金属特别是过渡金属有很强的络合能力 [过渡金属元素的价电子层有 5 个 $(n-1)$d, 1 个 ns 和 3 个 np, 共有九个能量相近的原子轨道, 容易组合成 d, s, p 的杂化轨道。这些杂化轨道可以与配体以配键的方式结合而形成络合物]。凡是含有两个及两个以上孤对电子或 π 键的分子或离子都可以作为配体, 能生成多种类型的络合物, 其催化活性都与过渡金属原子或离子的化学特性有关, 也就是与过渡金属原子 (或离子) 的电子结构、成键结构有关。同一类催化剂, 有时既可在溶液中起均相催化的作用, 也可以使之成为固体催化剂在多相催化中起作用。例如, 有人以 $PdCl_2$ 为催化剂, 在异辛烷溶液中通过均相催化过程将乙烯合成乙酸乙烯; 而负载于 Al_2O_3 上的 $PdCl_2$ 也可用于多相催化过程, 且都是形成 $PdCl_2$—C_2H_4 中间络合物, 其催化活性也几乎相同。因此, 对于络合催化的研究, 往往可以通过均相催化反应来认识多相催化活性中心的本质和催化作用的机理。

络合催化是 20 世纪中期以后发展起来的, 特别是近年来有很大的进展, 它以化学键理论作为考虑问题的出发点, 并在多相催化中同时考虑一些物理因素的影响。因此, 目前认为络合催化是极有前途的一种催化理论。

由于石油化工中基本有机原料的合成和材料合成工业 (包括高分子材料、复合材料、新型功能材料等), 主要建立在炔烃、烯烃化学的基础上, 并广泛地使用络合催化。所以, 随着我国石油化学工业的发展, 络合催化剂必将获得大量的使用。

络合催化的机理, 一般可表示为

式中 M 代表中心金属原子, Y 代表配体, X 代表反应分子。

首先, 反应分子可与配位数不饱和的络合物直接配位, 然后配体 (即反应分子 X) 随即转移插入相邻的 M—Y 键中, 形成 M—X—Y 键 (M—Y 键属于不稳定的配键), 插入反应又使空位恢复, 然后又可重新进行络合和插入反应。所以,络合催化过程中这种 "空位中心" 和固体催化剂的 "表面活性中心" 具有相同的作用。在解释催化的活性机理和中毒效应时都可使用这种概念。

以下以乙烯氧化制乙醛为例, 介绍络合催化过程的梗概。

乙烯在氯化钯及氯化铜溶液中氧化成乙醛的方法, 在 1959 年已用于生产, 至今仍不失为生产乙醛的好方法。这一反应可表示为

$$C_2H_4 + PdCl_2 + H_2O \longrightarrow CH_3CHO + Pd + 2HCl \tag{a}$$

然后 $CuCl_2$ 将 Pd 氧化为 $PdCl_2$, 而生成的 CuCl 可以较快地被氧化为 $CuCl_2$, 即

$$2CuCl_2 + Pd \longrightarrow 2CuCl + PdCl_2 \tag{b}$$

$$2CuCl + 2HCl + \frac{1}{2}O_2 \longrightarrow 2CuCl_2 + H_2O \tag{c}$$

总反应式为

$$C_2H_4 + \frac{1}{2}O_2 \longrightarrow CH_3CHO$$

当溶液中 H^+ 和 Cl^- 为中等浓度时, 研究得知其动力学方程式为

$$-\frac{d[C_2H_4]}{dt} = k\frac{[Pd(II)][C_2H_4]}{[H^+][Cl^-]^2}$$

即对 $[Pd(II)]$ 和 $[C_2H_4]$ 是一级的, 对 $[H^+]$ 和 $[Cl^-]$ 分别是负一级和负二级。

这个反应的机理可能是, $PdCl_2$ 在足够高浓度的 Cl^- 中以 $[PdCl_4]^{2-}$ 存在, 它能强烈地与乙烯作用而生成 $[C_2H_4PdCl_3]^-$, 然后该离子与水作用, 发生配位基的置换, 即

(1) $[PdCl_4]^{2-} + C_2H_4 \rightleftharpoons [C_2H_4PdCl_3]^- + Cl^-$

(2) $[C_2H_4PdCl_3]^- + H_2O \rightleftharpoons [PdCl_2(H_2O)C_2H_4] + Cl^-$

(3) $[PdCl_2(H_2O)C_2H_4] + H_2O \rightleftharpoons [PdCl_2(OH)C_2H_4]^- + H_3O^+$

反应 (1) 说明反应速率对于 $[Pd(II)]$ 和 $[C_2H_4]$ 是一级的。从反应 (1), (2), (3) 可见, 反应对 $[Cl^-]$ 是负二级, 而对 $[H^+]$ 是负一级。

反应下一步是经过插入反应和 $[PdCl_2(OH)C_2H_4]^-$ 的内部重排 (即 π 络合物 $[PdCl_2(OH)C_2H_4]^-$ 转化为 σ 络合物)。

$$(4) \begin{bmatrix} & \overset{\displaystyle Cl}{\underset{\displaystyle OH}{\overset{|}{\underset{|}{Cl-Pd}}}} \cdots \overset{\displaystyle CH_2}{\underset{\displaystyle CH_2}{\|}} \end{bmatrix}^- \rightleftharpoons \begin{bmatrix} & \overset{\displaystyle Cl}{\underset{\displaystyle \square}{\overset{|}{\underset{|}{Cl-Pd}}}} - CH_2CH_2OH \end{bmatrix}^-$$

此步是乙烯插入金属氧键 (Pd—O) 中去, 所得到的中间体很不稳定, 迅速发生重

排而得到产物乙醛和不稳定的钯氢化合物, 后者迅即分解产生金属钯。

$$(5) \quad \begin{bmatrix} & Cl & \\ Cl{-}Pd{-}CH_2CH_2OH \\ & \vdots & \end{bmatrix}^- \xrightarrow{\text{重排}} CH_3CHO(\text{产物}) + \begin{bmatrix} & Cl & \\ Cl{-}Pd{-}H \\ & \vdots & \end{bmatrix}^-$$

$$\begin{bmatrix} & Cl & \\ Cl{-}Pd{-}H \\ & \vdots & \end{bmatrix} \longrightarrow Pd + HCl + Cl^-$$

金属 Pd 经 $CuCl_2$ 氧化后得到 $PdCl_2$ [即反应 (b)], 再参与反应。而生成的 CuCl 又迅速被氧化为 $CuCl_2$ [即反应 (c)]。这样就构成循环, 反复使用。

此外, 还有一些重要的络合催化作用, 有些已用于工业生产, 如烯烃氢甲酰化反应 (以钴或铑含膦配位体的羰基化合物为催化剂)、α – 烯烃配位聚合 [以 $TiCl_4/Al(C_2H_5)_3$ 为催化剂的乙烯聚合反应, 以及以 $TiCl_4/MgCl_2$ 为催化剂的丙烯聚合反应]、烯烃氧化取代反应 (以 $PdCl_2/HCl$ 为催化剂的乙烯氧化反应)、烯烃歧化反应 [一般用 Ziegler-Natta 型均相催化剂, 如 $WCl_6/C_2H_5AlCl_2/C_2H_5OH$, $MoCl_2(NO_2)_2(Ph)_3/(CH_3)_3Al_2Cl_3$]、甲醇羰基化和甲酯羰基化反应 (催化剂都是铑的络合物) 等。

总之, 在络合催化过程中, 或者催化剂本身是络合物, 或者反应历程中催化剂与反应物生成了络合物, 因此在研究催化反应的历程时, 需要充分考虑到络合物的结构特点。

络合反应可以在单相中进行, 也可以在复相中进行。在单相中粒子的接触多, 因此在不太高的温度下就可具有较高的活性, 所以单相络合在化工生产中广泛应用于加氢、脱氢、异构化羟基合成、聚合反应等。其缺点是催化剂与反应混合物的分离问题, 这不仅在络合催化中, 即使在一般的均相催化中都存在这一问题。因此, 如何使均相催化多相化, 是值得进一步研究的课题。

酶催化反应

在生物体中进行的各种复杂的反应, 如蛋白质、脂肪、糖类的合成和分解等基本上都是**酶催化作用** (enzyme catalysis)。绝大部分已知的酶本身也是一种蛋白质, 其质点的直径在 $10 \sim 100$ nm。因此, 酶催化作用可看作介于均相与非均相催化之间, 既可以看成反应物与酶形成了中间化合物, 也可以看成在酶的表面上首先吸附了底物 [在讨论酶催化作用时常将反应物叫作**底物** (substrate)], 而后再进行反应。

实验证明, 酶催化作用的速率与酶、底物、温度、pH 及其他干扰物质有关。在定温下, 对于某一特定的酶催化作用, 典型的酶催化反应速率曲线如图 12.23 所示 (图中纵坐标为反应速率, 横坐标为底物的浓度 [S])。当底物的浓度 [S] 很大时, 反应速率 $\left(-\dfrac{\mathrm{d}[S]}{\mathrm{d}t}\right)$ 与 [S] 无关 (水平线段), 只与酶的总浓度成正比。而当 [S] 的数值较小时, 反应速率与 [S] 成线性关系, 且与酶的总浓度也成正比。

Michaelis 和 Menten 研究了酶催化反应动力学, 提出了酶催化反应的历程, 即 Michaelis-Menten 机理, 指出酶 (E) 与底物 (S) 先形成中间化合物 (ES), 然后中间化合物 (ES) 再进一步分解为产物, 并释放出酶 (E):

$$\mathrm{S} + \mathrm{E} \underset{k_{-1}}{\overset{k_1}{\rightleftharpoons}} \mathrm{ES} \xrightarrow{k_2} \mathrm{E} + \mathrm{P}$$

ES 分解为产物 (P) 的速率很慢, 它控制着整个反应的速率。采用稳态近似法处理:

$$\frac{\mathrm{d}[ES]}{\mathrm{d}t} = k_1[S][E] - k_{-1}[ES] - k_2[ES] = 0$$

所以

$$[ES] = \frac{k_1[E][S]}{k_{-1} + k_2} = \frac{[E][S]}{K_M} \tag{12.83}$$

式中 $K_M = \dfrac{k_{-1} + k_2}{k_1} = \dfrac{[E][S]}{[ES]}$, 称为**米氏常数** (Michaelis constant), 它实际上相当于反应 $\mathrm{E} + \mathrm{S} \rightleftharpoons \mathrm{ES}$ 的不稳定常数。这个公式叫**米氏公式**。所以, 反应速率为

$$r = \frac{\mathrm{d}[P]}{\mathrm{d}t} = k_2[ES]$$

将 [ES] 的表示式代入后, 得

$$r = k_2[ES] = \frac{k_2[E][S]}{K_M} \tag{12.84}$$

若令酶的原始浓度为 $[E_0]$, 反应达稳态后, 它一部分变为中间化合物 [ES], 另一部分仍处于游离状态。所以

$$[E_0] = [E] + [ES]$$

或

$$[E] = [E_0] - [ES]$$

代入式 (12.83) 后, 得

$$[ES] = \frac{[E_0][S]}{K_M + [S]}$$

故

$$r = k_2[ES] = \frac{k_2[E_0][S]}{K_M + [S]} \tag{12.85}$$

如以反应速率 r 为纵坐标, 以底物浓度 $[S]$ 为横坐标, 按式 (12.85) 作图, 则得图 12.23。当 $[S]$ 很大时, $K_M \ll [S]$, $r = k_2[E_0]$, 即反应速率与酶的总浓度成正比, 而与 $[S]$ 的浓度无关, 对 $[S]$ 来说是零级反应。

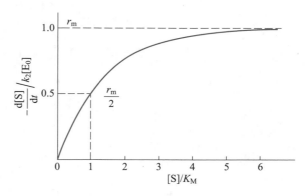

图 **12.23**　典型的酶催化反应速率曲线

当 $[S]$ 很小时, $K_M + [S] \approx K_M$, $r = \dfrac{k_2}{K_M}[E_0][S]$, 反应对 $[S]$ 来说是一级反应。这一结论与实验事实是一致的。

当 $[S] \to \infty$ 时, 速率趋于极大 (r_m), 即 $r_m = k_2[E_0]$, 代入式 (12.85), 得

$$\frac{r}{r_m} = \frac{[S]}{K_M + [S]} \tag{12.86}$$

当 $r = \dfrac{r_m}{2}$ 时, $K_M = [S]$, 也就是说当反应速率达到最大速率的一半时, 底物的浓度就等于米氏常数。

将式 (12.86) 重排后, 可得

$$\frac{1}{r} = \frac{K_M}{r_m} \cdot \frac{1}{[S]} + \frac{1}{r_m} \tag{12.87}$$

如将 $\dfrac{1}{r}$ 对 $\dfrac{1}{[S]}$ 作图, 从直线的斜率可得 $\dfrac{K_M}{r_m}$, 从直线的截距可求得 $\dfrac{1}{r_m}$, 二者联立从而可解出 K_M 和 r_m。

许多酶催化反应都能满足式 (12.85), 但这并不能作为中间化合物存在的绝对证明。人们用吸收光谱的方法, 曾经证明了对于一些酶催化反应在反应过程中

确实存在着中间化合物。

研究酶的抑制机理, 对于药学、生理学有重要的意义。通过对抑制作用的研究, 可以了解一些生理过程及药物的作用 (在人体内的化学反应, 绝大多数都是酶催化反应)。

抑制作用有很多种, 其中一种叫**竞争性抑制作用** (competitive inhibition)。这类抑制剂与底物的分子结构及大小相似, 它可以占据酶上的活性位置, 因而与底物发生竞争。如以 I 代表抑制剂, 则

$$E + S \xrightleftharpoons[k_{-1}]{k_1} ES \xrightarrow{k_2} E + P$$

$$E + I \xrightleftharpoons[k_{-3}]{k_3} EI$$

$$[E] = [E_0] - [ES] - [EI] \tag{12.88}$$

令

$$K_M = \frac{[E][S]}{[ES]} \qquad K_I = \frac{[E][I]}{[EI]}$$

则

$$[E] = \frac{K_M[ES]}{[S]} \qquad [EI] = \frac{[E][I]}{K_I}$$

代入式 (12.88), 整理后得

$$[ES] = \frac{[E_0]}{\dfrac{K_M}{[S]} + 1 + \dfrac{K_M[I]}{K_I[S]}}$$

反应速率

$$r = k_2[ES] = \frac{k_2[E_0]}{\dfrac{K_M}{[S]} + 1 + \dfrac{K_M[I]}{K_I[S]}}$$

当 [S] 很大时, $r_m = k_2[E_0]$, 这和没有抑制作用时是一样的。上式也可以写作

$$r = \frac{r_m[S]}{[S] + K_M \left(1 + \dfrac{[I]}{K_I}\right)}$$

或

$$\frac{1}{r} = \frac{K_M}{r_m} \left(1 + \frac{[I]}{K_I}\right) \frac{1}{[S]} + \frac{1}{r_m} \tag{12.89}$$

如将 $\dfrac{1}{r}$ 对 $\dfrac{1}{[S]}$ 作图, 与式 (12.87) 相比较, 其截距与没有抑制作用时是一致的, 但直线的斜率却不同。

酶催化反应有以下突出的特点。

(1) 高度的选择性和单一性。一种酶通常只能催化一种反应, 而对其他反应不具有活性 (如脲酶只能将尿素转化为氨及 CO_2)。

(2) 酶催化反应的催化效率非常高, 比一般的无机或有机催化剂可高出 $10^8 \sim 10^{12}$ 倍。例如, 一个过氧化氢分解酶的分子能在 1 s 内分解 10^5 个 H_2O_2 分子; 而石油裂解所使用的硅酸铝催化剂, 在 773 K 下, 约 4 s 才分解一个烃分子。

(3) 酶催化反应所需的条件温和, 一般在常温常压下即可进行。例如, 合成氨工业需高温 (约 770 K) 高压 (约 3×10^6 Pa), 且需特殊设备。而某些植物根部的生物固氮酶, 非但能在常温常压下固定空气中的氮, 而且能将它还原成氨。

(4) 酶催化反应同时具有均相反应和多相反应的特点。酶本身是呈胶体状而又分散的, 接近于均相, 但是酶催化的反应过程是反应物聚集 (或被吸附) 在酶的表面上进行的, 这又与多相反应类似。

(5) 酶催化反应的历程复杂 (从而速率方程复杂), 酶反应受 pH、温度及离子强度的影响较大。酶本身的结构极其复杂, 而且酶的活性是可以调节的, 如此等等, 这就增加了研究酶催化反应的难度。

酶催化反应越来越多地受到人们的重视, 不仅仅是由于发酵化工生产及污水处理等过程中需要借助于酶来完成, 更重要的是它在生物学中的重要性, 没有酶的存在, 几乎所有的生理反应和生命过程均将停止, 许多疾病的发生也源于酶反应的失调。人们需要深入研究酶反应的机理, 以解决许多疑难病症, 为人类造福。

酶反应的高效性和专一性是由酶分子本身的结构所决定的。在生物体内的酶是由 20 种氨基酸以不同的方式 (即双螺旋结构) 所组成的大分子, 它盘旋、折叠构成了极其复杂的空间结构, 酶催化的活性中心一般就位于表面具有特定的空间结构之中。

*自催化反应和化学振荡

在给定条件下的反应系统中, 反应开始后逐渐形成并积累了某种产物或中间体 (如自由基), 这些产物具有催化功能, 使反应经过一段诱导期后速率大大加快, 这种作用称为**自 (动) 催化作用** (autocatalysis)。

简单的自催化反应, 常包含三个连续进行的动力学步骤, 例如:

$$A \xrightarrow{k_1} B + C \tag{1}$$

$$A + B \xrightarrow{k_2} AB \tag{2}$$

$$AB \xrightarrow{k_3} 2B + C \tag{3}$$

在反应 (1) 中, 起始反应物较缓慢地分解为 B 和 C, 产物中 B 具有催化功能, 与反应物 A 络合, 如反应 (2) 所示。然后, AB 络合体再分解为产物 C, 同时释放出 B, 如反应 (3) 所示。在反应过程中, 一旦有 B 生成, 反应就自动加速。自催化反应多见于均相催化, 其特征之一是存在着初始的诱导期。

实践证明, 少量的抑制剂 (inhibitor) 就能有效地使自催化反应受到抑制。但是, 当抑制剂消耗完, 解除了抑制效应后, 自催化反应仍能继续进行。

油脂腐败、橡胶变质及塑料制品的老化等均属包含链反应的自氧化过程, 反应开始时进行得很慢, 但都能被其自身所产生的自由基所加速。因此, 大多数自氧化过程存在着自催化作用。

自催化反应在工业上有时也有实用价值, 可以不断地添加原料, 使产物与新添加的原料充分混合, 保持添加物的比例, 并控制一定的反应条件, 以使反应系统处于稳态而反应速率则始终保持最快。

有些自催化反应有可能使反应系统中某些物质的浓度随时间 (或空间) 发生周期性的变化, 即发生**化学振荡** (chemical oscillation), 而发生化学振荡反应的必要条件之一是该反应必须是自催化反应。

现举两个化学振荡反应的例子。

(1) 在一个装有搅拌装置的烧杯中, 首先将 4.292 g 丙二酸和 0.175 g 硝酸铈铵溶于 $0.150\,dm^3$、浓度为 $1.0\,mol \cdot dm^{-3}$ 的硝酸溶液中。开始溶液呈黄色, 几分钟后变清。在溶液变清后加入 1.415 g NaBr, 溶液的颜色就会在黄色和无色之间振荡, 振荡周期约为 1 min。如果另外加入几毫升浓度为 $0.025\,mol \cdot dm^{-3}$ 的试亚铁灵试剂 (ferroin, 又称为邻二氮菲亚铁离子), 则溶液的颜色会在红色和蓝色之间振荡, 可持续 1 h 左右。

(2) 先配制三种溶液: ① 将 $3.0\,cm^3$ 浓硫酸和 10 g $NaBrO_3$ 溶解在 $134\,cm^3$ 水中, 得溶液 a; ② 将 1 g NaBr 溶解在 $10\,cm^3$ 水中, 得溶液 b; ③ 将 2 g 丙二酸溶解在 $20\,cm^3$ 水中, 得溶液 c。在一个小烧杯中先加入 $6\,cm^3$ 溶液 a, 再加入 $0.5\,cm^3$ 溶液 b, 然后加入 $1.0\,cm^3$ 溶液 c。等待几分钟, 溶液变清后再加入 $1.0\,cm^3$ 浓度为 $0.025\,mol \cdot dm^{-3}$ 的试亚铁灵试剂, 充分混合后放入一个直径为 0.09 m 的医用培养皿中并加上盖。此时溶液呈均匀的红色, 几分钟后溶液中出现蓝色, 并呈环状向外扩展, 形成各种同心圆形花纹。如果轻轻地倾斜培养皿, 破坏掉扩展的波前峰, 可形成螺旋状的花纹, 并且时空有序。

自从 1958 年 Belousov 首次报道, 在以金属铈离子作催化剂时, 柠檬酸被 $HBrO_3$ 氧化可呈现化学振荡现象之后, Zhabotinskii 等人已报道了有些反应系统可呈现空间有序。在这之后, 又发现了一批溴酸盐的类似反应。由于历史原因, 人们将此类反应统称为 B–Z 反应, 它们都是自催化反应。关于 B–Z 反应的机理, 虽然已经做了大量的研究, 提出了一些机理, 其中有些机理已为人们所接受, 但总的说来, 对于产生时空有序现象的详细机理, 还需要做进一步研究。

可以从动力学的角度来分析化学振荡反应。设系统是由 A, B 两组分所构成的, 以 [A], [B] 表示其浓度, 反应的速率方程设为

$$\frac{d[A]}{dt} = f([A], [B])$$

$$\frac{d[B]}{dt} = \phi([A], [B])$$

式中 f, ϕ 是 [A], [B] 的非线性函数。如果系统处于稳态, 则

$$f([A]_s, [B]_s) = \phi([A]_s, [B]_s) = 0$$

式中下标 "s" 代表稳态。若偏离稳态, 则可得

$$\frac{d[A]}{d[B]} = \frac{f([A], [B])}{\phi([A], [B])}$$

对这一微分方程求解, 就得到一个联系 [A], [B] 的公式, 称为反应轨迹曲线 (因为若以 [A], [B] 为坐标, 根据公式就可描绘出一条反应过程中 A, B 浓度的变化曲线)。如果轨迹是封闭曲线, 则 A 与 B 的浓度就能沿曲线稳定地周期性变化, 反应便呈振荡现象。

曾经提出过不少模型来研究化学振荡反应的机理, 如 Lotka-Volterra 的自催化模型:

(1) $A + X \xrightarrow{k_1} 2X \qquad r_1 = -\frac{d[A]}{dt} = k_1[A][X]$

(2) $X + Y \xrightarrow{k_2} 2Y \qquad r_2 = -\frac{d[X]}{dt} = k_2[X][Y]$

(3) $Y \xrightarrow{k_3} E \qquad r_3 = \frac{d[E]}{dt} = k_3[Y]$

其净反应则是 $A \longrightarrow E$。对这一组微分方程求解 (过程从略), 得到

$$k_2[X] - k_3\ln[X] + k_2[Y] + k_1[A]\ln[Y] = 常数$$

这一方程的具体解, 可用两种方法表示, 一种是用 [X] 和 [Y] 对时间 t 作图, 得图 12.24, 其浓度随时间呈周期性变化; 另一种是以 [X] 对 [Y] 作图, 得图 12.25, 表明反应轨迹为一封闭椭圆曲线。

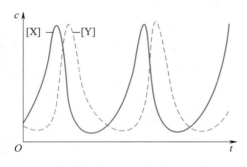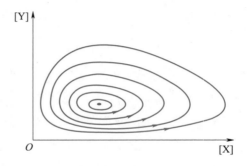

图 12.24　[X] 和 [Y] 随时间的周期性变化　　图 12.25　不同起始反应物浓度出现的不同封闭轨迹

如果系统是敞开系统, 在反应过程中不断地提供 A (如在流动系统中不断加入 A), 最终产物 E 对反应无多大影响, 移去与否均可。由于 A 的不断补充, 系统总是远离平衡态, 始终保持 $\Delta_r G_m$ 为较负的值, 以便有足够的驱动力使反应自发进行。倘若不补充 A, A 不断消耗, 反应的振荡是不会维持多久的。

中间产物 X, Y 的浓度的周期性变化可以解释为: 反应开始时其速率可能并不快, 但由于反应 (1) 生成了 X, 而 X 又能自催化反应 (1), 所以 X 骤增。随着 X 的生成, 使反应 (2) 发生。开始 Y 的量可能是很少的, 故反应 (2) 较慢, 但反应 (2) 生成的 Y 又能自催化反应 (2), 使 Y 的量骤增。但是, 在增加 Y 的同时是要消耗 X 的, 则反应 (1) 的速率变慢, 生成 X 的量减少。而 X 量减少又导致反应 (2) 的速率变慢。随着 Y 量的减少, 消耗 X 的量也减少, 从而使 X 的量再次增加。如此反复进行, 表现为 X, Y 浓度的周期性变化。

Lotka 是美国生态学家, Volterra 是意大利数学家, 他们最初为模拟生态现象而提出上述动力学模型, 在自然界中有些动物的数量并不总是单调地变化, 而是可以随时间振荡。例如, 在亚得里亚海中有两种鱼类常常交替出现。假如把 X 和 Y 看作两种鱼类, A 是某种营养物质, 则前述 Lotka-Volterra 模型可代表鱼 X 吃了营养物质 A 而增殖, 鱼 Y 吃了鱼 X 而增殖, 同时鱼 Y 会自然死亡变成 E。这个模型也可以模拟其他生态过程, 例如可以把 A 看作草, X 看作鹿, Y 看作狼, 于是鹿吃草而增殖, 狼吃鹿而增殖, 同时狼自然死亡。

另一个有趣的振荡反应模型称为 Brusselator 振荡器 (是由 Prigogine 的研究组在 Brussels 提出来的), 这个模型由如下几步构成:

(1) $A \xrightarrow{k_1} X$　　　　$\dfrac{d[X]}{dt} = k_1[A]$

(2) $2X + Y \xrightarrow{k_2} 3X$　　$-\dfrac{d[Y]}{dt} = k_2[X]^2[Y]$

(3) $B + X \xrightarrow{k_3} Y + C$　　$\dfrac{d[Y]}{dt} = k_3[B][X]$

(4) $X \xrightarrow{k_4} D$　　　　$-\dfrac{d[X]}{dt} = k_4[X]$

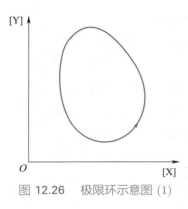

图 12.26 极限环示意图 (1)

反应物 A 和 B 的浓度仍以不断供给的方式维持为定值 (敞开系统)。在上列一组微分方程中, 只有 [X], [Y] 两个变数。采用稳态处理法可以解出 [X], [Y] 的值。计算结果用图 12.26 表示。有趣的是不管系统中 A, B 的起始浓度如何 (也即不管 X 和 Y 的起始浓度如何), 反应的结果, 系统中 X, Y 的浓度变化总是会进入同一个封闭轨迹。这个封闭轨迹称为极限环 (limit cycle), 如图 12.26 所示, 循环周期则与反应的速率常数有关。

对于前面所举的 B–Z 反应的第一个实例, Br^- 和 Ce^{4+}, Ce^{3+} 浓度呈周期性变化, 其反应历程也是十分复杂的。Noyes 曾提出过一个较为合理的反应模型, 其中包括 18 个基元反应和 21 种物质, 其主要步骤可用如下的简化模型表示:

(1) $A + Y \longrightarrow X$

(2) $X + Y \longrightarrow C$

(3) $B + X \longrightarrow 2X + Z$

(4) $2X \longrightarrow D$

(5) $Z \longrightarrow Y$

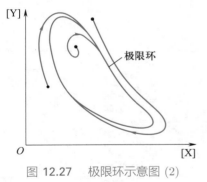

图 12.27 极限环示意图 (2)

这种简化模型又称为 Oregonator (是由 Noyes 及其研究组在 Oregon 研究出来的)。反应式中 X 表示 $HBrO_2$, Y 表示 Br^-, Z 表示 $2Ce^{4+}$, [A], [B], [C], [D] 在反应过程中保持恒定, 其中步骤 (3) 是自催化反应。根据上述模型, 可写出一个微分方程组, 解这方程组就可得到 X, Y 和 Z 浓度的周期性变化情况, 如图 12.27 所示。

综上所述, 振荡现象的发生必须满足如下几个条件: ① 反应必须是敞开系统, 且远离平衡态; ② 反应历程中应包含有自催化的步骤; ③ 系统必须有两个稳态存在, 即具有**双稳定性** (bistability) (可形象化地用钟摆比喻, 在给定条件下, 当钟摆摆动到右方最高点后, 它就会自动地摆向左方的最高点; 当化学反应中红色的组分增加到一定程度后, 它就会自动地向产生蓝色组分的方向变化)。

振荡现象在生物化学中有很多例子, 如动物心脏有节律地跳动; 在新陈代谢过程中占重要地位的糖酵解反应中, 许多中间化合物和酶的浓度是随时间而周期性变化的 (振荡周期为几分钟的数量级)。所谓的**生物钟** (biological bell), 也是一种生物振荡现象。

　　生物的有序不仅表现在时间上, 也表现在空间特性上。例如, 许多树叶的形状、蝴蝶翅膀上的花纹、动物的皮毛等都呈现出很漂亮的规则图案, 这些现象是无法用 Boltzmann 的有序原理来解释的, 甚至可以说是背道而驰的。按照达尔文的生物进化论以及社会学家关于人类社会的进化学说, 发展过程趋向于种类繁多, 结构和功能变得复杂。但无论是生物系统还是社会系统, 总是趋于更加有序, 更加有组织, 而不像物理学家和化学家所预言的总是趋向于平衡和无序。这两种观念是截然不同的, 直到 20 世纪 60 年代末, Prigogine 学派对不可逆过程热力学取得重大成就后才有所了解。振荡反应必然是耗散结构, 化学振荡的动力学具有非线性的微分速率方程。Prigogine 把那种在开放和远离平衡的条件下, 在与外界环境交换物质和能量的过程中, 通过采用适当的有序结构状态来耗散环境传来的能量与物质 (由于它是敞开系统, 因此不能像封闭系统那样采取无序的结构来耗散环境传来的能量), 在耗散过程中, 以内部的非线性动力学机制来形成和维持的宏观时空有序结构称为 "**耗散结构**" (dissipative structure)。

拓展学习资源

重点内容及公式总结		
课外参考读物		
相关科学家简介		
教学课件		

复习题

12.1 简述碰撞理论和过渡态理论所用的模型、基本假设和优缺点。

12.2 碰撞理论中的阈能 E_c 的物理意义是什么? 与 Arrhenius 活化能 E_a 在数值上有何关系?

12.3 碰撞理论中为什么要引入概率因子 P? P 一般小于 1 的主要原因是什么?

12.4 有一双分子气相反应 $A(g) + B(g) \longrightarrow P(g)$, 如用简单碰撞理论计算其指前因子, 所得的数量级约为多少?

12.5 过渡态理论中的活化焓 $\Delta_r^{\neq} H_m^{\ominus}$ 与 Arrhenius 活化能 E_a 在物理意义和数值上各有何不同? 如有一气相反应 $A(g) + BC(g) \longrightarrow AB(g) + C(g)$, 试导出 $\Delta_r^{\neq} H_m^{\ominus}$ 与 E_a 之间的关系。若反应为 $A(g) + B(l) \longrightarrow P(g)$, 则 $\Delta_r^{\neq} H_m^{\ominus}$ 与 E_a 之间的关系又将如何?

12.6 在常温下, 过渡态理论中的普适因子 $\dfrac{k_B T}{h}$ 的单位是什么? 数量级约为多少?

12.7 试证明气相基元反应 $A(g) + B(g) \longrightarrow 2C(g)$ 的指前因子为

$$A = \frac{k_B T}{h} e^2 (c^{\ominus})^{-1} \exp\left(\frac{\Delta_r^{\neq} S_m^{\ominus}}{R}\right)$$

若气相基元反应为 $2A(g) \longrightarrow C(g)$ 或 $A(g) + 2B(g) \longrightarrow C(g)$, A 的表示式又将如何?

12.8 溶剂对化学反应的速率有哪些影响 (包括物理方面和化学方面)? 所谓 "笼效应" 和 "遭遇" 其含义是什么? 原盐效应与离子所带电荷及离子强度有何关系? 对下述几个反应, 若增加溶液中的离子强度, 则其反应速率常数增大、减小还是不变?

(1) $NH_4^+ + CNO^- \Longrightarrow CO(NH_2)_2$

(2) $CH_3COOC_2H_5 + OH^- \longrightarrow P$

(3) $S_2O_3^{2-} + I^- \longrightarrow P$

12.9 常用的测试快速反应的方法有哪些? 用弛豫法测定快速反应的速率常数, 实验中主要是测定什么数据? 弛豫时间的含意是什么? 试推导对峙反应 $A(g) + B(g) \underset{k_{-2}}{\overset{k_2}{\rightleftharpoons}} G(g) + H(g)$ 的弛豫时间 τ 与 k_2, k_{-2} 之间的关系。

12.10 化学反应动力学分为总包反应、基元反应和态–态反应三个层次, 何谓态–态反应? 它与宏观反应动力学的主要区别是什么? 当前研究分子反应动态学的主要实验方法有哪几种?

12.11   何谓通–速–角等高图 [参见正文图 12.12(b) 和图 12.13(b)]? 在质心坐标系中, 相对于入射分子束的方向, 产物分子散射的角度分布有哪几种基本类型? 从产物的角度分布可获得哪些关于微观反应的信息?

12.12   通过交叉分子束实验可研究态–态反应, 其装置主要由哪几部分组成? 何谓红外化学发光和激光诱导荧光? 它们在化学反应动力学的研究中有何作用?

12.13   何谓受激单重态和三重态? 荧光与磷光有何异同? 电子激发态和能量衰减通常有多少种方式?

12.14   何谓量子产率? 光化学反应与热反应相比有哪些不同之处? 有一光化学初级反应为 $A + h\nu \longrightarrow P$, 设单位时间、单位体积吸光的强度为 I_a, 试写出该初级反应的速率表示式。若 A 的浓度增加一倍, 速率表示式有何变化?

12.15   与非催化反应相比, 催化反应有哪些特点? 某一反应在一定条件下的平衡转化率为 25.3%, 当有某催化剂存在时, 反应速率增加了 20 倍。若保持其他条件不变, 问转化率为多少? 催化剂能加速反应的本质是什么?

12.16   溴和丙酮在水溶液中发生如下反应:

$$CH_3COCH_3(aq) + Br_2(aq) \longrightarrow CH_3COCH_2Br(aq) + HBr(aq)$$

实验得出的动力学方程对 Br_2 为零级, 所以说反应中 Br_2 起了催化剂作用。这种说法对不对? 为什么? 如何解释这样的实验事实。

12.17   简述酶催化反应的一般历程、动力学处理方法和特点。

12.18   何谓自催化反应和化学振荡? 化学振荡反应的发生有哪几个必要条件? 化学振荡反应有何特点?

习题

12.1   当温度为 298 K, 压力为 (1) $10p^{\ominus}$, (2) $p^{\ominus}$, (3) $10^{-6}p^{\ominus}$ 时, 一个氩原子在 1 s 内受到多少次碰撞 (碰撞截面 σ 可视为 0.492 nm²)?

12.2   对 HI 的热分解反应进行动力学研究, 当 $T = 300℃$, 在 1 m³ 容器中存在 1 mol HI 时, 求碰撞频率。已知 HI 分子的碰撞直径为 0.35 nm。

12.3 恒容下, 300 K 时, 温度每升高 10 K:

(1) 计算碰撞频率增加的分数;

(2) 计算碰撞时在分子连心线上的相对平动能超过 $E_c = 80 \text{ kJ} \cdot \text{mol}^{-1}$ 的活化分子对增加的分数;

(3) 由上述计算结果可得出什么结论?

12.4 在 300 K 时, A 和 B 反应的速率常数 $k = 1.18 \times 10^5 \text{ (mol} \cdot \text{cm}^{-3})^{-1} \cdot \text{s}^{-1}$, 反应的活化能 $E_a = 40 \text{ kJ} \cdot \text{mol}^{-1}$。

(1) 用简单碰撞理论估算具有足够能量值引起反应的碰撞数占总碰撞数的分数;

(2) 估算反应的概率因子的值。

已知 A 和 B 分子的直径分别为 0.3 nm 和 0.4 nm, 假定 A 和 B 的相对分子质量都为 50。

12.5 有基元反应 $\text{Cl(g)} + \text{H}_2\text{(g)} \longrightarrow \text{HCl(g)} + \text{H(g)}$, 已知它们的摩尔质量和直径分别为 $M_{\text{Cl}} = 35.45 \text{ g} \cdot \text{mol}^{-1}$, $M_{\text{H}_2} = 2.016 \text{ g} \cdot \text{mol}^{-1}$, $d_{\text{Cl}} = 0.20 \text{ nm}$, $d_{\text{H}_2} = 0.15 \text{ nm}$。

(1) 根据碰撞理论计算该反应的指前因子 A (令 $T = 350$ K);

(2) 在 $250 \sim 450$ K 的温度范围内, 实验测得 $\lg[A/(\text{mol}^{-1} \cdot \text{dm}^3 \cdot \text{s}^{-1})] = 10.08$, 求概率因子 P。

12.6 某气相双分子反应 $2\text{A(g)} \longrightarrow \text{B(g)} + \text{C(g)}$, 能发生反应的临界能为 $1 \times 10^5 \text{ J} \cdot \text{mol}^{-1}$, 已知 A 的相对分子质量为 60, 分子的直径为 0.35 nm , 试计算在 300 K 时, 该分解作用的速率常数 k 值。

12.7 对于反应 $\cdot\text{CH}_3 + \cdot\text{CH}_3 \longrightarrow \text{C}_2\text{H}_6$, $d = 308 \text{ pm}$, $\text{d}[\text{C}_2\text{H}_6]/\text{d}t = k[\cdot\text{CH}_3]^2$, 试求:

(1) 室温下反应的最大二级速率常数 $k_{\max}$;

(2) 已知 298 K, 100 kPa 下, $V = 1 \text{ dm}^3$ 的乙烷样品有 10% 分解。那么, 90% 甲基自由基复合所需的最少时间是多少?

12.8 已知液态松节油萜的消旋作用是一级反应, 在 458 K 和 510 K 时的速率常数分别为 $k(458 \text{ K}) = 2.2 \times 10^{-5} \text{ min}^{-1}$ 和 $k(510 \text{ K}) = 3.07 \times 10^{-3} \text{ min}^{-1}$。试求反应的实验活化能 E_a, 以及在平均温度时的活化焓 $\Delta_r^{\neq} H_m$、活化熵 $\Delta_r^{\neq} S_m$ 和活化 Gibbs 自由能 $\Delta_r^{\neq} G_m$。

12.9 在 298 K 时, 某化学反应加了催化剂后, 其活化熵和活化焓比不加催化剂时分别下降了 10 J $\cdot$ mol^{-1} $\cdot$ K^{-1} 和 10 kJ $\cdot$ mol^{-1}。试求在加催化剂前后两个速率常数的比值。

12.10   对于乙酰胆碱及乙酸乙酯在水溶液中的碱性水解反应, 298 K 下, 实验测得其活化焓分别为 48.5 kJ·mol^{-1} 和 49.0 kJ·mol^{-1}, 活化熵分别为 -85.8 J·mol^{-1}·K^{-1} 和 -109.6 J·mol^{-1}·K^{-1}。试问何者水解速率更大? 大多少倍? 由此可说明什么问题?

12.11   若两个反应级数相同, 活化能相等的反应, 其活化熵相差 50 J·mol^{-1}·K^{-1}, 求 300 K 时此两反应速率常数之比。

12.12   水溶液中研究酯类水解, 在实验条件相同时, 298 K 时获得实验结果如下:

反应物	E_a/(kJ·mol^{-1})	k/(mol^{-1}·dm^3·s^{-1})
甲酸甲酯 (A)	38.5	38.4
乙酸甲酯 (B)	37.7	1.3930×10^4

(1) 计算活化熵差;

(2) 根据计算结果, 对反应速率的影响因素可得什么启示?

12.13   NO 高温均相分解是二级反应: $2NO(g) \longrightarrow N_2(g) + O_2(g)$, 实验测得 1423 K 时速率常数为 1.843×10^{-3} mol^{-1}·dm^3·s^{-1}, 1681 K 时速率常数为 5.743×10^{-2} mol^{-1}·dm^3·s^{-1}。试求:

(1) 反应活化熵 $\Delta_r^{\neq} S_m$ 和活化焓 $\Delta_r^{\neq} H_m$;

(2) 反应在 1500 K 时的速率常数。

已知 $k_B = 1.38 \times 10^{-23}$ J·K^{-1}, $h = 6.626 \times 10^{-34}$ J·s。

12.14   有一单分子重排反应 A $\longrightarrow$ P, 实验测得在 393 K 时速率常数为 1.806×10^{-4} s^{-1}, 413 K 时速率常数为 9.14×10^{-4} s^{-1}。试计算该基元反应的 Arrhenius 活化能及 393 K 时的活化熵和活化焓。

12.15   在 1000 K 时, 实验测得气相反应 $C_2H_6(g) \longrightarrow 2 \cdot CH_3$ 的速率常数的表达式为 $k/s^{-1} = 2.0 \times 10^{17} \exp\left(-\dfrac{3.638 \times 10^5 \text{ J·mol}^{-1}}{RT}\right)$, 设这时 $\dfrac{k_B T}{h} = 2.0 \times 10^{13}$ s^{-1}。试计算:

(1) 反应的半衰期 $t_{1/2}$;

(2) $C_2H_6(g)$ 分解反应的活化熵 $\Delta_r^{\neq} S_m$;

(3) 已知 1000 K 时该反应的标准熵变 $\Delta_r S_m^{\ominus} = 74.1$ J·mol^{-1}·K^{-1}, 试将此值与 (2) 中所得的 $\Delta_r^{\neq} S_m$ 值比较, 定性地讨论该反应的活化络合物的性质。

12.16   对于氢离子催化三磷酸腺苷的水解反应, 实验测得下列数据:

$$T_1 = 313.1 \text{ K 时,} \qquad k_1 = 4.67 \times 10^{-6} \text{ s}^{-1};$$

$$T_2 = 323.2 \text{ K 时,} \qquad k_2 = 13.9 \times 10^{-6} \text{ s}^{-1}$$

试计算该反应在 313.2 K 时的 $\Delta_r^{\neq} G_m$, $\Delta_r^{\neq} H_m$ 和 $\Delta_r^{\neq} S_m$。

12.17 某物质分解遵守一级反应规律, 实验测得不同温度下的速率常数:

$$T_1 = 293.2 \text{ K 时,} \qquad k_1 = 7.62 \times 10^{-6} \text{ s}^{-1};$$

$$T_2 = 303.2 \text{ K 时,} \qquad k_2 = 2.41 \times 10^{-5} \text{ s}^{-1}$$

求该反应的实验活化能 E_a, 298.2 K 时的指前因子 A, 以及 $\Delta_r^{\neq} G_m$, $\Delta_r^{\neq} H_m$ 和 $\Delta_r^{\neq} S_m$。

12.18 某基元反应 $A(g) + B(g) \longrightarrow P(g)$, 设在 298 K 时的速率常数为 $k_p(298 \text{ K}) = 2.777 \times 10^{-5} \text{ Pa}^{-1} \cdot \text{s}^{-1}$, 308 K 时的速率常数为 $k_p(308 \text{ K}) = 5.55 \times 10^{-5} \text{ Pa}^{-1} \cdot \text{s}^{-1}$。若 $A(g)$ 和 $B(g)$ 的原子半径和摩尔质量分别为 $r_A = 0.36 \text{ nm}$, $r_B = 0.41 \text{ nm}$, $M_A = 28 \text{ g} \cdot \text{mol}^{-1}$, $M_B = 71 \text{ g} \cdot \text{mol}^{-1}$。试求在 298 K 时:

(1) 该反应的概率因子 P;

(2) 反应的活化焓 $\Delta_r^{\neq} H_m$、活化熵 $\Delta_r^{\neq} S_m$ 和活化 Gibbs 自由能 $\Delta_r^{\neq} G_m$。

12.19 对于基元反应 $Cl(g) + ICl(g) \longrightarrow Cl_2(g) + I(g)$, 由简单碰撞理论及实验数据求得 $A(\text{SCT}) \approx 10^{11} \text{ mol}^{-1} \cdot \text{dm}^3 \cdot \text{s}^{-1}$, $P = 0.005$; 若以每个运动自由度的配分函数而言, $f_t \approx 10^{10} \ m^{-1}$, $f_r \approx 10$, $f_v \approx 1$, 试判断该反应过渡态的构型是线形还是非线形?

12.20 对于反应 $H_2 + Cl \longrightarrow HCl + H$, 实验测得 $\lg[A/(\text{mol}^{-1} \cdot \text{dm}^3 \cdot \text{s}^{-1})] = 10.9$, $E_a = 23.0 \text{ kJ} \cdot \text{mol}^{-1}$。

(1) 求该反应的 $\Delta_r^{\neq} H_m$, $\Delta_r^{\neq} S_m$, $\Delta_r^{\neq} G_m$ ($T = 298 \text{ K}$)。过渡态结构较反应物有什么变化?

(2) 如果各种运动形式配分函数的每个自由度的数量级, f_t 的约为 10^{10} (以 m^{-1} 为量纲), f_r 的约为 10, f_v 的约为 1, 试问与实验的 A 值相对照, 生成的过渡态的构型可能是线形还是非线形?

12.21 已知两个非线形分子 A 和 B 反应, 生成非线形活化络合物 $AB^{\neq}$, 设形成活化络合物后全部转变成产物, $\dfrac{k_B T}{h} = 1.0 \times 10^{13} \text{ s}^{-1}$, 每个运动自由度的配分函数的近似值分别为 $f_t = 10^8 \text{ cm}^{-1}$, $f_r = 10$, $f_v = 1.1$, 不考虑电子配分函数的贡献, 求证该反应的速率常数为 $k/(\text{mol}^{-1} \cdot \text{cm}^3 \cdot \text{s}^{-1}) = 9.7 \times 10^9 \exp\left(-\dfrac{E_0}{RT}\right)$。

12.22 丁二烯气相二聚反应的速率常数 k 为

$$k/(\text{mol}^{-1} \cdot \text{dm}^3 \cdot \text{s}^{-1}) = 9.2 \times 10^9 \exp\left(-\dfrac{1.992 \times 10^5 \text{ J} \cdot \text{mol}^{-1}}{RT}\right)$$

(1) 用过渡态理论计算该反应在 600 K 时的指前因子, 已知 $\Delta_r^{\neq} S_m = -60.8$ J·mol^{-1}·K^{-1};

(2) 若有效碰撞直径 $d = 0.5$ nm, 用简单碰撞理论计算该反应的指前因子;

(3) 通过计算讨论概率因子 P 与活化熵 $\Delta_r^{\neq} S_m$ 的关系。

12.23   对于基元反应 $O_3(g) + NO(g) \longrightarrow NO_2(g) + O_2(g)$, 在 $220 \sim 320$ K 时实验测得 $E_a = 20.8$ kJ·mol^{-1}, $A = 6.0 \times 10^8$ mol^{-1}·dm^3·s^{-1}。

(1) 以 $c^{\ominus} = 1.0$ mol·dm^{-3} 为标准态, 求该反应在 270 K 时的活化焓 $\Delta_r^{\neq} H_m$、活化熵 $\Delta_r^{\neq} S_m$ 和活化 Gibbs 自由能 $\Delta_r^{\neq} G_m$。

(2) 若以 $p^{\ominus} = 100$ kPa 为标准态, 则 $\Delta_r^{\neq} S_m$ 又为何值? $\Delta_r^{\neq} H_m$ 和 $\Delta_r^{\neq} G_m$ 又将如何?

12.24   对于双原子气体反应 $A(g) + B(g) \longrightarrow AB(g)$, 分别用碰撞理论和过渡态理论的统计方法写出速率常数的计算式。在什么条件下两者完全相等? 是否合理?

12.25   Lindemann 单分子反应理论认为, 单分子反应的历程为

① $A + M \xrightarrow{k_1} A^* + M$

② $A^* + M \xrightarrow{k_2} A + M$

③ $A^* \xrightarrow{k_3} P$

(1) 试推导反应速率方程 $r = \dfrac{k_1 k_3 [A][M]}{k_2 [M] + k_3}$;

(2) 试应用简单碰撞理论计算 469℃ 时的 k_1, 已知 2-丁烯的 $d = 0.5$ nm, $E_a = 263$ kJ·mol^{-1};

(3) 若反应速率方程写成 $r = k_u [A]$, 且 k_∞ 为高压极限时的表观速率常数, 试计算 $k_u = \dfrac{k_\infty}{2}$ 时的压力 $p_{1/2}$, 已知 $k_\infty = 1.9 \times 10^{-5}$ s^{-1};

(4) 实验测得丁烯异构化反应在 469℃ 时的 $p_{1/2} = 0.532$ Pa, 试比较理论计算的 $p_{1/2}$ 与实验得到的 $p_{1/2}$ 之间的差异, 对此你有何评论?

12.26   298 K 时, 反应 $N_2O_4(g) \underset{k_{-2}}{\overset{k_1}{\rightleftharpoons}} 2NO_2(g)$ 的速率常数 $k_1 = 4.80 \times 10^4$ s^{-1}, 已知 $N_2O_4(g)$, $NO_2(g)$ 的标准摩尔生成 Gibbs 自由能分别为

$$\Delta_f G_m^{\ominus}(N_2O_4, g) = 99.8 \text{ kJ·mol}^{-1}, \qquad \Delta_f G_m^{\ominus}(NO_2, g) = 51.31 \text{ kJ·mol}^{-1}$$

试计算:

(1) 298 K 时, 若 $N_2O_4(g)$ 的起始压力为 100 kPa, $NO_2(g)$ 的平衡分压;

(2) 该反应的弛豫时间 τ。

12.27   反应 $HIn^- \underset{k_2}{\overset{k_1}{\rightleftharpoons}} H^+ + In^{2-}$, HIn^- 为溴甲酚绿, 弛豫时间与反应平衡浓度间关系如下:

$\tau^{-1}/(10^6\ s^{-1})$	1.01	1.16	3.13
$([H^+] + [In^{2-}])/(10^{-6}\ mol \cdot dm^{-3})$	4.30	6.91	38.94

求 k_1, k_2 及 K。

12.28 茜素黄 G 是一种酸碱指示剂, 其反应可表示为 $HG^- + OH^- \underset{k_b}{\overset{k_f}{\rightleftharpoons}}$ $G^{2-} + H_2O$; 当 pH = 10.88, $[HG^-] = 1.90 \times 10^{-4}\ mol \cdot dm^{-3}$ 时, 测得弛豫时间 $\tau = 20\ \mu s$, 上述反应的平衡常数 $K = 5.90 \times 10^2\ mol^{-1} \cdot dm^3$, 计算反应的 k_f 和 k_b。

12.29 在光的影响下, 蒽聚合为二蒽。由于二蒽的热分解作用而达到光化学平衡。光化学反应的温度系数 (即温度每升高 10 K 反应速率所增加的倍数) 是 1.1, 热分解的温度系数是 2.8, 当达到光化学平衡时, 温度每升高 10 K, 反应的平衡常数为原来的多少倍?

12.30 用波长为 313 nm 的单色光照射气态丙酮, 发生下列分解反应:

$$(CH_3)_2CO(g) + h\nu \longrightarrow C_2H_6(g) + CO(g)$$

若反应池的容量是 $0.059\ dm^3$, 丙酮吸收入射光的分数为 0.915, 在反应过程中, 得到下列数据:

反应温度: 840 K

照射时间: 7.0 h

入射能: $48.1 \times 10^{-4}\ J \cdot s^{-1}$

起始压力: 102.16 kPa

终了压力: 104.42 kPa

计算此反应的量子产率。

12.31 为了测定藻类的光合成效率, 用功率为 10 W 和平均波长为 550 nm 的光照射一株藻类 100 s, 所产生的氧气是 $5.75 \times 10^{-4}\ mol$, 计算 O_2 生成的量子产率。

12.32 用 $\lambda = 400$ nm 单色光照含有 H_2 和 Cl_2 的反应池, 被 Cl_2 吸收的光强为 $I_a = 11 \times 10^{-7}\ J \cdot s^{-1}$, 照射 1 min 后, p_{Cl_2} 由 27.3 kPa 降为 20.8 kPa (已校正为 273 K 时的压力)。求量子产率 ϕ (以 HCl 计) (反应池体积为 100 cm³), 并由 ϕ 对反应历程提出你的分析。

12.33 $2HI + h\nu \longrightarrow H_2 + I_2$, $\lambda = 207$ nm, 当 1 J 能量能使 440 μg HI 分解, 求总反应的量子产率, 并提出一个与此结果相符合的光解历程。

12.34 反应物 A 的光二聚反应历程为

$$A + h\nu \xrightarrow{k_1} A^*$$

$$A^* + A \xrightarrow{k_2} A_2$$

$$A^* \xrightarrow{k_3} A + h\nu_f$$

试推导 Φ_{A_2} 及 Φ_f (荧光量子效率) 的表达式。

12.35　O_3 的光化分解反应历程如下:

① $O_3 + h\nu \xrightarrow{k_1} O_2 + O^*$

② $O^* + O_3 \xrightarrow{k_2} 2O_2$

③ $O^* \xrightarrow{k_3} O + h\nu$

④ $O + O_2 + M \xrightarrow{k_4} O_3 + M$

设单位时间、单位体积中吸收光为 I_a, φ 为过程 ① 的量子产率, $\phi = \dfrac{d[O_2]/dt}{I_a}$ 为总反应的量子产率。

(1) 试证明 $\dfrac{1}{\phi} = \dfrac{1}{3\varphi}\left(1 + \dfrac{k_3}{k_2[O_3]}\right)$;

(2) 若以 250.7 nm 的光照射, $\dfrac{1}{\phi} = 0.588 + 0.81\dfrac{1}{[O_3]}$, 试求 φ 及 $\dfrac{k_2}{k_3}$ 的值。

12.36　有一酸催化反应 $A + B \xrightarrow{H^+} C + D$, 已知该反应的速率方程为

$$\frac{d[C]}{dt} = k[H^+][A][B]$$

当 $[A]_0 = [B]_0 = 0.01 \text{ mol} \cdot \text{dm}^{-3}$, 在 pH $= 2$ 的条件下, 298 K 时的反应半衰期为 1 h, 若其他条件均不变, 在 288 K 时 $t_{1/2} = 2$ h。试计算在 298 K 时:

(1) 反应的速率常数 k 值;

(2) 反应的活化 Gibbs 自由能、活化焓和活化熵 $\left(\text{设 } \dfrac{k_B T}{h} = 10^{13} \text{ s}^{-1}\right)$。

12.37　乙酸乙酯 (E) 水解能被盐酸催化, 且反应能进行到底, 其速率方程为 $r = k[E][HCl]$, 当 $[E] = 0.100 \text{ mol} \cdot \text{dm}^{-3}$, $[HCl] = 0.010 \text{ mol} \cdot \text{dm}^{-3}$, 298.2 K 测得 $k = 2.80 \times 10^{-5} \text{ mol}^{-1} \cdot \text{dm}^3 \cdot \text{s}^{-1}$, 求反应的 $t_{1/2}$。

12.38　关于氨在石英表面上的分解, Hinshelwood 和 Burk 曾得到如下实验数据:

T/K	1267		1220	
p_0/kPa	7.13	18.33	15.60	39.73
$t_{1/2}/\text{s}$	43	44	190	191

(1) 试问该反应的级数是多少? 如果假定该表面反应是单分子反应, 则在高压极限条件下, 该反应级数是多少?

(2) 该反应的活化能是多少?

12.39 对于遵守 Michaelis 历程的酶催化反应, 实验测得不同底物浓度时的反应速率 r, 今取其中两组数据如下:

$[S]/(10^{-3}\ mol \cdot dm^{-3})$	2.0	20.0
$r/(10^{-5}\ mol \cdot dm^{-3} \cdot s^{-1})$	13	38

当 $[E]_0 = 2.0\ g \cdot dm^{-3}$, $M_E = 50 \times 10^3\ g \cdot mol^{-1}$ 时, 试计算 K_M、最大反应速率 r_m 和 $k_2 (ES \xrightarrow{k_2} P + E)$。

12.40 在不同底物浓度 $[S]$ 时测定酶催化反应速率 r, 今取其中两组数据:

$[S]/(10^{-3}mol \cdot dm^{-3})$	1.00	10.00
r (任意单位)	4.78	12.50

该反应符合 Michaelis 历程, 求 Michaelis 常数 K_M。

12.41 在某些生物体中, 存在一种超氧化物歧化酶 (E), 它可将有害的 O_2^- 变为 O_2, 反应如下:

$$2O_2^- + 2H^+ \xrightarrow{E} O_2 + H_2O_2$$

今 pH = 9.1, 酶的初始浓度 $[E]_0 = 4 \times 10^{-7}\ mol \cdot dm^{-3}$, 测得下列实验数据:

$r/(mol \cdot dm^{-3} \cdot s^{-1})$	3.85×10^{-3}	1.67×10^{-2}	0.1
$[O_2^-]/(mol \cdot dm^{-3})$	7.69×10^{-6}	3.33×10^{-5}	2.00×10^{-4}

r 是以产物 O_2 表示的反应速率。设此反应的机理为

    (1) $E + O_2^- \xrightarrow{k_1} E^- + O_2$

    (2) $E^- + O_2^- + 2H^+ \xrightarrow{k_2} E + H_2O_2$

式中 E^- 为中间物, 可看作自由基, 已知 $k_2 = 2k_1$, 计算 k_1 和 k_2。

12.42 有一酶催化反应 $CO_2(aq) + H_2O \xrightarrow{E} H^+ + HCO_3^-$, 设 H_2O 大大过量, 溶液的 pH = 7.1, 温度为 0.5℃, 酶的初始浓度 $[E]_0 = 2.8 \times 10^{-9}\ mol \cdot dm^{-3}$。实验测得反应初速率 r_0 随 $CO_2(g)$ 的初始浓度 $[CO_2]_0$ 的变化如下所示:

$[CO_2]_0/(mmol \cdot dm^{-3})$	1.25	2.50	5.00	20.0
$r_0/(mmol \cdot dm^{-3} \cdot s^{-1})$	0.028	0.048	0.080	0.155

    (1) 试求 Michaelis 常数 K_M 及最大反应速率 r_m;

    (2) 试求中间络合物生成产物的速率常数 k_2;

    (3) 从速率方程如何理解 K_M 是反应速率为最大反应速率 r_m 的一半时的底物浓度, 即 $r = \frac{1}{2}r_m$ 时, $K_M = [S]$。

第十三章

表面物理化学

本章基本要求

（1）明确表面张力和表面 Gibbs 自由能的概念，了解表面张力与温度的关系。

（2）明确弯曲表面的附加压力产生的原因及与曲率半径的关系，学会使用 Young-Laplace 公式。

（3）了解弯曲表面上的蒸气压与平面相比有何不同，学会使用 Kelvin 公式，会用这个基本原理来解释人工降雨、毛细凝聚等常见的表面现象。

（4）掌握 Gibbs 吸附等温式的表示形式及各项的物理意义，并能应用该式作简单计算。

（5）理解什么叫表面活性剂，了解它在表面上作定向排列及降低表面 Gibbs 自由能的情况，了解表面活性剂的大致分类及其几种重要作用。

（6）了解液-液、液-固界面的铺展与润湿情况，理解气-固表面吸附的本质及吸附等温线的主要类型，能解释简单的表面反应动力学、为何在不同的压力下有不同的反应级数等。

（7）了解化学吸附与物理吸附的区别，了解影响固体吸附的主要因素。

（8）了解化学吸附与多相催化反应的关系，了解气-固相表面催化反应速率的特点及反应机理。

　　界面科学是化学、物理学、生物学、材料科学和信息科学等学科之间相互交叉和渗透的一门重要的边缘科学, 是当前三大科学技术 (即生命科学、材料科学和信息科学) 前沿领域的桥梁。界面化学是在原子或分子尺度上探讨两相界面上发生的化学过程以及化学过程前驱的一些物理过程。

　　密切接触的两相之间的过渡区 (约有几个分子的厚度) 称为**界面** (interface)。根据物质状态的不同, 界面可以分为气–液、气–固、液–液、液–固和固–固等界面。前两种界面都有气体参加, 此类界面习惯上常称为**表面** (surface), 表面一词有时也泛指各种界面, 实际上也无须作严格的区分①。

　　界面不是一个没有厚度的纯粹几何面, 它有一定的厚度, 可以是多分子层的, 也可以是单分子层的, 这一层的结构和性质与它邻近的两侧大不一样。

　　通常用肉眼看到的如山川、云雨、楼阁等都是宏观界面, 而自然界中还存在着大量的微观界面, 例如生物体内就有细胞膜、生物膜, 生命现象的重要过程就在这些界面上进行。人们需要首先研究宏观界面的规律, 然后再把它应用到微观界面上。

　　界面现象 (通常将气–液、气–固界面现象称为表面现象) 所讨论的都是在相的界面上发生的一些行为。物质表面层的分子与内部分子周围的环境不同, 内部分子所受四周邻近相同分子的作用力是对称的, 各个方向的力彼此抵消。但是, 表面层的分子, 则一方面受到本相内物质分子的作用, 另一方面又受到性质不同的另一相中物质分子的作用。因此, 表面层的性质与内部的性质不同。最简单的情况是液体及其蒸气所形成的系统 (见图 13.1), 在气–液界面上的分子受气相分子作用力小, 受液相分子作用力大, 故受到一种指向液体内部的拉力, 所以液体表

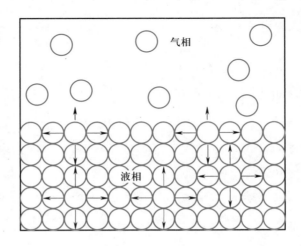

图 13.1　液体表面分子受力情况

---

① 在多相分散系统中, 相与相之间的接触面统称为界面。但一定量的液体 (或固体) 与空气的界面常称为表面。界面的含义似较广泛些, 但通常情况下把它们看作等同的, 故本章中也不作严格的限定和区分。

面都有自动缩成最小的趋势。对一定体积的液滴来说, 在不受外力的作用下, 它的形状总是球形的, 这样液滴是最稳定的。在任何两相界面上的表面层都具有某些特性。对于单组分系统, 这种特性主要来自同一物质在不同相中密度的不同; 而对于多组分系统, 这种特性则来自表面层的组成和任一相的组成均不相同。

物质表面层的特性对于物质其他方面的性质也会有所影响, 随着系统分散程度的增加, 其影响更为显著。因此, 当研究在表面层上发生的行为或者研究多相的高分散系统的性质时, 就必须考虑到物质的**分散度** (dispersion degree)。

通常用**比表面** (A_0) 表示多相分散系统的分散程度, 其定义为

$$A_0 = \frac{A_s}{m} \tag{13.1}$$

式中 A_s 是物质的总表面积; m 为物质的质量。比表面 (specific surface area) 即是单位质量物质的表面积, 其单位通常以 $m^2 \cdot g^{-1}$ 表示。比表面还可以用单位体积物质的表面积表示, $A_0 = \frac{A_s}{V}$, 则其单位为 m^{-1}。对于一定质量的物体, 若将其分散为颗粒, 则颗粒越小, 比表面就越大。例如, 将 $1\ cm^3$ 立方体在三维方向上各拦腰切割一次, 每切割一次就增加两个新的表面, 三次切割增加 6 个新的表面, 则总表面积就从 $6\ cm^2$ 增加到 $12\ cm^2$。如继续切割, 其表面积的增长如表 13.1 所示 (表中同时给出了总表面能, 当颗粒的边长从 $10^{-4}\ cm$ 减小至 $10^{-7}\ cm$ 时, 总表面积的变化为 $6 \times 10^4 \sim 6 \times 10^7\ cm^2$, 总表面能的变化为 $0.44 \sim 0.44 \times 10^3\ J$, 这导致微小颗粒物理化学性质的巨大变化)。

表 13.1　$1\ cm^3$ 立方体在分割过程中表面性质的变化*

边长/cm	立方体个数	总表面积/cm^2	比表面/m^{-1}	总表面能/J
1	1	6	6×10^2	0.44×10^{-4}
1×10^{-1}	1×10^3	6×10^1	6×10^3	0.44×10^{-3}
1×10^{-2}	1×10^6	6×10^2	6×10^4	0.44×10^{-2}
1×10^{-3}	1×10^9	6×10^3	6×10^5	0.44×10^{-1}
1×10^{-4}	1×10^{12}	6×10^4	6×10^6	0.44
1×10^{-5}	1×10^{15}	6×10^5	6×10^7	0.44×10^1
1×10^{-6}	1×10^{18}	6×10^6	6×10^8	0.44×10^2
1×10^{-7}	1×10^{21}	6×10^7	6×10^9	0.44×10^3
1×10^{-8}	1×10^{24}	6×10^8	6×10^{10}	0.44×10^4

* 设物体的表面 Gibbs 自由能为 $0.0733\ J \cdot m^{-2}$。

由于在界面上的分子处境特殊, 有许多特殊的物理和化学性质, 如表面张力、毛细现象和润湿现象等逐渐被发现, 并赋予了科学的解释。随着工业生产的发展, 与界面现象有关的应用也越来越多, 从而建立了界面化学 (或表面化学) 这一学科分支。表面化学是一门既有广泛实际应用又与多门学科密切联系的交叉学科, 它既有传统的、唯象的、比较成熟的规律和理论, 又有现代分子水平的研究方法和不断出现的新的发现。

在本章中将讨论有关表面现象的一些基本概念及其应用。

13.1　表面张力及表面 Gibbs 自由能

表面张力

液体表面的最基本特性是趋向于收缩。如图 13.1 所示, 这是由于液面上的分子受力不均衡, 例如液滴趋向于呈球形, 水银珠和荷叶上的水珠也收缩为球形。从液膜自动收缩的实验, 可以更好地认识这一现象。

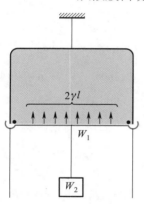

图 13.2　可滑动的金属丝在向上的表面作用力 $2\gamma l$ 与向下的重力作用下处于平衡

如图 13.2 所示, 把金属丝弯成倒 U 形框架, 另一根金属丝附在框架上并可自由滑动。把框架放在肥皂液中, 然后慢慢地提出, 框架上就有了一层肥皂膜。由于液体中的分子有把表面收缩到最小的趋势 (这就是表面张力的作用), 所以会把可滑动的金属丝拉上去, 一直到框架顶部。若在金属丝下面吊一重物 W_2, 如果 W_2 与可滑动金属丝的重量 W_1 之和 (即 $W_1 + W_2$) 所产生的重力与液面上的收缩张力 (即表面张力) 平衡, 金属丝就保持不再滑动。在图 13.2 中, 虽然肥皂膜很薄, 但与分子的大小相比, 还具有一定的厚度, 肥皂膜有一定的体积。在金属丝框架的正反两面具有两个表面, 所以液面上分子的作用力在总长度为 $2l$ 的边界上作用, 且是垂直地作用于单位长度的表面边沿, 并指向表面中心。所以, 肥皂膜将金属丝向上拉的力就等于向下的重力 F (即 $W_1 + W_2$), 则

$$F = 2\gamma l \tag{13.2}$$

式中 γ 称为 **表 (界) 面张力**, 其单位为 $N \cdot m^{-1}$。γ 可看成液体表面收缩作用在单位长度的力。

也可以从另一角度来理解表面张力 (γ), 即使同种液膜的面积增大 dA, 则需用力 F 使液膜向下移动 dx 的距离而做的非体积功 (此功并非传统意义上的体积功, 它来源于液体有自动收缩趋势, 即表面具有的表面张力, 故此功是表面功, 是非体积功)。

通常可通过多种方法来测定表面张力, 如毛细管上升法、滴重法、吊环法 (也称 De Nouy 法)、最大压力气泡法、吊片法 (也称 Wilhelmy 法) 和静液法等, 这些方法的具体操作和计算方法均可在一些实验教材或专著中找到。

表 13.2 列出了一些物质的表 (界) 面张力。从表中所列数据可见, 纯物质的表面张力与分子的性质有很大关系。通常原子之间的化学键若是金属键, 则表面张力最大, 其次是离子键、极性共价键, 具有非极性共价键的物质的表面张力最小。水因为有氢键, 所以表面张力也比较大。

表 13.2 一些物质的表 (界) 面张力

物质	$\gamma/(\mathrm{N \cdot m^{-1}})$	T/K	物质	$\gamma/(\mathrm{N \cdot m^{-1}})$	T/K
$H_2O(l)$	0.07274	293	$O_2(l)^*$	0.01651	77
	0.07197	298			
	0.07119	303	$Hg(l)$	0.48548	298
苯 (l)	0.02821	293		0.48036	323
	0.02493	323	$Sn(l)$	0.5433	605
甲苯 (l)	0.02791	298	$Ag(l)$	0.8785	1373
	0.02488	323	$Cu(l)$	1.300	熔点
氯仿 (l)	0.02665	298	$KClO_3(s)$	0.081	641
	0.02342	323	$NaNO_3(s)$	0.1166	581
四氯化碳	0.02618	298	$H_2O -$正丁醇	0.0018	293
	0.02323	323	$H_2O -$乙酸乙酯	0.0068	293
甲醇	0.02217	293	$Hg - H_2O$	0.415	293
乙醇	0.02191	298		0.416	298
	0.01985	323	$Hg -$乙醇	0.389	293
辛烷	0.02117	298	$H_2O -$苯	0.035	293
乙醚	0.02014	298	$Hg -$苯	0.357	293
$N_2(l)^*$	0.00943	75			

注: 本表数据摘自 Haynes W M. CRC Handbok of Chemistry and Physics. 97th ed. Boca Raton: CRC Press Inc, 2016—2017: 6–190 ～ 6–194. 其中标注 $*$ 的数据由 James G Speight. Lange′s Handbook of Chemistry. 17th ed. McGraw-Hill Education, 2017: Table 1.54 提供的 $\gamma = a - bt$ 中 a 和 b 值算出, 其中 a 和 b 是常数, t 是温度, 单位是 ℃。

Antonoff 发现, 两种液体之间的界面张力是两种液体互相饱和时, 两种液体的表面张力之差, 即

$$\gamma_{12} = \gamma_1 - \gamma_2$$

式中 γ_1, γ_2 分别是两种液体的表面张力。这个经验规律称为 **Antonoff 规则**。

表面热力学的基本公式

在第四章中曾给出单相多组分系统的四个热力学基本公式, 根据热力学第一定律和第二定律的联合公式, 热力学能 U 是 (S, V, n_B) 的函数 (所有热力学函数除了与其特征变量有关外, 还与组成 n_B 有关), 则

$$dU = TdS - pdV + \sum_B \mu_B dn_B$$

这是在不考虑表面层的分子, 只考虑系统本体情况下所得到的公式。实际上, 即使当纯液体与其蒸气平衡共存时, 必然也存在一个表面区, 且具有不可分离性。这个交接面, 其实不是一个几何面, 而是两相之间的过渡区。如果要增加系统的表面积, 就必须对系统做功。因此, 对需要考虑表面区的系统, 由于多了一个表面区, 在体积功之外, 还要增加表面功 (γdA_s), 整个系统的 U, H, A 和 G 都是 (T, p, A_s, n_B) 的函数。所以, 热力学第一定律和第二定律的联合公式为

$$dU = TdS - pdV + \gamma dA_s + \sum_B \mu_B dn_B \tag{13.3}$$

同理可得

$$dH = TdS + Vdp + \gamma dA_s + \sum_B \mu_B dn_B \tag{13.4}$$

$$dA = -SdT - pdV + \gamma dA_s + \sum_B \mu_B dn_B \tag{13.5}$$

$$dG = -SdT + Vdp + \gamma dA_s + \sum_B \mu_B dn_B \tag{13.6}$$

从上述关系式得

$$\gamma = \left(\frac{\partial U}{\partial A_s}\right)_{S,V,n_B} = \left(\frac{\partial H}{\partial A_s}\right)_{S,p,n_B} = \left(\frac{\partial A}{\partial A_s}\right)_{T,V,n_B} = \left(\frac{\partial G}{\partial A_s}\right)_{T,p,n_B} \tag{13.7}$$

由此可知, γ 是在指定各相应变量不变的情况下, 每增加单位表面积时, 系统热力学能或 Gibbs 自由能等热力学函数的增值, 称为广义的表面自由能。狭义地说, 当以可逆方式形成新表面时, 环境对系统所做的表面功变成了单位表面层分子的 Gibbs 自由能了。因此, γ 又可称为**比表面 Gibbs 自由能**, 其单位为 $J \cdot m^{-2}$。

界面张力与温度的关系

温度升高时, 通常总是使界面张力下降, 这可从热力学的基本公式中看出。对式 (13.5) 和式 (13.6) 应用全微分的性质 (即全微分的必要和充分条件)(见上册的数学复习), 可得

$$\left(\frac{\partial S}{\partial A_s}\right)_{T,V,n_B} = -\left(\frac{\partial \gamma}{\partial T}\right)_{A_s,V,n_B} \tag{13.8}$$

$$\left(\frac{\partial S}{\partial A_s}\right)_{T,p,n_B} = -\left(\frac{\partial \gamma}{\partial T}\right)_{A_s,p,n_B} \tag{13.9}$$

将式 (13.8) 或式 (13.9) 两边同时乘以 T, 则 $-T\left(\dfrac{\partial \gamma}{\partial T}\right)$ 的值等于在温度不变时可逆扩大单位表面积所吸的热 $\left(T\dfrac{dS}{dA_s}\right)$, 这是正值, 所以 $\dfrac{\partial \gamma}{\partial T} < 0$, 即 γ 的值将随 T 的升高而下降。从而可推知, 若以绝热的方式扩大表面积, 系统的温度必将下降, 而事实正是如此。

如将式 (13.8)、式 (13.9) 与式 (13.3)、式 (13.4) 相联系, 可得在指定条件下扩大单位表面积引起的系统热力学能和焓的变化值:

$$\left(\frac{\partial U}{\partial A_s}\right)_{T,V,n_B} = \gamma + T\left(\frac{\partial S}{\partial A_s}\right)_{T,V,n_B}$$

$$= \gamma - T\left(\frac{\partial \gamma}{\partial T}\right)_{A_s,V,n_B} \tag{13.10}$$

$$\left(\frac{\partial H}{\partial A_s}\right)_{T,p,n_B} = \gamma + T\left(\frac{\partial S}{\partial A_s}\right)_{T,p,n_B}$$

$$= \gamma - T\left(\frac{\partial \gamma}{\partial T}\right)_{A_s,p,n_B} \tag{13.11}$$

当温度升高时, 大多数液体的表面张力呈线性下降, 并且可以预期, 当达到临界温度 T_c 时, 表面张力趋向于零。Eötvös 曾提出表面张力与温度的关系式:

$$\gamma V_m^{2/3} = k(T_c - T) \tag{13.12}$$

式中 V_m 为液体的摩尔体积; k 是普适常数, 对于非极性液体, $k \approx 2.2 \times 10^{-7}$ J·K^{-1}。但由于接近临界温度时, 气–液界面已不清晰, 所以 Ramsay 和 Shields 将温度 T_c 修正为 $(T_c - 6.0\ \mathrm{K})$, 则式 (13.12) 变为

$$\gamma V_m^{2/3} = k(T_c - T - 6.0\ \mathrm{K}) \tag{13.13}$$

式 (13.13) 是较常用的求表面张力与温度间关系的公式。

溶液的表面张力与溶液浓度的关系

水的表面张力因加入溶质形成溶液而改变。有些溶质加入后能使溶液的表面张力降低, 另一些溶质加入后却使溶液的表面张力升高。

例如, 无机盐、不挥发性酸碱 (如 H_2SO_4, NaOH) 等物质的离子因对水分子的吸引而趋向于把水分子拖入溶液内部, 此时在增加单位表面积所做的功中, 还必须包括克服静电引力所消耗的功, 因此溶液的表面张力升高。这类物质被称为**非表面活性物质** (non-surface active agent)。

能使水的表面张力降低的溶质都是有机化合物, 从广义说来, 都可被称为**表面活性物质** (surface active agent), 但习惯上只把那些明显降低水的表面张力的两亲性质的有机化合物 (即分子中同时含有亲水的极性基团和憎水的非极性碳链或环, 一般指含 8 个以上碳原子的碳链) 叫作表面活性剂。所谓两亲分子, 以脂肪酸为例, 亲水的 —COOH 基团使脂肪酸分子有进入水中的趋向, 而憎水的碳氢链则竭力阻止其在水中溶解, 这种分子就有很大的趋势存在于两相界面上, 不同基团各选择所亲的相而定向, 因此称为两亲分子。进入或 "逃出" 水面趋势的大小, 取决于分子中极性基团与非极性基团的强弱对比。对于表面活性物质来说, 非极性成分大, 则表面活性也大。由于憎水部分企图离开水而移向表面, 所以增加单位表面所需的功较之纯水当然要小些, 因此溶液的表面张力明显降低。

表面活性物质的浓度对溶液表面张力的影响, 可以从 $\gamma - c$ 曲线中直接看出。通常在低浓度时增大浓度对 γ 的影响比高浓度时要显著。

Traube 在研究脂肪酸同系物的表面活性时发现, 同一种溶质在低浓度时表面张力的降低效应和浓度成正比。在相同的浓度时, 不同的酸对于水的表面张力降低效应 (表面活性) 随碳氢链的增长而增加; 每增加一个 CH_2, 其表面张力降低效应平均可增加约 3.2 倍, 这个规则称为 Traube 规则, 如图 13.3 所示。其他脂肪醇、胺、酯等也有类似的表面活性随碳氢链增长而增加的情况。

但是 Traube 规则不能包括所有的表面张力随浓度的变化情况。根据实验, 稀溶液的 $\gamma - c$ 曲线大致可分为三类, 如图 13.4 所示。

曲线 I: 当溶质的浓度增大时, 溶液的 γ 值随之有所上升, 这是加入非表面活性物质的情况:

$$\frac{\mathrm{d}\gamma}{\mathrm{d}c} > 0$$

曲线 II: 此类曲线的特征是溶质浓度增大时, 溶液的 γ 值随之下降:

$$\frac{\mathrm{d}\gamma}{\mathrm{d}c} < 0$$

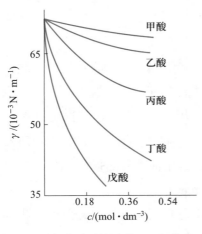

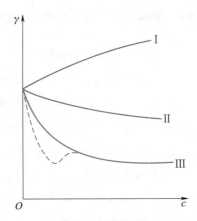

图 13.3　脂肪酸溶液的 $\gamma - c$ 曲线　　　　图 13.4　稀溶液的表面张力与浓度的关系

大多数非离子型有机化合物如短链脂肪酸、醇、醛类的水溶液都有此行为。

当浓度不太大时, 此类曲线关系可较成功地用 Щищцковский (希什科夫斯基) 的经验公式来表示:

$$\gamma_0 - \gamma = b\gamma_0 \lg\left(1 + \frac{c/c^{\ominus}}{K'}\right) \tag{13.14}$$

式中 γ_0, γ 分别为纯溶剂和溶液的表面张力; b 和 K' 为常数。当浓度很小时, 展开式 (13.14), 并略去含 c 的高次项, 得

$$\gamma_0 - \gamma = \frac{b\gamma_0(c/c^{\ominus})}{2.303K'} = ac$$

即浓度很小时表面张力的降低与浓度成正比。这和 Traube 规则是一致的。

曲线 Ⅲ: 其特征是 $\dfrac{\mathrm{d}\gamma}{\mathrm{d}c} < 0$。但它与曲线 Ⅱ 不同, 当溶液很稀时, γ 值随浓度的增大而急剧下降, 随后 γ 值大致不随浓度而变 (有时也可能会出现最低值, 这是溶液中含有杂质之故)。

Ⅱ, Ⅲ 类溶液的溶质都具有表面活性, 能使水的表面张力下降, 但 Ⅲ 类物质 (即表面活性剂) 的表面活性较高, 很少量就能使表面张力下降至最低值。

13.2　弯曲表面上的附加压力和蒸气压

一般情况下, 液体的表面是水平的, 而滴定管或毛细管中的水面是向下弯曲的。若滴定管中装的是水银, 则水银面呈凸形, 是向上弯曲的。为什么会出现这些

现象? 这是本节所要讨论的问题。

本节讨论的内容只适用于曲面半径较表面层的厚度大得多的情况 (通常表面层厚度约为 10 nm)。

弯曲表面上的附加压力

由于表面张力的作用, 在弯曲表面下液体或气体与在平面下情况不同, 前者受到附加的压力。

静止液体的表面一般是一个平面, 但在某些特殊情况下, 如在毛细管中, 则是一个弯曲表面。由于表面张力的作用, 弯曲表面的内、外所受到的压力不相等。

设在液面上 (见图 13.5), 对某一小面积 AB 来看, 沿 AB 的四周, AB 以外的表面对 AB 面有表面张力的作用, 力的方向与周界垂直, 而且沿周界处与表面相切。如果液面是水平的 [如图 13.5(a) 是液面的剖面], 则作用于边界的力 f 也是水平的; 当平衡时, 沿周界的表面作用力互相抵消。此时, 液体表面内、外的压力相等, 而且等于表面上的外压 p_0。

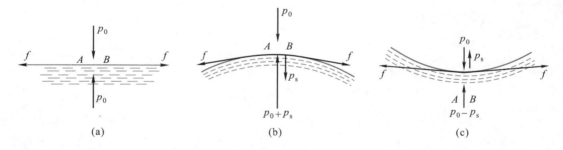

图 13.5　水平和弯曲表面上的附加压力

如果液面是弯曲的, 则沿 AB 的周界上的表面作用力 f 不是水平的, 其方向如图 13.5(b), (c) 所示。平衡时, 作用于周界的力将有一合力; 当液面为凸形时, 合力指向液体内部; 当液面为凹形时, 合力指向液体外部。这就是附加压力的来源。对于凸面 [图 13.5(b)], AB 曲面好像绷紧在液体上一样, 使它受到一个指向液体内部的附加的压力。因此, 在平衡时, 表面内部的液体分子所受到的压力必大于外部的压力。对于凹面 [图 13.5(c)], 则 AB 曲面好像要被拉出液面。因此, 液体内部的压力将小于外部的压力。

总之, 由于表面张力的作用, 在弯曲表面下的液体与平面下的不同, 它受到一种附加的压力 (p_s), 附加压力的方向指向曲面的圆心。

显然, 附加压力的大小与曲率半径有关。再以凸形液滴为例: 如图 13.6 所示, 毛细管内充满液体, 管端有半径为 R' 的球状液滴与之平衡, 若外压为 p_0, 附加压

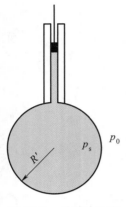

图 13.6　液滴表面所产生的附加压力

力为 p_s, 则液滴所受总压为 $p = p_0 + p_s$。现对活塞稍稍施加压力, 以减少毛细管中液体的体积, 使液滴体积增加 $\mathrm{d}V$, 相应地其表面积增加 $\mathrm{d}A_s$, 此时为了克服表面张力所产生的附加压力 p_s, 环境所消耗的功应和液滴可逆地增加表面积的 Gibbs 自由能相等, 即

$$p_s \mathrm{d}V = \gamma \mathrm{d}A_s$$

因为

$$A_s = 4\pi R'^2$$

所以

$$\mathrm{d}A_s = 8\pi R' \mathrm{d}R'$$

因为

$$V = \frac{4}{3}\pi R'^3$$

所以

$$\mathrm{d}V = 4\pi R'^2 \mathrm{d}R'$$

代入上式, 得

$$p_s = \frac{2\gamma}{R'} \tag{13.15}$$

由此可知: ① 曲率半径 R' 越小, 则液滴所受到的附加压力越大。② 液滴呈凸形, 附加压力指向曲面圆心, 与外压方向一致。所以, 凸面下液体所受压力比平面下所受压力要大, 等于 $p_0 + p_s$。如果是凹面, 如玻璃管中水溶液的弯月面, 附加压力指向曲面圆心, 与外压方向相反。所以, 凹面下液体所受压力比平面上所受压力要小, 等于 $p_0 - p_s$。

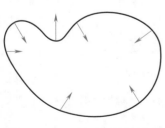

图 13.7　不规则形状液滴上的附加压力 (以箭头长短代表力的大小, 箭头方向代表力的方向)

在了解弯曲表面上具有附加压力以及其大小与表面形状的关系之后, 可以解释如下一些常见的现象。例如, 自由液滴或气泡 (在不受外加力场影响时) 通常都呈球形。因为假若液滴具有不规则的形状, 则在表面上的不同部位曲面弯曲方向及其曲率不同, 所具的附加压力的方向和大小也不同。在凸面处附加压力指向液滴的内部, 而在凹面处则指向相反的方向, 这种不平衡的力必将迫使液滴呈球形 (见图 13.7)。因为只有在球面上各点的曲率相同, 各处的附加压力也相同, 液滴才会呈稳定的形状。另外, 相同体积的物质, 球形的表面积最小, 则表面总的 Gibbs 自由能最低, 所以变成球状就最稳定。自由液滴如此, 分散在水中的油

滴或气泡也常是如此。又如, 当把毛细管插入水中时, 管中的水柱表面会呈凹形曲面, 致使水柱上升到一定高度。这是由于在凹面上液体所受的压力小于平面上液体所受的压力, 因此管外液体 (实际上为平面) 被压入管内 (见图 13.8 中 Ⅰ), 直到在 MN 平面处液柱的静压力与凹面上的附加压力相等后才达平衡。当把毛细管插入汞中时 (见图 13.8 中 Ⅱ), 管内汞液面呈凸形, 同理可以解释管内汞液面下降的现象。用毛细管法测定液体的表面张力就是根据这个原理而进行的。由于附加压力而引起的液面与管外液面有高度差的现象称为**毛细管现象** (capillary phenomenon)。

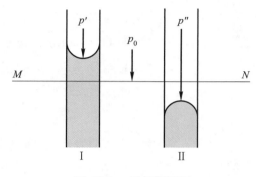

图 13.8　毛细管现象

毛细管内液柱上升 (或下降) 的高度 (h) 可近似地用如下方法计算。

如果液体能润湿毛细管, 液面呈弯月凹面。设弯月面呈半球状, 这时弯月面的曲率半径 (R') 就等于毛细管半径 (R)。当液面在毛细管中上升达平衡时, 管中上升液柱的静压力 Δp 就等于弯曲表面上的附加压力 p_{s}。根据式 (13.15), 得

$$\Delta p = p_{\mathrm{s}} = \frac{2\gamma}{R} = \Delta\rho g h \tag{13.16}$$

式中 $\Delta\rho$ 是管内液相和管外气相的密度差, $\Delta\rho = \rho_{\mathrm{l}} - \rho_{\mathrm{g}}$, 通常 $\rho_{\mathrm{l}} \gg \rho_{\mathrm{g}}$。则式 (13.16) 可近似写作

$$h = \frac{2\gamma}{R\rho_{\mathrm{l}}g} \tag{13.17}$$

如果液体不能润湿毛细管, 则液面下降呈凸面, 设凸面为半球面, 则仍可用式 (13.17) 计算, 不过算出的是液面下降的高度。

更一般的情形是, 液体与管壁之间的接触角 (见 13.6 节) 是某一 θ 值, 则通过简单的几何证明, 得 $R' = R/\cos\theta$。所以, 式 (13.16) 可写为

$$\frac{2\gamma\cos\theta}{R} = \Delta\rho g h \tag{13.18}$$

Young-Laplace 公式

Young-Laplace (杨–拉普拉斯) 公式是描述弯曲表面上附加压力的基本公式。

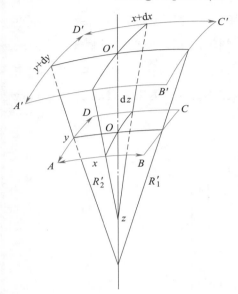

图 13.9　任意弯曲的液面扩大时所做功的分析

描述一个小的曲面, 一般至少需要两个曲率半径。对于球面, 两个曲率半径相等。如图 13.9 所示, 在任意弯曲液面上取一小块长方形的曲面 $ABCD$, 其面积为 xy。在曲面上任意选取两个互相垂直的正截面, 它们的交线 Oz 即为 O 点的法线。设曲面边缘 $\widehat{AB}$ 和 $\widehat{BC}$ 弧的曲率半径分别为 R_1' 和 R_2'。如令曲面 $ABCD$ 沿法线的方向移动 $\mathrm{d}z$, 使曲面移到 $A'B'C'D'$, 其面积扩大为 $(x+\mathrm{d}x)(y+\mathrm{d}y)$。所以移动后曲面面积的增量为 $\Delta A_\mathrm{s} = (x+\mathrm{d}x)(y+\mathrm{d}y) - xy = x\mathrm{d}y + y\mathrm{d}x + \mathrm{d}x\mathrm{d}y$ (可忽略), 形成此额外表面所需做的功为

$$W_\mathrm{f} = \gamma(x\mathrm{d}y + y\mathrm{d}x)$$

由于弯曲表面上有附加压力 p_s, 所以表面扩展需克服这种附加压力而做功, 即 $p_\mathrm{s}\mathrm{d}V$, $\mathrm{d}V$ 是曲面移动时所扫过的体积, $\mathrm{d}V = xy\mathrm{d}z$, 所以 $W_\mathrm{f} = p_\mathrm{s}xy\mathrm{d}z$。由此可得

$$\gamma(x\mathrm{d}y + y\mathrm{d}x) = p_\mathrm{s}xy\mathrm{d}z$$

自相似三角形的比较可得

$$(x+\mathrm{d}x)/(R_1'+\mathrm{d}z) = x/R_1' \qquad \text{或} \qquad \mathrm{d}x = x\mathrm{d}z/R_1'$$

$$(y+\mathrm{d}y)/(R_2'+\mathrm{d}z) = y/R_2' \qquad \text{或} \qquad \mathrm{d}y = y\mathrm{d}z/R_2'$$

若表面处于机械平衡, 则上述两种功必相等。再将上面 $\mathrm{d}x$ 和 $\mathrm{d}y$ 的关系式代入, 最后可得

$$p_\mathrm{s} = \gamma\left(\frac{1}{R_1'} + \frac{1}{R_2'}\right) \tag{13.19}$$

式 (13.19) 称为 **Young-Laplace 公式的一般式**, 是研究弯曲表面上附加压力的基本公式。若是球面, $R_1' = R_2' = R'$, 则式 (13.19) 成为

$$p_\mathrm{s} = \frac{2\gamma}{R'}$$

与式 (13.15) 相同。若为平面, 则 R_1' 和 $R_2' \to \infty$, $p_\mathrm{s} \to 0$。

弯曲表面上的蒸气压 —— Kelvin 公式

曲面施于液体的附加压力随曲率而变, 所以不同曲率的曲面所包围的液体的状态并不相同。换言之, 液体的状态和性质将随液面曲率 (或形状) 的不同而有所不同。例如, 平面液体与曲面液体上的蒸气压就不同。

液体的蒸气压与曲率的关系, 可用如下方法获得:

$$
\begin{array}{ccc}
\text{平面液体} & \xrightleftharpoons{(1)} & \text{蒸气(正常蒸气压 } p_0) \\
\downarrow{\scriptstyle(2)} & & \uparrow{\scriptstyle(4)} \\
\text{小液滴} & \xrightleftharpoons{(3)} & \text{蒸气(小液滴蒸气压 } p_{\mathrm r})
\end{array}
$$

过程 (1) 是等温等压下的气–液两相平衡, $\Delta_{\mathrm{vap}}G_1 = 0$。过程 (2) 是等温等压下的液滴分割, 小液滴具有平面液体所没有的表面张力 γ, 在分割过程中, 系统的摩尔体积 $V_{\mathrm m}$ 并不随压力而变。于是, 根据 Laplace 公式, 得

$$
\Delta G_2 = \int_{p_0}^{p_{\mathrm r}+\frac{2\gamma}{R'}} V_{\mathrm m}\mathrm dp + \gamma(A_{\mathrm s} - A_0) \approx \frac{2\gamma M}{R'\rho} + \gamma A_{\mathrm s} \tag{13.20}
$$

式中 M 为液体的摩尔质量; ρ 为液体的密度; $A_{\mathrm s}$ 和 A_0 分别是小液滴和平面液体的表面积。上面的推导中使用了一般情况下 $\dfrac{2\gamma}{R'} \gg p_{\mathrm r} - p_0$ 及平面液体的表面积可忽略的条件。

过程 (3) 中, 气相和液相的化学势相同, 但小液滴的表面消失。$\Delta_{\mathrm{vap}}G_3 = W_{\mathrm f} = -\gamma A_{\mathrm s}$。

过程 (4) 的蒸气压在等温下由 $p_{\mathrm r}{\to}p_0$, 假设蒸气服从理想气体状态方程, 则

$$
\Delta G_4 = RT\ln\frac{p_0}{p_{\mathrm r}} = -RT\ln\frac{p_{\mathrm r}}{p_0} \tag{13.21}
$$

在循环过程中

$$
\Delta G_2 + \Delta G_3 + \Delta G_4 = \Delta_{\mathrm{vap}}G_1 = 0
$$

故可得

$$
RT\ln\frac{p_{\mathrm r}}{p_0} = \frac{2\gamma M}{R'\rho} \tag{13.22}
$$

这就是 **Kelvin 公式**。

此式还可以进一步予以简化, 由于

$$\frac{p_r}{p_0} = 1 + \frac{\Delta p}{p_0}$$

式中 $\Delta p = p_r - p_0$, 当 $\frac{\Delta p}{p_0}$ 很小时, 有

$$\ln\frac{p_r}{p_0} = \ln\left(1 + \frac{\Delta p}{p_0}\right) \approx \frac{\Delta p}{p_0}$$

代入式 (13.22), 得

$$\frac{\Delta p}{p_0} = \frac{2\gamma M}{RTR'\rho} \tag{13.23}$$

这是 **Kelvin 公式的简化式**。此式表明液滴越小, 蒸气压越大。

从 Kelvin 公式可以理解, 为什么蒸气中若不存在任何可以作为凝结中心的微粒, 则可以达到很大的过饱和度而水不会凝结出来。因为此时水蒸气的压力虽然对水平液面的水来说, 已经是过饱和的了, 但对于将要形成的小液滴来说, 则尚未饱和。因此, 小液滴难以形成。如果有尺寸较大的微粒 (如 AgI 微粒) 存在, 则使凝聚水滴的初始曲率半径变大, 蒸汽就可以在较低的过饱和度时开始在这些微粒的表面上凝结出来。人工降雨的基本原理就是为云层中的过饱和水汽提供凝聚中心 (如 AgI 微粒) 而使之形成雨滴落下。

又如, 对于液体中的蒸气泡 (对液体加热, 沸腾时将有气泡生成), 其内壁的液面是凹面, 所受压力小于平面所受压力。根据 Kelvin 公式, 蒸气泡中的液体饱和蒸气压将小于平面液体的饱和蒸气压, 而且气泡越小, 蒸气压也越低。在沸点时, 水平液面的饱和蒸气压等于外压, 而沸腾时形成的气泡需经过从无到有、从小到大的过程。而最初形成的半径极小的气泡其蒸气压远小于外压, 所以, 小气泡开始难以形成 (广义地说, 在物系中要产生一个新相总是困难的), 致使液体不易沸腾而形成过热液体。过热液体是不稳定的, 容易发生暴沸 (bumping)。如果在加热时, 先在液体中加入浮石 (或称沸石), 由于浮石是多孔硅酸盐, 内孔中贮有气体, 加热时这些气体成为新相 (气相) 的 "种子", 因而绕过了产生极微小气泡的困难阶段, 使液体的过热程度大大地降低了。

另外, 从过饱和度较大的溶液中会瞬间生成大量细小晶粒, 不利于过滤, 生产上常在结晶器皿中投入一些小晶体, 作为新结晶相的种子, 以防止溶液的过饱和度过大而导致所形成的晶粒太小。还有水蒸气在多孔固体表面被吸附时, 在细孔道内弯曲液面上的蒸气压比平面上的小, 容易发生毛细凝聚现象等, 都可以用上述原理给出解释。

13.3　溶液的表面吸附

溶液的表面吸附 —— Gibbs 吸附公式

溶液看起来非常均匀, 实际上并非如此。无论用什么方法使溶液混匀, 但表面上一薄层的浓度总是与内部的不同。通常把物质在表面上富集的现象称为**吸附** (adsorption)。溶液表面的吸附作用导致表面浓度与内部 (即体相) 浓度不同, 这种差别则称为**表面过剩** (surface excess)。由于极薄的表面与本体难以分割, 所以表面过剩难以测定 (界面区一般只有几个分子的厚度)。

可以用一个简易的实验方法, 证明表面过剩的存在。向含有某种溶质的溶液中加入表面活性剂, 通入大量空气使其产生泡沫, 然后分析泡沫中溶质的浓度。结果发现, 泡沫的浓度大大高于原溶液的浓度 [这一现象后来发展为提取稀有元素的**泡沫浮选法** (foam flotation)]。

Gibbs 从热力学的角度研究了表面过剩现象, 并导出了 Gibbs 吸附公式。

表面积的缩小和表面张力的降低, 都可以降低系统的 Gibbs 自由能。定温下, 纯液体的表面张力为定值。因此, 对于纯液体来说, 降低系统 Gibbs 自由能的唯一途径是尽可能地缩小液体表面积。对于溶液来说, 溶液的表面张力和表面层的组成有着密切的关系, 因此还可以由溶液自动调节不同组分在表面层中的数量来促使系统的 Gibbs 自由能降低。当所加入的溶质能降低表面张力时, 溶质力图浓集在表面层上以降低系统的表面能; 反之, 当溶质使表面张力升高时, 它在表面层中的浓度就比在内部的浓度低。但是, 与此同时, 由于浓差而引起的扩散, 则趋向于使溶液中各部分的浓度均一。在这两种相反过程达到平衡之后, 溶液表面层的组成与本体溶液的组成不同。这种现象通常称为在表面层发生了吸附作用。平衡后, 对表面活性物质来说, 它在表面层中所占比例要大于它在本体溶液中所占比例, 即发生正吸附作用; 而非表面活性物质在表面层中所占比例比在本体溶液中所占比例小, 即发生负吸附作用。

Gibbs 用热力学方法求得定温下溶液的浓度、表面张力和吸附量之间的定量关系, 通常称为 **Gibbs 吸附公式**:

$$\Gamma_B = -\frac{a_B}{RT}\frac{\mathrm{d}\gamma}{\mathrm{d}a_B} \tag{13.24}$$

式中 a_B 为溶液中溶质的活度; γ 为溶液的表面张力; Γ_B 为溶质的表面过剩 (或称为表面超量)。

从 Gibbs 吸附公式还可以得到如下结论:

(1) 若 $\dfrac{\mathrm{d}\gamma}{\mathrm{d}a_{\mathrm{B}}} < 0$, 即增加溶质活度能使溶液的表面张力降低者, $\varGamma_{\mathrm{B}}$ 为正值, 是正吸附。此时表面层中溶质所占比例比本体溶液中溶质所占比例大。表面活性物质就属于这种情况。

(2) 若 $\dfrac{\mathrm{d}\gamma}{\mathrm{d}a_{\mathrm{B}}} > 0$, 即增加溶质活度能使溶液的表面张力升高者, $\varGamma_{\mathrm{B}}$ 为负值, 是负吸附。此时表面层中溶质所占比例比本体溶液中溶质所占比例要小。非表面活性物质就属于这种情况 (这是溶液表面吸附与气体吸附的不同之处, 后者是不会出现负吸附的)。无机强电解质和高度水化的有机化合物 (如蔗糖等) 都有此行为, 其原因在于离子极易水化, 将这些高度水化的物质从本体溶液移到表面层时需要相当大的能量才能脱去一部分水。

由于在推导式 (13.24) 时, 对所考虑的组分及相界面没有附加限制条件, 所以原则上 Gibbs 吸附公式对于任何两相的系统都可以适用。

*Gibbs 吸附等温式的推导

设一个系统有 α 和 β 两个相 (图 13.10), 两相之间的界面并不是一个几何平面, 而是具有一定厚度的界面层。在 α 和 β 相之间, 我们选择两个平面 AA' 和 BB', 选择时需要满足的条件是系统的浓度及其他性质从 α 相内由上到下直到 AA' 平面, 都是均匀的, 与 α 相内本体的浓度和强度性质相同。从 β 相内由下而上到 BB' 平面, 系统的浓度和强度性质也都是均匀的, 与 β 相内本体的浓度和强度性质相同。如果以 c_{B}^{α} 代表 B 组分在 α 相内的浓度, c_{B}^{β} 代表 B 组分在 β 相内的浓度, 那么中间界面层是一个浓度连续变化的区域, B 组分的浓度从 AA' 平面处的 c_{B}^{α} 连续地变化到 BB' 平面处的 c_{B}^{β}。由于分子之间的作用力是短程力, 所以界面层通常只有不超过十个分子直径的厚度。假如在界面层内任意位置画一个平行于 AA' 和 BB' 的 SS' 平面, 这个 SS' 平面被称为表面相, 用符号 σ 表示。这是一个严格的二维空间的相 (它是一个想象的没有厚度的平面), 设其面积为 A_{s}。

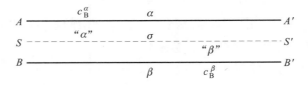

图 **13.10**　表面相的定义图

系统内 B 组分的总量为

$$n_B = n_B^\alpha + n_B^\beta + n_B^\sigma \qquad \text{或} \qquad n_B^\sigma = n_B - n_B^\alpha - n_B^\beta \tag{13.25}$$

而

$$n_B^\alpha = c_B^\alpha V^\alpha \qquad n_B^\beta = c_B^\beta V^\beta$$

换言之, 假如我们用习惯的方法把 c_B^α 和 c_B^β 定义为系统本体相内的浓度, 而且把它们当作从 α 和 β 本体相内直到 SS' 平面都维持不变并用来计算 n_B^α 和 n_B^β 的值, 那么根据式 (13.25), 两相界面上的正吸附或负吸附作用只能体现在 n_B^σ 上了。若设 n_B^σ 是正值, 溶质在两相界面上就发生正吸附; 若 n_B^σ 是负值, 溶质在两相界面上就发生负吸附。

Gibbs 把 B 组分在单位界面上的吸附表示为 Γ_B:

$$\Gamma_B = \frac{n_B^\sigma}{A_s} \tag{13.26}$$

式中 A_s 是界面的面积。Γ_B 的正、负号与 n_B^σ 的一致。

系统的其他变量也可以用式 (13.25) 的方式来处理。例如:

表面热力学能 $\qquad U^\sigma = U - U^\alpha - U^\beta$

表面熵 $\qquad S^\sigma = S - S^\alpha - S^\beta$

界面上若发生一个微小的可逆变化, 则表面自由能的变化可表示为

$$\mathrm{d}G^\sigma = -S^\sigma \mathrm{d}T + \gamma \mathrm{d}A_s + \sum_B \mu_B \mathrm{d}n_B^\sigma \tag{13.27}$$

达到平衡时, 有

$$\mu_B^\sigma = \mu_B^\beta = \mu_B^\alpha$$

在定温 T 时, 式 (13.27) 可写为

$$\mathrm{d}G^\sigma = \gamma \mathrm{d}A_s + \sum_B \mu_B \mathrm{d}n_B^\sigma \tag{13.28}$$

在恒温恒压和组成不变时, γ 和 μ_B 都是常数, 积分式 (13.28), 则得

$$G^\sigma = \gamma A_s + \sum_B \mu_B n_B^\sigma \tag{13.29}$$

对式 (13.29) 微分, 得

$$\mathrm{d}G^\sigma = \gamma \mathrm{d}A_s + A_s \mathrm{d}\gamma + \sum_B \mu_B \mathrm{d}n_B^\sigma + \sum_B n_B^\sigma \mathrm{d}\mu_B \tag{13.30}$$

比较式 (13.28) 和式 (13.30), 得

$$A_s \mathrm{d}\gamma + \sum_B n_B^\sigma \mathrm{d}\mu_B = 0 \tag{13.31}$$

[这种处理方法和 Gibbs-Duhem 公式相似, 式 (13.31) 可以看作恒温时表面相的

Gibbs-Duhem 公式。] 用 A_s 除式 (13.31), 再引用式 (13.26), 就得到 Gibbs 表面张力公式:

$$\mathrm{d}\gamma = -\sum_B \Gamma_B \mathrm{d}\mu_B \tag{13.32}$$

若所讨论的系统是二组分系统, 则式 (13.32) 可写为

$$\mathrm{d}\gamma = -\Gamma_1 \mathrm{d}\mu_1 - \Gamma_2 \mathrm{d}\mu_2 \tag{13.33}$$

初看式 (13.33), 似乎可以在固定某一组分的化学势时求出另一组分的表面过剩, 即

$$\Gamma_1 = -\left(\frac{\partial\gamma}{\partial\mu_1}\right)_{T,\mu_2}$$

但这是不可能做到的, 因为 μ_1 和 μ_2 之间互有联系, 不可能单独地改变 μ_1 或者 μ_2, 所以从 Gibbs 公式不能测得某一组分的绝对表面过剩 Γ_1。为此, Gibbs 引进了相对表面过剩的概念。即若把图 13.10 中的 SS' 界面选择在这样的一个位置, 在这个位置上组分 1 像在纯 1 液体中一样表面过剩为零, 则所有其他 B $\neq$ 1 的组分在此界面上的表面过剩就是对组分 1 而言的相对表面过剩, 表示为 $\Gamma_{B,1}$。具体地说, Gibbs 选择 SS' 界面的方法, 可通过图 13.11 来理解。例如, 把 SS' 界面放在 S_1 或 S_2 处, 则 V^α 和 V^β 就不同, $c_B^\alpha V^\alpha$ 和 $c_B^\beta V^\beta$ 自然也就不同, 这样就会因 SS' 界面的位置不同而使表面过剩的数值不同。所以 SS' 界面不能随意选择, Gibbs 所规定的 SS' 界面的选择方法是 [见图 13.11(b)] 使面积 a 与面积 b 相等, 这就意味着对于 B 组分来说, 若按本体浓度在 α 相 (或 β 相) 计算到 SS' 界面的量即 $c_B^\alpha V^\alpha$ 大于 α 相中 B 组分的实际含量 (相当于图中 a 的面积)。而 B 组分按本体浓度在 β 相 (或 α 相) 计算到 SS' 界面的量则小于 B 组分在 β 相中的实际含量 (相当于图中 b 的面积)。在 α 相中多余的量正好补偿在 β 相中缺少的量 $(a = b)$。SS' 界面在这样的位置上, 就使 B 组分的表面过剩为零。如 B 组分

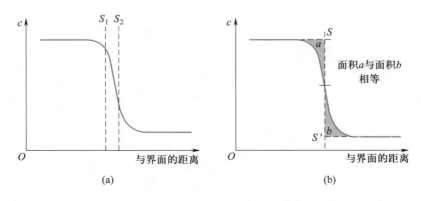

图 13.11   表面相 SS' 界面位置的选定

为组分 1, 则 $\varGamma_{1,1} = 0$。所以, 式 (13.33) 为

$$\mathrm{d}\gamma = -\varGamma_{2,1}\mathrm{d}\mu_2$$

或

$$\varGamma_{2,1} = -\left(\frac{\partial\gamma}{\partial\mu_2}\right)_T \tag{13.34}$$

式 (13.34) 就是 **Gibbs (相对) 吸附等温式**。对于理想溶液, 因为 μ_2 可表示为

$$\mu_2 = \mu_2^{\ominus}(T) + RT\mathrm{ln}a_2$$

当活度因子为 1 时, $a_2 = \dfrac{c_2}{c^{\ominus}}$, 于是

$$\mu_2 = \mu_2^{\ominus}(T) + RT\mathrm{ln}\frac{c_2}{c^{\ominus}}$$

则

$$\begin{aligned}\varGamma_{2,1} &= -\frac{1}{RT}\left[\frac{\partial\gamma}{\partial\mathrm{ln}(c_2/c^{\ominus})}\right]_T \\ &= -\frac{c_2/c^{\ominus}}{RT}\left[\frac{\partial\gamma}{\partial(c_2/c^{\ominus})}\right]_T \end{aligned} \tag{13.35}$$

对于任意溶液, 一般将溶剂作为组分 1, 溶质作为组分 2, 则 Gibbs 吸附等温式可表示为

$$\begin{aligned}\varGamma_{2,1} &= -\frac{1}{RT}\left(\frac{\partial\gamma}{\partial\mathrm{ln}a_2}\right)_T \\ &= -\frac{a_2}{RT}\left(\frac{\partial\gamma}{\partial a_2}\right)_T \end{aligned} \tag{13.36}$$

若溶质的化学势表示式为 $\mu_2 = \mu_2^{\ominus}(T) + RT\mathrm{ln}\dfrac{p_2}{p^{\ominus}}$, 则 Gibbs 吸附等温式为

$$\varGamma_{2,1} = -\frac{1}{RT}\left(\frac{\partial\gamma}{\partial\mathrm{ln}\dfrac{p_2}{p^{\ominus}}}\right)_T \tag{13.37}$$

有几种实验方法可以验证在两相界面上的 Gibbs 吸附等温式, 其中之一是 McBain 的既巧妙又准确的方法。他设计了一种快速移动的刀片, 把溶液上面的表面层 (约 0.05 mm 厚) 用刀片削下来, 收集在样品管中进行分析, 用下式计算表面吸附量:

$$\varGamma_{2,1} = \frac{n_2 - n_1\dfrac{n_2^0}{n_1^0}}{A_{\mathrm{s}}} \tag{13.38}$$

式中 n_1 和 n_2 分别为表面层中溶剂、溶质的物质的量; n_2^0 为本体溶液中与物质

的量为 n_1^0 的溶剂共存的溶质的物质的量; A_s 为溶液的表面积。由此式可以清楚地看出, 表面过剩 $\Gamma_{2,1}$ (通常简写为 Γ_2) 是单位面积的表面层所含溶质物质的量与具有相同物质的量的溶剂 (n_1) 的本体溶液中所含溶质的物质的量之差。另一种验证 Gibbs 吸附等温式的方法则是用具有放射活性的示踪物质作为溶质来进行实验。用这些不同的方法所得到的表面过剩与用 Gibbs 吸附等温式计算出来的结果相当符合。

13.4　液 – 液界面的性质

液 – 液界面的铺展

某液体 1 是否能在另一不互溶的液体 2 上铺展 (spreading) 开来, 取决于各液体自身的表面张力 $\gamma_{1,3}$ 和 $\gamma_{2,3}$ (3 为气相) 以及两液体之间的界面张力 $\gamma_{1,2}$ 的大小。

图 13.12 给出了液滴 1 在液体 2 表面上的铺展情况。图中 3 为气相。考虑三个相接界 A 点处, $\gamma_{1,3}$ 和 $\gamma_{1,2}$ 的作用是力图维持液滴成球形 (由于地心引力, 球形可能成为透镜形状), 而 $\gamma_{2,3}$ 的作用则是力图使液体铺展开来。因此, 如果

$$\gamma_{2,3} > \gamma_{1,3} + \gamma_{1,2} \tag{13.39}$$

则液体 1 可以在液体 2 上铺展开来。若液体 2 是水, 则 $\gamma_{2,3}$ 一般很大, 在这种界面上, 大多数有机液体 1 都可铺成薄膜。也就是要比较铺展前后表面张力的变化, 如果铺展后总的表面张力是下降的, 则能铺展; 反之, 则不能铺展。

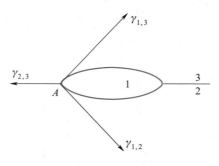

图 13.12　液体 1 在液体 2 表面上的铺展情况

单分子表面膜 —— 不溶性的表面膜

两亲分子具有表面活性, 溶解在水中的两亲分子可以在界面上自动相对集中而形成定向的吸附层 (亲水的一端在水层), 并降低水的表面张力。但是, 如果两亲分子的疏水链逐渐变长, 它在水中的溶解度降低而表面活性增强。于是, 它在溶液表面和内部的分布更倾向于分布在表面上。当两亲分子的疏水链长到一定程度时, 其在水中的溶解度小到可以忽略不计。这时, 两亲分子的表面定向层不可能通过溶液表面吸附的途径产生, 但可以用直接在液面上滴加铺展溶液的方法形成表面膜, 即铺展膜 (spread film), 它和吸附膜一样, 也是定向的单分子膜。

早在 1765 年, Franklin 就曾观察到, 当油滴铺展在水面上时, 成为很薄的油层, 其厚约为 1 nm。其后, Pockels 和 Rayleigh 又发现某些难溶物质铺展在液体表面上所形成的膜, 确实只有一个分子直径的厚度。所以, 这种膜就被称为**单分子表面膜** (unimolecular film 或 monolayer)。

制备单分子表面膜通常选用的方法是, 先把成膜材料溶于某种溶剂, 制成铺展溶液; 再将铺展溶液均匀地滴加在底液上使之铺展; 然后经挥发除去溶剂, 在底液表面上形成单分子表面膜。

在制备铺展溶液时需要选择适当的溶剂, 这些溶剂要具备一些特殊的性质, 如对成膜材料有足够的溶解能力, 在底液上又有很好的铺展能力, 其密度要低于底液的密度, 且易于挥发等。

成膜材料一般是: ① 两亲分子, 带有比较大的疏水基团, 包括碳氢链和芳香基团, 如碳原子数大于 16 的脂肪酸、脂肪醇等。② 天然的和合成的高分子化合物, 如聚乙烯醇、聚丙烯酸酯、蛋白质等, 其中既有带极性基团的水不溶性的高分子化合物, 也有水溶性的高分子化合物。

制备铺展溶液要选择适当的浓度, 同时液面须十分干净, 在操作过程中要防止外来物的污染。

表面压

许多现象表明, 在水面上形成不溶膜的区域对无膜区有一种压力。例如, 将细线连成一个环形圈放在干净的水面上, 将少量铺展溶液滴于线圈内, 形成单分子表面膜, 则原来不规则形状的线圈迅即绷紧成为圆形, 这表明水的表面上有不溶膜的区域 (即溶剂蒸发后形成的有单分子表面膜的区域) 对无膜区产生了一种压力。又如, 在干净的水面上放一非常薄的长度为 l 的浮片, 然后在靠近浮片的一侧滴一滴铺展溶液, 当溶剂蒸发后形成单分子表面膜, 并立即将浮片推向另外一侧, 此力是成膜的两亲分子使底液表面张力降低的结果, 它对单位长度的浮片会有一种推动力 π, 假设使浮片移动距离 $\mathrm{d}x$, 因此对浮片所做的功为 $\pi l\mathrm{d}x$。浮片移动 $\mathrm{d}x$ 后, 单分子表面膜增加的面积为 $l\mathrm{d}x$, 所以系统的 Gibbs 自由能减少了 $(\gamma_0 - \gamma)l\mathrm{d}x$, 这也就是系统所做的功。式中 γ_0 为纯水的表面张力, γ 是加入铺展溶液成膜后的表面张力, 故

$$\pi l\mathrm{d}x = (\gamma_0 - \gamma)l\mathrm{d}x$$

所以

$$\pi = \gamma_0 - \gamma \tag{13.40}$$

式中 π 可理解为对浮片所产生的二维压力, 称为**表面压** (surface pressure)。表面压的数值等于纯水的表面张力与有膜后的表面张力之差。因为 $\gamma_0 > \gamma$, 所以浮片被推向纯水一侧。

测定表面压的目的是给出 π-a 图 (见下部分内容), 从而进一步了解单分子表面膜的结构。

1917 年, Langmuir 设计了表面压测定仪, 也称 Langmuir 膜天平, 见图 13.13。表面压测定仪是一个浅盘, 水一直可装满到盘的边沿, 一端有一狭长的云母片 AA 悬挂在一根与刻度盘相连的扭力天平的钢丝上, 并浮在水面 (它相当于前面所说的浮片)。云母片两端用极薄的铂箔连在浅盘两边。浅盘的另一端放有几片可移动的木片 XX, 其作用是用来清扫水的表面, 当所加入的油滴铺展时, 可用木片 XX 来围住单分子表面膜使单分子表面膜在盘中占有一定的面积 $AAXX$。固定在云母片上的扭力天平可以测量二维空间的单分子表面膜施加在 AA 边上的压力。表面压测定仪测量表面压的灵敏度比一般测表面张力的灵敏度高 10 倍左右。例如, 测表面张力最好的方法的准确度能达到 0.1%, 对于水可以测准到 $1 \times 10^{-4}\ \mathrm{N \cdot m^{-1}}$, 而用表面压测定仪测表面压, 则可以测准到 $1 \times 10^{-5}\ \mathrm{N \cdot m^{-1}}$。

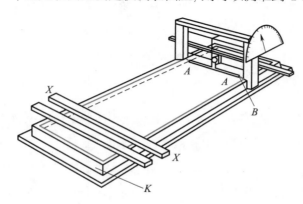

图 13.13　表面压测定仪 (Langmuir 膜天平)

假如将膜天平中的活动边 (木片 XX) 朝 AA 方向可逆地移动 dx 距离 (非常慢地移动, 而且随时扭动扭力天平, 补偿 AA 上所受压力, 使 AA 随时保持原来位置), 则外力对单分子表面膜所做功为 $F\mathrm{d}x = \pi l\mathrm{d}x$, 其中 l 为 AA 的长度。另一方面, 由于活动边 XX 的移动使表面张力为 γ_0 的表面面积增加了 $l\mathrm{d}x$, 而有单分子表面膜覆盖的表面张力为 γ 的表面面积减少了 $l\mathrm{d}x$, 所以引起表面 Gibbs 自由能的变化为 $(\gamma_0 - \gamma)l\mathrm{d}x$。如前所述

$$\pi l\mathrm{d}x = (\gamma_0 - \gamma)l\mathrm{d}x$$

所以

$$\pi = \gamma_0 - \gamma$$

简言之, 即铺展的膜在表面上对单位长度的浮片施加的力称为表面压, 其数值等于铺膜前后表面张力之差, 即 $\pi = \gamma_0 - \gamma$。γ_0 是纯水的表面张力, γ 是有膜后的表面张力, 而表面张力的改变源于系统的 Gibbs 自由能的减少。表面压是二维压力, 是可以直接测定的。

*$\pi-a$曲线与不溶性单分子表面膜的结构类型

Langmuir 在早期的实验中对脂肪酸形成的单分子表面膜进行了观察, 发现由 $C_{14} \sim C_{18}$ 的正脂肪酸在水表面上形成一紧密单分子层时, 每个分子的横截面积都是一样的, 约为 $0.20 \ \mathrm{nm}^2$。由此认为, 紧密的单分子表面膜中长链的脂肪酸分子极性端朝向水中, 碳氢链朝向空气, 挨个垂直地紧密排列在水表面上。

这种模型对一些系统也是适用的。而单分子表面膜的结构并不都如此简单, 从 $\pi-a$ 曲线上, 可对单分子表面膜的结构有进一步的了解。

在制备单分子表面膜时, 设所用铺展溶液的质量为 $m(\mathrm{g})$, 溶液中成膜材料的浓度为 c (用每克铺展溶液中所含成膜材料的质量表示, 其单位为 g/g), 则成膜材料的物质的量为 $\dfrac{mc}{M}$ (M 是成膜材料的摩尔质量), 于是成膜材料的分子数为 $\dfrac{mc}{M}L$ (L 为 Avogadro 常数)。若膜的面积为 A_s, 则每个成膜分子的平均占有面积 a 为

$$a = \frac{A_\mathrm{s}}{\dfrac{mcL}{M}} = \frac{A_\mathrm{s}M}{mcL}$$

显然, $\dfrac{1}{a}$ 就是表面浓度 (即单位面积中的粒子数)。

　　在表面压测定仪上移动 XX, 改变膜的面积, 同时测定表面压 (π), 便得到膜的表面压力与每个成膜分子平均占有面积的关系图, 即 $\pi-a$ 图。

　　不溶性单分子表面膜可视为二维平面中的物质, 根据表面压的不同, 可以形成不同的聚集状态 (这与在三维空间中物质的聚集状态随压力而变的情况非常相似)。不同的聚集状态取决于表面压力 (π)、膜分子横向间的黏附力、单分子表面膜下面溶液的 pH 及温度等。当其他因素给定后, 根据实验可以画出 $\pi-a$ 图。图 13.14 是 287.15 K 时内豆蔻酸在 $0.1\ \mathrm{mol \cdot dm^{-3}}$ HCl 溶液上铺展的 $\pi-a$ 曲线示意图。图 13.15 是气态膜的 $\pi-a$ 曲线, 即图 13.14 中 $g'-g$ 线的放大图。

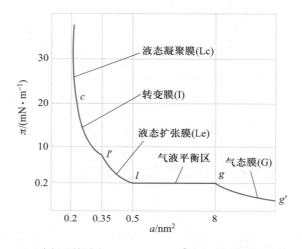

图 13.14　287.15 K 时内豆蔻酸在 $0.1\ \mathrm{mol \cdot dm^{-3}}$ HCl 溶液上铺展的 $\pi-a$ 曲线示意图

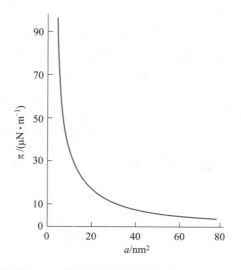

图 13.15　气态膜的 $\pi-a$ 曲线 (底液离子强度为 $0.1\ \mathrm{mol \cdot L^{-1}}$, pH = 2.05)

在二维空间中, 单分子表面膜也有不同的形态, 如图 13.16 所示。仿照物质有三态的变化, 可将其称为气态膜、液态扩张膜、转变膜等。

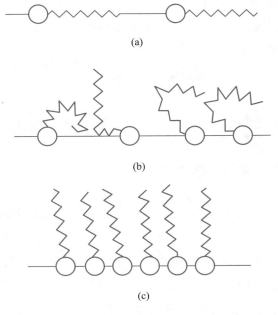

(a)

(b)

(c)

图 13.16 　不溶性单分子表面膜的分子状态示意图

(1) 气态膜 (图 13.14 中 g'-g 线)　表面压增加时, 成膜分子的平均占有面积沿 g'-g 线下降。到达 g 点时, 膜的压缩率突然增大, 在 π-a 曲线的放大图上看得更清楚, 如图 13.15 所示。在一定温度下, 以 πa 对 π 作图, 应为一水平线, 但许多单分子表面膜的 πa 对 π 的图却并非如此, 这和实际气体的 pV-p 图极为相似, 故此时的二维空间膜称为气态膜。

(2) 二维空间的气-液平衡 (图 13.14 中 g-l 线)　当成膜分子平均占有面积到达 g 点时, 膜的压缩率突然增大, π-a 曲线上出现水平线段 (g-l 线), 这和三维空间中气-液平衡的情形相似。在单分子表面膜中发生从气态膜变为液态膜的相变, 系统处于二维空间的气-液平衡状态, 膜呈现不均匀性。其物理图像可理解为: 成膜分子聚集的小岛存在于自由运动的单个分子的海洋之中。此时, 水平线段的表面压就称为系统的饱和蒸气压。

(3) 液态扩张膜 (图 13.14 中 l-l' 线)　在此部分膜的压缩率变小, 随着成膜分子平均占有面积减小, 膜的表面压显著上升。此时成膜分子已相当靠近, 有明显的侧向相互作用。之所以称为 "液态扩张膜", 是因为这种膜本质上是液态的, 在三维空间中是液体, 其密度一般比固体的密度小, 但小不了多少, 相差不大, 而在二维空间中, 这种膜的平均分子占有面积却达到相应固体膜的 2 ~ 3 倍, 故称为液态扩张膜。

(4) 转变膜 (图 13.14 中 l'-c 线)   它是液态扩张膜与液态凝聚膜之间的过渡区。

(5) 液态凝聚膜 (图 13.14 中转变膜以上线段)   对转变膜进一步加压, 单分子表面膜变成凝聚状态, 成液态凝聚膜。再继续加压, 则将变为固态凝聚膜 (图 13.14 中未画出)。

如果对固态凝聚膜再继续施压, 则将导致膜破裂。膜破裂压的高低表明了膜的强度。

研究膜的成型过程及膜的状态, 其最终目的在于研究膜的结构。

不溶性单分子表面膜的一些应用

二维空间不溶性单分子表面膜的应用是多方面的, 特别是在生物科学中, 仅举几例如下:

(1) **降低水蒸发的速率**   在干燥地区及炎热地带, 水池和水库中的水蒸发速率较快, 如果在水面上铺上一层不溶性单分子表面膜, 就能大幅度降低水的蒸发速率。可将十六醇溶于石油醚中制成铺展溶液, 所产生的单分子表面膜可使水蒸发量降低 90%。单分子表面膜不但能降低水的蒸发速率, 而且还能提高水温, 这对作物的生长是有益的。

(2) **测定蛋白质分子的摩尔质量**   蛋白质是由如下的结构组成的:

$$\underset{\displaystyle |}{\mathrm{R}}\qquad\qquad \underset{\displaystyle |}{\mathrm{R'}}\qquad\qquad \underset{\displaystyle |}{\mathrm{R''}}$$
$$-\mathrm{CH-NH-CO-CH-NH-CO-CH}-$$

一个蛋白质分子有几千个结构单元, 它含有 $-\mathrm{NH}-$ 和 $-\mathrm{CO}-$ 亲水基团, 又有 R 憎水基团。这种蛋白质分子可以制成铺展溶液, 在表面上形成单分子表面膜。定温下, 在浓度很低的情况时 $(1\ \mathrm{mg\cdot m^{-2}})$, 它是躺在水面上的气态膜, $n = \dfrac{m}{M}$ (m 是水面上蛋白质的质量, M 是蛋白质的摩尔质量, n 是蛋白质的物质的量)。令 $c = \dfrac{m}{A_s}$, c 是单位表面上蛋白质的质量。当表面压 π 不大时或浓度很低时, 符合 $\pi A_s = nRT$, 故可得

$$\frac{\pi}{c} = \frac{RT}{M} \tag{13.41}$$

由于蛋白质膜并不是真正的理想的二维气态膜, 故 π/c 不是常数, 但若以 π/c 为纵坐标, 以 π 为横坐标作图, 然后外推到 $\pi \to 0$ 时得截距, 则可求出 RT/M 的值, 据此可求得蛋白质的摩尔质量。

用表面压法测摩尔质量的优点是迅速而简单, 每次用量少 (大约 20 μg 即可), 缺点是摩尔质量大于 2.5×10^4 g·mol^{-1} 时就不够准确, 这很可能是被测分子发生缔合之故。

(3) 使化学反应的平衡位置发生移动 化学反应在膜上进行或不在膜上进行, 从热力学的角度而言, 其平衡常数应该相同。但是, 由于反应物和产物的吸附作用及两者的差异, 以及表面电荷的影响, 表面浓度与体相浓度往往不同, 甚至相差很大, 导致化学平衡的位置发生变化。于是, 一些在溶液内部不能完成的反应在表面上却可以完成。例如脂肪胺的酸性水解, 在表面上就进行得更完全, 这是因为脂肪胺在酸性底液上形成了带正电荷的表面膜。水解按下式进行:

$$C_nH_{2n+1}NH_3^+ + H_2O \longrightarrow C_nH_{2n+1}OH + NH_4^+$$

当表面膜带负电荷时, NH_4^+ 在表面的浓度必然大于在溶液内部的浓度。于是, 虽然反应的平衡常数相同, 但反应在表面上进行时将得到更多的产物。

在不溶性表面膜上进行的化学反应与在体相中进行的化学反应有很大区别, 不仅反应速率不同, 甚至反应产物也不同。例如 α – 氨基酸的聚合反应, 在一般条件下产物是环状化合物, 而在不溶性表面膜上进行则形成线状化合物。前者是分子间内部某一官能团反应的结果, 而线状化合物则是分子首尾反应的结果。因为当反应物处于膜中, 其首尾及中部皆固定在膜上, 在不同分子之间只有分子的末端暴露在外面, 有机会相互接触而发生反应; 分子内部有一定的隐蔽性, 接触机会较少使得反应无法进行。

对表面膜的电化学研究, 可以反映出多种信息, 如对表面膜电势的研究。通常在两相交界处都存在电势差, 其值取决于两相的性质。表面膜电势是指由于膜的存在引起水与空气间的电势变化。当膜表面存在活性物质 (表面活性剂) 时, 表面膜电势将发生变化。测定表面膜电势可以推测分子在表面膜上是如何排列的, 可以了解表面上的分布是否均匀。又如, 测定表面膜的表面黏度, 可以了解膜的流动性, 从而了解表面膜的物理状态。

近年来, 用荧光显微镜和 Brewster 角显微镜 (angular microscope) 可以直接观察到气–液界面上单分子表面膜的形貌, 从而可获得生动、直观的信息。Langmuir 膜天平经过改进, 非但高度直观化, 而且测定快速。此外, 利用偏振红外光谱或紫外光谱, 可以得到膜中分子排列的有序性和取向角。总之, 许多先进的测试手段, 可以使我们获得更多的信息。

13.5　膜

L–B 膜的形成

　　若将单分子膜转变为 L–B 膜, 其用途则更为广泛。

　　在适当的条件下, 不溶性单分子膜可以通过简单的方法转移到固体基质上, 经过多次转移仍保持其定向排列的多分子层结构。这种多层单分子膜是 Langmuir 和他的学生 Blodgett 女士首创的, 故称为 L–B 膜。L–B 膜是一种具有相对规整的分子排列、高度各相异性的层结构, 以及人为可控的纳米尺寸厚度的薄膜。L–B 膜的出现, 形成了一个新的研究领域, 利用这种膜转移技术可以进行分子组装, 发展新型光电子器件。因此, 这种技术成为高新科学技术发展中的热点, 被称为 L–B 技术。

　　通过将固体基片插入 (或提出) 带有不溶性单分子膜水面的办法, 可以将不溶性单分子膜转移到固体表面上。例如, 将一金属基片 (或玻璃板/片) 插入有单分子层覆盖的液体后再提出, 这样连续进行多次就成了多分子层。由于形成单分子层的物质与累积 (或转移) 方法不同, 因而可以形成不同的多分子层。已知有三种不同结构的多分子层, 如图 13.17 所示。

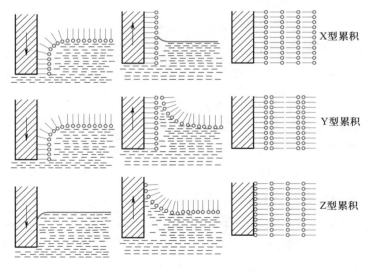

图 13.17　L–B 膜的形成与类型
(图中两亲分子的亲水基团用圆圈表示, 疏水基团用直棒表示)

　　(1) X 型多分子层 (板—尾–头–尾–头型)　将作为固体基质的板一次一次浸入含有单分子膜的溶液时, 只有单分子层的疏水部分和板接触并粘在板的表面。浸入时水面上有膜, 当将板提出时膜已转移到板上。如此反复多次, 形成如图 13.17 中所示的 X 型累积。

(2) Y 型多分子层 (板—尾–头–头–尾型)   这是最普通的排列方式。将固体基质板浸入和提出时, 先是单分子层的疏水部分和板接触并粘在板的表面, 然后在水面浮着的单分子层又以亲水部分与粘在板上的膜的亲水部分合在一起, 形成多分子层 (在板的提出与浸入过程中, 都与有膜的液面相接触)。

(3) Z 型多分子层 (板—头–尾–头–尾型)   将亲水的基板浸入时与无膜的液面相接触, 提出时与有膜的液面相接触, 故只有提出过程中才成膜, 而与基板接触的是分子的极性端。经多次浸、提操作后, 在板上黏附头–尾相连的多分子层, 称为 Z 型多分子层。

现在已经制成了由计算机控制的制备各种 L–B 膜的成套设备。L–B 技术之所以受到重视是因为利用这种技术可以制造电子器件、非线性光学器材、光电转化器件、化学传感器和生物传感器等, 因而 L–B 技术引起世界各国科学家的广泛重视。

生物膜简介

细胞是体现生物体生命活动和各种功能的最基本单位。人体内所有的生理功能和生化反应都是通过细胞来进行的。一切细胞都有一层很薄的细胞膜, 它把细胞内的物质与周围的环境分隔开来。细胞膜就是一种生物膜。在地球上最早出现生命并由简单到复杂的演变过程中, 生物膜的出现, 是一次飞跃也是一次突变。它使细胞能独立于环境而存在, 并靠生物膜与外界有选择地进行物质交换而维持生命。在新陈代谢过程中, 既吸收外界的物质, 又排泄出废物, 以保持细胞的稳定平衡。生物膜是一种具有特殊功能的半透膜, 它的功能主要是能量传递、物质传递、信息识别与传递。

对各种细胞膜结构的化学分析表明, 细胞膜主要由脂质、蛋白质和糖类等物质组成。生物膜所具有的各种功能, 在很大程度上取决于生物膜内所含的蛋白质, 细胞与周围环境之间的物质、能量和信息的交换大多与细胞膜上的蛋白质有关。一个进行着新陈代谢的活细胞, 不断有各种各样的物质 (从离子和小分子物质到蛋白质大分子, 以及团块性物质或液体) 进出细胞, 包括各种供能物质、合成新物质的原料、中间代谢产物、代谢终端产物、维生素、氧和 CO_2 等, 以维持平衡和生命过程的延续, 这都与细胞膜上特定的蛋白质有关。

细胞膜蛋白质就其功能而言可分为以下几类: 一类是能识别各种物质、在一定条件下有选择地使其通过细胞膜的蛋白质, 如通道蛋白; 另一类是分布在细胞膜表面, 能 "辨认" 和接受环境中特异的化学刺激的蛋白质, 统称为受体 (accepter) 蛋白; 还有一类细胞膜蛋白质属于膜内酶类, 种类甚多; 此外, 细胞膜蛋白质可以是与免疫功能有关的物质。总之, 不同细胞都有它特有的细胞膜蛋白质, 这是决定细胞在功能上的特异性的重要因素。

物质运送是细胞膜的主要功能之一。物质运送可分为被动运送和主动运送两大类。被动运送是物质从高浓度一侧, 顺浓度梯度的方向, 通过膜运送到低浓度一侧的过程, 这是一个不需要外界供给能量的自发过程。而主动运送是指细胞膜通过特定的通道或运载体把某种特定的分子 (或离子) 转运到膜的另一侧去。这种物质运送有选择性, 通道或运载体能识别所需的分子或离子, 能对抗浓度梯度, 所以是一种耗能过程。细胞膜的主动运送所需要的能量只能由物质所通过的膜或膜所属的细胞来供给。

对于细胞膜的主动运送, 很重要且研究得很充分的是关于 Na^+, K^+ 的主动运送。包括人体细胞在内的所有动物细胞, 其细胞内液和外液中 Na^+, K^+ 的浓度有很大不同。以神经和肌肉细胞为例, 正常时膜内 K^+ 浓度约为膜外的 30 倍, 膜外 Na^+ 浓度约为膜内的 12 倍。这种明显的浓度差的形成和维持, 主要与细胞膜的某种功能有关, 而此功能要靠新陈代谢来正常进行。例如, 低温、缺氧或使用一些代谢抑制剂会引起细胞内外 Na^+, K^+ 正常浓度差的减小, 而在细胞恢复正常代谢活动后, 上述浓度差又可恢复。很早就有人推测, 各种细胞的细胞膜上普遍存在着一种称为钠钾泵的结构, 简称钠泵, 它们的作用就是能够逆着浓度差主动地将细胞内的 Na^+ 移出膜外, 同时将细胞外的 K^+ 移入膜内, 因而形成和保持了 Na^+ 和 K^+ 在膜两侧的特殊分布。后来大量科学实验证明, 钠泵实际上就是膜结构中的一种特殊蛋白质, 它本身具有催化 ATP 水解的活性, 可以把 ATP 分子中的高能键切断而释放能量, 并利用此能量进行 Na^+, K^+ 的主动运送。因此, 钠泵就是这种被称为 $Na^+ - K^+$ 依赖式 ATP 酶的蛋白质。细胞膜上的钙泵也是一种 ATP 酶, 它能把细胞内多余的 Ca^{2+} 转移到细胞外去。

生物膜有严密的结构, 在生物体内起着分离、信息传递、蛋白质合成等功能。模拟生物膜就是利用高分子材料良好的力学性能, 通过引入各种功能性基团模拟生物膜的功能。例如, 利用高分子反应的方法, 合成分子中带有部分酚酞基团的聚对–羟基苯乙烯, 然后将它与乙酸纤维素共混制成薄膜。这种仿生高分子膜在一定条件下能使钾离子和钠离子有选择地从低浓度一侧通过薄膜进入高浓度一侧, 显示具有生物膜那种活性迁移的特征。

许多生命过程中的重要反应都是在体内的各种生物膜上进行的, 脱离了生物膜的特定环境, 这些过程就难以进行。人类至今还未能掌握生命的奥秘, 其中包含对膜反应的特性尚未完全了解。因此, 用各种方法制成人工模拟生物膜, 并研究其功能就成为化学家或生物化学家的重要任务之一。

自我更新是生命系统最根本的特征, 它在保持生命体结构完整的同时, 不断进行新陈代谢, 从而保证具有生命活力的系统自身的存在和发展。在细胞内进行着极为复杂的酶化学反应 (包括遗传物质核酸的空间排序问题), 同时又通过细胞膜与外界交流。生命科学是一个多学科互相渗透的交叉学科, 许多复杂问题的解决需要各学科的共同努力。

*自发单层分散

唐有祺和谢有畅等发现许多氧化物、盐类及有机分子固体能自发地在载体 (如氧化铝、活性炭和分子筛等) 表面形成单层分散, 并存在一个最大分散容量 (或称分散阈值)。

自发单层分散是一种相当普遍的现象, 究其理论根源, 从热力学上看是因为被分散固体由三维有序的晶相变为二维表面单层分散态, 无序度大大增加, 使系统的熵大大增加 ($\Delta S \gg 0$); 同时, 被分散固体的原子 (离子、分子) 与载体表面原子或离子相互作用可形成表面键, 只要这种表面键的强度和固体未分散时原有的键强度不相上下, 单层分散造成的能量变化和焓变就不大 ($\Delta U \approx \Delta H \approx 0$), 因而单层分散是一种相当普遍的热力学自发过程。从动力学观点看, 被分散固体的原子 (离子、分子) 沿载体表面扩散势垒较低, 在温度不是特别高的条件下, 单层分散要比进入体相容易得多。因此, 在一定条件下, 单层分散态是稳定的。陈懿等提出的 "嵌入模型" (incorporation model) 较好地说明了分散阈值。

13.6 液 – 固界面 —— 润湿作用

在一块固体的表面上滴上少许液体, 在未滴液体之前固体是和气体接触的, 滴上液体后取代了部分固–气界面, 产生了新的液–固界面。这一过程称为**润湿过程** (wetting)。

润湿是最常见的现象之一, 它无处不在, 没有润湿, 动、植物便无法吸取养料, 无法生存。许多工业生产过程也都与润湿有关, 如机械润滑、洗涤、印染、焊接、注水采油等。在人类的日常生活中既需要润湿, 但有时也需要不被水润湿, 如防雨布、防水涂料等都要求表面不被水润湿。

润湿过程可以分为三类, 即**黏湿** (adhesion, 也称黏附)、**浸湿** (immersion, 也称浸润) 和**铺展** (spreading), 它们各自在不同的实际问题中起作用。若液体在固体上的接触角 $90° < \theta \leqslant 180°$, 则发生黏湿; 若接触角 $0° < \theta \leqslant 90°$, 则发生浸湿; 若欲铺展, 要求最高, 即 $\theta \approx 0°$。凡能铺展者, 必能浸湿, 更能黏湿。

黏湿过程

黏湿过程是指液体与固体从不接触到接触, 使部分气–液界面和气–固界面转变成新的液–固界面的过程, 如图 13.18 所示。

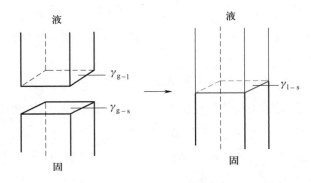

图 13.18　液体在固体上黏湿过程示意图

设各相界面都是单位面积, 该过程的 Gibbs 自由能变化值为

$$\Delta G = \gamma_{l-s} - \gamma_{g-l} - \gamma_{g-s}$$

$$W_a = \Delta G = \gamma_{l-s} - \gamma_{g-l} - \gamma_{g-s} \tag{13.42}$$

式中 $\gamma_{l-s}, \gamma_{g-l}, \gamma_{g-s}$ 分别代表液–固、气–液和气–固界面的界面张力, W_a 为**黏湿功** (work of adhesion), 它是液–固黏湿过程中系统对外所做的最大功。W_a 的绝对值越大, 液体越容易黏湿固体, 界面粘得越牢。农药喷雾能否有效地附着在植物枝叶上, 雨滴会不会粘在衣服上, 皆与黏湿过程能否自动进行有关。

浸湿过程

在恒温恒压可逆情况下, 将具有单位表面积的固体浸入液体中, 气–固界面转变为液–固界面的过程称为**浸湿过程** (在过程中液体的界面没有变化), 如图 13.19 所示。该过程的 Gibbs 自由能的变化值为

$$\Delta G = \gamma_{l-s} - \gamma_{g-s} = W_i \tag{13.43}$$

式中 W_i 称为**浸湿功** (work of immersion), 它是液体在固体表面上取代气体能力的一种量度, 有时也被用来表示对抗液体表面收缩而产生的浸湿能力, 故 W_i 又称为黏附张力。$W_i \leqslant 0$ 是液体浸湿固体的条件。

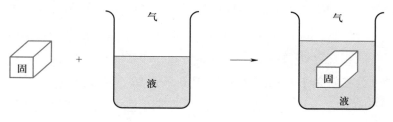

图 13.19　固体浸湿过程示意图

铺展过程

当液体滴到固体表面上后, 新生的液－固界面在取代气－固界面的同时, 气－液界面也扩大了同样的面积, 这一过程就是铺展过程, 如图 13.20 所示。原来 ab 为气－固界面, 当液体铺展后转为液－固界面时, 气－液界面也增加了相同的面积。

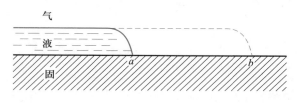

图 13.20　液体在固体表面上的铺展

在恒温恒压下, 可逆铺展一单位面积时, 系统 Gibbs 自由能的变化值为

$$\Delta G = \gamma_{l-s} + \gamma_{g-l} - \gamma_{g-s} \tag{13.44a}$$

$$S = -\Delta G = \gamma_{g-s} - \gamma_{g-l} - \gamma_{l-s} \tag{13.44b}$$

式中 S 称为**铺展系数** (spreading coefficient), 当 $S \geqslant 0$ 时, 液体可以在固体表面上自动铺展。使用农药喷雾时不仅要求农药能附着于植物的枝叶上, 而且要求农药能自动铺展, 且覆盖的面积越大越好。

目前, 只有 γ_{g-l} 可以通过实验来测定, 而 γ_{g-s}, γ_{l-s} 还无法直接测定。所以, 前面的部分公式只是理论上的分析, 在实际工作中不可能作为判断的依据。后来, 人们发现润湿现象还与接触角有关, 而接触角是可以通过实验来测定的。因此, 根据上述理论分析, 结合实验所测定的 γ_{g-l} 和接触角的数据, 可以解释各种润湿现象。

接触角与润湿方程

液体在固体表面上形成的液滴, 它可以呈扁平状, 也可以呈圆球状, 这主要是由各种界面张力的大小来决定的, 如图 13.21 所示的液滴呈现的是比较典型的两种形状。图中 AM 和 AN 分别代表 γ_{g-l} 和 γ_{l-s}, 当系统达平衡时, 在气、液、固三相交界处, 气–液界面与液–固界面之间的夹角 (即 AM 和 AN 间的夹角) 称为**接触角** (contact angle), 用 θ 表示, 它实际是液体表面张力 γ_{g-l} 与液–固界面张力 γ_{l-s} 间的夹角。θ 的大小是可以通过实验测定的 (如用斜板法、吊片法等实验方法测量, 可参阅有关专著)。接触角的大小是由在气、液、固三相交界处三种界面张力的相对大小所决定的, 从接触角的数值可看出液体对固体润湿的程度。

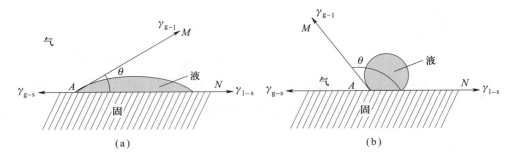

图 **13.21**   液滴形状与接触角

如图 13.21(a) 所示, 在 A 点处三种界面张力相互作用, γ_{g-s} 力图使液滴沿 NA 界面铺开, 而 γ_{g-l} 和 γ_{l-s} 则力图使液滴收缩。达到平衡时有下列关系:

$$\gamma_{g-s} = \gamma_{l-s} + \gamma_{g-l}\cos\theta \tag{13.45a}$$

式 (13.45a) 也可写作

$$\cos\theta = \frac{\gamma_{g-s} - \gamma_{l-s}}{\gamma_{g-l}} \tag{13.45b}$$

式 (13.45) 最早是由 T. Young 提出来的, 故称为**杨氏润湿方程**。从式 (13.45) 可以得到如下结论:

(1) 如果 $\gamma_{g-s} - \gamma_{l-s} = \gamma_{g-l}$, 则 $\cos\theta = 1$, $\theta = 0°$, 这是完全润湿的情况。在毛细管中上升的液面呈凹形半球状, 这种情况就属于这一类。当然, 如果 $\gamma_{g-s} - \gamma_{l-s} > \gamma_{g-l}$, 则直到 $\theta = 0°$ 仍然没有达到平衡, 因此式 (13.45) 就不适用, 但此时液体仍能在固体表面上铺展开来, 形成一层薄膜, 如水在洁净玻璃表面的情况就属于这一类。

(2) 如果 $\gamma_{g-s} - \gamma_{l-s} < \gamma_{g-l}$, 则 $1 > \cos\theta > 0$, $\theta < 90°$, 固体能被液体所润湿, 如图 13.21(a) 所示。

(3) 如果 $\gamma_{g-s} < \gamma_{l-s}$, 则 $\cos\theta < 0$, $\theta > 90°$, 固体不被液体所润湿, 如图 13.21(b) 所示。水银滴在玻璃上是这种情况的例子。

由式 (13.42) ~ 式 (13.45) 可得到用 $\cos\theta$ 和 γ_{g-l} 表示 W_a, W_i, S 的公式, 从而根据 θ 和 γ_{g-l} 的实验测定值来计算这些参数。

$$W_a = -\gamma_{g-l}(1 + \cos\theta) \tag{13.46}$$

$$W_i = -\gamma_{g-l}\cos\theta \tag{13.47}$$

$$S = \gamma_{g-l}(\cos\theta - 1) \tag{13.48}$$

能被液体所润湿的固体称为亲液性固体, 不被液体所润湿者则称为憎液性固体。固体表面的润湿性能与其结构有关。常见的液体是水, 所以极性固体皆为亲水性的, 而非极性固体大多为憎水性的。常见的亲水性固体有石英、硫酸盐等, 憎水性固体有石蜡、某些植物的茎叶及石墨等。润湿作用的实际意义将在 13.7 节中说明。

13.7 表面活性剂及其作用

某些物质以低浓度存在于某一系统 (通常是指水为溶剂的系统) 中时, 可被吸附在该系统的表面 (界面) 上, 使这些表面的表面张力 (或表面 Gibbs 自由能) 发生明显降低的现象, 这些物质被称为**表面活性剂** (surfactant), 现在被广泛地应用于石油、纺织、农药、医药、采矿、食品、民用洗涤等各个领域。由于在工农业生产中表面活性剂主要应用于改变水溶液的表面活性, 所以一般情况下若不加说明, 就是指降低水的表面张力的表面活性剂。

表面活性剂分子具有不对称性, 是由亲水性的极性基团 (hydrophilic group) 和憎水性的非极性基团 (hydrophobic group) 所组成的, 它的非极性憎水基团 (又称为亲油性基团) 一般是含 8 ~ 18 个碳原子的直链烃 (也可能是环烃), 因而表面活性剂分子都是两亲分子 (amphiphilic molecule), 吸附在水表面时采取极性基团向着水、非极性基团远离水 (即头浸在水中, 尾竖在水面上) 的表面定向方式排列。这种定向排列, 使表面上不饱和的力场得到某种程度上的平衡, 从而降低了表面张力。

表面活性剂的分类

表面活性剂有很多种分类方法, 人们一般认为按其化学结构来分比较合适。即当表面活性剂溶于水时, 凡能解离生成离子的, 叫**离子型表面活性剂**, 凡在水中不解离的就叫**非离子型表面活性剂**。离子型表面活性剂还按生成的活性基团是阳离子或阴离子再进行分类。使用时应该注意, 如果表面活性物质是阴离子型, 它就不能和阳离子型混合使用, 否则就会生成沉淀而不能得到应有的效果。多数表面活性剂的憎水基团呈长链状, 故形象地把憎水基团称为 "尾", 把亲水基团称为 "头"。表面活性剂的通常分类法如下:

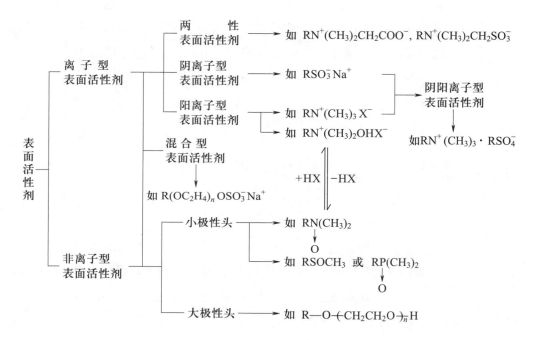

*表面活性剂的结构对其效率及能力的影响

表面活性剂具有很好的降低水的表面张力的能力和效率。

表面活性剂的效率是指使水的表面张力降低到一定值时所需要的表面活性剂浓度。表面活性剂的能力有时也称为**有效值** (effective value), 是指该表面活性剂能够把水的表面张力降低的程度。

这两种数值常常相反, 如当憎水基团的链长增加时, 效率提高, 但当链长相当长时, 再增加链长往往使表面活性剂的有效值减小。当憎水基团有支链或不饱和程度增加时, 效率降低, 有效值却增大。当两亲分子中的亲水基团由分子末端向憎水链中心位置移动时, 效率降低, 有效值却增大。总之, 具有长链而一端带有亲水基团的表面活性剂, 降低水表面张力的效率很高, 但在有效值上比短链的同系物、具有支链或亲水基团在中心位置的 (如图 13.22 所示) 同系物差得多。而离子型表面活性剂由于亲水基团在水中解离而产生了静电排斥力, 所以效率不高, 有效值也不高。

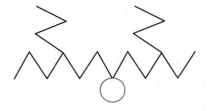

图 13.22 亲水基团在憎水链中心位置并具有支链的表面活性剂 (示意图)

图 13.23 表明了表面张力与活性剂浓度的关系, 在低浓度区, 表面张力随表面活性剂浓度的增大而急剧下降, 以后逐渐平缓。此外, 图 13.23 还表明了表面活性剂的效率随链长的增加而增加, 但长链表面活性剂的有效值比短链的同系物的低。图 13.24 表明, 在低浓度时 C_{12} 直链表面活性剂的效率比异构的具有支链

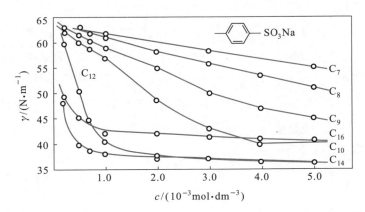

图 13.23 348 K 时对 (正烷基) 苯磺酸钠的水溶液的表面张力与浓度的关系

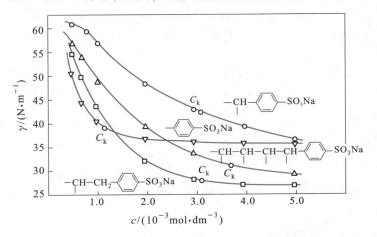

图 13.24 348 K 时对十二烷基苯磺酸钠的水溶液的表面张力与浓度的关系

的表面活性剂效率高, 而前者有效值比后者的低。这是因为, 一方面表面活性剂有效值的高低在很大程度上取决于憎水基团在表面活性剂分子中的黏结力 (内聚力), 由于碳原子数相同的支链烃和直链烃相比, 支链烃的黏结力较低, 所以具有支链憎水基团的表面活性剂比其直链的同系物更能降低水的表面张力。另一方面, 离子型表面活性剂 (胶体电解质) 的效率还取决于两亲分子在水溶液中形成胶束的特性。

当浓度较低时, 离子型表面活性剂以单个分子形式存在, 由于其两亲性质, 这些分子聚集在水的表面上, 使空气和水的接触面减少, 导致水的表面张力显著地降低。当溶解浓度逐渐增大时, 不但表面上聚集的表面活性剂分子增多而形成单分子层, 而且溶液体相内表面活性剂分子也三三两两地以憎水基团互相靠拢, 聚集在一起开始形成胶束 (micelle) (这是一种大小和胶体相当的粒子), 如图 13.25 所示。胶束排列是憎水基团向里, 亲水基团向外。根据表面活性剂的性质, 形成的胶束可以呈球状、棒状或层状, 如图 13.26 所示。形成胶束的最低浓度称为**临界胶束浓度** (critical micelle concentration, CMC)。继续增加表面活性剂的量, 其浓度超过临界胶束浓度后, 由于表面已经占满, 只能增加溶液中胶束的数量和尺寸。由于胶束不具有活性, 表面张力不再降低, 在表面张力与表面活性剂浓度的关系曲线上表现为水平线段。这时的溶液称为胶束溶液。临界胶束浓度的存在, 已为 X 射线衍射图谱所证实。胶束溶液中胶束大小已达到胶体研究范围, 由于胶束是由分子缔合形成的, 因而归属于缔合胶体。胶束溶液是热力学稳定系统。

形成胶束后, 憎水基团完全包在胶束内部, 几乎和水隔离, 只剩下亲水基团方

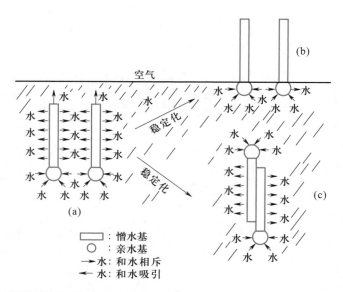

图 **13.25**　表面活性剂分子聚集到溶液表面和在溶液内形成胶束的稳定化过程 (即降低系统 Gibbs 自由能的过程)

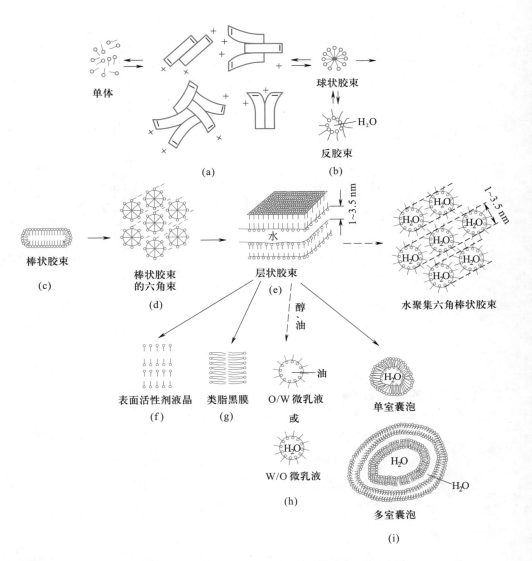

图 13.26　表面活性剂溶液中胶束的结构形成示意图

向朝外, 与水几乎没有相斥作用, 使表面活性剂稳定地溶于水中。当达到临界胶束浓度后, 胶束会争夺溶液表面上的表面活性剂分子, 因而影响表面活性剂的效率。

　　临界胶束浓度可用各种不同的方法进行测定, 而采用的方法不同, 测得的 CMC 值也有些差别。因此, 一般所给的 CMC 值是一个浓度范围, 在该浓度范围前后不仅表面张力有显著的变化, 见图 13.27(a), 溶液的其他物理性质如渗透压、电导率、去污能力等也有很大的变化, 见图 13.27(b)。CMC 与表面活性剂的结构密切相关, 并有一定的规律; 此外, 温度、电解质、有机物、第二种表面活性是否存在以及水溶性大分子等都对 CMC 值有显著的影响。近期的研究表明, 胶束的形态主要取决于表面活性剂的几何形状, 特别是亲水基和疏水基在溶液中各自横截面积的相对大小。

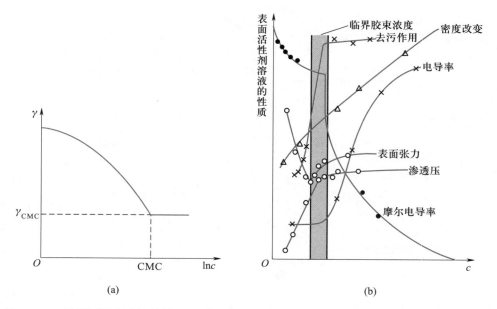

图 13.27   表面活性剂水溶液的 $\gamma-c$ 曲线 (示意图) (a) 及十二烷基硫酸钠的性质与浓度的关系 (b)

*表面活性剂的 HLB 值

表面活性剂的种类繁多, 对于一定系统究竟采用哪种表面活性剂比较合适、效率最高, 目前还缺乏理论指导。一般认为, 比较表面活性剂分子中的亲水基团的亲水性和憎水基团的憎水性是一项衡量效率的重要指标, 而比较亲水基团的亲水性和憎水基团的憎水性有两种类型的简单的方法。一种方法是用下式来表示其亲水性:

表面活性剂的亲水性 = 亲水基团的亲水性 − 憎水基团的憎水性

另一种方法是

$$\text{表面活性剂的亲水性} = \frac{\text{亲水基团的亲水性}}{\text{憎水基团的憎水性}}$$

由于每一种表面活性剂都包含着亲水基团和憎水基团两部分。亲水基团的亲水性代表表面活性剂溶于水的能力, 憎水基团的憎水性却与此相反, 它代表溶于油的能力。在表面活性剂中, 这两种性能完全不同的基团互相作用、互相联系又互相制约。因此, 如上式所示, 如果能找出亲水性和憎水性之比, 就能用来表达表面活性剂的亲水性。问题在于用什么尺度来衡量亲水性和憎水性。

我们已知, 如果两种表面活性剂的亲水基团相同时, 憎水基团碳链越长 (摩尔质量越大), 则憎水性越强。因此, 其憎水性可以用憎水基团的摩尔质量来表示。但对于亲水基团, 由于种类繁多, 用摩尔质量表示其亲水性不一定都合理。但聚乙二醇型非离子型表面活性剂确实是摩尔质量越大亲水性就越强。所以, 这一类非离子型表面活性剂的亲水性可以用其亲水基团的摩尔质量大小来表示。从以上的讨论看来, 由于憎水基团的憎水性和亲水基团的亲水性在大多数情况下不能用同样的单位来衡量, 所以表示表面活性剂的亲水性也不能采用第一种相减的方法, 而多采用第二种相比的方法。

基于以上这种观点, Griffin 提出了用 **HLB** (hydrophile-lipophile balance, 亲水亲油平衡) 值来表示表面活性剂的亲水性。例如, 对聚乙二醇型和多元醇型非离子型表面活性剂的 HLB 值, 计算公式为

$$
\begin{aligned}
\text{非离子型表面活性剂的 HLB 值} &= \frac{\text{亲水基团的摩尔质量}}{\text{表面活性剂的摩尔质量}} \times \frac{100}{5} \\
&= \frac{\text{亲水基团质量}}{\text{憎水基团质量 + 亲水基团质量}} \times \frac{100}{5} \\
&= (\text{亲水基团质量\%}) \times \frac{1}{5}
\end{aligned}
\tag{13.49}
$$

例如, 石蜡完全没有亲水基团, 所以 HLB = 0, 而完全是亲水基团的聚乙二醇, 其 HLB = 20, 所以非离子型表面活性剂的 HLB 值介于 0 ~ 20 之间, 见表 13.3。

表 13.3 表面活性剂 HLB 值与性质的对应关系

表面活性物质加水后的性质	HLB 值	应用
不分散	0 2 4	W/O 乳化剂
分散得不好	6	
不稳定乳状分散系统	8	润湿剂
稳定乳状分散系统	10	
半透明至透明分散系统	12	洗涤剂
透明溶液	14 16 18	O/W 乳化剂 增溶剂

又如, 1 mol 壬烷基酚 (摩尔质量为 220 g·mol^{-1}) 加成 9 mol 环氧乙烷 (摩尔质量为 44 g·mol^{-1}) 所形成的非离子型表面活性剂, 其 HLB 值为

$$HLB = \frac{44 \times 9}{220 + 44 \times 9} \times \frac{100}{5} = 12.9$$

从表 13.3 可看出, 这种表面活性剂具有润湿、洗涤和增溶的性质。对于各种表面活性剂的 HLB 值, 需要时可查阅表面活性剂方面的专著。

HLB 值的计算或测定还都是经验的, 并且表面活性剂的种类不同时, 还没有统一的计算公式和测定方法。对于 HLB 值理论意义的确定, 近年来也有人正在开展这方面的工作。

此外, Davies 曾尝试把 HLB 值作为结构因子的总和来处理, 他试图把表面活性剂结构分解为一些基团, 每个基团对 HLB 值都有一定的贡献。基于这种方法, 从一些有一定 HLB 值的表面活性剂得到了一些基团的 HLB 值, 见表 13.4。

表 13.4   一些基团的 HLB 值

亲水基团	HLB 值	憎水基团	HLB 值
—SO$_4$Na	38.7	—CH	
—COOK	21.1	—CH$_2$—	
—COONa	19.1	—CH$_3$	-0.475
—N (叔胺)	9.4	=CH—	
酯 (失水山梨醇环)	6.8	衍生的基团数目:	
酯 (自由的)	2.4	—(CH$_2$—CH$_2$—O)—	0.33
—COOH	2.1	—(CH$_2$—CH$_2$—CH$_2$—O)—	0.15
—OH(自由的)	1.9		
—O—	1.3		
—OH(失水山梨醇环)	0.5		

用 7 加上各个基团 HLB 值的代数和, 可以算出表面活性剂的 HLB 值。即

$$HLB = 7 + \sum (各个基团的 HLB 值)$$

例如, 计算十六醇 (鲸蜡醇)$C_{16}H_{33}OH$ 的 HLB 值, 即为

$$HLB = 7 + 1.9 + 16 \times (-0.475) = 1.3$$

对于聚氧乙烯失水山梨醇酸酯、失水山梨醇酸酯和甘油单硬脂酸酯类的表面活性剂, 此方法的计算值和用其他方法得到的文献值很符合。可是, 对其他类型的表面活性剂, 此方法并不一定好。

总之, 在选择表面活性剂时 HLB 值可供参考, 但确定 HLB 值的方法还很粗糙, 所以单靠 HLB 值来确定最合适的表面活性剂是不够的。

表面活性剂在水中的溶解度

一般来说, 表面活性剂的亲水性越强, 其在水中的溶解度越大, 而亲油性越强则越易溶于 "油"。因此, 表面活性剂的亲水亲油性也可以用溶解度或与溶解度有关的性质来衡量。离子型表面活性剂在低温时溶解度较小, 随着温度的升高, 其溶解度缓慢地增大。当达到一定温度后, 其溶解度会突然迅速增大, 这个转变温度称为 **Kraff 点**。同系物的碳链越长, 其 Kraff 点越高, 因此, Kraff 点可以衡量离子型表面活性剂的亲水亲油性。

非离子型表面活性剂的亲水基团主要是聚氧乙烯基。温度升高会破坏聚氧乙烯基同水的结合, 从而使非离子型表面活性剂的溶解度减小, 甚至析出。若对含有非离子型表面活性剂的水溶液加热, 在实验中可以观察到, 开始时溶液是透明的, 加热到某一温度时, 溶液开始发生混浊, 这表示表面活性剂开始析出, 发生混浊的最低温度称为浊点 (cloud point)。在亲油基团相同的同系物中, 环氧乙烷的分子数越多, 亲水性越强, 浊点就越高。反之, 当环氧乙烷的物质的量相同时, 亲油基的碳原子数越多, 亲油性越强, 浊点越低。因此, 可利用浊点来衡量非离子型表面活性剂的亲水亲油性。

表面活性剂的一些重要作用及应用

1. 润湿作用

在生产活动中常遇到需要控制液、固之间的润湿程度 (也就是人为地改变接触角或 γ_{g-l} 和 γ_{l-s}) 的问题。使用表面活性剂 (或润湿剂等) 常常能够得到预期的效果。例如, 喷洒农药消灭虫害时, 在农药中常加有少量的润湿剂, 以改进药液对植物表面的润湿程度, 使药液在植物叶子表面上铺展, 待水分蒸发后, 在叶面留下均匀的一薄层药剂。假如润湿性不好, 叶面上的药液仍聚成液滴状, 就很易滚下, 或者是水分挥发后, 在叶面上留下断断续续的药剂斑点, 直接影响杀虫效果。可是在制备防水布时, 则希望提高纤维的抗湿性能, 即将布用表面活性剂处理后提高其 γ_{l-s} 值以增加防水布的憎水性。又如浮选法 (flotation process) 选矿, 用泡沫浮选法来提高矿石的品位。其基本原理是将低品位的粗矿磨碎, 倾入水池中, 加入一些表面活性剂 —— 在这里又称为捕集剂 (catching agent) 和起泡剂 (foamer), 捕集剂选择吸附在有用矿石颗粒的表面上, 使它变为憎水性的 (即增加其接触角)。表面活性物质由极性基团和非极性基团所构成, 极性基团吸附在亲水性矿物表面上, 而非极性基团朝向水, 于是矿物就具有憎水性的表面 (见图 13.28)。不断加入捕集剂, 固体表面的憎水性随之增强, 最后达到饱和, 在固体表面形成很强的憎水性薄膜。然后再从水池底部通入由表面活性剂 (起泡剂) 产生的气泡, 则有用矿石颗粒由于其表面的憎水性就附着在气泡上, 上升到液面, 然后再收集并灭泡和浓缩。而不含矿的泥沙、岩石等则留在水底而被除去。

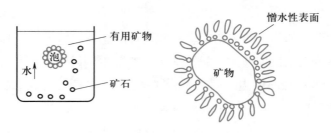

图 13.28   泡沫浮选法的基本原理

矿石颗粒要能漂浮, 其接触角 θ 至少要大于 50°, 而固体表面只要有 5% 被捕集剂覆盖, 就能使 θ 达到这个要求, 所以捕集剂的用量一般较小。

还有一种浮选法称为离子浮选 (ionic flotation), 利用泡沫对溶液中电解质的离子进行分离, 以离子型表面活性剂为起泡剂, 它在气–液界面上吸附, 憎水基团向着气相作定向排列。离子层在液相中对异性电荷离子有库仑引力, 而且对不同的异性电荷离子的引力也不一样, 于是就可将溶液中某些离子随所形成的泡沫分离开来, 特别是对浓度很小、含量很少、采用其他方法不易分离的物质, 此法可得到很好的效果, 如稀有金属的分离等。

2. 起泡作用

这里只讨论气相分散在液相中的泡沫。"泡" 就是由液体薄膜包围着气体形成的球形物, 泡沫则是很多气泡的聚集体。以上提到过的泡沫浮选法选矿、泡沫灭火、去污作用等, 都需要起泡。而有时候却又需要消泡, 如精制蔗糖、蒸馏操作等。根据需要, 对泡沫的稳定性有不同的要求。

起泡剂所起的作用主要有以下几方面:

(1) 降低表面张力。因为形成泡沫使系统增加了很大的界面, 所以降低表面张力有助于降低系统的表面自由能而使系统得以稳定, 见图 13.29。

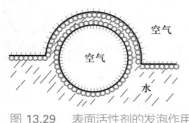

图 13.29   表面活性剂的发泡作用

(2) 使所产生的泡沫的液膜牢固, 有一定的机械强度, 有弹性。良好的起泡剂结构一般是中等长度的碳链, 一端带有一个极性基团。另外, 像明胶、蛋白质这一类物质虽然降低表面张力不多, 但形成的液膜很牢固, 所以也是很好的起泡剂。

(3) 使泡沫的液膜内的液体有适当的黏度。泡沫的液膜内包含的水受到重力作用和曲面压力, 会从液膜间排挤出来 (drain away), 从而可使泡沫膜变薄, 最终导致破裂。所以, 如果液体有适当的黏度, 液膜内的液体就不易流走, 使泡沫稳定性增加。

3. 增溶作用

非极性的碳氢化合物如苯等几乎不能溶解于水, 但能溶解于浓的肥皂溶液, 或者说溶解于浓度大于临界胶束浓度 (CMC) 且已经大量生成胶束 (或称胶团) 的离子型表面活性剂溶液, 这种现象叫作增溶作用 (solubilization)。例如, 苯在水中的溶解度很小, 但是, 在 100 cm³ 质量分数为 0.1 的油酸钠溶液中就可以溶解 10 cm³ 苯。

增溶作用既不同于溶解作用又不同于乳化作用, 它具有以下几个特点:

(1) 增溶作用可以使被溶物的化学势大大降低, 是自发过程, 使整个系统更加稳定。McBain 曾用实验测定己烷被增溶时的蒸气压, 发现己烷不断被增溶时, 其蒸气压也随之降低。由热力学公式 $\mu = \mu^{\ominus}(T) + RT\ln\dfrac{p}{p^{\ominus}}$ 知, 当压力 p 降低时, 化学势 μ 也随之降低, 故系统更稳定。而在乳状液或溶胶中, 随着分散相增多, 系统的表面自由能升高, 因而系统是不稳定的。

(2) 增溶作用是一个可逆的平衡过程。增溶时一种物质在肥皂溶液中的饱和溶液可以从两方面得到: 从过饱和溶液或从物质的逐渐溶解而达到饱和, 实验证明所得结果完全相同。这说明增溶作用是可逆的平衡过程。

(3) 增溶后不存在两相, 溶液是透明的。但增溶作用与真正的溶解作用也不相同, 真正的溶解过程会使溶剂的依数性质 (如沸点、渗透压等) 有很大的改变, 但碳氢化合物增溶后, 对溶剂依数性质影响很小。这说明增溶过程中溶质并未拆开成分子或离子, 而是 "整团" 溶解在肥皂溶液中, 所以质点数目没有增多。

增溶作用的应用极为广泛。例如, 去除油脂污垢的洗涤作用中, 增溶作用是去污作用中很重要的一部分。工业上合成丁苯橡胶时, 利用增溶作用将原料溶于肥皂溶液中再进行聚合反应 (即乳化聚合)。增溶作用还可以应用于染色。例如, 橙色 OT 染料在胶体电解质溶液中被增溶后, 就可用于纤维的染色等。此外, 增溶作用也用于农药以增加农药杀虫灭菌的功能。增溶作用在医药方面也有所应用, 有些生理现象也与增溶作用有关, 例如小肠不能直接吸收脂肪, 但可通过胆汁对脂肪的增溶而将其吸收。

4. 乳化作用

乳化作用 (emulsification) 是表面活性剂的很重要的一种作用, 将在第十四章乳状液一节中讨论, 这里不再赘述。

5. 洗涤作用

去除油脂污垢的洗涤作用是一个比较复杂的过程, 它与上面提到的润湿、起泡、增溶和乳化等作用都有关系。最早用作洗涤剂 (detergent) 的是肥皂, 它是用动、植物油脂和 NaOH 或 KOH 皂化而制得的。

$$
\begin{array}{ccc}
\text{CH}_2\text{COOR}_1 & & \text{R}_1\text{COONa} \quad \text{CH}_2\text{OH} \\
| & & + \\
\text{CHCOOR}_2 + 3\,\text{NaOH} =\!=\!= & \text{R}_2\text{COONa} + \text{CHOH} \\
| & & + \\
\text{CH}_2\text{COOR}_3 & & \text{R}_3\text{COONa} \quad \text{CH}_2\text{OH} \\
\text{油脂} & & \text{肥皂} \qquad\quad \text{甘油}
\end{array}
$$

肥皂虽是一种良好的洗涤剂, 但在酸性溶液中会形成不溶性脂肪酸, 在硬水中会与 Ca^{2+}, Mg^{2+} 等离子生成不溶性的脂肪酸盐, 不但降低去污性能, 而且会污染织物表面。近几十年来, 合成洗涤剂工业发展迅速, 以烷基硫酸盐、烷基芳基磺酸盐及聚氧乙烯型非离子型表面活性剂等为原料制成的各种合成洗涤剂去污能力比肥皂强, 而且克服了肥皂的上述缺点, 可制成片剂、粉剂或洗涤液, 便于在用机械搅拌去污的洗涤过程中使用。

污垢一般由油脂和灰尘等组成。去污过程可看作如下过程: 将带有污垢 (dirt, 用 D 表示) 的固体 (s) 浸入水 (w) 中, 在洗涤剂的作用下, 降低污垢与固体表面的黏附功 W_a, 从而使污垢脱落而达到去污目的的。可表示为

$$W_a = \gamma_{s-D} - \gamma_{s-w} - \gamma_{D-w} \tag{13.50}$$

W_a 的绝对值越小, 污垢与固体表面结合越弱, 污物越易被去除。因为黏附功相当于在等温等压下污垢黏附在固体表面这一过程的 Gibbs 自由能的变化值, 若是自发黏附, 则 $W_a < 0$, 其绝对值越大, 说明黏附趋势越强烈, 粘得越牢。当水中加入洗涤剂后, 洗涤剂的憎水基团吸附在污物和固体表面, 从而降低了 γ_{D-w} 和 γ_{s-w}, 使 W_a 的绝对值变小。然后用机械搅拌等方法使污垢从固体表面脱落, 洗涤剂分子在污垢周围形成吸附膜而使之悬浮在溶液中, 洗涤剂分子同时也在洁净的固体表面形成吸附膜而防止污垢重新在固体表面上沉积。所以, 在制备合成洗涤剂的过程中必须考虑如下几个因素: ① 洗涤剂必须具有良好的润湿性能, 使它与被清洗的固体表面有充分的接触。② 洗涤剂能有效地降低被清洗固体与水及污垢与水的界面张力, 使污垢与固体的黏附功变小而使污垢容易脱落。③ 洗涤剂有一定的起泡或增溶作用, 及时把除下的污垢分散。④ 洗涤剂能在洁净固体表面形成保护膜而防止污垢重新沉积。所以, 在合成洗涤剂中往往除了加某些起泡剂、乳化剂等表面活性物质外, 还要加入一些硅酸盐、焦磷酸盐等非表面活性物质, 使溶液具有一定的碱性, 增强去污能力, 同时也可防止洁净固体表面重新被污垢沉积。由于焦磷酸盐随废水排入江湖中会引起水体富营养化, 导致藻类疯长, 破坏水质, 危及鱼虾生命, 所以为了保护环境, 现在已禁止使用含磷洗涤剂, 目前主要用铝硅酸盐等一类分散度很好的白色碱性非表面活性物质代替焦磷酸盐, 能达到同样的洗涤效果。

13.8 固体表面的吸附

处在固体表面的原子, 由于周围原子对它的作用力不对称, 即表面原子所受的力不饱和, 因而有剩余力场, 可以吸附气体或液体分子。

固体表面可以对气体或液体进行吸附的现象很早就为人们所发现, 并在工业生产中被应用。例如, 在制糖工业中, 用活性炭来处理糖液, 以吸附其中杂质, 从而得到洁白的产品, 此措施至少已有上百年的历史。我国劳动人民很早就知道新烧好的木炭有吸湿、吸臭的性能。湖南长沙马王堆一号汉墓里就是用木炭作防腐层和吸湿剂。这说明我国早在两千多年前对吸附的应用已达到相当高的水平。近几十年来, 吸附的应用范围越来越广, 很多情况下利用吸附比其他方法更简便省事, 而且往往产品质量较好。人们利用吸附回收少量的稀有金属, 对混合物进行分离、提纯, 回收溶剂, 处理污水, 净化空气, 以及分析方法中采用吸附色谱等。分子筛富氧就是利用某些分子筛 (4A, 5A, 13X 等) 优先吸附氮的性质来提高空气中氧浓度的。从天然气中回收汽油成分也采用吸附的办法。天然气基本上是低级脂肪烃的混合物, 碳原子数越多的分子越容易被活性炭 (或其他吸附剂) 所吸附。因此, 将天然气通过一定的吸附剂, 被吸附的成分主要是汽油, 然后用过热水蒸气处理吸附剂, 就可以将汽油成分提出来。部分工厂 "废气" 中既有有害成分, 同时也夹杂着不少有用成分, 对于有用成分必须予以回收, 物尽其用, 对于有害成分必须除去, 利用适当的吸附剂可达到这两方面的目的。各种类型的吸附剂已广泛应用于工业生产, 吸附已经成为重要的化工单元操作之一。在催化领域中关于吸附的研究和应用, 对工农业生产和国民经济具有特殊的重要意义。

本节将着重讨论气体在固体表面的吸附。

固体表面的特点

和液体一样, 固体表面的原子或分子的力场也是不均衡的, 所以固体表面有表面张力和表面能。但由于固体分子或原子不能自由移动, 因此它表现出以下几个特点。

1. 固体表面分子 (原子) 移动困难

固体表面不像液体表面那样易于缩小和变形, 因此固体表面张力的直接测定比较困难。任何表面都有自发降低表面能的倾向, 由于固体表面难以收缩, 所以只能靠降低表面张力来降低表面能, 这也是固体表面能产生吸附作用的根本原因。

当然, 固体表面上的分子或原子不能移动的现象并不是绝对的, 在高温下几乎所有金属表面上的原子都会流动。固体表面在熔点以下的温度黏合的现象称为熔结 (sintering)。熔结与固体表面分子或原子的运动加剧有关。在低于熔点的温度下,固体金属的棱、角等尖锐部位会逐渐消失,甚至两种相互接触的金属可以相互扩散到彼此的内部。

2. 固体表面是不均匀的

从原子水平上看,固体表面是不规整的,存在多种位置,如图 13.30 所示。图中示出: 附加原子 (adatom)、台阶附加原子 (step adatom)、单原子台阶 (monatomic step)、平台 (terrace)、平台空位 (terrace vacancy)、扭结原子 (kink atom) 等。这些表面上原子的差异,主要表现在它们配位数的不同上。这些不同类型的原子的化学行为也不同,吸附热和催化活性差别很大。另外,表面态能级分布是不均匀的,不同于均匀的体内电子态。

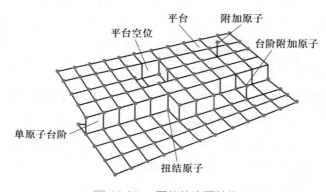

图 13.30   固体的表面结构

3. 固体表面层的组成不同于体相内部的组成

固体表面除在原子排布及电子能级上与体相有明显不同外,其表面层的组成也往往与体相内部组成存在很大差别。对于多种元素组成的固体,具有趋向于最小表面自由能及吸附质的作用,使某一元素的原子从体相向表面层迁移,从而使它在表面层中含量高于在体相中含量,这种现象称为表面偏析。它不仅与固体的种类及所暴露出的晶面有关,还受环境气氛的影响。

总之,固体表面结构和组成的变化,将直接影响其使用性能、吸附行为和催化作用,因此应给予足够的重视。

吸附等温线

当气体在固体表面被吸附时,固体叫**吸附剂** (adsorbent),被吸附的气体叫**吸附质** (adsorbate)。吸附量 q 通常用单位质量的吸附剂所吸附气体的体积 V [一般换算成标准状况 (STP) 下的体积] 或物质的量 n 表示,如

$$q = \frac{V}{m} \quad \text{或} \quad q' = \frac{n}{m} \tag{13.51}$$

实验表明, 对于一个给定的系统 (即一定的吸附剂与一定的吸附质), 达到平衡时吸附量与温度及气体的压力有关。可表示为

$$q = f(T, p)$$

上式中共有三个变量, 为了找出它们的规律性, 常常固定一个变量, 然后求出其他两个变量之间的关系。例如:

若 $T =$ 常数, 则 $q = f(p)$, 称为**吸附等温式** (adsorption isotherm);

若 $p =$ 常数, 则 $q = f(T)$, 称为**吸附等压式** (adsorption isobar);

若 $q =$ 常数, 则 $p = f(T)$, 称为**吸附等量式** (adsorption isostere)。

以 NH_3 在炭上的吸附为例, 根据实验数据得到吸附等温线 (见图 13.31)、吸附等压线 (见图 13.32) 和吸附等量线 (见图 13.33)。

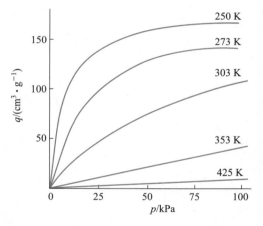

图 13.31　NH_3 在炭上的吸附等温线

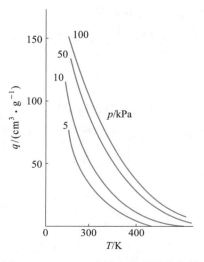

图 13.32　NH_3 在炭上的吸附等压线

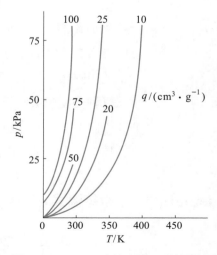

图 13.33　NH_3 在炭上的吸附等量线

上述三种吸附曲线是相互联系的, 从一组某一类型的曲线可以画出其他两组曲线。一般实验测定的是吸附等温线, 从一组吸附等温线再画出相应的吸附等压线和吸附等量线。其中最常用的是吸附等温线, 当然其他两种也有用, 例如以后可以看到从一组吸附等量线可以求得吸附热。

随着实验数据的积累, 人们从所测得的各种吸附等温线中总结出吸附等温线大致有如下几种类型 (如图 13.34 所示, 图中纵坐标代表吸附量, 横坐标为比压 p/p_s。p_s 代表在该温度下被吸附物质的饱和蒸气压, p 是吸附平衡时的压力):

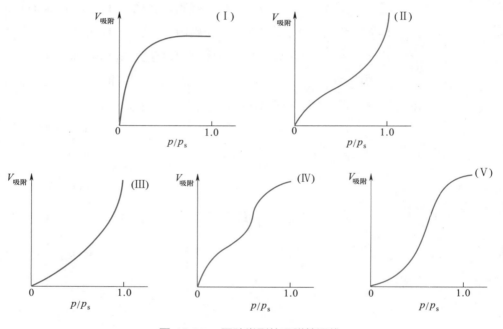

图 13.34   五种类型的吸附等温线

例如, 在 78 K 时 N_2 在活性炭上的吸附属于类型 (Ⅰ), 78 K 时 N_2 在硅胶上或铁催化剂上的吸附属于类型 (Ⅱ), 352 K 时 Br_2 在硅胶上的吸附属于类型 (Ⅲ), 323 K 时 C_6H_6 在氧化铁凝胶上的吸附属于类型 (Ⅳ), 373 K 时水汽在活性炭上的吸附属于类型 (Ⅴ)。

五种类型的吸附等温线, 反映了吸附剂的表面性质有所不同, 孔分布及吸附质和吸附剂的相互作用不同。因此, 由吸附等温线的类型可以了解有关吸附剂表面性质、孔分布性质以及吸附质和吸附剂相互作用的信息。

Langmuir 吸附等温式

Langmuir 在研究低压下气体在金属上的吸附时, 根据实验数据发现了一些规律, 然后又从动力学的观点提出了一个吸附等温式, 并总结出 Langmuir 单分子层吸附理论。这个理论的基本观点是, 气体在固体表面上的吸附作用乃是气体分子在吸附剂表面吸附与解吸两种相反过程达到动态平衡的结果。他所持的基本假定如下:

(1) 固体具有吸附能力是因为其表面的原子力场没有饱和, 有剩余价力。当气体分子碰撞到固体表面上时, 其中一部分就被吸附并放出吸附热。但是, 气体分子只有碰撞到尚未被吸附的空白表面时才能够发生吸附作用。当固体表面上已铺满一层吸附分子之后, 这种力场得到了饱和。因此, 吸附是单分子层的。

(2) 已吸附在吸附剂表面上的分子, 当其热运动的动能足以克服吸附剂引力场的势垒时, 又重新回到气相。再回到气相的机会不受邻近其他吸附分子的影响, 也不受吸附位置的影响。换言之, 即认为被吸附的分子之间不互相影响, 并且表面是均匀的。

如以 θ 代表表面被覆盖的分数, 即表面覆盖率 (coverage), 则 $(1 - \theta)$ 就表示表面尚未被覆盖的分数。气体的吸附速率与气体的压力成正比, 由于只有当气体碰撞到空白表面部分时才可能被吸附, 即又与 $(1 - \theta)$ 成正比, 所以, 吸附速率 r_a 为

$$r_a = k_a p (1 - \theta)$$

被吸附的分子脱离表面重新回到气相中的解吸速率 (解吸有时也称为脱附) 与 θ 成正比, 即解吸速率 r_d 为

$$r_d = k_d \theta$$

式中 k_a, k_d 都是比例系数。在等温下达平衡时, 吸附速率等于解吸速率, 所以

$$k_a p (1 - \theta) = k_d \theta$$

或写作

$$\theta = \frac{k_a p}{k_d + k_a p}$$

如令 $\dfrac{k_a}{k_d} = a$, 则得

$$\theta = \frac{ap}{1 + ap} \tag{13.52}$$

式中 a 是吸附作用的平衡常数 [也叫**吸附系数** (adsorption coefficient)], a 值的大小代表固体表面吸附气体能力的强弱。式 (13.52) 就称为 **Langmuir 吸附等温式**, 它定量地指出表面覆盖率 θ 与平衡压力 p 之间的关系。

从式 (13.52) 可以看到:

(1) 当压力足够低或吸附很弱时, $ap \ll 1$, 则 $\theta \approx ap$, 即 θ 与 p 成线性关系。

(2) 当压力足够高或吸附很强时, $ap \gg 1$, 则 $\theta \approx 1$, 即 θ 与 p 无关。

(3) 当压力适中时, θ 用式 (13.52) 表示 (或 $\theta \propto p^m, m = 0 \sim 1$)。

图 13.35 是 Langmuir 吸附等温式的示意图, 以上三种情况都已描绘在图中了。

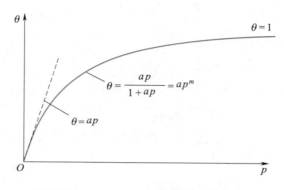

图 13.35　Langmuir 吸附等温式的示意图

如以 V_m 代表表面上吸满单分子层时的吸附量, V 代表压力为 p 时的实际吸附量, 则表面覆盖率 $\theta = \dfrac{V}{V_\mathrm{m}}$, 代入式 (13.52) 后, 得到

$$\theta = \frac{V}{V_\mathrm{m}} = \frac{ap}{1 + ap}$$

上式重排后得

$$\frac{p}{V} = \frac{1}{V_\mathrm{m}a} + \frac{p}{V_\mathrm{m}} \tag{13.53}$$

这是 Langmuir 吸附等温式的另一种写法。若以 p/V 对 p 作图, 则应得一直线, 从直线的截距和斜率可以求得吸满单分子层时的吸附量 V_m 和吸附系数 a 值。Langmuir 对吸附的设想, 以及据此所导出的吸附公式, 确能符合一些吸附过程的实验事实。

Langmuir 吸附等温式中的吸附系数 a, 随温度和吸附热的变化而变化。其关系式为

$$a = a_0 \exp\left(\frac{Q}{RT}\right) \tag{13.54}$$

式中 Q 为吸附热, 按照一般讨论吸附热时所采用的符号惯例, 放热吸附 Q 为正值, 吸热吸附 Q 为负值。由于 Q 一般不等于零, 所以由式 (13.54) 可知, 对于放热吸附来说, 当温度上升时, 吸附系数 a 变小, 吸附量相应减少。这一结论与图 13.31 的实验结果相符。

上面讨论的是吸附时不发生解离的情况。如果一个吸附质粒子吸附时解离成

两个粒子, 而且各占一个吸附中心, 则吸附速率 r_a 为

$$r_a = k_a p (1 - \theta)^2$$

而脱附时因为两个粒子都可以脱附, 所以解吸速率 r_d 为

$$r_d = k_d \theta^2$$

达平衡时, $r_a = r_d$, 所以

$$\frac{\theta}{1 - \theta} = a^{\frac{1}{2}} p^{\frac{1}{2}}$$

或

$$\theta = \frac{a^{\frac{1}{2}} p^{\frac{1}{2}}}{1 + a^{\frac{1}{2}} p^{\frac{1}{2}}} \tag{13.55}$$

式 (13.55) 中 $a = \dfrac{k_a}{k_d}$, 在低压下, $a^{\frac{1}{2}} p^{\frac{1}{2}} \ll 1$, 式 (13.55) 可简化为

$$\theta = a^{\frac{1}{2}} p^{\frac{1}{2}} \tag{13.56}$$

这一结果可以作为双原子分子在吸附时是否发生解离的标志, 即如果 $\theta \propto \sqrt{p}$, 则表示吸附时发生了解离。

混合气体的 Langmuir 吸附等温式

在同一表面上, 吸附了 A, B 两种粒子, 或吸附的粒子 A 在表面上发生反应后, 生成的产物 B 也被吸附, 这两种情况都叫作混合吸附。则 A 的吸附速率应为

$$r_a = k_a p_A (1 - \theta_A - \theta_B)$$

式中 p_A 是 A 的分压; θ_A 和 θ_B 分别是 A 和 B 在表面上的覆盖率; k_a 是 A 的吸附速率系数。A 的解吸速率应当是 $r_d = k_d \theta_A$, k_d 是 A 的解吸速率系数。平衡时, $r_a = r_d$, 所以

$$\frac{\theta_A}{1 - \theta_A - \theta_B} = a p_A \tag{13.57}$$

式中令 $a = \dfrac{k_a}{k_d}$。同理, 当 B 达到平衡时, 应有如下的关系:

$$\frac{\theta_B}{1 - \theta_A - \theta_B} = a' p_B \tag{13.58}$$

将式 (13.57) 和式 (13.58) 联立求解, 得

$$\theta_A = \frac{a p_A}{1 + a p_A + a' p_B} \tag{13.59}$$

$$\theta_{\mathrm{B}} = \frac{a'p_{\mathrm{B}}}{1 + ap_{\mathrm{A}} + a'p_{\mathrm{B}}} \tag{13.60}$$

从式 (13.59) 和式 (13.60) 可以看出, p_{B} 增大使 θ_{A} 变小, 即气体 B 的存在可使气体 A 的吸附受到阻抑。同理, 气体 A 的吸附也要妨碍气体 B 的吸附。从式 (13.59) 和式 (13.60) 很容易推广到多种气体吸附的情况。对于分压为 p_{B} 的 B 组分气体, 其 Langmuir 吸附等温式一般地可写作

$$\theta_{\mathrm{B}} = \frac{a_{\mathrm{B}}p_{\mathrm{B}}}{1 + \sum_{\mathrm{B}} a_{\mathrm{B}}p_{\mathrm{B}}} \tag{13.61}$$

在上面的 Langmuir 吸附等温式中虽然给出的是 θ 与 p 之间的关系, 但因为 $\theta = \dfrac{V}{V_{\mathrm{m}}}$, 所以实际上也是 V 与 p 的关系 (V 是被吸附气体的体积)。

Langmuir 吸附等温式是一个理想的吸附公式, 它代表了在均匀表面上, 吸附分子彼此没有作用, 而且吸附是单分子层情况下吸附达平衡时的规律性。它在吸附理论中所起的作用类似于气体动理论中理想气体定律所起的作用。人们往往以 Langmuir 吸附等温式作为一个最基本公式, 先考虑理想情况, 找出某些规律性, 然后针对具体系统对这些规律再予以修正或补充。

应该指出的是, 虽然单分子层吸附等温线具有式 (13.52) 所描述的形式, 但是吸附等温线具有式 (13.52) 所描述的形式的吸附却不一定都是单分子层吸附。有些只含有 $2 \sim 3$ nm 以下微孔的吸附剂, 虽然发生的是多分子层吸附, 但其吸附等温线也往往具有式 (13.52) 所描述的形式。

Freundlich 吸附等温式

由于大多数系统不能在比较宽广的 θ 范围内完全符合 Langmuir 吸附等温式, 因此后来又有人提出了一些其他等温式, 比较常见的有 Freundlich 吸附等温式、Тёмкин 方程式和 BET 多层吸附公式等。我们先讨论 Freundlich 吸附等温式, 这个公式最初也是一个经验式, 以后才给予理论上的说明。图 13.36 给出了不同温度下 CO 在炭上的吸附等温线。

从图 13.36 可以看出, 在低压范围内压力与吸附量成线性关系。压力增高, 曲线渐渐弯曲。测定乙醇在硅胶上的吸附等温线, 也可以得到与此相类似的结果。

Freundlich 归纳这些实验的结果, 得到一个经验公式, 即

$$q = kp^{\frac{1}{n}} \tag{13.62}$$

式中 q 是单位质量固体吸附气体的量 (cm^3 · g^{-1}); p 是气体的平衡压力; k 及 n

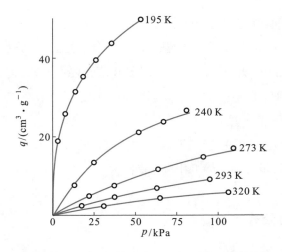

图 13.36 不同温度下 CO 在炭上的吸附等温线

在一定温度下对于一定的系统均为常数。若吸附剂的质量为 m, 吸附气体的质量为 x, 则等温式也可表示为

$$\frac{x}{m} = k'p^{\frac{1}{n}} \tag{13.63}$$

式 (13.62) 和式 (13.63) 就称为 **Freundlich 吸附等温式**。如对式 (13.62) 取对数, 则可以把指数式变为直线式:

$$\lg q = \lg k + \frac{1}{n}\lg p \tag{13.64}$$

如以 $\lg q$ 对 $\lg p$ 作图, 则 $\lg k$ 是直线的截距, $1/n$ 是直线的斜率。图 13.37 所表示的 CO 在炭上的吸附等温线是根据图 13.36 数据绘制的。从图中可以看到, 在实验的温度和压力范围内, 吸附等温线都是很好的直线。各线的斜率与温度有

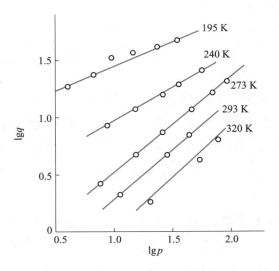

图 13.37 CO 在炭上的吸附等温线

关, k 值也随温度的改变而不同。

  Freundlich 吸附等温式只是一个经验公式, 它所适用的 θ 范围, 一般说来, 比 Langmuir 吸附等温式所适用的 θ 范围要大一些, 但它也只能代表一部分事实。例如, NH_3 在炭上的吸附, 若以 $\lg q$ 对 $\lg p$ 作图, 就得不到很好的直线关系, 特别是在高压部分更差。

  Freundlich 吸附等温式的特点是它没有饱和吸附值, 它广泛地应用于物理吸附、化学吸附, 也可用于溶液吸附。

BET 多层吸附公式

  实验测得的许多吸附等温线表明, 大多数固体对气体的吸附并不是单分子层的, 尤其物理吸附基本上都是多分子层吸附。所谓多分子层吸附, 就是除了吸附剂表面接触的第一层外, 还有相继各层的吸附。Brunauer, Emmett, Teller 三人提出了多分子层吸附理论的公式, 简称为 BET 多层吸附公式。这个理论是在 Langmuir 吸附理论的基础上加以发展而得到的。他们接受了 Langmuir 吸附理论中关于吸附作用是吸附和解吸两个相反过程达到平衡的概念, 以及固体表面是均匀的, 吸附分子的解吸不受四周其他分子的影响等看法。他们的改进之处是认为表面已经吸附了一层分子之后, 由于被吸附气体本身的范德华引力, 还可以继续发生多分子层吸附。当然第一层的吸附与以后各层的吸附有本质的不同。前者是气体分子与固体表面直接发生联系, 而第二层以后各层则是相同分子之间的相互作用。第一层的吸附热也与以后各层的不尽相同, 而第二层以后各层的吸附热都相同, 而且接近气体的凝聚热。当吸附达到平衡以后, 气体的吸附量 (V) 等于各层吸附量的总和。可以证明, 在等温下有如下关系:

$$V = V_{\mathrm{m}} \frac{Cp}{(p_{\mathrm{s}} - p)\left[1 + (C-1)\dfrac{p}{p_{\mathrm{s}}}\right]} \tag{13.65}$$

式 (13.65) 就称为 **BET 多层吸附公式** (由于其中包含两个常数 C 和 V_{m}, 所以又叫 BET 二常数公式)。式中 V 代表在平衡压力 p 时的吸附量; V_{m} 代表在固体表面上铺满单分子层时所需气体的体积; p_{s} 为实验温度下气体的饱和蒸气压; C 是与吸附热有关的常数; $\dfrac{p}{p_{\mathrm{s}}}$ 称为吸附比压 (BET 多层吸附公式的证明, 可参阅本章末的打 "*" 材料)。

  BET 多层吸附公式主要应用于测定固体的比表面 (即 1 g 吸附剂的表面积)。对于固体催化剂来说, 比表面数据很重要, 它有助于了解催化剂的性能 (多相催化反应是在催化剂微孔的表面上进行的, 催化剂的表面状态和孔结构可以影响反应的活化能、速率, 甚至反应的级数。例如, 石油炼制过程中, 尽管使用同一化学成分的催化剂, 只是由于催化剂比表面和孔径分布有差别, 就可导致油品的产品和质量有极大的差别)。测定比表面的方法很多, 但 BET 法仍旧是经典的重要方法。为了使用方便, 可以把式 (13.65) 改写为

$$\frac{p}{V(p_s - p)} = \frac{1}{V_m C} + \frac{C-1}{V_m C} \frac{p}{p_s} \tag{13.66a}$$

或

$$V = \frac{V_m C x}{1-x} \cdot \frac{1}{1+(C-1)x} \tag{13.66b}$$

式 (13.66b) 中 $x = \dfrac{p}{p_s}$。根据式 (13.66a), 如以 $\dfrac{p}{V(p_s - p)}$ 对 $\dfrac{p}{p_s}$ 作图, 则应得一直线, 直线的斜率是 $\dfrac{C-1}{V_m C}$, 直线的截距是 $\dfrac{1}{V_m C}$。由此可以得到 $V_m = \dfrac{1}{\text{截距} + \text{斜率}}$。从 V_m 值可以算出铺满单分子层时所需的分子数。若已知每个分子的截面积, 就可求出吸附剂的总表面积和比表面:

$$S = A_m L n$$

式中 S 是吸附剂的总表面积; A_m 是一个吸附质分子的横截面积; L 是 Avogadro 常数; n 是吸附质的物质的量。若 V_m 的单位为 cm^3, 则 $n = \dfrac{V_m}{22400 \ cm^3 \cdot mol^{-1}}$。

BET 法测比表面的误差, 在个别情况下甚至可达 $\pm 10\%$, 有人曾对作图的方法作了一些改进, 以减小误差。将式 (13.66) 改写为

$$\frac{1}{V\left(1 - \dfrac{p}{p_s}\right)} = \frac{1}{V_m} + \frac{1}{V_m C} \cdot \frac{1 - \dfrac{p}{p_s}}{\dfrac{p}{p_s}}$$

然后以 $\dfrac{1}{V(1 - p/p_s)}$ 对 $\dfrac{1 - p/p_s}{p/p_s}$ 作图, 则从截距直接可得 $\dfrac{1}{V_m}$, 而且图线的截距较式 (13.66) 大, 所以可以减小作图所引起的误差。从吸附等温线求单分子层饱和吸附量的方法有许多种, 上述方法是较常用的。

在推导 BET 多层吸附公式时, 曾假定吸附层数可以无限地增多。倘若吸附的层数有一定限制 (例如在多孔性固体上的吸附), 设至多只能吸附 n 层, 则可以得到包含三个常数的 BET 多层吸附公式:

$$V = V_m \frac{Cp}{(p_s - p)} \cdot \frac{1 - (n+1)\left(\dfrac{p}{p_s}\right)^n + n\left(\dfrac{p}{p_s}\right)^{n+1}}{1 + (C-1)\left(\dfrac{p}{p_s}\right) - C\left(\dfrac{p}{p_s}\right)^{n+1}} \tag{13.67}$$

如果 $n = 1$, 即为单分子层吸附, 式 (13.67) 可简化为 Langmuir 吸附等温式。如果 $n = \infty$, 即吸附层数可以无限地增多, 则从式 (13.67) 可以得到式 (13.65) [因为 $(p/p_s)^{\infty} \to 0$]。显然, 式 (13.67) 的适用范围更广。当平衡压力较低, 例如 $n = 3$ 时, 用式 (13.67) 和式 (13.65) 计算的结果相差约为 5%。若层数增多, 则两式的结果更为接近。通常为了方便起见, 在低压时, 常直接用式 (13.65) 来计算固体的比表面。

　　BET 公式通常只适用于比压 (p/p_s) 在 $0.05 \sim 0.35$ 范围内的吸附, 这是因为在推导公式时, 假定吸附是多层的物理吸附。当比压小于 0.05 时, 压力太小, 无法建立多层物理吸附平衡, 甚至连单分子层物理吸附也远未完全形成, 表面的不均匀性就显得突出。当比压大于 0.35 时, 由于毛细凝聚变得显著起来, 因而破坏了多层物理吸附平衡。当比压在 $0.35 \sim 0.60$ 时则需用包含三常数的 BET 多层吸附公式。在更高的比压下, 即使式 (13.67) 也不能定量地表达实验事实。偏差的原因主要是这个理论没有考虑到表面的不均匀性, 同一层上吸附分子之间的相互作用力, 以及在压力较高时, 多孔性吸附剂的孔径因吸附多分子层而变细后, 可能发生蒸气在毛细管中的凝聚作用 (在毛细管内液面的蒸气压低于平面液面的蒸气压) 等因素。如果考虑到这些因素, 对上述公式加以校正, 则能得到一个较烦琐的公式, 但该公式的实用价值并不太大。

Тёмкин 方程式

　　Тёмкин 提出另一个等温式, 通常称为 **Тёмкин 方程式**:

$$\frac{V}{V_m} = \theta = \frac{RT}{\alpha}\ln(A_0 p) \tag{13.68}$$

式中 α, A_0 都是常数。若以 θ 或 V 对 $\ln p$ 作图, 则得到一条直线。这个公式只适用于覆盖率不大 (或中等覆盖) 的情况。在处理一些工业上的催化过程如合成氨过程、造气变换过程中, 常使用到这个方程式。

　　等温线的公式很多, 以上我们只介绍了几种等温线公式, 其中有些是经验的或半经验的, 有些有理论上的说明, 它们常具有工业上的实用价值。这些公式的应用范围和使用对象各不相同, 只能针对具体情况作具体分析。至今人们还没有找到一个合适的公式能在全部 θ 范围内适用于各种系统, 其根本原因是对不同的系统来说, 吸附的本质不同, 吸附粒子之间的相互作用不同, 吸附剂的表面情况也有所不同, 等等。

吸附现象的本质 —— 化学吸附和物理吸附

以上各部分内容讨论了吸附作用的一般现象, 以及表达实验数据的吸附公式等。人们需要进一步了解究竟是什么样的作用使气体分子可以吸附在固体表面上, 这就是吸附现象的本质问题。

气体分子碰撞到固体表面上发生吸附, 按吸附分子与固体表面的作用力的性质不同, 根据大量实验结果可以把吸附分为两类。

第一类吸附一般无选择性。这就是说, 任何固体可吸附任何气体 (当然吸附量会随不同的系统而有所不同)。一般说来, 越是易于液化的气体越易于被吸附。吸附可以是单分子层的也可以是多分子层的, 同时解吸也较容易。其吸附热 (分子从气相吸附到表面相上这一过程中所放出的热) 的数值与气体的液化热的数值相近, 这类吸附与气体在表面上的凝聚很相似。此外, 此类吸附的吸附速率和解吸速率都很快, 且一般不受温度的影响, 也就是说, 此类吸附过程不需要活化能 (即使需要也很小)。从以上各种现象不难看出, 此类吸附的实质是一种物理作用, 在吸附过程中没有电子转移, 没有化学键的生成与破坏, 没有原子重排等, 而产生吸附的只是 van der Waals 力, 所以这类吸附叫作**物理吸附** (physical adsorption)。

第二类吸附是有选择性的。一些吸附剂只对某些气体才会发生吸附作用。其吸附热的数值很大 ($> 42 \text{ kJ} \cdot \text{mol}^{-1}$), 与化学反应热差不多是同一个数量级的。这类吸附总是单分子层的, 且不易解吸。由此可见, 它与化学反应相似, 可以看成表面上的化学反应。此类吸附的吸附速率与解吸速率都较慢, 而且温度升高时吸附 (和解吸) 速率加快。像化学反应一样, 此类吸附过程需要一定的活化能 (当然也有少数需要很小甚至不需要活化能的化学吸附, 其吸附速率和解吸速率也很快)。此类吸附中气体分子与吸附表面的作用力和化合物中原子间的作用力相似, 实质上是一种化学反应, 所以叫作**化学吸附** (chemical adsorption)。

为了便于比较, 可以把两种吸附的特点列出, 见表 13.5。

表 13.5　物理吸附与化学吸附的比较

	物理吸附	化学吸附
吸附力	van der Waals 力	化学键力
吸附热	较小, 近于液化热, 一般在几百到几千焦耳每摩尔	较大, 近于化学反应热, 一般大于几万焦耳每摩尔
选择性	无选择性	有选择性
吸附稳定性	不稳定, 易解吸	比较稳定, 不易解吸
分子层	单分子层或多分子层	单分子层
吸附速率	较快, 不受温度影响, 一般不需要活化能	较慢, 温度升高则速率加快, 需要活化能

实验可以直接证明物理吸附和化学吸附的存在。例如, 可以通过吸收光谱来观察吸附后的状态, 在紫外、可见及红外光谱区, 若出现新的特征吸收带, 这是存在化学吸附的标志。物理吸附只能使原吸附分子的特征吸收带有某些位移或者在强度上有所改变, 而不会产生新的特征谱带。

这两类吸附并不是不相关的, 它们有差异但也有共同之处。例如, 两类吸附的吸附热都可以用 Clausius-Clapeyron 方程式来计算; Langmuir 吸附等温式可用于两类吸附。这两类吸附也可以同时发生。例如, 氧在金属 W 上的吸附同时有三种情况: ① 有的氧是以原子状态被吸附的, 这是纯粹的化学吸附; ② 有的氧是以分子状态被吸附的, 这是纯粹的物理吸附; ③ 还有一些氧是以分子状态被吸附在氧原子上面, 形成多层吸附。由此可见, 物理吸附和化学吸附可以相伴发生, 因此不能认为某一吸附只有化学吸附而没有物理吸附, 反之亦然。所以常需要同时考虑两类吸附在整个吸附过程中的作用。

有时温度可以改变吸附力的性质, 这可用 H_2 在 Ni 上的吸附等压线 (图 13.38) 来说明。图中所示为三条吸附等压线, 它们的变化趋势一样。在低温时化学吸附的速率很慢, 因为此时具有足够能量的分子数目较少, 所以在低温时吸附应该主要是物理吸附。

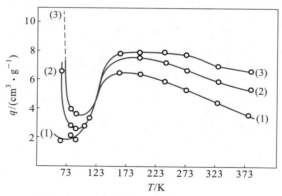

压力分别为 (1) 0.33 kPa; (2) 2.67 kPa; (3) 8.0 kPa

图 13.38　H_2 在 Ni 上的吸附等压线

当温度上升, 物理吸附量减少。越过最低点后, 此时的温度可使氢分子活化, 开始产生化学吸附。由于温度上升, 活化分子的数目迅速增多, 所以吸附量随温度的上升而增加。到最高点时, 化学吸附达到了吸附平衡。但化学吸附是放热的, 故温度继续上升, 吸附量又开始减少, 平衡向解吸方向移动。图 13.38 表明当温度逐渐上升时, 物理吸附会逐步过渡到化学吸附。

就吸附的本质来说, 物理吸附的作用力是 **van der Waals 力**。所谓 van der Waals 力乃是定向力、诱导力和色散力的总称。若有两个非极性分子互相接近,由于电子不断运动, 电子和原子核间会经常发生瞬时的相对位移, 使正、负电荷的中心不重合而产生瞬时偶极, 在两个瞬时偶极之间所产生的引力叫作**色散力** (dispersion force)。当两个极性分子充分接近时, 由于固有的偶极同性相斥、异性相吸, 使得极性分子之间作定向的排列, 这种固有偶极反向而引起的作用力叫作**定向力** (orientation force)。当极性分子与非极性分子相互接近时, 非极性分子受到诱导而极化, 这种固有偶极与诱导偶极之间的作用力则叫作**诱导力** (induced force)。对于某一具体系统, 这三种力可以同时出现, 也可以只有一两种起主要作用。当离子晶体吸附极性分子时, 如分子筛吸附水蒸气分子, 这三种力都起作用。当离子晶体吸附非极性分子时, 如分子筛吸附 O_2 分子, 诱导力和色散力起主要作用。至于非极性分子之间的作用, 则主要是色散力, 如炭对非极性气体 O_2, N_2 的吸附等。

化学吸附的本质是在固体表面与吸附物之间形成了化学键。图 13.39 是金属表面示意图, 固体表面上的原子与内部的原子不同, 它还有空余的成键能力 (或称为自由价力), 可以与吸附物形成化学键。图 13.40 是离子型晶体表面示意图, 在表面上的离子也存在着自由价力。由于化学吸附的本质是形成了化学键, 因而吸附是单分子层的。

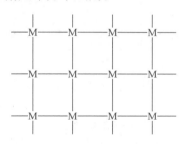

图 13.39　金属表面示意图
(M 表示金属原子)

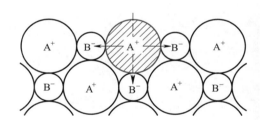

图 13.40　离子型晶体表面示意图

化学吸附需要活化能, 而物理吸附却不需要活化能。因此, 物理吸附在低温时即能发生, 而化学吸附一般都需要较高的温度。当有催化剂存在时, 物理吸附可以转变为化学吸附。图 13.41 给出了 H_2 分子在 Ni 表面上通过过渡态由物理吸附转变为化学吸附的示意图。从图中可以看到, 在过渡态时 H_2 分子间的共价键松弛, 键拉长, 同时在氢和镍之间也形成松散的键。当变成化学吸附状态时, H_2 分子之间的键完全断开而形成较强的 H—Ni 化学键。关于化学的吸附态, 还没有确定氢原子是与一个 Ni 原子相结合, 还是与两个 Ni 原子相结合 [参阅图 13.41(d), (e)], 不过后者的证据在增加。

化学吸附的本质就是化学反应, 所以吸附常需要一定的活化能, 通常可采用如图 13.42 所示的简化势能图, 以便于说明问题。图中 E_a 是吸附活化能, E_d 是

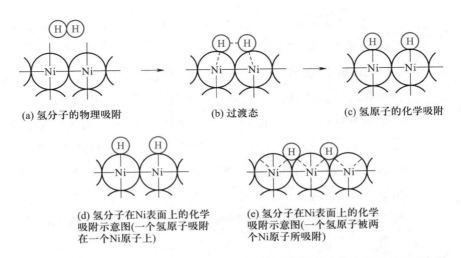

(a) 氢分子的物理吸附　　　(b) 过渡态　　　(c) 氢原子的化学吸附

(d) 氢分子在Ni表面上的化学
吸附示意图(一个氢原子吸附
在一个Ni原子上)

(e) 氢分子在Ni表面上的化学
吸附示意图(一个氢原子被两
个Ni原子所吸附)

图 **13.41**　H₂ 分子在 Ni 表面上通过过渡态从物理吸附转变为化学吸附的示意图

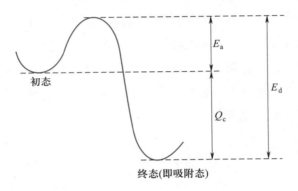

图 **13.42**　化学吸附的势能图 (示意图)

解吸活化能, Q_c 是化学吸附热。若 E_a 很大, 化学吸附的速率慢 (这一类的活化吸附有时又称为慢化学吸附)。若 E_a 很小, 则吸附速率快。也有一些系统的 E_a 值非常小, 或接近于零, 这类系统的化学吸附速率最快 (这类吸附由于不需要或需要很小的活化能, 所以又叫非活化吸附或快化学吸附)。

对于几个吸附等温式来说, Langmuir 吸附等温式和 Freundlich 吸附等温式既可用于物理吸附又可用于化学吸附, BET 多层吸附公式只能用于多层的物理吸附, 而 Тёмкин 方程式则只能用于化学吸附。由于化学吸附是催化过程中的必经阶段, 故而至关重要。

化学吸附热

由于化学吸附和物理吸附都是自发过程, 在过程中 Gibbs 自由能减小 ($\Delta G < 0$)。当气体分子在固体表面上吸附后, 气体分子从原来的三维空间自由运动变成限制在表面层上二维运动, 运动的自由度减少了, 因而熵也减小 ($\Delta S < 0$)。在等

温下, 根据热力学的基本关系式: $\Delta G = \Delta H - T\Delta S$, 可以推知 $\Delta H < 0$, 所以通常吸附是放热的。化学吸附的吸附热大于物理吸附的吸附热, 所以吸附热的大小是区别物理吸附和化学吸附的重要标志。

在化学吸附中, 往往采用吸附热的大小来衡量吸附的强弱程度 (即生成化学键的强度)。如果吸附太强, 则产物不容易从表面上解吸。如果吸附太弱, 则反应分子又达不到足够活化的程度。所以一种好的催化剂, 它的吸附性能既不能过强又不能过弱, 要适中才好。

在催化剂表面上恒温地吸附某一定量的气体时所放出的热叫作积分吸附热。实验表明, 积分吸附热随着覆盖率 θ 的不同而不同 (这主要是表面的不均匀性所致)。

在已经吸附了一定量气体 (q) 以后, 在催化剂上再吸附少量的气体 dq, 所放出的热量为 dQ, 于是 $\left(\dfrac{\partial Q}{\partial q}\right)_T$ 叫作吸附量为 q 时的微分吸附热。微分吸附热也随 θ 而变化。积分吸附热实际上是各种不同覆盖程度下微分吸附热的平均值。

吸附热可以直接用量热计来测定 (即直接测定吸附时所放出的热量, 这样所得到的是积分吸附热), 也可以通过吸附等量线来计算, 方法如下: 如以前所给的图 13.33, 即 NH_3 在炭上的吸附等量线, 从这些曲线上可以求出不同温度下的 $\left(\dfrac{\partial p}{\partial T}\right)_q$ 值。而 **Clausius-Clapeyron 方程式**可以写作

$$\left(\frac{\partial \ln p}{\partial T}\right)_q = \frac{Q}{RT^2}$$

或

$$\frac{1}{p}\left(\frac{\partial p}{\partial T}\right)_q = \frac{Q}{RT^2} \tag{13.69}$$

式中 Q 是某一吸附量下的微分吸附热 (用这种方法所得到的吸附热实际上是等量吸附热, 而不是微分吸附热。但因二者相差不大, 小于实验误差, 因此可以忽略二者的差别)。

近年来又有人采用气相色谱等技术来测定吸附热, 精度有所提高。但一般来说, 由于实验技术上的困难及其他各种原因, 吸附热的测定数据常不易重复。因此有人根据结构观点, 提出了各种计算吸附热的公式, 但目前既无统一的公式, 也不能认为都是非常满意的。

实验表明, 吸附热与覆盖度的关系是比较复杂的。图 13.43 所示为氢在不同金属膜上的吸附热 Q 随覆盖度 θ 变化的曲线。有些系统的吸附热随 θ 而线性下

降, 有些系统的吸附热随 θ 的下降具有对数的关系 (即 $Q \propto -\ln\theta$), 少数系统的吸附热等于常数而与 θ 无关。

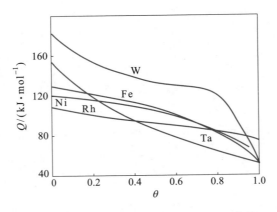

图 13.43   氢在不同金属膜上的 $Q - \theta$ 曲线

  吸附热 Q 随 θ 而变化可能是表面的不均匀性所致。在吸附开始进行时 ($\theta = 0$), 首先吸附在催化剂表面上吸附中心最活泼的地方, 此时吸附活化能最小, 放出的吸附热最大。随着覆盖度的增加, 最活泼的活性中心逐步被占据, 后来只能吸附在那些较不活泼的吸附中心上, 此时吸附活化能增大, 而吸附热变小。吸附热随 θ 而变化也可能是吸附分子之间的相互作用所致。在化学吸附所形成的吸附键中, 有偶极矩存在, 这些偶极子在表面上定向排列; 随着覆盖度的增大, 这些定向排列的分子之间有排斥作用, 因而对后来要吸附的分子有所影响。这两种原因可能同时存在, 但其中表面的不均匀性则占主要地位, 因为在覆盖度不大的情况下, Q 随 θ 的下降很快, 而这时吸附分子相距尚远, 彼此之间还不可能有很大的相互作用。显然, 表面的不均匀性是影响 Q 值的主要因素。

  既然吸附热随着覆盖度的变化而变化, 所以吸附热能够反映出催化剂表面的不均匀情况, 也能反映出吸附成键的类型及吸附分子之间的相互作用。因此, 在选择催化剂时, 吸附热常是需要考虑的重要因素之一。

影响气-固界面吸附的主要因素

  影响气-固界面吸附的主要因素有温度、压力及吸附剂和吸附质的性质。前已述及, 气体吸附是放热过程, 因此无论物理吸附还是化学吸附, 温度升高时吸附量都会减少。在物理吸附中, 要发生明显的物理吸附作用, 一般来说温度要控制在气体的沸点附近。无论是物理吸附还是化学吸附, 压力增大, 吸附量和吸附速率皆增大。极性吸附剂易于吸附极性吸附质, 非极性吸附剂则易于吸附非极性吸附质。无论是极性吸附剂还是非极性吸附剂, 一般吸附质分子的结构越复杂, 沸点越高, 被吸附的能力越强。这是因为分子结构越复杂, van der Waals 力越大, 沸点越高, 气体的凝结能力才越强, 这些都有利于吸附。酸性吸附剂易于吸附碱性吸附质, 反之亦然。像 Pt 催化剂 (如 Pt/Al_2O_3), 在使用过程中 H_2S 或 AsH_3 极易使其中毒, 这是因为这些气体分子中的 As 原子或 S 原子有孤对电子, 容易纳入 Pt 的 "空轨道" 而形成配位键, 这是一种很强的吸附, 故使催化剂中毒。在许多情况下, 吸附剂的孔结构和孔径大小, 不仅对吸附速率有很大的影响, 而且还直接影响吸附量。

固体在溶液中的吸附 —— 吸附等温线

固体在溶液中的吸附较为复杂, 因为吸附剂除了吸附溶质之外还可以吸附溶剂, 所以迄今尚未有完满的理论。但是, 由于溶液中的吸附具有重要的实际意义, 人们在长期的实践中提出了一些规律。

将定量的吸附剂与一定量已知浓度的溶液混合, 在一定温度下振摇使其达到平衡。澄清后, 分析溶液的成分。从浓度的改变可以求出每克固体所吸附溶质的量 a。可表示为

$$a = \frac{x}{m_a} = \frac{m_s(w_0 - w)}{m_a} \tag{13.70}$$

式中 m_a 是吸附剂的质量; m_s 是溶液的质量; w_0 和 w 分别为溶质的起始质量分数和终了质量分数。这样算得的吸附量通常称为**表观吸附量** (apparent adsorption quantity) 或**相对吸附量** (relative adsorption quantity), 其数值低于溶质的实际吸附量。因为在计算中没有考虑溶剂的吸附, 而实际上吸附剂会吸附部分溶剂, 则平衡时 w 无形中提高了 (对于稀溶液, 由此所产生的偏差不大)。由于溶液中溶剂和溶质同时被吸附, 要测定某一特定组分吸附量的绝对值是很困难的。

因具体系统不同所得到的等温线有多种形式。有些系统可以使用某些气–固吸附的等温式。其中 Freundlich 吸附等温式在溶液吸附中的应用通常比在气相吸附中的应用更为广泛。此时该式可表示为

$$\lg a = \lg k + \frac{1}{n}\lg w$$

此外, 也有一些等温线能用 Langmuir 吸附等温式或 BET 多层吸附公式来表示。但是应该指出, 引用气体吸附中的这些公式纯粹是经验性的, 公式中常数项的含义也不甚明确, 还不能从理论上导出这些公式。

如果在足够大的浓度区间进行测定, 则在溶液吸附中最常见的吸附等温线如图 13.44 所示。图中横坐标为溶质的质量分数 w, 纵坐标为表观吸附量。开始时

吸附量随浓度的增加而上升, 达最高点后逐渐下降, 经零点而变为负值。这是溶剂和溶质均发生吸附的结果。在稀溶液中可以不考虑溶剂的吸附, 而当溶液浓度较高时, 少量溶剂被吸附就会对浓度的计算造成很大的影响。在图 13.44 中, 表观吸附量为零时, 并不是不发生吸附, 而是由于吸附层的浓度与原溶液的浓度相同。吸附量为负, 则是溶剂被吸附而使溶液浓度增加所致。这种类型的等温线在气体吸附中是没有的, 现在也还没有与此相应的等温式。

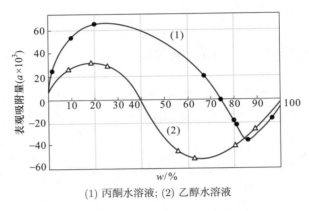

(1) 丙酮水溶液; (2) 乙醇水溶液

图 13.44   硅胶上的一些吸附等温线

13.9   气 – 固相表面催化反应

化学吸附与催化反应

大量实验事实都表明, 气–固相多相催化反应是反应物分子首先吸附在固体表面的某些部位上, 形成活化的表面中间化合物, 使反应的活化能降低, 反应加速, 之后再经过脱附而得到产物。因此, 吸附是气–固相多相催化反应的必经阶段。生产实践不断要求人们改进催化剂的性能, 要求为某些反应寻求新的催化剂并提供理论根据。这就要求人们深入地研究化学吸附的机理、特性和规律。

对于气–固相催化反应, 固体表面是反应的场所, 比表面的大小直接影响反应的速率, 增加催化剂的比表面总是可以提高反应速率。因此, 人们多采用比表面大的海绵状或多孔性催化剂。近年来, 多倾向于把固体催化剂制成纳米粒子, 或把催化剂负载在惰性的纳米粒子上, 以增加其表面积和利用率。

通过吸附的研究可以了解表面的不均匀性, 从而有助于了解催化反应的历程。很早就有人指出, 固体表面是不均匀的, 在表面上有活性的位置只占催化剂表面的一小部分。例如, 在 Fe 催化剂上合成氨时, 起决定性作用的活性中心只占全部表面的 0.1% 左右。有人认为, 只有当反应物被吸附到活性中心上才能被活化。活性中心存在的证据是很多的, 例如: ① 只需吸附某些微量的杂质, 催化剂就中毒而失去活性。如微量的 Hg 蒸气存在可使 $CH_2{=\!=}CH_2$ 在 Cu 上的加氢速率降低到原来的 0.5%, 而 $CH_2{=\!=}CH_2$ 和 H_2 在 Cu 上的吸附量只分别降低到原来的 80% 和 5%。② 随着表面覆盖度的增加, 吸附热逐渐降低, 表明热效应最大的吸附作用一开始只在占比例很小的活性中心上进行。③ 催化剂的活性易被加热所破坏。在催化剂尚未烧结前, 表面积没有多大变化, 但活性中心受到了破坏。④ 表面的不同部分可以有不同的催化选择性, 如 Pt 催化剂使 $(C_3H_7)_2CO$ 加氢时, 微量的 CS_2 即可使反应停止, 但这种被毒化过的催化剂 (Pt) 仍然可使 $H_2C{<}^O_O{\bigcirc}CHO$ 和 $C_6H_5NO_2$ 加氢。如果再吸附一些 CS_2, 则 Pt 对前者失效, 但仍可使 $C_6H_5NO_2$ 加氢。这些都说明表面的不均匀性, 对不同的反应有不同的活性中心。关于活性中心的理论还有不同的看法, 如多位理论、活性集团理论等。这些理论是从不同的角度来解释催化活性的, 其基本出发点都是承认表面的不均匀性, 承认表面各处的活性不相同且具有活性中心, 而其实验基础又都离不开吸附的数据。总之, 关于化学吸附的研究对于多相催化机理的研究起着很重要的作用。

化学吸附的强弱与催化剂的催化活性有密切的关系, 可以就几种金属对合成氨反应速率的影响来进行比较。在合成氨反应中, 吸附的氮原子与氢起反应而生成氨。如果氮原子在某种金属上吸附非常强, 则氮原子反而变得不活泼而不能与氢反应, 甚至可能因占据了催化剂的表面活性位点而成为催化剂的毒物, 从而阻碍氨的合成。如果氮原子的吸附很弱, 在表面上所吸附的粒子数目很少, 这对氨的合成也不利。所以, 只有在吸附既不太强也不太弱时, 合成氨的反应速率才最大 (原则上讲, 最好是有足够大的覆盖度, 但氮原子的吸附又不太强)。图 13.45 是合成氨的反应速率及氮的吸附强度与元素周期表中各族金属的关系。吸附强度可用起始时的化学吸附热表示 (吸附热越大表示吸附强度越大)。从图中可见, 当吸附热沿 DE 线上升时, 合成氨的反应速率沿 AB 线上升。但当吸附热继续上升时, 合成氨反应速率经过最高点 B 后, 反而沿 BC 线下降。

因此, 我们可以得到一个一般性的结论, 即一种催化剂的活性与反应物在催化剂表面上的化学吸附强度有关 (虽然并不一定是平行关系)。只有在化学吸附具有适当的强度时, 其催化活性才最大。一个催化反应得以进行的首要条件是发生化学吸附, 但是却不能认为, 吸附后就一定会进行催化反应, 并且也不能认为吸附

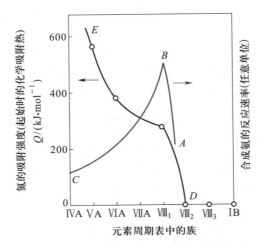

图 13.45　合成氨的反应速率及氮的吸附强度与元素周期表中各族金属的关系

得越多, 反应进行得越快。事实上, 确有不少系统吸附量很大但却并不进行反应, 这涉及吸附物究竟吸附在表面的什么位置上, 还涉及吸附速率的问题。特别是对一些工业生产中的催化过程来说, 它们都是流动系统, 反应物与催化剂的接触时间很短 (几秒, 甚至不到 1 s), 系统根本没有达到吸附平衡, 此时吸附量的多少不是主要因素, 而起主要作用的是吸附 (或解吸) 的速率。

在多相催化反应过程中, 催化剂表面的化学吸附是关键步骤。因此, 化学吸附和催化作用往往是联系在一起的研究课题。过去研究化学吸附是为了搞清楚催化机理, 近年来, 随着超高真空技术的发展, 以及各种波谱和衍射技术的联用, 尤其是低能电子衍射技术 (LEED) 的出现, 使得化学吸附的研究进入了分子水平。例如, 在 Ni 的 (110) 面上氧的吸附是以氧原子排成 (2×1) 网络的化学吸附; 而一氧化碳的吸附是以 CO 分子排成 (1×1) 网络的化学吸附。因而, 目前化学吸附的研究工作不但加深了对催化过程的了解, 而且已发展成为表面化学中的一个独立新领域。

在催化剂表面上有活性的位置才能进行化学吸附。吸附中心一般是原子、离子等, 通常称为**活性中心** (active center)。表面上的活性中心往往只占表面的一小部分, 而且各个活性中心的活性不一定相同。吸附粒子与吸附中心之间形成化学吸附键, 构成各种吸附态配合物。有时吸附质被吸附后, 可以产生一种以上的吸附态。近年来, 通过各种波谱、色谱等实验方法, 可以证实各种吸附态的存在。例如, 氢在铂上的吸附有四种吸附态, 如图 13.46 所示。其中两种属于分子吸附, 另外两种属于原子吸附。

可以看出, 吸附粒子 (被吸附的分子、原子、离子或基团) 与催化剂表面的单个吸附中心或多个吸附中心成键, 可以形成共价键、配位键或离子键等。由于所

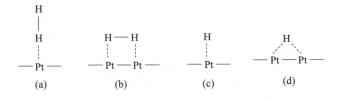

图 13.46 氢在铂上的四种吸附态

产生的化学吸附键的类型及其强度不同, 所以吸附活化能和吸附热也随之而异。因此, 测定吸附活化能和吸附热有助于判别吸附态。

气－固相表面催化反应速率

气－固相多相系统的动力学要比均相系统的动力学复杂得多, 这主要是因为:

(1) 多相催化反应是在固体催化剂表面上实现的多步骤过程。一般说来, 可有下列五个基元步骤:

① 反应物从气体本体扩散到固体催化剂表面;

② 反应物被催化剂表面所吸附;

③ 反应物在催化剂表面上进行化学反应;

④ 产物从催化剂表面上脱附;

⑤ 产物从催化剂表面扩散到气体本体中。

这五个基元步骤有物理变化也有化学变化, 其中 ①, ⑤ 是物理扩散过程, ②, ④ 是吸附和脱附过程, ③ 是表面化学反应过程。每一步都有它们各自的历程和动力学规律。所以, 研究一个多相催化过程的动力学, 既涉及固体表面的反应动力学问题, 也涉及吸附和扩散动力学的问题。

(2) 吸附、表面反应、解吸这三个步骤都是在表面上实现的, 因而它们的速率就与表面上被吸附物的浓度有关。被吸附物可包括反应物、产物, 甚至其他物质, 但它们在表面上的浓度目前还很难直接测量, 通常只能利用一定的模型 (如 Langmuir 吸附模型) 来间接计算。这就不可避免地给多相催化动力学的数据分析带来一定的近似性。

(3) 反应涉及固体催化剂的表面, 但目前我们对于固体催化剂的表面结构和性质知道得仍不够充分。同时, 由于在反应过程中表面的结构和性质可能发生变化, 实验的重复性较差 (如同样化学组成的催化剂, 由于制备的过程不同, 或批号不同, 其活性常有差异), 这对气－固相多相系统的研究也构成一定的困难。

研究多相系统动力学的目的是希望在实验的基础上获得多相反应的动力学方程, 然后对动力学方程予以说明或解释。动力学方程一方面是探索反应历程的依据, 另一方面也是工业上设计反应器的依据。在一连串的步骤中, 由于速控步骤不同, 速率方程的表示式也不同。

这里只讨论表面反应为速控步骤时的速率方程表示式。

如果采用足够大的气体流速, 并采用足够小的催化剂颗粒粒度, 则扩散作用的影响基本上可以忽略不计。如果反应物的吸附和产物的解吸都进行得非常快, 使得反应的每一瞬间都建立了吸附和解吸的平衡, 则多相催化反应的速率仅由表面上吸附的分子间的反应所决定, 表面上吸附分子的浓度则可由吸附等温式来计算。由于吸附着的分子在进行反应时有不同的历程, 可分以下几种情况来讨论。

(1) **单分子反应**　假定反应由反应物的单种分子, 在表面上通过如下的步骤来完成反应:

$$A + -\overset{|}{S}- \underset{k_{-1}(\text{解吸})}{\overset{k_1(\text{吸附})}{\rightleftharpoons}} -\overset{\overset{A}{|}}{S}- \underset{(\text{表面反应})}{\overset{k_2}{\longrightarrow}} -\overset{\overset{B}{|}}{S}- \underset{k_{-3}(\text{产物吸附})}{\overset{k_3(\text{产物解吸})}{\rightleftharpoons}} -\overset{|}{S}- + B$$

A 代表反应物, B 代表产物, S 代表固体催化剂表面上的反应中心 (或活性中心)。假定吸附和解吸的速率都很快, 而表面反应的速率较慢, 则总反应的速率由后者来控制。即反应速率 r 为

$$r = k_2 \theta_A$$

假定产物的吸附很弱, 随即解吸, 则将 Langmuir 吸附等温式 $\theta_A = \dfrac{a_A p_A}{1 + a_A p_A}$ 代入反应速率 r 的表示式中, 得

$$r = \frac{k_2 a_A p_A}{1 + a_A p_A} \tag{13.71}$$

式中 k_2, a_A 都是常数; p_A 是可以测量的, 所以反应速率可由式 (13.71) 计算。对于式 (13.71), 根据具体情况又可作如下的简化:

(a) 如果压力很低, $a_A p_A \ll 1$, 则

$$r = -\frac{\mathrm{d}p_A}{\mathrm{d}t} = k_2 a_A p_A = k p_A \tag{13.72}$$

式中 $k_2 a_A = k$。此时反应表现为一级反应。

(b) 如果反应物的吸附很强或在反应刚开始时反应物的压力 p_A 还相当大, 满足 $a_A p_A \gg 1$, 则式 (13.71) 成为

$$r = -\frac{\mathrm{d}p_A}{\mathrm{d}t} = k_2 \tag{13.73}$$

即为零级反应。这种情况相当于表面完全被吸附分子所覆盖, 而总的反应速率与反应分子在气相中的压力无关, 而只依赖于被吸附的分子的反应速率。对

式 (13.73) 积分, 得

$$p_A = p_{A_0} - k_2 t \qquad (13.74)$$

在反应过程中, 反应物的分压随时间而线性地下降。碘化氢在金表面上, 温度为 800 ~ 1000 K, 压力为 13 ~ 53 kPa 时的速率方程即具有式 (13.74) 的形式。NH_3 在金属 W 上的分解也属于这一类型。

(c) 如果压力适中, 不很低也不很高, 则速率由式 (13.71) 表示。反应的级数 将介于 0 和 1 之间。

由上述三种情况可以看到, 在产物的吸附很弱的单分子反应中, 随着反应物 浓度或分压的增高, 反应的级数可由一级经过分数级而下降为零级。例如 PH_3 在 钨表面上的分解, 对这一情况能很好地说明: 当温度在 883 ~ 993 K 时, 有

压力为 130 ~ 660 Pa, $r = k$, 为零级反应;

压力为 1.3 ~ 130 Pa, $r = \dfrac{k[PH_3]}{1 + b[PH_3]}$, 为分数级反应;

压力为 0.13 ~ 1.3 Pa, $r = k[PH_3]$, 为一级反应。

如果反应中除反应物可发生吸附外, 产物 (或其他局外物质) 也能发生吸附, 则在这种情况下, 产物 (或其他局外物质) 所起的作用相当于毒物, 它占据了一部 分表面, 使得催化剂表面的活性中心数目减少, 抑制了反应, 并改变了动力学公 式。此时, Langmuir 吸附等温式可按混合吸附的形式来考虑, 即

$$\theta_A = \frac{a_A p_A}{1 + a_A p_A + a_B p_B}$$

因此, 反应速率为

$$r = -\frac{dp_A}{dt} = k_2 \frac{a_A p_A}{1 + a_A p_A + a_B p_B} \qquad (13.75)$$

式中 p_A 为反应物的分压; a_A 为反应物的吸附系数; p_B 为产物 (或毒物) 的分压; a_B 为产物 (或毒物) 的吸附系数。由式 (13.75) 可以看到, 分母中存在着 $a_B p_B$ 项, 表示产物 (或毒物) 吸附时对反应具有抑制作用。因此, 式 (13.75) 所表示的速率 比式 (13.71) 所表示的要小。

式 (13.75) 也可以在不同的条件下予以简化。例如, 若反应物的压力足够低, 反应物仅稀疏地覆盖着有效的表面, 或者 B 的吸附远超过 A 的吸附, $a_A p_A \ll (1 + a_B p_B)$, 则式 (13.75) 可简化为

$$r = -\frac{dp_A}{dt} = k_2 \frac{a_A p_A}{1 + a_B p_B} \qquad (13.76)$$

例如, 在 Ag, CuO, CdO 表面上, N_2O 的分解反应所生成的氧起阻抑作用, 其速

率方程式即具有式 (13.76) 所表达的形式, 即

$$r = k \frac{[N_2O]}{1 + b[O_2]}$$

如果反应物的吸附是弱吸附, 而产物 (或毒物) 的吸附很强, 即 $a_B p_B \gg 1$, 则反应的速率为

$$r = -\frac{dp_A}{dt} = \frac{k_2 a_A p_A}{a_B p_B} = k \frac{p_A}{p_B} \tag{13.77}$$

例如, 在铂表面上 NH_3 的分解反应, 因受到分解的产物 H_2 的吸附所阻抑, 当温度范围为 $1206 \sim 1488\,K$, 压力范围为 $13 \sim 26\,kPa$ 时, 速率方程为 $r = k[NH_3]/[H_2]$, 对 NH_3 为一级, 对 H_2 为负一级, 这就符合式 (13.77)。

由以上讨论可以看到, 同一反应历程在不同的实验条件下, 可以具有不同的动力学方程式。

(2) **双分子反应**　一般认为双分子反应有两种可能的历程, 一种是在表面邻近位置上, 两种被吸附的粒子之间的反应。这种历程称为 **Langmuir-Hinshelwood 历程** (L–H 历程)。在两个吸附质点之间的表面反应大多数是这种历程。另一种是吸附在表面上的粒子和气态分子之间进行的反应, 这种历程通常称为 **Rideal 历程**。

(a) 两个吸附着的质点之间的反应 (L–H 历程):

$$\begin{aligned}
&A + B + \ \underset{\displaystyle |\quad|}{-S-S-} \ \xrightleftharpoons[k_{-1}(解吸)]{k_1(吸附)} \ \overset{\displaystyle A\ \ B}{\underset{\displaystyle |\quad|}{-S-S-}} \ \xrightarrow[(表面反应)]{k_2} \\
&\overset{\displaystyle C\ \ D}{\underset{\displaystyle |\quad|}{-S-S-}} \ \xrightleftharpoons[k_{-3}(吸附)]{k_3(解吸)} \ \underset{\displaystyle |\quad|}{-S-S-} \ + \ C + D
\end{aligned}$$

若表面反应为速控步骤, 则反应速率为

$$r = k_2 \theta_A \theta_B \tag{13.78}$$

式中 θ_A 和 θ_B 分别为 A 和 B 的表面覆盖率。假定产物吸附很弱, 根据 Langmuir 吸附等温式可得

$$\theta_A = \frac{a_A p_A}{1 + a_A p_A + a_B p_B}$$

$$\theta_B = \frac{a_B p_B}{1 + a_A p_A + a_B p_B}$$

$$r = \frac{k_2 a_A a_B p_A p_B}{(1 + a_A p_A + a_B p_B)^2} \tag{13.79}$$

从式 (13.79) 可知, 如果 p_B 保持恒定而改变 p_A, 则速率变化应如图 13.47 所示, 有一极大值出现。反之, 若 p_A 保持恒定而改变 p_B, 也有同样的情况出现。

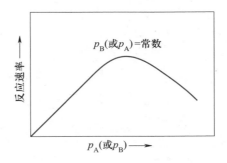

图 13.47　服从 L–H 历程的双分子反应速率与反应物分压的关系 (示意图)

(b) 吸附质点 A 与气态分子 B 之间的反应 (Rideal 历程):

$$A \ + \ \text{—S—} \ \underset{k_{-1}\,(\text{解吸})}{\overset{k_1\,(\text{吸附})}{\rightleftharpoons}} \ \overset{A}{\underset{|}{\text{—S—}}}$$

$$B \ + \ \overset{A}{\underset{|}{\text{—S—}}} \ \xrightarrow[(\text{表面反应})]{k_2} \ \text{—S—} \ + \ \text{产物}$$

在第一个反应式中, 反应物 A 在催化剂表面上进行吸附。在第二个反应式中, 被吸附的 A 与气态中的 B 起反应 (其实 B 未必一点也不吸附, 只是被吸附的 B 不与被吸附的 A 起反应而已)。若表面反应为速控步骤, 则反应速率为

$$r = k_2 p_B \theta_A = \frac{k_2 a_A p_A p_B}{1 + a_A p_A + a_B p_B} \tag{13.80}$$

式 (13.80) 的分母中有 $a_B p_B$ 项出现, 表明在催化剂表面上有 B 的吸附, 但是被吸附的 B 与被吸附的 A 不发生化学反应。如果 B 不被吸附或 B 的吸附很弱, 式 (13.80) 就成为

$$r = \frac{k_2 a_A p_A p_B}{1 + a_A p_A} \tag{13.81}$$

若 p_B 保持恒定而改变 p_A, 则由式 (13.81) 所表达的反应速率就不再有最大值出现, 而只趋向于一极限值, 如图 13.48 所示。

在特殊情况下, 式 (13.81) 也可以简化。如果 A 的吸附很强, 即 $a_A p_A \gg 1$, 则

$$r = k_2 p_B$$

如果 A 的吸附很弱, 即 $a_A p_A \ll 1$, 则

$$r = k_2 a_A p_A p_B$$

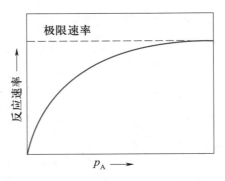

图 **13.48**　Rideal 历程的反应速率与 p_A 的关系 ($p_B = $ 常数)

　　对于表面反应为速率控制步骤的双分子反应, 如果在速率与某一反应物分压的关系曲线中有极大值出现, 基本上就可以确定这一双分子反应的历程是 L–H 历程而不是 Rideal 历程。因此, 速率与分压关系曲线的形状可以作为判别双分子反应历程的一种依据。

　　由于速率控制步骤不同, 速率方程也不同, 上面只讨论了由表面反应控制速率的情况。表面反应也可能受其他步骤所控制, 如吸附或解吸是速率控制步骤或扩散是速率控制步骤等情况, 反应还可以是没有速率控制步骤的, 这些情况的速率方程可参阅有关专著。

*气–固相系统中的吸附和解吸速率方程式

　　为了进一步了解在气–固相系统中吸附作用与反应速率的关系, 需要知道在表面上吸附和解吸的速率方程式。由于平衡时吸附和解吸的速率相等, 因此从吸附和解吸的速率方程式可以对几种吸附等温式有进一步的了解。

　　一般说来, 化学吸附的速率 (r_a) 取决于下列几个因素:

　　(1) 分子对单位表面的碰撞数。气体分子对固体表面的碰撞频率越大, 则吸附的速率也越大。根据气体分子动理论, 气体分子在单位时间对单位面积上的碰撞数等于 $p/\sqrt{2\pi m k_B T}$, 式中 p 为气体的压力, m 是每个气体分子的质量, k_B 是 Boltzmann 常数。

　　(2) 吸附活化能。由于化学吸附时需要活化能 (E_a), 所以在碰撞的分子中只有能量超过 E_a 的气体分子才有可能被吸附。这种分子在总分子中只占一部分, 即在总分子数上应乘一个因子: $\exp\left(-\dfrac{E_a}{RT}\right)$。

　　(3) 分子必须碰撞在表面上空着的活性位点上才能被吸附, 也就是说碰撞在表面上的分子只有一部分是碰撞在空白的活性位点上。因此, 有效碰撞与表面尚未被覆盖的空白部分 $(1 - \theta)$ 有关, 或一般地写作与 $f(\theta)$ 有关 [对于不解离的吸附质点, 且一个质点只占据一个位置的简单情况, 有 $f(\theta) = 1 - \theta$]。

考虑到上面几个因素, 因此

$$r_{\mathrm{a}} \propto \frac{p}{\sqrt{2\pi m k_{\mathrm{B}} T}} f(\theta) \exp\left(-\frac{E_{\mathrm{a}}}{RT}\right)$$

或写作

$$r_{\mathrm{a}} = \frac{\sigma p}{\sqrt{2\pi m k_{\mathrm{B}} T}} f(\theta) \exp\left(-\frac{E_{\mathrm{a}}}{RT}\right) \tag{13.82}$$

式中 σ 称为**凝聚系数** (condensation coefficient), 它代表气体分子碰撞在空白活性位点上被拉住而形成吸附的概率。

同理, 解吸速率与表面上已经吸附了粒子的吸附活性位点的数目有关, 即与覆盖度 θ 有关。一般也可以用一个函数 $f'(\theta)$ 来表示 [对于简单的系统, $f'(\theta) = \theta$], 同时还与解吸的活化能 (E_{d}) 有关。所以, 解吸速率 r_{d} 有如下的关系:

$$r_{\mathrm{d}} \propto f'(\theta) \exp\left(-\frac{E_{\mathrm{d}}}{RT}\right)$$

或写作

$$r_{\mathrm{d}} = K f'(\theta) \exp\left(-\frac{E_{\mathrm{d}}}{RT}\right) \tag{13.83}$$

式中 K 是解吸速率常数。

在式 (13.82) 和式 (13.83) 中, $E_{\mathrm{a}}, E_{\mathrm{d}}, K$ 都与表面的覆盖度 θ 有关 (即都是 θ 的函数)。这是因为被吸附分子之间、吸附分子与固体表面的分子之间有相互作用, 固体的表面是不均匀的。所以, 当表面的覆盖度 θ 不同时, $E_{\mathrm{a}}, E_{\mathrm{d}}, K$ 的数值也相应地发生变化。

根据式 (13.82) 和式 (13.83), 吸附的净速率可表示为

$$\frac{\mathrm{d}\theta}{\mathrm{d}t} = r_{\mathrm{a}} - r_{\mathrm{d}}$$

$$= \frac{\sigma p}{\sqrt{2\pi m k_{\mathrm{B}} T}} f(\theta) \exp\left(-\frac{E_{\mathrm{a}}}{RT}\right) - K f'(\theta) \exp\left(-\frac{E_{\mathrm{d}}}{RT}\right) \tag{13.84}$$

这是一个一般化的方程式, 其具体形式要由 $f(\theta), f'(\theta), E_{\mathrm{a}}$ 和 E_{d} 而定。如果吸附层是理想的, 则可导出 Langmuir 吸附等温式; 若吸附层是非理想的, 则根据不同的吸附情况可导出 Тёмкин 方程式和 Freundlich 吸附等温式。

1. 理想吸附层的吸附和解吸速率方程式

所谓 "理想" 是指吸附剂的表面是均匀的, 各活性中心的能量相等, 同时被吸附的粒子之间没有相互作用。因此, 在理想的吸附层中, $E_{\mathrm{a}}, E_{\mathrm{d}}, \sigma, K$ 等均不随 θ

而变。所以, 在定温下, 式 (13.82) 和式 (13.83) 可以写作

$$r_a = \left[\frac{\sigma}{\sqrt{2\pi m k_B T}} \exp\left(-\frac{E_a}{RT} \right) \right] p f(\theta) = k_a p f(\theta)$$

$$r_d = K \exp\left(-\frac{E_d}{RT} \right) f'(\theta) = k_d f'(\theta)$$

如果再假定吸附质点不解离, 并且一个质点只占据一个吸附中心, 即

$$A + [K] \rightleftharpoons A[K]$$

A 代表气体分子, [K] 代表固体表面上的吸附中心。则

$$f(\theta) = 1 - \theta, \qquad f'(\theta) = \theta$$

所以

$$r_a = k_a p (1 - \theta)$$

$$r_d = k_d \theta$$

吸附净速率为

$$\frac{\mathrm{d}\theta}{\mathrm{d}t} = r_a - r_d = k_a p (1 - \theta) - k_d \theta$$

定温下达平衡时, 有

$$r_a = r_d \qquad k_a p (1 - \theta) = k_d \theta$$

上式整理后得

$$\theta = \frac{k_a p}{k_a p + k_d} = \frac{\dfrac{k_a}{k_d} p}{1 + \dfrac{k_a}{k_d} p} = \frac{ap}{1 + ap} \tag{13.85}$$

式中 $a = \dfrac{k_a}{k_d}$。这就是以前所介绍的 Langmuir 吸附等温式。

2. 真实吸附层的吸附和解吸速率方程式 —— Elovich 方程式

凡是不满足前面提出的理想条件者, 统称为真实吸附层。实验证明, 随着吸附过程的进行, 活化能 E_a 和 E_d 均与 θ 有关。例如, H_2 在 ZnO 上吸附, 其 E_a 为 $5.4 \sim 46.0 \ \mathrm{kJ \cdot mol^{-1}}$; N_2 在 Fe 上吸附, 其 E_a 为 $66.9 \sim 113.0 \ \mathrm{kJ \cdot mol^{-1}}$。在开始进行吸附时, 气体首先吸附在表面活性最高的部分, 由于吸附力强, 吸附牢固, 放出的吸附热大。随着活性高的表面逐渐被覆盖, 气体与固体表面之间的吸附就越来越弱, 所需要的吸附活化能越来越大, 因而吸附热越来越小, 整个吸附过程是不均匀的。

根据实验, 有人提出在中等覆盖度下的不均匀吸附过程中, 吸附活化能随 θ 线性增大, 而解吸活化能则随 θ 而线性下降, 即

$$E_a = E_a^0 + \beta\theta \tag{13.86}$$

$$E_d = E_d^0 - \gamma\theta \tag{13.87}$$

式中 E_a^0 和 E_d^0 相当于 $\theta = 0$ 时的吸附活化能和解吸活化能; β 和 γ 都是常数。

吸附热 Q 为

$$Q = E_d - E_a = (E_d^0 - E_a^0) - (\gamma + \beta)\theta = Q^0 - \alpha\theta$$

式中 $\gamma + \beta = \alpha$; Q^0 是 $\theta = 0$ 时的吸附热。将式 (13.86) 代入式 (13.82), 并令 $f(\theta) = 1 - \theta$, 则得

$$r_a = \frac{\sigma p}{\sqrt{2\pi m k_B T}}(1 - \theta)\exp\left(-\frac{E_a^0 + \beta\theta}{RT}\right)$$

亦即

$$r_a = \frac{\sigma p\exp\left(-\dfrac{E_a^0}{RT}\right)}{\sqrt{2\pi m k_B T}}(1 - \theta)\exp\left(-\frac{\beta\theta}{RT}\right)$$

因为 θ 只在 $0 \to 1$ 之间变化, 在覆盖度不大或中等覆盖度的情况下, $(1 - \theta)$ 项的影响要比 $\exp\left(-\dfrac{\beta\theta}{RT}\right)$ 项的影响小得多, 所以 $(1 - \theta)$ 项可以近似地归并到常数项中去, 即

$$r_a = k_a p\exp\left(-\frac{\beta\theta}{RT}\right)$$

同理, 将式 (13.87) 代入式 (13.83), 令 $f'(\theta) = \theta$, 并把 θ 和 $\exp\left(-\dfrac{E_d^0}{RT}\right)$ 并入常数项, 则得

$$r_d = K\theta\exp\left(-\frac{E_d^0}{RT}\right)\exp\left(\frac{\gamma\theta}{RT}\right) = k_d\exp\left(\frac{\gamma\theta}{RT}\right)$$

因此, 净的吸附速率:

$$\frac{\mathrm{d}\theta}{\mathrm{d}t} = r_a - r_d = k_a p\exp\left(-\frac{\beta\theta}{RT}\right) - k_d\exp\left(\frac{\gamma\theta}{RT}\right) \tag{13.88}$$

式 (13.88) 叫 **Elovich 方程式**。

当在等温下到达平衡时, $r_a = r_d$, 从式 (13.88) 得

$$\frac{k_a}{k_d}p = \exp\left(\frac{\beta + \gamma}{RT}\theta\right)$$

由 Elovich 方程式可以导出 Тёмкин 方程式。上式取对数后得

$$\theta = \frac{RT}{\alpha}\ln(A_0 p) \tag{13.89}$$

式中 A_0 为常数。式 (13.89) 就是 Тёмкин 方程式。它代表在中等覆盖度的情况下, p 与平衡覆盖度之间的关系, 其特点是 θ 与 $\ln p$ 成线性关系。在一些工业的气–固催化过程中常要使用到它。

有些系统的吸附活化能和解吸活化能与 θ 具有对数的关系, 即

$$E_a = E_a^0 + \beta\ln\theta \tag{13.90}$$

$$E_d = E_d^0 - \gamma\ln\theta \tag{13.91}$$

吸附热 Q 为

$$\begin{aligned} Q = E_d - E_a &= (E_d^0 - E_a^0) - (\beta + \gamma)\ln\theta \\ &= Q^0 - \alpha\ln\theta \end{aligned} \tag{13.92}$$

如果把式 (13.90) 和式 (13.91) 分别代入式 (13.82) 和式 (13.83), 则得

$$r_a = \frac{\sigma p\exp\left(-\dfrac{E_a^0}{RT}\right)}{\sqrt{2\pi m k_B T}}f(\theta)\exp\left(-\frac{\beta\ln\theta}{RT}\right) = k_a p\theta^{-\frac{\beta}{RT}}$$

$$r_d = K f'(\theta)\exp\left(-\frac{E_d^0}{RT}\right)\exp\left(\frac{\gamma\ln\theta}{RT}\right) = k_d\theta^{\frac{\gamma}{RT}}$$

净的吸附速率为

$$\frac{\mathrm{d}\theta}{\mathrm{d}t} = k_a p\theta^{-\frac{\beta}{RT}} - k_d\theta^{\frac{\gamma}{RT}}$$

在等温平衡时, 有

$$k_a p\theta^{-\frac{\beta}{RT}} = k_d\theta^{\frac{\gamma}{RT}}$$

整理后得到

$$\theta = \left(\frac{k_a}{k_d}p\right)^{\frac{RT}{\alpha}}$$

或

$$\theta = kp^{\frac{1}{n}} \tag{13.93}$$

式中 $k = \left(\dfrac{k_a}{k_d}\right)^{\frac{RT}{\alpha}}$, $n = \dfrac{\alpha}{RT}$。式 (13.93) 就是 Freundlich 吸附等温式。这个公式最初只是一个经验公式, 这里我们根据一定的假定, 把它推导出来了, 从而对这个经验公式有了进一步的认识。

在上述几个吸附等温式中，BET 公式只适用于多层物理吸附。Langmuir 和 Freundlich 吸附等温式可用于物理吸附或化学吸附。而 Тёмкин 方程式只能用于单层的化学吸附。可能是因为化学吸附时粒子一定要被吸附在能够成键的吸附中心上，而物理吸附则没有这种限制，可吸附在表面的任何位置上，所以物理吸附的覆盖度要比化学吸附的覆盖度大得多。实验发现，吸附等温线如果服从 Тёмкин 方程式，都是在较小的或中等程度的覆盖度范围，即适用于能产生化学吸附的表面部分。对于只发生物理吸附的那部分表面，Тёмкин 方程式就不能适用。

下面把几种吸附等温式及它们的吸附速率方程式归纳列出，如表 13.6 所示。

表 13.6 化学吸附速率方程式和吸附等温式

	理想吸附	真实吸附	
E_a, E_d 与 θ 的关系	E_a, E_d 与 θ 无关	线性关系: $E_a = E_a^0 + \beta\theta$ $E_d = E_d^0 - \gamma\theta$	对数关系: $E_a = E_a^0 + \beta\ln\theta$ $E_d = E_d^0 - \gamma\ln\theta$
r_a 与 r_d 的表示式	$r_a = k_a p(1-\theta)$ $r_d = k_d\theta$	$r_a = k_a p e^{-\frac{\beta\theta}{RT}}$ $r_d = k_d e^{\frac{\gamma\theta}{RT}}$	$r_a = k_a p\theta^{-\frac{\beta}{RT}}$ $r_d = k_d\theta^{\frac{\gamma}{RT}}$
吸附热	Q 等于常数	$Q = Q^0 - \alpha\theta$	$Q = Q^0 - \alpha\ln\theta$
吸附速率方程式	$\frac{d\theta}{dt} = k_a p(1-\theta) - k_d\theta$	$\frac{d\theta}{dt} = k_a p e^{-\frac{\beta\theta}{RT}} - k_d e^{\frac{\gamma\theta}{RT}}$ Elovich 方程式	$\frac{d\theta}{dt} = k_a p\theta^{-\frac{\beta}{RT}} - k_d\theta^{\frac{\gamma}{RT}}$
吸附等温式	$\theta = \frac{ap}{1+ap}$ 或 $\frac{p}{\theta} = \frac{1}{a} + p$ Langmuir 吸附等温式	$\theta = \frac{RT}{\alpha}\ln(A_0 p)$ Тёмкин 方程式	$\theta = kp^{\frac{1}{n}}$ Freundlich 吸附等温式
备注	理想的、单分子层的，可用于物理吸附或化学吸附	理论的、单分子层的，可用于化学吸附	经验的，但也有理论说明，化学吸附和物理吸附均可适用

以上只讨论了简单的吸附情况。如果吸附分子解离或吸附分子起作用后，产物也能吸附在表面上，对后来的吸附起阻抑作用，则情况就要复杂一些。

*从物理吸附转变为化学吸附的势能曲线示意图

对于物理吸附和化学吸附这两类吸附，通过势能图更有助于了解其本质，以及当催化剂存在时如何使物理吸附转变为化学吸附。图 13.49 是 H_2 在 Ni 表面上的两类吸附的势能图。此势能图可由理论计算结果而绘制。

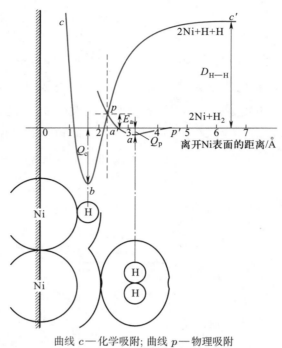

曲线 c — 化学吸附; 曲线 p — 物理吸附

图 **13.49**　H_2 在 Ni 表面上的两类吸附的势能图

图 13.49 中纵坐标代表势能 (示意图, 未按比例)。高于零点要供给能量, 低于零点则放出能量。横坐标代表离开 Ni 表面的距离 (单位以 Å 表示)。左方划有斜线的部分代表 Ni 的表面。

先考虑物理吸附曲线 $p'aa'p$。H_2 分子与催化剂 (即 Ni) 之间的势能随离开 Ni 表面的距离 (r) 而变化, 即 $E = E(r)$, 当氢分子与表面的距离很远时, H_2 与 Ni 间无相互作用, 此时的势能选作零点 (即 p' 的势能接近于零)。当 H_2 分子靠近 Ni 的表面即 r 变小时, 系统的势能略有降低。此时 H_2 与 Ni 之间的作用力以引力为主。到达 a 点时势能最低, H_2 分子靠 van der Waals 引力与表面结合。越过最低点 a, 如果再使 H_2 分子靠近表面, 则势能反而升高, 这是 H_2 分子与 Ni 表面的原子核之间正电排斥增大的结果。整个曲线是一个浅的凹槽, 系统在最低点处 (图中 a 点) 形成物理吸附。物理吸附时放出的热 (Q_p) 不大, 一般不超过 H_2 的液化热, 所以被吸附的 H_2 很容易解吸 [温度稍高就发生解吸, 例如在高于 H_2 的正常沸点 (20 K), 约 100 K 时吸附就不稳定, 所以物理吸附只在低温下发生]。曲线极小值的位置 (a 点) 大约落在离开表面 0.32 nm 处, 这个距离正好是 Ni 的 van der Waals 半径 0.205 nm 和 H_2 的 van der Waals 半径 0.115 nm 之和 [所谓 van der Waals 半径是指当一个原子接近另一个原子时, 在不形成化学键的前提下, 所能达到的最近距离。Ni 原子的半径为 0.125 nm, H_2 的共价半径为 0.035 nm, 由于这两种原子之间存在 van der Waals 引力, 分子或原子发生极化而变形, 每个大约增加了 0.08 nm, 所以 Ni 的 van der Waals 半径为 $(0.125 + 0.08)\text{nm} = 0.205 \text{ nm}$, H_2 的 van der Waals 半径为 $(0.035 + 0.08)\text{nm} = 0.115 \text{ nm}$]。

曲线 $c'bc$ 代表氢原子在 Ni 表面上化学吸附时的势能变化。氢原子系由 H_2 分子解离而来, 所需的解离能设为 $D_{H-H}(D_{H-H} = 436 \text{ kJ} \cdot \text{mol}^{-1})$。由于我们已选定 H_2 分子与 Ni 表面间距离很远时的势能作为零, 所以 H 原子的势能曲线一开始就处于较高的位置 c'。当 H 原子逐渐靠近表面时, 系统的势能降低, 然后经过最低点 b 再上升。这个最低点的位置在 0.16 nm 处 (等于 Ni 原子的半径和 H 原子的半径之和)。整个曲线有一个较 $pa'ap'$ 为深的凹槽, 在 b 点系统构成一稳定系统, 其间形成了化学吸附键。从 c' 点到 b 点, 系统放出能量为 $D_{H-H} + Q_c$, Q_c 是化学吸附热, 比物理吸附热 Q_p 大得多。在 b 点以左, 如图中 bc 段, 系统的势能又上升, 这是 H 原子与 Ni 的原子核之间正电排斥作用增大的结果。

将 H_2 分子物理吸附势能曲线的 $p'ap$ 部分和 H 原子化学吸附势能曲线的 cbp 部分连接起来, 就得到新的曲线 $p'apbc$, 它近似地代表 H_2 分子在 Ni 表面上解离化学吸附的过程。这条曲线告诉我们, 当由物理吸附变为化学吸附时 (即由物理吸附线上的 a' 经由 p 到化学吸附线上的 b), p 点是该转变过程的中间过渡状态, E_a 是该转变过程的活化能。反之, 当化学吸附变为物理吸附, 并最后解吸时, 即由 b 经由 p 再到 p' 也要经过 p 点, 也需要活化能, 在能量上要越过另一个能量高峰 E_d, E_d 是解吸活化能 (图中未标出, $E_d = Q_c + E_a$)。

在 p 点以右的 pap' 部分是分子的物理吸附势能曲线, p 点以左的 pbc 部分是 H_2 分子已经解离成氢原子并且在表面发生解离化学吸附的势能曲线。p 点是物理吸附转变为化学吸附的中间态, 经过这个状态, H_2 分子拆开成两个 H 原子。如果没有 Ni 的表面存在, H_2 分子解离为两个 H 原子需要 D_{H-H} 的能量, 而在有了催化剂 Ni 以后, H_2 分子只要 E_a 的能量就能经由 p 点而发生化学吸附。由此可见, 催化剂的存在起到了降低解离能的作用。

E_a 是化学吸附的活化能, 而物理吸附不需要活化能, 因此物理吸附在低温时即能发生, 而化学吸附则需要较高的温度。

在 13.8 节中所示的图 13.41 代表 H_2 分子在 Ni 表面上通过过渡态从物理吸附转变为化学吸附的物理图像。

*对五种类型吸附等温线的说明

有了单层吸附、多层吸附及毛细孔凝聚等概念, 就能够对图 13.34 所示的即通常所见的五种吸附等温线给予一定的解释。第一类吸附等温线称为 Langmuir

型, 可用单分子层吸附来解释。但需要指出的是, 除了单分子层吸附表现为第一种类型外, 当吸附剂仅有 3 nm 以下的微孔时, 虽发生了多层吸附与毛细孔凝聚现象, 其吸附等温线仍可表现为第一种类型。这是因为当比压由零开始逐步增加时, 发生了多层吸附, 同时也发生了毛细孔凝聚, 使吸附量很快增加, 而一旦将所有的微孔填满后, 吸附量便不再随比压而增加, 呈现出饱和吸附。

第二类吸附前半段上升缓慢, 呈向上凸的形状, 称为 (反) S 型等温线, 常见于物理吸附。此类吸附剂具有 5 nm 以上的孔, 它可由 BET 多层吸附公式来解释 (当吸附质在吸附剂上吸附时, 若第一层的吸附热 E_1 比吸附质的凝聚热 E_L 大时, 常出现此种类型的吸附)。在等温线的后半段, 由于发生了毛细孔凝聚现象, 吸附量急剧增加, 又因为孔径范围较大, 所以不呈现吸附饱和状态。在 BET 多层吸附公式的推导过程中, 可知常数 C 与 $(E_1 - E_L)$ 有关, $C \propto \exp\left(\dfrac{E_1 - E_L}{RT}\right)$, $E_1 - E_L > 0$, 则 $C \gg 1$, 在吸附等温线的起始部分 $x \ll 1$, 则 BET 多层吸附公式可简化为

$$V = \frac{V_m C x}{1 + C x}$$

由此得

$$\frac{\mathrm{d}V}{\mathrm{d}x} = \frac{V_m C}{(1 + C x)^2} > 0$$

$$\frac{\mathrm{d}^2 V}{\mathrm{d}x^2} = -\frac{2 V_m C^2}{(1 + C x)^3} < 0$$

故吸附等温线的起始部分呈缓慢上升并向上凸的形状。

第三类吸附等温线的吸附剂, 其表面和孔分布情况与第二类的相同, 只是吸附质与吸附剂的相互作用性质与第二类的有区别, 低压下等温线是凹形的, 表明吸附质和吸附剂之间的相互作用很弱, 第一层的吸附热 E_1 比凝聚热 E_L 的数值小, $C \ll 1$, 在吸附等温线的起始部分 $x \ll 1$, BET 多层吸附公式简化为

$$V = \frac{V_m C x}{1 - 2x}$$

由此得

$$\frac{\mathrm{d}V}{\mathrm{d}x} = \frac{V_m C}{(1 - 2x)^2} > 0$$

$$\frac{\mathrm{d}^2 V}{\mathrm{d}x^2} = \frac{4 V_m C}{(1 - 2x)^3} > 0$$

因此, 此种类型在起始时, 曲线既向上翘又向上凹。后半段的解释则与第二种类型的相同。可以将第四种类型与第二种类型相比较, 吸附等温线在低压下呈凸形的, 表明吸附质和吸附剂有相当强的亲和力。第五种类型与第三种类型相比较, 在低压下大体相同, 不同的是在高比压下, 出现吸附饱和现象, 说明这些吸附剂的孔径范围有一定的限制, 在高比压下容易达到饱和。

事实上吸附和凝聚往往是同时发生的, 即在吸附等温线的前半段也会发生一些毛细孔凝聚现象, 在后半段也发生多层的吸附, 但这并不会改变吸附等温线的类型。

*BET 多层吸附公式的导出

从实验测得的许多吸附等温线看, 大多数固体对气体的吸附并不是单分子层的, 尤其是物理吸附基本上都是多分子层的吸附。1938 年, Brunauer, Emmett 和 Teller 三人在 Langmuir 单分子层吸附理论的基础上, 提出多分子层吸附理论, 简称 BET 吸附理论。

在物理吸附中, 不仅吸附剂与吸附质之间有 van der Waals 引力, 而且吸附质分子间也有 van der Waals 引力。因此, 气相中的分子若碰撞到已被吸附的分子上时, 也有被吸附的可能, 所以吸附层可以是多分子层的。这一点改进了 Langmuir 最初的假设。但 BET 吸附理论也假设固体表面是均匀的。

根据上述假设, 在吸附达到平衡时, 固体表面可能有一部分是空白的, 而另一部分可能吸附了一层分子或两层分子 $\cdots\cdots$ 或 i 层分子, 甚至 ∞ 层分子。设以 $S_0, S_1, S_2, \cdots, S_i, \cdots$ 分别表示已被 $0, 1, 2, \cdots, i, \cdots$ 层分子所覆盖的面积。如果将表面摊成平面, 以图 13.50 为例, 图中到达吸附平衡时各种分子层覆盖的面积保持一定, 假如从空白面积 S_0 来看, 吸附到 S_0 上的速率要与从 S_1 层解吸的速率相等。在这种动态平衡情况下, 表面上各种分子覆盖层的面积不变, 空白面积也就保持不变。系统整体分布的情况也保持不变 (后一句话很重要, 它表明平衡时粒子的交换只是 S_0 与 S_1, S_1 与 $S_2, \cdots$ 上粒子交换。如果是 S_1 与 S_3 交换, 显

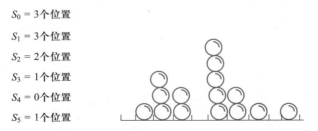

图 13.50　多分子层吸附示意图

然改变了整体的分布情况)。

在 S_0 上吸附的速率与气体的压力及 S_0 面积成正比。而在 S_1 上解吸的速率与在 S_1 上具有第一层吸附热 Q_1 以上能量的分子数及 S_1 面积成正比, 即对第一层的情况来说, 吸附速率 $r_{a,1}$ 为

$$r_{a,1} \propto pS_0 \qquad 或 \qquad r_{a,1} = a_1 pS_0$$

解吸速率 $r_{d,1}$ 为

$$r_{d,1} \propto S_1 \exp\left(-\frac{Q_1}{RT}\right) \qquad 或 \qquad r_{d,1} = b_1 S_1 \exp\left(-\frac{Q_1}{RT}\right)$$

当吸附达平衡时, 在 S_0 上吸附的速率等于在 S_1 上解吸的速率, 即

$$a_1 pS_0 = b_1 S_1 \exp\left(-\frac{Q_1}{RT}\right)$$

此式与 Langmuir 吸附等温式的推导结果是一样的, 只是比例常数 a_1, b_1 不同。

同样, 若有一个分子自 S_2 上解吸, 就有一个分子吸附在 S_1 上。所以在吸附平衡时, 在 S_1 上吸附的速率等于在 S_2 上解吸的速率, 即

$$a_2 pS_1 = b_2 S_2 \exp\left(-\frac{Q_2}{RT}\right)$$

同理, 从各层的吸附平衡可逐一写出

$$a_3 pS_2 = b_3 S_3 \exp\left(-\frac{Q_3}{RT}\right)$$

$$\cdots\cdots\cdots\cdots$$

$$a_i pS_{i-1} = b_i S_i \exp\left(-\frac{Q_i}{RT}\right) \tag{1}$$

若质量为 1 g 的吸附剂的总面积为

$$S = \sum_{i=0} S_i$$

相应地, 吸附平衡时, 被吸附气体的总体积是

$$V = V_0 \sum_{i=0} iS_i$$

式中 V_0 是在 1 cm² 的表面上覆盖一层分子时所需气体的体积。根据以上两式, 得

$$\frac{V}{V_m} = \frac{V}{SV_0} = \sum_{i=0} iS_i \bigg/ \sum_{i=0} S_i \tag{2}$$

式中 V_m 的定义和 Langmuir 吸附等温式中的相同, 表示 1 g 吸附剂的表面覆盖满单分子层时的吸附量。根据只有第一层的吸附质分子与固体表面接触, 而自第二层起, 吸附质只与自身分子接触, 因为 van der waals 引力的有效距离很小, 故自第二层以上的分子不受固体表面引力的影响, 或影响很小。因而又引进两个假设, 即

(a) $Q_2 = Q_3 = \cdots = Q_i = \cdots = Q_L$

它们不同于第一层的吸附热, 即认为自第二层以上的吸附热都等于吸附质的液化热。

(b) $b_2/a_2 = b_3/a_3 = \cdots = b_i/a_i = \cdots = q$

q 是常数, 这就是认定自第二层以上分子的解吸、吸附的性质和液态吸附质的蒸发、凝聚是一样的。换言之, 就是将第二层以上的吸附质看作液体。若令

$$y = (a_1/b_1)p \exp[Q_1/(RT)] \tag{3}$$

$$x = (p/q) \exp[Q_L/(RT)] \tag{4}$$

因此式 (1) 中的各分式就变成

$$S_1 = yS_0$$

$$S_2 = xS_1$$

$$S_3 = xS_2 = x^2 S_1$$

$$\cdots\cdots\cdots\cdots$$

$$S_i = x^{i-1} S_1 = yx^{i-1} S_0 = cx^i S_0 \tag{5}$$

式中

$$c \equiv \frac{y}{x} = \frac{a_1 q}{b_1} \exp\left(\frac{Q_1 - Q_L}{RT}\right) \tag{6}$$

根据式 (5) 中各分式, 1 g 吸附剂的总表面积为

$$S = \sum S_i = S_0 + S_1 + \cdots + S_i + \cdots = S_0 + \sum_{i=1}^{\infty} cx^i S_0$$

$$= S_0 \left(1 + c \sum_{i=1}^{\infty} x^i\right) \tag{7}$$

在平衡时被吸附气体的总体积为

$$V = V_0 \sum_{i=1}^{\infty} iS_i = V_0 \sum_{i=1}^{\infty} cix^i S_0 = V_0 cS_0 \sum_{i=1}^{\infty} ix^i \tag{8}$$

将式 (7) 和式 (8) 代入式 (2), 得

$$\frac{V}{V_{\mathrm{m}}} = \frac{c\sum_{i=1}^{\infty} ix^i}{1 + c\sum_{i=1}^{\infty} x^i} \tag{9}$$

因为

$$\sum_{i=1}^{\infty} x^i = x^1 + x^2 + \cdots = \frac{x}{1-x}$$

$$\sum_{i=1}^{\infty} ix^i = x\frac{\mathrm{d}}{\mathrm{d}x}\sum_{i=1}^{\infty} x^i = \frac{x}{(1-x)^2}$$

所以, 式 (9) 可简化为

$$\frac{V}{V_{\mathrm{m}}} = \frac{cx}{(1-x)(1-x+cx)} \tag{10}$$

因为原假设在固体表面上的吸附层可以无限多, 所以吸附量不受限制。只有当压力等于气体饱和蒸气压时, 即 $p = p_{\mathrm{s}}$, 才能使 $V \to \infty$。从式 (10) 可知, 只有当 $x = 1$ 时, V 才趋于无穷大。

根据式 (4), 可得

$$\frac{p_{\mathrm{s}}\exp(Q_{\mathrm{L}}/RT)}{q} = 1$$

或

$$p_{\mathrm{s}} = q\exp(-Q_{\mathrm{L}}/RT)$$

这说明 x 就是相对压力, 即 $x = p/p_{\mathrm{s}}$, 代入式 (10), 得

$$V = \frac{V_{\mathrm{m}}cp}{(p_{\mathrm{s}} - p)[1 + (c-1)p/p_{\mathrm{s}}]} \tag{11}$$

式 (11) 是 BET 二常数公式, 常数是 V_{m} 和 c。从式 (6) 得 c 的物理意义是

$$c = \left(\frac{a_1 b_2}{a_2 b_1}\right)\exp\left(\frac{Q_1 - Q_{\mathrm{L}}}{RT}\right)$$

从 a, b 的性质来看, $a_1 b_2 \approx a_2 b_1$, 所以

$$c \approx \exp\left(\frac{Q_1 - Q_{\mathrm{L}}}{RT}\right) \tag{12}$$

如能得到 c 值, 并从表中查得吸附质的液化热 Q_L, 就可以计算出第一层的吸附热 Q_1。

BET 二常数公式还可以写成下列直线方程式:

$$\frac{p}{V(p_s - p)} = \frac{1}{V_m c} + \frac{c-1}{V_m c}\frac{p}{p_s} \tag{13}$$

从实验测定的数据, 用 $\dfrac{p}{V(p_s - p)}$ 对 $\dfrac{p}{p_s}$ 作图, 得一直线, 说明该吸附规律符合 BET 多层吸附公式, 并且可以通过直线的斜率和截距计算 V_m 和 c。

若吸附发生在多孔性物质上, 那么吸附层数就要受到限制。设只有 n 层, 因而式 (9) 就要改写成

$$\frac{V}{V_m} = \frac{c\displaystyle\sum_{i=1}^{n} ix^i}{1 + c\displaystyle\sum_{i=1}^{n} x^i}$$

因为

$$\sum_{i=1}^{n} x^i = \frac{x(1-x^n)}{1-x}$$

$$\sum_{i=1}^{n} ix^i = x\frac{\mathrm{d}}{\mathrm{d}x}\sum_{i=1}^{n} x^i = x\frac{\mathrm{d}}{\mathrm{d}x}\left[\frac{x(1-x^n)}{1-x}\right]$$

所以

$$V = \frac{V_m cx}{1-x} \cdot \frac{1 - (n+1)x^n + nx^{n+1}}{1 + (c-1)x - cx^{n+1}} \tag{14}$$

式中除了 V_m, c 两个常数以外, 还有常数 n。因此, 式 (14) 称为 BET 三常数公式。当 $n = 1$ 时, 式 (14) 就简化为 Langmuir 吸附等温式:

$$V = \frac{V_m cx}{1+cx} = V_m\frac{(c/p_s)p}{1 + (c/p_s)p}$$

$$= V_m\frac{bp}{1+bp}$$

当 $n = \infty$ 时, $x^\infty = 0$, 式 (14) 又变成了二常数公式。

拓展学习资源

重点内容及公式总结		
课外参考读物		
相关科学家简介		
教学课件		

复习题

13.1　比表面有哪几种表示方法? 表面张力与表面 Gibss 自由能有哪些异同点?

13.2　为什么气泡、小液滴、肥皂泡等都呈球形? 玻璃管口加热后会变得光滑并缩小 (俗称圆口), 这些现象的本质是什么? 用同一支滴管滴出相同体积的苯、水和 NaCl 溶液, 所得滴数是否相同?

13.3　用学到的关于界面现象的知识, 解释以下几种做法或现象的基本原理: ① 人工降雨; ② 有机蒸馏中加沸石; ③ 多孔固体吸附蒸汽时的毛细凝聚; ④ 过饱和溶液、过饱和蒸汽、过冷液体等过饱和现象; ⑤ 重量分析中的 "陈化" 过程; ⑥ 喷洒农药时通常要在药液中加少量表面活性剂。

13.4　如下图所示, 在三通旋塞的两端涂上肥皂液, 关断右端通路, 在左端吹一个大泡; 然后关闭左端, 在右端吹一个小泡, 最后让左右两端相通。试问当将两管接通后, 两泡的大小有何变化? 到何时达到平衡? 讲出变化的原因及平衡时两泡的曲率半径的比值。

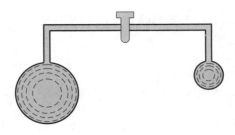

复习题 13.4 图

13.5　因系统的 Gibbs 自由能越低, 系统越稳定, 所以物体总有降低本身表面 Gibbs 自由能的趋势。试说明纯液体、溶液、固体是如何降低自己的表面 Gibbs 自由能的。

13.6　为什么小晶粒的熔点比大块的固体的熔点略低, 而溶解度却比大晶粒大?

13.7　若用 $CaCO_3(s)$ 进行热分解, 问细粒 $CaCO_3(s)$ 的分解压 (p_1) 与大块 $CaCO_3(s)$ 的分解压 (p_2) 相比, 两者大小如何? 试说明原因。

13.8　设有内径一样大的 a, b, c, d, e, f 管及内径比较大的 g 管一起插入水中 (如下图所示), 除 f 管内壁涂有石蜡外, 其余全是洁净的玻璃管。若 a 管内液面升高为 h, 试估计其余管内的水面高度。若先将水在各管内 (c, d 管除外) 都灌到 h 的高度, 再让其自动下降, 结果又如何?

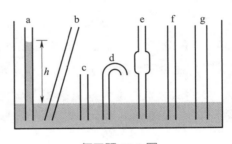

复习题 13.8 图

13.9　把大小不等的液滴 (或萘粒) 密封在一玻璃罩内, 隔相当长时间后, 估计会出现什么现象?

13.10　为什么泉水和井水都有较大的表面张力? 当将泉水小心注入干燥杯子时, 水面会高出杯面, 这是为什么? 如果在液面上滴一滴肥皂液, 会出现什么现象?

13.11　为什么在相同的风力下, 海面的浪会比湖面的大? 用泡沫护海堤的原理是什么?

13.12　如果某固体的大粒子 (半径为 R_1') 在水中形成饱和溶液的浓度为 c_1, 微小粒子 (半径为 R_2') 在水中形成饱和溶液的浓度为 c_2, 液-固界面张力为 γ_{l-s},

试证明饱和溶液浓度与曲率半径的关系式为

$$\ln\frac{c_2}{c_1} = \frac{2\gamma_{1-s}M}{RT\rho}\left(\frac{1}{R_2'} - \frac{1}{R_1'}\right)$$

式中 M 为该固体的摩尔质量; ρ 为其密度。

13.13　什么叫表面压? 如何测定? 它与通常的气体压力有何不同?

13.14　接触角的定义是什么? 它的大小受哪些因素影响? 如何用接触角的大小来判断液体对固体的润湿情况?

13.15　表面活性剂的效率与能力有何不同? 表面活性剂有哪些主要作用?

13.16　什么叫吸附作用? 物理吸附与化学吸附有何异同点? 两者的根本区别是什么?

13.17　为什么气体吸附在固体表面一般总是放热的? 而确有一些气–固吸附是吸热的 [如 $H_2(g)$ 在玻璃上的吸附], 如何解释这种现象?

13.18　试说明同一个气–固相催化反应, 为何在不同的压力下表现出不同的反应级数? 请在符合 Langmuir 吸附假设的前提下, 从反应物和产物分子的吸附性质, 解释下列实验事实: ① $NH_3(g)$ 在金属钨表面的分解呈零级反应的特点; ② $N_2O(g)$ 在金表面的分解是一级反应; ③ H 原子在金表面上的复合是二级反应; ④ $NH_3(g)$ 在金属钼上的分解速率由于 $N_2(g)$ 的吸附而显著降低, 尽管表面被 $N_2(g)$ 所饱和, 但速率不为零。

13.19　为什么用吸附法测定固体比表面时, 被吸附蒸气的比压要控制在 $0.05 \sim 0.35$? BET 多层吸附公式与 Langmuir 吸附等温式有何不同? 试证明 BET 多层吸附公式在压力很小时 (即 $p \ll p_s$) 可还原为 Langmuir 吸附等温式。

13.20　如何从吸附的角度来衡量催化剂的好坏? 为什么金属镍既是好的加氢催化剂, 又是好的脱氢催化剂?

习题

13.1　某金属的升华热为 4.18×10^5 J·mol^{-1}, 每平方厘米表面上有 10^{15} 个原子; 设此金属为紧密堆积, 每一个原子与 12 个原子邻接, 试估算其表面张力。

13.2　293 K, 101.325 kPa 下, 将半径 $R_1 = 1$ mm 的汞滴分散成半径 $R_2 = 10^{-5}$ mm 的微小汞滴, 问表面积增加了多少倍? 表面 Gibbs 自由能增加了多

少? 完成该变化时, 环境至少做功多少? 已知 293 K 时, 汞的表面 Gibbs 自由能 $\gamma = 4.85 \times 10^{-1}\,\text{J} \cdot \text{m}^{-2}$。

13.3 已知 298 K 时, 水的表面张力为 $0.07197\,\text{N} \cdot \text{m}^{-1}$; 在 $p^{\ominus}$ 下, $O_2(g)$ 在水中的溶解度为 5×10^{-6} (对于平面液体)。若水中有氧气泡存在, 气泡的半径为 $1.0\,\mu\text{m}$, 试问 $O_2(g)$ 在与小气泡紧邻的水中的溶解度为多少? 设 $O_2(g)$ 在水中的溶解遵从 Henry 定律。

13.4 试证明:

(1) $\left(\dfrac{\partial U}{\partial A_s} \right)_{T,p} = \gamma - T \left(\dfrac{\partial \gamma}{\partial T} \right)_{p,A_s} - p \left(\dfrac{\partial \gamma}{\partial p} \right)_{T,A_s}$

(2) $\left(\dfrac{\partial H}{\partial A_s} \right)_{T,p} = \gamma - T \left(\dfrac{\partial \gamma}{\partial T} \right)_{p,A_s}$

13.5 在 $p^{\ominus}$ 和不同温度下, 测得某固体的表面张力如下所示:

T/K	293	295	298	301	303
$\gamma/(\text{N} \cdot \text{m}^{-1})$	0.07275	0.07244	0.07197	0.07150	0.07118

(1) 计算该固体在 298 K 时的表面焓 $\left(\dfrac{\partial H}{\partial A_s} \right)_{T,p}$;

(2) 把表面覆盖着均匀薄水层的固体粉末放入相同温度的水中, 热就会释放出来; 若有 10 g 这样的粉末, 其比表面为 $200\,\text{m}^2 \cdot \text{g}^{-1}$, 当将其放入水中时, 会有多少热量释放出来?

13.6 已知水的表面张力与温度的关系为

$$\gamma/(\text{N} \cdot \text{m}^{-1}) = (75.64 - 0.00495\, T/\text{K}) \times 10^{-3}$$

试计算在 283 K, $p^{\ominus}$ 下, 可逆地使一定量的水的表面积增加 $0.01\,\text{m}^2$ (设体积不变) 时, 系统的 $\Delta U, \Delta H, \Delta S, \Delta A, \Delta G, Q$ 和 W。

13.7 有一吹肥皂泡的装置, 其下端连有一个一端通大气的 U 形水柱压力计; 当肥皂泡的直径是 $5 \times 10^{-3}\,\text{m}$ 时, 压力计水柱高度差为 $2 \times 10^{-3}\,\text{m}$。试计算该肥皂液在直径为 $1 \times 10^{-4}\,\text{m}$ 的毛细管中的升高值。设皂液对毛细管壁完全润湿, 且密度与水相同。

13.8 已知水在 293 K 时表面张力 $\gamma = 0.07274\,\text{N} \cdot \text{m}^{-1}$, 摩尔质量 $M = 0.018\,\text{kg} \cdot \text{mol}^{-1}$, 密度 $\rho = 1 \times 10^3\,\text{kg} \cdot \text{m}^{-3}$。273 K 时水的饱和蒸气压为 610.5 Pa, 在 $273 \sim 293$ K 温度区间内水的摩尔蒸发焓 $\Delta_{\text{vap}} H_m = 40.67\,\text{kJ} \cdot \text{mol}^{-1}$。试计算 293 K 时, 半径 $R' = 10^{-9}\,\text{m}$ 的水滴的饱和蒸气压。

13.9 在 373 K 时, 水的表面张力为 $0.05891\,\text{N} \cdot \text{m}^{-1}$, 密度为 $958.63\,\text{kg} \cdot \text{m}^{-3}$。问直径为 100 nm 的气泡内 (即球形凹面上), 373 K 时水的蒸气压为多少? 在

101325 Pa 外压下, 能否从 373 K 的水中蒸发出直径为 100 nm 的水蒸气泡? 欲要蒸发出直径为 100 nm 的水蒸气泡, 则需要过热多少摄氏度?

13.10   将正丁醇 (摩尔质量 $M = 0.074\ \text{kg} \cdot \text{mol}^{-1}$) 蒸气骤冷至 273 K, 发现其过饱和度 (p/p_0) 约达到 4 时方能自行凝结为液滴. 若 273 K 时, 正丁醇的表面张力 $\gamma = 0.0261\ \text{N} \cdot \text{m}^{-1}$, 密度 $\rho = 1 \times 10^3\ \text{kg} \cdot \text{m}^{-3}$, 试计算:

(1) 在此过饱和度下所凝结成液滴的半径 R';

(2) 每一液滴中所含正丁醇的分子数.

13.11   1000 kg 细分散 $CaSO_4(s)$ 颗粒的比表面为 $3.38 \times 10^3\ \text{m}^2 \cdot \text{kg}^{-1}$, 298 K 时其在水中的溶解度为 18.2 mmol $\cdot$ dm^{-3}.

(1) 假定其为均一的球体, 密度 $\rho = 2.96 \times 10^3\ \text{kg} \cdot \text{m}^{-3}$, 试计算细分散 $CaSO_4(s)$ 颗粒的半径.

(2) 已知 298 K 时, 大颗粒 $CaSO_4(s)$ 在水中的饱和溶液浓度为 15.33 mmol $\cdot$ dm^{-3}, $CaSO_4$ 的摩尔质量为 0.136 kg $\cdot$ mol^{-1}. 试计算 $CaSO_4(s)$ 与 $H_2O(l)$ 之间的界面张力.

13.12   已知 $CaCO_3(s)$ 块体在 500℃ 时分解压力为 101.325 kPa, 表面张力为 $1.210\ \text{N} \cdot \text{m}^{-1}$, 密度 $\rho = 3.9 \times 10^3\ \text{kg} \cdot \text{m}^{-3}$. 若将 $CaCO_3(s)$ 研磨成半径为 30 nm 的粉末, 则在 500℃ 时的分解压力为多少?

13.13   试证明半径为 R' 的球形小颗粒固体的熔点 T 满足如下关系:

$$\ln \frac{T}{T_0} = -\frac{2\gamma V_m(s)}{\Delta_{\text{fus}} H_m R'}$$

式中 T_0 为大块固体的熔点, $V_m(s)$ 为固体的摩尔体积, γ 为液–固界面张力.

13.14   在 293 K 时, 酪酸水溶液的表面张力 γ (单位: N $\cdot$ m^{-1}) 与溶液浓度 c 的关系为

$$\gamma = \gamma_0 - 12.94 \times 10^{-3} \ln \left(1 + 19.64 \frac{c}{c^{\ominus}} \right)$$

(1) 导出溶液的表面过剩 Γ 与浓度 c 的关系式;

(2) 求 $c = 0.01$ mol $\cdot$ dm^{-3} 时溶液的表面过剩 Γ;

(3) 求 Γ_{∞} 的值;

(4) 求酪酸分子的截面积.

13.15   在 25℃ 时, 配制某浓度的苯基丙酸水溶液, 用特制的刮片机在 0.030 m^2 的溶液表面上刮下 2.3 g 溶液, 经分析知表面层与本体溶液浓度差为 8.5×10^{-8} mol $\cdot$ (1 g H_2O)$^{-1}$. 已知 25℃ 时水的表面张力 $\gamma_0 = 0.07197\ \text{N} \cdot \text{m}^{-1}$, 求溶液的表面吸附量 Γ 及溶液的表面张力 γ. 假设溶液的表面张力与溶液的浓度的关系为 $\gamma = \gamma_0 - Aa$. 设活度因子为 1.

13.16 在 25 ℃ 时, 血红蛋白铺展在 $0.01\ mol \cdot cm^{-3}$ HCl 水溶液上形成表面膜, 测得其表面压数据如下所示 (A 为单位质量表面膜面积)。试计算该蛋白质的相对分子质量。

$A/(m^2 \cdot g^{-1})$	4.0	5.0	6.0	7.5	10.0
$\pi/(mN \cdot m^{-1})$	0.28	0.16	0.105	0.06	0.035

13.17 不溶性化合物在水面上扩展, 低浓度下形成符合 $(\gamma_0 - \gamma)A = nRT$ 的单分子膜, 式中 A 为物质的量为 n 的不溶性化合物所占有的表面积。若将 1.0×10^{-7} g 不溶性化合物 X 加到 $0.02\ m^2$ 水面上形成单分子膜, 25 ℃ 时, 表面张力降低 $0.20\ mN \cdot m^{-1}$, 求 X 的摩尔质量。

13.18 已知 $CHBr_3(l)$ 与 $H_2O(l)$ 之间的界面张力为 $4.085 \times 10^{-2}\ N \cdot m^{-1}$, $CHCl_3(l)$ 与 $H_2O(l)$ 之间的界面张力为 $3.28 \times 10^{-2}\ N \cdot m^{-1}$, $CHBr_3(l)$, $CHCl_3(l)$ 和 $H_2O(l)$ 的表面张力分别为 $4.153 \times 10^{-2}\ N \cdot m^{-1}$, $2.713 \times 10^{-2}\ N \cdot m^{-1}$ 和 $7.275 \times 10^{-2}\ N \cdot m^{-1}$。当 $CHBr_3(l)$ 和 $CHCl_3(l)$ 分别滴到 $H_2O(l)$ 表面上时, 用计算方法说明能否铺展。

13.19 氧化铝瓷件上需要涂银, 当加热至 1273 K 时, 试用计算接触角的方法, 判断液态银能否润湿氧化铝瓷件表面? 已知该温度下, $Al_2O_3(s)$ 的表面张力 $\gamma_{g-s} = 1.0\ N \cdot m^{-1}$, $Ag(l)$ 的表面张力 $\gamma_{g-l} = 0.88\ N \cdot m^{-1}$, 液态银与固体 $Al_2O_3(s)$ 的界面张力 $\gamma_{l-s} = 1.77\ N \cdot m^{-1}$。

13.20 已知水 – 石墨系统的下述数据: 在 298 K 时, 水的表面张力 $\gamma_{g-l} = 0.072\ N \cdot m^{-1}$, 水与石墨的接触角测得为 90°, 求水与石墨的黏附功、浸湿功和铺展系数。

13.21 一个半径为 2×10^{-2} m 的小玻璃杯, 里面盛有汞, 有一小滴水滴在汞的表面上, 水在汞面上铺展, 求该过程 Gibbs 自由能的改变值。已知 $\gamma(汞) = 48.3 \times 10^{-2}\ N \cdot m^{-1}$, $\gamma(水) = 7.28 \times 10^{-2}\ N \cdot m^{-1}$, $\gamma(汞 – 水) = 37.5 \times 10^{-2}\ N \cdot m^{-1}$。

13.22 某吸附剂吸附 $CO(g)$ 气体 $10.0\ cm^3$ (标准状态), 在不同温度下对应的 $CO(g)$ 的平衡压力如下所示, 求 $CO(g)$ 在吸附剂上的吸附热。

T/K	200	220	240
p/kPa	4.00	6.03	8.47

13.23 $CHCl_3(g)$ 在活性炭上的吸附服从 Langmuir 吸附等温式。298 K 时, 当 $CHCl_3(g)$ 的压力为 5.2 kPa 和 13.5 kPa 时, 平衡吸附量分别为 $0.0692\ m^3 \cdot kg^{-1}$ 及 $0.0826\ m^3 \cdot kg^{-1}$ (已换算成标准状态下数据)。

(1) 计算 $CHCl_3(g)$ 在活性炭上的吸附系数 a;

(2) 计算活性炭的饱和吸附容量 V_m;

(3) 若 $CHCl_3(g)$ 分子的截面积为 $32 \times 10^{-20} \text{ m}^2$, 求活性炭的比表面积。

13.24 在液氮温度时, $N_2(g)$ 在 $ZrSO_4(s)$ 上的吸附符合 BET 多层吸附公式。今取 17.52 g 样品进行吸附测定, $N_2(g)$ 在不同平衡压力下的被吸附体积如下所示 (所有吸附体积都已换算成标准状况下数据), 已知饱和压力 $p_s = 101.325$ kPa。

p/kPa	1.39	2.77	10.13	14.93	21.01	25.37	34.13	52.16	62.82
$V/(10^{-3} \text{ dm}^3)$	8.16	8.96	11.04	12.16	13.09	13.73	15.10	18.02	20.32

试计算:

(1) 形成单分子层所需 $N_2(g)$ 的体积;

(2) 每克样品的表面积, 已知每个 $N_2(g)$ 分子的截面积为 0.162 nm^2。

13.25 证明: 当 $p \ll p_s$ 时, BET 多层吸附公式可还原为 Langmuir 吸附等温式。

13.26 测得 $H_2(g)$ 在洁净的钨表面上化学吸附热为 $150.6 \text{ kJ} \cdot \text{mol}^{-1}$, 用气态 H 原子进行吸附时化学吸附热为 $293 \text{ kJ} \cdot \text{mol}^{-1}$; 已知 $H_2(g)$ 的解离能为 $436 \text{ kJ} \cdot \text{mol}^{-1}$。

(1) 根据以上数据说明 $H_2(g)$ 在钨表面上是分子吸附还是原子吸附;

(2) 若 $H_2(g)$ 在钨表面上的吸附系数为 a, $H_2(g)$ 的平衡压力为 p, 写出相应的 Langmuir 吸附等温式。

13.27 某气体物质 $A(g)$ 在一固体催化剂上发生异构化反应, 其机理如下:

$$A(g) + [K] \underset{}{\overset{a_A}{\rightleftharpoons}} [AK] \xrightarrow{k_2} B(g) + [K]$$

式中 [K] 为催化剂的活性中心。设表面反应为速率控制步骤, 假定催化剂表面是均匀的。

(1) 导出反应的速率方程;

(2) 已知在 373 K 时, 在高压下测得速率常数为 $500 \text{ kPa} \cdot \text{s}^{-1}$, 低压下测得速率常数为 10 s^{-1}, 求 a_A 的值及该温度下当反应速率 $r = -\text{d}p/\text{d}t = 250 \text{ kPa} \cdot \text{s}^{-1}$ 时, $A(g)$ 的分压。

13.28 对于某多相催化反应 $C_2H_6(g) + H_2 \xrightarrow{\text{Ni/SiO}_2} 2CH_4(g)$, 在 464 K 时测得如下数据:

p_{H_2}/kPa	10	20	40	20	20	20
$p_{C_2H_6}$/kPa	3.0	3.0	3.0	1.0	3.0	10
r/r_0	3.10	1.00	0.20	0.29	1.00	2.84

r 为反应速率, r_0 为 $p_{H_2} = 20$ kPa, $p_{C_2H_6} = 3.0$ kPa 时的反应速率.

(1) 若反应速率可表示为 $r = k p_{H_2}^\alpha p_{C_2H_6}^\beta$, 求 α 和 β 的值;

(2) 证明反应历程可表示为

$$C_2H_6(g) + [K] \underset{k_{-1}}{\overset{k_1}{\rightleftharpoons}} [C_2K] + 3H_2(g) \qquad 快速平衡$$

$$[C_2K] + H_2 \overset{k_2}{\longrightarrow} 2CH(g) + [K] \qquad 速控步$$

$$CH(g) + \frac{3}{2}H_2(g) \overset{k_3}{\longrightarrow} CH_4(g) \qquad 快速反应$$

式中 [K] 为催化剂的活性中心.

13.29 乙烯氧氯化制二氯乙烷, 催化剂为 $CuCl_2 - Al_2O_3$, 反应方程式如下:

$$C_2H_4(g) + 2HCl(g) + \frac{1}{2}O_2(g) \longrightarrow C_2H_4Cl_2(g) + H_2O(g)$$

实验发现, 催化剂上吸附有 C_2H_4, HCl 及 O, 吸附的 C_2H_4 与吸附的 O 反应生成吸附的 C_2H_4O 的步骤为控速步骤, C_2H_4O 的吸附极弱, 同时吸附的 HCl 的浓度对反应速率无影响 (可认为是吸附在另一类活性中心上), 产物 $C_2H_4Cl_2$ 及 H_2O 不被吸附. 假设吸附热不随覆盖度变化. 试根据以上实验事实, 提出一合理的反应机理, 并由此和 Langmuir 吸附等温式导出反应的速率方程.

第十四章
胶体分散系统和大分子溶液

本章基本要求

(1) 了解胶体分散系统的大概分类，熟悉憎液溶胶的胶团结构、制备和净化常用的方法。

(2) 了解憎液溶胶在动力性质、光学性质、电学性质等方面的特点，以及如何利用这些特点对胶体进行粒度大小、带电荷情况等方面的研究。熟悉常用的电泳仪，了解电泳、电渗等实验技术在工业、生物学和医学等方面的应用。

(3) 了解溶胶在稳定性方面的特点，掌握什么是电动电位及电解质对溶胶稳定性的影响，会判断电解质聚沉能力的大小。

(4) 了解乳状液的种类、乳化剂的作用及其在工业和日常生活中的应用。

(5) 了解凝胶的分类、形成及主要性质。了解大分子溶液与溶胶的异同点及大分子化合物平均摩尔质量的种类和测定方法。

(6) 了解什么是 Donnan 平衡，以及如何较准确地用渗透压法测定聚电解质的数均摩尔质量。

(7) 了解 Newton 流体与非 Newton 流体的区别，了解黏弹性流体的特点。

(8) 对纳米材料的制备、特性等要有简单的了解，关注介观科学的发展，这是物理化学学科新的增长点，必将会在理论上和实际应用上有不断的创新。

把一种或几种物质分散在另一种物质中就构成分散系统。在分散系统中被分散的物质叫**分散相** (dispersed phase), 另一种物质叫**分散介质** (dispersion medium)。按分散相粒子的大小, 常把分散系统区分为**分子 (或离子) 分散系统** (粒子半径 $r < 1$ nm)、**胶体分散系统** (1 nm $\leqslant r \leqslant 100$ nm) 和**粗分散系统** ($r > 100$ nm)。这种分类方法虽然能反映出不同系统的一些特性, 但是片面地只从粒子的大小来考虑问题, 忽略其他许多性质的综合, 并非是很恰当的。例如, 大分子化合物 (如橡胶、蛋白质) 的溶液, 分散相以分子的形式分散在介质中, 而粒子的半径又落在 $1 \sim 100$ nm 区间内, 它既具有胶体分散系统的一些性质, 但又具有与胶体不同的特殊性。

由于胶体分散系统分散程度较高, 且为多相系统 (具有明显的物理分界面), 因此它的一系列性质与其他分散系统有所不同。胶体与界面化学是研究表面现象和分散系统的物理、化学性质的科学, 其内容涉及各种表面现象、表面层结构与性质 (如吸附作用、润湿作用、表面活性剂的作用、膜化学等) 及各种分散系统的形成, 同时研究它的动力学、光学、电学性质及稳定性。胶体分散系统在生物界和非生物界都普遍存在, 在实际生活和生产中也占有重要的地位。如在石油、冶金、造纸、橡胶、塑料、纤维、肥皂等工业领域, 以及生物学、土壤学、医学、生物化学、气象学、地质学等学科中都广泛地接触到与胶体分散系统有关的问题。由于实际的需要, 也由于本身具有丰富的内容, 胶体分散系统的研究得到了迅速的发展, 已经成为一门独立的学科。

随着社会的发展和进步, 人类对客观世界的认识也不断深入, 并不断从宏观和微观两个层次深入。所谓宏观是指研究对象的尺寸很大, 其下限是人的肉眼可以观察到的最小物体 ($r \approx 1$ μm), 而上限则是无限的。目前, 人们对宏观认识的尺度已经延伸到上百亿光年。在这个基础上相继建立了一些科学领域, 如经典力学、经典热力学、地球或天体物理学乃至空间科学。所谓微观是指上限为原子、分子, 而下限则是一个无下限的时空。随着认识事物的手段不断进步 (如各种新的谱学仪器的出现), 人们已经对分子、原子、电子、中子、介子和超子等十分微小的粒子有所了解, 时间概念也已缩小到飞秒 (10^{-15} s) 数量级, 一些描述微观世界的学科如量子力学、原子核物理学和粒子物理学等相继建立。但是, 直到 20 世纪 80 年代, 自从纳米材料出现后, 人们才意识到在宏观世界与微观世界之间, 还有一个介观世界被忽视了。

在胶体和表面化学中所涉及的超细微粒, 其大小、尺寸在 $1 \sim 100$ nm, 基本上应归属于介观领域。

14.1 胶体和胶体的基本特性

早在 1861 年, Graham 就曾提出 "胶体" 的概念。他在比较不同物质在水中的扩散速度时, 认为按其扩散能力而言, 可以将物质区分为两类: 易扩散的, 如蔗糖、食盐、硫酸镁及其他无机盐类; 难扩散的, 如蛋白质、$Al(OH)_3$、$Fe(OH)_3$ 及其他大分子化合物。在溶液中, 前一类物质能通过半透膜, 而后一类物质则不能通过半透膜。当蒸去水分后前一类物质析出晶体, 而后一类物质则得到胶状物。他认为, 可以把物质区分为**晶体** (crystal) 和**胶体** (colloid) 两类。Graham 另一方面的工作是关于胶体溶液的制备, 他发现有许多通常不溶解的物质在适当的条件下可以分散在溶剂中形成貌似均匀的溶液, 从其外表来看和通常的真溶液没什么差别, 但从其扩散速度、渗透能力等来看则属于胶体物质的范围, 因此将其称为**溶胶** (sol)。

Graham 虽然首次认识到物质的胶体性质, 但他把物质分为晶体和胶体则是不正确的。后来一些学者特别是 Веймарн 用将近 200 多种化合物进行实验, 结果证明任何典型的晶体物质都可以用降低其溶解度或选用适当分散介质而制成溶胶 (例如, 把 NaCl 分散在苯中就可以形成溶胶)。由此人们才进一步认识到胶体只是物质以一定分散程度而存在的一种状态, 而不是一种特殊类型的物质的固有状态。1903 年, Zsigmondy 和 Siedentopf 发明了超显微镜, 第一次成功地观察到溶胶中粒子的运动, 证明了溶胶的超微不均匀性 (这种不均匀性用普通显微镜是看不到的)。在注意到胶体系统分散特性的同时, 人们也认识到溶胶中存在相界面的重大意义, Freundlich 在所著的《毛细化学》一书中就特别强调了胶体化学和表面化学之间的密切联系。

分散系统的分类

通过对胶体溶液稳定性和胶体粒子 (colloidal particle) 结构的研究, 人们发现胶体系统至少包含了性质颇不相同的两大类: ① 由难溶物分散在分散介质中所形成的憎液溶胶 (lyophobic sol, 简称溶胶), 其中的粒子都是由很大数目的分子 (各粒子中所含分子的数目并不相同) 构成的。这种系统具有很大的相界面, 很高的表面自由能, 很不稳定, 极易被破坏而聚沉 (coagulation), 聚沉之后往往不能恢复原态, 因而是热力学不稳定、不可逆的系统。② 大 (高) 分子化合物的溶液, 其分子的大小已经到达胶体的范围, 具有胶体的一些特性 [例如扩散慢, 不透过半透膜, 有 Tyndall (丁铎尔) 效应等]。但是, 它却是分子分散的真溶液。大分子化合物在适当的介质中可以自动溶解而形成均相溶液。若设法使它沉淀, 当除去沉淀剂, 重新再加入溶剂后大分子化合物又可以自动再分散, 因而它是热力学稳定、可逆的系统。由于被分散物和分散介质之间的亲和能力很强, 过去曾被称为亲液溶胶 (lyophilic sol)。显然, 使用 "大分子溶液" 这个名称应更能反映其实际情况, 至今憎液溶胶这个名词被保留下来, 而亲液溶胶则逐渐被大分子溶液一词所代替。当然, 这种分类并不是截然的, 在两者之间还存在一些具有过渡性质的系统, 对于那些从多相转变到均相的过渡部分迄今尚未彻底了解 (这也是胶体化学研究的重要问题之一)。由于大分子溶液和憎液溶胶在性质上有显著的不同, 而大分子化合物在实用及理论上又具有重要意义, 因此近几十年来, 大 (高) 分子化合物已经逐渐形成一个独立的学科。于是, 胶体化学所研究的内容就只是超微不均匀系统的物理化学了。

胶体系统也可以按分散相和分散介质的聚集状态进行分类, 如表 14.1 所示。

根据这种分类法, 常按分散介质的聚集状态来命名胶体, 如分散介质为气态者则称为气溶胶, 余类推。从表 14.1 得知, 除气-气所构成的系统不属于胶体研究的范围之外, 其他各类分散系统中都有胶体研究的对象。其中, 泡沫 (foam) 和

表 14.1 分散系统的分类

按分散相的分散程度分类 (分散介质为连续相)		
分散相的半径 r	分散系统类型	特性
$< 1\,nm$	分子 (离子) 溶液、混合气体	粒子能通过滤纸, 扩散快, 能渗析 在普通显微镜和超显微镜下都看不见
$1 \sim 100\,nm$	胶体	粒子能通过滤纸, 扩散极慢, 在普通显微镜下看不见, 在超显微镜下可以看见
$> 100\,nm$	粗分散系统	粒子不能通过滤纸, 不扩散, 不渗析, 在普通显微镜下能看见, 目测就是浑浊的
按分散相和分散介质的聚集状态分类		
分散相	分散介质	名称	实例
气 液 固	液	液溶胶 (sol)	泡沫 (如灭火泡沫) 乳状液 (如牛奶、石油) 悬浮液, 溶胶 (如油漆、泥浆)
气 液 固	固	固溶胶 (solidsol)	浮石、泡沫塑料 珍珠、某些宝石 某些合金、有色玻璃
气 液 固	气	气溶胶 (aerosol)	— 雾 烟、尘

注: 分子 (离子) 溶液和混合气体是均相分散系统, 不需要用分散相和分散介质的名称来描述其中所含的各组分。此处只是因与其他分散系统作比较而借用这种名称。

乳状液 (emulsion) 就粒子大小而言虽然已属粗分散系统, 但由于它们的许多性质特别是表面性质与胶体分散系统有着密切的关系, 所以通常也归并在胶体分散系统中来讨论。

只有典型的憎液溶胶才能全面地表现出胶体的特性, 总括起来, 其基本特性可以归纳为: 特有的分散程度, 不均匀 (多相) 性和易聚结的不稳定性等。

溶胶中粒子的大小在 $1 \sim 100$ nm, 溶胶的许多性质, 如扩散作用慢、不能透过半透膜、渗透压低、动力稳定性强、乳光亮度强等, 都与其特有的分散程度密切相关。应该指出, 溶胶和其他分散系统的差异不仅是粒子大小不同, 还必须注意到溶胶中粒子构造的复杂性。在真溶液中, 分子或离子一般来说是比较简单的个体, 而溶胶中胶团的结构则较为复杂。从真溶液到溶胶是从均相到开始具有相界面的超微不均匀相, 且由于分散相的粒子小、表面积大, 其表面能也高, 这就使得胶体粒子处于不稳定状态, 它们有相互聚结起来变成较大的粒子而聚沉的趋势。因此, 胶体溶液中除了分散相和分散介质以外, 还需要第三种物质即稳定剂 (stabilizing agent) 存在, 通常是少量的电解质。

胶团的结构

任何溶胶粒子的表面上总是带有电荷 (或是正电荷, 或是负电荷)。其实, 不仅是溶胶, 凡是与极性介质 (如水) 相接触的界面上总是带电荷的。例如, 以 $AgNO_3$ 的稀溶液和 KI 的稀溶液反应生成 AgI 为例, 此反应生成的 AgI 形成非常小的不溶性粒子, 称为**胶核** (colloidal nucleus), 它是胶体粒子的核心, 具有一定的晶体结构, 表面积很大。

如图 14.1 所示, m 表示胶核中所含 AgI 的分子数, 通常是一个很大的数值 (约在 10^3)。若制备 AgI 时 KI 是过剩的, 则 I^- 在胶核表面上优先被吸附。n 表示胶核所吸附的 I^- 离子数, 因此胶核带负电荷 (n 的数值比 m 的数值要小得多)。溶液中的 K^+ 又可以部分地吸附在其周围, $(n-x)$ 为吸附层中的带相反电荷的

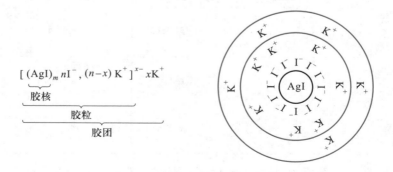

图 14.1   碘化银胶团构造的示意图 (KI 为稳定剂)

离子数 (此处为 K^+), x 是扩散层中带相反电荷离子数, 胶核连同吸附在其上面的离子, 包括吸附层中的相反电荷离子, 称为**胶粒** (colloidal particle)。胶粒连同周围介质中的相反电荷离子则构成**胶团** (也称为**胶束**, micelle)[①]。由于离子是溶剂化的, 因此胶粒和胶团也是溶剂化的。在溶胶中胶粒是独立运动单位。通常所说溶胶带正电荷或负电荷系指胶粒而言, 整个胶团总是电中性的。胶团没有固定的直径和质量, 同一种溶胶的 m 值也不是一个固定的数值。不同溶胶的胶团可有各种不同的形状, 例如聚苯乙烯溶胶的胶团接近球状, 而 $Fe(OH)_3$ 溶胶的胶团为针状, V_2O_5 溶胶的胶团为带状等。在讨论溶胶特性时, 除注意其高度分散性外, 还应该注意到结构上的这种复杂性。由于胶粒比分散介质的分子大得多, 而且由难溶物构成的胶核又保持其原有的结构 (从 X 射线分析可以证明大多数憎液溶胶的粒子确具有晶体的结构), 所以尽管表面看来溶胶是貌似均匀的溶液, 而实际上粒子和介质之间存在着明显的物理分界面, 是超微不均匀的系统。由于高度分散而又系多相, 所以从热力学的角度来看溶胶是不稳定系统。胶核粒子有互相聚结而降低其表面积的趋势, 即具有易聚结的不稳定性, 这就是形成溶胶时必须有稳定剂存在的原因 (有时不需外加稳定剂, 溶胶也可以很稳定, 参看 14.2 节中凝聚法制备溶胶的内容)。

讨论胶体系统时必须综合考虑上述三方面基本特性 (即胶粒的分散程度、多相性及稳定性) 才会得到正确的概念。如果只是以这些基本特性中的一个或两个作为鉴定胶体系统的依据, 则其结果将会是不全面的, 甚至是错误的。

14.2 溶胶的制备和净化

溶胶的制备

从上述讨论表明, 要形成溶胶必须使分散相粒子的大小落在胶体分散系统的范围之内, 同时系统中应有适当的稳定剂存在。溶胶制备方法大致可以分为两类, 即分散法 (dispersing method) 与凝聚法 (condensation method), 前者使固体的粒子变小, 后者使分子或离子聚结成胶粒。由分散法或凝聚法直接制成的粒子称为原级粒子 (primary particle), 视具体条件不同, 这些粒子常又可以聚集成一些

[①] 胶团和胶束这两个词是同义词, 经常混用。

较大的次级粒子 (secondary particle)。通常所制备的溶胶中粒子的大小常是不均一的, 是多级的分散系统。

1. 分散法

分散法是指用适当方法使大块物质在有稳定剂存在的情况下分散成胶体粒子的大小。常用的有以下几种方法:

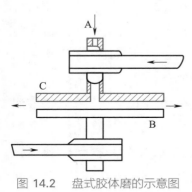

图 14.2　盘式胶体磨的示意图

(1) **研磨法**　即机械粉碎的方法。这种方法通常适用于脆而易碎的物质, 对于柔韧性的物质必须先硬化后 (如用液态空气处理) 再分散。胶体磨 (colloidal mill) 的形式很多, 其分散能力因构造和转速的不同而不同。图 14.2 所示是盘式胶体磨的示意图。将分散相、分散介质及稳定剂从空心轴 A 处加入, 流向高转速 $(10000 \sim 20000 \ \mathrm{r} \cdot \mathrm{min}^{-1})$ 的磨盘 B, 转轴 A 本身带有与磨盘 B 转向相反的磨盘 C, 在 B 和 C 之间有狭小的细缝, 分散相在这里受到强大的应切力, 因而被粉碎 (一般可磨细到 $1 \ \mu\mathrm{m}$ 左右)。如果是较脆性的材料, 如活性炭等, 利用球磨机, 就可获得 100 nm 以下的超细粒子。

(2) **胶溶法** (peptization method)　亦称解胶法。它不是使粗粒分散成溶胶, 而只是使暂时凝集起来的分散相又重新分散。许多新的沉淀经洗涤除去过多的电解质, 再加少量的稳定剂 (此处又称胶溶剂, 要看胶核表面所能吸附的离子而决定如何选用胶溶剂) 后, 则又可以制成溶胶, 这种作用称为胶溶作用 (peptization), 例如:

$$\mathrm{Fe(OH)_3}(新鲜沉淀) \xrightarrow{\text{加 FeCl}_3} \mathrm{Fe(OH)_3}(溶胶)$$

$$\mathrm{AgCl}(新鲜沉淀) \xrightarrow{\text{加 AgNO}_3 \text{ 或 KCl}} \mathrm{AgCl}(溶胶)$$

$$\mathrm{SnCl_4} \xrightarrow{\text{水解}} \mathrm{SnO_2}(新鲜沉淀) \xrightarrow{\text{加 K}_2\mathrm{Sn(OH)}_6} \mathrm{SnO_2}(溶胶)$$

一般情况下, 若沉淀放置时间较长, 则沉淀老化 (aging), 就不能再用胶溶法得到溶胶。

(3) **超声波分散法** (ultrasonic dispersing method)　用超声波 (频率大于 16000 Hz) 所产生的能量来进行分散作用。目前多用于制备乳状液 (emulsion)。图 14.3 是超声波分散法装置示意图。把 10^6 Hz 的高频电流通过两个电极, 石英片可以发生相同频率的机械振荡, 产生高频的机械波传入试管, 使分散相均匀分散而形成溶胶或乳状液。

(4) **电弧法** (electric arc method)　此法系用金属 (如 Au, Pt, Ag 等) 为电极, 浸在不断冷却的水中, 水中加有少量 NaOH, 外加 $20 \sim 100$ V 的直流电源, 调节两电极的距离使之放电, 而形成金属的溶胶。此法实际上是分散法的延伸, 它

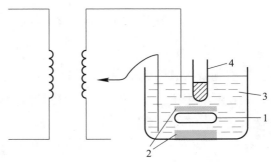

1—石英片; 2—电极; 3—变压器油; 4—盛试样的试管

图 14.3 超声波分散法装置示意图

包括了分散和凝聚两个过程, 即在放电时金属原子因高温而蒸发, 随即又被溶液冷却而凝聚。所加的 NaOH 是稳定剂, 用以使溶胶稳定。

(5) **气相沉积法** 在惰性气氛中, 用电加热、高频感应、电子束或激光等热源, 将要制备成纳米粒子的材料气化, 处于气态的分子或原子, 按照一定规律共聚或发生化学反应, 形成纳米粒子, 再将它用稳定剂保护 (此法先分散再聚合, 故也可归入凝聚法)。

2. 凝聚法

凝聚法的一般过程是, 先制成难溶物的分子 (或离子) 的过饱和溶液, 再使之互相结合成胶体粒子而得到溶胶。通常可以分成以下两种。

(1) **化学凝聚法** 通过化学反应 (如复分解反应、水解反应、氧化或还原反应等) 使产物呈过饱和状态, 然后粒子再结合成胶粒。最常用的是复分解反应, 如制备硫化砷溶胶就是一个典型的例子。将 H_2S 通入足够稀释的 As_2O_3 溶液中, 则可以得到高分散的硫化砷溶胶, 其反应为

$$As_2O_3 + 3H_2S \longrightarrow As_2S_3(溶胶) + 3H_2O$$

贵金属的溶胶可以通过还原反应来制备。例如, 从下述反应可以得到金溶胶:

$$2HAuCl_4(稀溶液) + 3HCHO(少量) + 11KOH \xrightarrow{加热}$$

$$2Au(溶胶) + 3HCOOK + 8KCl + 8H_2O$$

铁、铝、铬、铜、钒等金属的氢氧化物溶胶, 可以通过其盐类的水解而制得。例如, 把几滴 $FeCl_3$ 溶液加到沸腾的蒸馏水中, 则发生下述反应:

$$FeCl_3 + 3H_2O(热) \rightleftharpoons Fe(OH)_3(溶胶) + 3HCl$$

趁热用渗析法 (见下部分内容) 除去 HCl, 就可以得到稳定的 $Fe(OH)_3$(溶胶)。

硫溶胶可以通过一些氧化–还原反应来制备, 例如:

$$2H_2S + SO_2 \Longrightarrow 2H_2O + 3S(溶胶)$$

$$Na_2S_2O_3 + 2HCl \Longrightarrow 2NaCl + H_2O + SO_2 + S(溶胶)$$

以上这些制备溶胶的例子中, 都没有外加稳定剂。事实上, 胶粒的表面吸附了过量的具有溶剂化层的反应物离子, 因而溶胶变得稳定了。离子的浓度对溶胶的稳定性有直接的影响, 电解质浓度太大, 反而会引起胶粒聚沉。例如, 如果将 H_2S 通入 $CdCl_2$ 溶液中, CdS 成沉淀析出而并不形成溶胶 (这是由于反应中生成的 HCl 是强电解质, 它破坏了 CdS 溶胶的稳定性)。在定量分析中, 为了防止形成溶胶, 可以加入电解质或加热使溶胶聚沉并使其生成颗粒较大的沉淀。

(2) **物理凝聚法**　利用适当的物理过程 (如蒸气骤冷、改换溶剂等) 可以使某些物质凝聚成胶体粒子。例如, 将汞的蒸气通入冷水中就可以得到汞溶胶, 此时高温下的汞蒸气与水接触时生成的少量氧化物起稳定剂的作用。这种方法, 若从化为蒸气以前物质的状态 (即液态汞) 算起, 也可以看成分散法。Ротинский 和 Шальников 用蒸气凝聚法获得碱金属的有机溶胶, 其装置如图 14.4 所示。

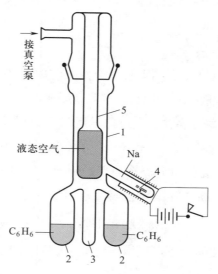

图 14.4　Ротинский 和 Шальников 所用装置示意图

以制备钠的苯溶胶为例。先在 4 和 2 中分别放金属钠和苯, 将整个容器放在液态空气中, 将系统抽成真空后取出, 在 5 中放液态空气, 再适当对 2 和 4 加热, 使苯和钠的蒸气一起在 5 的管壁上凝聚。然后再除去 5 中的液态空气, 温度升高后使冻结物熔化, 在 3 中就得到钠的苯溶胶。此处作为稳定剂的组分可能是金属的离子或其氧化物。

(3) **更换溶剂法**　更换溶剂也可以制得溶胶。例如, 将松香 (rosin) 的酒精溶液滴入水中, 由于松香在水中的溶解度很低, 溶质呈胶粒的大小析出, 从而形成松香的水溶胶。

溶胶的净化

在制得的溶胶中常含有一些电解质。通常除了形成胶团所需要的电解质以外, 过多的电解质存在反而会破坏溶胶的稳定性。因此, 必须将溶胶净化。常用方法有如下几种:

(1) **渗析法** (dialysis method) 由于溶胶粒子不能通过半透膜, 而分子、离子能通过, 故可把溶胶放在装有半透膜的容器内 (常见的半透膜有羊皮纸、动物膀胱膜、硝酸纤维素、醋酸纤维素等), 半透膜外放纯溶剂。由于半透膜内、外杂质的浓度有差别, 半透膜内的离子或其他能透过半透膜的杂质小分子向半透膜外迁移。若不断更换半透膜外的溶剂, 则可逐渐降低溶胶中的电解质或杂质的浓度而达到净化的目的。这种方法叫作渗析法, 如图 14.5(a) 所示。目前, 医院为治疗肾衰竭患者的血液透析仪 (即人工肾), 就是使血液在体外经过循环渗析除去血液中的代谢废物 (如尿毒、尿酸或其他有害的小分子), 然后再输入体内。图 14.5(b) 是血液透析仪原理示意图。

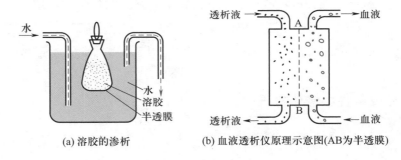

(a) 溶胶的渗析   (b) 血液透析仪原理示意图(AB为半透膜)

图 **14.5**　溶胶的渗析及血液透析仪原理

在工业上为了提高渗析速度, 可以增加半透膜的面积或使半透膜两边的液体有很高的浓度梯度, 或者在较高温度下渗析 (但是由于高温会破坏溶胶的稳定性, 因此升高的温度应有一定限制)。若在外加电场下进行渗析, 则可以增加离子迁移的速度, 通常称为**电渗析法** (electrodialysis)。此法特别适合用于除去普通渗析法难以除去的少量电解质。使用时所用的电流密度不宜太高, 以免因受热而使溶胶变质。图 14.6 是这种装置 (即电渗析仪器) 示意图。

(2) **超过滤法** (ultrafiltration method) 用孔径细小的半透膜 ($10 \sim 300$ nm), 在加压吸滤的情况下使胶粒与介质分开, 这种方法称为超过滤法。可溶性杂质能透过滤板而被除去。有时可将第一次超过滤得到的胶粒再加到纯的分散介质中, 再加压过滤。如此反复进行, 也可以达到净化的目的。最后所得胶粒应立即分散在新的分散介质中, 以免聚结成块。如果超过滤时在半透膜的两边安放电极, 加上一定的电压, 则称为电超过滤法。即电渗析和超过滤两种方法合并使用, 这样

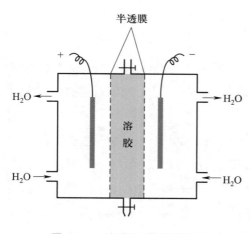

图 14.6 电渗析仪器示意图

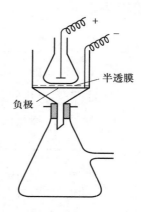

图 14.7 电超过滤仪器示意图

可以降低超过滤的压力, 而且可以较快地除去溶胶中多余的电解质。图 14.7 是一种电超过滤仪器示意图。

渗析法和超过滤法不仅可以提纯溶胶及高分子化合物, 在工业上还广泛用于污水处理、海水淡化及水的纯化等。在生物化学中常用超过滤法测定蛋白质分子、酶分子以及病毒和细菌分子的大小。在医药工业上常用超过滤法来除去中草药中的淀粉、多聚糖等高分子杂质, 从而提取有效成分制成针剂。

溶胶的形成条件和老化机理

在溶胶形成的过程中要经历两个阶段, 即晶核的形成和晶体的生长, 如果晶核形成得很快, 而晶体生长的速率很慢或接近于停止, 则可得到分散度很高的溶胶。反之, 则只能得到颗粒很粗的溶胶, 甚至发生沉淀。

晶核形成过程的速率取决于形成和生长两个因素:

(1) 要从溶液中析出固体溶质, 溶质的浓度必须超过其平衡浓度 s (即溶解度), 达到过饱和的程度。设过饱和浓度为 Q, 则溶质的析出速率必正比于 $(Q-s)$, 所以晶核形成的速率 v_1, 即单位时间内析出的颗粒 (即晶核) 数为

$$v_1 = k\frac{Q-s}{s} \tag{14.1a}$$

(2) 当晶核形成以后, 溶质在其上面沉积, 晶核即进一步长大, 晶体长大的速率 v_2 为

$$v_2 = DA\frac{Q-s}{\delta} \tag{14.1b}$$

式中 D 是溶质的扩散系数; A 是晶核的表面积; δ 为扩散过程中溶质粒子所移动的距离。如果要得到分散度很高的溶胶, 则必须控制 v_1 和 v_2 的值, 使 v_2 很小或接近于零。

当 $\dfrac{Q-s}{s}$ 值很大时, 则超过过饱和的浓度较多, 晶核形成速率很快, 溶液内生成的晶核较多。而当有大量晶核生成后, $(Q-s)$ 值将陡然下降, 使晶体长大速率大大减慢, 这有利于形成溶胶。

当 $\dfrac{Q-s}{s}$ 值较小时, 生成的晶核少, $(Q-s)$ 值下降不多, v_2 较大, 于是晶核就长大得较快, 这有利于生成大块沉淀。

当 $\dfrac{Q-s}{s}$ 值很小时, 溶液浓度超过溶质的溶解度不多, 所以生成晶核极少, 而且晶核的生长也很缓慢。此种情况有利于溶胶的形成。

新制成的溶胶往往含有很多电解质, 其中只有一小部分是胶体粒子表面上所需要吸附的离子, 以保持平衡, 其余电解质的存在反而会影响胶体粒子的稳定性, 要经过纯化手续去除 (如采用半透膜纯化、电渗析纯化或超过滤的方法等)。即使经过纯化, 胶体粒子也会随时间推移而慢慢增大, 最终导致沉淀, 这一过程称为溶胶的老化 (aging)。在老化过程中系统的表面自由能减低, 所以老化是自发过程。

溶胶的特点之一是具有多分散性, 即溶胶是由大小不一的胶体粒子组成的, 其大小有一定的分布规律 (通常所说的胶体粒子的大小尺度, 含有平均值的意义)。而固体的溶解度与颗粒的大小有关, 可以证明, 对于半径为 R_1' 和 R_2' 的颗粒, 与其相应的溶解度 s_1, s_2 之间有如下的关系 (参阅十三章中的 Kelvin 公式):

$$\ln \frac{s_2}{s_1} = \frac{M}{RT} \cdot \frac{2\gamma}{\rho} \left(\frac{1}{R_2'} - \frac{1}{R_1'} \right) \tag{14.2}$$

式中 M 为颗粒的平均摩尔质量; ρ 为颗粒的密度; γ 为颗粒与其饱和溶液间的界面张力。

若有大、小两种颗粒同时在一个溶胶中, 由于 $R_2' > R_1'$, 则必然有 $s_1 > s_2$, 即较小颗粒附近的饱和浓度 s_1 大于较大颗粒附近的饱和浓度 s_2, 所以溶质有从小颗粒附近自动扩散到大颗粒附近的趋势。对大颗粒来说, s_2 已是其饱和浓度, 扩散过来的溶质必然会在大颗粒上沉淀。这种过程不断进行, 结果是小者越小, 大者越大, 直到小颗粒全部溶解为止。而大颗粒大到一定程度即发生沉淀, 这就是产生老化过程的原因。

均分散胶体的制备和应用

在通常条件下制得的沉淀颗粒, 其形状和尺寸都是不均一的, 尺寸分布范围较广。但是, 如果在严格控制的条件下, 则有可能制备出形状相同、尺寸相差不大的沉淀颗粒, 由这样的颗粒所组成的系统则称为**均分散系统** (monodispersed system), 也称为**单分散系统**。颗粒的尺寸在胶体尺寸范围之内的均分散系统则称为均分散胶体系统。在自然界存在的均分散胶体系统有蛋白质、某些细菌 (如烟草斑纹病毒就是由 $100 \sim 200$ nm 长的杆状体所构成的均分散胶体系统) 等。人工制造的均分散胶体系统是 1906 年由 Zsigmondy 首先制备的金溶胶, 其为直径约为 6 nm 的球形颗粒, 但当时并未引起人们足够的重视。直到 1970—1984 年期间, Matijeric 等制备出 Cr, Fe, Al, Cu, Ti 和 Co 等一系列金属氧化物或水合氧化物的均分散胶体系统, 并对其性质进行了广泛的研究, 才引起科技界人士的重视。

为什么均分散胶体系统会如此引人注目? 其原因是这种胶体系统既具有理论上的意义, 又极具有实际意义。

由于胶体化学家研究胶体粒子的诸项性质时, 常是以粒子的均一性为基础的, 但实际上制备出来的粒子是多分散的, 因而使验证理论和校正仪器遇到了困难。例如, Einstein 从理论上研究粒子的扩散作用时, 得到一个公式 (见下节):

$$D = \frac{RT}{L} \frac{1}{6\pi\eta r}$$

但是, 因为无法得到大小均匀的球形粒子, 他的理论一直得不到证实。直到 Perrin 用大小均匀的藤黄粒子作悬浮体, 才证明了 Einstein 理论的正确性 (Perrin 也因此而获得 1926 年诺贝尔物理学奖)。

原则上讲, 任何物质都能制成均分散系统。其原理就是: 制成过饱和溶液以后, 在极短时间内很快生成许多晶核, 此时, 虽然浓度有所下降, 但仍处于过饱和状态, 一方面有晶核生成, 另一方面晶核又变大。此时, 就需要抑制晶核长大, 以保证晶核均匀生成。需要控制的因素有: 反应物的浓度, pH, 温度和外加特定的离子等。这个原则不仅适用于水溶胶, 而且适用于非水溶胶乃至气溶胶。

具体的制备方法可归纳为如下几类: 沉淀法、相转移法、多组分阳离子法、粒子 "包封法"、气溶胶反应法、微乳法等 (这些方法的具体操作过程可参阅有关专著, 这里不再赘述)。

在 20 世纪初就有人开始对均分散系统进行研究, 为什么到 20 世纪 80 年代此领域方得到迅速发展? 其原因之一是检测手段的不断完善。一直到电子显微镜、光散射仪、超离心机等技术的成熟, 胶体化学家才有了得心应手的工具。另一个重要原因是科学技术的发展对新材料有要求, 如机械零件、航天技术、计算机部件、传感器、超导和磁性材料等都涉及需要组成、大小、形状、孔径等均一的新材料。

从均分散胶体中可以分离出形状相同、尺寸相近的均分散颗粒, 这种在形状和尺寸上均匀的新材料有极广泛的应用前景, 如:

(1) 验证基本理论 许多基本理论的验证需要形状和尺寸相同的颗粒来进行实验, 如非球形颗粒的散射公式、扩散定律、布朗运动和 Avogadro 常数等, 都可以借助于均分散颗粒这种近似于理想的模型来进行验证或求出其数值。

(2) 理想的标准材料 形状和尺寸均匀的颗粒可以作为基准物用作标准或测定一些仪器常数。有色的均分散颗粒也可以作为标定颜色的基准物。

(3) 新材料 均分散颗粒已成为理想的磁记录材料, 在计算机技术中成为不可缺少的材料。例如, 录音磁带的质量好坏, 取决于磁带与 $\gamma-Fe_2O_3$ 棒形粒子大小的均匀性。均分散的感光材料可以改善胶片的质量, 提高感光速度。红宝石和石榴石等激光材料已经可以通过制备均分散胶体的方法来人工合成, 还可制造色彩鲜艳的人工合成宝石 (用直径为 $100 \sim 200$ nm 的球形均分散的 SiO_2 颗粒分散在蛋白石中, 使之光彩夺目, 效果很好) 等。

(4) 催化剂性能的改进 纳米级均分散颗粒已成为许多化学反应的高效催化剂, 用于催化石油裂解、促使玻璃和墙砖表面的污物光解而自洁、光催化汽车尾气的分解和催化水的光解, 以及制造太阳能电池等。

(5) 制造特种陶瓷 传统上 "陶瓷" 是陶器和瓷器的总称, 现在 "陶瓷" 则是所有无机非金属固体材料的通称。根据历史发展、成分和性能特点, 陶瓷大致可以分为传统陶瓷、特种陶瓷和金属陶瓷。传统陶瓷主要是用天然原料 (如陶土和瓷土) 烧制而成的。特种陶瓷是指用化学原料 (即粒子尺寸在胶体范围内、分布均匀的颗粒) 制成的具有特殊的物理或化学性质的新型陶瓷, 如压电陶瓷、磁性陶瓷、光电陶瓷等。而金属陶瓷则是指由金属和陶瓷组成的复合材料。

14.3 溶胶的动力性质

动力性质 (或称**动态性质**, dynamic properties) 主要指溶胶中粒子的不规则运动和由此而产生的扩散、渗透压, 以及在重力场下浓度随高度的分布平衡等性质。根据分子运动的观点, 不难理解溶胶的 Brown 运动。溶胶与稀溶液在某些形式上有相似之处, 因此可以用处理稀溶液中类似问题的方法来讨论溶胶的动力性质。

Brown 运动

1827 年, 植物学家 Brown 用显微镜观察到悬浮在液面上的花粉粉末不断地做不规则的折线运动 (zigzag motion), 后来又发现许多其他物质如煤、化石、金属等的粉末也都有类似的现象。人们把微粒的这种运动称为 **Brown (布朗) 运动**, 但在很长一段时间内, 这种现象的本质并没有得到阐明。

1903 年, 由于出现了超显微镜, 用超显微镜可以观察到胶体粒子不断地做不规则 "之" 字形的连续运动 (见图 14.8)。由于能够清楚看到粒子走过的路径, 因此能够测出在一定时间内粒子的平均位移。超显微镜为研究 Brown 运动提供了物质条件。Zsigmondy 观察了一系列溶胶后得出结论: 粒子越小, Brown 运动越激烈, 其运动的激烈程度不随时间而改变, 但随温度的升高而增加。

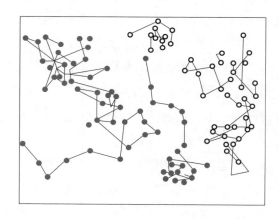

图 14.8   Brown 运动

Einstein 和 Smoluchowski 分别于 1905 年和 1906 年提出了 Brown 运动的理论, 其基本假定是: Brown 运动和分子运动完全类似, 溶胶中每个粒子的平均动能和液体 (分散介质) 分子的平均动能一样, 都等于 $\frac{3}{2}kT$。Brown 运动乃是不断热运动的液体分子对粒子冲击的结果。对于很小但又远远大于液体介质分子的胶体粒子来说, 由于不断受到不同方向、不同速度的液体分子的冲击, 受到的力不平衡 (见图 14.9), 所以时刻以不同的方向、不同的速度做不规则的运动。图 14.8 是每隔相同的时间间隔所观察得到的粒子位置的变化在平面上的投影图。粒子真实的运动状况远比该图复杂得多, 并且实际上也不能直接观察出来 (因为胶体粒

子的振动周期为 10^{-8} s, 而肉眼分辨的振动周期不能小于 0.1 s)。尽管 Brown 运动看来复杂而无规则, 但在一定条件下, 在一定时间内胶体粒子所移动的平均位移却具有一定的数值。Einstein 利用分子运动理论的一些基本概念和公式, 并假设胶体粒子是球形的, 得到 Brown 运动平均位移的公式:

$$\overline{x^2} = \frac{RT}{L} \cdot \frac{t}{3\pi\eta r} \tag{14.3}$$

式中 $\overline{x}$ 是在观察时间 t 内粒子沿 x 轴方向所移动的平均位移; r 为粒子的半径; η 为介质的黏度; L 为 Avogadro 常数。此式也称为 **Einstein-Brown 运动公式**。

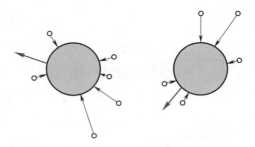

图 14.9　液体分子对胶体粒子的冲击

这个公式把粒子的位移与粒子的大小、介质的黏度、温度及观察的时间等联系起来。许多实验都证实了此公式的正确性, 特别是 Perrin 和 Svedberg 等用大小不同的粒子、黏度不同的介质, 并取不同的观察时间间隔测定了 $\overline{x}$, 然后与按式 (14.3) 所求的计算值比较, 或代入式 (14.3) 计算 L, 所得结果都证明式 (14.3) 正确无误。用分子运动理论成功地说明了 Brown 运动, 使我们了解 Brown 运动的本质就是质点的热运动。因此, 溶胶和稀溶液相比较, 除了溶胶的粒子远大于真溶液中的分子或离子, 浓度又远低于常见的稀溶液外, 其热运动并没有本质上的不同。因此, 稀溶液中的一些性质在溶胶中也应该有所表现, 只是在程度上有所不同而已。Perrin 等工作的重要性还在于他们为分子运动理论提供了有力的实验依据, 由于在当时分子的运动还没有人能目睹, 因此有人认为分子运动只是一种想象或假说。通过对 Brown 运动的直接观察以及一些公式的计算值与实验值的一致, 分子运动理论得到了直接的实验证明。此后, 分子运动理论就成为被普遍接受的理论, 这在科学发展史上是具有重大意义的贡献。

当用超显微镜观察胶体粒子的运动时, 还可以发现另一有趣的现象: 在一个较大的体积范围内, 胶体粒子的分布是均匀的, 但观察一个有限的小体积元会发现, 由于粒子的 Brown 运动, 小体积内粒子的数目有时较多, 有时较少, 这种粒子数的变动现象称为**涨落现象** (fluctuation)。溶胶的涨落现象是研究溶胶的光散射等现象及大分子溶液的某些物理化学性质的基础。其实真溶液中的小分子、离子, 甚至大气中的空气分子, 都存在涨落现象。天空是蔚蓝色的, 这是分子运动而引起的局部涨落, 产生光散射的结果。

扩散和渗透压

　　既然溶胶中的粒子和稀溶液中的粒子一样具有热运动, 也应该具有扩散作用和渗透压。但是, 由于胶体粒子远比普通分子大, 且不稳定, 不能制成较高的浓度, 因此其扩散作用和渗透压表现得很不显著, 甚至观察不到, 以致 Graham 曾经误认为溶胶不具有这些性质。

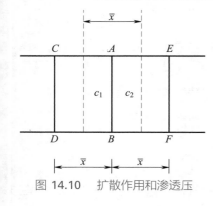

图 14.10　扩散作用和渗透压

　　设在如图 14.10 所示的管内盛溶胶, 在某一截面 AB 的两边所盛溶胶的浓度不同, $c_1 > c_2$。由于分子的热运动和胶体粒子的 Brown 运动, 从宏观上可观察到胶体粒子从高浓度区向低浓度区迁移的现象, 这就是**扩散作用** (diffusion)。

　　而稀溶液中, 设任一平行于 AB 面的截面上的浓度是均匀的, 而沿垂直于 AB 面的轴 (x 轴, 由左向右) 的方向上浓度有变化, 浓度梯度为 $\dfrac{\mathrm{d}c}{\mathrm{d}x}$; 设通过 AB 面扩散的物质的量为 n, 通过 AB 面的扩散速度则为 $\dfrac{\mathrm{d}n}{\mathrm{d}t}$; 扩散速度与浓度梯度及 AB 面的面积 (A) 成正比, 可表示为

$$\frac{\mathrm{d}n}{\mathrm{d}t} = -DA\frac{\mathrm{d}c}{\mathrm{d}x} \tag{14.4}$$

式 (14.4) 就是 **Fick (菲克) 第一定律** (Fick's first law)。式中 D 是**扩散系数** (diffusion coefficient), 其物理意义是在单位浓度梯度下, 单位时间内通过单位截面积物质的物质的量。式中负号表示扩散方向与浓度梯度方向相反, 扩散朝浓度降低的方向进行。

　　Fick 第一定律只适用于浓度梯度不变的情况, 实际上在扩散过程中浓度梯度是变化的。设 AB 与 EF 两截面之间的距离为 $\mathrm{d}x$, 进入 AB 面的扩散量为 $-DA\dfrac{\mathrm{d}c}{\mathrm{d}x}$, 离开 EF 面的扩散量为 $-DA\left[\dfrac{\mathrm{d}c}{\mathrm{d}x} + \dfrac{\mathrm{d}}{\mathrm{d}x}\left(\dfrac{\mathrm{d}c}{\mathrm{d}x}\right)\mathrm{d}x\right]$, 在 $ABFE$ 体积范围内粒子的增长速率为

$$-DA\frac{\mathrm{d}c}{\mathrm{d}x} + DA\left[\frac{\mathrm{d}c}{\mathrm{d}x} + \frac{\mathrm{d}}{\mathrm{d}x}\left(\frac{\mathrm{d}c}{\mathrm{d}x}\right)\mathrm{d}x\right] = DA\left[\frac{\mathrm{d}}{\mathrm{d}x}\left(\frac{\mathrm{d}c}{\mathrm{d}x}\right)\mathrm{d}x\right]$$

所以, 在单位体积内粒子浓度随时间的变化为

$$\frac{\mathrm{d}c}{\mathrm{d}t} = \frac{DA\left[\dfrac{\mathrm{d}}{\mathrm{d}x}\left(\dfrac{\mathrm{d}c}{\mathrm{d}x}\right)\mathrm{d}x\right]}{A \cdot \mathrm{d}x} = D\frac{\mathrm{d}^2c}{\mathrm{d}x^2} \tag{14.5}$$

式 (14.5) 是 **Fick 第二定律** (Fick's second law)。若考虑扩散系数受浓度的影响, 则应表示为

$$\frac{\mathrm{d}c}{\mathrm{d}t} = \frac{\mathrm{d}}{\mathrm{d}x}\left(D\frac{\mathrm{d}c}{\mathrm{d}x}\right) \tag{14.6}$$

Fick 第二定律是扩散的普遍公式。

如果图 14.10 所示装置的截面积为单位截面积, 只考虑粒子在 x 轴方向上的位移, 设 $\overline{x}$ 为在时间 t 内在 x 方向 (既可向左又可向右) 上所经过的平均位移。CD 面与 AB 面之间的距离为 $\overline{x}$, 其中所含溶胶的平均浓度为 c_1; EF 面与 AB 面也相距 $\overline{x}$, 所含溶胶的平均浓度为 $c_2(c_1 > c_2)$。在 AB 面的两侧可找出两个平面 (如虚线所示), 其浓度分别为 c_1 和 c_2。因为浓度的分布是连续的, 故两条虚线所示的平面恰好在 CD, AB 面和 AB, EF 面的中间, 距 AB 面均为 $\frac{1}{2}\overline{x}$。在 t 时间内, 自左向右通过 AB 面的粒子的物质的量为 $\frac{1}{2}\overline{x}c_1$, 自右向左通过 AB 面的粒子的物质的量为 $\frac{1}{2}\overline{x}c_2$。因为 $c_1 > c_2$, 所以自左向右通过 AB 面的净的粒子的物质的量为

$$\frac{1}{2}\overline{x}c_1 - \frac{1}{2}\overline{x}c_2 = \frac{1}{2}\overline{x}(c_1 - c_2)$$

在一定温度下, 从浓至稀通过 AB 面的扩散粒子的物质的量应与浓度梯度 (设 $\overline{x}$ 很小, $\frac{\mathrm{d}c}{\mathrm{d}x} \approx \frac{c_1 - c_2}{\overline{x}}$) 和扩散时间 t 成正比, 即可表示为 $D\left(\dfrac{c_1 - c_2}{\overline{x}}\right)t$, 所以得

$$\frac{1}{2}\overline{x}(c_1 - c_2) = D\left(\frac{c_1 - c_2}{\overline{x}}\right)t$$

则

$$D = \frac{\overline{x^2}}{2t} \tag{14.7}$$

式 (14.7) 即为 **Einstein-Brown 位移方程**。

将式 (14.3) 代入式 (14.7), 得

$$D = \frac{RT}{L} \cdot \frac{1}{6\pi\eta r} \tag{14.8}$$

从 Brown 运动的实验值用式 (14.7) 可求出胶体粒子的扩散系数 D, 再根据

式 (14.8) 可计算粒子的半径 r。如果需要的话，也可以根据粒子的密度 ρ 求出胶团的摩尔质量 M，这是研究扩散现象的最基本用途之一。

$$M = \frac{4}{3}\pi r^3 \rho L \tag{14.9}$$

Einstein 首先指出扩散作用与渗透压 (Π) 之间有着密切的联系。如果在图 14.10 所示装置中，AB 面是一个只允许溶剂分子通过的半透膜，则溶剂分子将通过该半透膜自右向左从低浓度 (c_2) 向高浓度 (c_1) 方向渗透，使溶剂分子作定向移动的力 $(Ad\Pi)$ 起源于渗透压之差 $(d\Pi)$，使溶质分子扩散的扩散力与使溶剂分子穿过半透膜的渗透力大小相等，但方向相反。

溶胶的渗透压可以借用稀溶液的渗透压公式来计算，即

$$\Pi = \frac{n}{V}RT$$

式中 n 为体积等于 V 的溶液中所含溶质的物质的量。

例 14.1

273 K 时，质量分数 $w = 7.46 \times 10^{-3}$ 的硫化砷溶胶，设粒子为球形，半径 $r = 10$ nm，已知硫化砷粒子的密度 $\rho = 2.8 \times 10^3$ kg $\cdot$ m^{-3}，求该溶胶的渗透压。

解   设溶胶体积为 1 dm^3，其质量近似等于纯溶剂水的质量，约为 1 kg，则所含胶体粒子的物质的量 n 为

$$n = \frac{m}{M}$$

$$= \frac{7.46 \times 10^{-3} \times 1 \text{ kg}}{\frac{4}{3}\pi(10 \times 10^{-9} \text{ m})^3 \times 2.8 \times 10^3 \text{ kg} \cdot \text{m}^{-3} \times 6.023 \times 10^{23} \text{ mol}^{-1}}$$

$$= 1.06 \times 10^{-6} \text{ mol}$$

$$\Pi = \frac{n}{V}RT$$

$$= \frac{1.06 \times 10^{-6} \text{ mol}}{1 \times 10^{-3} \text{ m}^3} \times 8.314 \text{ J} \cdot \text{mol}^{-1} \cdot \text{K}^{-1} \times 273 \text{ K}$$

$$= 2.4 \text{ Pa}$$

显然，这么小的压差实际上是很难测准的。同样，溶胶的凝固点降低或沸点升高的效应也是很难测出的。但是，对于高分子溶液或胶体电解质溶液，由于它们的溶解度大，可以配制相当高浓度的溶液，因此渗透压可以测定，而且实际上也广泛地用于测定高分子物质的摩尔质量。

沉降和沉降平衡

我们熟知粗分散系统, 如泥沙的悬浮液 (suspensoid), 其中的粒子由于重力作用最终要逐渐地全部沉降下来。而高度分散系统则情况不同, 一方面粒子受到重力作用而下降, 另一方面 Brown 运动又促使浓度趋向均一。当这两种效应相反的力相等时, 粒子的分布达到平衡, 形成了一定的浓度梯度, 这种状态称为**沉降平衡** (sedimentation equilibrium)。

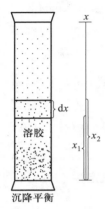

图 **14.11**　沉降平衡

达到沉降平衡以后, 溶胶浓度随高度分布的情况可以用高度分布定律来表示。设在图 14.11 所示截面积为 A 的容器中盛以某种溶胶, 其粒子半径为 r (设为球形), 粒子与介质的密度分别为 $\rho_{粒子}$ 和 $\rho_{介质}$, N_1, N_2 分别为在 x_1, x_2 处单位体积溶胶内的粒子数, Π 为渗透压, g 为重力加速度。在高度为 $\mathrm{d}x$ 的一层溶胶中 (设单位体积内粒子的个数为 N) 使粒子下降的重力为

$$N A \mathrm{d}x \cdot \frac{4}{3}\pi r^3 (\rho_{粒子} - \rho_{介质})g$$

前已指出, 该层中粒子所受的扩散力为 $-A\mathrm{d}\Pi$, 负号表示扩散力与重力的方向相反。若引用稀溶液渗透压的表示式, $\Pi = cRT$ (c 为溶质的浓度), 则得

$$-A\mathrm{d}\Pi = -ART\mathrm{d}c$$
$$= -ART\frac{\mathrm{d}N}{L}$$

当达平衡时, 这两种力 (即重力和扩散力) 大小相等, 从而得到

$$-RT\frac{\mathrm{d}N}{L} = N\mathrm{d}x \cdot \frac{4}{3}\pi r^3 (\rho_{粒子} - \rho_{介质})g$$

积分上式, 得

$$RT\ln\frac{N_2}{N_1} = -\frac{4}{3}\pi r^3 (\rho_{粒子} - \rho_{介质})gL(x_2 - x_1)$$

或

$$\frac{N_2}{N_1} = \exp\left[-\frac{4}{3}\pi r^3 (\rho_{粒子} - \rho_{介质})gL(x_2 - x_1)\frac{1}{RT}\right] \tag{14.10}$$

此式即为**粒子的高度分布公式**。式 (14.10) 和气体随高度分布公式完全相同, 这表明气体分子的热运动与胶体粒子的 Brown 运动本质上是相同的。Perrin 曾经制备大小均匀的藤黄溶胶 (gamboge sol), 用超显微镜观察在不同高度处的粒子数目, 代入式 (14.10), 求得 $L = 6.8 \times 10^{23}\ \mathrm{mol}^{-1}$, 他采用的高度差 $(x_2 - x_1)$ 只有

10^{-4} m。后来, Westgren 用金溶胶进行类似的测定, 但把高度差增加到 10^{-3} m, 求得 $L = 6.05 \times 10^{23}$ mol^{-1}, 这些结果都证明式 (14.10) 的正确性。

从式 (14.10) 得知, 粒子的质量越大, 其平衡浓度随高度的降低亦越大。表 14.2 列出了在一些分散系统中粒子浓度降低一半时所需高度的数据。表中粒子分散程度属于同一数量级 (186 nm 和 230 nm) 的金溶胶和藤黄溶胶, 分布高度相差可达 150 倍, 这是由于金和藤黄的密度相差悬殊。应该指出, 式 (14.10) 所表示的是分布已经达到平衡后的情况。对于粒子不太小的系统, 通常沉降较快, 可以较快地达到平衡。而高分散系统中的粒子则沉降缓慢, 往往需较长的时间才能达到平衡。例如, 可以估计半径为 10 nm 的金溶胶, 沉降 0.01 m 的距离约需 29 天。而且实际上在通常的条件下, 由于温度变化而引起的对流, 由于机械振荡而引起的混合等, 都不可避免地会破坏沉降平衡的建立。尽管如表 14.2 所示, 直径为 8.35 nm 的金溶胶, 在高度升高 0.025 m 后浓度应该降低一半, 但实际上可能在相当高的一段容器中, 也观察不出浓度有任何改变。由此我们也可以理解, 为什么在重力场中, 许多溶胶甚至可以维持几年以上仍然不会沉降下来。小粒子的胶粒能自动扩散, 并使整个系统均匀分布, 这种性质称为**动力稳定性** (dynamic stability)。

表 14.2 在一些分散系统中高度分布定律的应用		
分散系统	粒子直径 d/nm	粒子浓度降低一半时所需高度 x/m
氧气	0.27	5000
高度分散的金溶胶	1.86	2.15
超微金溶胶	8.35	2.5×10^{-2}
粗分散金溶胶	186	2×10^{-7}
藤黄的悬浮体	230	3×10^{-5}

如果外加的力场很大, 或者分散粒子本身比较大, 以致 Brown 运动不足以克服重力的影响, 则粒子就会以一定的速度沉降到容器的底部, 称为动力不稳定性。在重力场中的粗分散系统即属于这种情况。在足够强的超离心力场中, 某些胶体分散系统也同样如此。

通过沉降速度的测定, 可以求得粒子的大小。以半径为 r 的球形粒子在重力场中的沉降为例, 粒子受重力的作用而下降, 在下降的过程中又受到分散介质的阻力 (或摩擦力); 当所受重力与阻力大小相等时, 粒子以恒定速度下降。沉降时粒子所受的阻力为 $f\dfrac{\mathrm{d}x}{\mathrm{d}t}$, f 是摩擦系数 (frictional coefficient)。根据 Stokes 定律,球状粒子的摩擦系数 $f = 6\pi\eta r$, $\dfrac{\mathrm{d}x}{\mathrm{d}t}$ 为沉降速度。所以有

$$沉降时粒子所受的阻力 = 6\pi\eta r\frac{\mathrm{d}x}{\mathrm{d}t}$$

$$沉降时粒子所受的重力 = \frac{4}{3}\pi r^3(\rho_{粒子} - \rho_{介质})g$$

当以恒定速度沉降时, 有

$$\frac{4}{3}\pi r^3(\rho_{粒子} - \rho_{介质})g = 6\pi\eta r\frac{\mathrm{d}x}{\mathrm{d}t}$$

$$r = \sqrt{\frac{9}{2}\frac{\eta\,\mathrm{d}x/\mathrm{d}t}{(\rho_{粒子} - \rho_{介质})g}} \tag{14.11}$$

根据式 (14.11), 若已知密度和黏度, 则可以从测定粒子沉降的速度来计算粒子的半径。反之, 若已知粒子的大小, 则可以从测定一定时间内下降的距离而计算溶液的黏度 η。落球式黏度计就是根据这个原理而设计的。

胶体分散系统由于分散相的粒子很小, 在重力场中沉降的速度极为缓慢, 以致实际上无法测定其沉降速度。1923 年, Svedberg 成功创制离心机, 把离心力提高到地心引力的 5000 倍。以后经过改进, 离心力已可达到地心引力的 10^6 倍, 这样就大大扩大了所能测定的范围。在测定溶胶胶团的摩尔质量或大分子物质的摩尔质量方面得到重要的应用。

对于超离心力场, 当沉降达平衡时, 同样, 扩散力与超离心力相等, 只是方向相反, 即

$$RT\frac{\mathrm{d}N}{L} = N\mathrm{d}x \cdot \frac{4}{3}\pi r^3(\rho_{粒子} - \rho_{介质})\omega^2 x$$

式中 ω 为超离心机旋转的角速度; x 为从旋转轴到溶胶中某一平面的距离。积分上式, 得

$$RT\ln\frac{N_2}{N_1} = \frac{4}{3}\pi r^3(\rho_{粒子} - \rho_{介质})\omega^2 L \cdot \frac{1}{2}(x_2^2 - x_1^2) \tag{14.12}$$

因为 $\dfrac{4}{3}\pi r^3\rho_{粒子}L = mL = M$, 所以得

$$2RT\ln\frac{c_2}{c_1} = M\left(1 - \frac{\rho_{介质}}{\rho_{粒子}}\right)\omega^2(x_2^2 - x_1^2)$$

$$M = \frac{2RT\ln\dfrac{c_2}{c_1}}{\left(1 - \dfrac{\rho_{介质}}{\rho_{粒子}}\right)\omega^2(x_2^2 - x_1^2)} \tag{14.13}$$

式中 M 即为溶胶胶团的摩尔质量或大分子物质的摩尔质量。利用在超离心力场中的沉降平衡可以测定许多蛋白质的摩尔质量。

14.4　溶胶的光学性质

溶胶的光学性质是其高度分散性和不均匀性特点的反映。通过光学性质的研究, 不仅可以解释溶胶系统的一些光学现象, 而且在观察胶体粒子的运动时, 可以研究它们的大小和形状, 以及其他应用。

Tyndall 效应和 Rayleigh 公式

1869 年, Tyndall 发现, 若令一束会聚的光通过溶胶, 则从侧面 (即与光束前进方向垂直的方向) 可以看到在溶胶中有一个发光的圆锥体, 这就是 **Tyndall 效应**。其他分散系统也会产生这种现象, 但是远不如溶胶显著。因此, Tyndall 效应实际上就成为判别溶胶与真溶液的最简便的方法。Tyndall 效应的另一特点就是当光通过分散系统时, 在不同的方向观察光柱有不同的颜色。例如, AgCl, AgBr 的溶胶, 在光透过的方向观察, 呈浅红色; 而在与光垂直的方向观测时, 则呈淡蓝色 (有时称为 Tyndall blue)。

当光线射入分散系统时, 可能发生三种情况, 即发生光的反射或折射、光的散射及光的吸收。

(1) 若分散相的粒子大于入射光的波长, 则主要发生光的反射或折射现象, 粗分散系统就属于这种情况。

(2) 若分散相的粒子小于入射光的波长, 则主要发生光的散射 (light scattering)。此时, 光波绕过粒子而向各个方向散射出去 (波长不发生变化), 散射出来的光称为散射光。可见光的波长在 $400 \sim 750$ nm, 而溶胶粒子的半径一般在 $1 \sim 100$ nm, 小于可见光的波长, 因此发生光散射作用而出现 Tyndall 效应。

(3) 许多溶胶是无色的, 这是由于它们对可见光各波段的光吸收都很弱, 并且吸收大致相同。如果溶胶对可见光中某一波长的光有较强的选择性吸收, 则透过光中该波长段将变弱, 这时透射光将呈该波长光的补色光。例如, 红色金溶胶对 $500 \sim 600$ nm 波长的绿色光有较强的吸收, 而透过金溶胶后, 光的颜色为其补色, 所以呈红色。

对光的选择性吸收, 主要取决于系统的化学结构, 但粒子的大小不同也能引起颜色的变化。例如, 金溶胶的粒子大小不同时可呈现不同的颜色。当分散度很高, 粒子很小时金溶胶呈红色, 吸收峰在 $500 \sim 550$ nm, 这是散射很弱的缘故。当粒子增大后, 散射增强, 系统的最大吸收峰波长逐渐向长波长方向移动, 溶胶的颜色也将由红色逐渐变成蓝色。这种颜色的变化是由于粒子大小不同而引起系统的散射有所不同, 而不是由于系统的吸收。

Rayleigh 研究了散射作用得出, 对于单位体积的被研究系统, 它所散射出的光能总量为

$$I = \frac{24\pi^2 A^2 \nu V^2}{\lambda^4} \left(\frac{n_1^2 - n_2^2}{n_1^2 + 2n_2^2} \right)^2 \tag{14.14}$$

式中 A 为入射光的振幅; λ 为入射光的波长; ν 为单位体积中的粒子数; V 为每个粒子的体积; n_1 和 n_2 分别为分散相和分散介质的折射率。这个公式称为 **Rayleigh 公式**, 它适用于不导电并且粒子半径 $\leqslant 47$ nm 的系统, 对于分散程度更高的系统, 该式的应用不受限制。从式 (14.14) 可以得到如下几点结论:

(1) 散射光的总能量与入射光波长的四次方成反比。因此, 入射光的波长越短, 散射越多。若入射光为白光, 则其中的蓝色与紫色部分的散射作用最强。这可以解释为什么当用白光照射有适当分散程度的溶胶时, 从侧面看到的散射光呈蓝紫色, 而透过光则呈橙红色, 这种情况在硫或乳香的溶胶中都可以清楚地看到。由此可以预计, 若要观察散射光, 光源的波长以短者为宜; 而观察透过光时, 则以较长的波长为宜。例如, 在测定多糖、蛋白质类物质的旋光度时多采用钠光, 其原因之一就是黄色光的散射作用较弱。

(2) 分散介质与分散相之间折射率相差越显著, 则散射作用就越显著。由此可知, 粒子大小相近的蛋白质溶液与 $BaSO_4$ 或 S 的溶胶相比较, 后者的散射作用显著 (应该指出, 纯液体或气体由于密度的涨落, 折射率也会有某些改变, 所以也会产生散射作用)。

(3) 当其他条件均相同时, 式 (14.14) 可以写成

$$I = K \frac{\nu V^2}{\lambda^4}$$

式中 $K = 24\pi^2 A^2 \left(\dfrac{n_1^2 - n_2^2}{n_1^2 + 2n_2^2} \right)^2$。若分散相粒子的密度为 ρ, 浓度为 c (以 kg·dm^{-3} 表示), 则 $\nu = \dfrac{c}{V\rho}$; 若再假定粒子为球形, 即 $V = \dfrac{4}{3}\pi r^3$; 代入上式, 得

$$I = K \frac{cV}{\lambda^4 \rho} = \frac{Kc}{\lambda^4 \rho} \cdot \frac{4}{3}\pi r^3 = K'cr^3 \tag{14.15}$$

即在 Rayleigh 公式适用的范围之内 ($r \leqslant 47$ nm), 散射光的强度与 r^3 及粒子的浓度 c 成正比。因此, 若有两种浓度相同的溶胶, 则从式 (14.15) 可得

$$\frac{I_1}{I_2} = \frac{r_1^3}{r_2^3} \qquad\qquad (14.16a)$$

如果胶体粒子大小相同而浓度不同, 则从式 (14.15) 可得

$$\frac{I_1}{I_2} = \frac{c_1}{c_2} \qquad\qquad (14.16b)$$

因此, 当在上述条件下比较两份相同物质所形成溶胶的散射光强度时, 就可以得知其粒子的大小或浓度的相对比值。如果其中一份溶胶的粒子大小或浓度为已知, 则可以求出另一份溶胶的粒子大小或浓度。用于进行这类测定的仪器称为乳光计, 其原理与比色计相似, 不同之处在于乳光计中光源是从侧面照射溶胶, 因此观察到的是散射光的强度。

分散系统的光散射能力常用**浊度** (turbidity) 表示, 浊度的定义为

$$\frac{I_t}{I_0} = e^{-\tau l} \qquad\qquad (14.17)$$

式中 I_t 和 I_0 分别表示透射光和入射光的强度; l 是样品池的长度; τ 就是浊度。式 (14.17) 表示在光源、波长、粒子大小相同的情况下, 通过不同浓度的分散系统时, 其透射光的强度将不同。当 $I_t/I_0 = 1/e$ 时, $\tau = \dfrac{1}{l}$。

半径大于波长的粒子及大分子化合物在对光吸收、反射的同时, 也会发生散射现象, 不过这种散射不遵守 Rayleigh 公式, 而要用 Mie 散射理论或 Debye 散射理论进行研究, 由于这些理论要考虑光的干涉, 较为复杂, 本书从略。

*超显微镜的基本原理和粒子大小的测定

人们用肉眼所能辨别的物体其直径的最小极限约为 0.2 mm。有了光学显微镜后, 能辨别的直径的最小极限约为 200 nm, 分辨率提高了约 1000 倍。若物体直径小于 200 nm, 则普通光学显微镜无法分辨。要观察直径在 100 nm 以下的溶胶胶粒, 需要用超显微镜 (ultramicroscope)。

超显微镜的原理就是用普通显微镜来观察 Tyndall 效应, 即用足够强的入射光从侧面照射溶胶, 然后在黑暗的背景上进行观察, 其结构示意图如图 14.12 所示。由于散射作用, 胶粒成为闪闪发光的光点, 可以清楚地看到其 Brown 运动, 如图 14.8 所示。

超显微镜大大提高了人眼观察胶体粒子及其运动的能力, 用超显微镜可观察

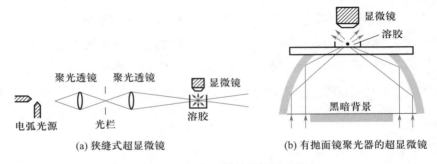

图 14.12 超显微镜结构示意图

到光点的半径为 $5 \sim 150$ nm 的粒子。但是, 超显微镜只能证实溶胶中存在着粒子并观察其 Brown 运动, 所看到的是粒子对光线散射后所成的发光点而不是粒子本身。这种光点通常要比粒子本身大很多倍。因此, 用超显微镜不可能直接确切地看到胶粒的大小和形状, 就其实质来讲, 超显微镜的分辨率并没有提高 [这只有用电子显微镜 (electron microscope) 才能够解决]。但是, 如果引进一些假定, 也可以近似地用超显微镜来测定粒子的大小。设用超显微镜测出体积为 V' 的溶胶中粒子数为 N, 而已知分散相的浓度为 c (单位为 kg·dm^{-3}), 则在所测体积 V' 中, 胶粒的总质量为 cV', 每个胶粒的质量为 $\dfrac{cV'}{N}$。设粒子呈球形, 半径为 r, 分散相的密度为 ρ, 则可得

$$\frac{cV'}{N} = \frac{4}{3}\pi r^3 \rho$$

$$r^3 = \frac{3}{4}\frac{cV'}{N\pi\rho} \tag{14.18}$$

此外, 可以根据超显微镜视野中光点亮度的强弱差别, 来估计溶胶粒子的大小是否均匀; 观察一个小体积范围内粒子数的变化情况, 了解溶胶的涨落现象; 还可以大体判断胶粒的形状: 如果粒子形状不对称, 当大的一面向光时, 光点就亮, 当小的一面向光时, 光点变暗, 这就是**闪光现象** (flash phenomenon)。若粒子为球形、正四面体形或正八面体形, 则无闪光现象。若粒子为棒状, 则在静止时有闪光现象, 而在流动时无闪光现象。若粒子为片状, 则无论是静止的还是流动的, 都有闪光现象。超显微镜也常用来研究胶粒的聚沉过程、沉降速度及电泳现象等。

超显微镜虽然只能看到粒子的光点, 但由于设备简单、方法简便, 在普通实验室内都能进行。如果要观察胶体粒子的全貌, 则需借助于电子显微镜, 但设备就要复杂、昂贵多了。

电子显微镜是利用高速运动的电子束代替普通光源而制成的一种显微镜。一般光学显微镜不能分辨小于其照明光源波长一半的微细结构。由于电子束具有波动特性, 而其波长仅为可见光波长的十万分之一, 即 0.5 nm, 故大大提高了显微

镜的分辨本领。它的基本原理是在一个高真空系统中, 由电子枪发射电子束, 穿过被研究的试样, 再经电子透镜聚焦放大, 在荧光屏上显示出一放大的图像, 这就是一般通用的透射电子显微镜 (TEM)。如果用电子束在试样上逐点扫描, 然后用电视原理进行放大成像, 显示在电视显像管上, 这种设施, 称为扫描电子显微镜 (SEM)。

14.5 溶胶的电学性质

电动现象

在液-固界面处, 固体表面上与其附近的液体内通常会分别带有电性相反、电荷量相同的两层离子, 从而形成双电层。在固体表面的带电荷离子称为定位离子 (localized ion), 在固体表面附着的液体中, 存在与定位离子电荷相反的离子, 称为反离子。固体表面上产生定位离子的原因, 可归纳为如下几方面原因:

(1) **吸附** 例如, 当用 $AgNO_3$ 和 KI 制备 AgI 溶胶时, 若 $AgNO_3$ 过量, 则所得胶粒表面由于吸附了过量的 Ag^+ 而带正电荷。若 KI 过量, 则胶粒由于吸附了过量的 I^- 而带负电荷。实验表明, 凡是与溶胶粒子中某一组成相同的离子则优先被吸附。在没有与溶胶粒子组成相同的离子存在时, 则胶粒一般先吸附水化能力较弱的阴离子, 而使水化能力较强的阳离子留在溶液中。所以, 通常带负电荷的胶粒居多。

(2) **解离** 对于可能发生解离的大分子的溶胶而言, 则胶粒带电荷主要是其本身发生解离引起的。例如蛋白质分子, 当它的羧基或氨基在水中解离成 $-COO^-$ 或 $-NH_3^+$ 时, 整个大分子就带负电荷或正电荷。当介质的 pH 较低时, 蛋白质分子一般带正电荷; 当 pH 较高时, 则带负电荷。当蛋白质分子所带的净电荷为零时, 这时介质的 pH 称为蛋白质的**等电点** (isoelectric point)。在等电点时, 蛋白质分子的移动已不受电场影响, 它不稳定且易发生凝聚。对于血浆蛋白, 在 $pH \geqslant 4.72$ 时, 移向正极; 在 $pH \leqslant 4.68$ 时, 移向负极。因此, 它的等电点在 $4.72 \sim 4.68$。在等电点上, 蛋白质溶液的很多性质如膨胀、黏度、渗透压等皆有最小值。

(3) **同晶置换** 黏土矿物如高岭土中, 主要由铝氧四面体和硅氧四面体组成, 而 Al^{3+} 与周围 4 个氧的电荷不平衡, 要由 H^+ 或 Na^+ 等阳离子来平衡电荷。这些阳离子在介质中会解离并扩散, 所以使黏土微粒带负电荷。如果 Al^{3+} 被 Mg^{2+}

或 Ca^{2+} 同晶置换, 则黏土微粒带的负电荷更多。

(4) **溶解量的不均衡**　离子型固体物质如 AgI, 在水中会有微量的溶解, 所以水中会有少量的 Ag^+ 和 I^-。由于一般阳离子半径较小, 阴离子半径较大, 所以半径较小的 Ag^+ 扩散比 I^- 扩散快, 因而易于脱离固体表面而进入溶液, 所以 AgI 粒子带负电荷。

分散系统中分散相质点由于上述种种原因而带有某种电荷, 在外电场作用下带电荷粒子将发生运动, 这就是分散系统的**电动现象** (electrokinetic phenomenon)。电动现象是研究胶体稳定性理论发展的基础。

电泳、电渗、沉降电势和流动电势均属于电动现象。

电泳

在外电场的作用下带有电荷的溶胶粒子作定向的迁移, 称为**电泳** (electrophoresis)。这和电解质溶液中带电荷离子在外电场的作用下定向迁移本质上是一样的。

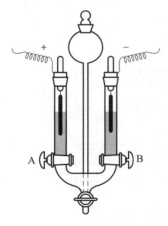

图 14.13 所示为界面移动电泳的最简装置。在 U 形管的两个支管上标有刻度 (长度刻度), 底部有口径与支管粗细相同的旋塞, 旋塞的另一端 (图中未画出) 则连接一个玻璃管和一个漏斗, 分散系统就是通过这个管道注入 U 形管的底部, 仔细控制注入量, 使液面恰与 A, B 两旋塞的上口持平时关闭旋塞。在 U 形管的两旋塞以上的部分注入水或其他辅助溶液, 两管中液面的高度应彼此持平。将电极插入辅助液中, 接通电源, 然后打开 U 形管上的两个旋塞, 开始观测分散系统与辅助液间界面的移动方向和相对速度, 以确定分散系统中质点所带电荷的符号和电动电势。

图 **14.13**　界面移动电泳的最简装置

如被测系统是有色溶胶, 则可直接观测到界面的移动。若试样是无色溶胶, 则可在装置的侧面用光照射, 通过所产生的 Tyndall 现象以判定胶粒的移动方向和速度。实验证明, $Fe(OH)_3$, $Al(OH)_3$ 等碱性溶胶带正电荷, 而金、银、铝、As_2S_3、硅酸等溶胶以及淀粉颗粒、微生物等带负电荷。要注意介质的 pH 及溶胶的制备条件, 这些常常会影响溶胶所带电荷的符号。例如, 对于蛋白质 (由多种氨基酸结合而成的高分子化合物), 当介质的 pH 大于等电点时荷负电, 小于等电点时荷正电。

胶体的电泳证明了胶粒是带电荷的。实验还证明, 若在溶胶中加入电解质, 则对电泳会有显著影响。随外加电解质的增加, 电泳速度常会降低甚至变成零, 外加电解质还能够改变胶粒带电荷的符号。

影响电泳的因素有: 带电荷粒子的大小、形状, 粒子表面的电荷数目, 溶剂中电解质的种类、离子强度, 以及 pH、温度和所加的电压等。对于两性电解质如蛋白质, 在其等电点处, 粒子在外加电场中不移动, 不发生电泳现象, 而在等电点前后粒子向相反的方向电泳。

电泳的应用相当广泛, 在生物化学中常用电泳法分离和区别各种氨基酸和蛋白质。在医学中利用血清在纸上的电泳, 可得到不同蛋白质前进的次序, 反映了其运动速度, 以及从谱带的宽度反映其中不同蛋白质含量的差别, 其结果类似于色谱分析法, 医生可以利用这种图谱作为诊断的依据。最初的纸上电泳非常简单, 在一条滤纸上先用缓冲溶液润湿, 然后滴一滴待测的样品 (即生物溶胶, 如血清等), 将滤纸水平放置, 并将纸的两端各浸在含有缓冲溶液和电极的容器中, 如图 14.14 所示。通电后, 不同组分开始作定向移动, 由于不同溶胶所带电荷不同, 移动速度不同, 所以通电一定时间后, 各组分将呈谱带的形式而分开。然后, 将滤纸干燥后再浸入染料溶液中着色, 由于不同组分的选择吸附不同, 因而显出不同的颜色, 如图 14.15 显示了健康人和肝硬化患者的血清蛋白电泳图。最初使用的纸上电泳, 对人体血清只能区分出 5 种蛋白质。图 14.16 是人体血清和血浆的电泳图, 图中主要有白蛋白 (A)、球蛋白 ($\alpha_1, \alpha_2, \beta, \gamma$) 和纤维蛋白原 ($\varphi$) 等, α, β 和 γ 表示不同的球蛋白。

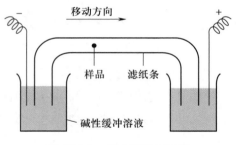

图 14.14　纸上电泳示意图

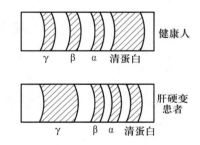

图 14.15　健康人和肝硬变患者的血清蛋白电泳图

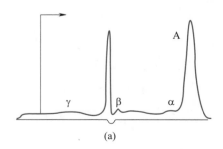

(a)

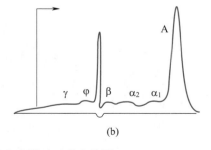

(b)

图 14.16　人体血清 (a) 和血浆 (b) 的电泳图

近年来采用聚丙烯酰胺凝胶、淀粉凝胶和醋酸纤维等代替以前用的滤纸, 大大提高了分离能力。例如, 用聚丙烯酰胺凝胶来分离血清样品, 可以分离出 25 种

组成。

毛细管电泳 (capillary electrophoresis) 则是自 20 世纪 80 年代以来发展最快的分析化学研究领域之一。

测定电泳的仪器和方法是多种多样的, 归纳起来大致有三类, 即显微电泳、界面移动电泳和区域电泳。

显微电泳 (又称为颗粒电泳), 所研究的颗粒必须能在显微镜下观测到, 所以粗颗粒的悬浮体、乳状液等用此法测定较为合适。图 14.17 是显微电泳装置示意图, 把溶胶放入图 (a) 所示装置底部水平毛细玻璃管 (工作管) 内, 两端装上适当的电极, 然后在黑暗背景下, 可以用超显微镜观测溶胶粒子的电泳 [图 14.17(b) 所示为其侧面图]。

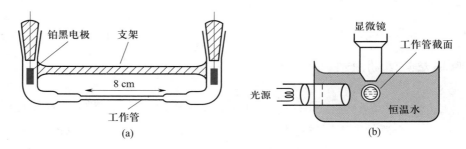

图 14.17　显微电泳装置示意图

电渗

在外加电场下, 可以观察到分散介质会通过多孔性物质 (如素瓷片或固体粉末压制成的多孔塞) 而移动, 即固相不动而液相移动, 这种现象称为**电渗** (electro-osmosis)。用图 14.18 所示的仪器可以直接观察到电渗现象。图中 3 为多孔塞 (其作用相当于多孔膜), 1, 2 中盛液体, 当在电极 5, 6 上施以适当的外加电压时, 从刻度毛细管 4 中液体弯月面的移动可以观察到液体的移动。实验表明, 液体移动的方向因多孔塞的性质而异。例如, 当用滤纸、玻璃或棉花等构成多孔塞时, 则水向阴极移动, 这表示此时液相带正电荷; 而当用氧化铝、碳酸钡等物质构成多孔塞时, 则水向阳极移动, 显然此时液相带负电荷。和电泳一样, 外加电解质对电渗速度的影响很显著, 随电解质浓度的增大电渗速度降低, 甚至会改变液体流动的方向。

液体运动的原因是在多孔性固体和液体的界面上有双电层存在 (参阅双电层和电动电势一节)。在外电场的作用下, 与表面结合不牢固的扩散层离子向带相反电荷的电极方向移动, 而与表面结合得紧的 Stern 层则是不动的, 扩散层中的离子移动时带动分散介质一起运动。

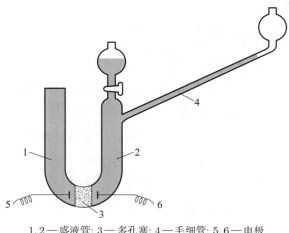

1, 2—盛液管; 3—多孔塞; 4—毛细管; 5, 6—电极

图 14.18   电渗管

沉降电势和流动电势

在外力作用下 (主要是重力), 分散相粒子在分散介质中迅速沉降, 则在液体介质的表面层与其内层之间会产生电势差, 称为**沉降电势** (sedimentation potential), 它是电泳作用的伴随现象。电泳是带电荷胶粒在电场作用下作定向移动, 是因电而动, 而沉降电势是在胶粒沉降时产生的电势差, 是因胶粒移动而产生电。贮油罐中的油内常含有水滴, 水滴的沉降常形成很高的沉降电势, 甚至达到危险的程度。通常解决的办法是加入有机电解质, 以增加介质的电导。

在外力作用下 (例如加压), 使液体经毛细管或多孔塞时 (后者可看作由多种形式的毛细管所构成的管束), 液体介质相对于静止带电荷表面流动而产生的电势差, 称为**流动电势** (streaming potential), 它是电渗作用的伴随现象。毛细管的表面是带电荷的, 如果外力迫使液体流动, 由于扩散层的移动, 即液体将双电层的扩散层中的离子带走, 因而与固体表面产生电势差, 从而产生了流动电势。用泵输送碳氢化合物, 在流动过程中产生流动电势, 高压下易产生火花。由于此类液体易燃, 故应采取相应的防护措施, 如将油管接地或加入油溶性电解质, 增加介质的电导, 减小流动电势。

在四种电动现象中, 以电泳和电渗最为重要。通过电动现象的研究, 可以进一步了解胶体粒子的结构及外加电解质对溶胶稳定性的影响。电泳还有多方面的实际应用, 例如, 应用电泳的方法可以使橡胶的乳状液汁凝结而使其浓缩, 可以使橡胶电镀在金属、布匹或木材上, 这样镀出的橡胶容易硫化, 可以得到拉力很强的产品。此外, 电泳涂漆、陶器工业中高岭土的精炼、石油工业中天然石油乳状液中油水的分离及不同蛋白质的分离等都应用到电泳作用。当前工业上的静电除尘, 实际上就是烟尘气溶胶的电泳现象。工业和工程中泥土和泥炭的脱水则是电渗实际应用的例子。

在四种电动现象中, 沉降电势和流动电势相对来说研究得较少, 尤其是沉降电势, 其研究方法较为复杂, 非一般常规实验所能胜任。

14.6 双电层理论和 ζ 电势

直到双电层理论提出以后, 人们才真正理解了产生电动现象的原因。当固体与液体接触时, 可以是固体从溶液中选择性吸附某种离子, 也可以是由于固体分子本身的解离作用使离子进入溶液, 以致固、液两相分别带有不同符号的电荷, 在界面上形成了双电层结构。

Helmholtz 于 1879 年提出平板双电层模型, 认为带电荷质点的表面电荷 (即固体的表面电荷) 与带相反电荷的离子 (也称为反离子) 构成平行的两层, 称为**双电层** (electric double layer), 其距离约等于离子半径, 很像一个平板电容器。表面与液体内部的电势差称为质点的表面电势 φ_0 (即热力学电势), 在双电层内 φ_0 呈直线下降 [参阅图 14.19(a), 图中 δ 是双电层的厚度]。在电场作用下, 带电荷质点和溶液中的反离子分别向相反的方向运动。这种模型虽然对电动现象给予了说明, 但比较简单, 其关键问题是忽略了离子的热运动。离子在溶液中的分布, 不仅取决于固体表面上定位离子的静电吸引, 同时也取决于力图使离子均匀分布的热运动; 这两种相反的作用力使离子在固–液界面附近建立一定的分布平衡, 因而它不可能形成完整的平板电容器。

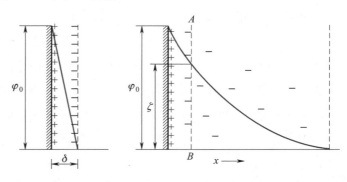

(a) Helmholtz平板双电层模型　　　(b) Gouy-Chapman扩散双电层模型

图 **14.19**　双电层模型

Gouy (于 1910 年) 和 Chapman (于 1913 年) 修正了上述模型, 提出了扩散双电层的模型。他们认为由于静电吸引作用和热运动两种效应的结果, 在溶液中与固体表面离子电荷相反的离子只有一部分紧密地排列在固体表面上 (距离为 1 ～ 2 个离子的厚度), 另一部分离子与固体表面的距离则可以从紧密层一直分散到本体溶液之中。因此, 双电层实际上包括了紧密层和扩散层两部分。在扩散层中离子的分布可用 Boltzmann 分布公式表示。当在电场作用下, 固－液之间发生电动现象时, 移动的切动面 (或称为滑动面) 为 AB 面 [见图 14.19(b)], 相对运动边界处与溶液本体之间的电势差则称为**电动电势** (electrokinetic potential) 或 ζ **电势** (zeta-potential)。显然, 表面电势 φ_0 与 ζ 电势是不同的。随着电解质浓度的增加, 或电解质价型增加, 双电层厚度减小, ζ 电势也减小。

Gouy 和 Chapman 的模型虽然克服了 Helmholtz 模型的缺陷, 但也有许多不能解释的实验事实。例如, 虽然他们提出了扩散层的概念, 指出了 φ_0 与 ζ 电势的不同, 但对 ζ 电势并未赋予更明确的物理意义。根据 Gouy-Chapman 模型, ζ 电势随离子浓度的增大而减小, 但永远与表面电势同号, 其极限值为零。但实验中发现, 有时 ζ 电势会随离子浓度的增大而增大, 甚至有时可与 φ_0 反号等, Gouy-Chapman 模型对此都无法给出解释。

Stern 作了进一步修正。他认为: 紧密层 (后来又称为 Stern 层) 有 1 ～ 2 个分子层厚, 紧密吸附在表面上, 这种吸附称为**特性吸附** (specific adsorption), 它相当于 Langmuir 单分子吸附层。吸附在表面上的这层离子称为特性离子。在紧密层中, 反离子的电性中心构成了所谓的 Stern 平面 [参阅图 14.20(a)]; 在 Stern 层内电势的变化情形与 Helmholtz 平板双电层模型一样, φ_0 直线下降到 Stern 平面的 φ_δ。由于离子的溶剂化作用, 紧密层结合了一定数量的溶剂分子, 在电场作用下, 它和固体质点作为一个整体一起移动。因此, 切动面的位置略比 Stern 层靠右 [参阅图 14.20(b)], ζ 电势也相应略低于 φ_δ (如果离子浓度不太高, 则可以认为两者是相等的, 一般不会引起很大的误差)。

当某些高价反离子或大的反离子 (如表面活性离子) 由于具有较高的吸附能而大量进入紧密层时, 则可能使 φ_δ 反号。若同号大离子因强烈的 ver der Waals 引力可能克服静电排斥而进入紧密层时, 可使 φ_δ 高于 φ_0。

综上所述, 任何物理模型总是在不断修正过程中得以逐步完善的。Stern 模型显然能解释更多的事实。但是, 由于定量计算上的困难, 通常其理论处理仍然可以采用 Gouy-Chapman 的处理方法, 只是将 φ_0 换为 φ_δ 而已。

ζ 电势与热力学电势 φ_0 不同, φ_0 的数值主要取决于总体上溶液中与固体成平衡的离子浓度。而 ζ 电势则随着溶剂化层中离子的浓度而改变, 少量外加电解

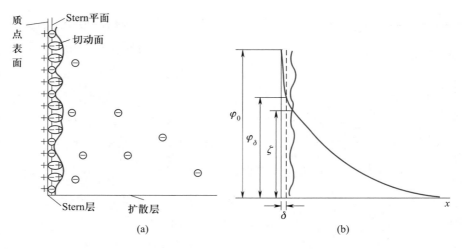

图 14.20　双电层的 Stern 模型

质对 ζ 电势的数值会有显著的影响。随着电解质浓度的增加, ζ 电势的数值降低, 甚至可以改变符号。图 14.21 绘出了 ζ 电势随外加电解质浓度的增大而变化的情形。在图 14.21(a) 中, δ 为固体表面所束缚的溶剂化层的厚度。d 为没有外加电解质时扩散双电层的厚度, 其大小与电解质的浓度、价数及温度均有关系。随着外加电解质浓度的增大, 有更多与固体表面离子符号相反的离子进入溶剂化层, 同时双电层的厚度变薄 (从 d 变成 d'……), ζ 电势下降 (从 ζ 变成 ζ'……)。当双电层被压缩到与溶剂化层叠合时, ζ 电势可降到极限零。如果外加电解质中异电性离子的价数很高, 或者其吸附能力特别强, 则在溶剂化层内可能吸附了过多的异电性离子, 这样就使 ζ 电势改变符号。图 14.21(b) 表示 ζ 电势变号前后双电层中电势分布的情况。可是, 少量外加电解质对热力学电势 φ_0 并不产生显著的影响。

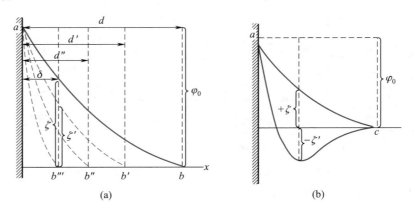

图 14.21　外加电解质对 ζ 电势的影响

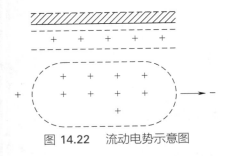

图 14.22　流动电势示意图

利用双电层和 ζ 电势的概念, 可以说明电动现象。以电渗作用为例。研究电渗作用时, 所用的多孔塞实际上是许多半径极细的毛细管的集合。对其中每一根毛细管而言, 固-液界面上都有如上所述的双电层结构存在, 在外加电场下固体及其表面溶剂化层不动, 而扩散层中其他与固体表面带相反电荷的离子则可以发生移动。这些离子都是溶剂化的, 因此就观察到分散介质的移动, 如图 14.22 所示。

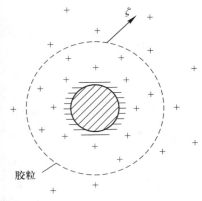

胶粒

图 14.23　胶粒表面双电层结构示意图

同样, 利用双电层和 ζ 电势的概念也可以说明电泳作用。以上所讨论的双电层结构在胶体粒子表面上也完全适用, 溶胶中的独立运动单位是胶粒, 它实际上就是固相连同其溶剂化层所构成的, 胶粒与其余的处于扩散层中的导电性离子之间的电势降即为 ζ 电势 (图 14.23)。因此, 在外加电场之下胶粒与扩散层中的其余异电性离子彼此向相反方向移动, 而发生电泳作用。在电泳时胶粒移动的速度 u 显然与胶粒本身的大小、形状及所带的电荷有关, 也与外加电场的电场强度 E、ζ 电势、介质的介电常数 ε 和黏度 η 等因素有关, 可见关系比较复杂, 很难用统一的公式来计算 u 值。

Stern 模型虽能解释一些事实, 但在理论处理上遇到了一些困难, 于是又有人对 Stern 模型中所提出的 Stern 层的结构作了更为详尽的描述。

1939 年, Essin 和 Markov 在模型中引入了电荷离散 (不连续) 的概念。1947 年, Grahame 对 Stern 模型中的紧密层作了进一步的细化。他考虑了离子的特 (异) 性吸附, 这些离子紧粘在固体表面, 是非溶剂 (水) 化的 (至少在与固体表面接触的那一侧无溶剂 (水) 分子); 由这些离子的中心构成了所谓的内 Helmholtz 平面 (IHP), 紧靠这些离子的溶剂 (水) 化离子的中心则构成了外 Helmholtz 平面 (OHP)。1963 年, Bockris, Devanathan 和 Muller 在前人研究的基础上, 又考虑了溶剂 (水) 偶极子对双电层性质的影响, 从而进一步完善了有关双电层的理论和模型 (参见图 14.24)。

尽管如此, 目前的各种关于双电层的理论尚未达到尽善尽美的程度, 仍需要不断地充实和补充。

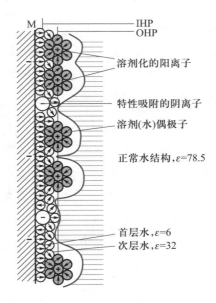

图 14.24 BDM 双电层模型示意图

14.7 溶胶的稳定性和聚沉作用

溶胶的稳定性

前已指出, 溶胶是热力学上的不稳定系统, 粒子间有相互聚结而降低其表面能的趋势, 即具有易于聚沉的不稳定性。因此, 在制备溶胶时必须有稳定剂存在。另一方面, 由于溶胶的粒子小, Brown 运动剧烈, 因此在重力场中不易沉降, 即具有动力稳定性。稳定的溶胶必须同时兼备不易聚沉的稳定性和动力稳定性。但其中以不易聚沉的稳定性更为重要, 因为 Brown 运动固然使溶胶具有动力稳定性, 但也促使粒子之间不断地相互碰撞, 如果粒子一旦失去抗聚沉的稳定性, 则互碰后就会引起聚结, 其结果是粒子增大, Brown 运动速率减小, 最终也会成为动力不稳定的系统。粒子聚集由小变大的过程称为**聚集过程** (aggregation), 由胶体粒子聚集而成的大粒子称为**聚集体** (aggregate); 如果聚集的最终结果是粒子从溶液中沉淀析出, 则称为**聚沉过程** (coagulation)。为了加速聚沉过程, 可以外加其他物质作为**聚沉剂** (coagulant), 如电解质等。此外, 某些物理因素 (如光、电、热等效应) 也有可能促使溶胶聚沉。

　　在讨论溶胶的稳定性时, 我们必须考虑促使其相互聚沉的粒子间相互吸引的能量 (V_a) 及阻碍其聚沉的相互排斥的能量 (V_r) 两方面的总效应。溶胶粒子间的吸引力在本质上和分子间的 van der Waals 引力相同, 但是此处是由许多分子组成的粒子之间的相互吸引, 其吸引力是各个分子所贡献的总和。可以证明, 这种作用力不是与分子间距离的六次方成反比, 而是与距离的三次方成反比。因此, 这是一种远程作用力。溶胶粒子间的排斥力起源于溶胶粒子表面的双电层结构。当粒子间距离较大, 其双电层未重叠时, 排斥力不发生作用。而当粒子靠得很近, 以致双电层部分重叠时, 则在重叠部分中离子的浓度比正常分布时大, 这些过剩的离子所具有的渗透压力将阻碍粒子的靠近, 因而产生排斥作用。粒子之间的距离

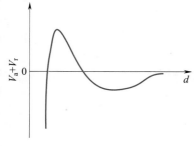

图 14.25　粒子间作用能与其距离的关系曲线 (示意图)

(d) 与总作用能 ($V_a + V_r$) 的关系如图 14.25 所示 (示意图)。当距离较大时, 双电层未重叠, 吸引力起作用, 因此总势能为负值。当粒子靠近到一定距离以致双电层重叠, 则排斥力起主要作用, 势能显著增大; 但与此同时, 粒子之间的吸引力也随距离的缩短而增大。当距离缩短到一定程度后, 吸引力又占优势, 势能又随之减小。从图中可以看出, 粒子要互相聚集在一起, 必须克服一定的势垒, 这是稳定的溶胶中粒子不相互聚沉的原因。在这种情况下, 尽管 Brown 运动使粒子相碰, 但当粒子靠近到双电层重叠时, 随即发生排斥作用又使其分开, 就不会引起聚沉。但是, 如果由于某些原因使得吸引的效应足以抵消排斥效应, 则溶胶就将表现出不稳定状态。在这种情况下, 碰撞将导致粒子的结合, 先是系统的分散程度降低, 最后所有的分散相都变为沉淀析出, 这种过程称为聚沉过程。

　　一般外界因素如分散系统中电解质的浓度等, 对 van der Waals 引力影响较小, 但能强烈影响胶粒之间的排斥能量 V_r。

　　研究溶胶稳定性问题时要考虑的另一个因素是溶剂化层的影响。我们知道, 溶胶粒子表面因吸附某种离子而带电荷, 并且此种离子及反离子都是溶剂化的。这样, 在溶胶粒子周围就好像形成了一个溶剂化膜 (水化膜)。许多实验表明, 水化膜中的水分子是比较定向排列的; 当溶胶粒子彼此接近时, 水化膜就被挤压变形, 从而引起定向排列的引力, 力图恢复水化膜中水分子原来的定向排列, 这样就使水化膜表现出弹性, 成为溶胶粒子彼此接近时的机械阻力。另外, 水化膜中的水较系统中的 "自由水" 具有较高的黏度, 这也成为溶胶粒子相互接近时的机械障碍。总之, 溶胶粒子外的这部分水化膜客观上起了排斥作用, 所以也常称为 "水化膜斥力"。溶胶粒子外水化膜的厚度应该与扩散双电层的厚度相当, 估计为

$1 \sim 10$ nm。水化膜的厚度受系统中电解质浓度的影响, 当电解质浓度增大时, 扩散双电层的厚度减小, 故水化膜变薄。

影响聚沉作用的一些因素

影响溶胶稳定性的因素是多方面的, 例如电解质的作用、胶体系统的相互作用、溶胶的浓度、温度等。其中, 溶胶浓度的增大和温度的升高均将使粒子的互碰更为频繁, 因而降低其稳定性。在这些影响因素中, 以电解质的作用研究得最多, 本节中仅扼要讨论电解质对于溶胶聚沉作用的影响和胶体系统间的相互作用。

1. 电解质对于溶胶聚沉作用的影响

溶胶对电解质的影响非常敏感, 通常用**聚沉值** (coagulation value) 来表示电解质的聚沉能力。聚沉值是指使一定量的溶胶在一定时间内完全聚沉所需电解质的最小浓度, 又称为临界聚沉浓度, 而聚沉率则是聚沉值的倒数。表 14.3 给出了不同电解质对一些溶胶的聚沉值。

表 14.3　不同电解质对一些溶胶的聚沉值　单位: $mmol \cdot dm^{-3}$

As_2S_3(负溶胶)		AgI(负溶胶)		Al_2O_3(正溶胶)	
LiCl	58	$LiNO_3$	165	NaCl	43.5
NaCl	51	$NaNO_3$	140	KCl	46
KCl	49.5	KNO_3	136	KNO_3	60
KNO_3	50	$RbNO_3$	126		
KAc	110	$(AgNO_3$	0.01)		
$CaCl_2$	0.65	$Ca(NO_3)_2$	2.40	K_2SO_4	0.30
$MgCl_2$	0.72	$Mg(NO_3)_2$	2.60	$K_2Cr_2O_7$	0.63
$MgSO_4$	0.81	$Pb(NO_3)_2$	2.43	$K_2C_2O_4$	0.69
$AlCl_3$	0.093	$Al(NO_3)_3$	0.067	$K_3[Fe(CN)_6]$	0.08
$\frac{1}{2}Al_2(SO_4)_3$	0.096	$La(NO_3)_3$	0.069		
$Al(NO_3)_3$	0.095	$Ce(NO_3)_3$	0.069		

根据一系列实验结果, 可以总结出如下一些规律:

(1) 聚沉能力主要取决于与溶胶粒子带相反电荷的离子的价数。对于给定的溶胶, 异电性离子为一、二、三价的电解质, 其聚沉值的比例约为 $100 : 1.6 : 0.14$, 亦即约为 $\left(\frac{1}{1}\right)^6 : \left(\frac{1}{2}\right)^6 : \left(\frac{1}{3}\right)^6$。这表示聚沉值与异电性离子价数的六次方成反比, 这一结论称为 **Schulze-Hardy** 规则。

(2) 价数相同的离子聚沉能力也有所不同。例如，不同的碱金属的一价阳离子所生成的硝酸盐对负电性胶粒的聚沉能力排序如下：

$$H^+ > Cs^+ > Rb^+ > NH_4^+ > K^+ > Na^+ > Li^+$$

而不同的一价阴离子所形成的钾盐，对带正电荷的 Fe_2O_3 溶胶的聚沉能力则有如下次序：

$$F^- > Cl^- > Br^- > NO_3^- > I^-$$

同价离子聚沉能力的这一次序称为**感胶离子序** (lyotropic series)。它与水合离子半径从小到大的次序大致相同，这可能是水合离子半径越小，离子越容易靠近溶胶粒子的缘故。

(3) 有机化合物的离子都具有很强的聚沉能力，这可能与其具有很强的吸附能力有关。表 14.4 列出不同的一价阳离子所形成的氯化物对带负电荷的 As_2S_3 溶胶的聚沉值。

表 14.4 不同的一价阳离子所形成的氯化物对带负电荷的 As_2S_3 溶胶的聚沉值

电解质	聚沉值/(mol·m^{-3})	电解质	聚沉值/(mol·m^{-3})
KCl	49.5	$(C_2H_5)_2NH_2^+Cl^-$	9.96
氯化苯胺	2.5	$(C_2H_5)_3NH^+Cl^-$	2.79
氯化吗啡	0.4	$(C_2H_5)_4N^+Cl^-$	0.89
$(C_2H_5)NH_3^+Cl^-$	18.20		

(4) 电解质的聚沉作用是阴、阳离子作用的总和。有时与溶胶粒子具有相同电荷的离子 (也称同号离子) 也有显著影响，通常相同电性离子的价数越高，则该电解质的聚沉能力越弱，这可能与这些相同电性离子的吸附作用有关。表 14.5 给出不同负离子所成的钾盐对带负电荷的亚铁氰化铜溶胶的聚沉值。

表 14.5 不同负离子所成的钾盐对带负电荷的亚铁氰化铜溶胶的聚沉值

电解质	聚沉值/(mol·m^{-3})	电解质	聚沉值/(mol·m^{-3})
KBr	27.5	K_2CrO_4	80.0
KNO_3	28.7	$K_2C_4H_4O_6$	95.0
K_2SO_4	47.5	$K_4[Fe(CN)_6]$	260.0

因此，只有在与溶胶同电性离子的吸附作用极弱的情况下，才能近似地认为溶胶的聚沉作用是异电性离子单独作用的结果。

(5) 不规则聚沉。在溶胶中加入少量的电解质可以使溶胶聚沉，电解质浓度稍大，沉淀又重新分散而成溶胶，并使胶粒所带电荷改变符号。如果电解质的浓度再增大, 可以使新形成的溶胶再次沉淀, 这种现象称为**不规则聚沉** (irregular coagulation)。不规则聚沉是溶胶粒子对高价异电性离子的强烈吸附的结果, 少量电解质可以使胶体聚沉, 但吸附过多的异电性高价离子, 使溶胶粒子又重新带异电性离子的电荷, 于是溶胶又重新稳定, 所带电荷与原溶胶粒子电荷相反。再加入电解质后, 由于电解质离子的作用 (如离子强度和扩散层厚度的变化), 又使溶胶聚沉。此时电解质的浓度已经很大, 再增加电解质也不能使沉淀再分散。

从上述讨论可以看出, 电解质对溶胶的聚沉作用的影响是相当复杂的。其共同点是不论何种电解质, 只要浓度达到某一定数值, 都会引起聚沉作用。

2. 胶体系统之间的相互作用

将溶胶粒子带相反电荷的两种溶胶互相混合, 也会发生聚沉。与电解质的聚沉作用不同之处在于, 两种溶胶用量恰能使其所带的总电荷量相等时, 才会完全聚沉, 否则可能不完全聚沉, 甚至不聚沉。表 14.6 给出了用不同数量的氢氧化铁溶胶 (正电性) 和定量硫化锑溶胶 (含 Sb_2S_3 为 0.56 mg, 负电性) 作用时观察到的情况。产生相互聚沉现象的原因: 可以把溶胶粒子看成一个巨大的离子, 所以溶胶的混合类似于加入电解质的一种特殊情况。

表 14.6 溶胶的相互聚沉作用

所加 $Fe(OH)_3$ 的质量 m/mg	结果	溶胶混合物的电荷
0.8	不聚沉	−
3.2	微呈浑浊	−
4.8	高度浑浊	−
6.1	完全聚沉	0
8.0	局部聚沉	+
12.8	微呈浑浊	+
20.8	不聚沉	+

若在憎液溶胶中加入足够数量的某些大分子化合物的溶液, 则由于大分子化合物吸附在憎液溶胶粒子的表面上, 使其对介质的亲和力增加, 从而有防止聚沉的保护作用。不同大分子化合物的保护能力取决于它与憎液溶胶粒子间的吸附作用。为了表示各种大分子化合物对金溶胶的保护能力, Zsigmondy 曾建议用一个实用单位, 称为 "金值 (gold number)"。它表示为了保护 10 cm³ 0.006% 金溶胶, 在加入 1 cm³ 10% NaCl 溶液后不致凝结时所需大分子化合物的最少质量 (用 mg 表示) [Ostward 还建议用另一种单位 "红值 (red value)", 它和金值相似, 不过用 0.01% 刚果红溶胶来代替金溶胶]。憎液溶胶粒子被保护之后, 具有该大分子

化合物的性质。例如, 由白明胶所保护的金溶胶, 不但可以达到很高的浓度, 而且烘干以后仍旧可以再分散到介质中。但是应该指出, 如果所加大分子化合物少于保护憎液溶胶所必需的数量, 则少量的大分子化合物反而使憎液溶胶更容易被电解质所聚沉, 这种效应称为**敏化作用** (sensitization)。可以设想, 此时少量的大分子化合物不足以将所有憎液溶胶粒子包围, 而相反的是憎液溶胶粒子将大分子化合物包围起来, 于是大分子化合物起了桥联作用, 使憎液溶胶在一定程度上联系在一起, 所以更容易被电解质所聚沉。

胶体稳定性的 DLVO 理论大意

胶体系统是具有一定分散度的多相系统。一方面, 胶体系统有巨大的表面积和表面能, 因而从热力学上来说, 它是不稳定系统, 粒子之间有相互聚沉而降低其表面能的趋势, 即具有相互聚沉的不稳定性 (或简称为 "聚沉不稳定性")。另一方面, 由于粒子很小, 有强烈的 Brown 运动, 能阻止其在重力场中的沉降, 因而系统又具有动力学稳定性。热力学上的不稳定性和动力学上的稳定性二者兼备, 但何者更为重要? 学者们认为前者更为重要。因为一旦失去热力学的稳定性, 粒子相互聚结变大, 最终将导致失去动力学的稳定性。因此, 研究溶胶的聚沉不稳定性的原因, 对于了解胶体系统的基本特征是十分有用的。胶体的稳定性问题一直是胶体化学中的一个重要研究课题, 在 20 世纪 40 年代, 苏联学者 Deryagin 和 Landau 与荷兰学者 Verwey 和 Overbeek 分别提出了 (当时正值第二次世界大战, 学术交流受阻) 关于各种形状粒子之间在不同的情况下相互吸引能与双电层排斥能的计算方法。他们处理问题的方法与结论大致相同, 因此该理论简称为 **DLVO理论** (取他们姓名的第一个字母)。

在溶胶粒子之间存在着使其相互聚结的吸引能量, 同时又有阻碍其聚结的相互排斥的能量, 胶体的稳定性就取决于溶胶粒子之间这两种能量的相对大小, 而这两个作用能量都与质点的距离有关。在适当的条件下, 当质点接近时, 排斥能大于吸引能, 从而在总作用能与距离的关系曲线上出现势垒 (参见图 14.25)。当势垒足够大时, 就能阻止质点的聚集和聚沉, 并使胶体系统趋于稳定。外加电解质的性质与浓度可影响系统的稳定性。胶体质点表面溶剂化层有利于阻止聚沉, 提高系统的稳定性。DLVO 理论给出了计算胶体质点间排斥能及吸引能的方法, 并据此对憎液溶胶的稳定性进行了定量处理, 得出了聚沉值与异电性离子电价之间的关系式, 从理论上阐明了 Schulze-Hardy 规则, 这就是关于胶体稳定性的 DLVO 理论的大意。

*DLVO 理论的一种简化表示式

由于影响吸引和排斥的因素很多, 所以推导 V_a 和 V_r 的表示式较为复杂, 这里只引出经过简化后的结果, 具体推导过程请参阅有关专著。

对于两个体积相等的球形粒子, 当两球表面之间的距离 H 比粒子半径 r 小得多时, 可以近似得到两粒子之间的相互引力势能 V_a, 即

$$V_a = -\frac{A}{12}\frac{r}{H} \tag{14.19}$$

式中 A 称为 Hamaker 常数, 与粒子性质 (如单位体积内的原子数、极化率等) 有关, 是物质的特征常数, 为 $10^{-19} \sim 10^{-20}$ J。

具有相同电荷的粒子之间的相斥势能 V_r 的大小取决于粒子电荷的数目和相互间的距离, 固体表面电势分布情况不同, 则相斥势能的表示式也不同。平行板之间的相斥势能为

$$V_r = K_1 c^{1/2} \exp(-K_2 c^{1/2}) \tag{14.20}$$

式中 c 为电解质浓度; K_1 和 K_2 在一定条件下有定值。从式 (14.20) 可知, V_r 随电解质浓度 c 的增大而呈指数下降。所以, 电解质的浓度对溶胶的稳定性影响极大。对于两个相距为 H 的球形粒子, 假定表面电势较低, 其相斥势能可近似表示为

$$V_r \approx K \varepsilon r \varphi_0^2 \exp(-\kappa H_0) \tag{14.21}$$

式中 K 为常数; ε 为介质的介电常数; φ_0 为溶胶粒子表面的电势; κ 是 Debye-Hückel 公式中离子氛半径的倒数; H_0 是两球表面间的最小距离; r 是粒子半径。由式 (14.21) 可知, 相斥势能随表面电势 φ_0 和粒子半径 r 的增大而升高, 而随粒子间距离的增大呈指数下降。

粒子间的总势能应该是相吸势能和相斥势能之和, 即 $V = V_a + V_r$, 其数值变化大致如图 14.25 所示。在势能曲线中, 势垒的高度是溶胶稳定性的一种标志; 当势垒高度为零时, 溶胶将变得不稳定。在图中找出由于电解质的加入, 使势垒降为零的点, 即

$$\frac{\mathrm{d}V}{\mathrm{d}H} = 0, \qquad V = 0$$

这时所加电解质的浓度 c 是 $V = 0$ 时的聚沉浓度, 即通常称为聚沉值。经过若干步骤的简化, 得到以水为介质的 DLVO 理论的一种简化表示式为

$$c = K \cdot \frac{\gamma^4}{A^2 z^6} \tag{14.22}$$

式中 c 为电解质的聚沉浓度; K 为常数; A 为 Hamaker 常数; γ 是与表面电势有关的物理量。对某种溶胶而言, A 和 γ 有定值, 所以聚沉值与异电性离子的价数 z 的六次方成反比, 这从理论上阐明了 Schulze-Hardy 规则, 并也能从大量的实验结果确实得到 $c \propto \dfrac{1}{z^6}$, 反过来证明了 DLVO 理论的正确性。

大分子化合物对溶胶的絮凝和稳定作用

1. 大分子化合物对溶胶的絮凝作用

在溶胶或悬浮体内加入极少量的可溶性大分子化合物, 可导致溶胶或悬浮体迅速沉淀, 沉淀呈疏松的棉絮状, 这类沉淀称为**絮凝物** (floc), 这种现象称为**絮凝作用** (flocculation, 早期曾称为敏化作用)。能产生絮凝作用的大分子化合物称为**絮凝剂** (f locculating agent)。

大分子化合物对溶胶的絮凝作用与电解质的聚沉作用完全不同。由电解质所引起的聚沉过程比较缓慢, 所得到的沉淀颗粒紧密、体积小, 这是电解质压缩了溶胶粒子的扩散双电层所引起的。大分子化合物的絮凝作用则是由于吸附了溶胶粒子以后, 大分子化合物本身的链段旋转和运动, 相当于本身的 "痉挛" (spasm) 作用, 将固体粒子聚集在一起而产生沉淀。因为大分子化合物在粒子间起着一种架桥的作用, 所以称为 "桥联作用" (bridging)。

絮凝作用比聚沉作用有更大的实用价值。因为絮凝作用具有迅速、彻底、沉淀疏松、过滤快、絮凝剂用量少和无二次污染等优点, 特别对于颗粒较大的悬浮体尤为有效。这对于污水处理、钻井泥浆、选择性选矿以及化工生产流程的沉淀、过滤、洗涤等操作都有极重要的作用。

絮凝物的沉降不同于一般溶胶粒子或悬浮粒子的沉降。它是由粒子构成网形结构, 中间还夹杂着分散相, 所以是呈疏松的团状物下沉。这种沉降过程不能用 Stokes 公式来描述。DLVO 理论对电解质的聚沉作用的描述比较完整, 但也不适用于此处。目前, 对桥联作用的机理仍只能作定性说明。

大分子化合物絮凝作用有以下几个特点:

(1) 起絮凝作用的大分子化合物一般具有链状结构, 凡是分子构型是交联的, 或者是支链结构的, 其絮凝效果就差, 甚至没有絮凝能力。

(2) 任何絮凝剂的加入量都有一最佳值, 此时的絮凝效果最好, 超过此值絮凝效果就下降, 若超出很多, 反而起了保护作用。

(3) 大分子化合物的分子质量越大, 则架桥能力越强, 絮凝效率也越高。

(4) 大分子化合物的基团性质与絮凝有关, 有良好絮凝效果的大分子化合物至少应具备能吸附于固体表面的基团, 同时这种基团还能溶解于水中。所以, 基团的性质对絮凝效果有十分重要的影响。常见的基团有 —COONa, —CONH$_2$, —OH, —SO$_3$Na 等。这些极性基团的特点是亲水性很强, 能在固体表面上吸附。产生吸附的原因可以是静电吸引、氢键和 van der Waals 引力。吸附力的大小常取决于溶液和固体表面的性质。在絮凝过程中, 常通过调节 pH, 外加高价离子、有机大离子及表面活性剂等, 使大分子化合物在某些固体表面上有选择性吸附, 而在另外的一些固体表面上不吸附。这样可以在混合的悬浮体内产生选择性絮凝, 为分离、提纯、选矿等提供了方便。

(5) 絮凝过程是否迅速、彻底取决于絮凝物的大小和结构、絮凝物的性能与絮凝剂的混合条件、搅拌的速率和强度等, 甚至容器的形状、絮凝剂浓度、加入药剂的速率等都有影响。由于因素复杂, 很难用数学关系来表达。一般要求混合均匀、搅拌缓慢、絮凝剂的浓度低、投药速率较慢为好。如果搅拌剧烈, 则可能把絮凝物打散, 又成为稳定溶胶。

近年来, 大分子絮凝剂发展得十分迅速, 按其结构可分为四类:

非离子型: 聚丙烯酰胺、聚氧乙烯及淀粉等。

阴离子型: 水解聚丙烯酰胺、聚丙烯酸钠等。

阳离子型: 聚胺、聚苯乙烯三甲基氯化铵等。

两性型: 动物胶、蛋白质等。

用得最多的是聚丙烯酰胺类。

2. 大分子化合物对溶胶的稳定作用

在溶胶中加入一定量的大分子化合物或缔合胶体, 能显著提高溶胶对电解质的稳定性, 这种现象称为保护作用, 近年来又称为空间稳定性 (steric stability)。人们对大分子化合物能起稳定作用的认识已有悠久的历史。例如, 制造墨汁时就是利用动物胶使炭黑稳定地悬浮在水中, 古埃及壁画上的颜色也是用酪素来稳定的。产生稳定作用的原因是大分子化合物吸附在溶胶粒子的表面上, 形成一层大分子保护膜, 包围了溶胶粒子, 把亲液性基团伸向水中, 并且有一定厚度。所以, 当胶体质点在相互接近时, 吸引力就大为削弱, 而且有了这一层黏稠的大分子保护膜, 还会增加相互排斥力, 因而增加了胶体的稳定性。

溶胶被保护以后, 它的一些物理化学性质如电泳、对电解质的敏感性等会产生显著的变化。这时系统的物理化学性质与所加入的大分子化合物的性质相近。近年来, 人们发现大分子化合物不仅使溶胶能对抗电解质的聚沉, 而且可使溶胶具有在长时间内保持粒子大小不变的抗老化性和在很宽的温度范围内保持恒定不聚沉的抗温性。这时溶胶已失去某些原有的憎液溶胶特性, 显示出一些亲液溶胶的性质, 如溶胶沉淀后还能自动再散开又形成溶胶, 而无须对系统做功。所以, 这些性质的突变不能用 "保护" 一词来概括了, 人们认为用提高溶胶的空间稳定性的概念比较合适, 表示不仅限于对电解质的对抗。

14.8 乳状液

两种乳状液 —— O/W 型和 W/O 型乳状液

乳状液 (emulsion) 是由两种液体所构成的分散系统。它是由一种液体以极小的液滴形式分散在另一种与其不相混溶的液体中所构成的。通常其中一种液体是水或水溶液, 另一种则是与水不相互溶的有机液体, 一般统称为 "油"。乳状液的一个特点是, 对于指定的 "油" 和水而言, 可以形成 "油" 分散在水中即**水包油乳状液** (oil in water emulsion), 用符号油/水 (或 O/W) 表示; 也可以形成水分散在 "油" 中即**油包水乳状液** (water in oil emulsion), 用符号水/油 (或 W/O) 表示。这主要与形成乳状液时所添加的乳化剂性质有关。决定和影响乳状液形成的因素很多, 其中主要有: 油和水相的性质、油与水相的体积比、乳化剂和添加剂的性质及温度等。不管形成何种类型 (O/W 型或 W/O 型) 的有一定稳定性的乳状液, 都要有乳化剂存在。乳状液中分散相粒子的大小在 100 nm 以上, 用显微镜可以清楚地观察到, 因此从粒子的大小看, 乳状液应属于粗分散系统, 但由于它具有多相和易聚结的不稳定性等特点, 所以乳状液也作为胶体化学研究的对象。在自然界、生产实际及日常生活中, 人们均经常接触到乳状液, 如牛奶、人造黄油、从油井中喷出的原油、橡胶类植物的乳浆、一些常见的杀虫用乳剂等皆是乳状液。通常将形成乳状液时被分散的相称为**内相** (inner phase), 而作为分散介质的相称为**外相** (outer phase); 显然, 内相是不连续的, 而外相是连续的。两种乳状液在外观上并无多大区别, 要确定乳状液的类型一般可采用稀释、染色和电导测量等方法。

(1) **稀释法** 乳状液能为其外相液体所稀释。所以, 凡是其性质与乳状液外相相同的液体就能稀释乳状液。例如, 牛奶能被水稀释, 所以它是 O/W 型乳状液。

(2) **染色法** 将微量的油溶性有色染料加到乳状液中, 若整个乳状液带有染料的颜色, 则该乳状液就是 W/O 型乳状液; 如果只有其中的小液滴带有染料的颜色, 则该乳状液是 O/W 型乳状液。如果用水溶性有色染料来测试, 则结果恰好相反。常用的油溶性有色染料有红色的苏丹红等, 水溶性有色染料有亚甲基蓝等。

(3) **电导法** 以水为外相的 O/W 型乳状液有较好的电导性能, 而 W/O 型乳状液的电导性能很差。

无论是在工业上还是日常生活中, 乳状液都有广泛的应用。有时人们必须设法破坏天然形成的乳状液, 例如对石油原油和天然橡胶进行破乳去水; 而有时又必须人工制备成乳状液, 如将农药制备成乳剂, 以便在植物叶子上铺展, 提高杀虫效果; 又如在不互溶的两液相的界面上进行界面反应, 要将两液相制成稳定的乳状液, 以便扩大相界面。因此, 对乳状液稳定条件和破坏方法的研究就具有重要的实际意义。

用不同的制备方法可以得到不同大小的内相液珠, 由于它们对光的吸收、散射、反射等性质不同, 所以对应的乳状液具有不同的外观, 如表 14.7 所示。因此, 可以根据乳状液的外观, 大致判断内相液珠大小的分布情况。

表 14.7　乳状液的外观与内相液珠大小的关系

内相液珠大小	外观
大滴	可分辨出有两相存在
> 1 μm	乳白色乳状液
0.1 ~ 1 μm	蓝白色乳状液
0.05 ~ 0.1 μm	灰蓝色半透明
< 0.05 μm	透明

常见乳状液的内相液珠大部分在 0.1 ~ 10 μm, 而可见光的波长在 0.4 ~ 0.8 μm, 大部分乳状液有反射现象而呈乳白色, 乳状液就是由此而得名的。如果内相液珠较小, 则发生散射, 这时乳状液为灰蓝色的半透明液体。如果分散相与分散介质的折射率相同, 得到的是半透明乳状液。

乳化剂的作用

当直接把水和 "油" 共同振摇时, 虽可以使其相互分散, 但静置后很快又会分成两层。例如, 苯和水共同振摇时可得到白色的混合液体, 静置不久后又会分层。如果加入少量合成洗涤剂再振摇, 就会得到较为稳定的乳白色液体, 苯以很小的液珠形式分散在水中, 形成了乳状液。为了形成稳定的乳状液所必须加的第三组分通常称为**乳化剂** (emulsifying agent), 是人工合成的表面活性剂。乳化剂的作用在于使由机械分散所得的液珠不相互聚结。乳化剂种类很多, 可以是蛋白质、树胶、明胶、皂素、磷脂等天然产物, 这类乳化剂能形成牢固的吸附膜或增加外相黏度, 以阻止乳状液分层, 但它们易水解和被微生物或细菌分解, 且表面活性较低。现在, 绝大多数实用的乳化剂是人工合成的表面活性剂, 可以是阴离子型、阳离子型或非离子型, 如 13.7 节中所述, 根据它们不同的 HLB 值可用于制备 W/O 型或 O/W 型乳状液。

影响乳状液类型的理论尚不够完善, 大多是定性的或半定量的, 主要有如下几种:

(1) **界面能量降低说**   乳化剂是决定乳状液类型的主要因素。"油" 和水本来是不互溶的, 在加入乳化剂之后, 乳化剂聚集在油–水界面之间而形成膜, 也可看作在油相和水相之间形成了一个新相, 同时又产生了两个界面张力, 即膜与水相之间的界面张力 $\gamma_{膜-水}$ 和膜与油相之间的界面张力 $\gamma_{膜-油}$。通常这两个界面张力大小不相等, 膜将向界面张力大的那面弯曲。例如, 若 $\gamma_{膜-油} > \gamma_{膜-水}$, 则界面将向油相一面弯曲, 因为这样可以减少膜和油相之间的界面积, 使系统的能量降低, 于是, 在界面张力高的一边的液体就成为内相, 即构成 O/W 型乳状液。反之, 若 $\gamma_{膜-油} < \gamma_{膜-水}$, 则将形成 W/O 型乳状液。

(2) **乳化剂的分子构型影响乳状液的类型**   乳化剂分子系统的稳定作用与乳化剂的分子构型即空间结构密切相关。例如, 一价金属皂 (一种表面活性剂) 形成 O/W 型乳状液, 而二价金属皂则形成 W/O 型乳状液, 如图 14.26 所示。可以将乳化剂比喻为两头大小不同的 "楔子" (wedge), 若要楔子排列得整齐稳定, 截面小的一头总是指向分散相, 截面大的一头留在分散介质中。从图 14.26 很容易理解, 为什么一价金属皂形成 O/W 型乳状液, 而二价金属皂形成 W/O 型乳状液。尽管楔子理论比较形象化, 但也常有例外。

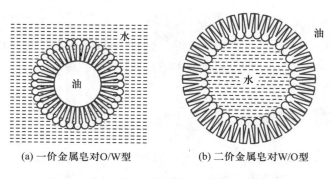

(a) 一价金属皂对O/W型   (b) 二价金属皂对W/O型

图 14.26   皂类对不同乳状液稳定作用示意图

(3) **乳化剂溶解度的影响**   定温下将乳化剂在水相和油相中的溶解度之比定义为分配系数。以辛烷和水组成的系统为例, 不同乳化剂的分配系数和乳状液的类型见表 14.8。

表 14.8　不同乳化剂的分配系数与乳状液的类型

乳化剂	分配系数	类型	稳定时间
$C_{16}H_{33}N(CH_3)_3Cl$	100	O/W	很稳定
$C_{16}H_{33}N(C_4H_9)_2C_3H_7I$	65	O/W	24 d
$C_{16}H_{33}N(C_8H_{17})_2C_3H_7I$	35	O/W	$3 \sim 5$ min
$(C_{18}H_{37})_2N(NH_3)_2Cl$	4	W/O	$5 \sim 10$ min

表 14.8 中数据表明, 分配系数比较大时, 容易得到 O/W 型乳状液 (反之, 若比较小时, 则得到 W/O 型乳状液)。分配系数越大, O/W 型乳状液越稳定, 反之亦然。实践表明, 溶解度规则比楔子理论具有更普遍意义。

(4) **两相体积的影响**　如果分散相均为大小一致的不变形的球形液珠, 根据立体几何计算, 任何大小的球形, 最紧密堆积的液珠的体积只能占总体积的 73.02% (球形粒子不是立方体, 球与球之间必然有空隙); 如果分散相的体积大于 74.02%, 乳状液就会破坏变型。例如, 水的体积小于 26%, 只能形成 W/O 型乳状液; 若大于 74%, 则只能形成 O/W 型乳状液; 若水的体积在 26% ~ 74%, 则两种类型的乳状液都有形成可能。

关于表面活性剂对乳状液状态的影响, 并没有非常成熟的理论。

乳状液的不稳定性 —— 分层、变型和破乳

从热力学观点来看, 乳状液是不稳定系统。乳状液的不稳定性, 表现为分层、变型和破乳, 这些只是其表现方式和时间不同而已, 有时它们也可以交叉进行, 互有关联。

(1) **分层**　这往往是破乳的前导, 如牛奶的分层是最常见的现象, 它的上层是奶油, 在上层中分散相乳脂约占 35%, 而在下层只占 8%。

(2) **变型**　指乳状液由 O/W 型变为 W/O 型 (或相反)。影响变型的因素前已提及, 如改变乳化剂、变更两相的体积比、改变温度及电解质的影响等。

在乳状液中加入一定量的电解质, 会使乳状液变型。例如, 以硬脂酸钠为乳化剂的苯水系统是 O/W 型乳状液, 加入 0.5 mol $\cdot$ dm^{-3} NaCl 溶液后, 则变成 W/O 型乳状液。以水和苯、水和汽油两个系统为例, 对于不同的乳化剂表 14.9 中给出了 NaCl 使系统变型的浓度。

高价金属离子导致乳状液变型的作用可以用楔子理论来说明, 离子的价数对变型所需要电解质的浓度有很大影响。电解质的变型能力可按如下的顺序

	表 14.9 NaCl 使系统变型的浓度			
油相	乳化剂 (浓度)	NaCl 浓度 mol·dm^{-3}	类型	
			无 NaCl	有 NaCl
苯	硬脂酸钠 (0.33%)	0.5	O/W	W/O
	油酸钠 (2%)	2	O/W	W/O
	环烷酸钠 (0.1 mol·L^{-1})	1	O/W	W/O
汽油	硬脂酸钠 (0.33%)	0.5	O/W	W/O
	油酸钠 (2%)	2	O/W	W/O
	环烷酸钠 (0.1 mol·L^{-1})	1	O/W	W/O

排列:

$$Al^{3+} > Cr^{3+} > Ni^{2+} > Pb^{2+} > Ba^{2+} > Sr^{2+}(= Ca^{2+}, Fe^{2+}, Mg^{2+})$$

乳状液的变型还可能与高价金属离子压缩液珠的双电层有关。

(3) **破乳** 破乳 (demulsification) 与分层不同, 分层还有两种乳状液存在, 而破乳是使两种液体完全分离。破乳的过程分两步实现, 第一步是絮凝, 分散相的液珠聚集成团。第二步是聚结, 在团中各液珠相互合并成大液珠, 最后聚沉分离。在乳状液的内相浓度较小时以絮凝为主, 浓度较大时则以聚沉为主。

破坏乳状液的方法很多, 如加热破乳、高压电破乳、过滤破乳、化学破乳等。原油脱水就是采用高压电破乳的方法, 在电场作用下液珠质点排列成行, 当电压升到某一定值时 (约为 2000 V·m^{-1} 的直流电), 聚结过程瞬间完成。化学破乳是加入破乳剂, 破坏乳化剂的吸附膜。例如, 用皂作乳化剂, 则在乳状液中加酸, 皂就变成脂肪酸而析出, 乳状液就分层而被破坏。当前最主要的化学破乳方法是选择一种能强烈吸附于油–水界面的表面活性剂, 用以顶替在乳状液中生成牢固膜的乳化剂, 产生了一种新膜, 膜的强度显著降低而导致破乳。

实际过程中进行破乳时, 总是几种方法综合使用。例如, 使原油破乳往往是加热、电场和破乳剂等几种方法同时并用, 以提高破乳效果使油水分离。

14.9 凝胶

凝胶 (gel) 是固–液或固–气所形成的一种分散系统, 其中分散相粒子相互连接成网状结构, 分散介质填充于其间。在凝胶中分散相和分散介质都是连续的。

如果溶胶的浓度足够大, 则在久置过程中就会失去流动性而成为半固体状态的 "**胶冻 (jelly)**", 这个自动形成胶冻的过程称为**胶凝** (gelation)。所有新制成的凝胶都含有大量的液体 (通常液体的含量在 95% 以上)。若所含的液体是水, 则该凝胶就称为**水凝胶** (hydrogel)。

凝胶有一定几何外形, 呈半固体状态, 无流动性, 因而有固体所具有的某些力学性质, 如有一定的强度、弹性和可塑性等。它又具有液体的某些性质, 例如离子在水凝胶中的扩散速度接近于在水溶液中的扩散速度 [在电化学测定电动势的实验中所用的盐桥, 就是在一定浓度的 KCl 溶液中加入琼脂 (agar) 使之形成水凝胶, 可保持 KCl 的电导与在水溶液中相差无几]。水凝胶经过干燥脱水后即成为**干凝胶** (xerogel), 通常市售的硅胶、明胶、阿拉伯胶等均属于干凝胶。

凝胶的存在极其普遍, 如橡胶、硅–铝催化剂、离子交换树脂及日常生活中的棉花纤维、豆腐, 动物的肉、毛发和细胞膜等都是凝胶。

凝胶的分类

根据分散质点的性质是柔性的还是刚性的, 以及形成凝胶结构时质点间联结的结构强度, 可以把凝胶分为弹性凝胶和刚性凝胶两大类。

(1) **弹性凝胶**　弹性凝胶 (elastic gel) 通常是由柔性的线型大分子化合物所形成的凝胶, 它具有弹性, 如橡胶 (分散颗粒为天然或合成大分子化合物)、琼脂 (分散颗粒为天然多糖类大分子化合物) 和明胶 (分散颗粒为天然蛋白质分子) 等。

弹性凝胶的另一特性是分散介质 (即溶剂) 的脱除和吸收具有可逆性。例如, 明胶是一种水凝胶, 脱水后体积收缩, 失去水分后成为只剩下以分散相为骨架的干凝胶 (俗称干胶)。若将干凝胶放入水中, 加热, 使之吸收水分, 冷却后又重新变为凝胶。这种过程可以反复进行, 故弹性凝胶又称为可逆凝胶 (reversible gel)。干凝胶对分散介质的吸收是有选择性的, 例如橡胶能吸收苯而不能吸收水, 明胶能吸收水而不能吸收苯。

(2) **刚性凝胶**　刚性凝胶 (rigid gel) 是由刚性分散颗粒相互联成网状结构的凝胶, 这些刚性分散颗粒多为无机物颗粒, 如 SiO_2, TiO_2, Al_2O_3 和 V_2O_5 等。在吸收或脱除溶剂后, 刚性凝胶的骨架基本不变, 所以体积也无明显变化。刚性凝胶脱除溶剂成为干凝胶后, 一般不能再吸收溶剂重新变为凝胶, 这是不可逆的, 故刚性凝胶又称为不可逆凝胶 (irreversible gel)。刚性凝胶对溶剂的吸收一般无选择性, 只要能润湿凝胶骨架的液体都能被吸收。

凝胶的形成

大致可以从两种途径来形成凝胶, 即分散法和凝聚法。

分散法比较容易, 如某些固态聚合物吸收适宜的溶剂后, 体积膨胀, 粒子分散而形成凝胶。例如, 橡胶吸收一定体积的苯后可形成凝胶。

凝聚法是使溶液或溶胶在适当条件下, 使分散颗粒相连而形成凝胶, 这一过程称为胶凝。可以采取如下几种方法使胶凝过程得以发生。

(1) **改变温度**　利用升降温度使系统形成凝胶。例如, 琼脂、明胶和肥皂等在水中受热溶解, 在冷却过程中分散相的溶解度下降, 同时分散颗粒相互联结而形成凝胶。但也有些溶液或溶胶在升温过程中发生交联而形成凝胶。

(2) **转换溶剂**　用分散相溶解度较小的溶剂替换溶胶中原有的溶剂, 可以使系统发生胶凝。例如, 在高级脂肪酸铜的水溶液中加入乙醇可以使溶液胶凝。

(3) **加入电解质**　在大分子溶液中加入大量电解质 (盐类), 可以引起胶凝, 这与盐析效应有关。引起胶凝的主要是电解质中的阴离子, 其影响大小可依次排列为

$$SO_4^{2-} > C_4H_4O_6^{2-} > CH_3COO^- > Cl^- > NO_3^- > ClO_3^- > Br^- > I^- > SCN^-$$

这个顺序称为 **Hofmeister 感胶离子序**。这一顺序大致与离子的水化能力一致。在此顺序中, Cl^- 以前的可使胶凝加速, 在 Cl^- 以后的将阻止胶凝。

(4) **化学反应**　利用化学反应生成不溶物时, 若控制反应条件, 则可以形成凝胶。以 $Ba(SCN)_2$ 与 $MgSO_4$ 的反应为例, 当二者的浓度都很小 ($10^{-5} \sim 10^{-4}$ $mol \cdot dm^{-3}$) 时, 相混后可得 $BaSO_4$ 溶胶。较大浓度 ($0.02 \sim 0.1 \, mol \cdot dm^{-3}$) 利于晶体长大, 利于形成结晶状的 $BaSO_4$ 沉淀。当浓度很大时 ($2 \sim 3 \, mol \cdot dm^{-3}$), 瞬间生成很多胶核, 粒子间距离又很近, 则可形成半固体状态的凝胶。

能使分子链相互连接的反应称为交联反应 (crosslinking reaction)。交联反应是使大分子溶液或溶胶产生胶凝的主要手段。

凝胶的性质

(1) **膨胀作用**　膨胀作用也称为 **溶胀作用** (swelling)。凝胶吸收液体或蒸气使自身体积 (或质量) 明显增加的现象称为凝胶的膨胀。凝胶的膨胀分为有限膨胀和无限膨胀。若凝胶吸收有限量的液体, 凝胶的网络只撑开而不解体, 则称为有限膨胀。若吸收的液体越来越多, 凝胶中的网络越撑越大, 最终导致破裂、解体并完全溶解, 则称为无限膨胀。

凝胶膨胀时会产生一种对外的压力, 称为 **溶胀压** (swelling pressure)。这种

压力有时相当可观, 我国古代 "湿木裂石" 即为利用溶胀压的例子, 即将干木楔入岩石的裂缝中, 然后注水, 木质纤维吸水后发生溶胀, 所产生的膨胀压可使岩石破裂。

凝胶对液体的吸收是有选择性的。如前所述, 橡胶可吸收苯而膨胀但不吸收水, 明胶可在水中膨胀, 而不在苯中膨胀。膨胀是放热反应, 仅从热力学的角度看, 膨胀度应随温度的升高而减小。但考虑到温度升高后, 系统的体积增加, 并且升温能使凝胶中的网络交联结构的强度减弱, 结构易于被破坏, 所以有时升温甚至可能从有限膨胀转化为无限膨胀, 如明胶在水中的膨胀就是一例。

(2) **离浆现象**　溶胶或大分子溶胶胶凝后, 凝胶的性质并没有完全固定下来, 在放置过程中, 凝胶的性质还在不断地变化, 这种现象称为老化。凝胶老化的重要现象就是离浆 (desizing), 也称为脱液 (水) 收缩。即凝胶在基本上不改变原来形状的情况下, 分离出其中所包含的一部分液体, 这时构成凝胶网络的颗粒相互收缩靠近, 排列得更加有序, 同时挤出一部分液体, 产生 "出汗" 现象。

无论是弹性凝胶 (如明胶) 还是刚性凝胶 (如硅酸水凝胶) 都有离浆现象。日常生活中常见的冬瓜和西瓜久置后 "流水", 就是因为部分网架腐烂, 使液体从网眼中流出, 并破壳而出, 破壳后又易于受细菌的侵袭。稀饭胶凝后久置, 特别是在夏天也易于发生离浆现象。研究生物体中的离浆现象对了解人体衰老过程具有重要意义。

(3) **触变现象**　有些凝胶, 如超过一定浓度的泥浆、油漆、药膏, 以及 $Al(OH)_3$, V_2O_5 及白土等凝胶, 受到搅动时变为流体, 停止搅动后又逐渐恢复成凝胶。这种溶胶与凝胶互相转化的性质称为凝胶的**触变性** (thixotropy)。触变现象的发生是因为搅动时, 网状结构受到破坏, 线状粒子互相离散, 系统出现流动性, 而静止后线状粒子又重新交联成网状结构。此种溶胶与凝胶之间的互相转变可以反复进行。触变现象可以用下式表示 (定温下):

$$凝胶 \underset{静止\ (发生胶凝)}{\overset{摇动\ (发生触变)}{\rightleftharpoons}} 溶胶$$

(4) **吸附作用**　一般来说, 刚性凝胶的干胶都具有多孔性的毛细管结构, 故而表面积较大, 表现出较强的吸附能力。而弹性凝胶干燥时由于大分子链段收缩, 形成紧密堆积, 故其干胶基本上是无孔的。

(5) **凝胶中的扩散作用**　不同大小的凝胶骨架空隙对大分子有筛分作用 (sieving action 或 sieve effect)。因而大分子的扩散速率与凝胶骨架空隙的大小有直接关系, 这是凝胶色谱法 (gel chromatography) 的基本原理。许多半透膜 (如火棉胶膜、醋酸纤维膜等) 都是凝胶或干凝胶, 这些膜对某些物质的渗析作用就是利用了凝胶骨架空隙的筛分作用。

(6) **化学反应** 由于凝胶内部的液体不能 "自由" 流动, 所以在凝胶中发生的反应没有对流现象。如果反应中有沉淀生成, 则沉淀物基本上是存在于原位而难以移动。最早研究这一现象的是 Liesegang, 一个典型的例子是在装有明胶凝胶的试管或培养皿中, 预先加入 $K_2Cr_2O_7$ 溶液, 然后在培养皿的中心滴入少量 $AgNO_3$ 溶液 (或在试管的上部加入 $AgNO_3$ 溶液)。几天后即可观察到反应生成的 $Ag_2Cr_2O_7$ 沉淀在培养皿中以同心环状向外扩展 (在试管中, 自上而下出现环状 $Ag_2Cr_2O_7$ 沉淀), 见图 14.27。

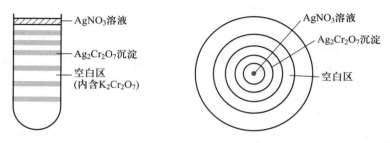

图 **14.27** Liesegang 环

关于 Liesegang 环成因的解释: 过饱和及扩散是形成 Liesegang 环的关键。当高浓度的 $AgNO_3$ 溶液由中心向外 (或在试管中自上而下) 扩散时遇到 $K_2Cr_2O_7$, 如要生成沉淀必须满足过饱和条件。第一层沉淀形成后, 紧随其后的区域中 $K_2Cr_2O_7$ 的浓度显然不足, 因而出现空白区。过此地带后, 又能满足过饱和条件, 于是出现第二环。以此类推, 但环间距离随离开中心的距离而逐渐变大, 环本身变宽而模糊。

Liesegang 环的形成并不仅限于凝胶中, 在多孔介质的毛细管中或在其他无对流存在的系统中也能形成类似的间歇层。自然界中同样存在着很多周期性的结构, 如树木的年轮、动物体内的结石及天然矿物中的玛瑙和宝石等, 都存在美丽的环状花纹。

14.10 大分子溶液

大分子溶液的界定

一般的有机化合物的相对分子质量约在 500 以下, 可是某些有机化合物如橡胶、蛋白质、纤维素等的相对分子质量很大, 有的甚至达到几百万。Staudinger

把相对分子质量大于 10^4 的物质称为**大分子** (macromolecule)。这种物质的分子比较大, 单个分子的大小就能达到胶体粒子大小的范围, 并表现出胶体的一些性质。因此, 研究大分子的许多方法与研究溶胶的方法有许多相似之处。但由于大分子在溶液中是以单分子存在的, 其结构与胶体粒子不同, 其性质也不同于胶体而类似于相对分子质量较低的溶质。大分子的概念既包含合成的聚合物, 也包含天然的大分子。

在胶体化学中按其粒子与介质 (溶剂) 亲和力的大小, 胶体可分为憎液胶体和亲液胶体。于是, 历史上曾经认为大分子溶液应属于亲液胶体。而实际上大分子溶液与胶体有着本质上的区别。大分子溶液是真溶液, 是热力学稳定系统, 其粒子与溶剂之间没有界面。但它又不同于小分子溶液, 如不能通过半透膜、扩散速率较小、具有一定的黏度等。因此, 大分子溶液具有一定的双重性。

憎液胶体、大分子溶液和小分子溶液三者性质的粗略比较, 可参阅表 14.10。

表 14.10　憎液胶体、大分子溶液和小分子溶液性质的比较

性质	憎液胶体	大分子溶液	小分子溶液
粒子大小	$1 \sim 100$ nm	$1 \sim 100$ nm	< 1 nm
分散相存在的单元	许多分子组成的胶体粒子	单分子	单分子
能否通过半透膜	不能	不能	能
是否为热力学稳定系统	不是	是	是
Tyndall 效应强弱	强	微弱	微弱
黏度大小	小, 与分散介质相似	大	小, 与溶剂相似
对外加电解质的敏感程度	敏感, 加入少量电解质就会聚沉	不太敏感, 加入大量电解质会盐析	不敏感
聚沉后再加分散介质是否可逆复原	不可逆	可逆	可逆

大分子化合物中有天然的, 如淀粉、蛋白质、核酸、纤维素、天然橡胶 (聚异戊二烯) 和构成生物体的各种生物大分子等; 也有人工合成的, 如 1909 年合成的酚醛树脂是第一种人工合成的聚合物, 1912 年合成了丁钠橡胶, 1926 年合成了醇酸树脂。到目前为止, 通过共聚或缩聚等反应所合成的橡胶、聚烯烃、树脂和纤维等, 品种之多已不胜枚举 (我国 2020 年化纤年产量已达 6000 万吨, 居世界之首, 成为世界上化纤生产的第一大国)。

聚合物的分类按不同的角度, 可有多种分类方法, 例如: ① 按来源分类, 有天然的、半天然的和合成的。② 按聚合反应的机理和反应类别, 有连锁聚合 (加聚)

和逐步聚合 (缩聚) 两大类。③ 按大分子主链结构, 有碳链、杂链和元素有机大分子等。④ 按聚合物性能和用途, 有塑料、橡胶、纤维和黏合剂等。⑤ 按大分子形状分, 有线型、支链型、交联型等。

人工合成的聚合物不但能代替一些自然资源不足的天然聚合物材料, 而且具有一些天然材料所不具备的优点, 特别是近年来一些功能聚合物材料的出现, 如离子交换树脂、聚合物螯合剂、聚合物催化剂、光敏聚合物、导电性聚合物、生物医用聚合物、聚合物离子膜和聚合物药物载体等, 将加速合成材料工业的发展, 对国民经济起一定的推动作用。高分子科学已逐渐发展成为一门独立的学科, 主要有高分子化学和高分子物理两个分支。

*大分子的平均摩尔质量

不论是天然的还是人工合成的大分子化合物 (后者常称为聚合物), 每个分子的大小并不是一样的, 即聚合度 n 不一定相同。绝大多数大分子化合物都是不同聚合度的混合体, 因而每种大分子化合物的摩尔质量都具有一定的分布, 其分布情况则取决于合成条件。所以, 当提及大分子化合物的摩尔质量时, 乃是指它的平均值。对于大分子化合物的研制和生产过程都要了解其平均摩尔质量及其分布情况, 例如, 从平均摩尔质量的分布情况可以研究聚合和解聚过程的机理和动力学。在研究大分子化合物的性能与结构的关系时也需要知道其平均摩尔质量及其分布情况的数据, 如纤维素若是短链分子多就不适宜做纺织原料, 又如天然橡胶若含低摩尔质量的物质多, 生胶的硫化效果就不好。

准确测定大分子化合物摩尔质量的分布, 是一件极其复杂的工作 (因为分级困难)。因此, 常采用大分子化合物的平均摩尔质量来反映大分子化合物的某些特性。可是, 平均摩尔质量又随所用测定方法的不同而不同, 所得到平均值的含义也有所差异。常用的平均摩尔质量的表示方法有如下几种。

1. 数均摩尔质量 $\overline{M}_n$

假如有某一大分子溶液, 各组分的摩尔质量分别为 $M_1, M_2, \cdots, M_i$, 各组分的分子数分别为 $N_1, N_2, \cdots, N_i$, 则数均摩尔质量为

$$\overline{M}_n = \frac{N_1 M_1 + N_2 M_2 + \cdots + N_i M_i}{N_1 + N_2 + \cdots + N_i}$$

$$= \frac{\sum_i N_i M_i}{\sum_i N_i} = \sum_i x_i M_i \tag{14.23}$$

式中 x_i 是 i 组分在该溶液中所占的分数, 即 $x_i = \dfrac{N_i}{\sum\limits_i N_i}$。

2. 质均摩尔质量 $\overline{M}_m$

质均摩尔质量习惯上也称为重均摩尔质量。因为单个分子质量为 M_i 的 i 组分的质量为 $N_i M_i = m_i$, 所以

$$\overline{M}_m = \frac{\sum\limits_i N_i M_i^2}{\sum\limits_i N_i M_i} = \frac{\sum\limits_i m_i M_i}{\sum\limits_i m_i}$$

$$= \sum_i w_i M_i \tag{14.24}$$

式中 w_i 为 i 组分的质量分数, $w_i = \dfrac{m_i}{\sum\limits_i m_i}$。

3. Z 均摩尔质量 $\overline{M}_Z$

$$\overline{M}_Z = \frac{\sum\limits_i N_i M_i^3}{\sum\limits_i N_i M_i^2} = \frac{\sum\limits_i m_i M_i^2}{\sum\limits_i m_i M_i}$$

$$= \frac{\sum\limits_i Z_i M_i}{\sum\limits_i Z_i} \tag{14.25}$$

式中 $Z_i = m_i M_i$。

4. 黏均摩尔质量 $\overline{M}_\eta$

$$\overline{M}_\eta = \left(\frac{\sum\limits_i N_i M_i^{\alpha+1}}{\sum\limits_i N_i M_i} \right)^{1/\alpha} = \left(\frac{\sum\limits_i m_i M_i^{\alpha}}{\sum\limits_i m_i} \right)^{1/\alpha}$$

$$= \left(\sum_i w_i M_i^{\alpha} \right)^{1/\alpha} \tag{14.26}$$

式中 α 是指 $[\eta] = K M^{\alpha}$ 公式中的指数。

每种平均摩尔质量可通过各种相应的物理或化学方法进行测定, 见表 14.11。

数均摩尔质量对大分子化合物中摩尔质量较低的部分比较敏感, 而 $\overline{M}_m$ 和 $\overline{M}_Z$ 则对摩尔质量较高的部分比较敏感。

表 14.11　四种平均摩尔质量

平均摩尔质量的种类	数学表达式	测定方法
数均摩尔质量 $\overline{M}_n$	$\overline{M}_n = \dfrac{\sum\limits_i N_i M_i}{\sum\limits_i N_i} = \sum\limits_i x_i M_i$	依数性测定法、端基分析法
质均摩尔质量 $\overline{M}_m$	$\overline{M}_m = \dfrac{\sum\limits_i m_i M_i}{\sum\limits_i m_i} = \sum\limits_i w_i M_i$	光散射法
Z 均摩尔质量 $\overline{M}_Z$	$\overline{M}_Z = \dfrac{\sum\limits_i N_i M_i^3}{\sum\limits_i N_i M_i^2} = \dfrac{\sum\limits_i Z_i M_i}{\sum\limits_i Z_i}$	超离心法
黏均摩尔质量 $\overline{M}_\eta$	$\overline{M}_\eta = \left(\dfrac{\sum\limits_i N_i M_i^{\alpha+1}}{\sum\limits_i N_i M_i}\right)^{1/\alpha} = \left(\sum\limits_i w_i M_i^\alpha\right)^{1/\alpha}$	黏度法

例 14.2

在 0.1 kg 摩尔质量为 100 kg·mol^{-1} 的样品中, (1) 加入 0.001 kg 摩尔质量为 1.0 kg·mol^{-1} 的组分; (2) 加入 0.001 kg 摩尔质量为 10^4 kg·mol^{-1} 的组分, 则在两种情况下各种平均摩尔质量分别为多少?

解　(1) $m_1 = 0.1$ kg, $M_1 = 100$ kg·mol^{-1}, 则 $n_1 = 0.001$ mol

$m_2 = 0.001$ kg, $M_2 = 1.0$ kg·mol^{-1}, 则 $n_2 = 0.001$ mol

$$\overline{M}_n = \frac{N_1 M_1 + N_2 M_2}{N_1 + N_2}$$

$$= \frac{0.001\ \text{mol} \times 100\ \text{kg·mol}^{-1} + 0.001\ \text{mol} \times 1.0\ \text{kg·mol}^{-1}}{(0.001 + 0.001)\ \text{mol}}$$

$$= 50.5\ \text{kg·mol}^{-1}$$

同理:

$$\overline{M}_m = \frac{\sum\limits_i N_i M_i^2}{\sum\limits_i N_i M_i} = \frac{N_1 M_1^2 + N_2 M_2^2}{N_1 M_1 + N_2 M_2} = 99.02\ \text{kg·mol}^{-1}$$

$$\overline{M}_Z = \frac{\sum\limits_i N_i M_i^3}{\sum\limits_i N_i M_i^2} = \frac{N_1 M_1^3 + N_2 M_2^3}{N_1 M_1^2 + N_2 M_2^2} = 99.99\ \text{kg·mol}^{-1}$$

可见, 少量摩尔质量较低的聚合物混入, $\overline{M}_n$ 降低很明显, 而 $\overline{M}_m$ 和 $\overline{M}_Z$ 则基本不变。

(2) $m_2 = 0.001$ kg, $M_2 = 10^4$ kg $\cdot$ mol^{-1}, 则 $n_2 = 10^{-7}$ mol。

如 (1) 中所示, 代入各计算式, 得

$$\overline{M}_n = 100.99 \text{ kg} \cdot \text{mol}^{-1}$$

$$\overline{M}_m = 198.02 \text{ kg} \cdot \text{mol}^{-1}$$

$$\overline{M}_Z = 5050 \text{ kg} \cdot \text{mol}^{-1}$$

可见, 少量摩尔质量高的聚合物混入, $\overline{M}_n$ 基本不变, 而 $\overline{M}_m$ 和 $\overline{M}_Z$ 却大大增大。

假如样品的分子大小是均匀的 (单分散系统), 则各种平均方法都一样, $\overline{M}_n = \overline{M}_m = \overline{M}_Z$; 而一般的大分子化合物分子大小是不均匀的, 这三种平均值的大小顺序为 $\overline{M}_Z > \overline{M}_m > \overline{M}_n$。分子越不均匀, 这三种平均值的差别就越大。习惯上用 $\overline{M}_m/\overline{M}_n$ 的比值来表示聚合物的不均匀情况。单分散时此比值等于 1, 比值越大说明分子大小的分布范围越宽。当然用 $\overline{M}_m/\overline{M}_n$ 的比值来代表分子大小的分布情况是有缺陷的, 一方面它不能详细了解各种摩尔质量的化合物各占多少, 另一方面有时候摩尔质量的分布很不相同的两种样品倒有了相同的比值。所以, 较好的方法还是应当详细了解摩尔质量分布的情况, 即将大分子化合物按摩尔质量的大小分成不同的级分, 画出各级分摩尔质量的积分分布区线和微分分布曲线, 即可了解摩尔质量的分布情况。

*聚合物摩尔质量的测定方法

测定聚合物摩尔质量的方法很多, 不同的测定方法所得的平均摩尔质量也不同 (如表 14.11 所示)。本节仅简单介绍如下几种方法。

1. 端基分析法

如果聚合物的化学结构已知, 了解分子链末端所带的是何种基团, 则用化学分析方法, 测定一定质量样品中所含端基的数目, 即可计算其平均摩尔质量, 所得到的是数均摩尔质量。例如, 聚己内酰胺的化学结构式为

$$\text{H}_2\text{N(CH}_2)_5\text{CO}\text{+}\text{NH(CH}_2)_5\text{CO}\text{+}_n\text{NH(CH}_2)_5\text{COOH}$$

可用酸碱滴定法来滴定羧基或氨基的量, 则

$$\overline{M}_n = \frac{m}{n_i/x} \tag{14.27}$$

式中 m 为样品的质量; n_i 为被分析端基的物质的量; x 为每分子中可分析的端基数; $\overline{M}_n$ 则为数均摩尔质量。

2. 渗透压法

利用溶液的一些依数性质, 如沸点升高、凝固点降低、蒸气压下降和渗透压等都可以测定溶质的摩尔质量。由于这些性质主要是与溶质的分子数目而不是与溶质的性质有关, 所以测定出来的是数均摩尔质量。再由于大分子溶液的浓度一般很小, 溶液中溶质的分子数不多, 所以大分子溶液的依数性效应也很小, 这就是为什么测定 $\overline{M}_n$ 的方法只能测定相对分子质量小于 10^5 的大分子化合物。有人曾计算过, 当样品的相对分子质量为 5×10^4, 溶液中溶质的质量分数为 0.01 时, 蒸气压下降约为 0.04 Pa, 凝固点降低约为 0.001 K, 沸点升高约为 5×10^{-4} K, 渗透压约为 98 Pa。可见, 在依数性质中采用渗透压法是比较好的测定数均摩尔质量的方法。

本书上册第四章已给出了非理想溶液的渗透压与溶液浓度和溶质摩尔质量之间的关系式, 即

$$\Pi = RT \left(\frac{\rho}{M_n} + A_2\rho^2 + A_3\rho^3 + \cdots \right)$$

此式对大分子溶液同样适用。且对于普通的大分子稀溶液, 该公式可以简化为

$$\frac{\Pi}{\rho} = \frac{RT}{\overline{M}_n} + A_2\rho \tag{14.28}$$

即以 $\dfrac{\Pi}{\rho}$ 对 ρ (质量浓度) 作图, 在低浓度范围内为一直线, 外推到 $\rho = 0$ 处可得 $\dfrac{RT}{\overline{M}_n}$, 从而可求得数均摩尔质量 $\overline{M}_n$。

3. 黏度法

溶液的黏度 (viscosity) 随着聚合物分子的大小及性质、温度、溶剂的性质、浓度等不同而不同。在温度、聚合物–溶剂系统选定后, 溶液黏度仅与浓度和聚合物分子的大小有关。

黏度法测聚合物的摩尔质量是目前最常用的方法, 原因在于设备简单、操作便利、耗时较少、精确度较高等。此外, 黏度法与其他方法配合, 还可以研究聚合物分子在溶液中的形态、尺寸及与溶剂分子的相互作用等。

将聚合物加入纯溶剂中形成稀溶液, 溶液的黏度 (η) 总是比纯溶剂的黏度 (η_0) 大, 将 η 和 η_0 用几种方法组合, 就得到黏度的几种表示方法, 见表 14.12。其中 c 表示在 100 cm³ 溶液中所含溶质的质量。

表 14.12 黏度的几种表示法

名称	定义
相对黏度 η_r	$\dfrac{\eta}{\eta_0}$
增比黏度 η_{sp}	$\dfrac{\eta - \eta_0}{\eta_0} = \eta_r - 1$
比浓黏度 $\dfrac{\eta_{sp}}{c}$	$\dfrac{1}{c} \cdot \dfrac{\eta - \eta_0}{\eta_0}$
特性黏度 $[\eta]$	$[\eta] = \lim\limits_{c \to 0} \left(\dfrac{1}{c} \dfrac{\eta - \eta_0}{\eta_0} \right) = \lim\limits_{c \to 0} \dfrac{\eta_{sp}}{c} = \lim\limits_{c \to 0} \dfrac{\ln \eta_r}{c}$

聚合物的分级

聚合物是由较小的分子聚合而成的。由于聚合度不同, 所以聚合物的摩尔质量只能是一个平均值。如果把聚合物按一定质量范围分级, 就可能大体知道摩尔质量的分布情况。分级的方法大致有如下几种。

(1) 利用聚合物的溶解度与分子大小之间的依赖关系, 把样品分成摩尔质量较均一的级分来测定摩尔质量的分布, 如沉淀分级、柱上溶解分级、梯度淋洗分级等。

(2) 利用聚合物分子大小不同, 动力性质也不同, 从而得出摩尔质量的分布情况, 如超离心沉降法等。

(3) 根据聚合物分子大小不同的情况可用凝胶色谱法予以分离。

凝胶色谱法是目前比较好的既方便又快速的测定摩尔质量分布的方法。用多孔凝胶作色谱柱 (多孔凝胶的孔径可在制备时加以控制), 柱中充满溶剂, 将样品溶液从柱端引入, 然后再继续用纯溶剂淋洗色谱柱, 则样品在流经多孔凝胶柱后就按分子体积大小被分离 (对均聚物来说是按相对分子质量大小分离)。分子体积最大的, 不能进入任何孔, 只能在颗粒间隙内流动, 所以最早被淋洗出色谱柱。中等大小的分子, 虽然不能进入小孔, 但却能出入于比它大的孔, 因而被推迟一些时间淋出。最小的分子由于可以进出所有的孔, 被推迟到最后淋出。凝胶色谱的分离机理较为复杂, 但是体积排除作用是主要的作用。因此, 某一种分子将在何时被淋出柱外, 主要取决于被分离分子的体积和凝胶孔径的大小和孔径分布。对一个给定的色谱柱来说, 一定的分子体积将在一定的淋出体积中被淋出。若把色谱柱先用已知的摩尔质量分布较窄的样品标定, 得到摩尔质量和淋出体积的关系以后, 淋出体积就可以作为摩尔质量的一个量度。用一个浓度检测器和一个淋出体积标记器, 分别检测色谱柱出口处各淋出体积中样品的浓度和摩尔质量, 就能求出微分摩尔质量分布曲线。

凝胶色谱法比方法 (1), (2) 节省时间。近年来出现的高速凝胶色谱法只需十几分钟 (或更短的时间) 就可测定一个样品的摩尔质量的分布, 在实验技术和数据处理上高度自动化。所以, 这种方法已成为目前最快速、最方便的摩尔质量分布的测定方法。

14.11　Donnan 平衡和聚电解质溶液的渗透压

Donnan 平衡

前面所讨论的渗透压, 只限于聚合物是不带电荷的情况。对于带电荷的聚电解质 (polyelectrolyte), 情况就有所不同了。天然的生物聚合物, 如所有的蛋白质、核酸等都是聚电解质, 所以研究聚电解质的渗透现象十分重要。

通常聚电解质中常含有少量电解质杂质, 即使低至 0.1% 以下, 按离子数目计, 杂质的浓度也相当可观。电解质都是小离子, 能自由通过半透膜, 但当达到平衡时, 小离子在膜两边的分布不均等。Donnan 从热力学的角度, 分析了小离子的膜平衡情况, 并得到了满意的解释, 故这种平衡称为 **Donnan 平衡** (Donnan equilibrium)。

聚电解质溶液的渗透压

可以分如下几种情况讨论:

(1) 若右室中为纯水, 左室中为不带电荷的大分子 P 的水溶液, 见图 14.28(a) (蛋白质在其等电点时就属于这种情况)。开始时由于左侧溶液中水的化学势低于右侧纯水的化学势, 由于 P 不能通过半透膜, 而水分子能自由通过, 结果水将自右向左渗透, 直到水在两侧的化学势相等时达到平衡。其渗透压可用不带电荷粒子的 van't Hoff 渗透压公式计算, 即

$$\Pi_1 = c_2 RT \tag{14.29}$$

式中 c_2 是大分子 P 的浓度。测定 Π_1 后就能算出大分子 P 的摩尔质量 (对于蛋白质来说, 由于质量较大, 溶液浓度极稀, 渗透压小, 所以实验误差大, 并且处于等电点时的蛋白质也容易发生凝聚)。

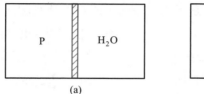
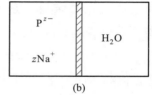

图 14.28　测蛋白质溶液渗透压的两种不同情况

(2) 大分子电解质带有电荷, 如蛋白质不在等电点时就是这种情况。以蛋白质的钠盐为例, 它在水中按下式解离:

$$Na_zP \longrightarrow zNa^+ + P^{z-}$$

蛋白质离子 P^{z-} 不能透过半透膜, 而反离子 Na^+ 可以透过。若溶液中只有蛋白质, 而无其他电解质杂质, 则情形比较简单, 为了保持电中性, Na^+ 必须和 P^{z-} 留在膜的同一侧, 如图 14.28(b) 所示。每一个蛋白质分子在溶液中就有 $(z+1)$ 个粒子, 粒子增多了, 引起渗透压的增大。设蛋白质浓度为 c_2, 所测得渗透压为 Π_2, 则

$$\Pi_2 = (z+1)c_2RT \tag{14.30}$$

式中 $(z+1)$ 是包括大离子 P^{z-} 和 z 个 Na^+ 在内的溶质粒子的总数, 此时溶液的渗透压比大分子物质本身所产生的渗透压大。渗透压法测得的是数均摩尔质量, 它不管粒子的大小。因此, 这样求得的摩尔质量较小, 仅是蛋白质离子应有值的 $\dfrac{1}{z+1}$。而且由于膜两边的电荷分布不等, 有膜电势存在, 会影响渗透压的正确测定。

(3) 在有其他电解质存在 (或在缓冲溶液中) 时, 测定蛋白质溶液的渗透压。设开始时, 左侧蛋白质浓度为 c_2, 右侧小分子电解质 NaCl 的浓度为 c_1, 如图 14.29(a) 所示。

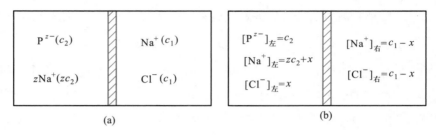

图 14.29　膜平衡前后的离子浓度

半透膜只允许 Na^+, Cl^- 通过。由于左侧没有 Cl^-, 所以 Cl^- 从右侧通过半透膜向左侧扩散。但为了维持电中性, 必然也有相同数量的 Na^+ 从右侧扩散

到左侧。所以, 实际上是 Cl^- 与 Na^+ 成对地从右侧扩散到左侧, 最终达成**膜平衡** (membrane equilibrium)。这时, 同一组分 (NaCl) 在膜两侧的化学势相等, 即 $\mu_{NaCl, 左} = \mu_{NaCl, 右}$。与起始状态相比, 设有浓度为 x 的 NaCl 由右向左扩散, 则平衡浓度分布如图 14.29(b) 所示。平衡后, 由于 NaCl 在两侧的化学势相等, 则

$$RT\ln a_{NaCl, 左} = RT\ln a_{NaCl, 右}$$

或

$$(a_{Na^+} a_{Cl^-})_{左} = (a_{Na^+} a_{Cl^-})_{右}$$

对于稀溶液, 设所有的活度因子均为 1, 则得到

$$[Na^+]_{左}[Cl^-]_{左} = [Na^+]_{右}[Cl^-]_{右}$$

则

$$(x + zc_2)x = (c_1 - x)^2$$

解得

$$x = \frac{c_1^2}{zc_2 + 2c_1}$$

由于渗透压是因半透膜两侧粒子数不同而引起的, 所以

$$\Pi_3 = [(c_2 + zc_2 + x + x)_{左} - 2(c_1 - x)_{右}]RT$$

$$= (c_2 + zc_2 - 2c_1 + 4x)RT$$

将 x 代入, 整理得

$$\Pi_3 = \frac{zc_2^2 + 2c_1c_2 + z^2c_2^2}{zc_2 + 2c_1}RT \tag{14.31}$$

如果 $c_1 \ll zc_2$ 时, 即右侧所加电解质浓度很低, 则式 (14.31) 可近似为

$$\Pi_3 \approx (c_2 + zc_2)RT = (z + 1)c_2RT \tag{14.32}$$

这就相当于式 (14.30), 这时计算的蛋白质的摩尔质量可能会偏低。如果 $c_1 \gg zc_2$, 即加在右侧的电解质浓度比原来蛋白质浓度大得多, 则式 (14.31) 可近似为

$$\Pi_3 \approx c_2RT \tag{14.33}$$

这就相当于式 (14.29), 即蛋白质在等电点时的情况。从以上分析可知, 若在测定解离的聚电解质渗透压时, 在另一边加较多的小分子电解质, 可以用不解离物质的渗透压公式计算大分子物质的平均摩尔质量而不致引入较大的误差。

*14.12　流变学简介

　　流变学 (rheology) 是研究在外力作用下物质流动和形变的科学。流变学的研究对阐明有关胶体系统的性质起了重要作用。描述液体的流动性质早已有流体力学, 描述固体的形变早已有弹性力学, 其基本定律早在 300 年前就分别由 Newton 和 Hooke 发现了。但是, 在自然界中确有许多物质 (尤其是那些具有胶体性质的物质) 既非 Newton 流体又非 Hooke 固体, 它们在外力作用下往往呈现出特殊的复杂的形变和流动特性, 这就是流变学所要研究的对象。

　　研究流变学有两种方法, 一种是用数学方法来描述物体的流变性质而不追求其内在原因, 另一种是通过实验, 从物体所表现出的流变性质联系到物体内部的结构, 解释现象的本质。

　　胶体的流变行为具有重要的实用价值。例如, 泥浆、油漆、橡胶、塑料、纺织、食品等工业产品的质量或工艺流程的设施, 往往取决于它的流变性质。研究物质的流变性质在医学上也很有用处。例如, 若血液黏度异常, 会导致微循环障碍, 并可引起血栓病。流变学的研究在理论上也有意义, 例如研究胶体稀溶液 (主要是大分子溶液) 的黏度, 可以帮助了解质点的大小、形状以及质点间的相互作用等。

　　胶体与分散系统的流变行为主要取决于以下几个因素: 分散介质的黏度、粒子的浓度、粒子的大小和形状、粒子与粒子之间以及粒子与分散介质之间的相互作用。

　　流变学已经发展成为一门涉及范围很广的独立学科, 但是由于问题较为复杂, 本书中仅扼要介绍一些基本概念。

Newton 流体

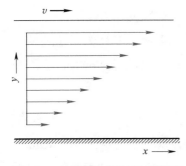

图 14.30　两平面间的黏性流动

　　黏度是液体流动时所表现出来的内摩擦。若在两平行板间盛以某种液体, 一块板是静止的, 另一块板以速度 v 向 x 方向做匀速运动。如果将液体沿 y 方向分成许多薄层, 则各液层向 x 方向的流速随 y 值的不同而变化, 如图 14.30 所示。用长短不等带有箭头且相互平行的线段表示各层液体的速度, 流体的这种形变称为**切变** (shearing)。液体流动时有速度梯度 $\dfrac{\mathrm{d}v}{\mathrm{d}y}$ 存在, 运动较慢的液层阻滞较快层的运动, 因此产生流动阻力。为了维持稳定的流动, 保持速度梯度不变, 则要对上面的平板施加恒定的力, 此力称为**切力** (shearing force)。若板的面积是 A, 则切力 F 的大小与 A 和 $\dfrac{\mathrm{d}v}{\mathrm{d}y}$ 成正比, 即

$$F = \eta A \frac{\mathrm{d}v}{\mathrm{d}y} \tag{14.34}$$

式中比例系数 η 称为该液体的黏度 (其单位为 $\mathrm{N \cdot m^{-2} \cdot s}$ 或 $\mathrm{Pa \cdot s}$)。若令 τ 表示单位面积上的切力 (即 $\tau = F/A$), 速度梯度亦称为切速率, 并用符号 D 表示, 则式 (14.34) 可写为

$$\tau = \eta \cdot D \tag{14.35}$$

式 (14.34) 和式 (14.35) 称为 **Newton 黏度公式**。凡符合 Newton 黏度公式的流体就称为 **Newton 流体** (Newtonian fluid), 其特点是 η 只与温度有关, 对给定的液体, 在定温下有定值, 不因 τ 或 D 值的不同而改变。

上述稳定的流动称为层流, 在同一层上流速相同, 不随时间而改变。当速度超过某一限度时, 层流变成湍流, 有不规则的或随时间而变的漩涡发生, 此时就不再服从于 Newton 黏度公式。

非 Newton 流体

纯液体、小分子的稀溶液或分散系统中分散相含量很少的系统都属于**非 Newton 流体** (non-Newtonian fluid)。在流变学中常以 D 为纵坐标, 切力 τ 为横坐标作图, 得到的曲线称为流变曲线 (rheological curve), 不同的系统有不同的流变曲线。Newton 流体的黏度不随切力而变, 定温下有定值; D 与 τ 成正比, 所以其流变曲线是直线, 且通过原点 (参见图 14.31 中曲线 a), 即在任意小的外力作用下液体就能流动。

对于非 Newton 流体, 比值 τ/D 不再是常数, 可用 η_{a} 表示此时的 τ/D, 称为表观黏度 (apparent viscosity), 其流变曲线依照 $\tau = f(D)$ 函数的不同形式, 可以有塑性型、假塑性型和胀性型几种 (参阅图 14.31 中曲线 b, c, d)。

(1) **塑性流体** (plastic fluid, 又称 Bingham 流体)   其特点是切力须超过某一临界值 τ_y 后, 系统才开始流动。一旦开始流动, 其 $\tau - D$ 之间像 Newton 流体一样成线性关系。其流动行为可以用下式描述:

$$\tau - \tau_y = \eta_{\mathrm{pl}} \cdot D \tag{14.36}$$

式中 η_{pl} 称为塑性黏度。τ_y 是开始流动时的临界切力, 称为塑变值 (yield value), 此种流体则称为塑性流体。许多浓的分散系统如牙膏、油漆、钻井泥浆等都属于

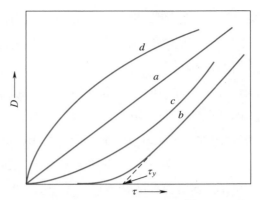

a—Newton 型; b—塑性型; c—假塑性型; d—胀性型

图 **14.31** 用转筒式黏度计测得的四种流型

塑性流体。

在图 14.31 中曲线上任何一点的黏度, 根据式 (14.35) 都是该点 τ 与 D 的比值, 它相当于该点的余切 (这种黏度有时也称为视黏度)。若黏度随切速 D 值的增大而减小, 这种现象称为切稀 (shear thinning)。若黏度随切速 D 值的增大而增大, 这种现象称为切稠 (shear thickening)。塑性体具有切稀作用, 其原因是在这种系统中, 分散相粒子以聚集态存在, 形成一定的结构, 当切力超过一定值后, 结构破坏, 自由移动的粒子增多, 因此黏度减小而具有切稀作用。

塑性流体流变曲线的特点是具有塑变值 (有时亦称为屈服值), 有些系统虽具有塑变值, 但在超过塑变值后, $\tau - D$ 之间不成线性关系, 这些系统也属于塑性流体。

(2) **假塑性流体** (pseudoplastic fluid) 如羧甲基纤维素、淀粉、橡胶等大分子溶液均为假塑性体, 如图 14.31 中曲线 c, 其特点是: ① 系统没有塑变值, 流变曲线从原点开始。② 黏度不是一个固定不变的常数, 它随 D 的增大而减小, 即具有切稀作用。随着 D 的增大, 溶液中不对称质点沿流线定向的程度提高, 因而黏度减小。此类流体的流动行为常可用指数公式描述:

$$\tau = KD^n \qquad (0 < n < 1) \tag{14.37}$$

K 和 n 值视液体不同而异, K 是液体稠度的量度, K 值越大则液体越稠。因为 $n < 1$, 所以稠度随切力 D 的增大而减小 (切稀作用)。这种现象可解释为: 如羧甲基纤维素这一类大分子都是不对称的粒子, 液体在静止时可以有各种取向; 当切速 D 增大时, 粒子将其长轴转向流动方向, 切速越大, 则这种转向也越彻底, 流动阻力也随之而降低, 最终就完全定向排列, 黏度就不再变化, D 与 τ 之间又呈直线关系。此外, 粒子的溶剂化也有影响, 在切速作用下, 粒子的溶剂化层会发生变形, 减少了阻力。

　　絮凝了的溶胶也是假塑性系统, 因为在切力作用下, 絮凝物的结构被切力所拆散, 因而黏度降低。如果完全拆散, 黏度就不能进一步下降。在这种系统内存在着分散相的定向与不定向, 或者拆散与凝结之间的平衡。血液在高切速时是 Newton 流体, 但在低切速时, 则表现为假塑性流体。血液流变学的研究, 对许多疾病的诊断和治疗具有重要意义。

　　(3) **胀性流体** (dilatant fluid)　最早由 Reynold 提出, 他发现有些固体粉末的高浓度浆状体在搅动时, 其体积和刚性都有增加, 故称为胀性流体, 如图 14.31 中曲线 d 所示。此类流体的特点是: ① 无屈服值; ② 与假塑性流体不同, 其黏度随 D 的增大而增大, 即有切稠作用。其原因是在静止时, 系统中的质点是分散的, 流动时质点相碰而形成结构, 因而黏度增大。此类系统的流变曲线也可用指数形式描述:

$$\tau = KD^n \qquad (n > 1) \tag{14.38}$$

当式 (14.37) 和式 (14.38) 中 $n = 1$ 时, 则为 Newton 流体, 通常用 n 与 1 的偏离程度作为非 Newton 流体的量度, 与 1 相差越大, 则非 Newton 流体行为越显著。

　　对胀性流体性质的认识有重要的实际意义。例如, 钻井时所用的泥浆, 如出现很强的胀性流型时, 就会发生严重的卡钻事故。

触变性流体

　　上述几种系统都有一个共同点, 即其流变曲线都可用 $\tau = f(D)$ 的函数关系来描述, 其中都不包含时间因素, 即与流体发生切变的时间长短无关。但某些流体的黏度不仅与切变速度大小有关, 而且与系统遭受切变的时间长短有关, 它们是时间依赖性流体。此种流体又可分为两类: ① 触变性 (thixotropy) 系统, ② 震凝性 (rheopexy) 系统。这两种系统都是非 Newton 流体, 但切变与时间有关。前者维持流体以恒定切变速度流动的切力随时间而减小, 后者在一定切变速度下, 切力随时间而增加。

　　绝大多数时间依赖性流体是**触变性流体** (thixotropic fluid)。触变性流体内的质点间形成结构, 流动时结构破坏, 停止流动时结构恢复, 但结构破坏与恢复都不是立即完成的, 需要一定的时间, 因此系统的流动性质有明显的时间依赖性。触变性可以看成系统在恒温下 "凝胶–溶胶" 之间的相互转换过程的表现。更确切地说, 物体在切力作用下产生变形, 若黏度暂时性减小, 则该物体即具有触变性。在用转筒式黏度法测量触变性流体的 $\tau - D$ 曲线时, 升高切变速度的上行线与降低切变速度的下行线不重合, 形成一个滞后环, 这是触变性流体的显著特点, 见图 14.32。

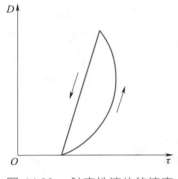

图 14.32　触变性流体的流变曲线示意图

产生触变性的原因并不十分清楚。如前所述, 一种看法认为针状和片状质点比球形质点易于表现出触变性, 它们由于边或末端之间的相互吸引而形成结构, 流动时结构被拆散, 切力使质点定向流动。当切力停止时, 被拆散的质点要靠 Brown 运动使颗粒末端或边相互碰撞才能重新建立结构, 这个过程需要时间, 因而表现出触变性。触变性是一个较为复杂的问题, 许多现象尚不清楚。例如, 石英粉的水悬浮液本来没有触变性, 但加入一些极细的 Al_2O_3 粉末后即出现触变性, 其原因就不明。

在实际生产中有许多触变性问题。例如, 油漆和油墨的质量常取决于是否有良好的触变性。在刷油漆时, 人们希望油漆的流动性要好, 刷时省力, 易于涂匀, 且可使油漆光滑明亮。但是, 当刷子一离开, 就要求油漆黏度很快变大, 油漆不致流下来造成厚薄不匀。又如, 钻井泥浆要求有良好的触变性, 钻井时希望泥浆黏度小, 这样泥浆冲刷力强, 泵效率高, 有利于提高钻井速度。但是, 一旦停钻以后, 就希望泥浆黏度迅速变大, 不然泥浆所携带的矿屑等杂质就要沉到井底而形成卡钻事故。

还有一种负触变现象, 它与通常的触变性相反, 即在外切力作用下, 系统的黏度迅速变大, 静止后又恢复原状, 它是具有时间因素的切稠现象。从滞后圈来看, 它是顺时针的, 而触变系统是逆时针的。最初发现负触变性是在大分子溶液中, 最典型的是 5% 聚异丁烯的苯溶液。

震凝性系统是指溶胶在外界有节奏的震动下变成凝胶。这种节奏性震动可以是轻轻敲打、有规则的圆周运动或搅拌等。例如, 将 1.3% 的蒙脱土悬浮液放入直径 1 cm 的试管内, 加一滴饱和 NaCl (或 KCl) 溶液, 用橡胶棒有节奏地轻轻敲打试管, 在 25℃ 时经过 15 s 就凝结成凝胶。

震凝性系统与胀性系统不同。胀性系统的特点是当外切力取消后, 系统的黏度立即减小而 “稀化”; 而震凝性系统则不同, 当外切力去除后, 系统仍保持凝固状态, 至少有一段时间呈凝聚状态, 然后再稀化。从微观结构来看, 胀性系统的悬浮液是 “高浓度” 的, 固体含量常高达 40% 以上, 润湿性能良好。震凝性系统固体含量低, 仅为 1% ~ 2%, 而且粒子是不对称的, 因此形成凝胶完全是粒子定向排列的结果。

黏弹性流体

某些物质如大分子浓溶液 (或熔体) 在显示黏性流动行为的同时, 也具有弹性特征, 这就是**黏弹性流体** (viscoelastic fluid)。

在一物体上施加切力时, 该物体就产生形变, 形变与切力成正比, 并服从 Hooke 定律。如果除去切力, 贮存于物体内部的能量立即放出, 物体立即恢复到原来的形态, 这种物体称为弹性流体。对于 Newton 流体来说, 当切力除去后, 不会恢复到原来的形态。因为当切力施加于 Newton 流体上, 虽然也产生形变, 并与切力成正比, 但这部分切力是作为克服内部摩擦阻力以热的形式放出, 并没有贮存于系统内。

严格讲, 真正理想的弹性流体和 Newton 流体是极少的。如对固体施以很大的应力之后, 也会发生形变流动, 而液体在快速外力作用下也会显示出像固体那样的弹性。流动性与弹性同时具备, 这样的物体就是黏弹性流体。当外力作用于黏弹性流体上, 一部分能量消耗于内摩擦, 以热的形式放出; 一部分作为弹性贮存。系统的形变不像弹性体那样立即完成, 而是随时间逐渐发展, 最后达到最大形变, 这个过程叫**蠕变** (creep)。

Weissenbarg 效应是黏弹性流体的另一重要特性。用一搅棒搅动水 (或其他 Newton 流体), 水就跟着搅棒旋转, 在靠近搅棒处液面下降, 而在容器壁附近液面上升, 上升和下降的高度取决于搅棒的旋转速度, 见图 14.33(a)。如果搅棒在黏弹性流体中搅动, 则液体会沿着搅棒上升, 上升高度取决于液体的黏弹性和搅棒的旋转速度, 见图 14.33(b)。这种能克服地心引力和本身旋转离心力而又与切力方向无关的液体上升现象就叫作 **Weissenbarg 效应**。它来源于这种液体的弹性, 正如拉紧的橡胶圈一样, 拉得越紧, 张力越大。在流体中间, 其中心切速最大, 张力也最大, 从而迫使液体的中心移动, 因此液体就有 "爬杆" 现象。

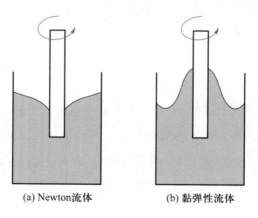

(a) Newton流体   (b) 黏弹性流体

图 **14.33**   Weissenbarg 效应

以上从定性的角度简略地阐述了一些系统的流动和形变行为, 由此可以大致了解流变学所要研究的主要内容, 以及它与胶体系统的密切关系。

*14.13 纳米粒子

纳米系统是典型的介观系统

纳米粒子通常是指尺寸在 1 ～ 100 nm 的粒子 (也有人认为尺寸在 0.1 ～ 100 nm)。其大小处在原子簇和宏观物体之间的过渡区, 这样的系统具有一些特殊性质。它既不是典型的微观系统, 又不是典型的宏观系统, 而是介于二者之间的典型的**介观系统** (mesoscopic system), 它具有一系列新颖的物理化学性质, 这些性质正是体相材料中所忽略的或根本不具有的。

其实, 早在大约 1861 年, 随着胶体化学学科的建立, 科学家就已经对直径为 1 ～ 100 nm 的粒子进行过研究, 只是由于受当时科学的整体水平特别是实验条件的限制, 深入研究受到一定的限制 (例如, 最好的光学显微镜的分辨极限约为 200 nm, 而当代超高电镜的分辨力已达到 "原子分辨", 约在 0.05 nm)。从这里也可以看到, 测试手段落后也制约着科学的发展。

1959 年, 美国著名理论物理学家 R. Feynman 曾说过: "我深信, 当人们能操纵细微物体的排列时, 将可以获得极其丰富的新的物质性质。" 如今, 这一梦想终于在纳米材料中得以实现。人们对纳米粒子的物理化学性质的研究逐步深入, 到了 20 世纪 90 年代, 人工制备的纳米材料已达百种以上。1990 年 7 月在美国巴尔的摩召开的第一届 NST (Nanoscale Science and Technology) 会议, 标志着这一全新的科技 —— 纳米科技正式诞生。

由于在介观领域中物质有许多奇特的性质, 因此应用研究得到蓬勃的发展, 如在量子器件、新型纳米材料、功能材料、催化剂、生物医学检测、分子识别、有序组装以及航天工业等诸多领域都已取得惊人的成就。

历代的科学家曾以宏观世界为基础建立了经典力学和经典热力学的理论体系, 在微观世界中建立了量子物理学和量子化学的理论体系, 相对来说在介观领域中, 如何建立其运动规律体系, 需要科学家们重新认识和研究。

纳米粒子的结构和特性

纳米微粒由有限数量的原子或分子组成, 是热力学的不稳定系统。当物质的尺寸减小到一定程度时, 表面原子数与内部原子数的比值迅速增大, 表面能也迅速增大。当到达纳米尺寸时, 此种变化就会反馈到物质结构和物质的性能上, 从而显现出许多特异的效应。纳米粒子主要有如下四种基本特征:

(1) **小尺寸效应** 当纳米粒子的晶体尺寸与光波的波长或传导电子的 de Broglie 波长及透射深度等的尺寸相当或比它们更小时, 晶体表面周期性的边界条件将被破坏, 表面层及其附近的原子密度减小, 使得材料的光、电、磁、热力学等性能发生改变, 如材料的光吸收率明显加大, 吸收峰发生位移, 非导电材料会出现导电现象, 磁有序态向无序态转化, 金属的熔点明显降低等。例如, 银块的熔点为 1234 K, 而纳米银的熔点为 373 K; 纳米铁的抗断裂应力比普通铁高 12 倍; 当可见光照射到纳米粒子上会发生散射而不是反射; 纳米铜不但没有紫铜色的光泽, 而且不导电等。

这种体积效应为实际应用开拓了广泛的新领域。例如, 可利用纳米粒子的低熔点, 采取粉末冶金的新工艺。又如, 调节颗粒的尺寸, 可制造具有一定频宽的微波吸收纳米材料, 用于电磁波屏蔽、隐形飞机等。

(2) **表面效应** 物质的比表面随着颗粒变小而迅速增加, 表面原子数占总原子数的比例也急剧增大。例如, 粒径 5 nm 的物质其比表面约为 180 $m^2 \cdot g^{-1}$, 表面上原子所占的比例约为 50%, 而粒径为 2 nm 的物质其比表面约为 450 $m^2 \cdot g^{-1}$, 表面原子所占的比例为 82%。由于表面原子受力不均匀, 它的力场尚不饱和, 有剩余价力 (或称其为具有悬空键), 因而表面原子十分活泼, 且具有很高的表面能, 故具有很大的化学活性, 易于与其他原子相结合。如果将催化剂制成纳米粒子, 则其活性必然更高。

纳米粒子具有很高的活性, 如木屑、面粉、纤维等粒子若小到纳米尺寸范围时, 一遇火种极易引起爆炸。纳米粒子是热力学不稳定系统, 易于自发地凝聚以降低其表面能。因此, 对已制备好的纳米粒子, 如果久置则需设法保护, 可保存在惰性气氛中或其他稳定的介质中以防止凝聚。

纳米粒子的表面效应还会引起表面电子自旋、构象及电子能谱的变化。

(3) **量子尺寸效应** 电子是费米子 (fermion), 服从泡利不相容原理, 即两个完全相同的费米子不能处在同一状态。早在 20 世纪 60 年代, Kubo 求得金属超微粒子的能级间距 δ 为

$$\delta = \frac{4E_i}{3N} \tag{14.39}$$

式中 E_i 为费米势能; N 为超微粒子的原子数。对于宏观物体, N 很大, $\delta \to 0$, 即能级间距趋于零, 能级是连续的。而对于纳米粒子, 由于粒子小, 所含原子数有限, N 值较小, 导致 δ 有一定的值, 即能级间距发生分裂, 能级的平均间距与粒子自

由电子的总数成反比。金属费米能级附近的电子能级由准连续变为离散不连续，并有能隙变宽的现象，这就是纳米材料的量子尺寸效应。简言之，即电子能级由连续的变为不连续的。

这一现象的出现，导致纳米银与普通银的性质完全不同。普通银为导体，而粒径小于 20 nm 的纳米银却是绝缘体。

当电子能级间距变宽时，粒子的发射能量增加，同时当吸收能量时则向短波长方向移动，直观上表现为样品颜色的变化。例如，金属铂是银白色金属 (故俗称白金)，而纳米级金属铂是黑色的，俗称为铂黑 (platinum black)。

电子能级的改变，可导致催化性能和光催化性能的改变。

(4) **宏观量子隧道效应**　微观粒子具有贯穿势垒的能力，称为隧道效应。近年来，人们发现微观粒子的一些宏观量，如微颗粒的磁化强度、量子相干器件中的磁通量及电荷等亦具有隧道效应，它们可以穿越宏观系统的势垒而产生变化，故称为宏观量子隧道效应 (macroscopic quantum tunneling effect，简写为 MQTE)。用此概念可以解释金属镍的超细微粒在低温下可继续保持超顺磁性；具有铁磁性的磁铁，当粒子尺寸达到纳米级时，即由铁磁性转变为顺磁性。

以上几种效应表明了纳米材料的基本特征，这些特性使纳米材料表现出许多"反常的"物理和化学性质。

纳米粒子的制备

纳米粒子的制备方法基本上与憎液溶胶的制备方法相同，主要是物理的方法和化学的方法，其关键问题是控制粒子的大小和获得较狭窄的粒径分布。根据纳米材料的类别，大体归纳于表 14.13 中。

在一些文献中常常出现一些名词，如功能材料、纳米材料、纳米技术等，这些名词互相交叉，需要给予简单的 (或粗略的) 界定。

功能材料泛指那些可用于工业和技术中的具有物理和化学功能如光、电、磁、声、热等特性的各种材料，包括电功能材料、磁功能材料、光功能材料、超导材料、智能材料、储氢材料、生物医学材料、纳米药物载体、功能膜、功能陶瓷、功能纤维等。总而言之，功能材料就是具有某些特殊功能的材料 (它不涉及材料的大小尺寸问题)。

纳米材料是晶粒 (或组成相) 在任一维度上的尺寸小于 100 nm 的材料，是由粒径在 $1 \sim 100$ nm 的超细微粒组成的固体材料。纳米材料按宏观结构可分为由纳米粒子组成的纳米块、纳米膜和多层纳米膜及纳米纤维等。按材料结构可分为

表 14.13   纳米材料制备方法分类

纳米材料类别	化学法	物理法	综合法
纳米粉体	沉淀法 (共沉淀、均相沉淀) 化学气相凝聚 (CVC) 水热法 相转移法 溶胶−凝胶法	惰性气体沉积法 蒸发法 激光溅射法 真空蒸镀法 等离子蒸发法 球磨法 爆炸法 喷雾法 溶剂挥发法	辐射化学合成法
纳米膜材料	溶胶−凝胶法 电沉积法 还原法	惰性气体蒸发法 高速粒子沉积法 激光溅射法	超声沉淀法
纳米晶体和纳米块	非晶晶化法	球磨法 原位加压法 固相淬火法	激光化学反应法
无机−有机杂化纳米材料	原位聚合法 插层法	共混法	辐射化学反应法
纳米高分子材料	乳液法 超微乳法 悬浮法	天然高分子法 液中干燥法	
纳米微囊	高分子包覆法 乳液法	超声分散法 注入法 薄膜分散法 冷冻干燥法 逆向蒸发法	高分子包覆−超声分散法 注入−超声分散法
纳米组装材料	纳米结构自组织合成 纳米结构分子自组织合成 模板法合成 溶胶−凝胶法 化学气相沉积法		电化学沉积法

纳米晶体、纳米非晶体和纳米准晶体, 按空间形态可分为零维纳米微粒或原子团簇 (又称量子点)、一维纳米线 (或丝)、二维纳米膜和三维纳米块体。

制备纳米材料的方法和手段有很多种, 测试和研究纳米材料的方法和手段也层出不穷。目前, 人们把在 $1 \sim 100$ nm 范围内制备、研究和工业化的纳米材料, 以及利用纳米尺寸物质进行交叉研究和工业化的综合技术叫**纳米技术**。

纳米技术能通过改变材料的尺寸, 使其有效面积增加, 从而改变材料的力学、光学、电学、磁学、化学及生物学特性。例如, SiO_2 是电阻材料, 但制成纳米级尺度时可成为导体材料。而有些电阻材料, 在制备成纳米材料后甚至可以变成超导材料。

由此可见, 功能材料不一定是纳米材料, 而纳米材料则一定是功能材料, 这是由于纳米材料具有一些特殊性能。

纳米材料可以分三个层次: ① 纳米粒子。② 纳米固体, 它是由纳米粒子集聚而成, 可以是块状、薄膜状或纤维状。两种或两种以上的纳米固体混合可成为复合材料。③ 纳米组装系统, 它是以纳米粒子以及由纳米粒子组成的纳米丝或纳米管等为基本单元, 在一维、二维和三维空间中人工组装排列成具有纳米结构的系统。纳米粒子、纳米丝和纳米管可以是有序的, 也可以是无序的, 其特点是按照人的意志进行安排设计, 使整个系统具有所期望的特性。因而, 这一领域被认为是纳米领域中的前沿课题。这也是纳米科学技术的最终目的, 即按人的意识, 操纵原子或原子的集合体, 组装成具有特定功能的产品, 从而极大地改变人类的生产和生活方式, 极大地提高人类的生活质量。

合成纳米材料主要是化学家的任务。由于纳米材料的性质强烈地依赖着材料的尺寸、微结构乃至形状, 这就对合成技术提出十分苛刻的要求。在合成过程中所需要调节的参量是非常多的, 如反应物的浓度、流量、酸碱性、温度、压力、反应介质、是否需要加入稳定剂, 甚至还要考虑试样的加入顺序等。要调节到恰到好处是相当困难的, 原因很简单, 在系统中所含的粒子数目是天文数字, 但却要它们同时反应, 同时形成大小均一的晶核并同时长大到基本相同的尺寸, 还要考虑如何防止粒子聚结的问题 (粒子的团聚过程使表面能降低, 是自发过程)。要满足这些条件, 确有一定的难度, 但人们后来经过实践、总结发现, 如果采用模板合成技术和自组装技术, 很多时候可以克服上面所述的困难。

制备纳米粒子的方法种类繁多, 针对具体对象和要求, 选择适当的方法。这里仅对自组装技术和模板合成技术作扼要的说明。

自组装技术 —— 仿生纳米合成

生物天生具有自我识别、自我组织和自我复制的本领, 将无生命的小分子装配成具有精确构造并具有特定功能的生命体。小到单细胞生物, 大到复杂的人体都具有这种本领。4 种基本的核苷酸 (即腺嘌呤、胸腺嘧啶、鸟嘌呤和胞嘧啶, 依次缩写为 A, T, G, C) 经过有序的排列组合, 可以构造出携带全部遗传信息的 DNA (deoxyribonucleic acid 的缩写) 双螺旋结构。20 余种基本的氨基酸, 经过有序排列组合, 几乎可以产生所有的生物活性蛋白质。生物体内的许多结构单元, 其尺寸都在纳米的范畴。血红蛋白的直径为 6.8 nm, 生物膜的厚度为 6 ~ 10 nm, DNA 的直径约为 2 nm, 它们都是天然形成的纳米材料。

科学家的任务就是要了解这种 "自我识别、自我组织和自我复制" 的来源, 给出解释, 同时尝试模拟生物界的这种自我识别和自我装配的过程。因此, 这种仿生纳米合成思想的产生是十分自然的。有了新的思想, 才能有新的行动开始。这当然是一个长期而十分艰巨的任务。

生物结构也是化学结构, 要从化学的角度来考虑问题。生物结构形成的基础是原子和分子之间具有 van der Waals 力、氢键、$\pi-\pi$ 相互作用和疏水作用等较弱的作用力, 是这些作用力驱动了分子的自组装。其结构的稳定性和完整性是由这些因素的协同作用 (synergistic effect) 来维持的。

基于这种思想, 所谓仿生纳米合成可以理解为: 从单个原子、多个分子, 或单个纳米结构单元出发, 通过事前设计和利用它们之间的相互作用, 使其按照人的意识, 凭借内在的弱相互作用力和协同作用, 自发地组成一维、二维或三维的纳米材料或纳米结构, 这就是仿生纳米合成的思路。仿生纳米合成有许多种方式, 例如: ① 仿照生物分子通过非共价相互作用, 形成具有特定功能的多分子集合体, 可以合成出各种各样的纳米材料; ② 仿照生物膜的结构, 将功能分子有序地排列起来, 进而获得致密而有序的单分子膜或多层膜材料; ③ 仿照生物体内骨骼、牙齿等发育的 "生物矿化" 过程, 可以制备出有机/无机复合材料。

人体内有许多不同类型的生物膜, 各有自己的特殊功能, 它们都是通过体内的自组装过程构筑而成的。如果能知道过程的机理, 就能制造出人工合成的仿生物膜。这也是一项十分艰巨的任务, 需要大量的研究工作。现阶段已能利用纳米技术, 制备出仿人骨和人工皮肤, 并可用于临床。

人工合成的具有一定特殊性能的材料, 有时也称其为智能材料。

模板合成技术

如果能找到一个纳米尺寸的笼子, 使成核反应在 "纳米笼" (nano cage) 中进行, 则反应进行后, 纳米笼就像一个 "模板", 它的大小和形状, 就决定了产物的大小和形状。问题在于如何找到合适的 "模板"。

模板的类型大致可分为两大类, 即 "硬模板" 和 "软模板"。前者有分子筛、多孔氧化铝及经过一定处理的多孔聚合物薄膜。软模板则常是由表面活性剂聚集而成的胶团 (或反胶团) 等。二者的共性是都能提供一个纳米尺寸的反应空间。不同之处在于, 前者提供的是静止的孔道, 后者提供的是一个动态平衡的空间, 物质只能从开口处进入孔道内部, 反应后物质通过腔壁扩散而出。

由表面活性剂构成的胶团分为两类: 正胶团 (简称胶团) 和反胶团。"水包油" (O/W) 型胶团称为 "正胶团", 这时亲水基团在外, 油滴被包在里边。"油包水" (W/O) 型胶团称为反胶团, 这时亲油基团在外, 水滴被包在里边。至于是形成 O/W 型胶团还是形成 W/O 型胶团, 则与表面活性剂的种类、数量及水和有机溶剂的性质等因素有关。通常 O/W 型胶团的直径是 $5 \sim 100$ nm, W/O 型胶团的直径是 $3 \sim 6$ nm。

以制取 $CaCO_3$ 纳米粒子为例。先制备一个反胶团, 将氢氧化钙的水溶液包在其内部的空腔里, 然后通入 $CO_2(g)$。气体通过扩散进入胶团, 并与氢氧化钙反应生成 $CaCO_3$ 纳米粒子 (在胶团内部反应, 产物必然是纳米级的)。

金属铝经阳极氧化, 可得到多孔的氧化膜, 这种膜含有的孔是孔径大小一致、排列有序、分布均匀且互相独立的柱状孔。孔的直径在几纳米到几万纳米之间, 可通过阳极氧化时的条件来控制。人们已经成功地利用这种多孔氧化铝模板通过高温气相反应, 制成氮化镓纳米丝。碳纳米管也可用作模板在其空腔内合成纳米线。人们正尝试把碳纳米管当成 "纳米试管" 来使用。

模板法已经成为合成纳米材料的重要发展方向。

纳米材料的应用

纳米材料由于其具有特殊的效应, 因而具有常规材料所不具备的性能, 如何充分地和综合地利用其特殊性能, 已经不限于单一学科而是多学科的研究范畴。本书只能举例简述其大概。

(1) **光学材料** 硅是重要的发光材料, 如能发强光则有利于制备光电子集成电路。但宏观尺度的硅材料, 由于电偶极禁阻跃迁, 无法成为光电子材料。但若控制硅粒的尺寸, 使其达到纳米级的程度, 则其内部能级发生变化, 就能产生一定波长的光。例如, 将硅置于 Y 型沸石的超笼中, 1.3 nm 的硅粒在室温条件下就能发出橙–红色光谱。

已有研究表明, 纳米 SiO_2 光学纤维作为光传输的导线, 与体材料 (尺寸大的材料有时也称为体材料) 相比, 前者的损耗比后者小许多倍。利用纳米材料对紫外光的吸收特性而制作的日光灯管, 不仅可以减少紫外光对人体的损害, 而且可以提高灯管的使用寿命。此外, 作为光存储材料, 纳米材料的存储密度也明显高于体材料。

(2) **催化材料**　由于纳米粒子的表面效应能显著提高催化反应的效率, 因此纳米材料作为新一代催化剂备受国内外学者的关注。近年来的发展方向是纳米复合化, 例如具有沸石结构的纳米 CeO_2 与 Cu 组成的纳米复合材料, 可以消除汽车尾气中排放出来的 $SO_2(g)$, $CO(g)$ 等。

(3) **储氢材料**　氢能是人类未来最理想的能源, 其热值高, 资源丰富, 无毒无污染, 燃烧后生成水, 不产生二次污染, 并可利用太阳能、风能使水分解而再生。氢–氧燃料电池可作汽车发动机的动力, 达到零排放。纳米材料可以作为储氢材料, 反复循环使用。研究表明, 许多合金可作为储氢材料, 如 $LaNi_5$, FeTi 的纳米粒子可作为储氢材料, 若包覆 V, Pd 后, 其储氢性能将大大提高。

(4) **电功能材料**　用自组装法 (self-assembly) 研制纳米复合膜 (nanocomposite membrane) 是近年来科学研究的热点之一。含有可离子化侧基 (如 —COOH, —SO_3H 等) 的导电聚合物极易与聚阳离子化合物自组装成聚电解质的纳米复合膜。改变条件, 还可以控制其厚度, 这些电功能材料可用于微电子器件。

把具有导电性的纳米粒子如炭黑、金属粒子等加入聚合物中, 可以改善聚合物的导电性能。例如, 在用真空镀法制作的尼龙薄膜上, 真空镀覆上一层粒径为 $1 \sim 10$ nm 的 Au 颗粒, 所得 Au–尼龙复合材料具有很好的导电性能。共轭聚合物与合成的无机纳米粒子反应复合, 也能得到导电性能良好的产品。

(5) **磁功能材料**　纳米磁性材料应用最著名的例子就是纳米药物磁粒子在肿瘤治疗上的应用。纳米药物磁粒子利用纳米 Fe_3O_4 和 $\gamma-Fe_3O_4$ 的顺磁性, 包覆药物后制成纳米级药物磁粒子, 利用外磁场的引导把药物粒子引导定位到病灶处, 然后用交变磁场进行加热, 使药物释放出来, 用以杀灭癌细胞。这种方法在治疗肿瘤特别是肺癌方面的研究较多, 有望不久可进入临床使用。

随着信息技术的发展, 需要记录的信息不断增加, 要求记录材料的高性能化, 特别是记录的高密度化。磁性纳米微粒由于尺寸小, 具有单磁畴结构, 矫顽力很高, 用它作为磁记录材料, 可以提高信噪比, 改善图像质量。

(6) **超微电极的应用** 超微电极电化学是 20 世纪 70 年代开始发展起来的一门新兴的电化学学科。它作为电化学和电分析化学的前沿领域, 具有许多新的特性, 为人们对物质的微观结构进行探索提供了一种有力手段。超微电极是指电极的一维尺寸为微米级或纳米级的一类电极。当电极的一维尺寸由毫米级降至微米级或纳米级时, 会表现出许多不同于常规电极的优良的电化学特性。

如果对超微电极进行修饰, 可按人的意图赋予电极以预定的功能, 以便在其上面选择性研究所期望的反应。经修饰后的电极, 例如在超微电极上修饰 Nafion 膜, 可有助于排除其他物质的干扰, 对神经传递质多巴胺进行选择性的测定, 对物质的分析提高到单细胞的水平。有了超微电极, 氧化还原蛋白质和酶的直接电化学研究得到了迅速的发展, 这些研究对了解生命体内的能量转换和物质代谢、了解生物分子的结构和物理化学性质、探索其在生物体内的生理作用及作用机制和开发新型的生物传感器均有重要意义。有了超微电极, 甚至可将它用于人体的"在体监测", 直接了解患者体内的某些变化, 便于诊断病情。

纳米技术的用处是多方面的, 本书仅提出以上几点, 如何充分开发利用其特性, 是值得研究的问题。

在近十几年的时间里, 物理、化学和材料等各领域的许多科学工作者, 在纳米层次上进行了大量的研究工作, 成绩惊人。纳米技术的应用研究不仅仅局限于信息传导的新材料上, 而且纳米技术的微型化在化学、物理、电子工程及生命科学等学科的交叉领域中发挥重要的作用, 并形成了许多新的学科增长点, 如纳米物理学、纳米化学、纳米电子学、纳米机械学、纳米材料学、纳米生物学、纳米医药学乃至纳米军事学等, 使得人们不得不相信,21 世纪将会是一个纳米技术世纪。正如 20 世纪七八十年代微电子技术引发了信息革命一样, 纳米科学技术将成为 21 世纪技术革命的动力, 并以此为核心带动一批新兴学科的建立, 并促进光、机、电、计等密集型高科技的综合发展。我国著名的科学家钱学森曾有精辟的论述, 他指出纳米左右和纳米以下的结构将是下一阶段科技发展的重点, 会是一次技术革命, 从而将引起 21 世纪又一次产业革命。纳米技术代表今后科学技术发展的趋势, 也将成为当代高科技和新兴学科发展的基础, 并将对国家的经济建设、国防实力、科技发展乃至整个社会文明进步产生巨大的影响。

拓展学习资源

重点内容及公式总结	
课外参考读物	
相关科学家简介	
教学课件	

复习题

14.1 用 As_2O_3 与略过量的 H_2S 制成的硫化砷 As_2S_3 溶胶, 试写出其胶团的结构式。用 $FeCl_3$ 在热水中的水解来制备 $Fe(OH)_3$ 溶胶, 试写出 $Fe(OH)_3$ 溶胶的胶团结构。

14.2 在以 KI 和 $AgNO_3$ 为原料制备 AgI 溶胶时, 或者使 KI 过量, 或者使 $AgNO_3$ 过量, 两种情况所制得的 AgI 溶胶的胶团结构有何不同? 胶核吸附稳定离子时有何规律?

14.3 胶体粒子发生 Brown 运动的本质是什么? 这对溶胶的稳定性有何影响?

14.4 Tyndall 效应是由光的什么作用引起的? 其强度与入射光波长有什么关系? 粒子大小范围落在什么区间内可以观察到 Tyndall 效应? 为什么危险信号要用红灯显示? 为什么早霞、晚霞的色彩特别鲜艳?

14.5 电泳和电渗有何异同点? 流动电势和沉降电势有何不同? 这些现象有什么应用?

14.6 在由等体积的 $0.08\ mol \cdot dm^{-3}$ KI 溶液和 $0.10\ mol \cdot dm^{-3}$ AgNO$_3$ 溶液制成的 AgI 溶胶中, 分别加入浓度相同的下述电解质溶液, 请由大到小排出其聚沉能力大小的次序。

(1) NaCl; (2) Na$_2$SO$_4$; (3) MgSO$_4$; (4) K$_3$[Fe(CN)$_6$]。

14.7 在两个充有 $0.001\ mol \cdot dm^{-3}$ KCl 溶液的容器之间放一个 AgCl 晶体组成的多孔塞, 其细孔道中也充满了 KCl 溶液。在多孔塞两侧放两个接直流电源的电极。问通电时, 溶液将向哪一极方向移动? 若改用 $0.01\ mol \cdot dm^{-3}$ KCl 溶液, 在相同外加电场中, 溶液流动速度是变快还是变慢? 若用 AgNO$_3$ 溶液代替原来用的 KCl 溶液, 情形又将如何?

14.8 大分子溶液和 (憎液) 溶胶有哪些异同点? 对外加电解质的敏感程度有何不同?

14.9 大分子化合物有哪几种常用的平均摩尔质量? 这些量之间的大小关系如何? 如何用渗透压法较准确地测定蛋白质 (不在等电点时) 的平均摩尔质量?

14.10 试解释:

(1) 江河入海处, 为什么常形成三角洲?

(2) 为何加明矾能使混浊的水澄清?

(3) 使用不同型号的墨水, 为什么有时会使钢笔堵塞而写不出来?

(4) 为什么重金属离子中毒的患者喝了牛奶可使症状减轻?

(5) 做豆腐时 "点浆" 的原理是什么? 哪些盐溶液可用来点浆?

(6) 常用的微球形硅胶和作填充料的玻璃珠是如何制备的? 用了胶体和表面化学中的哪些原理? 请尽可能多地列举出日常生活中遇到的有关胶体的现象及其应用。

14.11 憎液溶胶是热力学上的不稳定系统, 但它能在相当长的时间内稳定存在, 试解释原因。

14.12 试从胶体化学的观点解释, 在进行重量分析时为了使沉淀完全, 通常要加入相当数量的电解质 (非反应物) 或将溶液适当加热。

14.13 何谓乳状液? 乳状液有哪些类型? 乳化剂为何能使乳状液稳定存在? 通常鉴别乳状液的类型有哪些方法? 其根据是什么? 何谓破乳? 何谓破乳剂? 有哪些常用的破乳方法?

14.14 凝胶中分散相颗粒间相互联结形成骨架, 按其作用力不同可以分为哪几种? 各种的稳定性如何? 什么是触变现象?

14.15 何谓纳米材料? 纳米材料通常可分为哪些类型? 目前有哪些常用的制备方法? 纳米材料有何特性? 有哪些应用前景?

习题

14.1 用化学凝聚法制备 $Fe(OH)_3$ 溶胶的反应如下:

$$FeCl_3 + 3H_2O \Longrightarrow Fe(OH)_3(溶胶) + 3HCl$$

溶液中一部分 $Fe(OH)_3$ 有如下反应:

$$Fe(OH)_3 + HCl \Longrightarrow FeOCl + 2H_2O$$

$$FeOCl \Longrightarrow FeO^+ + Cl^-$$

试写出胶团结构式, 并标出胶核、胶粒和胶团。

14.2 在 290 K 时, 通过藤黄混悬液的 Brown 运动实验, 测得半径为 2.12×10^{-7} m 的藤黄粒子经 30 s 时间在 x 轴方向的均方根位移 $\sqrt{\overline{x^2}} = 7.3 \times 10^{-6}$ m。已知该混悬液的黏度 $\eta = 1.10 \times 10^{-3}$ kg·m^{-1}·s^{-1}, 试计算扩散系数 D 和 Avogadro 常数 L。

14.3 已知某溶胶的黏度 $\eta = 0.001$ Pa·s, 其粒子的密度近似为 $\rho = 1 \times 10^3$ kg·m^{-3}, 在 1 s 内粒子在 x 轴方向的均方根位移 $\sqrt{\overline{x^2}} = 1.4 \times 10^{-5}$ m。试计算:

(1) 298 K 时, 胶体的扩散系数 D;

(2) 胶粒的平均直径 d;

(3) 胶团的摩尔质量 M。

14.4 设某溶胶中的胶粒是大小均一的球形粒子, 已知在 298 K 时胶体的扩散系数 $D = 1.04 \times 10^{-10}$ m^2·s^{-1}, 其黏度 $\eta = 0.001$ Pa·s。试计算:

(1) 该胶粒的半径 r;

(2) 由于 Brown 运动, 粒子沿 x 轴方向的均方根位移 $\sqrt{\overline{x^2}} = 1.44 \times 10^{-5}$ m 时所需要的时间;

(3) 318 K 时, 胶体的扩散系数 D', 假定该胶粒的黏度不受温度的影响。

14.5 质量分数为 0.002 的金溶胶, 其 $\eta = 0.001$ Pa·s; 在 1 s 内由于 Brown 运动, 粒子在 x 轴方向的均方根位移是 1.833×10^{-3} cm。已知金的密度为 19.3 g·cm^{-3}。试计算此溶胶在 25°C 时的扩散系数和渗透压。

14.6 在 298 K 时, 某粒子半径 $r = 30$ nm 的金溶胶, 在地心引力场中达沉降平衡后, 在高度相距 1.0×10^{-4} m 的某指定区间内两边粒子数分别为 277 和 166。已知金的密度为 $\rho_{Au} = 1.93 \times 10^4$ kg·m^{-3}, 分散介质的密度为 $\rho_{介质} = 1 \times 10^3$ kg·m^{-3}。试计算 Avogadro 常数 L。

14.7 某金溶胶在 298 K 时达沉降平衡, 在某一高度时粒子的数密度为

8.89×10^8 m^{-3}, 再上升 0.001 m 粒子的数密度为 1.08×10^8 m^{-3}。设粒子为球形, 已知金的密度为 $\rho_{Au} = 1.93 \times 10^4$ kg·m^{-3}, 分散介质水的密度为 $\rho_{水} = 1 \times 10^3$ kg·m^{-3}。试计算:

(1) 胶粒的平均半径 r 及平均摩尔质量 M;

(2) 使粒子的数密度下降一半, 需上升的高度。

14.8 β-白蛋白水溶液用足够的电解质消除电荷效应后, 在 $25\,^{\circ}\mathrm{C}$ 和 11000 r·min^{-1} 时达离心平衡, 测得平衡浓度如下:

与转轴的距离/cm	4.90	4.95	5.00	5.05	5.10	5.15
浓度/(g·dm^{-3})	1.30	1.46	1.64	1.84	2.06	2.31

已知该蛋白质的比体积 (即密度的倒数) 是 0.75 cm^3·g^{-1}, 溶液密度为 1.00 g·cm^{-3}。试计算蛋白质的摩尔质量。

14.9 在内径为 0.02 m 的管中盛油, 使直径 $d = 1.588$ mm 的钢球从其中落下, 下降 0.15 m 需 16.7 s。已知油和钢球的密度分别为 $\rho_{油} = 960$ kg·m^{-3} 和 $\rho_{球} = 7650$ kg·m^{-3}。试计算在实验温度时油的黏度。

14.10 试计算 293 K 时, 在地心力场中使粒子半径分别为 (1) $r_1 = 10$ μm; (2) $r_2 = 100$ nm; (3) $r_3 = 1.5$ nm 的金溶胶粒子下降 0.01 m, 分别所需的时间。已知分散介质的密度为 $\rho_{介质} = 1000$ kg·m^{-3}, 金的密度为 $\rho_{Au} = 1.93 \times 10^4$ kg·m^{-3}, 溶液的黏度近似等于水的黏度, 为 $\eta = 0.001$ Pa·s。

14.11 密度为 $\rho_{粒} = 2.152 \times 10^3$ kg·m^{-3} 的球形 $CaCl_2(s)$ 粒子, 在密度为 $\rho_{介质} = 1.595 \times 10^3$ kg·m^{-3}、黏度为 $\eta = 9.75 \times 10^{-4}$ Pa·s 的 $CCl_4(l)$ 中沉降, 在 100 s 的时间里下降了 0.0498 m, 计算此球形 $CaCl_2(s)$ 粒子的半径。

14.12 把 1.0 m^3 中含 1.5 kg $Fe(OH)_3$ 的溶胶先稀释 10000 倍, 再放在超显微镜下观察, 在直径和深度各为 0.04 mm 的视野内数得粒子的数目平均为 4.1 个。设粒子为球形, 其密度为 $\rho_{粒} = 5.2 \times 10^3$ kg·m^{-3}, 试求粒子的直径。

14.13 在实验室中, 用相同的方法制备两份浓度不同的硫溶胶, 测得两份硫溶胶的散射光强度之比 $I_1/I_2 = 10$。已知第一份溶胶的浓度 $c_1 = 0.10$ mol·dm^{-3}, 设入射光的频率和强度等实验条件都相同, 试求第二份溶胶的浓度 c_2。

14.14 血清蛋白质溶解在缓冲溶液中, 改变 pH 并通以一定电压, 测定电泳距离为

pH	3.76	4.20	4.82	5.58
Δx/cm	0.936	0.238	0.234	0.700
	向阴极移动		向阳极移动	

试确定蛋白质分子的等电点, 并说明蛋白质分子的带电性质与 pH 的关系。

14.15   由电泳实验测得 Sb_2S_3 溶胶在电压为 210 V, 两极间距离为 38.5 cm 时, 通电 36 min 12 s, 引起溶胶界面向正极移动 3.2 cm。已知介质介电常数为 8.89×10^{-9} F·m^{-1}, $\eta = 0.001$ Pa·s, 计算此溶胶的电动电势。

14.16   某一胶态铋, 在 20℃ 时的电动电势为 0.016 V, 求它在电位梯度等于 1 V·m^{-1} 时的电泳速度。已知水的相对介电常数 $\varepsilon_r = 81$, $\varepsilon_0 = 8.854 \times 10^{-12}$ F·m^{-1}, $\eta = 0.0011$ Pa·s。

14.17   水与玻璃界面的 ζ 电势约为 50 mV, 计算当电容器两端的电势梯度为 40 V·cm^{-1} 时, 每小时流过直径为 1.0 mm 的玻璃毛细管的水量。设水的黏度为 1.0×10^{-3} kg·m^{-1}·s^{-1}, 介电常数为 8.89×10^{-9} C·V^{-1}·m^{-1}。

14.18   在三个烧瓶中同样盛 0.02 dm^3 的 $Fe(OH)_3$ 溶胶, 分别加入 NaCl, Na_2SO_4 和 Na_3PO_4 溶液使其聚沉, 实验测得至少需加电解质溶液的体积分别为 (1) 浓度为 1.0 mol·dm^{-3} 的 NaCl 溶液 0.021 dm^3; (2) 浓度为 0.005 mol·dm^{-3} 的 Na_2SO_4 溶液 0.125 dm^3; (3) 浓度为 0.0033 mol·dm^{-3} 的 Na_3PO_4 溶液 0.0074 dm^3。试计算各电解质的聚沉值和它们的聚沉能力之比, 并判断胶粒所带的电荷。

14.19   在稀的砷酸溶液中通入 H_2S 制备 As_2S_3 溶胶, 稳定剂是 H_2S。

(1) 写出该胶团的结构式, 并指明胶粒的电泳方向;

(2) 当溶胶中分别加入电解质 NaCl, $MgSO_4$ 和 $MgCl_2$ 时, 哪种物质的聚沉值最小?

14.20   某一大分子分散系统, 其不同摩尔质量的组成可描述如下:

n_i/mol	0.10	0.20	0.40	0.20	0.10
$M_i/(kg \cdot mol^{-1})$	1.00	1.20	1.40	1.60	1.80

试分别计算各种平均摩尔质量 $\overline{M}_n, \overline{M}_m, \overline{M}_Z$ 和 $\overline{M}_\eta$ 的值 (设 $\alpha = 0.7$)。

14.21   某蛋白质样品, 其中摩尔质量为 10.0 kg·mol^{-1} 的分子有 10 mol, 摩尔质量为 100 kg·mol^{-1} 的分子有 5 mol。试求 298 K 时, 上述质量分布的样品含量为 0.01 kg·dm^{-3} 的水溶液的凝固点降低、蒸气压下降和渗透压各为多少? 已知 298 K 时水的饱和蒸气压为 3167.7 Pa, 凝固点降低常数 $k_f = 1.86$ K·mol^{-1}·kg, 水的密度 (近似等于溶液的密度) $\rho(H_2O) = 1.0$ kg·dm^{-3}。

14.22   假定聚丁二烯分子为线型分子, 其横截面积为 0.2 nm^2, 摩尔质量为 $\overline{M}_n = 100$ kg·mol^{-1}, 密度为 $\rho = 920$ kg·m^{-3}。在聚合物分子充分伸展时, 试计算聚丁二烯分子的平均长度。

14.23 在 25℃ 时, 用渗透压计测量聚氯乙烯在环己酮溶液中的渗透压, 得到聚合物不同质量浓度 ρ_B 时的渗透压 (以液柱上升的高度表示) 数据如下:

$\rho_B/(g \cdot dm^{-3})$	2.0	3.0	5.0	7.0	9.0
$\Delta h/cm$	0.922	1.381	2.250	3.002	3.520

已知 25℃ 时溶液的平均密度 $\rho = 0.98\ g \cdot cm^{-3}$, 计算聚合物的数均摩尔质量 $\overline{M}_n$。

14.24 在 298 K 时, 测量出某聚合物溶液在不同质量浓度时的相对黏度如下:

$\rho_B/[g \cdot (100\ dm^3)^{-1}]$	0.152	0.271	0.541
η_r	1.226	1.425	1.983

(1) 求此聚合物的特性黏度 $[\eta]$;

(2) 已知 $K = 1.03 \times 10^{-4}\ m^3 \cdot kg^{-1}$, $\alpha = 0.74$, 求该聚合物的摩尔质量。

14.25 在 298 K 时, 具有不同相对分子质量 M_r 的同一聚合物, 溶解在相同有机溶剂中所得的特性黏度如下所示:

M_r	3.4×10^4	6.1×10^4	1.3×10^5
$[\eta]/(dm^3 \cdot g^{-1})$	1.02	1.60	2.75

求该系统的 α 和 K 的值。

14.26 在 298 K 时, 两个等体积的 $0.200\ mol \cdot dm^{-3}$ NaCl 水溶液被一半透膜隔开, 将摩尔质量为 $55.0\ kg \cdot mol^{-1}$ 的大分子化合物 Na_6P 置于膜的左边, 其浓度为 $0.050\ kg \cdot dm^{-3}$, 试求膜平衡时两边各种离子的浓度和渗透压。

14.27 (1) 在 298 K 时, $0.10\ dm^3$ 水溶液中含 0.50 g 核糖核酸酶和 $0.2\ mol \cdot dm^{-3}$ 的 NaCl, 产生 983 Pa 的渗透压, 该半透膜除核糖核酸酶外其他物质均能透过。试求该核糖核酸酶的摩尔质量。

(2) 在 298 K 时, 膜的一侧是 $0.1\ dm^3$ 水溶液, 含 0.5 g 某大分子化合物 Na_6P, 膜的另一侧是 $1.0 \times 10^{-7}\ mol \cdot dm^{-3}$ 的稀 NaCl 溶液, 测得渗透压为 6881 Pa。求该大分子化合物的摩尔质量。

14.28 在一渗析膜左侧, 将 0.0013 kg 盐基胶体酸 (HR) 溶于 $0.10\ dm^3$ 极稀的 HCl 溶液中 (设胶体酸完全解离), 右侧置 $0.10\ dm^3$ 的纯水, 25℃ 下达平衡后, 测得左侧、右侧溶液 pH 分别为 2.67 和 3.26。试计算:

(1) 胶体酸的摩尔质量;

(2) 膜电势;

(3) 渗透压。

14.29 浓度为 $0.01 \ mol \cdot dm^{-3}$ 的胶体电解质 (可表示为 $Na_{15}X$) 水溶液, 被置于渗析膜的一边, 而膜的另一边是等体积的浓度为 $0.05 \ mol \cdot dm^{-3}$ 的 NaCl 水溶液, 达到 Donnan 平衡时, 扩散进入含胶体电解质水溶液中氯化钠的净分数是多少?

14.30 将摩尔质量很大的某一元酸 HR, 溶于 $100 \ cm^3$ 很稀的盐酸中, 假定 $[HR] = 0.0020 \ mol \cdot dm^{-3}$, HR 完全解离, 然后将其放在一个半透膜袋里, 在 298 K 时与膜外 $100 \ cm^3$ 蒸馏水达成平衡, 测得袋外 pH = 4。试计算:

(1) 袋里溶液的 pH;

(2) 膜电势。

附录

附录 1 在 298.15 K 的水溶液中，一些电解质的离子平均活度因子 $\gamma_\pm$

电解质	$m/(\text{mol} \cdot \text{kg}^{-1})$														
	0.001	0.002	0.005	0.01	0.02	0.05	0.1	0.2	0.5	1.0	2.0	3.0	4.0	5.0	10.0
HCl	0.965	0.952	0.929	0.905	0.876	0.832	0.797	0.768	0.759	0.811	1.009	—	—	2.380	10.4
HNO$_3$	0.965	0.952	0.929	0.905	0.875	0.829	0.792	0.756	0.725	0.730	0.788	—	—	1.063	1.644
H$_2$SO$_4$	0.804	0.740	0.634	0.542	0.445	0.325	0.251	0.195	0.146	0.125	0.119	—	—	0.197	0.527
NaOH	0.965	0.952	0.927	0.902	0.870	0.819	0.775	0.731	0.685	0.674	0.714	—	—	1.076	3.258
KOH	0.965	0.952	0.927	0.902	0.871	0.821	0.779	0.740	0.710	0.733	0.860	—	—	1.697	6.110
AgNO$_3$	0.964	0.950	0.924	0.896	0.859	0.794	0.732	0.656	0.536	0.430	0.316	—	—	0.181	0.108
BaCl$_2$	0.887	0.849	0.782	0.721	0.653	0.559	0.492	0.436	0.391	0.393	—	—	—	—	—
CaCl$_2$	0.888	0.851	0.787	0.727	0.664	0.577	0.517	0.469	0.444	0.495	0.784	—	—	5.907	43.1
Cd(NO$_3$)$_2$	0.888	0.851	0.787	0.728	0.664	0.576	0.515	0.465	0.428	0.437	0.517	—	—	—	—
CoCl$_2$	0.889	0.852	0.789	0.732	0.670	0.586	0.528	0.483	0.465	0.532	0.864	—	—	—	—
Co(NO$_3$)$_2$	0.888	0.850	0.786	0.728	0.663	0.576	0.516	0.469	0.446	0.492	0.722	—	—	3.338	—
CuCl$_2$	0.887	0.849	0.783	0.722	0.654	0.561	0.495	0.441	0.401	0.405	0.453	—	—	0.601	—
Cu(NO$_3$)$_2$	0.888	0.851	0.787	0.729	0.664	0.577	0.516	0.466	0.431	0.456	0.615	—	—	2.083	—
FeCl$_2$	0.888	0.850	0.785	0.725	0.659	0.570	0.509	0.462	0.443	0.500	0.782	—	—	—	—

电解质	$m/(\text{mol} \cdot \text{kg}^{-1})$														
	0.001	0.002	0.005	0.01	0.02	0.05	0.1	0.2	0.5	1.0	2.0	3.0	4.0	5.0	10.0
KCl	0.965	0.951	0.927	0.901	0.869	0.816	0.768	0.717	0.649	0.604	0.573	—	—	0.593	—
KF	0.965	0.952	0.927	0.902	0.870	0.818	0.773	0.726	0.670	0.645	0.658	—	—	0.871	1.715
KBr	0.965	0.952	0.927	0.902	0.870	0.817	0.771	0.722	0.658	0.617	0.593	—	—	0.626	—
KI	0.965	0.952	0.927	0.902	0.871	0.820	0.776	0.731	0.676	0.646	0.638	—	—	—	—
K_2CrO_4	0.886	0.847	0.779	0.715	0.643	0.539	0.460	0.385	0.296	0.239	0.199	—	—	—	—
$KClO_3$	0.965	0.951	0.926	0.899	0.865	0.805	0.749	0.681	0.569	—	—	—	—	—	—
KNO_3	0.964	0.950	0.924	0.896	0.860	0.797	0.735	0.662	0.546	0.444	0.332	—	—	—	—
K_2SO_4	0.885	0.844	0.772	0.704	0.625	0.511	0.424	0.343	0.251	—	—	—	—	—	—
$MgCl_2$	0.889	0.852	0.790	0.734	0.672	0.590	0.535	0.493	0.485	0.577	1.065	—	—	14.40	—
$MgBr_2$	0.889	0.852	0.790	0.733	0.672	0.593	0.543	0.512	0.540	0.715	1.590	—	—	36.1	—
MgI_2	0.889	0.853	0.791	0.736	0.677	0.602	0.556	0.535	0.594	0.858	2.326	—	—	109.8	—
$MnCl_2$	0.888	0.850	0.786	0.727	0.662	0.574	0.513	0.464	0.437	0.477	0.661	—	—	1.539	—
$NiCl_2$	0.889	0.852	0.789	0.732	0.669	0.584	0.527	0.482	0.465	0.538	0.915	—	—	4.785	—
$Ni(NO_3)_2$	0.889	0.851	0.787	0.730	0.666	0.581	0.524	0.481	0.467	0.528	0.797	—	—	—	—
NH_4Cl	0.965	0.952	0.927	0.901	0.869	0.816	0.769	0.718	0.649	0.603	0.569	—	—	0.563	—
$(NH_4)_2HPO_4$	0.882	0.839	0.763	0.688	0.600	0.469	0.367	0.273	0.171	0.114	0.074	—	—	—	—
NH_4ClO_4	0.964	0.950	0.924	0.895	0.859	0.794	0.734	0.663	0.560	0.479	0.399	—	—	—	—
NH_4NO_3	0.964	0.951	0.925	0.897	0.862	0.801	0.744	0.678	0.582	0.502	0.419	—	—	0.303	0.220
NaF	0.965	0.951	0.926	0.901	0.868	0.813	0.764	0.710	0.633	0.573	—	—	—	—	—
NaCl	0.965	0.952	0.928	0.903	0.872	0.822	0.779	0.734	0.681	0.657	0.668	—	—	0.874	—
NaBr	0.965	0.952	0.928	0.903	0.873	0.824	0.783	0.742	0.697	0.687	0.730	—	—	1.083	—
NaI	0.965	0.952	0.928	0.904	0.874	0.827	0.789	0.753	0.722	0.734	0.823	—	—	1.402	4.011
$NaNO_3$	0.965	0.951	0.926	0.900	0.866	0.810	0.759	0.701	0.617	0.550	0.480	—	—	0.388	0.329
Na_2SO_4	0.886	0.846	0.777	0.712	0.637	0.529	0.446	0.366	0.268	0.204	0.155	—	—	—	—
$Pb(ClO_4)_2$	0.889	0.851	0.787	0.729	0.666	0.580	0.522	0.476	0.458	0.516	0.799	—	—	4.043	33.8
$Pb(NO_3)_2$	0.882	0.840	0.764	0.690	0.604	0.476	0.379	0.291	0.195	0.136	—	—	—	—	—
$ZnCl_2$	0.887	0.847	0.781	0.719	0.652	0.561	0.499	0.447	0.384	0.330	0.283	—	—	0.342	0.876
$ZnBr_2$	0.890	0.854	0.794	0.741	0.683	0.606	0.553	0.515	0.516	0.558	0.578	—	—	0.788	2.317

注: 本表数据摘自 Haynes W M. CRC Handbook of Chemistry and Physics. 97th ed. Boca Raton: CRC Press Inc, 2016—2017: 5-100 ~ 106.

附录 2　在 298.15 K, $p^{\ominus}$ 下, 水溶液中一些电极的标准 (氢标还原) 电极电势 $\varphi^{\ominus}$

电极还原反应	$\varphi^{\ominus}/V$	电极还原反应	$\varphi^{\ominus}/V$
$F_2 + 2e^- \longrightarrow 2F^-$	2.866	$Au^{3+} + 3e^- \longrightarrow Au$	1.498
$H_4XeO_6 + 2H^+ + 2e^- \longrightarrow XeO_3 + 3H_2O$	2.42	$Cr_2O_7^{2-} + 14H^+ + 6e^- \longrightarrow 2Cr^{3+} + 7H_2O$	1.36
$O_3 + 2H^+ + 2e^- \longrightarrow O_2 + H_2O$	2.076	$Cl_2 + 2e^- \longrightarrow 2Cl^-$	1.35827
$S_2O_8^{2-} + 2e^- \longrightarrow 2SO_4^{2-}$	2.010	$O_3 + H_2O + 2e^- \longrightarrow O_2 + 2OH^-$	1.24
$Ag^{2+} + e^- \longrightarrow Ag^+$	1.980	$O_2 + 4H^+ + 4e^- \longrightarrow 2H_2O$	1.229
$Co^{3+} + e^- \longrightarrow Co^{2+}$	1.92	$MnO_2 + 4H^+ + 2e^- \longrightarrow Mn^{2+} + 2H_2O$	1.224
$H_2O_2 + 2H^+ + 2e^- \longrightarrow 2H_2O$	1.776	$ClO_4^- + 2H^+ + 2e^- \longrightarrow ClO_3^- + H_2O$	1.189
$Ce^{4+} + e^- \longrightarrow Ce^{3+}$	1.72	$Br_2(l) + 2e^- \longrightarrow 2Br^-$	1.066
$Au^+ + e^- \longrightarrow Au$	1.692	$Pu^{4+} + e^- \longrightarrow Pu^{3+}$	1.006
$PbO_2 + SO_4^{2-} + 4H^+ + 2e^- \longrightarrow PbSO_4 + 2H_2O$	1.6913	$NO_3^- + 4H^+ + 3e^- \longrightarrow NO + 2H_2O$	0.957
$Pb^{4+} + 2e^- \longrightarrow Pb^{2+}$	1.65*	$2Hg^{2+} + 2e^- \longrightarrow Hg_2^{2+}$	0.920
$2HClO + 2H^+ + 2e^- \longrightarrow Cl_2 + 2H_2O$	1.611	$Hg^{2+} + 2e^- \longrightarrow Hg$	0.851
$2HBrO + 2H^+ + 2e^- \longrightarrow Br_2(l) + 2H_2O$	1.596	$ClO^- + H_2O + 2e^- \longrightarrow Cl^- + 2OH^-$	0.841
$Mn^{3+} + e^- \longrightarrow Mn^{2+}$	1.5415	$2NO_3^- + 4H^+ + 2e^- \longrightarrow N_2O_4 + 2H_2O$	0.803
$MnO_4^- + 8H^+ + 5e^- \longrightarrow Mn^{2+} + 4H_2O$	1.507	$Ag^+ + e^- \longrightarrow Ag$	0.7996

续表

电极还原反应	$\varphi^{\ominus}/V$
$Hg_2^{2+} + 2e^- \longrightarrow 2Hg$	0.7973
$Fe^{3+} + e^- \longrightarrow Fe^{2+}$	0.771
$BrO^- + H_2O + 2e^- \longrightarrow Br^- + 2OH^-$	0.761
$Hg_2SO_4 + 2e^- \longrightarrow 2Hg + SO_4^{2-}$	0.6125
$MnO_4^{2-} + 2H_2O + 2e^- \longrightarrow MnO_2 + 4OH^-$	0.60
$MnO_4^- + e^- \longrightarrow MnO_4^{2-}$	0.558
$I_3^- + 2e^- \longrightarrow 3I^-$	0.536
$I_2 + 2e^- \longrightarrow 2I^-$	0.5355
$Cu^+ + e^- \longrightarrow Cu$	0.521
$NiO_2 + 2H_2O + 2e^- \longrightarrow Ni(OH)_2 + 2OH^-$	0.490
$Ag_2CrO_4 + 2e^- \longrightarrow 2Ag + CrO_4^{2-}$	0.4470
$O_2 + 2H_2O + 4e^- \longrightarrow 4OH^-$	0.401
$ClO_4^- + H_2O + 2e^- \longrightarrow ClO_3^- + 2OH^-$	0.36
$[Fe(CN)_6]^{3-} + e^- \longrightarrow [Fe(CN)_6]^{4-}$	0.358
$Cu^{2+} + 2e^- \longrightarrow Cu$	0.3419
$Bi^{3+} + 3e^- \longrightarrow Bi$	0.308
$Hg_2Cl_2 + 2e^- \longrightarrow 2Hg + 2Cl^-$	0.26808
$AgCl + e^- \longrightarrow Ag + Cl^-$	0.22233
$Cu^{2+} + e^- \longrightarrow Cu^+$	0.153

电极还原反应	$\varphi^{\ominus}/V$
$Sn^{4+} + 2e^- \longrightarrow Sn^{2+}$	0.151
$AgBr + e^- \longrightarrow Ag + Br^-$	0.07133
$2H^+ + 2e^- \longrightarrow H_2$	0
$Fe^{3+} + 3e^- \longrightarrow Fe$	−0.037
$TiOH^{3+} + H^+ + e^- \longrightarrow Ti^{3+} + H_2O$	−0.055
$O_2 + H_2O + 2e^- \longrightarrow HO_2^- + OH^-$	−0.076
$TiO^{2+} + 2H^+ + e^- \longrightarrow Ti^{3+} + H_2O$	−0.10*
$Pb^{2+} + 2e^- \longrightarrow Pb$	−0.1262
$Sn^{2+} + 2e^- \longrightarrow Sn$	−0.1375
$In^+ + e^- \longrightarrow In$	−0.14
$AgI + e^- \longrightarrow Ag + I^-$	−0.15224
$Ni^{2+} + 2e^- \longrightarrow Ni$	−0.257
$Co^{2+} + 2e^- \longrightarrow Co$	−0.28
$Tl^+ + e^- \longrightarrow Tl$	−0.336
$In^{3+} + 3e^- \longrightarrow In$	−0.3382
$PbSO_4 + 2e^- \longrightarrow Pb + SO_4^{2-}$	−0.3588
$Ti^{3+} + e^- \longrightarrow Ti^{2+}$	−0.369
$In^{2+} + e^- \longrightarrow In^+$	−0.40
$Cd^{2+} + 2e^- \longrightarrow Cd$	−0.4030

续表

电极还原反应	$\varphi^{\ominus}/\text{V}$	电极还原反应	$\varphi^{\ominus}/\text{V}$
$Cr^{3+} + e^- \longrightarrow Cr^{2+}$	-0.407	$U^{3+} + 3e^- \longrightarrow U$	-1.66
$In^{3+} + 2e^- \longrightarrow In^+$	-0.443	$Al^{3+} + 3e^- \longrightarrow Al$	-1.676
$Fe^{2+} + 2e^- \longrightarrow Fe$	-0.447	$Ce^{3+} + 3e^- \longrightarrow Ce$	-2.336
$S + 2e^- \longrightarrow S^{2-}$	-0.47627	$Mg^{2+} + 2e^- \longrightarrow Mg$	-2.372
$In^{3+} + e^- \longrightarrow In^{2+}$	-0.49	$La^{3+} + 3e^- \longrightarrow La$	-2.379
$U^{4+} + e^- \longrightarrow U^{3+}$	-0.52	$Na^+ + e^- \longrightarrow Na$	-2.71
$Cr^{3+} + 3e^- \longrightarrow Cr$	-0.744	$Ra^{2+} + 2e^- \longrightarrow Ra$	-2.8
$Zn^{2+} + 2e^- \longrightarrow Zn$	-0.7618	$Ca^{2+} + 2e^- \longrightarrow Ca$	-2.868
$Cd(OH)_2 + 2e^- \longrightarrow Cd(Hg) + 2OH^-$	-0.809	$Sr^{2+} + 2e^- \longrightarrow Sr$	-2.899
$2H_2O + 2e^- \longrightarrow H_2 + 2OH^-$	-0.8277	$Ba^{2+} + 2e^- \longrightarrow Ba$	-2.912
$Cr^{2+} + 2e^- \longrightarrow Cr$	-0.913	$K^+ + e^- \longrightarrow K$	-2.931
$V^{2+} + 2e^- \longrightarrow V$	-1.175	$Rb^+ + e^- \longrightarrow Rb$	-2.98
$Mn^{2+} + 2e^- \longrightarrow Mn$	-1.185	$Cs^+ + e^- \longrightarrow Cs$	-3.026
$Ti^{2+} + 2e^- \longrightarrow Ti$	-1.628	$Li^+ + e^- \longrightarrow Li$	-3.0401

注: 本表数据摘自 Haynes W M. CRC Handbook of Chemistry and Physics. 97th ed. Boca Raton: CRC Press Inc, 2016—2017: 5-78 ~ 5-84. 其中, 标注 * 的数据摘自 James G Speight. Lange's Handbook of Chemistry. 17th ed. New York: McGraw-Hill Education, 2017: Table 1.79.

全书索引

E

读者意见反馈

为收集对教材的意见建议，进一步完善教材编写并做好服务工作，读者可将对本教材的意见建议通过如下渠道反馈至我社。

咨询电话　400-810-0598

反馈邮箱　hepsci@pub.hep.cn

通信地址　北京市朝阳区惠新东街4号富盛大厦1座　高等教育出版社理科事业部

邮政编码　100029

防伪查询说明

用户购书后刮开封底防伪涂层，使用手机微信等软件扫描二维码，会跳转至防伪查询网页，获得所购图书详细信息。

防伪客服电话　（010）58582300

图书在版编目（ＣＩＰ）数据

物理化学. 下册/傅献彩，侯文华编. -- 6版. -- 北京：
高等教育出版社，2022.8（2023.12重印）
ISBN 978-7-04-058466-0

Ⅰ. ①物… Ⅱ. ①傅… ②侯… Ⅲ. ①物理化学 – 高
等学校 – 教材 Ⅳ. ①O64

中国版本图书馆CIP数据核字（2022）第050273号

WULI HUAXUE

策划编辑	李　颖	出版发行	高等教育出版社
责任编辑	李　颖	社　　址	北京市西城区德外大街4号
封面设计	王凌波	邮政编码	100120
版式设计	王凌波	购书热线	010-58581118
责任绘制	于　博	咨询电话	400-810-0598
责任校对	窦丽娜	网　　址	http://www.hep.edu.cn
责任印制	赵　振		http://www.hep.com.cn
		网上订购	http://www.hepmall.com.cn
			http://www.hepmall.com
			http://www.hepmall.cn

印　　刷	北京鑫海金澳胶印有限公司
开　　本	787mm×1092mm　1/16
印　　张	34.75
字　　数	650千字
版　　次	1961年8月第1版
	2022年8月第6版
印　　次	2023年12月第3次印刷
定　　价	68.00元

本书如有缺页、倒页、脱页等质量问题，
请到所购图书销售部门联系调换

版权所有　侵权必究
物 料 号　58466-00